世界商用木材名典

亚洲篇

张余仁等　编译

中国海关出版社有限公司
中国 · 北京

图书在版编目（CIP）数据

世界商用木材名典．亚洲篇：拉丁、英、汉/张余仁等编译．—北京：中国海关出版社有限公司，2020.7

ISBN 978-7-5175-0442-9

Ⅰ.①世… Ⅱ.①张… Ⅲ.①木材—介绍—拉、英、汉 Ⅳ.①S781

中国版本图书馆 CIP 数据核字（2020）第 123704 号

世界商用木材名典（亚洲篇）

SHIJIE SHANGYONG MUCAI MINGDIAN（YAZHOU PIAN）

作　　者：张余仁等
责任编辑：吴　婷
出版发行：中国海关出版社有限公司
社　　址：北京市朝阳区东四环南路甲 1 号　　邮政编码：100023
网　　址：www. hgcbs. com. cn
编 辑 部：01065194242-7538（电话）　　01065194231（传真）
发 行 部：01065194221/27/38/46（电话）　　01065194233（传真）
社办书店：01065195616（电话）　　01065195127（传真）
http://www. customskb. com/book（网址）
印　　刷：北京铭成印刷有限公司　　经　　销：新华书店
开　　本：787mm×1092mm　1/16
印　　张：42　　字　　数：1075 千字
版　　次：2020 年 7 月第 1 版
印　　次：2020 年 7 月第 1 次印刷
书　　号：ISBN 978-7-5175-0442-9
定　　价：120.00 元

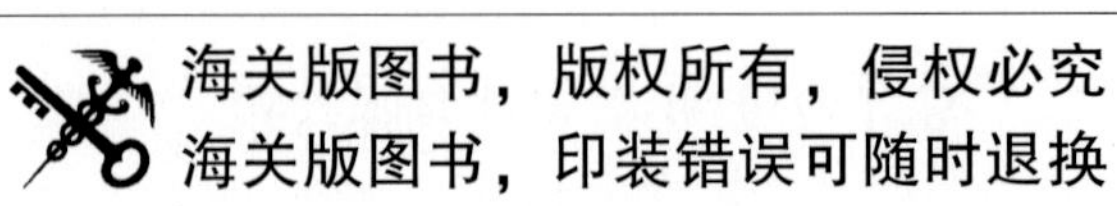

编委会

左 1：蒋庆阳，1992 年 10 月出生于黑龙江省大庆市，2015 年毕业于东北林业大学，高级木材检验员。

左 2：杨秀明，1957 年 9 月出生于上海市杨浦区，1992 年毕业于南京林业大学，国家级木材检验员。

左 3：张余仁，1957 年 11 月出生于江苏省扬州市，1982 年毕业于南京农业大学，高级工程师。

左 4：李智强，1990 年 11 月出生于云南省保山市，2013 年毕业于黑龙江林业职业技术学院，高级木材检验员。

序

木材一直是我国长期进口的大宗商品之一，随着我国对外开放的不断扩大，进口木材的国别地区也在不断增多，采购足迹已遍及五大洲的100多个国家和地区，年进口量1亿多立方米。据《中国木材行业市场需求与投资咨询报告》显示，我国已经成为全球木材进口数量和木制品出口数量最大的国家，进口木材量约占全球贸易总量的10%。由于进口树种越来越多，十分繁杂，用途广泛，而国内对进口木材树种、材性及其开发利用等相关领域的研究滞后，现存的介绍木材树种名称等信息的专著，已无法满足市场的发展需求，编译一部树种名称信息量更大的专著已迫在眉睫。

杨家驹先生于2000年主编的《世界商品木材拉英汉名称》一书共收录了797个属、3247个树种，为进口木材贸易提供了便利，发挥了积极的作用。根据我国有关法律法规之规定，进口木材报关及在国内市场流通时必须使用规范的中文名称，仅有拉丁学名和英文名称是不行的。“世界商用木材名典”系列丛书收录了20231个树种（隶属于248个科、2130个属），可满足进口木材市场可持续发展的迫切需求，为进口报关、市场流通破解了难题，为规范和促进木材市场的健康发展、提升贸易便利化提供了保障，为检验鉴定、消费维权、行政执法等提供了参考依据。

我国是《濒危野生动植物种国际贸易公约》（CITES）的183个缔约方之一。每个物种都是人类同住地球村的朋友，保护生物多样性、保护生存环境是全人类共同的神圣职责。在全球60065个树种中，约有1500种处于濒危状态，2016年被CITES列入濒危保护的木材树种有290余种，2019年已增加到了520余种，这个数字还会上升。我国海关总署已将打击走私濒危物种纳入“蓝天行动”计划，本套丛书适时添加了对濒危木材树种的特别提示，可指导商家如实申报，有利于国家对濒危物种的管理，有利于海关打击走私，切实履行我国的国际义务。此外，本套丛书还增列世界海关组织规定统一使用的所有属的原木协调制度编码（HS CODE），这是跨行业融合之举，读者使用本套丛书可以同时查询到三项重要信息，更加实用、更加便捷高效。

张余仁先生于20世纪80年代初在原上海商检局从事进口木材检验鉴定工作，杨秀明女士是国家级木材检验员，其带领的编译团队具有丰富的实际工作经验。本套丛书是当下收录树种最全、信息量最大的专业工具书，可对进出口木材贸易、国内市场流通、生产加工消费起到一定的指导作用，可供海关、市场监管等执法部门、木材贸易商家、木制品厂家等生产流通领域、检测机构、科研院校等单位的广大读者使用。

中国工程院院士、南京林业大学原校长：曹福亮

2020 年 6 月

前　言

森林是人类走向文明的起点。远古祖先从树叶蔽身、削木以战、构木为巢、钻木取火……的艰苦岁月中一路走来，木材一直伴随着人类的成长。在世间万物中，因为只有人类能够感知有机与无机之间的界限，故人类有与生俱来的亲生命性和亲自然性。木材来自大自然，与人类亲密无间，因材质性能得天独厚，纹理外观天然漂亮，便于加工使用，可以调节气候、净化空气，是最好的固碳载体等，而倍受人类喜爱。外国人喜欢木材侧重于科学性和实用性，而中国人不只如此，更升华至精神文化层面。在中国的五行观念中，唯一有生命的是“木”；在汉字中带有“木”字偏旁的字有1020个，占汉字总量的1.8%。人与木相伴方为“休”，家中有木方为“闲”。此外，带“木”字的成语有620个，占成语总量的2%；还有许多与木有关的谚语和典故在民间流传，至于歌颂树木的诗词歌赋更是数不胜数。

由此可见，世人皆喜木，国人更偏爱。也正因如此，随着人类社会的进步、经济建设的发展及开发利用水平的提高，全人类对木材需求的持续增长与全球森林资源减少的矛盾一直长期存在，为此，很多国家采取了合理砍伐与植树造林政策并举，从滥砍滥伐过渡到有序砍伐；也有一些国家禁止砍伐。中国自古少林，用木又多。远古时代，我国的森林覆盖率最高为64%，尔后，历朝历代逐渐下降，到民国时期达到最低，为12.5%。中华人民共和国成立后，经党和国家几代领导人前赴后继，率领全国人民共同努力，我国的森林覆盖率才有所回升，于1999年恢复到16.55%。进入新时代，习近平总书记指出要加快生态文明体制改革，建设美丽中国，2018年我国的森林覆盖率提升至22.96%，世界排名上升至第137位，我国也因此得到了联合国粮食及农业组织（FAO）的高度评价。

既要保护有限的森林资源，又要满足经济建设和人民生活对木材日益增长的需求，国家在严禁滥砍滥伐和大力倡导植树造林的同时，不得不将目光瞄向海外市场，一是放开经营权限，鼓励大众进口；二是逐步下调关税，让利于民，为全球采购铺平道路。我国已经成为全球进口木材数量和出口木制品数量最大的国家，随着全球采购的力度加大，不断有新国家、新地区的新树种进入国内木材市场。根据进出口货物报关的有关规定，进口木材报关不仅要有拉丁学名和英文名称，而且必须有中文名称；根据《中华人民共和国产品质量法》的有关规定，木材及木制品在国内市场流通时也必须使用规范的中文名称。但这方面的研究与翻译滞后，相关文献已不能适应国内外木材市场的巨大变化，人们迫切需要一部覆盖面更广、信息量更大、更加科学实用的专业工具书，以解进口木材贸易及国内市场流通的燃眉之急，助推木材产业在新时期的新发展。

根据2017年国际植物园保护联盟（BGCI）携手全球植物学机构的最新权威统计，全世界树木种类共有60065种，我国进口木材涉及五大洲的100多个国家和地区，树种繁杂，用途广泛。本着尊重历史、维护权威、去繁就简、便捷实用、搁置争议等原则，编者查阅了大量的国内外有关文献资料，共收录了2130个属、20231个树种的信息，按洲分册出版，便于读者查询、使用。本套丛书的关键点和最大难点是确定每个树种的中文名称，对于国内资料已有记载的中文名称，编者在核对校正的基础上采纳。凡已有中文名称与《濒危野生动植物种国际贸易公约》（CITES）濒危木材树种附录或国家标准中的中文名称不一致的，一律以CITES濒危木材树种附录或国家标准为准。凡学名或地方名与《进出口税则商品及品目注释》不一致的，一律以后者为准。对尚无中文名称的树种，编者依据一定的原则进行翻译（详见编制说明），力求做到人无我有、人有我优。又因全球树种资源极其丰富，无法包罗万象，为便捷实用，不得不合理取舍，在大而全、简而精中求平衡，尽可能满足不同读者的需求。此外，本套丛书同时收录了濒危木材树种信息，增列了世界海关组织统一规定使用的所有属的原木HS CODE，读者可以一次性查询到三个方面的重要信息，提高使用效率。

毋庸置疑，编译工作量非常之大，遇到的各种问题又非常之多，由于编者水平有限，书中的疏漏、不足之处在所难免，恳请同行和广大读者不吝指正。编者虽不是专家学者，但都是木材爱好者，乐为木材事业奉献毕生精力，希望能抛砖引玉，将本套丛书的未尽事宜留给后人去改进，不断完善。

在本套丛书付梓之际，编者对南京林业大学教授丁雨龙、徐立安，副教授唐进根、杨绍陇，海关总署税收征管局（上海）、上海海关、张家港海关、上海市市场监管局等部门的有关领导，国家林业和草原局驻上海森林资源监督专员办事处、中华人民共和国濒危物种进出口管理办公室上海办事处、江苏万林现代物流股份有限公司，以及为本套丛书的出版给予过支持和帮助的所有单位和人员表示最诚挚的感谢！

编　者

2020年6月

目　录

编制说明

1. 本套丛书共收录20231个树种（隶属于248个科、2130个属）的商用木材学名、主要产地、中文名称和地方名等信息。为便于读者查阅与使用，本套丛书根据木材产地，按洲分册出版。学名即拉丁名；地方名即商用名，多为英文或法文，也有一些是意大利文、葡萄牙文、西班牙文等其他语种，其中还有少数是根据当地人惯用称谓的发音拼写而成。此外，凡在海关总署关税征管司编著的《进出口税则商品及品目注释》（以下简称《品目注释》）中已有的学名与地方名，皆以《品目注释》为准。

2. 由于植物分类学家经常会对植物的归属进行重新分类，使得有些植物科名发生变化。本书所有科名均采用学术界权威分类方法，或尊重官方权威部门确定的科名编录。例如，豆科植物种类繁多，是种子植物的第三大科，有些植物学家将其分成了三个科，即含羞草科、蝶形花科和苏木科（又称云实科），并被广泛认可，本书尊重学术权威编录，这三个科即为《红木：GB/T 18107—2017》中的"豆科 Leguminosae"和 CITES 濒危木材树种附录中的"豆科 Leguminosae（Fabaceae）"。

又如，此前大叶里卡木（*Licania macrophylla*）属于蔷薇科（Rosaceae）利堪蔷薇属（*Licania*），因有些植物分类学家将大叶里卡木等相关树种从蔷薇科中分离出来，新命名为"金橡实科（Chrysobalanaceae）"，但大叶里卡木的中文名称、学名及其属名不变，且已被国家标准采用，本书尊重官方权威编录。

3. 所列木材的主要产地不一定是其属地，与行政区划无关，而是根据树种生长地域所在洲进行区分。例如，新喀里多尼亚为法国的海外属地之一，但该岛位于太平洋上，便将其编入了大洋洲篇。若同一树种在几大洲均有分布，在相关分册中亦予收录，以便读者查阅。经统计，共有1625个树种至少在两大洲均有分布，本套丛书收录各大洲的树种情况如下：

亚洲：7849个树种，隶属于169个科、968个属；

美洲：7408个树种，隶属于186个科、1131个属；

大洋洲：2748个树种，隶属于140个科、621个属；

非洲：3172个树种，隶属于138个科、712个属；

欧洲：679个树种，隶属于89个科、214个属。

部分树种的主要产地中大产地与小产地会同时存在，例如，美拉尼西亚群岛为大产地，包括斐济、所罗门、巴布亚新几内亚等小产地；又如，安的列斯群岛为大产地，包括大安的列斯群岛、小安的列斯群岛等小产地，因产地之间对同一树种也会有不同称谓（不同的地方名），为防缺失，书中将大、小产地一并收录，力争产地信息在书中皆可查到。

个别树种的产地为某些岛屿，因无法考证其所属洲，编者根据其地理位置，按就近原则将其编入相关分册。例如，安达曼群岛位于孟加拉湾与缅甸海之间、十度海峡之北，因无法准确界定其属于亚洲还是大洋洲，编者按就近原则将其编入亚洲篇。

4. 针对2017年国际植物园保护联盟（BGCI）携手全球植物学机构的最新权威统计

公布的全世界60065个树种，编者经查阅相关文献资料予以筛选，剔除灌木，保留乔木。本套丛书采用的树木定义是：如仅一根主干，可长到2米以上的乔木；如多干（丛生），最粗干的胸高直径可达5厘米以上的乔木。本套丛书所列木材指能成材的前者。

5. 为增强本套丛书的实用性，书中收录了《濒危野生动植物种国际贸易公约》（CITES）截至2019年9月公布的濒危木材树种及其管控级别作为附录，并在对应树种中文名称中用①、②、③加以提示，具体说明如下：

①：一级管控（CITES濒危木材树种附录Ⅰ），指有灭绝危险的物种，禁止商业贸易，特殊情况除外。有些国家特有的珍稀动植物可以用作展示交流、科研教学或进行拯救性保护等。

②：二级管控（CITES濒危木材树种附录Ⅱ），指那些目前虽未濒临灭绝，但若对贸易不严加控制，就很有可能灭绝的物种。

③：三级管控（CITES濒危木材树种附录Ⅲ），指某一缔约方提出在其管辖范围内应当管控开发利用，需要得到其他缔约方合作控制贸易的物种。这些树种在某国或某地区属于濒危物种，但在其他国家或地区不是，针对这种情况，本套丛书在同一属名下予以分列，以便读者识别，但种的数量统计不变。

CITES濒危木材树种附录对有些科属树种的描述比较笼统，例如，“柿树科柿属所有种（马达加斯加种群）”“黄檀属所有种（巴西黑黄檀除外）”等，在实际工作中很难准确把握。为求真求全，编者尽可能把某属所有种所包含的树种数量搞清楚，并将其管控级别标注在中文名称之后。本套丛书收录的此类濒危木材树种信息如下：

豆科黄檀属288个树种；

瑞香科沉香属10个树种、棱柱木属12个树种、拟沉香属1个树种；

蒺藜科愈疮木属6个树种。

至于CITES濒危木材树种附录中提及的“柿树科柿属所有种（马达加斯加种群）”“楝科洋椿属所有种（新热带种群）”“楝科大叶桃花心木（新热带种群）”“檀香科非洲沙针（布隆迪、埃塞俄比亚、肯尼亚、卢旺达、乌干达和坦桑尼亚联合共和国种群）”，编者将濒危种群信息在同一属名下予以分列，以便读者识别，但种的数量统计不变。

6. 本套丛书在属名（科名）处增列了原木的6位税号，这是世界海关组织（WCO）统一规定使用的协调制度编码（HS CODE），可以指导读者快速查询、申报，提高通关效率。

根据世界海关组织协调制度归类原则，原木按照树种分为11大类，即共有11个与之相对应的HS CODE，其中针叶材3类，包括松木、冷杉及云杉，以及其他针叶木；阔叶材8类，包括红柳桉、其他热带木、栎木（橡木）、山毛榉、桦木、杨木、桉木、除上述树种外的其他原木树种。尽管柳桉因颜色不同而拥有不同的HS CODE，但仍属于同一个属，只是将除红柳桉以外的其他柳桉归入“除上述树种外的其他原木树种”，本套丛书根据《品目注释》规定亦予分列，但属的数量统计不变。

此外，根据世界海关组织统一分类标准规定，原木HS CODE的确定，不仅要考虑其树种，还要考虑其加工状态，本套丛书所附HS CODE所限定的原木加工状态均为砍伐后天然状态的木材，未用油漆、着色剂、杂酚油或其他防腐剂处理。

7. 各树种依据其学名拉丁文字母排序，以便检索查询。凡在书中出现的植物学异名、杂交种名、亚种名、培育种名和变种名均可按此方法检索查询。

对于植物学异名，凡在 CITES 濒危木材树种附录、《品目注释》中已有的异名（= *属或种加词*）均予保留。对于在《品目注释》中虽有，但在 CITES 濒危木材树种附录中没有的异名，例如，大美木豆学名为 *Pericopsis elata*，异名为 *Afrormosia elata*；又如，刺猬紫檀学名为 *Pterocarpus erinaceus*，异名为 *Pterocarpus africanus*，考虑到科学性与实用性，以及尊重官方权威，书中亦予收录。对新出现的树种异名，考虑到其变化较大，尚存争议，原则上不予收录。

此外，对于杂交种名（*属* X *种加词*）、亚种名（*种名* subsp. *亚种名*）、培育种名（*种名* cv. ‘培育种名’）、变种名（*种名* var. *变种名*）亦予保留。如：

（1）灰红树杨的杂交种名为：*Populus* X *canescens*；

（2）香味异翅香（*Anisoptera thurifera*）的亚种名为：多雄异翅香（*Anisoptera thurifera* subsp. *Polyandra*）；

（3）黑杨（*Populus nigra*）的培育种名为：俄黑杨（*Populus nigra* cv. ‘Harkoviensis’）；

（4）毛果冷杉（*Abies lasiocarpa*）的变种名为：亚利桑那州冷杉（*Abies lasiocarpa* var. *arizonica*）。

8. 凡有地方名的树种，说明该树种木材在市场上已有流通。凡地方名数量超过 20 个的，受篇幅所限，编者适量择取。

9. 索引部分，中文名称索引根据汉语拼音排序，地方名索引根据英文字母排序，其后对应的数字即序号，以便读者快速查找定位该树种。

10. 关于中文名称的确定，根据国家有关法律法规的规定，本套丛书沿用已有的、规范的中文名称，对国内市场中流通的俗名不予收录，避免混乱。当已有的中文名称与 CITES 濒危木材树种附录或国家标准中的中文名称不一致时，本套丛书遵循以下原则的先后顺序收录：

CITES 濒危木材树种附录中的中文名称；

国家标准中的中文名称；

已有的中文名称。但将有些树种的中文名称由音译改为意译，例如，*Abies cilicica* 音译为“奇里乞亚冷杉”，本套丛书意译为“纤毛冷杉”。

11. 对没有中文名称的树种，编者遵循如下规则汉译：

依据学名的字意汉译；

依据学名的译音汉译；

参考地方名的英文或相关语种的含义汉译；

参考多识植物百科网站的汉译；

遵循“名从前人，名从主人”的原则汉译；

自译的中文名称原则上不超过 3 个字（带有地域名或属名的除外）；

尽量使用通俗汉字，以便记忆。

制定一套相对规范的木材树种名称翻译原则很有必要，尽管会遇到各种各样的难处，我们也应尽可能地敦促使用规范的中文名称，力求准确和相对稳定，力争做到切实有利于木材产业发展和业内人士交流。在树种中文名称翻译方面，其实没有绝对的权威，我们应用发展的眼光和包容的心态看待这一问题，希望在实践中趋于统一，在修订中予以改正，使之不断完善。

随着对原始森林开发利用的不断深入，新树种也会不断出现，尤其是非洲和美洲的木材树种会增加较多，研发及编译工作永无止境，本套丛书收录的树种信息依然有限，有待日后不断地补充完善。

索引

商用木材中文名称索引

（按汉语拼音排序）

A

阿巴耀大青　1644
阿波斑鸠菊　7640
阿波粗丝木　3424
阿波冬青　3821
阿波杜英　2569
阿波多香木　5736
阿波负鼠木　6120
阿波谷木　4679
阿波猴耳环　659
阿波黄杞　2713
阿波灰木　6926
阿波樫木　2478
阿波玫瑰树　5092
阿波米籽兰　210
阿波密花木　6153
阿波裴赛山楝　574
阿波蒲桃　6975
阿波山胡椒　4141
阿波臀果木　6006
阿波五蕊紫珠　3313
阿波溪桫　1473
阿波新木姜　4991
阿波杨桐　154
阿伯刺桧　3945
阿布拉木姜子　4261
阿布卢蒲桃　6963
阿布铁刀木　1334
阿尔拜木姜子　4262
阿尔拜蒲桃　6968
阿尔比青皮　7569
阿尔伯越橘　7527
阿尔及利亚相思木　50
阿尔金番樱桃　2782
阿古桑谷木　4678
阿古桑樫木　2474
阿古桑裴赛山楝　573
阿古桑肉豆蔻　4916
阿古桑五月茶　524
阿古桑越橘　7526
阿赫割舌木　7698
阿赫尼米籽兰　206
阿赫尼牡荆　7663
阿基林杨桐　167
阿江揽仁　7279
阿克拉露兜树　5257
阿库新木姜　4990
阿拉伯金合欢　26
阿拉伯相思　43
阿里山鹅耳枥　1309
阿里山柳　6305
阿曼诺杜鹃花木　6187
阿蒙浅红娑罗双　6534
阿摩楝　470
阿莫水锦树　7718
阿姆萝芙木　6161
阿穆伊髯丝木　6788
阿纳马槲色木　4059
阿诺墨胶漆　3631
阿诺榕　2987
阿普拉冬青　3823
阿萨姆桢楠　5454
阿萨琼楠　929
阿萨山胡椒　4142
阿萨铁力木　4730
阿桑盾香楠　5636
阿舍森厚壳桂　1823
阿氏杜鹃花木　6185
阿氏红光树　3986
阿氏蒲桃　6971
阿氏浅红娑罗双　6539
阿氏柿木　2189
阿氏水东哥　6372
阿氏新黄胆木　5010
阿氏崖豆木　4813
阿氏银柴　606
阿氏越橘　7528
阿氏紫金牛　676
阿托科坡垒木　3668
阿托维藤黄　3186
埃伯恩闭花木　1618
埃伯五月茶　532
埃德尔榕　3028
埃尔暗罗　5700
埃尔大沙叶　5366
埃尔倒缨木　3969
埃尔杜英　2589
埃尔姜饼木　5328
埃尔栎　6059
埃尔杧果　4534
埃尔梅哥纳香　3443
埃尔青皮　7616
埃尔榕　3030
埃尔水东哥　6384
埃尔四脉麻　4114
埃尔乌檀　4965
埃尔乌汁漆　4624
埃尔银柴　612
埃尔鱼骨木　1256
埃及黄连木　5581
埃及卤刺树　891
埃克椆　4204
埃拉榄仁　7291
埃莱五层龙　6264
埃里虎皮楠　2069
埃伦子弹木　4844
埃梅木　2689
埃诺杜英　2581
埃奇椆　4201
埃塞木瓣树　7799
埃氏闭花木　1620
埃氏椆　4205
埃氏厚壳桂　1836
埃氏米籽兰　244
埃氏蒲桃　7042
埃氏柿木　2228
埃特番荔枝　505
埃特榕　3055
埃文柿木　2227
埃西娑罗双　6624
埃亚纳蜜茱萸　4648
矮扁担杆　3506
矮桄榔　749
矮桦　965
矮黄檀②　1943
矮雷楝　6171
矮牵牛金鸡纳　1508
矮榕　3025
矮算盘子　3354
矮铁刀木　1340
矮樱　5868
艾格椴　7375
艾勒吴茱萸　2865
艾梅海木　7435
艾美酒瓶椰　3817
艾瑞谷木　4716
艾氏蒲桃　7044
艾氏青皮　7584
艾斯海茜树　7384
爱德银钩花　4868
爱里多络麻木　7438
爱思假韶子　5299
安邦桄榔　747
安达曼弓木　6254
安达曼普朗金刀木　5620
安达曼乌木　2256
安达曼紫檀　5952
安达柿木　2190
安德斯扁担杆　3494
安东蒲桃　6974
安杜浅红娑罗双　6536
安科拉黄叶树　7762
安纳玉蕊　898
安南樫木　2533
安培榕　2985
安氏冬青　3820
安氏红光树　3987
安氏米籽兰　209
安氏坡垒木　3669
安汶大头茶　3478
安汶胶木　5182
安汶巨盘木　3143
安汶培米　5524
安汶山様子　1055
安汶子京　4442
安息香野茉莉　6887
岸生黄杨木　1078
岸生梨　6033
岸生榆绿木　517
暗盾香楠　5638
暗黑亮花木　5437

扁豆人面子　2407
扁厚壳桂　1833
扁平杯萼椴　1045
扁平鱼骨木　1265
扁桃叶山楂　1758
扁叶飞龙掌血木　7410
扁叶木棉　998
扁圆水东哥　6406
变色多络麻木　7437
变色褐鳞木　823
变色黄檀②　1971
变色黄叶树　7767
变色假马鞭　6784
变色三蝶果　3534
变色山荔枝　5057
变形紫金牛　717
变叶库地豆木　1811
变叶木　1683
变叶木槿　3619
变异扁担杆　3526
变异榕　3126
宾图卢黄檀②　1952
滨杜英　2613
滨核果木　2425
滨红胶木　7470
滨柯库木　4017
滨龙船花　3902
滨龙脑香　2362
滨木患　808
滨铁线子　4572
滨乌口树　7239
滨崖豆木　4824
滨银叶树　3601
槟城灯罩李　848
槟城厚皮香　7327
槟城斯温漆　6917
槟城土密树　1027
槟城子京　4457
槟榔　739
槟榔根野桐　4514
槟榔古柯　2761
槟榔柯　4181
槟榔浅黄红娑罗双　6688
冰片叶藤黄　3206
柄果椆　4249
柄荚刺桐　2750
柄木姜子　4312
柄铁心木　4745
波多黎各猴欢喜　6753
波尔子京　4433
波利大头茶　3486
波利裴赛山楝　586
波利森蒲桃　7140
波纳米籽兰　287
波氏核果木　2418
波氏蒲桃　6990
波塔马钱子　6884
波纹乌檀　4978
波叶落尾木　5571
波伊巴豆　1800
波伊拉栎　6099
菠萝蜜　775
伯克子京　4435
伯氏杯裂香　1748
伯氏胡枝子　4103
伯氏黄檀②　2000
勃氏黄檀②　2023
博美海棠木　1128
博尼亚黄檀②　1953
博瑞野牡丹　4636
博氏橄榄　1208
博氏润楠　4418
博西栎　6047
薄皮柑橘　1568
薄皮浅红娑罗双　6555
薄片栎　6075
薄片状白娑罗双　6656
薄纱蒲桃　7054
薄叶厚皮香　7317
薄叶灰木　6925
薄叶龙船花　3901
薄叶龙脑香　2344
薄叶蒲桃　7081
不丹柏木　1885
不丹松　5528
不伦加花椒　7822
布拉塔娑罗双　6603
布兰迪栎　6048
布榄五桠果　2137
布朗娑罗双　6602
布里顿蒲桃　6995
布卢黄娑罗双　6599
布卢梅野桐　4490
布卢山恩曼火把木　7709
布卢山褐鳞木　818
布卢山牡荆　7665
布卢山木姜子　4267
布卢山三宝木　7445
布卢山柿木　2199
布卢山水东哥　6376
布卢山藤黄　3194
布鲁帽柱木　4857
布轮黄胆木　4962
布洛克子京　4434
布桑加藤黄　3195
布氏厚膜树　2976
布氏胶木　5187
布氏青皮　7573
布氏赛罗双　5305
布氏油楠　6732
布西银钩花　4866

C

材料重黄娑罗双　6667
彩叶草苹婆　6799
彩叶木　3491
彩叶木兰　4469
菜豆荚蒾　7652
菜豆树　6126
蔡氏黄肉楠　133
苍白冠瓣木　4361
苍白蒲桃　7128
苍山冷杉　5
藏红金叶树　1501
藏榄　2318
藏南槭　65
藏青榄仁　7286
糙毛榕　3021
糙皮桦　970
糙皮柿木　2306
糙乌汁漆　4627
糙五桠果　2169
糙叶扁担杆　3517
糙叶九节木　5942
糙叶坡垒木　3741
糙叶榕　3054
糙叶肉托果　6511
糙叶树　592
草海桐　6433
草青皮　7575
草野桐　4519
侧柏　5634
侧花暗罗　5714
侧花髯丝木　6793
侧花藤黄　3224
侧脉五月茶　554
侧崖柏　7358
侧枝红光树　4004
箣柊　6481
梣叶枫杨　5962
层孔银叶树　3597
叉叶号角藤　976
茶树　1183
茶条槭　74
茶叶椴　7374
查玛波罗蜜　767
查萨九节木　5919
檫木　6370
柴龙树　602
柴樟　1549
缠结龙脑香　2357
潺胶木姜　4286
昌化鹅耳枥　1310
长白蜡木　3161
长苞杜英　2611
长苞铁杉　7489
长柄船形木　6437
长柄灯架木　443
长柄杜英　2643
长柄多香木　5743
长柄翻白叶　5983
长柄钩被桑　523
长柄虎皮楠　2064
长柄龙船花　3921
长柄杧果　4544
长柄蒲桃　7086
长柄七叶树　179
长柄三宝木　7452
长柄崖豆木　4825
长柄异瓣暗罗　5289
长柄银叶树　3602
长柄紫金牛　705
长翅浅黄红娑罗双　6670
长萼红果树　6864
长萼苹婆　6824
长萼羊蹄甲　917
长隔漆　481
长梗海茜树　7392
长梗木姜子　4297
长梗蒲桃　7048
长梗三宝木　7451
长梗水东哥　6398
长梗五月茶　564
长梗鸭脚木　6442
长梗油丹　429
长果澄广花　5130
长果粗丝木　3427

垂穗澳杨　3641
垂穗黑面神　1015
垂穗榆绿木　515
垂头坡垒木　3684
垂叶榕　2998
垂叶油丹　433
垂枝柏　3950
垂枝无忧树　6349
垂枝相思　45
垂枝香柏　3946
垂枝樱桃　5881
垂枝玉蕊　906
垂枝桢楠　5449
垂直核果木　2435
垂籽树　1873
春蒲桃　7199
椿叶花椒　7818
椿叶苦树　5518
纯色澳杨　3637
唇形算盘子　3359
雌雄异体藤黄木　3215
刺巴豆　1802
刺白桐树　1595
刺柏　3944
刺参杜英　2588
刺齿蒲桃　7136
刺吊钟花　2724
刺耳鱼骨木　1264
刺果番荔枝　509
刺果肥牛树　1438
刺果苏木　1083
刺核果木　2438
刺花椒　7817
刺槐　6243
刺槐铁刀木　1346
刺荚香槐　1580
刺梨金叶树　1503
刺梨琼楠　939
刺梨四数花　7344
刺梨野独活　4808
刺篱木　3138
刺毛吊钟花　2728
刺苹婆　6847
刺楸　3960
刺田菁　6530
刺通草木　7430
刺桐　2746
刺猬紫檀②　5953
刺五加　2685
刺叶闭花木　1612
刺叶杜英　2568
刺叶黄檀②　2038
刺叶榉　7833
刺榆　3592
重齿核果木　2442
重齿栎　6057
丛化格木　2755
丛化樫木　2495
丛生罗汉松　5659
丛生银柴　632
丛枝蒲桃　7024
丛状娑罗双　6691
粗苞叶蒲桃　7026
粗柄白桐树　1584
粗柄樫木　2538
粗柄槭　98
粗柄臀果木　6011
粗糙浅红娑罗双　6579
粗糙肉豆蔻　4922
粗齿猴欢喜　6754
粗齿紫金牛　696
粗榧　1444
粗风吹楠　3784
粗橄榄　1205
粗梗蒲桃　7028
粗姜饼木　5324
粗茎茜树　320
粗脉樫木　2542
粗毛扁担杆　3505
粗毛布渣叶　4782
粗毛大泡火绳　1693
粗毛龙脑香　2355
粗毛血桐　4392
粗皮扁担杆　3497
粗皮合萌　178
粗皮金锦香　5145
粗皮米籽兰　213
粗皮四脉麻　4108
粗序荚蒾　7654
粗叶溲疏　2110
粗硬毛木菠萝　776
粗硬毛乌木　2240
粗轴坡垒木　3687
粗轴双翼苏木　5394
粗壮楤木　649
粗壮杜英　2649
粗壮合生果　4348
粗壮姜饼木　5332
粗壮龙脑香　2387
粗壮木姜子　4318
粗壮蒲桃　7027
粗壮山龙眼　3588
粗壮酸角杆　4614
粗壮吴茱萸　2881
粗壮膝柄木　974
粗壮鸭脚木　6448
粗壮重黄娑罗双　6695
粗状普朗金刀木　5624
粗状异翅香　494
蔟生铁线子　4569
簇花蒲桃　7052
马钱子　6883
萃果蒲桃　7097
翠柏　1118

D

达达褐桂　769
达夫诺椆　4196
达凯五层龙　6263
达罗倒缨木　3968
达曼土楠　2699
达莫尼假胶木　3179
达氏榄仁　7292
达氏木槿　3615
达氏紫金牛　690
达文西大风子　3795
达沃米籽兰　233
达沃裴赛山楝　577
达沃蒲桃　7033
达乌刺柏　3938
达西斯椆　4197
鞑靼槭　95
打印果　6492
大苞陆均松　1918
大苞铁苋菜　57
大柄伯克山榄　1066
大柄船形木　6438
大柄冬青　3844
大柄溪抄　1490
大柄野茉莉　6890
大齿日本栎　6066
大齿韦暗罗　2722
大翅浅黄红娑罗双　6665
大臭椿　322
大萼假山萝　3578
大萼裴赛山楝　580
大反柱茶　811
大风吹楠　3766
大甘巴豆　4023
大柑橘　1569
大果阿摩楝　464
大果槟榔　743
大果刺篱木　3140
大果大风子　3803
大果番龙眼　5759
大果狗牙花　7214
大果海棠木　1148
大果樫木　2513
大果胶木　5220
大果咖啡　1690
大果孔雀豆　138
大果蜡烛木　1931
大果鳞花木　4092
大果罗汉松　5673
大果米籽兰　265
大果木瓜红　6168
大果木奶果　876
大果培米　5526
大果蒲桃　7094
大果青杆　5508
大果山香圆木　7495
大果山様子　1061
大果瓦蒂香　7567
大果紫檀　5957
大果紫薇　4045
大果紫珠　1094
大含笑　4761
大花布渣叶　4781
大花杜英　2601
大花多胶木　5180
大花鳄梨木　5429
大花甘巴豆　4024
大花柑橘　1575
大花橄榄　1230
大花海棠木　1143
大花樫木　2523
大花胶木　5219
大花金钩花　5905
大花榔色木　4060
大花榴莲　2455
大花龙船花　3905
大花龙脑香　2353
大花纶巾豆　4577
大花茄　6761
大花润楠　4425
大花桃榄　5802
大花天料木　3652

淡紫厚壳桂 1861
淡紫米籽兰 281
淡紫青皮 7611
淡紫山様子 1064
淡紫新黄胆木 5031
淡紫子京 4455
刀状黑黄檀② 1966
岛罗汉松 5668
岛榕 3129
岛松 5542
倒卵胶木 5226
倒卵木果楝 7798
倒卵蒲桃 7121
倒卵球桃榄 5808
倒卵球形娑罗双 6679
倒卵三宝木 7455
倒卵形杜英 2631
倒卵叶红胶木 7475
倒卵叶灰木 6945
倒卵叶李榄 4161
倒卵叶柃 2924
倒卵叶木兰 4480
倒卵叶苹婆 6832
倒卵叶青皮 7607
倒卵叶赛楠 5074
倒卵叶山榄 5615
倒卵叶山油柑 107
倒卵叶桃榄 5807
倒卵叶五椏果 2154
倒卵叶蟹木楝 1292
倒卵叶云杉 5509
倒卵鱼骨木 1266
倒蕊肉托果 6503
德比番荔枝 506
德比五层龙 6262
德尔皮藤黄 3204
德格杜鹃花木 6194
德克红胶木 7468
德尼杯萼椴 1039
德瑞四脉麻 4112
德氏番樱桃 2812
德氏坡垒木 3689
德氏无患子 6332
灯台树 1733
灯芯大青 1655
灯叶油柑 5478
等翅重黄娑罗双 6650
等节坡垒木 3667
低矮海棠木 1147
低矮五月茶 547
低锥 1372
狄勒五椏果 2138
狄塔乌檀 4977
迪蒂托天料木 3648
迪加杜英 2584
迪里娑罗双 6621
迪莫木姜子 4324
迪纳兰屿加 5152
迪纳柿木 2215
迪氏柿木 2214
地尔舟木檀 6524
地黄藤黄 3219
地下榕 3109
地杨桃 6488
地质榕 3042
地中海梾木 1736
地中海松 5541
帝王灰木 6936
帝纹角果木 1456
帝汶决明 6522
帝汶李 5640
帝汶异木患 399
蒂冈柃 2929
蒂吉尼椰刺椰 5110
蒂柳黄牛木 1776
蒂涅黄檀② 2046
蒂氏格木 2759
蒂氏木 7267
蒂西罗汉松 5692
滇白珠 3306
滇蓝蓟 2545
滇南黄牛木 1773
滇南黄檀② 1997
滇黔黄檀② 2055
滇楸 1405
点刺番樱桃 2833
点刺血桐 4408
点状白珠 3307
点状风吹楠 3775
点状米籽兰 288
点状榕 3091
点状紫金牛 719
甸生桦 960
吊皮锥 1378
吊钟海茜树 7402
吊钟花 2726
吊钟罗汉松 5661
顶果木 104
顶生蒲桃 6964
顶叶斑鸠菊 7639
顶叶榕 3084
东北赤杨 407
东北红豆杉② 7258
东北杏 5877
东北锥 1384
东方藏红卫矛 1351
东方刺桐 2749
东方枫香 4173
东方荔桃 6356
东方桤木 411
东方山黄麻 7428
东方乌檀 4972
东方崖豆木 4828
东方云杉 5510
东京安息香 6896
东京槟榔青 6783
东京波罗蜜 804
东京柴龙树 604
东京枫香 4175
东京枫杨 5966
东京海棠木 1174
东京含笑 4776
东京合生果 4349
东京黄杞 2719
东京黄檀② 2047
东京龙脑香 2384
东京檬果樟 1313
东京青皮 7623
东京琼楠 944
东京肉托果 6510
东京山核桃 1312
东京柿木 2305
东京娑罗双 6715
东京藤黄 3269
东京铁刀木 1349
东京蚬木 2935
东京鸭脚木 6451
东京硬椴 5411
东京油楠 6745
东京锥 1395
东莱杜英 2586
东纳苹婆 6812
东奈海棠木 1138
东奈喃喃果 1899
东奈球花豆 5341
东南亚龙脑香 2327
东南亚山麻黄木 1713
东斯黄檀② 1972
东印度柿木 2241
冬梅杜鹃花木 6210
冬青栎 6069
冬青叶大风子 3800
冬青叶鹊肾树 6868
冬鱼尾葵 1315
董棕 1318
兜帽状米籽兰 229
兜鞘海棠木 1134
豆蔻花天料木 3646
豆蔻蒲桃 7101
毒鼠子 2125
毒鱼割舌木 7703
毒籽血桐 4384
独瓣蒂氏木 7275
独特球花豆 5345
杜比亚吴茱萸 2864
杜鹃花木 6209
杜鹃尖叶木 7524
杜克铁榄木 6723
杜利青皮 7582
杜马重黄娑罗双 6620
杜培尔黄檀② 1974
杜培杧果 4533
杜佩冠瓣木 4352
杜佩紫薇 4037
杜氏椆 4200
杜氏杜英 2617
杜氏胶木 5198
杜氏赛罗双 5307
杜松 3951
杜英 2605
短斑野桐 4495
短苞蒲桃 6992
短苞锥 1362
短柄杜英 2575
短柄割舌木 7699
短柄谷木 4683
短柄褐鳞木 817
短柄嘉赐 1319
短柄樫木 2486
短柄莲桂 2088
短柄米籽兰 219
短柄木奶果 866
短柄南山花 5842
短柄苹婆 6800
短柄野桐 4491
短柄锥 1363

多脉山竹　3242
多脉水锦树　7727
多脉水青冈　2970
多脉穗龙角木　6252
多脉铁力木　4738
多脉银柴　623
多脉紫金牛　682
多毛白辛树　5994
多毛橄榄　1220
多毛海茜树　7388
多毛核果木　2433
多毛胶木　5211
多毛龙船花　3916
多毛木防己　1672
多毛木姜子　4330
多毛木莓楝　7632
多毛三宝木　7448
多毛柿木　2278
多毛紫薇　4054
多毛紫薇　4056
多面蒲桃　7142
多那椆　4199
多纳乌口树　7243
多尼亚茄　6757
多球风吹楠　3774
多蕊花暗罗　5699
多蕊黄娑罗双　6690
多蕊灰木　6948
多蕊领春木　2912
多蕊喃喃果　1905
多穗阿摩楝　468
多穗杜英　2644
多穗罗汉松　5683
多穗裴赛山楝　587
多穗酸蔹藤　474
多穗樱桃　5883
多头类乌檀　4970
多腺血桐　4405
多香木　5737
多雄异翅香　502
多叶槽裂木　5434
多叶黄檀②　2022
多叶夹竹桃　2472
多叶李榄　4165
多叶陆均松　1912
多叶水团花木　145
多叶银钩花　4873
多叶玉叶金花　4905
多疣水东哥　6411
多枝冬青　3854
多枝蒲桃　7110
多枝臀果木　6021
多脂白娑罗双　6693
多脂番樱桃　2836
多脂木姜子　4317
多皱蜡烛木　1939
多籽木果楝　7796
多籽深红娑罗双　6570
多籽水东哥　6413

E

俄黑杨　5780
鹅耳枥　1299
鹅耳枥叶榉　7832
鹅耳枥叶槭　69
鹅銮鼻蔓榕　3041
厄尔黄檀②　1977
萼状紫薇　4035
萼组谷木　4680
鳄梨木　5423
鳄木果楝　7795
恩巴露兜树　5261
恩加节叶枫　760
恩加山荔枝　5051
恩氏贝壳杉　197
恩氏东南亚山榄　5380
儿茶金合欢　28
耳枥牡荆　7689
耳叶海茜树　7379
耳状海棠木　1125
耳状灰莉　2951
耳状坎诺漆　1188
耳状柳　6280
耳状坡垒木　3672
耳状榕　2992
耳状铁刀木　1336
耳状乌汁漆　4621
耳状新黄胆木　5011
耳状银柴　609
二出印度苏木　3575
二对米里无患子　4645
二对三蝶果　3532
二对印茄　3884
二聚鹊肾树　6866
二列风吹楠　3762
二列娑罗双　6619
二列小堇棕　7697
二列异叶树　486
二歧橄榄　1214
二蕊血桐　4387
二色褐鳞木　816
二色黄肉楠　114
二色孔雀豆　136
二色米籽兰　218
二色球花豆　5339
二色云杉　5495
二十雄蕊粘木　3891
二世番樱桃　2847
二态异木患　384
二叶冬青　3853
二叶槭　73
二叶蚊母树　2390

F

法奥绿木　1497
法桂黄娑罗双　6625
法国柽柳　7225
法吉尔栗檀　3881
法里诺娑罗双　6630
法利锥　1368
法内罗李榄　4162
番龙眼　5760
番木瓜　1296
番石榴　5910
番樱桃　2798
番樱桃叶坡垒木　3718
翻白叶　5979
繁花杜英　2626
反卷浅红娑罗双　6574
反射银钩花　4875
方白粉藤　1559
方橄榄　1207
方氏冬青　3830
方形羽叶楸　6859
方叶五月茶　535
方幼子木　1876
芳味冰片香　2410
芳香白珠　3305
芳香蒲桃　6977
芳香樟　1513
仿蒲桃　7106
飞蛾槭　86
非对称重红娑罗双　6550
非椭圆重黄娑罗双　6623
非洲吊灯木　3981
非洲缅茄　186
菲利格异木患　385
菲利亚栎　6097
菲律宾八角　3870
菲律宾白木　6902
菲律宾白娑罗双　6686
菲律宾百褶桐　6003
菲律宾斑鸠菊　7647
菲律宾北榕桂　4605
菲律宾贝壳杉　203
菲律宾布鲁木　986
菲律宾布渣叶　4784
菲律宾糙叶树　595
菲律宾橙榄　1562
菲律宾椆　4234
菲律宾垂籽树　1874
菲律宾大泡火绳　1702
菲律宾大青　1654
菲律宾单室茱萸　4594
菲律宾倒缨木　3971
菲律宾迪永　2131
菲律宾滇赤才　598
菲律宾杜英　2599
菲律宾多香木　5744
菲律宾恩曼火把木　7712
菲律宾番樱桃　2796
菲律宾哥纳香　3454
菲律宾格木　2757
菲律宾谷木　4697
菲律宾海槿　1197
菲律宾海葡萄　1671
菲律宾海漆木　2944
菲律宾海茜树　7399
菲律宾含笑　4773
菲律宾合欢木　349
菲律宾核果木　2422
菲律宾褐鳞木　825
菲律宾红锥　1386
菲律宾厚壳树　2551
菲律宾厚皮香　7328
菲律宾黄蕊木　7782
菲律宾黄叶树　7775
菲律宾蛔囊花　810
菲律宾火筒树　4082
菲律宾胶木　5230
菲律宾金钩花　5907
菲律宾榄仁　7283
菲律宾棱柱木②　3474
菲律宾李榄　4163
菲律宾莲桂　2086
菲律宾龙船花　3915
菲律宾鹿茸木　4617
菲律宾罗汉松　5681

革质海棠木 1133
革质坎诺漆 1190
革质龙脑香 2337
革质毛果大戟 1461
革质深红娑罗双 6541
革质苏木 1084
革质五月茶 530
革质溪桫 1481
革质越橘 7535
格代贝杧果 4536
格拉铁刀木 1345
格劳姆蒲桃 7060
格雷构树 1031
格里菲厚壳桂 1841
格里索八角枫 333
格利野桐 4499
格鲁达暗罗 5707
格罗卡 3391
格洛小芸木 4792
格木 2756
格氏白蜡木 3158
格氏冬青 3834
格氏杜英 2602
格氏海桑木 6765
格氏厚壳桂 1840
格氏黄叶树 7772
格氏栎 6065
格氏榴莲 2457
格氏杧果 4538
格氏米籽兰 250
格氏木薯 4566
格氏坡垒木 3699
格氏蒲桃 7061
格氏青皮 7589
格氏鹊阳桃 6367
格氏斜榄 6328
格氏新黄胆木 5020
格氏异叶树 489
格氏隐翼木 1816
格氏硬椴 5406
格特纳蒲桃 7063
葛氏松 5539
葛枣猕猴桃 111
根际藤黄 3255
根茎露兜树 5276
梗节闭花木 1633
弓状番樱桃 2785
珙桐 2077
共生九节木 5938
共生尼斯榴莲 4985
贡蒙海桐花 5599
沟果相思 27
钩毛榕 2988
钩木莲 4561
钩藤番樱桃 2838
钩野桐 4500
钩叶榕 3124
钩状刺果藤 1082
狗骨柴木 2321
狗牙花木 2744
构树 1035
构叶柿木 2308
古尔榕 3048
古花杜英 2565
古伦大戟 2903
古斯塔番樱桃 2806
古塔苹婆 6817
古耶里榕 3049
谷木 4702
固塔胶木 5207
瓜哈曼胡椒 5568
瓜门茄 6760
瓜氏叶肉豆蔻 4928
瓜叶榕 3020
拐枣 3786
冠状槟榔 744
冠状杜英 2658
冠状梨 6030
冠状栀子 3276
管花椆 4254
管花帽柱木 4864
管形舟翅桐 5970
管状杜英 2576
管状番樱桃 2786
管状榕 3034
管状水锦树 7731
灌木决明 6514
灌木铁苋菜 56
灌木云杉 5505
灌木状岗松 890
灌木状迦楼果 478
灌木状鳞花木 4091
灌木状柿木 2234
灌木状天料木 3650
灌木状陷毛桑 5816
灌木状银柴 615
灌状买麻藤 3423
灌状南洋参 5752
灌状蕊木 4029
光果油楠 6740
光滑贝叶棕 1742
光滑扁担杆 3504
光滑澄广花 5133
光滑臭黄荆 5839
光滑倒吊笔木 7752
光滑番荔枝 507
光滑海木 7436
光滑黑漆树 4629
光滑胡颓子 2555
光滑胶木 5205
光滑金虎尾 4521
光滑毛利桑 5321
光滑孟湾番荔枝 6255
光滑蜜茱萸 4649
光滑牡荆 7672
光滑喃喃果 1900
光滑尼斯榴莲 4980
光滑坡垒木 3695
光滑石楠 5464
光滑水锦树 7723
光滑四籽树 7348
光滑吴茱萸 2868
光滑杨桐 160
光滑叶巴豆 1790
光滑异翅香 493
光滑银钩花 4870
光滑榆 7501
光尖叶木 7517
光姜饼木 5329
光榄仁 7300
光亮波罗蜜 773
光亮杜英 2630
光亮桂木 790
光亮海茜树 7393
光亮合欢木 368
光亮黄娑罗双 6689
光亮黄杨桐 852
光亮利堪蔷薇 4130
光亮蒲桃 7116
光亮青皮 7605
光亮乌檀 4966
光脉女贞 4131
光皮桦 962
光石椆 4195
光叶巴豆 1792
光叶灯架木 439
光叶合欢木 359
光叶假蟹楝 5896
光叶樫木 2539
光叶胶木 5204
光叶牡荆 7671
光叶木奶果 870
光叶坡垒木 3696
光叶槭 77
光叶桑 4892
光叶水东哥 6388
光叶吴茱萸 2867
光叶五月茶 548
光叶越橘 7546
光叶桢楠 5453
光泽椆 4221
光泽猴耳环 666
光泽蒲桃 7117
广木兰 4474
广椭圆埃梅木 2690
广椭圆浅红娑罗双 6559
广叶龙船花 3917
广叶血桐 4375
规胶木 5246
桂色肉豆蔻 4920
桂苏巴豆 1785
桂索重红娑罗双 6548
桂系蟹木楝 1290
桂叶红光树 4005
桂叶杧果 4543
桂叶木防己 1673
桂叶牛奶木 6941
桂叶因加豆 3878
桂樟 1524
果胶兰屿加 5159
果木柄果木 4855
果状木姜 4306

H

哈德野桐 4497
哈尔贡冬青 3835
哈康尖叶木 7518
哈兰迪榕 3050
哈利椆 4211
哈曼迪青皮 7591
哈曼迪相思 35
哈密柚木 7265
哈钦槟榔 741
哈氏八角枫 334
哈氏大头茶 3483
哈氏恩曼火把木 7711
哈氏番樱桃 2807

宏叶紫珠 1100
洪代栎 6068
猴壶正玉蕊 4071
厚果崖豆木 4829
厚壳桂 1830
厚壳树 2553
厚脉白桐树 1585
厚毛花天料木 3647
厚毛子京 4462
厚木果水桉 6242
厚皮暗罗 5698
厚皮核果木 2424
厚皮红光树 3991
厚皮樫木 2519
厚皮榄仁 7290
厚皮树 4057
厚皮四籽树 7347
厚皮香 7321
厚皮摘亚木 2113
厚叶巴因山榄 5378
厚叶布渣叶 4780
厚叶沉香② 638
厚叶楤木 647
厚叶冬青 3849
厚叶毒鼠子 2126
厚叶风吹楠 3761
厚叶风茱萸 7335
厚叶冠瓣木 4360
厚叶海漆木 2943
厚叶海茜树 7396
厚叶褐鳞木 832
厚叶黄杨木 1077
厚叶樫木 2525
厚叶胶木 5196
厚叶栎 6093
厚叶柃 2926
厚叶龙船花 3899
厚叶龙脑香 2370
厚叶米籽兰 278
厚叶木姜子 4273
厚叶木莓楝 7631
厚叶培米 5525
厚叶蒲桃 7125
厚叶浅红娑罗双 6543
厚叶青皮 7610
厚叶榕 3047
厚叶深红娑罗双 6561
厚叶柿木 2212
厚叶乌口树 7247
厚叶吴茱萸 2863
厚叶五层龙 6261
厚枝紫珠 1105
狐蝠谷木 4713
狐尾木槿 3627
胡花椒 7828
胡米苹婆 6818
胡姆布长管豆 3319
胡尼荔桃 6354
胡氏黄檀② 1990
胡氏蒲桃 7068
胡氏青皮 7594
胡桃樫木 2506
胡桐海棠木 1146
胡颓子 2560
胡杨 5774
湖北枫杨 5963
湖生蒲桃 7078
槲栎 6045
虎克红光树 3998
虎皮楠 2059
虎尾鹿茸木 4618
虎尾榕 3023
互生叶金苏木 3982
互生叶银丝茶 5644
互叶番樱桃 2783
互叶樫木 2476
互叶米籽兰 207
互叶鼠李木 6175
花白蜡木 3164
花边大青 1664
花边黄檀② 2001
花柄坡垒木 3729
花柄新黄胆木 5033
花萼翅果麻 4032
花梗异木患 393
花梗油丹 432
花椒 7831
花楷槭 101
花式山红檀 3923
花芽琼楠 931
花崖豆木 4814
花叶胡颓子 2559
花叶蒲桃 7138
花枝杜英 2648
花枝榕 3062
花柱歧序安息香 1053
花柱算盘子 3347
华尔布风吹楠 3785
华丽厚皮香 7324
华丽南洋参 5756
华丽算盘子 3384
华丽油柑 5487
华南蓝果树 5080
华南皂荚 3331
华山松 5527
华锥 1364
滑桃树 7431
化香树 5633
怀特木姜子 4332
槐树 6886
槐叶决明 6520
环萼崖豆木 4818
环果象耳豆 2732
环果羽叶楸 6853
环球桦 958
环纹榕 2986
黄暗罗 5702
黄杯裂香 1749
黄檗 5444
黄槟榔青 6780
黄大青 1647
黄毒鼠子 2128
黄橄榄 1232
黄葛榕 3059
黄葛树 3128
黄果波罗密 806
黄果沉香② 637
黄果粗丝木 3428
黄果蕊木 4028
黄海榄雌木 857
黄褐阿摩楝 462
黄褐杜鹃花木 6199
黄褐含笑 4762
黄褐红冠果 376
黄褐木姜子 4283
黄褐蒲桃 7122
黄褐榕 3040
黄褐色杜英 2595
黄褐色溪桫 1485
黄虎皮楠 2058
黄花大青 1656
黄花夹竹桃 7354
黄花榄仁 7305
黄花柳 6283
黄花木兰 4477
黄花蒲桃 7010
黄花深红娑罗双 6547
黄花瓦蒂香 7565
黄花乌口树 7233
黄花皂帽花 2076
黄花重红娑罗双 6607
黄嘉赐 1321
黄樫木 2535
黄胶木 5254
黄金胶木 5183
黄槿 3626
黄柯库木 4019
黄兰 4758
黄连木 5577
黄梁木 520
黄柃 2917
黄绿青皮 7586
黄脉乌汁漆 4625
黄毛桉 2768
黄毛牡荆 7690
黄棉木 147
黄牡荆 7678
黄木合欢木 369
黄木瓶刷楹 673
黄皮 1601
黄杞 2716
黄芩南洋参 5757
黄蕊陆均松 1924
黄蕊木 7784
黄色算盘子 3366
黄杉 5902
黄水榕 3011
黄穗暗罗 5734
黄檀② 1991
黄檀状油柑 5470
黄桐 2705
黄心柿木 2255
黄心卫矛 2900
黄心夜合 4768
黄杨栎 6053
黄杨卫矛 2902
黄杨叶白珠 3303
黄杨叶海棠木 1130
黄杨叶柃 2915
黄杨叶蒲桃 6996
黄杨叶柿木 2201
黄杨叶油柑 5468
黄叶黄娑罗双 6720
黄叶树蒲桃 7207
黄樟 1543
黄汁藤黄 3275

尖叶火筒树 4073
尖叶楞 1359
尖叶榄仁 7302
尖叶李榄 4154
尖叶柳 6277
尖叶木 7515
尖叶枇杷 2734
尖叶苹婆 6808
尖叶蒲桃 6965
尖叶青皮 7580
尖叶润楠 4417
尖叶三宝木 7443
尖叶水丝梨 6921
尖叶宿萼榄 3573
尖叶娑罗双 6617
尖叶藤黄 3203
尖叶银柴 605
尖叶樱桃 5893
尖叶玉叶金花 4902
尖叶锥 1366
尖玉蕊 896
尖柱山黄皮木 6133
尖状龙船花 3895
坚果褐鳞木 813
坚桦 953
坚实冠瓣木 4362
坚硬龙脑香 2376
肩轴木 5351
柬埔寨八角 3867
柬埔寨黄檀② 1956
柬埔寨龙眼 2174
柬埔寨米籽兰 221
碱性墨胶漆 3633
剑叶巴因山榄 5381
剑叶棒柄花 1607
剑叶杯萼椴 1042
剑叶杯裂香 1750
剑叶冰片香 2414
剑叶粗丝木 3430
剑叶大泡火绳 1696
剑叶杜英 2610
剑叶翻白叶 5982
剑叶哥纳香 3451
剑叶谷木 4701
剑叶桂木 784
剑叶海茜树 7390
剑叶红千层 1115
剑叶厚壳桂 1848
剑叶黄肉楠 121
剑叶灰木 6940
剑叶嘉陵花 5765
剑叶樫木 2510
剑叶胶木 5214
剑叶金莲木 5084
剑叶柯库木 4020
剑叶榴莲 2459
剑叶裸花豆蔻 3555
剑叶孟湾番荔枝 6256
剑叶米籽兰 255
剑叶木姜子 4292
剑叶木奶果 874
剑叶泡花树 4660
剑叶坡垒木 3747
剑叶蒲桃 7208
剑叶荛花 7743
剑叶肉豆蔻 4932
剑叶三尖杉 1445
剑叶柿木 2247
剑叶卫矛 2899
剑叶新黄胆木 5023
剑叶新木姜 4998
剑叶异瓣暗罗 5287
剑叶桢楠 5457
剑叶子京 4444
剑叶紫金牛 701
剑叶紫薇 4043
剑柱龙船花 3908
渐尖干果木 7787
渐尖猴耳环 658
渐尖胶木 5181
渐尖算盘子 3334
渐香番樱桃 2795
渐窄叶蒲桃 6980
箭毒木 522
箭形白娑罗双 6697
箭羽楹 5303
江户樱 5894
浆果椴 948
浆果楝 1556
浆果乌桕 6338
浆果野桐 5100
降香黄檀② 2012
交趾冬青 3827
交趾盾柱卫矛 5641
交趾虎皮楠 2065
交趾黄牛木 1768
交趾黄檀② 1961
交趾黄杨木 1072
交趾黄叶树 7765
交趾灰木 6930
交趾山龙眼 3580
交趾杧果 4532
交趾米籽兰 225
交趾缅茄 188
交趾苹婆 6805
交趾茜树 318
交趾青皮 7577
交趾桑橙 4431
交趾山胡椒 4143
交趾卫矛 2893
交趾乌桕 6339
交趾乌木 2313
交趾溪桫 1480
交趾野桐 4494
交趾油楠 6733
交趾摘亚木 2111
胶果木 1437
胶木 5210
胶漆树 3403
胶粘椆 4209
胶粘相思 53
胶状黄娑罗双 6606
胶状栀子 3279
角果越橘 7529
角樫木 2492
角利异叶树 485
角膜藤黄 3199
角香茶茱萸 1275
角香合欢木 352
角香尾蕊茶茱萸木 7514
角叶蒲桃 6972
角质椆 4194
角状火筒树 4075
角状龙脑香 2338
角状木奶果 863
角状玉蕊 897
角锥紫金牛 721
节萼海棠木 1159
节花扁担杆 3510
节花木麻黄 1403
节肩龙脑香 2356
节叶枫 757
节状南洋参 5755
杰出浅红娑罗双 6571
杰儿猴耳环 5590
杰克苹婆 6820
洁净龙脑香 2364
结节坡垒木 3721
结节榕 3079
结状铁刀木 1344
截形椆 4253
截形杜英 2664
截叶三蝶果 3550
解热香椿 7416
介质厚壳桂 1844
金百褶桐 6002
金背重黄娑罗双 6645
金柴龙树 603
金地樫木 2499
金橄榄 1239
金海棠木 1121
金合欢 32
金花百褶桐 5999
金花库地豆木 1809
金黄榕 2991
金黄桃木 7757
金黄五蕊紫珠 3315
金黄五桠果 2135
金黄蚁木 7211
金黄异翅香 490
金黄银柴 608
金黄银叶树 3594
金鸡纳 1509
金吉新斯可 5045
金缕竹节树 1284
金钱榕 3024
金钱松 5898
金榕 3013
金色割舌木 7700
金氏木奶果 872
金氏摘亚木 2115
金丝斯蒂罗木 7479
金松 6479
金亚赛楠 5071
金叶杜英 2579
金叶番樱桃 2823
金叶柑橘 1564
金叶栎 6074
金叶龙眼 2175
金银木 4350
金樱柳 6293
金樱三宝木 7449
金柱波罗蜜 772
紧花龙船花 3893
堇色杨 5787
近缘杜英 2566

K

卡利萨金鸡纳　1507
卡利斯槟榔　737
卡鲁比安蒲桃　7001
卡罗莱纳麦珠子　415
卡曼多桂　780
卡米京蒲桃　7002
卡米京算盘子　3341
卡米京吴茱萸　2860
卡米京越橘　7533
卡明溪桫　1482
卡明越橘　7537
卡纳黄檀②　1957
卡纳肉豆蔻　4919
卡纳山黄麻　7427
卡尼亚榕　3006
卡帕榄仁　7307
卡皮斯樫木　2488
卡皮斯蒲桃　7004
卡奇木兰　4475
卡塞橄榄　1223
卡塞伊龙船花　3896
卡氏大沙叶　5364
卡氏翻白叶　5975
卡氏荚蒾　7650
卡氏栎　6054
卡氏肉豆蔻　4923
卡氏鹗蜜莓　1884
卡氏隐翼木　1815
卡斯巴豆　1780
卡斯皮苹婆　6809
卡坦杜鹃花木　6192
卡坦哥纳香　3439
卡坦兰屿加　5150
卡坦乌口树　7232
卡坦五月茶　527
卡特椆　4187
卡特兰番石榴　5909
卡西迪榕　3007
卡西古蒲桃　7006
卡玉普白千层　4619
咔南暗罗　5695
咖啡　1687
开放橄榄　1204
开裂木瓣树　7802
凯迪亚藤黄　3222
凯恩桃榄　5798
凯利海棠木　1153
凯氏杧果　4541
凯斯杜鹃花木　6196
坎博藤黄　3196
坎地拉里亚蒲桃　7003
坎尼单室茱萸　4590
坎奇柃　2922
坎切拉樟　1528
坎因栎　6060
康达蒲桃　7023
康德樫木　2490
康梅白蜡木　3155
康梅索喃喃果　1897
康默地杨桃　6489
康塞蒲桃　7021
糠椴　7367
糠荚蒾　7656
考艾森海桐花　5601
考基铁线子　4571
考洛米籽兰　223
栲柑橘　1570
柯达椆　4217
柯库木　4021
柯拉克胶木　5189
柯氏哥纳香　3440
柯氏红光树　3992
柯氏黄肉楠　117
柯氏黄檀②　1968
柯氏胶漆树　3394
柯氏露兜树　5259
柯氏马来番荔枝木　4747
柯氏米籽兰　226
柯氏喃喃果　1898
柯氏蒲桃　7022
柯氏水东哥　6380
柯氏娑罗双　6616
柯氏悬铃木　5628
柯氏异翅香　492
柯氏子京　4439
柯氏紫金牛　685
科达含笑　4766
科尔曼算盘子　3357
科法牡荆　7667
科莱羽叶楸　6852
科罗曼黄檀②　1965
科摩苹婆　6806
科莫罗黄檀②　1962
科氏刺柏　3943
科氏橄榄　1225
科氏红光树　4002
科氏厚膜树　2977
科氏黄檀②　1998
科氏九里香　4899
科氏新木姜　4997
科氏野桐　4502
科氏子京　4443
科斯尼斯榴莲　4981
科斯塔木棉　1000
科斯特越橘　7536
科塔巴巴豆　1784
科托尔娑罗双　6613
榼藤　2730
榼藤子黄檀②　1976
颗粒青皮　7588
可可木　7350
可食谷木　4693
可食黑羹树　5282
可食假木患　5256
可食米籽兰　238
可食木薯　4565
可食人面子　2405
可食润楠　4421
可食五月茶　533
可食杨梅　4912
克拉克黄檀②　1960
克拉西榕　3019
克莱椆　4191
克莱米暗罗　5713
克莱米大青　1649
克莱米樫木　2509
克莱米水东哥　6392
克莱米韦暗罗　2721
克朗风吹楠　3760
克朗加坡垒木　3707
克里纳扁担杆　3500
克鲁黄叶树　7766
克梅尼苹婆　6803
克派尔果　6786
克食石栎　4202
克氏橄榄　1224
克氏厚壳桂　1831
克氏黄檀②　1996
克氏樫木　2508
克氏龙脑香　2359
克氏榕　3057
克氏松　5545
克氏野桐　4493
克氏蚁花　4752
克氏樟　1520
刻叶樱桃　5867
肯巴红光树　4001
肯氏新黄胆木　5022
肯氏油丹　428
孔雀豆　139
孔氏乌汁漆　4626
蔻德谷木　4684
蔻氏榄仁　7289
苦丁茶　1774
苦合欢木　350
苦苣锥　1375
苦楝　4639
苦木裂榄　1068
苦蒲桃　7076
苦树　5521
苦味罗汉松　5651
苦杨　5777
苦籽茶梅桐　3148
库巴木姜子　4274
库地苏木　1810
库恩银叶树　3600
库尔德米籽兰　253
库拉五桠果　1893
库兰达番樱桃　2814
库利昂鱼骨木　1253
库洛樫木　2543
库名谷木　4689
库珀椆　4193
库钦番樱桃　2813
库萨鳄梨木　5428
库萨梾木　1734
库氏布鲁木　983
库氏大风子　3802
库氏冬青　3829
库氏番樱桃　2815
库氏厚壳桂　1847
库氏假卫矛　4798
库氏莲桂　2092
库氏米籽兰　232
库氏蜜茱萸　4646
库氏木姜子　4275
库氏尼油柑　5469
库氏尼玉蕊　902
库氏坡垒木　3708
库氏蒲桃　7031
库氏榕　3058
库氏润楠　4420
库氏柿木　2211
库氏算盘子　3346
库氏五月茶　531
库氏溪桫　1483

老挝米老排　4957
老挝人面子　2406
老挝乌口树　7238
簕党花椒　7821
雷德胶木　5237
雷蒂巴豆　1801
雷根番樱桃　2835
雷科坡垒木　3740
雷蒙胶木　5238
雷万杜斯野桐　4516
雷沃番樱桃　2834
雷亚纳白珠　3308
兰屿木姜子　4272
类暗罗坡垒木　3734
类冰片香红厚壳木　1139
类大叶合欢木　358
类法桂黄娑罗双　6626
类槭巨盘木　3145
类香藤黄木　3208
类叶鹊肾树　6871
棱齿杜英　2636
棱果榕　3102
棱角蒲桃　6973
棱柱木②　3470
离析木姜子　4323
梨果异木患　381
梨柿木　2285
梨形布渣叶　4785
梨形米籽兰　290
梨形木奶果　883
梨形蒲桃　7147
梨形赛楠　5076
梨形锥　1388
梨叶米籽兰　285
梨叶紫金牛　715
梨叶紫薇　4049
梨状柿木　2280
黎巴嫩雪松　1422
李栎　6107
李氏巴因山榄　5382
李斯特孟湾番荔枝　6257
李樱桃　5885
里奥胶木　5240
里贝斯榕　3095
里德风吹楠　3777
里海柳　6299
里萨尔扁担杆　3515
里萨尔九节木　5939
里萨尔四脉麻　4125
里氏黄檀②　2028
里氏青皮　7618
里氏纫冠木　5179
里扎伦蒲桃　7150
丽江云杉　5504
丽叶娑罗双　6705
利费木姜子　4295
利克血桐　4391
利莫柑橘　1572
利莫象橘木　2982
利索娑罗双　6658
利维达毛茶　571
利维紫金牛　703
荔枝　4178
栎杜英　2647
栎花米籽兰　291
栎叶胶木　5236
栎珠梅　1087
栎锥　1380
栗果大风子　3793
栗叶九节木　5918
栗叶栎　6050
栗叶卫矛　2892
栗油果木　951
粒状荚蒾　7653
粒状异木患　386
连翘　3151
连香树　1452
莲华柃　2928
莲子京　4437
莲座状围涎树　5593
镰刀算盘子　3349
镰形蒲桃　7172
镰形三蝶果　3535
镰形银柴　613
镰形重黄娑罗双　6629
镰叶大风子　3807
镰叶甘欧木　3176
镰叶陆均松　1915
镰叶猫尾木　2396
镰叶算盘子　3382
镰叶娑罗双　6627
镰状黄檀②　1978
镰状重黄娑罗双　6628
镰籽蒲桃　7173
链球柿木　2297
楝叶四数花　7340
楝叶吴茱萸　2874
良木莲　4564
良木露兜树　5281
良木坡垒木　3751
良木柿木　2310
良木子京　4466
两广黄檀②　1951
两面针算盘子　3371
亮番樱桃　2826
亮叶暗罗　5716
亮叶巴因山榄　5384
亮叶杜英　2628
亮叶恩曼火把木　7713
亮叶虎皮楠　2062
亮叶灰木　6943
亮叶鹿茸木　4616
亮叶蒲桃　7082
亮叶润肺木　6876
亮叶赛罗双　5309
亮叶山胡椒　4146
亮叶山榛子　1060
亮叶象橘木　2983
亮叶竹节树　1287
亮籽孔雀豆　135
辽杨　5778
列夫赛楠　5072
烈味杧果　4535
烈味天料木　3649
裂瓣苏木　6461
裂瓣朱槿　3623
裂苞蒲桃　7102
裂杜茎山　4467
裂灰木　6937
裂火筒树　4079
裂夸斯苦木　6041
裂篮子木　4582
裂荛花　7742
裂无忧树　6351
裂叶灯架木　437
裂叶崖椒木　2949
裂叶榆　7503
林德栎　6081
林加玫瑰树　5091
林生米籽兰　301
林生柿木　2301
林生血桐　4411
林生银叶树　3606
鳞秕娑罗双　6635
鳞皮冷杉　21
鳞脐青皮　7624
鳞叶刺柏　3955
鳞状番荔枝　511
鳞状肥牛树　1439
岭南槟榔青　6779
岭南臭椿　324
柃木　2921
柃叶吴茱萸　2866
铃铛刺　3571
陵桃榄　5799
菱叶杜鹃花木　6217
菱叶黑面神　1019
菱叶缅茄　191
菱叶苹婆　6838
领春木　2911
刘易斯杯裂木　1751
琉璃灰木　6929
琉球冬青　3841
琉球荷木　6456
琉球黄杨木　1074
琉球桱木　2540
琉球九节木　5915
琉球米籽兰　263
琉球松　5547
琉球算盘子　3363
硫化澄广花　5141
硫化新木姜　5008
硫黄三蝶果　3549
硫磺味黄叶树　7779
硫藤黄　3266
榴莲　2469
榴莲蜜　779
榴莲柿木　2219
榴莲叶斑鸠菊　7643
瘤果嘉赐　1333
瘤枝褐鳞木　844
柳杉叶胶木　5193
柳叶桉　2777
柳叶柄果木　4854
柳叶车桑子　2393
柳叶番樱桃　2839
柳叶钩瓣常山　3310
柳叶海茜树　7404
柳叶红千层　1117
柳叶栎　6077
柳叶龙船花　3919
柳叶木兰　4483
柳叶蒲桃　7080
柳叶三蝶果　3547
柳叶相思　48
柳叶新黄胆木　5029

M

马德翼核木　7636
马杜尔榕　3065
马格纳鱼木　1762
马加四脉麻　4117
马加小盘木　4788
马卡尼黄檀②　2008
马克莱桃榄　5801
马拉巴黄檀②　2006
马拉巴羊蹄甲　919
马拉盖裂木　7218
马拉干柿木　2254
马拉加亚铁樟　5794
马拉肉豆蔻　4937
马拉赛罗双　5311
马拉翁帕里漆　5336
马拉翁赛楠　5073
马拉翁油丹　430
马来刺人参　60
马来番荔枝木　4749
马来橄榄　1229
马来海棠木　1178
马来黄杨桐　851
马来金绒木　5068
马来棱柱木②　3477
马来榴莲　2462
马来米籽兰　266
马来柠檬　4726
马来蒲桃　7096
马来蔷薇　5319
马来髯丝木　6790
马来桃榄　5804
马来藤黄　3231
马来西亚哥纳香　3449
马来西亚厚壳桂　1854
马来西亚榄仁　7313
马来西亚喃喃果　1903
马来西亚圆叶龙脑香　2377
马来亚垂钉石南　6885
马来亚胶漆树　3398
马来亚九节木　5928
马来亚木瓣树　7806
马来亚尼斯榴莲　4982
马来亚三哥木　7442
马来亚斯温漆　6918
马来亚樱桃　5876
马来异萼木　2186
马来锥　1382
马莱八角枫　339
马里巴托坡垒木　3711
马里娑罗双　6666
马里维沟瓣木　3416
马里亚纳白桐树　1590
马里亚纳九节木　5929
马里亚纳算盘子　3368
马里亚纳油柑　5483
马六甲阿摩楝　465
马六甲八宝树　2446
马六甲波罗密　787
马六甲石梓　3422
马六甲桃榄　5806
马鲁古苦油楝　1291
马鲁新黄胆木　5024
马伦榕　3067
马纳塔栎　6115
马南奎蒲桃　7098
马尼拉台湾山柚　1467
马尼亚合欢木　360
马桑　1730
马氏核果木　2428
马氏蛔囊花　809
马氏冷杉　13
马氏露兜树　5271
马氏罗汉松　5675
马氏苹婆　6827
马氏破布木　1723
马氏水东哥　6402
马氏樱桃　5878
马氏重黄娑罗双　6669
马松子　4674
马索厚壳桂　1851
马塔巴缅茄　190
马蹄荷　2934
马蹄莲榕　3003
马尾松　5548
马英亚巴因山榄　5385
马英亚桃榄　5803
马占相思　39
玛丽安檬茸木　3527
迈拉萨灰木　6944
迈氏铁线子　4573
迈氏相思　42
迈氏血桐　4402
迈耶八角枫　340
迈耶褐鳞木　830
迈耶乌口树　7242
迈耶云杉　5506
迈因蒲桃　7095
麦吊云杉　5496
麦格纳血桐　4401
麦格纳紫珠　1101
麦氏变叶木　1679
麦氏大泡火绳　1698
麦氏倒缨木　3974
麦氏杜英　2620
麦氏猴耳环　668
麦氏厚壳桂　1852
麦氏胶木　5222
麦氏金钩花　5906
麦氏九节木　5926
麦氏龙船花　3911
麦氏马蹄榄　5850
麦氏米籽兰　268
麦氏木姜子　4299
麦氏木兰　4479
麦氏蒲葵　4336
麦氏蒲桃　7093
麦氏青冈　1894
麦氏三宝木　7454
麦氏柿木　2258
麦氏水东哥　6401
麦氏四脉麻　4118
麦氏算盘子　3369
麦氏檀香　6324
麦氏藤黄　3230
麦氏五月茶　542
麦氏崖豆木　4826
麦氏杨桐　166
麦氏油柑　5480
麦氏栀子　3285
麦氏紫金牛　706
麦氏紫珠　1103
脉姜饼木　5327
脉络杜英　2627
脉络海棠木　1176
脉叶冬青　3855
脉腋山红树　5390
脉状百褶桐　6000
脉状姜饼木　5326
脉状蜡烛木　1925
脉状米籽兰　228
脉状青皮　7579
脉状铁线子　4568
脉状乌口树　7234
脉状异翅香　491
曼达哈红光树　4006
曼莫黄檀②　2007
曼氏黄牛木　1772
曼氏胶木　5221
曼氏棱柱木②　3473
蔓生藤黄　3218
蔓生叶轮木　5167
杧果人面子　2408
毛八角枫　336
毛白颜　3324
毛白杨　5785
毛瓣无患子　6336
毛扁担杆　3525
毛柄槭　67
毛柄三叶槭　84
毛赤杨　404
毛臭黄荆　5840
毛刺榄　7786
毛大青　1661
毛点水东哥　6423
毛杜英　2660
毛多香木　5751
毛萼变叶木　1682
毛萼蒲桃　7011
毛萼银柴　618
毛萼紫薇　4034
毛番龙眼　5762
毛风吹楠　3783
毛哥纳香　3461
毛割舌木　7707
毛果扁担杆　3502
毛果槭　80
毛果榕　3120
毛果溪杪　1488
毛果血桐　4414
毛果野桐　4489
毛蚶核果木　2443
毛含笑　4777
毛红厚壳木　1173
毛喉谷木　4686
毛厚壳桂　1865
毛花假胶木　3180
毛花杨桐　156
毛槐　6769
毛黄肉楠　128
毛黄檀②　2050
毛鸡眼木　4888
毛嘉赐　1331
毛尖叶木　7523
毛胶漆树　3409
毛蕨破布木　1720

N

O

P

披针叶风茱萸　7332
披针叶哥纳香　3447
披针叶红光树　3985
披针叶厚壳桂　1819
披针叶厚壳树　2546
披针叶黄肉楠　113
披针叶鸡蛋花　5647
披针叶柃　2913
披针叶米籽兰　204
披针叶坡垒木　3666
披针叶鹊阳桃　6363
披针叶三蝶果　3529
披针叶水东哥　6371
披针叶溲疏　2107
披针叶算盘子　3358
披针叶穗龙角木　6248
披针叶乌口树　7228
披针叶吴茱萸　2854
披针叶新黄胆木　5009
披针叶羊蹄甲　915
披针叶杨桐　153
披针叶印茄　3882
披针叶榆绿木　512
披针叶锥　1393
披针窄叶青皮　7597
劈裂洋椿　1415
霹雳州龙脑香　2372
皮埃尔假胶木　3183
皮埃尔木姜子　4314
皮埃尔子京　4460
皮蒂鸭脚木　6446
皮盖罗汉松　5682
皮果柿木　2281
皮洛希藤黄　3253
皮纳杜布白木　6903
皮纳杜布椆　4235
皮纳杜布裴赛山楝　585
皮氏德斯木　2105
皮氏翻白叶　5988
皮氏木瓣树　7810
皮氏苹婆　6836
皮氏坡垒木　3732
皮氏肉托果　6506
皮氏五层龙　6274
皮塔林木　5081
皮塔木姜子　4315
皮耶纳黄檀②　2019
枇杷　2736
枇杷火筒树　4074
片状龙脑香　2361
偏凸滕春木　422
偏肿黄娑罗双　6638
贫脉谷木　4709
平顶番樱桃　2822
平果胶木　5216
平果柃　2914
平果榆绿木　514
平滑杜英　2600
平滑干果木　7789
平滑谷木　4700
平滑厚壳树　2548
平滑米籽兰　254
平滑异翅香　495
平滑重黄娑罗双　6655
平行野茉莉　6894
平行叶蜂巴因山榄　5388
平展龙脑香　2326
平枝相思　46
苹果木　4524
瓶花木　6487
瓶状番樱桃　2784
坡垒木　3700
坡垒叶黄娑罗双　6644
坡氏蒲桃　7134
婆罗布渣叶　4778
婆罗倒樱木　3967
婆罗甘巴豆　4022
婆罗谷木　4682
婆罗虎皮楠　2057
婆罗兰屿加　5149
婆罗拟九节　3170
婆罗蒲桃　6991
婆罗山道楝　6318
婆罗柿木　2197
婆罗算盘子　3338
婆罗假瓣格木　6922
婆罗围涎树　5586
婆罗五桠果　2139
婆罗香木　7513
婆罗蟹木楝　1289
婆罗洲凹顶木棉　1684
婆罗洲贝壳杉　195
婆罗洲船形木　6434
婆罗洲大风子　3792
婆罗洲海茜树　7380
婆罗洲黄肉楠　115
婆罗洲夸斯苦木　6040
婆罗洲龙脑香　2328
婆罗洲罗汉松　5654
婆罗洲缅茄　187
婆罗洲青皮　7572
婆罗洲滕春木　420
婆罗洲藤黄　3192
婆罗洲银叶树　3595
婆罗竹节树　1281
朴树　1433
朴叶白颜　3323
朴叶坡垒木　3682
破布木　1719
匍匐刺柏　3948
匍匐榕　3105
菩提榕　3094
葡萄酒色青皮　7626
蒲葵　4339
蒲桃　7077
普比萨算盘子　3378
普迪罗汉松　5684
普尔彻椆　4239
普尔海茜树　7400
普尔吴茱萸　2878
普格兰蒲桃　7144
普加多香木　5746
普加尔桤叶树　1668
普加节叶枫　761
普加仑臀果木　6023
普金斯榕　3092
普拉克木槿　3621
普拉尼银柴　628
普拉榕　3086
普朗金刀木　5623
普朗肯银柴　627
普瑞海桐花　5605
普氏白木　6905
普氏刺柏　3947
普氏柿木　2284
普氏紫珠　1109
普斯海棠木　1155
普斯血桐　4406
普泰猴耳环　671
普泰里玉蕊　907
普通丁香　6961
普通番樱桃　2853
普通花椒　7819
普通链珠藤　454
普通铁木　5170
普通圆柏　6253
普通子叶枣木　7849
普托拉山红树　5392
普西椆　4240

Q

七叶荚蒾　7651
七叶马蹄榄　5848
七叶树　180
桤叶花楸　6770
漆木　7425
漆树　6233
槭叶翻白叶　5972
奇特斯文漆　6920
奇异榕　3074
恰普拉西木菠萝　768
千贾翻白叶　5980
千贾翼药花　5951
千张纸木蝴蝶　5144
铅灰五月茶　555
浅白木兰　4468
浅白山荔枝　5052
浅白算盘子　3355
浅红柳桉　6575
浅黄海茜树　7386
浅黄青皮　7585
浅裂青皮　7598
浅色黄叶树　7771
浅色娑罗双　6563
浅水藤黄　3205
羌活樱桃　5871
乔达纳椆　4215
乔达纳栎　6073
乔弗巴豆　1789
乔桧　3940
乔加杜英　2606
乔木黄牛木　1766
乔木樫木　2479
乔诺斯冷杉　23
乔松　5540
乔伊木兰　4473
乔状白桐树　1582
乔状杜鹃花木　6188
乔状尖叶木　7516
乔状肉实树　6360
乔状臀果木　6007
鞘柄拟九节　3172
鞘花椒　7823
切莱桃翎木　3983
亲近荚蒾　7660
亲缘巴豆　1783
秦岭冷杉　2

R

日本紫珠　1098
日夜香树　1457
茸毛闭花木　1634
茸毛龙脑　2374
茸毛樟　1554
荣光宝冠木　1036
荣胡恩木麻黄　1400
绒花柳　6297
绒毛野独活　4811
绒蒲桃　7143
绒叶五月茶　567
榕叶玫瑰树　5093
榕叶银柴　614
柔佛坡垒木　3705
柔佛浅红娑罗双　6551
柔和大青　1650
柔滑玉叶金花　4909
柔毛栗木　1357
柔毛鳞花木　4090
柔毛榕　3075
柔叶槭　82
肉桂　1517
肉桂蒲桃　7013
肉桂色水东哥　6377
肉桂铁刀木　1335
肉果海茜树　7389
肉果蒲桃　7163
肉果鱼骨木　1269
肉珊瑚　6362
肉托果叶吴茱萸　2883
肉玉蕊　912
肉质风吹楠　3780
如偃松　5556
乳白海漆木　2938
乳木果　7662
乳状黄檀②　2002
软白簕　5635
软刺马甲子　5255
软大泡火绳　1701
软大青　1665
软杜英　2625
软海棠木　1150
软浆果椵　950
软毛柿木　2260
软算盘子　3370
软斜榄　6330
软鸦胆子　1047
软鱼尾葵　1316
软枣猕猴桃　109
软樟　1537
软枝黄蝉　380
软止泻木　3629
锐齿榴莲　2449
锐齿五桠果　2148
锐角樫木　2473
锐角龙脑香　2322
锐叶藤黄　3248
瑞德阿摩楝　469
瑞德八角枫　345
瑞德番龙眼　5761
瑞德哥纳香　3456
瑞德胶木　5239
瑞德蒲桃　7149
瑞士石松　5532
瑞氏胶漆树　3411
润楠木姜　4300

S

萨伯兰蒲桃　7159
萨博露兜树　5278
萨布大头茶　3487
萨布风吹楠　3778
萨查黄檗　5446
萨哈林忍冬　4351
萨克松榕　3100
萨马岛闭花木　1636
萨马岛海茜树　7405
萨马岛黄皮木　6145
萨马岛黄肉楠　129
萨马岛九节木　5941
萨马岛龙船花　3920
萨马岛萝芙木　6164
萨马岛米籽兰　299
萨马岛水东哥　6416
萨马岛四脉麻　4126
萨马岛藤黄　3258
萨马岛天料木　3662
萨马岛五月茶　557
萨马岛异瓣暗罗　5292
萨马岛银钩花　4876
萨马岛紫金牛　724
萨桑茶树　1186
萨氏榕　3099
萨氏樱桃　5886
萨氏云杉　5500
萨塔乌口树　7250
塞昆橄榄　1242
塞拉黄檀②　2009
塞拉斯算盘子　3344
塞拉塔扁担杆　3520
塞拉五层龙　6258
塞来榄仁　7285
塞米莱三蝶果　3541
塞姆拉羊蹄甲　925
塞纳橄榄　1249
塞纳节叶枫　758
塞纳苹婆　6802
塞内加尔荚髓苏木　2106
塞内加尔金合欢　49
塞内加尔卡雅楝　3964
塞内加尔鳞花木　4099
塞内加尔美登卫矛　4610
塞皮谷木　4718
塞塔扁担杆　3521
塞塔柿木　2286
塞耶蒲桃　7164
赛黑桦　969
赛兰溪沙　1478
赛罗松　5558
赛氏白娑罗双　6712
赛维油柑　5486
三瓣裴赛山楝　590
三宝颜暗罗　5735
三宝颜厚壳桂　1871
三宝颜蒲桃　7209
三宝颜水东哥　6431
三出单室茱萸　4598
三出黄棉木　4743
三出脉桃金娘　6226
三出水团花木　151
三达番樱桃　2840
三打木姜　4321
三对润楠　4428
三对油患子　6465
三萼灰木　6955
三果九节木　5945
三花杜英　2663
三花李榄　4170
三花卤刺树　893
三花柿木　2307
三回蒲桃　7192
三尖杉　1443
三角大青　1660
三角杜英　2582
三角谷木　4690
三角海棠木　1135
三角合生果　4340
三角叶柄果木　4856
三角鱼尾葵　1314
三棱海茜树　7406
三棱栎　7441
三棱三宝木　7446
三裂兰屿加　5162
三裂木防己　1674
三裂血桐　4415
三裂叶白木　6909
三脉枣木　7848
三描礼示巴豆　1804
三描礼示杜英　2674
三描礼示褐鳞木　847
三描礼示吴茱萸　2888
三描礼示紫金牛　736
三槭果　7440
三球悬铃木　5629
三蕊莲桂　2094
三蕊柳　6306
三蕊蒲桃　7190
三蕊算盘子　3385
三色榕　3121
三雄蕊割舌木　7705
三叶番樱桃　2846
三叶乐皮　4087
三叶鲮皮椰子　2780
三叶牡荆　7688
三叶木通　327
三叶蒲桃　7191
三叶秋枫　980
三叶榕　3111
三叶吴茱萸　2886
三叶樟　1544
三翼硬椵　5412
三元椆　4251
三籽桐　6173
伞房臭黄荆　5825
伞房姜饼木　5325
伞房象竹　4581
伞房银钟花　3570
伞谷木　4725
伞花胡颓子　2561
伞花假木豆　2100
伞花马来番荔枝木　4751
伞花马松子　4676
伞花肉豆蔻　4947
伞花赛楠　5077
伞花山胡椒　4153
伞花项链豆　1409
伞花油丹　435

疏花猴耳环 670
疏花黄皮 1602
疏花胶漆树 3397
疏花李榄 4157
疏花美木豆 5419
疏花米籽兰 276
疏花青皮 7614
疏花肉豆蔻 4934
疏花三宝木 7450
疏花蛇丝木 4615
疏花深红娑罗双 6567
疏花水东哥 6407
疏花土楠 2701
疏花序三蝶果 3539
疏花硬椴 5407
疏花紫金牛 702
疏毛蒲桃 7034
疏毛桤木 401
疏散紫金牛 691
疏叶黄娑罗双 6657
疏叶蜡烛木 1929
疏叶吴茱萸 2870
蔬毛浅黄红娑罗双 6687
鼠李锥 1389
鼠尾草叶八角枫 347
束带花山龙眼 3584
束果榕 2999
束花银莲木 1013
束状灰木 6932
束状露兜树 5263
树参 2102
树番茄 1909
树干花米籽兰 312
树干花水东哥 6425
树锦鸡儿 1280
树脂海桐花 5608
树脂黑漆树 4631
树脂栀子 3294
树状百褶桐 5997
树状斑鸠菊 7641
树状扁担杆 3495
树状单室茱萸 4586
树状倒吊笔木 7750
树状倒樱木 3965
树状假山萝 3576
树状九节木 5912
树状凯宜木 1293
树状落尾木 5569
树状蕊木 4027
树状沙针 5171
树状山様子 1057
树状算盘子 3337
树状滕春木 418
树状吴茱萸 2855
树状新斯可 5044
树状野独活 4805
树状银柴 607
树状樱桃 5853
树状紫珠 1092
栓皮栎 6116
栓皮槭 66
栓质翻白叶 5991
双瓣三蝶果 3533
双核褐鳞木 815
双花黄檀② 1973
双花樫木 2484
双花五桠果 2140
双歧毒鼠子 2129
双色澳杨 3636
双色厚壳桂 1825
双色胡枝子 4102
双色三蝶果 3531
双色藤黄 3190
双色血桐 4379
双生榕 3087
双叶金桃木 7758
双翼豆 5398
双翼榄仁 7282
双子叶栎 6061
水东哥 6424
水花蒲桃 6976
水锦树 7733
水柳 3665
水青冈 2969
水青冈叶水团花木 142
水青冈叶五桠果 2144
水青冈状龙脑香 2348
水青树③ 7331
水曲柳 3162
水曲柳③ 3163
水榕 3068
水杉 4744
水生槐 6768
水生米籽兰 211
水松 3418
水同木 3035
水蚤纳樟 1521
硕果五月茶 534
硕桦 955
丝梗大风子 3796
丝口谷木 4717
丝麻胶木 5232
丝状冠瓣木 4353
思贝美登卫矛 4611
斯卡乌口树 7252
斯库特猴耳环 672
斯莱紫金牛 728
斯里兰卡杯裂香 1753
斯里兰卡厚壳桂 1870
斯里兰卡龙脑香 2389
斯里兰卡美木豆 5420
斯里兰卡乌木 2220
斯里兰卡樟 1555
斯里兰卡籽漆 1196
斯莫坎诺漆 1194
斯那山荔枝 5061
斯皮里假韶子 5298
斯皮子京 4464
斯氏鞭草木 4600
斯氏桂木 798
斯氏黄檀② 2034
斯氏库地豆木 1813
斯氏苹婆 6842
斯氏浅红娑罗双 6582
斯氏青皮 7621
斯氏赛罗双 5313
斯氏藤黄 3261
斯氏樟 1545
斯氏栀子皮 3890
斯塔迪五层龙 6276
斯塔翻白叶 5990
斯塔利鸭脚木 6450
斯坦假卫矛 4802
斯特科黄檀② 2040
斯特五桠果 2172
斯韦特柿木 2303
斯维达异木患 398
斯维特施雷木犀 6475
四瓣单室茱萸 4597
四瓣米籽兰 310
四瓣溪杪 1496
四宝核果木 2440
四边娑罗双 6692
四齿榄仁 7304
四翅风车玉蕊木 1709
四方褐鳞木 843
四方沙针 5172
四根大青 1657
四国香槐 1581
四花东星木 978
四花风茱萸 7337
四花天料木 3660
四角杜英 2659
四角风车子 1711
四角海茜树 7401
四角麻楝 1504
四角蒲桃 7187
四聚玉风车 5435
四棱风车子 1712
四棱樟 1551
四裂火筒树 4083
四裂杧果 4553
四脉浅红娑罗双 6572
四蕊单室茱萸 4596
四蕊木奶果 888
四蕊南山花 5844
四蕊朴 1435
四蕊藤黄 3267
四数木 7346
四叶海棠木 1170
四叶金盏树 2104
四叶萝芙木 6166
四籽柳 6304
似棒果香黄娑罗双 6594
似冰片香坡垒木 3688
似锦番樱桃 2829
似栗木姜子 4268
似柃竹节树 1285
似南木槿 3625
似坡垒木 3745
似榕 3103
似山竹谷木 4696
似卫矛沟瓣木 3413
似止泻木 3630
泗水椆 4244
松绿椆 4258
嵩柳 6309
楤木 646
苏巴大泡火绳 1704
苏怀春茶 6234
苏柯胶木 5247
苏拉海棠木 1166
苏拉威西乌木 2204
苏里高杜英 2656
苏里高甘蒲桃 7180
苏里高红豆 5126

T

桃叶灰木　6949
桃叶珊瑚　850
特拉凡科黄檀②　2048
特拉灰莉　2964
特拉胶漆树　3407
特雷波罗密　805
特里厚壳桂　1866
特鲁露兜树　5280
特姆拉蒲桃　7188
特氏海桐花　5610
特氏罗汉松　5691
特氏坡垒木　3750
特斯榴莲　2458
特斯摘亚木　2116
藤黄果　3197
藤黄檀②　1985
藤黄叶链珠藤　451
藤子京　4438
浠文球花豆　5349
浠文铁刀木　1348
替叶牡荆　7687
天然藤黄　3214
天山圆柏　3954
天竺桂　1526
田鼠暗罗　5717
田中琼楠　943
甜米籽兰　237
甜木奶果　869
甜藤黄　3207
甜叶算盘子　3375
甜樱桃　5855
条斑紫柳　6311
条纹白粉藤　1561
条纹黄钟花木　7263
铁刀木　1347
铁刀木　6519
铁冬青　3858
铁杆山黄皮木　6148
铁厚壳桂　1837
铁坚油杉　3962
铁力木　4734
铁米籽兰　243
铁木　5169
铁木鹊肾树　6870
铁木野蜜莓　1883
铁尼番樱桃　2848
铁皮红子木　2760
铁坡垒木　3691
铁杉　7484
铁藤黄　3209
铁乌木　2230
铁线柿木　2231
铁线子　4570
铁锈海茜树　7385
铁锈海桐花　5597
铁锈树　2591
铁血蒲桃　7166
铁樟木　2932
铁质海棠木　1140
铁仔栎　6091
通脉龙眼　2178
同心大头茶　3481
同形鳞片冷杉　9
同形龙脑香　2336
佟氏榕　3117
桐果肥牛树　1440
桐棉木　7351
桐叶杜英　2661
铜色番樱桃　2800
铜色叶米籽兰　231
铜色紫金牛　687
铜叶胶木　5195
头花鱼骨木　1270
头体九节木　5916
头状皇冠果　5440
头状楝木　1732
头状蒲桃　6967
头状四脉麻　4113
透光算盘子　3377
透明榕　3085
透皮柿木　2274
凸生坡垒木　3739
凸状厚壳桂　1867
秃荚遂　7657
突窄叶山荔枝　5050
图布娑罗双　6717
图尔米籽兰　313
图花银钩花　4874
图拉蒲桃　7193
土沉香②　642
土耳其松　5529
土密树　1024
土密树叶闭花木　1615
土氏米籽兰　222
团花　4987
团酸角杆　4613
蜕膜古柯　2763
托达因榕　3119
托克布鲁木　988
托里桃榄　5813
托莫椆　4252
托姆缅茄　192
托塞冠瓣木　4364
托氏蒲桃　7189
托氏重黄娑罗双　6713
托希玛木　7412
托叶灯架木　446
托叶冬青　3864
托叶杜英　2653
托叶厚皮香　7329
托叶黄檀②　2041
托叶米籽兰　304
托叶榕　3104
托叶娑罗双　6707
托叶铁苋菜　58
托叶土密树　1029
托叶五月茶　561
陀螺果　4672
陀螺龙脑香　2386
椭圆巴因山榄　5379
椭圆北榕桂　4602
椭圆闭花木　1619
椭圆柄果木　4849
椭圆澄广花　5131
椭圆大青　1646
椭圆福木　3265
椭圆谷木　4694
椭圆海棠木　1136
椭圆合生果　4341
椭圆核果木　2421
椭圆黄叶树　7768
椭圆灰莉　2955
椭圆鸡眼木　4886
椭圆胶木　5199
椭圆米籽兰　240
椭圆木姜子　4278
椭圆蒲桃　7041
椭圆荛花　7741
椭圆肉豆蔻　4924
椭圆深红娑罗双　6544
椭圆柿木　2229
椭圆水东哥　6386
椭圆形莲桂　2089
椭圆杨桐　158
椭圆叶猴耳环　662
椭圆叶米籽兰　241
椭圆叶青皮　7583
椭圆叶柿木　2225
椭圆叶银柴　611
椭圆叶越橘　7539
椭圆叶紫金牛　692
椭圆鱼骨木　1255
椭圆桢楠　5450
椭圆子京　4440
拓树　1877

W

瓦达努杜鹃花木　6218
瓦尔德蒲桃　7198
瓦尔加胶木　5253
瓦尔斯胶木　5252
瓦拉竹柏　4960
瓦雷杯树莲　5354
瓦里奇黄杨木　1081
瓦力椆　4259
瓦利刺柏　3958
瓦利假卫矛　4804
瓦利希亚松　5566
瓦林越橘　7556
瓦伦瑞拉柿木　2311
瓦氏阿摩楝　472
瓦氏杜英　2672
瓦氏冠瓣木　4365
瓦氏黑漆树　4633
瓦氏黄檀②　2053
瓦氏浆果楝　1557
瓦氏胶漆树　3410
瓦氏坎诺漆　1195
瓦氏木棉　1003
瓦氏蒲桃　7203
瓦氏赛罗双　5317
瓦氏水锦树　7734
瓦氏桃金茶　675
瓦氏羊蹄甲　927
瓦氏油楠　6747
瓦氏摘亚木　2124
瓦斯崖豆木　4839
外毛冬青　3857
弯管木槿　3613
弯曲扁担杆　3507
弯曲蜡烛木　1928
弯曲藤黄　3256
弯曲油柑　5475
弯叶番樱桃　2837
弯叶苹婆　6840
弯枝黄檀②　1958
万丹海漆木　2937

乌坦尼塔海茜树　7407
乌坦尼塔厚皮香　7330
乌坦尼塔李榄　4171
乌坦尼塔米籽兰　315
乌坦尼塔木姜子　4327
乌坦尼塔蒲桃　7195
乌坦尼塔肉豆蔻　4948
乌坦尼塔水东哥　6426
乌坦尼塔异瓣暗罗　5294
乌西花椒　7830
乌西塔胶漆树　3408
乌药　4140
屋久岛杜鹃花木　6222
无瓣杜英　2564
无瓣海桑木　6763
无瓣藤黄　3185
无瓣异叶树　482
无柄八角枫　348
无柄吊钟花　2729
无柄杜鹃花木　6216
无柄杜英　2651
无柄番樱桃　2793
无柄花褐鳞木　842
无柄花蒲桃　7176
无柄花吴茱萸　2885
无柄马蹄榄　5852
无柄蒲桃　7175
无柄山様子　1065
无柄水团花木　150
无柄滕春木　421
无柄新黄胆木　5039
无柄鸭脚木　6449
无柄银丝茶　5646
无柄栀子　3296
无齿黄胆木　4964
无附体重黄娑罗双　6648
无梗番樱桃　2844
无梗谷木　4719
无梗花栎　6096
无梗栎　6111
无梗蒲桃　7165
无梗桤木　412
无梗吴茱萸　2884
无梗叶乌檀　4976
无花果木　3005
无患子　6334
无棘油楠　6737
无脉厚壳桂　1834
无毛扁担杆　3508
无毛柿木　2246
无毛斜榄　6329
无毛鱼骨木　1258
无托叶米籽兰　245
无味小芸木　4793
无叶山柑仔　1276
无叶梭梭木　3572
无翼胶漆树　3392
无翼坡垒木　3671
无翼赛罗双　5304
无翼三蝶果　3530
无忧花　6353
无忧树　6348
无柱重黄娑罗双　6591
吴刺五加　2682
梧桐　3137
梧桐状桢楠　5461
五瓣子楝树　2081
五层龙　6273
五角单室茱萸　4593
五列木　5416
五裂槭　87
五雄吉贝　1423
五雄柳　6298
五雄杧果　4552
五雄蕊海桐　5604
五雄蕊五月茶　552
五雄蕊溪沙　1494
五雄山香圆木　7494
五雄五蕊紫珠　3316
五桠果　2160
五叶柄果木　4853
五叶海棠木　1154
五叶牡荆　7681
五叶牡荆　7686
五叶木通　326
五叶松　5554
五月茶　526
伍德越橘　7559
伍塞斯黄皮　1605
伍氏大风子　3811
伍氏红光树　4012
伍氏算盘子　3365
伍氏算盘子　3390
武吉硬椴　5401
舞者米籽兰　298
雾社黄肉楠　124

X

西波苹果　4525
西伯利椆　4189
西伯利亚桉　2778
西伯利亚松　5559
西伯利亚冷杉　19
西博地白蜡木　3167
西博新木姜　5004
西布瓦紫金牛　727
西藏白皮松　5538
西藏长叶松　5557
西藏刺柏　3957
西藏冷杉　20
西齿橄榄　1213
西达皂帽花　2073
西冬青　3825
西番樱桃　2801
西方决明　6518
西方腰果木　477
西弗槭木　2531
西贡红厚壳木　1162
西贡猴欢喜　6756
西加帕里漆　5337
西科榕　3115
西兰娑罗双　6700
西里伯斯埃梅木　2688
西里伯斯白兰　4757
西里伯斯红豆杉　7256
西里伯斯栎珠梅　1088
西里伯斯檬油木　5065
西里伯斯坡垒木　3681
西里伯斯山篱木　3174
西里伯斯藤黄　3198
西里伯斯铁线子　4567
西里伯斯吴茱萸　2861
西里伯宿萼榄　3574
西里伯香椿　7414
西罗新黄胆木　5014
西马胶木　5243
西马路岛粗丝木　3435
西马路岛核果木　2441
西马路岛柿木　2296
西马洛娑罗双　6704
西门胡颓子　2562
西门黄檀②　2054
西姆赛罗双　5315
西姆樱　5891
西南桦　952
西南泡花树　4659
西南桤木　409
西齐焦蒲桃　7181
西山黄皮木　6146
西斯普毛萼金娘　982
西斯特椆　4214
西索冬青　3826
西索黄檀②　2036
西铁岛翻白叶　5974
西铁岛合欢　7696
西铁岛雷楝　6170
西西妥樟　1518
西洋梨　6029
西洋樱桃木　5861
希比库木槿　3624
希布亚水锦树　7730
希尔塔榉　7834
希拉里灰莉　2953
希拉云杉　5514
希氏苹婆　6843
希佐鳞花木　4098
稀花杜英　2635
稀花水东哥　6421
稀花鹰爪花　755
稀脉号角藤　975
锡金曼森梧桐　4578
锡金琼楠　941
锡金酸薮藤　475
锡兰大头茶　3490
锡兰大叶鼠刺　4031
锡兰榴莲　2452
锡兰杧果　4556
锡兰蒲桃　7210
锡兰润肺木　6873
锡兰娑罗双　6721
锡兰铁青木　5102
锡兰滕柄木　972
锡兰小芸木　4790
锡兰叶轮木　5168
锡兰油龙角木　7433
锡兰仔榄树　3787
溪畔胶木　5241
溪桫木　1475
膝曲龙脑香　2349
喜马拉雅红豆杉②　7261
喜马拉雅虎皮楠　2061
喜马拉雅山柏木　1892
喜马拉雅山冷杉　16
喜马拉雅铁杉　7485
喜马拉雅榆　7511
喜树　1199
细苞核果木　2437

腺硬椴 5400
腺柱龙脑香 2350
腺状榕 3045
相思树 30
相思围涎树 5584
香暗罗 5704
香臭黄荆 5834
香椿 7419
香倒缨木 3970
香冬青 3832
香榧 7421
香厚壳桂 1822
香虎皮楠 2071
香花暗罗 5726
香黄果青皮 7609
香黄果藤黄 4528
香灰莉 2957
香荚蒾 7659
香樫木 2498
香兰 751
香露兜树 5264
香马松子 4675
香杧果 4549
香米籽兰 274
香木姜子 4309
香木犀 5147
香苹婆 6813
香坡垒木 3725
香蔷薇 6246
香榕 3081
香肉豆蔻 4926
香润楠 4430
香水米籽兰 284
香桃木 4956
香甜橙榄 1563
香甜杨 5783
香甜羽叶楸 6858
香臀果木 6013
香味异翅香 501
香乌口树 7237
香吴茱萸 2856
香杨 5775
香洋椿 1419
香叶海棠木 1132
香叶金叶子 1754
香叶榴莲 2456
香依兰木 1201
香银钩花 4869
香樟 1516
香杖木 2733
香脂蒲桃 6982
香脂苏木 1715
香脂娑罗双 6622
香紫金牛 693
响叶杨 5767
象牙相思 31
橡胶树 3612
橡叶乌口树 7245
消失野桐 4496
小苞澄广花 5128
小苞厚壳桂 1827
小苞樫木 2487
小苞片白娑罗双 6600
小孢浅红娑罗双 6566
小杜英 2640
小萼番樱桃 2825
小萼银柴 621
小梗合欢木 364
小构树 1032
小果棒柄花 1608
小果扁担杆 3522
小果布渣叶 4786
小果沉香② 641
小果冬青 3845
小果柑橘 1576
小果核果木 2430
小果猴耳环 669
小果咖啡 1688
小果榄仁 7296
小果杧果 4546
小果蜜茱萸 4650
小果榕 3072
小果山黄皮木 6137
小果藤黄 3234
小果五月茶 544
小果溪杪 1491
小果洋椿 1417
小果洋橄榄 2676
小果锥 1369
小花暗罗 5719
小花船形木 6439
小花杜英 2621
小花风茱萸 7336
小花红豆 5123
小花红胶木 7472
小花黄檀② 2016
小花马来番荔枝木 4750
小花帽柱木 4861
小花玫瑰树 5096
小花米籽兰 269
小花牡荆 7679
小花木瓣树 7808
小花木姜子 4303
小花木榄 1051
小花木奶果 881
小花苹婆 6834
小花槭 81
小花青皮 7604
小花琼楠 935
小花髯管花 3311
小花软坡垒木 3715
小花三蝶果 3543
小花臀果木 6020
小花五桠果 2159
小花硬坡垒木 3727
小花鱼骨木 1267
小花子楝树 2084
小花紫矿 1070
小花紫薇 4048
小锯齿安息香 6895
小楷槭 100
小坎诺漆 1192
小肋龙脑香 2340
小肋蒲桃 7025
小鳞浅红娑罗双 6553
小瘤杜英 2665
小瘤龙脑香 2385
小脉槟榔 740
小脉夹竹桃 2470
小脉木奶果 868
小毛赛罗双 5316
小木奶果 877
小囊杜英 2655
小盘木 4787
小球榴莲 2467
小丝杜英 2572
小丝风茱萸 7333
小丝红胶木 7465
小穗海棠木 1168
小穗羊蹄甲 920
小头谷木 4685
小头嘉赐 1320
小头相思 40
小腺暗罗 5705
小腺冬青 3846
小叶巴因山榄 5386
小叶白蜡木 3154
小叶白颜 3326
小叶步泥漆 1009
小叶刺榄 7785
小叶大沙叶 5371
小叶灯架木 441
小叶杜英 2622
小叶番樱桃 2820
小叶褐鳞木 834
小叶红胶木 7473
小叶虎皮楠 2067
小叶黄杨木 1076
小叶胶木 5223
小叶柃 2920
小叶龙船花 3900
小叶罗汉松 5656
小叶杧果 4551
小叶毛茶 572
小叶米籽兰 282
小叶木瓣树 7809
小叶木姜子 4304
小叶朴 1424
小叶浅红娑罗双 6565
小叶青皮 7613
小叶榕 3002
小叶赛罗双 5312
小叶山様子 1062
小叶山竹 3251
小叶水团花木 146
小叶藤黄 3200
小叶臀果木 6017
小叶溪杪 1492
小叶新木姜 5000
小叶杨 5782
小叶油楠 6741
小叶榆 7506
小叶枣木 7843
小叶子弹木 4846
小叶子楝树 2083
小芸木 4794
小枝贝叶棕 1744
小柱陷毛桑 5818
肖蒲桃 103
肖乳香 6460
楔形恩曼火把木 7710
楔形番樱桃 2799
楔形核果木 2420
楔形莲桂 2087
楔形肉托果 6496
楔叶胶木 5194

椰子 1677
耶路撒冷栎 6101
野波罗密 781
野茶树 1187
野核桃 3929
野榴莲木 1878
野杧果木 4555
野茉莉 6889
野牡丹 4637
野禽尾龙脑香 2331
野榕 3130
野肉豆蔻 4925
野生匙羹藤 3558
野生杜英 2657
野生风吹楠 3782
野生橄榄 1246
野生漆树 6231
野鸦椿 2930
叶柄山龙眼 3586
叶甲榕 3031
叶连杜英 2590
叶绿海棠木 1137
叶氏大风子 3812
叶氏兰屿加 5163
叶氏紫金牛 735
叶索粘木 3892
叶下油柑 5488
叶状杜英 2629
叶状算盘子 3376
夜花 5079
夜香树 1458
腋脉鮎目树 3565
伊安青皮 7595
伊波特槟榔 742
伊尔油楠 6739
伊卡斯蒲桃 7040
伊拉托扁担杆 3501
伊里加樫木 2505
伊里加蒲桃 7073
伊里加越橘 7543
伊里喃喃果 1901
伊里肉豆蔻 4931
伊利亚风吹楠 3768
伊罗辛水东哥 6391
伊洛戈厚壳桂 1842
伊洛戈樫木 2504
伊洛戈木姜子 4290
伊洛戈五月茶 537
伊洛戈紫金牛 697
伊洛蒲桃 7074
伊洛伊米籽兰 252
伊内肉托果 6500
伊尼科坡垒木 3690
伊诺洋椿 1416
伊瑞安坡垒木 3704
伊莎贝闭花木 1624
伊莎贝蒲桃 7075
伊氏黄娑罗双 6647
伊氏榕 3027
伊氏野桐 4520
伊图曼藤黄 3221
伊瓦紫金牛 698
依氏蒲桃 7039
依氏算盘子 3356
疑真露兜树 5260
以色列栎 6071
蚁形新黄胆木 5016
蚁血桐 4388
椅杨 5788
异瓣暗罗 5285
异常木姜子 4264
异翅合生果 4344
异萼胶木 5209
异萼五桠果 2147
异果巴豆 1787
异嘉陵花 5764
异色硬椴 5404
异形山龙眼 3581
异形蛇藤 1706
异形藻蒲桃 7168
异序乌桕 6341
异叶北榕桂 4603
异叶大风子 3799
异叶杜英 2603
异叶桂木 764
异叶红光树 3997
异叶红胶木 7464
异叶绢冠茜 5792
异叶兰屿加 5155
异叶裸石木 3560
异叶木犀 5148
异叶南洋杉 657
异叶赛楠 5070
异叶玉叶金花 4903
异翼青皮 7593
异种木莓楝 7630
异株褐鳞木 822
异株木犀榄 5103
异株商陆 5492
异株银柴 610
易生老鸦烟筒花 4840
意拉特木 2678
翼柄蒂氏木 7274
翼萼栀子 3292
翼状葫芦树 1777
翼状榄仁 7278
翼状鳞花木 4089
翼状柿木 2188
翼状卫矛 2889
翼状五桠果 2133
翼足五桠果 2162
因纳基红冠果 375
因诺刺人参 59
因斯肉豆蔻 4930
因特塔坡垒木 3703
因瓦厚壳桂 1845
阴沉油柑 5467
阴生木姜子 4326
阴香 1515
银白栗木 1354
银杯萼椴 1037
银背巴豆 1778
银杜英 2570
银合欢 4106
银桦 3492
银荆白娑罗双 6618
银荆柯 4198
银荆栎 6056
银栎 6046
银落尾木 5570
银毛树 4729
银毛锥 1360
银米籽兰 212
银牛柿木 2192
银娑罗双 6589
银杏 3322
银叶深红娑罗双 6538
银叶锥 1361
银紫丹木 7424
隐脉九节木 5932
隐脉栀子 3288
隐形樟 1522
隐叶厚壳桂 1864
隐翼木 1817
印度大沙叶 5367
印度冠瓣木 4366
印度海漆木 2939
印度含笑 4771
印度合生果 4342
印度花椒 7829
印度黄檀② 2037
印度夹竹桃 5063
印度樫木 2514
印度老虎刺 5971
印度龙脑香 2329
印度萝芙木 6165
印度马兜铃 750
印度杧果 4539
印度七叶树 182
印度苘麻 25
印度三尖杉 1446
印度山道楝 6320
印度藤黄 3220
印度田菁 6533
印度乌木 2266
印度五桠果 2149
印度香木 7566
印度榕 3029
印度血桐 4396
印度越橘 7542
印度杂脉藤黄木 5693
印度枣木 7840
印度摘亚木 2114
印度锥 1374
印度子京 4441
印度紫檀 5956
印马黄桐 2706
印尼钩藤木 7512
印尼黄檀② 1954
印尼山榄 5616
英格斯因加豆 3877
英国榆树 7508
樱桃 5859
樱叶榄仁 7310
鹰香木 185
鹰爪花 753
楹树 351
瘿椒树 7227
硬扁担杆 3523
硬谷木 4692
硬红千层 1116
硬花山龙眼 3587
硬黄杞 2715
硬黄桐 2709
硬姜饼木 5331
硬壳海棠木 1161

Z

商用木材地方名索引

（按英文字母顺序排序）

A

aaban　7164
aabang　2834
aai　7698
abahungon　6551
abalu　1254
abanasi　2257
abang　4960；6535；6595；6664；6688
abang abang　5144
abang bulu　6556
abang damar karaputup　6565
abang gunung　6559；6567
abang lerai　6556
abang sanduk　6568
abang uloh　6604
abang-abang　759
abangalt　6670
abas　5910
abas duendes　3368
abaungon　6564
abbihal　6923
abedul asiatico　955
abedul de china　968
abedul de japon　957
abedul de mongolia　956
abedul enano　965
abedul europeo　968
abedul indico　952；970
abedul japones　963；966
abedul ruso　964
abele　5768
abemaki　6063；6116
abete bianco siberiano　14
abete cinese　21
abete del caucaso　15
abete della corea　12
abete d´oriente　5510
abete momi　7
abete nikko　9
abete pindrow　16
abete russo　19
abete sachalin　18
abete siberiano　19
abeti del giappone　9；18；24
abeti della corea　8；14；24
abeto de china　21
abeto de corea　12
abeto de himalaya　20
abeto de manchuria　8
abeto de maries　13
abeto de nordmann　15
abeto de yunnang　5
abeto japones　7；18
abeto nikko　9
abeung laut　5178
abiang　4336
abie tamak　7617
abigon　5969；6829
abkel　5608
abnos　2221
abnus　2221；2257
abo-abo　1636
aboh　7625
abotes　7601
abricotier　5854；5877
abrikoos　5877
abrikozenhout　5854
abuab　4355
abubuli　2488
abulug malaruhat　6963
aburachan　4149
abura-giri　377
aburakiri　377
abura-sugi　3962
acacia　29；30；32；38；6314
acacia de constantin opla　356
acacia de rusia　1280
acacia del japon　6886
acacia indiana　28
acajou amer　1419
acajou ameubles　1419
acajou de st. domingue　6912
acajou d´indochin　4631
acajou du cambodge　3599
acajou du honduras　6911
acajou mahogani　6912
acajou pays　1419
acajou rouge　1419
acajou senti　1419
acapulco　6512
acebo　3822
aceite de maria　1124
acero asiatico　102
acero campestre　66
acero giapponese　67；69；70；76；80；83；88；93
acero loppo　66
acero montano　90
acero russo　74
ach sat　1040；1045
acha　3575
acha maram　3575
achajhada　4889
achar　1059
achara　5515
achata　6947
achin　5647
achiote　981
achki　2160
acho　6136
achoti　981
achuete　981
ack　4888
acle　349；365
acleng-parang　357
acomat batard　4583
actephila　108
actinodaphne　126
ada pohon puak　2954
adaan　365
adada　5169
adadodai　3959
adagan　7601
adagei　3095
adak　2548
adakka　739
adal　6330
adal maya maya　1226；1236
adalai　3926
adali　3133
adaliphuna　7704
adaluharalu　3925
adamaram　7284
adamboe　4051
adampa　896
adamsapfel　4571
adang　7001；7056
adanga　3664
adasai　7639
adat　1766；2694
adau　2694
adavi　3282
adavi atti　3052
adaviaamud amu　895
adavibadamu　3601
adavibenda　25
adavibende　7352
adavi-ganneru　5648
adavigorante　2765
adavigummadi　3420
adavimaamidi　6781
adavipratti　7352
adaviteeku　7264
adaviyippa　4441
adbaubordi　7842
adda　927
addatiga　927
addi　2548
addula　2548
adeku　2820
adelfa　5064
adelgran kaukasisk　15
adenanthera　139
adenopoda poplar　5767
adenopoda poppel　5767
adenopoda populier　5767
adeu　4362
adganon　7679
adgau　5839
adhauari　4048
adiangau　195；203

akyawsi-bin 3305
al 4888
alaban 7684
alabihig 759
alafat etem 4513
alagasi 4113
alagau 5834
alagau-dagat 5825
alagau-itim 5821
alageta 5423
alagjaie 28
alahan 3538
alahan-kal auang 3536
alahan-mabolo 3545
alahan-mangyan 3540
alahan-puti 3534
alahan-silangan 3542
alahan-sin ima 3546
alai 1052；3884；3885；4519；5345
alakaag 5824
alakaak 5203
alakaak-pula 5183
alakaak-puti 5205
alakaak-ti los 5199
alalangac 365
alalud 5611
alam 6566
alamag 206；278
alamo adenopoda 5767
alamo balsamico japones 5769
alamo bangikat 5771
alamo blanco chinesco 5785
alamo cathayana 5770
alamo charab 5774
alamo chinesco 5776；5782；5784；5787
alamo chinesco de wilson 5788
alamo de corea 5775；5778
alamo euramericano 5789
alamo fastigiata 5782
alamo japones 5781
alamo negro 5779
alamo negro ruso 5779
alamo ruso 5777
alamo siebold 5781
alamo temblon 5786
alan 1350
alan bunga 6572
alanagni 4928
alangas 3051
alangium 335
alangnon 541；552
alari 5063
alas 4791
alasa 775
alasan 808
alasan-pula 807
alas-as 5269
alash 1338
alasippu 2095
alat 3742
alatat uding 6762
alatin 2109
alauihau 230；2403；5760
alaw 2355
alay 1052
albaricoqu ero 5877
albaricoquero 5854
albero cincona 1509；1510
albero della vernice 4014
albero di giuda 1452
albero di paradiso 321
albero di sonno 356
albero divernice 6233
albicocco 5854；5877
albon 5607
alcock spruce 5495
alcock-gran 5495
alem 4628
aleppo pijn 5541
aleppo pine 5541
alerce chino 5898
alerce dahuriano 4062
alerce de china 5898
alerce japones 4064
alerce siberiano 4066
alexandrian laurel 1145；1173
algarrobo 6314
algodon de manila 1423
alha seraja 405
alha tsornaja 403
ali 2057；4888
ali-ali 5883
aliayan 4655
alibangbang 919
alibobo 107
aliboufier benjoin 6890；6896
alibutbut 7215
alifambang bunga 2706
alifen batu 2444
aligango 3815
aligpagi 5443
alilem 7293
alim 640；4508；4535；4550
alimani 4508
alimau 1573
alimba 2573
alimpai 1781
alimpapang an 4011
alinau 2211；3520
alingi 6188
aling-liit an 2067
alinjil 347
alintatao 5434
alintubo 6611
alipata 2936
alipatsau 6009
alipauen 444
alisnat 2721
aliso blanco 405
aliso de formosa 407
aliso japones 407
aliso napolitano 400
alitagtag 1063
aliuak 2276
allacede 7696
alladi 4888
allamanda gida 380
alleban 6939
allemandat heega 380
alleri 4888
alligator pear 5423
alloro 4068
allouchier 6028
allpeyar 3508
almaciga 203
almendrero 5862
almi 919
almmon 6578
almon 5311；6534；6635
almon lauan 6635
almond - lea ved willow 6306
almond-tree 5862
almonlauan 6635
aloal 1324
aloang canaysa biet 331
aloang don do 2705
aloang man bau 4391
aloang tang 7430
alodig 6865
aloe 2936
aloes 4758
aloeswood 640
aloewood 640
alom 4628
alomangoi 2687
alpam 7355
alpear 3508
alpen pijn 5532
alpom 7355
alsiis 595
altijdgroe ne indischeeik 6109
alua 4888
aluan sacoi 880
aluan te he 4787
aluau 5062
aludel 791
alui 246
alukba 4601
alum 4628
alupac 2179
alupag 2177；2179
alupag-lalaki 2177
alupag-maching 1928
alupai 2179
alupi 7296
alvarez ataata 2189
alvarez kalimug 6372
alvarez malaruhat 6971
alvarez tagpo 676
alvarez tambalau 3986
alvier 5532
alyung 2453
ama pyinkado 7793
amaet 7815
amaga 2196；2264
amagasi 4108
amahadyan 993；5570
amahayan 993
amahazan 5570
amaitan 3323
amakanniyam 2987
amalai 383
amalguch 5858
amali 7224
amamahi 7663

andaman padauk 5952；5957
andaman padaukwood 5952
andaman pyinma 4041
andaman pynma 4041
andaman redwood 5952
andara 3792
andarasa 4123
andarayan 6163
andaupong 1462
andee 4515
ander langir 6122
anderi 2352
andi 4892
andiparuppu-nut 477
andipunar 1282
anduga 1006
anduk 4972
anduli 2206
anedhera 347
anemene 6522
anepadu 927
anetantuva luka 6127
ang kea dey 6531
ang kol 345
anga 436
angan 3157；5825
angana 7389
angar 1812
angarakana 4900
angar-angar 1812
angaravalli 1659
angaria 5456
angas 6507
angas gimpalang 899
angas keraut 899
angas lakai 899
angathuan 335
angavriksha 891
angelo 3500
angerih 2411
anggelam batu 6655
anggelam tikus 6682；6719
anggelem 3713
anggerit 5029
anggi 2410
anggrit 5023
angguk 1781
angico-preto 138
angies 7311
angilaan bilu 2953
angilan hutan 5734
angilao 3500
angin laut 1399
angkak 3463
angkak-lap aran 3463
angkala burong 120
angkanh 6519；6522
angke fulus 2312
angkea 5083
angkel 6519
angkier bohs 4840
angki-e-u 7432
angkol 1294；1295；2804
angkol doi 2804
angkola 1437
angkot khmau 2195；2221
anglai 3885
anglip batu 1245
angloh 310
angoh paya 6248
angrit 5023
angset 3543
angsoan 1341
angurak 5880
ani 2748；5282
aniam 549
aniam-gubat 563
anian 3575
aniatam 1614
aniatam-initlog 1631
aniatam-kitid 1611
aniatam-mali 1617
aniatam-pampang 1630
aniatam-tilos 1612
anibong 5110
anibong-gubat 5108
anibong-laparan 5109
anibong-liitan 5107
anibony 1318
aniguip 1094
anii 2748
anilai 4368
anilanu 1691
anilao 3500
anilau 1703
anilau-lal aki 1697
anilau-pan tai 1692
aniles 3875
anilis 3876
animaram 3634
aningat 1848
aninguai 6482
anino 2877
anipadu 927
anipla 7413
anis etoile 3872
anislag 6490
anitai 1702
anitap 4385
anjalakat 3014；3084
anjan 3575
anjani 4725
anjarapai 2098
anjarubi 790
anjili 776
ankara mula 2762
ankhria 3628
anki-e-u 7432
an-koe 1080
ankol 347
ankule mara 347
anmadat 7279
annam podoberry 5652
annam-mahagoni 304
annatto 981
annavananni 1324
annesijoa 503
annonas 510
anobiling 796
anoe 379
anogeissus 514
anolang 5287
anolang-dagat 5290
anolang-haba 5289
anolang-iloko 5285
anonang-la laki 1718
anongo 7493；7495
anongong-isahan 7497
anongong-kapalan 7493
anongong-sikat 7493
anoniog 3756
anonot 6484
anoran 1662
anose 1282
anosep 4844
anot-ot 1593
anreyjan 1929
ansa 276
ansall srou 2617
ansandra 33
ansang ansang 2346
ansanut 6740
ansaroli 347
ansunah 6485
ansurai 2355
antalun 7281
antarike 52
anteng 195；1228
anthocarapa 5896
anthochini 52
antiariopsis 523
antimau 2995；3039；3042；3069；3105；3109；3124
antipolo 762；765；770；782；805
antsoan-dilau 6521
antsoan - dilau candelillo 6521
antsoan-ha luan 1340
antsoan-mabolo 1341
antuanrak 4469
anubing 793
anuling 1437
anuntus 4803
anupag 1623；1633
anupushpaka 923
anuqua 2553
anuyup 1108
anyi 662
anyit 5312
anyus 3422
ao ada 3844
ao damo 5431
ao giri 3137
aobiso 24
aodamo 3167
ao-damo 3167
aogashi 5427
aohada 3844
aokago 113
ao-kago-no-ki 122
aoki 850
aokiba 850
aokiri 3137
aomorigan-gran 13
ao-shina lime 7371
aotago 3161
aoud ech-chouk 3822
ap anh 1425
apain 684
apaipai 1270
apalang 979；5623

armand-tall 5527
arme 5570
armu 3300
armwe 5570
arni 6849
aro 3025；3126
aro mambang 5817
arohm 6791
aroho 1399
aroma 32；5846
aromang lagkitan 53
aromata 1605
arosep 535
arosip 537
arrangen 3176
arrayan 982
arrete-boeuf 5351
arrida 1196
arsol 7684
arsual 1336
art-cypress 1466
artocarpa 778
artocarpe 762
artscha 3940
aruas 6557
arugadam 7030
aruing 6644
arumbidon 6235
aruni 1021
arupag 2179
arusa 3959
arusha 3959
arut 5054；5062
aryan-wenbriy 6769
asaas 3158
asada 5169
asagara 3570
asahan landak 1434
asakka 5093
asam 853；7224；7348
asam damaran 4553
asam gelugor 3186
asam jorbing 854
asam kumbang 157；3769；4130；4553；5326
asam pupy 6367
asam rabah 4538
asam-asam 1239；5239
asana 1025；1029
asanah 5958
asano 1025
asanohakaede 63
asap 4920
asar 4783
asas 3912
asasala 4289
asas-asas 3911
asas-laparan 3917
asat 259
asau 2762
asebi 5523
asem 7224
asem bulet 7462
asember 7686
asember tiy 2398
asgoro 6444
ash 3155；3156；3159；3162
ashanke 6348
asheta 6758
ashintrao 923
ashitri 923
ashopalava 6348
ashuge 6348
asian bulletwood 4844
asiatic ash 3155；3162；3167
asiatic birch 955
asiatic dogwood 1733；1735
asiatic ebony 2605
asiatic elm 7505；7507
asiatic li me 7372
asiatic lime 7372
asiatic longleaf pine 5557
asiatic mangrove 6179；6180
asiatic maple 102
asiatic poplar 5770
asiatic rosewood 1947；1948
asiatic sau 356
asiatic silktree 356
asiatic wild fig 3108
asiatiscbes gelbholz 4372
asiatisk alm 955；7505；7507
asiatisk bjork 955
asiatisk lind 7372
asiatisk lonn 102
asiatisk palisander 1947；1948
asiatisk tall 5557
asiatisken 3940
asilum 2678
asina 6695
asin-asin 1431
ask 3164
asni 7361
asogam 6348
asondaro 923
asp 5786
asphotaka 379
asreli 7226
assam 4550
assam rubber 3029
assam rubbertree 3029
assan 5958
assem 7224
assember 7667；7686
assothi 5715
asthura 919
asugi 7217
asuhi 7361
asul 7226
asunaro 7361
asundro 923
asupal 5715
asupala 6348
asuson 6392
asvakarnah 7303
asvamaraka 5063
aswat 3094
aswathom 2987
ata-ata 2259
ataatab 6513
atai-atai 3491
atal 4900
atalai 3926
atalba 7658
atalotakam 3959
ataraan 6590
atcapali 6852；6857
ateang 3645；3691
atemoya 505
ates 511
atha 3133；4734
athalanghi 3133
athambu 1070
athambuvalli 1070
ati 4967
atiau 6041
atibala 25
atig 396
atikoko 7272；7676
atilma 2225；2245
atimang 6792
atimla 1101
atimlang-h aba 1095
atimlang-itim 1104
atimlang-kapalan 1105
atipan 2884；7343
atjeh podoberry 5653
atkaparas 1277
atkuri 7750
atmahayan 4673；4677
atmatti 922
atoto 2847
atpai 7624
atruahayan 4673；4675
atsel 7226
atta 511
atta nocchi 7674
atta vanji 520
attajam 5103
attam 6695
attamba 4556
attampu 896
attapatti 4841
attarodan 60
atteang 3691
atti 923
attimara 3093
attimaram 3093
attu 52
attuchankalai 3790
atui 2327
atuna 849
atundi 1710
auanagin 7785
aukchinsa 2224；2485
aukchinsa-ni 472
aukchinza 2485
aukkyu 979
aukkywe 979
auku mintola 6690
aulanche 2206
aulne glutineux 403
aunasin 720
aune du formosa 407
aune japonais 407
aune noir 403
aunefeuillesen coeur 400
aung-aung 2475

bagbog 2440
bagdal-namu 969
baggao 1565
baghankura 347
bagil 625
bagilumbang 6173
bagilumboi 7200
bagin 5349
baginabot 2522
bagiraua 7308
bagiroro 137；1341
baglal 4305
bagli 774
bagna 979；3385
bagnang-ab ohin 3342
bagnang-gu bat 3371
bagnang-la paran 3350
bagnang-ma bolo 3386
bagnang-pula 3380
bago 2582；3423
bagoadlau 7782
bagobahi 4687
bagobalong 495
bagodan 7627
bagodilau 5036
bagohangin 7098
bagohian 7139
bagomaho 5797
bagombis 7068
bagosantol 6322
bagotambis 7083；7164
bagphal 6531
bagtikan 5316
bagtungoi 7152
bagu 3423
baguatsa 3731
baguilumbang 6173
bagulangog 1712
bagulibas 2499
bagun 3512
bagunarem 4049
bagunaum 4049
bah 7127
baha 2103
bahai 137；3982；5115；6689
bahai-lapa ran 5118
bahamb 6781
bahan 5774
bahan poplar 5774
baharu 5401
bahawa 1338
bahay 3555
baheneng payo 3582
bahi-bahi 4112
baho 7296
bahuhu etem 6792
bahuhu uding 6793
bahupada 2996
bahupatra 5488
bahupatri 5476
bahupraja 1018
bahurlo 1723
bahut 6700
bai bai 4487
bai canh 6837
baiang 2921
baibat 5739
baibedanga 2695
baibrang 2695
baibya 1775
baichi 3138
baid 5802
baigoba 3925
baikal 4610
bailewa 6883
bailey gusokan 7245
baing 7346
baingani 5172
bainsa 6304
baiogo 367
baiosa 6304
baira delok 3045
baira silai uding 3126
bairadah 6181
bairola 1726
bairsing 6860
bais 6304
bait 2179；2907；7774
baitaog 1145；1173
baitis 5376
baitya-gar jan 2339
baiukan 5311；6566
baja 6183；6250
baja rawang 5949
bajan 2340；2363；2381；2382；4020
bajan halus daun 2388
bajan paya 4020
bajan perupok 4362
bajan tuwung 2376
bajan uhit 2341；2382；2388
bajarnali 7822
bajoer 5981
bajor 5981
baju-baju etem 2247
bajun 6595
bajung 7462
bajur 5515；5976；5981
bajur djawa 5981
bajur gunung 5974；5981
bajur sulawesi 5974
bajwaran 2903
bak 491；6531
bak sayang 7127
bakad 6006
bakah 2201
bakalao 2179
bakalau 302；2179；5059
bakam 862
bakan 1228；4313
bakang 6364
bakanhak 7361
bakani 2570
bakan-ihalas 4315
bakan-mabolo 4325
bakans 2817
bakapu 1086
bakapushpa 6531
bakas 3959
bakau 1048；1049；1050；1051；1052；1455
bakau lali 1454
bakau padang 5644
bakauaine 4368
bakauan 1455
bakayau 1625
bakayau-dilau 1625
bakbahan 3828
bakbakan 6567
bakeles 2179
bakeni 4840
baket 1728
bakig 2916
bakkalau 2179
bakko yanagi 6282；6283
bakla 513
bakli 4048
baknitan 6551
bakoi 1254
bakolod 6974
bakoog 1228
bakora 3897
bakubal 3471
bakuchinoki 5874；5895
bakugan 2510
bakunib 4282
bakurung 6815
bakutjolan 274
bakwiet 4599
bala fatah 4938
bala palah 4938
balabak 6564
balabian 3882
balabo 2316
balacat 7847
balacbacan 6948
balagango 6908
balage 7664
balagi 5693
balagnan 6478
balagunike 2261
balahiau 191
balahib 1109
balai 2257
balakat 7847
balakat dinanglin 7838
balakat-gubat 6343；6344
balakauin 4999
balakbak 6532；6611；7207
balakbakan 6948
balam 2345；2717；4434；4465；5223；5228；5254；5381
balam abang 5207
balam bakalu 5242
balam beringin 5382
balam bintungan 6361
balam buju 974
balam bunga 5378
balam durian 5248
balam epung 5220
balam hitam 5243
balam jangkar 5254
balam kadidie 5387
balam kapur 5378
balam kerang 5378
balam ketawa 5187
balam keyel 5377
balam lebu 5248
balam mayang 5220
balam mer-ah 4465

baluyung 6744；7696
bamanhati 1659
bamari 1021
bamaw 6257
bambangan 4550
bambwe 1293
bamenia 3298
bamitan 4749
bam-namu 1355
bamura 43
ban 3126；3419；5774；6070；6765
ban ludar 5515
ban oak 6070
ban pindalu 3282
ban xe 359
bana bahan 5774；7811
banaasi 4900
banagau 1725
banago 1725
banahao katagpo 5914
banahao malasaging 215
banahao podoberry 5686
banahl 7428
banai-banai 367；6124
banai-banai-linis 6124
banak 3359
banalo 1725；7353
banalounga 4367
banalu 7353
banalutan 5720
banaog 7432
banaoi 2424
banapu sajad 7278
banar 1334
banarish 3157
banas 5956
banasampa 501
banasi 4897
banata 1582
banatha 6875
banati 4366
banatie 4366
banatong-puti 4502
banau 7432
banaui 2424；3658
banborla 4322
banbugri 1411
bancal 4963；4966；4972
banchalita 4076
banchilla 3634
bancoran anuling 5574
bandara 3816
bandarhulla 2445
bandarledu 3279
banderhola 2445
bander-siris 2004
bandhuka 3897
bandhukamu 3897
bandi guruvenda 139
bando 1070
bandordema rangirata 2485
bandriphal 470；587
ban-eik 6070
ban-ek 6070
banen 5707
baneti 2319
bang 4787
bang all 106
bang cou 285
bang iam 4037；4053
bang khuoi 2323；2339
bang lang 4033；4053；4054
bang lang cheo 4037
bang lang cuom 4033
bang lang muoc 4038
bang langoi 4036
bang langtia 4040；4044
bang xe 359
bangaban 6557
bangan 1375
bangang 4979
bangar 5700
bangas 4197
bangat 5969
bangayas 7287
bangbi 899
bangerom 2730
banghkri 2610
bangikat populier 5771
bangirai lintang 6560
bangka bukit 983
bangkahasi 4026
bangkal 2103；4971；4977；5013；5031
bangkal kuning 4977
bangkal merah 5013；5029
bangkal udang 4977
bangkalaguan 7283
bangkalandi 6723
bangkalauag 7293
bangkalauan 7150
bangkal-in alon 4978
bangkau 6182
bangkawang 4581
bangkiai 1713
bangkirai 2252；3713；3718；3729；3742；6542
bangkirai amas 3677
bangkirai batu 3689
bangkirai bulau 3713
bangkirai danum 3667
bangkirai emang 3677
bangkirai kahuwut 3713
bangkirai mahanamum 3692
bangkirai padi 6548
bangkirai tanduk 3713；6702
bangkiring payo 2495
bangkoh 7801；7804；7806
bangkok teak 7264
bangkong 779
bangkongan 6123
bangkoro 4884
bangkulat 4164
bangkulatan 3825
bangkunai 6932
bangkurung 6804
banglad 3507
banglang 4033；4035
bang-lang 4054
banglis 7287
bangluai 5863
bangnon 6943
bangoran 3683
bangoron 3683
bangro 6464
bangseng item 2643
bangulo 2094；4284
banh lanh 4037
banhot 1699
bani 6070；7610
bania 6569
baniakau 1838；3683
bani-bani luam 2953
banig 7771
banilad 1703；6806
baniran 4815；5045
banitan 3356；3470；4529；4870；5696；5709；5714
banitan gading 6256
banitan hitam 5714
banitan putih 5706
banitan tepis 5709
baniti 2319
banitlong 1634
banj 6070
banj katus 1374
banjado 895
banjai 1648
banjamir 106
banjar 6108
banji 4025；6058
banjiro 5910
banjutan 6677
banjutan jangkang 3709
banka 7843；7845
bankajana 3517
bankal 4972；5014
bankalla 5982
bankapas 7352
bankawang 5325
bankhor 182
bankimu 89
banknor 182
bankopas 4032
banks dusong 7530
banlag 7804
banlaunga 4367
banmahuva 4441
banna 7678
bannang 5067
bannimara 47
bannu 1688
banogan 5453；5461
banoi 6765
banokbok 5800
banpalas 6475
bansa 362；3959
bansalagin 4846；5623
ban-simar 6452
bansiu 5011
bansurai 2355
bantahon 6689
bantalafai delok 2653
bantalafai uding 2637
bantaleng 1768
bantana halah 212
bantaogan 1135
bantareeut 6113
bantas 1438；1439；5045

batkarar 1425
batlatinau 2230
batmai 7018
bato-bato 2433
batoh pranuk 866
batrachi 2610；2649
batrin 4057
batsan 4304
batta 896
batta domba 7115
batti 4342
batu 2426；6634
batu bagalang 3649
batu raja 3472
batuakan 1475
batuan 2403
batucanag 302
batuco 5986
batuhan 3195
batukanag 218；302
batulinau 2189；2230
batun 5802
batungou 7036
batut 7386
bau nau 177
bauaua 4120
baubo 1626
baugit 7123
bauh keras 379
bauh serait 5056
bauhinia 925；3320
baum-hasel 1740
bauw 3885
bauwbah 4577
bawa 3262
bawan 861；5981
bawang 157；2475；2516；4550
bawang hutan 6485
bawang surian 861
bawel 2146
bawiah 4946
bawing hutan 6485
bay 1231
bay willow 6298
bayabas 5910
baya-baya 7208
bayabirang 2695
bayabo 7110
bayag-aso 7694
bayag-daga 4095
bayag-kabayo 3601
bayag-kala bau 7695
bayag-usa 7692
bayakbak 7025
bayam 3881
bayam badak 6875
bayam nuhor 1643
bayam nuhur 6242；7477
bayan 2331；2363；2382；3667；7609
bayan gareyak 4017
bayan tuwung 2376
bayan uhit 2341；2388
bayang air 6590
bayanti 261
bayao 5969
bayar 5566
bayasan uding 2495
baybay 1789
bayberries 4915
baycedar 6910
bayekbek 7141
bayibidongo 2695
bayit 2179；7698
bayog 240
bayok 5985
bayok-bayokan 5985
bayok-haba 5983
bayok-lakihan 5984
bayoktoan 682
bayong 5055
bayor 5977；5981；5990
bayoto 5115
baypouvaing 304
bayud 7401
bayukbok 2615
bayuko 771；793
bayung 191；7348
bayung-bay ung 4601
bayur 1132；5974；5980；5981；5990
bayur bukit 6469
bayur talang 5970
bayut etem 3582
bayut uding 3434
bazna 7822
bbongippi 7374
bbongippi-namu 7374
beach pandan 5274
bead-tree 4644
beag thuge 5972
beahut 6700
beati 1347；6519
bebata 3210
bebatu 1460
bebawang 861
beberas 2457；5679；6435
beberi 2717
bebina 4905
bebira 2954
bebok 4287
bebulang lawuh 496
bebulu 2244
bebulu rawang 5390
bebusok 6519
bebuta 2936
bebuyuk 5949
bebya 1775
beccar dacrydium 1911
bechikui 2355
bedakuli 3558
bedara hutan 4130；5326
bedarah 4006
bedaroe 7514
bedaru 1275；5740；7514
bedatithac hettu 922
bedik 1460
beech 33；2965
beefwood-tree 1399
beeja-poora 1571；1575
beereegah 1295
bege 5282
begeow 2446；7838
begihing 2142
begna 7678
begurah 2454
behel 3511
behengew 550；771
behetta champagam 4734
behlehkete hbeh 6756
behlo poetih 1883
behra 1498
beibeko 7479
beilblattriger lebensbaum 7361
beitis 5210；5382
bejenging payah 6542
bejoura 1575
bejubai 2698
bejuca 6459
beka 2495；2508；5178；5179
bekah tud 2467
bekahalap 1778
bekak 229；265；266；277；296；304；471
bekakayu 6756
bekal 4977
bekau 3092
bekeh 275
bekirang 6597
bekoi 1816；1817
bekuak 3301
bekuang 3375
bekunsu 6568
bekurong daon 6586
bel indien 177
bela 38；177；2458；4139
bela palas 1071
belabian 7464；7467；7469；7475；7476；7477
belah 5706
belah buloh 3905
belah periok 3919
belahadukina 7845
belahkan 3688
belaitok 6568
belakan 6562
belangeran 6593
belangiran 6596
belango 2716
belanji 104
belantai 6665
belanti 5045
belasi 5319
belati 365；1038
belawah kehepayo 887
belbel 5542
belchampaka 5647
belehketeh peh 6756
beleke tebe 6756
belemara 5168
belet 5067
belgaum walnut 379
beliadau 2114
belian 4466；5245；5794
belian katok 6880
belian kebuau 5794
belian landak 478；6880
belian malagangai 5794
beliapalas 1071
beliban 2572

bito 1166
bitok 5087
bitok-gubat 1135
bitongol 3141
bittere wilg 6300
bitter-pil 6300
bitterwood 5518；5521
biuku 3999
biul 3511
biung 3511
biur 3511
bius 1048
biwa 2736
biynbry 4106
biynpiy 5825
biyo 5958
biy-yen-piy 3422
black alder 403；3153
black ash 3156
black catechu 28
black chuglam 4931；7295
black dammar 2386
black dhup 1244
black gluta 3405
black juniper 3958
black kongu 3751
black mulberry 4893
black myrobalan 7286
black nigi 1292
black pine 5565
black plum 7030
black poplar 5779
black siris 1244
blackbean 1398
blackvarnish-tree 3408
bleketembi 6756
blom-ask 3164
bluas 3267
blue gum 2770
blue mable tree 2567
blue podoberry 5665
blumeodend ron 988
b-merrah 1178
bo 898；3134；3621；4511；6845
bo cap nuroc 6523
bo de trang 6896
bo do 1039
bo nang 1486
bo quan 3139
boa 2180
boa pow 4543
bo-ahlo 3811
boango 859
bobaue 2494
bobbi 1180
bobby 1180
bobo 3733
boboa 2180
boboy 6526
bodaiju 7370
bodal 64
bodanta 922
bodda 3093
bode 6890；6896
bo-de 6887
bodegateega 1070
boderia 5101
bodhi 3094
bodi rimbo 447
bodioa 6896
bodler 6124
bodli-bodli 1669
bodobodoria 5101
bodudu 1092
boepasa 7667
boerwaan 7420
boeton galeh 5760
bofo etem 3582
bogaiat 3255
bogalot 3212
bogas-bogas 1256
bogem 6764
bogimara 3727
bogjagi 99
bognag 1088
bognak 3390
bogo 1928；3299
bogo-bogo 1046
bogohian 7139
bogolo 3811
bogsog 5291
bogus 58
bohetan etem 1589
bohian 5007
bohian-bun dok 5008
bohian-ilanan 5001
bohian-liitan 5000
bohing 2678
bohoi 6616
bohokan 2839
bohol anolang 5283
bohol oyagan 4193
bohon 6334
bohtelikau 157
bohu 1518
boi loi 5071
boi loi vang 5077
boilam 500；6914；6919
boiloi 1328；4293；4328
boiloi vang 4328
boiloitia 4314
bois amer 6039
bois balle 3528；7436
bois cayan 6039
bois d´abricotier 5854
bois d´absinthe 6039
bois d´amboine 3143
bois de cavalam 6813
bois de frene 6039
bois de fresne 6039
bois de petit frene 6039
bois de quassie 6039
bois de rainette 2393
bois de reinette 2393
bois de sagouer 3253
bois de spa 181
bois diable 4583
bois d´ivoire 6724
bois fleurs jaunes 7262
bois immortel 2748
bois ivoire 6724
bois jonquille 4631
bois liege 5090
bois lievre 5090
bois major 2761
bois mausseux 6337
bois pistolet 3528
bois pripri 5090
bois quassie 6039
bois trompette 1414
boisde trinque male 949
boj 1076
boja 7793
bojeh 7793
bojojamo 5910
bok 3887；6597
bok sayang 7127
bokaara-gass 3436
bokbok 5251；5461；7771
bok-bok 7771
bokerah 5084
boket 3333
bokhada 1324
bokhade 1331
bokhara 1324
bokin uman 2516
bola 3626；4892
bolabogon 6926
bolagu 5991
boland masu 6050
bolas 6338
bolat 6816
bolbek 4305
bolchu 999
boldack 6459
bolebu 5970
bolo 3733
boloagnita 2278
bolon 418
bolongeta 2196；2259
bolong-eta 2278；2279
bolsobak 2804
bolster katmon 2138
bolu-bolu 759
bolzel 6857
bom 6930
bombay blackwood 1993；4345
bombay hemp 3614
bombay rosewood 2005；2037；4345
bombay white cedar 2514
bommajemudu 2903
bomsi 3782
bon nang 4328
bonai 1832
bon-am 4555
bondga 4048
bondgu 3610
bondhuko 3897
bondh-vala 6852
bone 5325
bone setter 1559
bonetero 2894
bonewood 2696
bong bup 1052
bong nang 4328
bongang 4979
bongani 2577
bongin 3887
bonglai 5144；5178
bonglin 5755
bongog 7673

bongogon 7689
bongoog 7673; 7681
bonit kajang 7806
bonkolion 7677
bonkul 5014
bon-lichu 7704
bonmeza 351
bonnet carre 2894
bonog 3270
bonohandi 2742
bonohorono 4725
bonokonerinoi 7563
bonokopa 7352
bonosirisi 362
bonotan 7437
bonot-bonot 3341
bonsum 5454; 5456
bontakalli 2909
bontatige 1710
bonu-bonu 5026
booale 2192
boog-boog 1332
booscuru 5840
bop 2705; 3011; 4208; 5274
boppayi 1296
borajo 5793
bora-kala-goru 3610
boramthuri 7221
borang karung 5970
borara 1397
borbur 3094
borgonli 1323
boringau 4269
bornean podoberry 5654
borneo camphorwood 2412; 2415
borneo kamferholz 2414
borneo kapur 2413; 2416
borneo kauri 195; 203
borneo keroewing 2334
borneo keruing 2322; 2340
borneo malaruhat 6991
borneo rosewood 3394
borneo tallow 6710
borneo teak 2410
borneo white cedar 6666
boroboronoki 6468
boroda 922
borogotodh ara 2485
borohwi 6362
boropatri 1092
borosa 2642
boruk diangkut 1937
borumara 3727
boruna 7680
bos phnom 3618
bosangloi 1423
boshiswa 409
bosiling-banguhan 7237
bosiling-dagat 7239
bosiling-kapalan 7247
bosiling-tubig 7249
bosoi-bosoi 1261
bosso 1076
botamadle 5103
botan-geya ki 5625
botantam 928
botbiola 2005
botgo 264; 5802; 6557
botgong-silangan 309
bother 2741
bothi 2741
botinag 3638
botku 2741
botlabenda 25
boton 899
botong 899
botong-bot ong 899
bototan 1049
botruga 4861
bottakadimi 4861
bottlebrush 1115
botuku 1723
bou lamo 6700
boukouissou 7323
bouleau asiatique 955
bouleau chinois 968
bouleau de mongolie 956
bouleau de russie 964
bouleau du japon 966
bouleau indien 952; 970
bouleau japonais 957; 963; 967
bouleau nain 965
boulo 4539
bouma 1423
boumboun 1000
boung 2754
boungrep 5347
boungto 4866
bourlo 1723
bout 3273
bovitia 5145
bowstring hemp 1181
boxwood 1076; 1081
boyan 3667
boyoi 5908
brackenridgea 1012
brahmani 2896
brahmani khair 33
brahmavrik sham 1069
bran 7511
brankul 7511
brari 7511
bras 6188
brayo 7481
brazil redbush 6340
brazilian fire-tree 6461
brazilnut 951
brea 1205
breadfruit-tree 778
bredina 6283
breembah 1148
bren 7511
brera 7511
bresillet 1086
brettbaum 3597
briarwood 1754
brihatchak ramed 6530
brimstone-tree 4884
brinij 1425
bristlecone hemlock 7489
brittle willow 6286
britton malaruhat 6995
broad-leaved anibond 5109
broad-leaved tea-tree 4620
brojonali 7822
brons 6188
broussonet 1035
brown oak 6108
brown padauk 5957
brown pine 4960
brown-berr ied cedar 3944
brownea 1036
brownlowia 1037
bruas 3219
bruguiera 1049
bruinsmia 1053
brungau 1635
bruru 3279
bua 800; 3228; 3247; 3261
bua abang ngong 6664
bua abong 5054
bua bela 2458
bua eron 5056
bua kerut 7791
bua kuchap 2630
bua la thuon 3245
bua lait 5056
bua laup 7791
bua lueur 3211
bua moi 3217
bua nha 3228; 3247
bua nui 3247
bua pesa kanan 1476
bua pusit 5417
bua rung 3247
bua tai 3241
bua tuyang ngong 7214
bu-aan 3703
buabua 7098
buah dabei 1232; 4284
buah engkala 4284
buah kemandah 1803
buah kenanang 3362
buah keras 379
buah keras laut 3607
buah lingar 4060
buah manggis 3232
buah pelir berok 7216
buah penanchang 383
buah pilung 5081
buah polir kambing 7216
buah sekebar 1927
buah tegebut 780
buah tusu 4782
buahan 2479; 2482
buahan-bua han 2479
buaja 5045
buak batu 7271
buak jari 7268
buak jariitek 7274
buak-buak batu 7271
buak-buak jari 7268
buak-buak jariitek 7274
buan 2136; 2170
buar 4972
buau 3532
buayahon 5311
bubayug 5421
bubbia 7852
bubok ambon 2114

canna draga 1942
cannalavan agpattai 1555
cannelle 1539; 1555
cannellier royal 1513
canomai 2264
canomoi 2264
canthang 4137
cantikan 6755
cao 377
cao sanh 2983
caoi 1396
caosu 3612
capol olong 3325
capur 2414
capur de borneo 2412
capur di borneo 2412
capur indonesiano 2411; 2415
capurd´indonesie 2415
caqueu 1400
carambol 854
carambola-tree 854
carambolier blimbing 853
caraug 7537
careya 1293
caribbean pine 5531
carnish tree 7425
carpe 1298
carpe japones 5169
carpino giapponese 5169
carrierea 1311
caryodaphn osis 1313
casay 366
casearia 1325
cashew 477
caspian willow 6299
casse de siam 6519
casse hache 7164
cassia 1337; 6519
cassia lignea 1531
cassiabark 1513
cassie flower 32
castagno giapponese 1355
castagno indiano 1374
castagno indonesiano 1376
castano de indias 181
castano de japon 1355
castano indonesiano 1376
castano japones 183
castor arabia 2684; 2686
castor aralia 61
castorseed 6236
casuarina 1399; 1404
casue 477
catalpa 7353
catalpa chinesca 1408
catalpa chinois 1408
catalpa cinese 1408
catechu 28
catechuboom 7512
catechu-tree 7512
cathaya hemlock 7484
cathayana poplar 5770
cathayana poppel 5770
cathormion 1409
catintog 3080
catmon 2150; 2161
catmon-cal abau 2165
cato 229
cator 1590
caturay 6531
caucasian fir 15
caucasian lime 7375
cay 3887
cay ban 6762
cay bay thua 6815; 6846
cay bo 3621
cay bui 1203; 1231
cay cay 3887
cay choi moi 347
cay cogan 1410
cay cong 1158; 6696
cay dan long 2327
cay dau rai 2386
cay dau tra ben 2339
cay doc 3269
cay dzau nuoc 2324
cay gao 5015
cay gio niet 7742
cay giuong 1035
cay gon 1423
cay huinh duong 2512
cay keu 6815
cay lo bo 1045
cay lo bo la long 1039
cay lom vang 324
cay loman 5976
cay main 1278
cay may 5088
cay mucuon 3139
cay mun 2313
cay muong troung 7823
cay ngau 274
cay nhan 4456
cay nhon 2180
cay ruoi 6865
cay sau 3758
cay sen 4456
cay tao 7792
cay tra 3984
cay trau trau 5088
cay umain 1278
cayacho 6136
caybai 4178
caybang 7284
caydaikloai 6140
cayia buong 1743
caylang 6149
caylongmuc 7749
cayluuoi 6825
cayoi 3634
caysau 4172
caythungluc 6143
cayutana 7825
ceara rubber 4566
cebeda salahuri 795
cedar 1292; 1421; 1465; 1466; 3951; 7359; 7798
cedar pine 5543
cedrat 1575
cedratier 1575
cedre du formosa 1119
cedre du japon 1465
cedre kalantas 7413
cedre rouge 7419
cedrela kalantas 7413
cedrella 7420
cedro asiatico 1421
cedro de formosa 1119
cedro deodara 1421
cedro di formosa 1119
cedro kalantas 7413
cedro siberiano 5559; 5560
cedrolicio 3945
ceibeda buluh 780
celebes coromandel 2204
celebes kauri 196
celon-oak 6465
cemanding putih 3765
cemantan 1911
cemara 1400; 1404
cemara abang hitam 447
cematan 1911
cembra 5532
cempaga 2495; 6682
cempaka 2690; 2694; 3280; 4770
cempaka daun halus 4774
cempaka gading utan 5630
cempaka telor 4766
cempaka utan 4770
cempana payo 7274
cempedak 775
cempedak air 803
cempedak hutan 779; 795
cengah 3688
cengal 3713; 3742; 4986; 5308; 6594; 6655
cengal bulu 3713
cengal keras 6618
cengal merawan 6618
cengal pasir 3709
cengal pasir daun besar 6662
cengal paya 3730
cepaka gading hutan 7641
cephalotaxe de fortune 1443
cerezo acedo 5859
cerezo chinesco 5864
cerezo de st. lucia 5875
cerezo domestico 5861
cerezo pado 5880
cerezo silvestre 5855
cerisier de chine 5864
cerisier de st. lucie 5875
cerisiera fruits acides 5859
cernenu 5270
cetti 3897
ceubeadak huta 779
ceylan satin 1498
ceylon box 1254
ceylon boxwood 3282
ceylon ebben 2196; 2221; 2240; 2286
ceylon ebony 2217; 2221; 2240; 2286
ceylon gurjun 2389
ceylon myrtle 6225
ceylon rosewood 362
ceylon-ebenholts 2286
ceylon-ebenholtz 2240
ceylonoak 6464
ceylontea 1350
cha 1187

2694；3280；4770；4774
chempaka bulu 2694
chempaka hutan 751；752；4770
chempedak ayer 786
chemudu 2909
chena 1425
chenaga 1132
chenaga burong 1137
chenaga gayong 296
chenaga lampong 3436
chenalla 4917
chenarang 661
chendana 7628
chend-bera 1556
chenderai 3494；3499；3503；3525
chene caucasien 6085
chene de garry du cambodge 4557
chene de nepal 6075
chene de perse 6050；6085
chene de russie 6100
chene du japon 6042；6043；6057；6063；6088；6091
chene du kurdistan 6104
chene karshu 6108
chene moru 6058
chene pedoncule 6106
chene pubescent 6104
chene rouvre 6096；6106
chene velani 6117
chene vert indien 6109
cheneban 6070
cheneras 6669
cheng cypress 1886
chengai pasir 3709
chengai paya 3730
chengal 496；497；3674；3701；3723；3729；3733；5304；5306；5308；5314；6594；6644；6668；7570
chengal banglai 6638
chengal batu 3691；3723；3743；6669；6677
chengal bulu 3729
chengal kampong 3733
chengal karang 3747
chengal keras 3723
chengal kuning 6710
chengal lempong 3692
chengal pasir 3747；6549；6662
chengal paya 3730
chengal pelandok 3723
chengal rawan 3747
chengal temu 4986
chengal tenglam 3723
chengal terbak 6719
chengkan 4986
chenkolli 4515
cheo 2716
cheo den 2716
cheo tia 2716
cheongbu 7255
cheoro 3275
cheotrang 2716
cheppura 919
chera 3631；6492
cheratta angili 2329
cheribon 7264
cheriyanna ttam 2695
cherla 3059
cherry 5858；5884
cherry teolyagwang 4523
cherry-bo 952
cherrywood 5884
cheru 3631
cheru piney 7575
cheruka 1029
cherukannan 1324
cherukurinja 3558
cherumali 7841
cherupinnay 1180
chestnut 1355
chetti 3897
chettu sampengi 1201
cheuam 6643
cheugbaeg-namu 7358
cheungcheung-namu 1733
chham cha 7416
chhatiana 444
chheu day khla 7749
chhikur 47
chhke sreng 1200
chhlik 7315
chhnar 2337
chhoeu kmau 2269
chhoeuteal 2343
chhoeuteal bangkuoi 2339
chhota dundhera 3575
chi 4178
chi ban 5054
chi cheon 4198
chi reon 4198
chiague 2675
chian 2731
chibbige 6883
chicha 7224
chichah 6855
chicha-no-ki 2546
chichibu-dodan 5791
chichwa 362
chick dong 7609
chickdi 1081
chickla 351
chickri 1081
chicle 4574
chico 4574
chicxri 1081
chien er sung 5508
chien white-berryyew 5900
chieu lieu 7316
chieu lieu dong 7316
chieu lieu miet 7291
chieu lieunoc 7283
chieu lieunui 7290
chieu lieunuoc 7283
chieu-lieu 7285
chigare 350
chigatamari 4059
chihumt 1071
chii 1366；7662
chiire dochi 183
chijira 183
chikaniyadike 739
chikka kaadu haralu 3926
chikkani 6970
chikkhao 5226
chik-nom 5189
chikreni 350
chikri 1081
chiku 4574
chikui 2355
chil 5557
chila 5566
chilar 52
chilati 45；4842
chilauni 3484；5080
chilean pine 653
chileense cypres 3418
chilensk tall 653
chilghoza pine 5538
chilgoza 5538
chilgoza pine 5538
chili-gidda 6884
chilka duduga 5697
chilla 1324；2936；6884
chilledabija 6884
chillu 2731；6884
chim chim 6444
chim chim rung 6813
chimachipuru 3505
chiman sag 3419
chimar 1334
chimas 1460
chimed 1334
chimorro-chosgo 3368
chimou 1396
chimpa 781
chimu 4895
china 5679
china armand pine 5527
china birch 968
china henna 274
china lime 7365
china maki 4101
chinangi 4048
chinbyit 919
chinchani 6530
chinda 1659
chindarey 3513
chindaryeh 3513
chindia 89
chinese acanthopanax 2682
chinese actinodaphne 118
chinese ailanthus 321
chinese alder 402
chinese arboe-vitae 7359
chinese armand pijn 5527
chinese ash 3166
chinese aspen 5767；5786
chinese bandoline 5431
chinese bandolinewood 5431
chinese beech 2966；2969
chinese berg-spar 5504
chinese berk 968
chinese beuk 2966
chinese birch 961；962
chinese blackwood 2933
chinese box 4900

chosen-kar amatsu 4062
chosen-min ebari 955
chosen-momi 8
chosen-ton eriko 3166
chosen-urihada-kaede 96
chosga 3368
chosgo 3368
chosgu 3368
chosi 6233
chota padar 6857
chota palang 6857
chotajam 7030
chothakilai 3138
choti karandi 6475
chou 6812
chouang 1543
choupultea 4032
chovoy 6713
chram 768
chramas 7577; 7591; 7609
chramas sopheas 7576; 7591; 7609
chramas tuk 7591
chres 6580
chroui 1325
chrouy 1325
chruthekku 1112
chrysophyllum 1503
chu 2403; 4297; 6812
chuajamo 7030
chuanga 4500
chuchiam 4555
chuchor atap 890
chucka 1802
chueam 6643
chuglam 4931; 7282; 7295
chuglam negro 7295
chuglam nero 7295
chuglam noir 7295
chui-mui 4841
chujjallu 350
chuke 3733
chukrassi 1505
chule 5858; 5880
chum 2705
chum bao 3791; 7290
chum bau 1711
chum mui 535
chumbac 4030
chumga 6941
chumphraek 3599
chumpoutuk 1292
chumprag 3595; 3599; 3604
chumprak 468; 472; 3595; 3599; 3604
chumu shu 1405
chunakoli 7845
chundai 6758
chundappana 1318
chung bao 3791
chung baonho 3800
chung nom 675
chungbao 3802
chungbaolon 3791
chunta 6758
chuoc 4585
chuoc bung 2602
chuong 4067
churee-chentz 134
churna 7845
chuti 1448
chuto 4539
chutras 5852
chuvannaki zhanelli 5488
chuvannama ndaram 922; 928
chuvannnan iruri 1021
chyahkya 5472
chydenanthus 1506
chyeron 4674
cibai 4766
cilician fir 3
ciliego agerotto 5859
ciliego canino 5875
ciliego cinese 5864
ciliego di st. lucia 5875
ciliego pado 5880
ciliego selvatico 5855
cimpago uding 6932
cinamomo 4069
cinamomo de china 274
cinchona tree 1511
cinchona-tree 1509; 1510
cindra 1411
cingkam 979
cingkuang 6250
cinnamomo 4069
cinnamon 1531; 1541; 1547; 1550
cinnanmon 1524
cinpa-cinpa 2706
cinta mulia 2762
cipres comun 1891
cipres de nepal 1892
cipresso 1891
cipresso comune 1891
cipresso dei maghi 3952
cipresso funebre 1888
cipuh 2142
circassian box 1079
circassian-tree 139
cirit ayam 6867
cirmolo 5532
cirupago uding 6946
citron commun 1564
citronnier 1497
cittegi 2005
cittivoddi 2396
civit 6911; 6914; 6918
clearin-nut 6884
cleistanthus 1622
cleistocalyx 7115
clemon 7353
climbing ylang-ylang 753
clove-tree 6977
co 5978
co bay 1247
co cai san 3758
co canan 5457
co deng 6052
co lim 2756
co nang 6338
co nhom nhom 2587
co pang 6338
co sen 5978
coachi 6039
coc 4369; 6780
coc chua 2406
coc gao 6780
coc ken 4368
coc rung 6781
cocasat 3700
cochaba heng 1480
cochi 6883
cochli 7829
cocobolo 1966
cocoholz 610
coconut palm 3088
cocoyer 6753
coffee 1688
cogie 4866
cogienui 4878
cognassier du bengale 177
cohang quay 5712
cohima bou 5996
coi 5965; 5966
coian 4054
coioi 1396
coke 3513
cokidek 3702
coky 3733
colales 139
colorado 6564; 6714
colorado dyewood 6714; 6729
com 2587
com la bac 2628
com long 2660
com tang 2587
common alder 403
common apple-tree 4524
common ash 3156
common cryptomeria 1872
common hornbeam 1298
common juniper 3935
common myrtle 4956
common nightshade 6758
common osier 6309
common pear 6029
common pine 5562
common sausage-tree 3981
common sesban 6533
common walnut-tree 3931
common wingnut 5962
common yew 7255
comnep 621
comnguoi 5764
comuc 7753
con con 2586
condori 139
condoriwood 139
conessi-bark 3628
cong 522; 1139; 1162; 2705
cong muu 1172
cong nui 1139
cong nuoc 1138
cong tau lau 1166
cong trang 1139; 1166
cong vayoc 1158
conghas 6464

D

dakroom 4863
dakter 3454
dakug 2796
dakulau 6534
dala 3689; 3711
dalaganan 2503
dalaino 696
dalakan 438
dalamatu 3641
dalan phul 5647
dalekbukit 482
daleklimaumanis 482
dali bhimal 3508
dali kerandan 1397
dalidali 6875
dalindingan 3666
dalingding an 3673; 3676; 3683
dalingdingan 3711; 3729
dalingingan 3711
dalingsem 3663
dalinsai 7293; 7296; 7300
dalinsai nalinsi 7304
dalinsi 7304
dalinsoi 7314
dalinyding an 3711
dalipa 1329
dalipapa 7663
dalipauen 444
dalipos 845
dalisai 6008; 7284
dalkaramcha 5763
dalkuyat 2440
dalmara 1505
dalmon 3524
dalne katus 1373
dalondong 2297
dalou 4652
dalranga 2548
dalsingha 1254
dalu silai 6304
dalunot 5569
dalupaan 7543
daluru 6762; 6764
dalutan 4192
dam 1613; 1641
dam dang 7591
dam darng 7609
dam rang 6580
dama 7624
dama dama 7586
dama de noche 1458
dama dere 3722
dama dere itam 3722
dama di noche 1458
dama lotong 3722
damadi 2257
damak damak 4781; 4782; 4786
damak-damak 3499
daman 3496
damar 203; 5314; 6559; 6638; 6660; 7617
damar ambogo 6677
damar asem 7462
damar ata 6651
damar batu 5549; 6548; 7609
damar bindang 195
damar bintang 6669
damar blanche 7565
damar buah 6644
damar buah kuning 6625
damar bunga 5549
damar busak 5316; 6688
damar cermin 3688
damar cirik ayam 5314
damar dahirang 6552
damar dassal 3715
damar dere item 3722
damar etoi 2337
damar hata 3742
damar hitam 3677; 6625; 6652
damar hitam barun 6720
damar hitam daun besar 6594
damar hitam daun nipis 6626
damar hitam gondol 6594
damar hitam katup 6594
damar hitam padi 6684
damar hitam paya 6659
damar hitam telepok 6685
damar hitam timbul 6657
damar itam 1202; 6594
damar jangkar 3692; 3741; 6690
damar kaladan 2331
damar kangar 1238
damar katup 6668
damar kebaong 6682
damar kelasi 494
damar kelepek 6702
damar kelim 6599
damar keluang 7571
damar kodontang 6600
damar kunjit 496
damar lanan 6567
damar lang 1245
damar lari lari 3708
damar laut 195; 5314; 6592; 6634; 6661; 6667; 6709; 6710
damar laut daun besar 6661
damar laut daun kecil 6628
damar laut durian 6661
damar laut kuning 6591; 6628; 6655; 6661
damar laut merah 6558; 6569
damar laut*semantok 6628
damar liat 2334
damar likat 1238
damar lilin 497; 1213; 7462
damar madja 6719
damar mahabung 6583
damar maja 6608
damar mata koetjieng 3713
damar mata kuching 491; 3677; 3722; 6719
damar melayu 6700
damar miniak 203
damar minyak 195; 196; 2363
damar nitih 1206
damar noir 1202
damar pangin 6648; 6661
damar paya 6633
damar pilau 195
damar pilau gunung 197
damar poetih 200
damar putih 3687; 6643; 6694; 7580
damar ranggas 6568
damar resek 1750; 2328
damar saga 6694
damar semantuk 6655
damar sengkawang putih 6668
damar sigi 195
damar sila 6700
damar siput 3702; 6562
damar surantih 5314
damar tahan 6600
damar tawei 6641
damar tembaga 6583
damar tenang 6590
damar tengkuyung 6638
damar tingkih 1939
damar tingkis 7624
damar tuling 6628
damar tyirik ayam 5314
damar warik 6597
damarlaut 5309
damas 973
dambel 1293
damilang 6557
daminne 3496
damkurdu 3282
damlig 6689
damo 3162
damol 3807
damolio 389
damoni 3524
damonyan 6873
damouli bunga 6867
damouli jantan 6867
dampel 3275
dampol 5864; 5866
dampul 3380
damshing 7655
dan 602; 4208
danala 2665
danasi 3314
dandalioth ora 2909
dandiyase 2742
dandoshi 2004
dandua 513
dandukil 3298
dandukit 3298
dandulit 1197
dang 3733; 6444; 6451; 6713
dang dinh 1292
dang hung 6451
dang huong mat chim 5956
dang kor 2205
dang phaoc 2323
dang tuhu 1410
danga 6496
dangah 662

dekamari 3294
dekhani babul 5589
deknoi 4639
del 791
delavay fir 5
deleb 1005
delek 482；489
delek tembaga 489
delima hutan 3297
delimas 104
delok 3435；4803
dembilid 3892
demelai 4960
demen 6873
demme 5099
den 7389
den den 6618
denderam 2355
dendropanax 2101
dendurian 2457
dendurien 2457
deng siam 5402
dengar 3626
denkan 4639
dentari 52
deodar 1892
deodar cedar of lebanon 1422
deodar-ced ar 1422
deodari 7415
dephal 781
deplanchea 2104
depot 865
dera 1092；1112
derei 522
derepat darat 1708
derham mahogany 7696
derian tinggang 2469
dermala 2354；2356
derum 1769
derum bukit 1772
deruwek 1053
dery 522
desert date 891
deukaet 5050
deulopohora 1018
devabhabul 32
devadaram 2765
devadari 2765
devadaru 2765；5715
devadarum 2761
devakancha namu 928
devakanjan amu 922
devandaru 5715
devataru 2765
devdaru 2485
devidar 1892
devidari 5715
devidiar 1892
dewadari 2761
dewar 1421
dewudar 2761
deyending 5766
dhaia 1092；1112
dhaincha 6530
dhak 1069
dhalakura 347
dhaman 3495；3497；3501；3504；3506；3508；3511；3517；3524；3526
dhamana 3508
dhamani 3496；3508；3524
dhamia 3496
dhamin 3496；3524
dhamman 3511
dhamni 3506
dhamnoo 3496
dhanbahar 1338
dhanbarua 6165
dhanmarna 6165
dhannerna 6165
dhanya 5472
dhaori 513
dharambe 3214
dharango 3634
dharaphala 854
dharmana 3524
dharmara 6851；6852；6857
dharu 6005
dhasiro 2742
dhau 515
dhaukra 515
dhaul 2752
dhaulasadr 7279
dhauli 3815
dhaulo 1028
dhaul-pedda 7431
dhaura 4048；7845
dhauri 4048
dhavala 1516
dhavekaneri 5063
dhavidek goli 2998
dhebri 1350
dhedumbara 3059
dheniali 5101
dheniani 5101
dheri 347
dholasamud rika 4080
dholi-jam 7203
dholsamudra 4080
dhorara 923
dhoura 1498
dhuleti 3558
dhulikadam ba 4861
dhum 640
dhuma 2386
dhumnah 3634
dhundol 1292；7798
dhundul 7794；7798
dhup 1208；1215；1244；1247；3950；5557
dhup bianco 1215
dhup blanc 1215
dhup blanco 1215
dhupadamara 3220
dhupamu 1006
dhupi 1892；2015；3950
dhupri 3950
dhuprojo 5334
dhuprosso 5334
diang 7115
diar 1421
dib 3881
dibaguda 2556
dibdib-bal od 6897
dibu 7614
dickamali 3279
dicky 3279
didok 1001
didriar 4842
didu 1001
didu simal 1001
dien 5411
dien dien 178
dien muot 2458
dien soh kaina 7597
dien takot 2458
dieng 7339
dieng-doh 2934
dieng-than 77
diep 1085
dieptay 3788
dieu nhuom 981
digahungan 6551
digeg 4701
digera 6930
dignek 4722
diis 3246
dijung barak 3649
dikang 7283
dila-aila 1471
dila-dila 1900
dilah 5706
dilak 888
dilak-bang uhan 879
dilakit 4801
dilak-linis 870
dilak-manuk 4327
dilang baka 4613
dilang-but iki 3996
dilang-butiki 5683
dilasai 5706；5709；5730
dilau nasi 5412
dileba 1497
dili 5604
diligit 2917
dilleh 5707
dillenia 2144；2149；2160
dim-petoi 2154
dimupa 570
din ka raja 1457
dinaga ayum 5152
dinagat konakon 2584
dinariin 7006
dinas 3683
dinda 4080
dindal 513
dinesam 1181
dingah 1057
dingdah 2934
dingin 3910
dinging 2170
dinging kela´o 2170
dingkurlong 4641
dinglas 2769；4049；7287
dingleen 952
dingo latoe 4901
dingrittang 6063
dingsa 5542
dingsableh 5679；7255
dinh 2399；2975；4585

du sam cao bang 3962
du tung deng 5965
duabanga 2445; 2446
dual 4020; 4355; 4362; 4363
duali 495
duang 447
duanl 1719
dub letni 6106
dubdah 914
dubzimni 6096
ducloux cypress 1887
dudcory 3628
dudhi 3628
dudhibel 7563
dudh-kainju 89
dudhlo 7750
dudhokrya 7750
dudi maddi 1028; 7278
dudla 5880; 6341
dudlom 6005
dudoa 3789
dudoang-bulate 3791
dudok abai 4637
dudri 4421
duduk laki-laki 4369
dueg 979
duen 2352
dugarag 591
dugarai 576
dugaum 4051
dugcatan 1825
dugdug 762; 788
dugdugia 7115; 7124
dugi 7771
dugilall-mabolo 4928
dugkatan 1825
dugnai 3030
duguah 4943
duguan 3996; 4928; 4943
duguan-mabolo 4928
duguan-malabai 4934
duguan-pin ayong 4947
duguan-sibat 4932
duhao 4004
duhat 7030
duhat-matsin 7013
duho 2352
duhu 4060
duidui 5969
duka 3982
dukait 7434
dukhian raak 3689
dukhian rak 3689
duklap 7848
duklitan 5614; 5796
duktulan 7092
duku 4060
dukulab 7848
dulagooda 750
dulang dulang 4717
dulatan 7159
dulau 2723
dulauan 847
dulauen 930; 1341; 5018; 5073; 7304
dulia 2327; 2352; 2356
dulia gurjan 2352
dulian 2469
duligagan 7526
dulit 1205; 1220
dulitan 3257; 5222; 6723; 7117
dulitan-gulod 5226
dulokdulok 4368
dulpak rangan 2934
dulsis 593
dulu 2957
dulunsor 7476
dum kotokoi 1092
duma 1659
dumadara 3996
dumanai 3665
dumaplas 6940
dumaplas-kitid 6940
dumaplas-libagin 6940
dumate 4049
dumayaka 749
dumbla 7353
dumboil 1001
dumitha 89
dummala 6678
dumon 3601
dumoor 3052
dumparasna 6165
dun 6716; 6721; 7608
dundi 896
dundra 922; 923
dung 6930; 6941
dung mat 6941
dung nam 6930
dung trang 6941
dung xanh 6941
dungal 7528
dungarug-kitid 3095
dungas 6496
dungas-tuk ong 6495
dungau 846
dungau-ban guhan 814
dungau-bundok 826
dungau-buntotan 842
dungau-butligin 844
dungau-dagat 833
dungau-gulod 825
dungau-hiualai 822
dungau-kapalan 832
dungau-laparan 836
dungau-liitan 834
dungau-pula 840
dungau-punggok 817
dungau-puti 823
dungau-silangan 820
dungku 2678
dungo 3089
dungoi 4298
dungon 3601; 3606; 5623; 6629
dungul 3606
dungula 7663
dungun 3598
dungun ayer 1037
dungun paya 2713; 2715; 2716; 2717; 2718
dunkles chuglam 7295
dunlug 6611
dunmala 3678
dunnschupp ige larche 4064
dunpilan 5434
duoc 1049
duoc duang 5467
duoc rung cam 6181
duocbop 6181
duocbot 6179
duocvang 6179
duocxanh 6179
duoi tu 5698; 5712
duoivang 4517
du´ol 4362
duong 1035; 1399; 5606
duong lieu 1399
dupa 1158
duraznero 5882
duren 2469
durian 1684; 1685; 1686; 2449; 2450; 2451; 2453; 2454; 2455; 2456; 2457; 2458; 2459; 2460; 2461; 2462; 2463; 2464; 2466; 2468; 2469; 4979; 4980; 4982; 4983
durian anggang 2449; 2456; 2457; 2459
durian au 2460
durian badak 1686
durian bala 2453
durian bangko 2462
durian bangkolo 2462
durian batang 2462
durian beledu 2464
durian biasa 2469
durian bujor 2466
durian burong 2449; 2456; 2464
durian burung 2451; 2456; 2468
durian daun 2454; 2460; 2464
durian daun besar 2461
durian daun runching 2449
durian daun tajam 2465
durian doun 2457
durian hantu 2451; 2455
durian hantu hutan 2455
durian hutan 2456; 2464
durian ijau laut 2468
durian isa 2453; 2464
durian isu 2458
durian kampong 2469
durian kuning 2456; 2457; 2458
durian kura 2467
durian kura kura 2467
durian kura-kura 2461
durian merah 2453; 2458
durian mun 2457
durian munyit 2455
durian paya 2451
durian pelanduk 2459
durian perui ubak 2458
durian puteh 2469
durian rimba 2456
durian sepeh 2460

embabang 6561
embajau 1937
embang 4550
embatjang 4535
emblic myrobalan 5472; 7132
embrum 1719; 1724
embulan 2706
embulong udok 1254; 5459
embut besok 4815
embuwan 1941
emenawa 1085
emmenoserma 2696
emodi kiefer 5557
empaan 3626
empa´it 6041
empajang 520
empaling 5067
empamai 5345
emparang 6352
empas 4025
empasa abor 5149
empatah tanduk 6552
empedo 7214
empedoe 2412
empedu 2412
empedu kayu 5520
empelam 4539
empelam empalam 4543
empelas 1431; 6867
empelas batu 1434; 3887
empeles 495
empening 6113
empenit daun halus 4240
empenit jangkar 4180
empenit johari 4236
empenit padang 4197
empili 4249
empiliai 4210
empilis 6873
empilor 1402
empiluk 6572
empiras 6328
empitap 4910
emplam 4539
emplanjau 5417
emprapat 1708
empudungan 2567; 2653
empungan 988
emroi 7511
enada 4515
enchalum 2163
encina pubescente 6104
endauw 1503
endelenge 4383
endelip 6895
endelupang 336
endert kauri 197
endiandra 2697
endiket 1397
endilau 5412
endog 7771
endreket 5389
endulak 2706
enebro comun 3935
enebro de formosa 3942
enebro de la china 3934
enebro griego 3940
enebro real 3935
enei 3574
enengi 4844
eng 2327; 2352; 2385
eng yin 6580
engabang keli 6546; 6630
engabang langgai 6540; 6595
engai 1239
engeriting 2933
engerutak 661; 5763
enggaris 4023
enggelam 6623
enggelam tikus 6600
enggelem 6623
enggowaih 5066
engkabang 6540; 6556; 6595; 6664
engkabang asu 6562
engkabang bintang 6705
engkabang burong 6670
engkabang chengai 6702
engkabang cheriak 6567
engkabang gading 6662
engkabang keli 6630
engkabang kerangas 6584; 6706
engkabang lara 6670
engkabang larai 6670
engkabang layar 6545
engkabang lemak 6595
engkabang low 6663
engkabang martin 6705
engkabang melantai 6665
engkabang melapi 6663
engkabang pinang 6545; 6615; 6642; 6667; 6698
engkabang pinang bersisek 6566
engkabang pinang lichin 6535
engkabang rambai 878; 6564; 6583; 6705
engkabang ringgit 6600
engkabang rusa 6584; 6706
engkabang tatau 6688
engkabang tukol 6592
engkala 4284
engkaras 641
engkawang benuah 6584
engki-e-u 3422
engkirai 7428
engkiu 3422
engkuni 884
english cherry 5875
english walnut 3931
english yew 7255
engrutak 5593
engyin 3702
enig 2385
enjalakad 4415; 4514
enjasiengien 2103
enkelili 4089
enkerumai 1041
enkurumon 3192; 3202; 3206; 3234; 3237; 3244; 3251; 3256; 3259; 3264; 3267
ennamara 501
ennei 2386
enoki 1433
ensantong 6688
enserai 4499; 4514; 4520
ensumar 3923
ensumat 973
ensurai 2355
ensurai bansurai 2366
entabulan 2706
entabuloh 3325; 3326; 3329
entaburok 6794
entaempulor 4514; 6004; 7269; 7274; 7275; 7276
entagaram 2234
entailung 3467
entam 2300
entapong 7641
entapuloh 7268; 7269; 7271; 7274
entawa 764
entawak 983
enteli 6014
enteloeng 6875
entemu 1769
entenam 491; 496; 497
enterawak 868
entibu 1941
entikal 5081
entina 2190
entipong 520
entranel 4033
entravel 4044; 4051
entropong 7641
entungan 988
entunong 4553
entupak 1797
entupak paya 1797
entuyut 7348
eono 3106
eonsum 5456
eoona 7420
eopuo 5817
eoweno 5301
epadeahu 7798
epahea 4387
epaulette-tree 5994
epel 3884
epicea 5515
epicea d´ajan 5501
epicea d´alcock 5495
epicea de chine 5494
epicea de koyama 5503
epicea de la montagne chinoise 5504
epicea de l´himalaya 5515
epicea de schrenk 5513
epicea de siberie 5509
epicea de watson 5517
epicea de wilson 5517
epicea de yeso 5501
epicea d´hokkaido 5500
epicea d´hondo 5501
epicea d´hupeh 5496
epicea d´orient 5510

F

formosa cedar 1119；1463
formosa cypres 1119
formosa jeneverbes 3942
formosa keteleeria 3963
formosa pijn 5547
formosa pine 5547
formosa spar 5507
formosa taiwania 7217
formosa-al 407
formosa-en 3942
formosa-gran 5507
formosan calocedar 1118
formosan chamaecypa ris 1463
formosan cunninghamia 1879
formosan cypress 1463
formosan floweringyew 458
formosan juniper 3942
formosan oak 6103
formosan podoberry 5660
formosan spruce 5507
formosan taiwania 7217
formosan white pine 5550
formosa-tall 5547
forster tiroron 5017
fortune keteleeria 3963
fortune´s cephalotaxus 1443
fortune´s fir 3963
fortune´s kop-taxus 1443
fortunes-idegran 1443
foxglove tree 5360
foxworthy baluk 4822
foxworthy dusong 7555
fragrant acacia 32
fragrant fir 7488
fragrant screw-pine 5263
franc 3626
frangipani 5647；5648；5650
frangipanier blanc 5650
frangipanier rouge 5650
frankincense 1006
frash 7226
frassino giapponese 3162
frene du japon 3162
fresno japones 3162
fresno silvestre 3164
fringon morado 922
fromage de hollande 999
fromagera kapok 1423
fromanger mapou 5090
fubu 6938
fufal 739
fugayong 1341
fugimatsu 4064
fuji 4821
fujiba-shi de 2716
fujiki 1580
fuka-no-ki 6443；6444
fukugi 3263
full moon maple 97
funeral cypress 1888
fung fa muk 981
fung lut 1357
fusa-zakura 2912
fusi-noki 1465
fuzibaside 2714

G

gabdi 1676
gabgab 2754
gaboon tuliptree 6776
gabret 6123
gabur 32；43
gabus 445
gachchakaya 1083
gada lopong 7431
gada sigric 6304
gadalshingi 3558
gadapad 2752
gadara 2765
gadava 1293
gadda 1723
gaddanelli 7428
gaddi 1410
gadha palas 2752
gadhavunate 1145
gadichora 2752
gading 2898；3242；3787；5401；7269
gadis 496
gadkinu 89
gadoeng 5840
gadoengan 5840
gadru 1723
gaebagdal-namu 953
gaebeodji-namu 5873
gaebeod-namu 5872
gaehoe 6960
gaer 2731
gaeseo-namu 1310
gagaja 1083
gagil 1750；3683；3684；3688；3689；3692；3709；3717；3719；3742；3753；3755；4026；5311；6611
gagili 1676
gago 1399
gaham badak 983；988
gaharu 185；640
gaharu buaya 3471
gaharu laka 185
gaharu miang 3471
gahta 6849
gai bom 6481
gaiac brun 2111
gaiger 3282
gaik 5972
gainier 1452
gair 5106
gajadanda 7353
gajale 3138
gajumaru 3072
gajus 477
gal mendora 1904
galam 4620
galang 616
galang-galang 616
galbulimima 3173
galcham-namu 6045
galearia 3174
galeh 4967
galing 773
galing libor 472
galingasing 470；587
galipapa 7663
galiya 86
galla 1892；6475
gall-nut 7286
galoempit 593；3327
gal-siyamb ala 2119
galumpit 3599
galupang 6831
gamar 3419
gamari 7431
gamatulai 7015
gamazumi 7654
gambian rosewood 5953
gambil 7442
gambir 7442；7512
gambir hutan 7442
gambura 1516
gamhari 1092
gammala 5958
gampugi 988
gamunbi 5501
gamur 3671
gan 6149
gan´an 2352
ganarenu 4900
ganasura 1802
gandala 6323
gandalu 4899
gandamriga punetturu 5956
gandanim 4899
gandasein 5846
gandega 1411
gandele 3816
ganderi 2909
gandhabevu 4899
gandhagaal aramu 511
gandhagiri 2765
gandharvah astakam 6236
gandhaumbara 3059
gandhela 4899
gandhitaga rapu 7213
gandira 6758
ganduk-koral 1267
gandupachc heri 1021
ganera 5063
gang com 1267
gang vang 1271
ganga 1006
gangai 4515
gangaji 5763
gangalu 2149
ganganan 3683；6548
gangar 7842
gangaravi 4758
gangarenu 7841
gangauan 5251；6551
gangaw 4734
ganger 3523
gangeruki 1267
gangerum 3523
ganges tree-of-heaven 322
ganggai 5794
ganggo 301；311；4734
ganggo batu dadih 5760
ganggo delok 6171
ganggo kunit 1053
gangichu 2906
gangsal 3692

gerunjing 979
gerupal bunga 6894
geruseh puteh 546
gerutu 5306; 5308; 5312; 5313; 5314
gerutu gerutu 5309
gerutu pasir 5306
gesagtblat terige - eiche 6063
gesam 899
gestreept ebben 2204
gestreifte s-ebenholz 2286
geta sundi 5382
getah 3612; 5248
getah beringin 5386
getah hangkang 5216
getah percha burong 5221
getah sundai 5382
getah sundo 5387
getah tewe 5236
getanduk 6873
getasan 1057
geti 996
geunsia 3316
geva 2936
gevuina 3318
gewa 2936
gewone appelboom 4524
gewone haagbeuk 1298
gewone noot 3931
gewone peer 6029
gewone vleugel-noot 5962
gewone wilg 6278
ggachibagdal 1300
ghanerakaranj 4342
ghansurang 1802
ghari am 4539
gharri 3300
ghatbor 7850
ghatti-tree 513
ghattol 7850
ghe 3372
gheru 6492
ghesi 6108
ghian 4305
ghirghol 3873
ghiwain 2556
ghiwala 1092
ghogar 3282; 3300
ghono 3816
ghonta 1029
ghoranim 4639
ghorkaranj 322
ghunta 6851
ghunza 1758
gia 2936; 3649; 6932
gia da trang 3799; 3800
gia thi 950
gia trang 2404
giac 661; 666
giaca 7728
giadatrang 7707
giae 5585
giai ngua 6911
giam 1505; 1748; 1752; 3502; 3667; 3670; 3689; 3691; 3696; 3702; 3704; 3714; 3717; 3723; 3730; 3734; 3742; 4863; 7586; 7600; 7618; 7622
giam bayan 3667
giam betul 3723
giam hantu 3686
giam hitam 1752
giam hulodere 7586
giam lintah bukit 3702
giam rambai 3734
giam tembaga 1752
giambayan 3667
gian 3892
giang cua 7652
giang giang 5113
giang huong 5957
giang nei 7323
giang nuong 7327
giathi 949
giatrang 7707
giau 4884
giau da dat 885
giau dat 867
giau den 4890
giau do 1306
giau gia 867
giau gia dat 885
giau gia soan 6779
giau giao 6779
giau giat 885
giau sat 885
giaudat 621
giay 4511; 5980; 5988
gibbs dacrydium 1916
gibbs podoberry 5664
gidda 7750
giddukorinda 45
giduri 1719; 1724
gidutingi 25
gie 4500; 6105
gie bop 1380; 6099
gie cau 6098
gie chang 4194
gie cuong 6053
gie den 6064
gie do 4200
gie goi 1380
gie gung 4294
gie moga 1367
gie moxi 1363
gie quong 6102
gie soi 4254
gie trang 6099
gie xanh 4238
gieanh 1388
giecau 4181
giedo 4259
giegai 1395
giegai hatnho 1364
giemoga 4254
gien 5410
gien do 7810; 7813
gien doc 1027
gien trang 7810
gieng gieng 1069
gienui 4878
giesoi 4254
giewei 6248; 6250
giexanh 4238
gigasiphon 3320
gilih 2142
gillbeeah 3321
gilo 1084
gin 3322
ginabang 2712
ginco 3322
ginco giapponese 3322
ginepri dell´estre mo oriente 3934; 3951
ginepro cinese 3934
ginepro comune 3935
ginepro di formosa 3942
ginepro feniceo 3945
ginepro greco 3940
ginepro licio 3945
ginepro sabina 3952
ginepro svedese 3935
ginitri 2567; 2636
ginjau 301
ginkgo 3322
ginkgo de japon 3322
ginkgoa deux lobes 3322
ginko 3322
ginsa 1374
ginsek 490
gio 4510
gioc 3269
giockhe 1556
giogi 4477; 4478
gioi 1599; 1601; 2846; 4473; 4754; 4755; 4763; 4769; 4776; 7077; 7220
gioi dat 1599
gioi gang 4558; 4763
gioi lua 4558
gioi mo 4756
gioi mo ga 4558
giok kunjir 335
girak 6932
giramong 5597
girchi 3628
giret 1205
giri 6851
giridi 1324; 1331
girili 3873
girugudu 1331
girya 1498
gisau 1249
gisau-kitid 1249
gisek 6591
gisian 6611
gisihan 254; 259; 2817
gisik 6602
gisit 996; 7296
giso 7601
gisok 3683; 3716; 3731; 6629; 6666; 7617
gisok madlau 6666
gisok takpang 6702
gitah 436
gitih berebing 437
gitih lad 443
gitih tenor 444
gito 444
giuk lamau 6223

gu mat 6745
guaca puriara 1198
guacapuria ra 1198
guachipo 2548
guakasi 2742
guama 3878
guamuchil 5589
guara 2556
guayabano 509
gubabul 32
gubal 7075
gubas 2712
gubat 2196
guchhphala 3927
guda 2909; 7680
gudahale 6491
gudalo 6847
gudasarkara 3505
gudayong 5349
guddedasal 3897
gudikaima 4861
gudotwoka 1555
guerrero pait 3834
gufassa 7667
gugal 1006; 6695
gugera 6459
guggala 4889
guggilamu 6695
guggilu 6695
guggula 6695
gugle 7565
guguloi 583
gugumkun 6564
guijo blanco 5311
guiong gui 7686
guis 5766
guis mando 5766
guisoc 3731; 3743; 6629
guisoc amarillo 6629
guisoc guisoc 3731; 6629
gujcrkota 6136
gul meranti 6625; 6660
gula 5557
gulagan 7175
gulal 2287
gulambog 7448
gular 3093; 6847
gulbas 981
gulbodla 6849
gulcham-namu 6116
gulchin 5648
gulejafari 5079
guli 3816
gulikadam 4861
gulili 5106
gulip 878
gul-kandar 6849
gulle 4593
gulmavu 4425
gulmaw 4425
gulmohur 2095
gulmur 1870
gulnashtar 2752
gulob 4074
gulodlab 7108
gulos 1906
gulpi-namu 5633
gultora 2095
gulum 4425
gulumavu 5429
gulus 3118; 6868
gulvara 123
gum 897; 2413; 4172
gum arabic 43
gumaingat 2938
gumamela 3622
gumamela de arana 3623
gumbirat 5807
gumihan 800
guminhan 770
gummadi 3420
gummar 1293
gumpait 2413
gumunan 2201
gun 182
gundik 156; 157
gundjing 979
gundroi 1518
gungdi 1676
guning meranti 3688
gunjing 979
gunjoseyoli 5079
gunnamada patte balli 2556
gunniri 2015
gunnong 5067
gunserai 1518
gunsi 661; 5679
gunsur 1802
guntapai 338
gunung 1376
guog 5435
guoi 6078
gupak 282
gupasa 7667
gupassa 7667
gupil 5864; 5866
gupit 5864; 5866; 6023
gupri marra 4057
gurah 2939
gurah baik 478
gurah bukit 1251; 1258
gurak 5593
gurakand 1181
gurana 3298
guras 6188
gurenda 1436
guria 3961
gurial 923; 928
gurjan 501; 2329; 2354; 2367; 2386
gurjun 2322; 2323; 2324; 2327; 2329; 2331; 2334; 2337; 2352; 2353; 2356; 2367; 2385; 2386; 2387
gurjun de ceylan 2389
gurjun d´indo-chine 2337
gurmala 1338
gurmar 3558
gurn-kina 1173
guromon 7109
gur-sukri 3505
guru 5081
gurudu 3279
gusang-namu 12
guso 2505
gusokan 5367
gusokan-ha ba 5365
gusokan-ka lauang 5374
gusokan-liitan 5371
gutguttya 5851
gutmo 7544
gutsakai 1083
guttah percah 5207
gutti 5697
gutub 4078
gutul 7850
gutung 7537
guva babul 32
guya 2386
guyavella 501
guyog 3446
guyong 495
guyongguyong 5755
gwabale 7786
gwaria 38
gwayral 924; 925
gwe 6781
gwirung-namu 5880
gyan 3673
gyaung-byu-obein 2548
gynotroches 3565
gyoban 5697
gyobo 7704
gyok 6109
gyrocarpus 3568

H

haagbeuk 1298
haagbeukbl adige esdoorn 69
haalusampige 5648
habo 6930
habr obecny 1298
habra 7286
habreng 5144
habung banio 6635
hacho 6136
hadaga 1723
hadari 6851
hadasale 5199
haddoka 1460
hadri 7278
hagachac 2327; 2345; 2360
hagakhak 2345; 2346; 2352; 2353; 2360
hagakhak naitim 7610
hagasan 268
hagdan-anak 5755
hagg 5880
hagimit 3073
hagis 7192
hagod 7428
hagpo 5844
hagpong-dagat 5843
hagpukan 907
hags 7164
haguimit 3068
hagupit 3033
hagusam 781
hagy 4102
ha-ha 1686
hahanum 7045
haiga 3735

haiho 1145
haikan 1185
haimatsu 5556
haimatzu 5556
hai-no-ki 6944
hairy leaf panau 2373
hairy - leav ed himamau 2497
haisanh 6515
haji 6230
hajli-badam 477
hak 3408
haket 7300
hakit 7293; 7304
hakna 3873
hakum 895
hakumboku 6891
hakun 895
hakunuboku 6891
hakuunboku 6891
hakuyo 5768
hal mendora 7568
halaban 7686
halaban tanduk 7687
halaban tembesu 7687
haladbera 1498
haladilu 380
halakan 3387
halasu 775; 776
halban 7684
halcon dabdaban 7518
halcon igem 5665
halcon kalasan 3835
halda 2261
haldu 141; 149; 3569
hale 444
hale misang 336
haleban 7667
halemaddu 1244
hal-gass 7565
halgus 2083
hali 1503
haligeballe 2556
halimumog 2551
halinghingon 2914
haliot 3666
halippajan 398
halirumdum 7713
hallekayi balli 2731
hallippa 4441
hallunovu 7755
halmalille 949
halmeti 2744
halmilla 950
hal-tumbri 4445
ham 304; 4763
ham hom 2000
ham khom 4557
ham men 4281
hamabiwa 4291
hamaga-kashi 6068
hamakusagi 5828
hamanasu 6246
hamanthein 1539
hamarak 2403
hamasendan 7341
hambabaiud 5018
hambabalud 5016; 5038
hambaboye 3743
hambal 6123
hambu kalli 6362
hamerang 3134
hami 5282
hamigi 783; 796
hamindang 4379
haminjan 6887
hamirung 7641
hamislag 6490
hamonan 6887
hampas 4025
hampas tebu 3324; 3325; 3326; 3329
hampclam 4539
hampelas 1431
hampinis 6867
hamugun 3343
hamurauon 7679
hamurauon-asu 7689
hamuyauon 7679
han 1141; 1238
han tuk 2961
hana 4043
hanagagashi 6068
hanagas 6505
hanawe 7429
hanchiwaka ede 76
handamo 399
handaramai 5570
handeong 1713
handjalutung 443
handuk 4972
hane 182
hang 6548; 6580
hang hen 5976; 5982
hang hon 2235
hang quay 5712
hangalai 1051
hangam 630
hangarai 1051
hangchul-n amu 5778
hangilang 1201
hangilo 2692
hangkal laut 5031
hangkang 3761; 5216
hangkarok 4811
hangos 7002
hani 4051
hanigad 6160
hanigigari 1254
hanise 1324; 1331
hanjalakat 3035
hanley lanete 7751
hanlo 4616
hanmunki 3138
hannag 114
hannoki 403; 405; 407
hansak 7771
hantap batoe 6799
hantap hoelan 3134
hantap hulang 3134
hantap passang 6845
hantap passoeng 6845
hantenboku 4177
hantep batoe 6799
hantige 104
hantu 5227
hantu duri 7827; 7829
hanudun 182
hanumanth 3138
hao 804; 2324; 4957
haoho 7072
haoul 952
hap 7686
haparmali 7563
hapas 2934
haplolobus 3573
hapnit 5311; 6551; 6567; 6611; 6633
hapormoli 7563
hapur-hapur 3828
hara 2936; 3126
hara champa 753
harapean 520
haras 3221; 3743
harbhanga 1559
harchari 4725
hard alstonia 438; 439; 446
hard selangan 6702
harde selangan 6702
hardi 4888
harduli 5101
harendong 4634
harepang 1220
harfata 885
hargesa 2149
hari 1338
harido 7750
hariekoekocn 5991
harigiri 2683; 2684; 2686
hari-giri 61
harikoekenl 6474
harimara 4023
harina 7680; 7684
harinhara 1029
harinharra 587
haritaparna 2770
harizii-no-ki 1362
harkakra 380
harkankali 4900
harkaya 6165
harki 6165
harmkrai 7316
harnauli 6236
haron 5995
harpolli 3577
harpulli 3577
harpullia 3576
harra 7287
harrani 2004
harre 7221
harreri 357; 362
harri 4899
harrington plum-yew 1444
harsing 5079
hartbladige els 400
hartho 6491
haru kucing 3126
harugasura tichekka 7635
harungan 2251
haru-nire 7502; 7506
haruwa 2752
hasa-dhamin 3496
hasala 4937

huli 2765；6491；7224
hulidalimbe 6005
huliga 2556
huligano 5969
huligili 4342
huli-pachk ilballa 6452
hulluch 7281
hulo dere 3722
hulo dere motaha 7586
hulo dere pute 7586
hulong 4489
hulst 3822
hum 3156
humbiloh 6572
humri 6491
hunal 7303
hunalu 4305
hunase 7224
hunaseballi 2556
hung chi mou 6052
hung fa ying 2095
hunggo 2582
hunggong-m abolo 2671
hunggong-mabolo 2577
hungloh 310
huni 7424
hunig 7424
hunik 7424
hunnagere 1254
huntol 4160
hunug 5864；5866
huon dang 2512
huon pine 1911
hupeh spar 5496
hupeh spruce 5496；5508
hupen-gran 5496
hurasurah 7843
hurkli 5580
huru katjang 5455
huru mentek 1837
huruk 7415
husu-husu 7183
hutchinson kalilan 7711
hu-tiao 3928
huvarasi 7353
huwuk 6562
huyet muong 3990
huynba 6355
huyndan 2512
huynduong 2512
huynh duong 2512
huynmai 5082
huynnuong 7327
hwangbyeog-namu 5444
hwangcheol-namu 5778
hwangcherl-namu 5778
hwangchil 2101
hwangchil-namu 2101
hyamaraka 7755
hyang 3934
hyang-namu 3934
hyatoh 5237
hybrid quinine 1508

I

iamin 7296
ianan 6565；6568
iba 5467
ibadi 2005
iba-ibaan 3375
ibangam 6781
ibba 5467
ibbanne 1112
ibio 7420
ibol 7432
iboli 2181
ibong 444
ibota 4133
ibu 373；5760
ibu-ibu 486
ibuki 3934
ice ts'baki 1184
icha 3078
ichchuramula 750
ichii 7258
ichii-gashi 6062
icho 3322
ichodopholo 775
ichoo 3322
iciquier 5847
idakak 4647
idamagiri 3607
idat 1766；1770
idauk 6181
idog 7659
idog-idog 7660
ieho 5282
if de chine 7260
ifdu japon 7258
ifil 3884
ifonok 5996
igai 2483
igang 7053；7663
igas 2653
igbui 762
igem 5667
igem-dagat 5660
igem-laparan 5674
igem-pugot 5656
igiu 2499
igot 7042
iguai 7640
iguai-bundok 7644
igyo 2499
ihand 5845
iigiri 3819
iingi 2943
ijam 6330
iju 6459
ikad 6530
ikgi 1428
ikoimog 1428
ikor buaya 7440
ikut biyawa 5054
ila fuluog uding 1629
ilab 5920
ilah-ilah falah 2637
ilaikkalli 2906
ilakotta 2736
ilal sawali fatuh 2441
ilamomi 5495
ilanni 4844
ilapongu 3695；3735
ilapulung 311
ilar 4811
ilas 5319
ilavangam 1555
ilex 3839
ilgiri 3819
iliya 4032
illagucam 7286
illaponga 3695
illupai 4445；4447
illupei 4447
illupiwood 4447
ilocos sur 7296
iloilo 252；808
ilukabban 6764
imame-gashi 6097
imang 3729
imbricate 5667
immortel blanc 2748
imo zakura 5856
imogi koshiabura 2685
imonoki 59
impaparen 1835
impas 4022；4024；4025
impun 7353
imroi 7511
imug 3530
imus 4615
in 2367；2385
in bo 2367
in byu 2367
inai 6070
inas 6496
incha 52
inchong perlis 2706
indaing 2385
indaing-sa yni 5083
indaing-thidin 4493
indak 1726
indambudai 45
indang 793；2712；4404
indarjou 7755
indenberg river dacrydium 1923
india birch 970
india bitongol 3138
india box 3282
india boxwood 3282
india cedar 1421
india chestnut 1374
india crabwood 7798
india dillenia 2149
india ebony 2304
india gurjun 2327
india hemlock 7488
india katmon 2149
india lanutan 5715
india mangosteen 3222
india mangrove 859
india poplar 5774
india rosewood 2005
india rubber 3029
india rubber fig 3029
india rubbertree 2991；3014；3029
india wild fig 2996
indian 7290
indian acacia 41
indian agathis 203
indian alder 409
indian almond 7284
indian beech 4342；5763

irumbakam 3695
irun 1655
iruni 7843
irup 4445
iruppa 3727
iruppu 3727
iruvil 2037
isak 2360；3711；3732
ischii-gra shi 6062
ischo 3322
ise bubaki 1184
isenau 6512
iseum batu 1563
ising 383
isis 3123
is-is 3123
isis-ibon 3021
isis-tilos 3092
island walnut 1725
israelian acacia 44；48
israelian ash 3169
israelian oak 6047；6049；6071
issu 2453
isu 2391
isu-no-ki 2391
isu-nuki 6944
itagan 7714
itakata 6530
italiaanse cypres 1891
italiaanse els 400
italian cypress 1891
italienisc he pappel 5779
italienskal 400
itam 2221
itan beruang 4598
itangan 7714
itangan-bu gtong 7716
itang-itang 438
itaya 83
itaya-kaede 83；88；89
itbo 1449
itek itekan 1037
itii-gasi 6062
itilan 7601
ititan 7601
itoa 3890
itom-itom 2249；2259
ittangi 6883
itthilei 3816
ittiyila 3816
ituman 3221
ivalvagai 5396
ivarumidi 3275
ivavakai 5396
iwa bredina 6283
iwa kaziya 6283
iwara mamadi 3275
ixora 7282
iyubyub etem 3063
iyubyub silai 3126

J

ja lundong 5525
jaap 2403
jabing 4535
jabon 520；1568；4987
jacaranda 3922
jack tree 775
jackal jujube 7843
jackfruit 775
jackfruit-tree 762
jackhout 779
jackwood 782
jacquier 775；776
jadam 341
jadam paya 334
jadap 4910
jadekalli 2903
jadhirdah 1677
jadi 7264
jad-namu 5543
jaffrachettu 981
jafframaram 981
jafra 981
jaga 6548
jagadagondi 2261
jagan 6552
jagaruwa 1338
jagera 3924
jagidambar 3093
jagjag-namu 966
jagor kadiin 1694
jagor tagpo 699
jagor tiroron 5021
jagrikat 4423
jagus 477
jagya 3093
jagyadumbar 3093
jaha 7313
jaha keling 7293
jahore jack 795
jai-jai 3106
jaimangal 6860
jaintar 6530
jaiphal 4933
jajag 6702
jajag-namu 967
jajan 1021
jajanga 1018
jakang 2653
jakawaipa 3649
jakfruit 7628
jal 6696
jala 6696
jalam 2414
jalari 6717
jali 32；38；43
jali salei 46
jallur 927
jalong 162；174
jalori 6717
jalpai 2649；2667
jalupai bengkal 520
jam 6459；7030
jamak-jamak 6435
jamalagota 895
jamalgota 3925
jama-momiji 88
jaman 6976；7054
jamaphala 5910
jamar 495
jamava 7124
jamba 5910；7793
jambak 5054
jambangan 229；296
jambobohnem 106
jamboi 6252
jambolanem 106
jambosier 7077
jambu 2797；2802；7050；7096；7164
jambu ayer 2787；2799；2835；2840；6976
jambu bol 7096
jambu jambu 903
jambu kalid 7348
jambu kebit 7348
jambu keluang 3604
jambu kerasik 2792
jambu lipa 7096
jambu putat hutan 2810
jambur 7147
jamoi 5880
jampang rusa 7334
jamplond 1145
jamras 1350
jamrassi 1350
jamtikibel 1672
jana 3496；3524
janang 1254
jand 5845
janda baik 5412
jandakhai 1092
jangaan 6552
jangali toot 1035
jangar 5216
jangeuh 3919
janggau 613；615；620；883
janggau jugam 622
jangka batu 2653
jangkang 2146；2275；3709；7804；7805；7806
jangkang betina 7804
jangkang bukit 7804
jangkang paya 7805
jangkang putih 3743
jangkar 4439；5196；5207；5216
jangkar burak 5235
jangkar mensau 4439
jangkatul 1472；2619
jangkatul kapal raoun 2632
jangle jalebi 5589
jangli 5771
jangli amli 5476
jangliakrot 379
jangliangir 3052
jangli-kali-mirchi 7411
janglipara spiplo 7352
janglisaru 1399
jangsiris 362
jankang 3729
jantan 3482
jantia 3282；6475
janting 974
jantuka 3294
jao-jao 3471
jaoz 3931
japan lebensbaum 7359；7362
japan rose 1184
japanese 3932
japanese alder 405；407

javan podocarpus 5667
javangi 3275
jawat 1805
jawora 3199
jayaparvati 5079
jeddapala 7755
jees 5996
jehitong 2472
jeimota 1085
jeimpaan 3626
jejako 7293
jela abala 973
jelap 6569
jelapat gala – gala semut 1238
jelatan bulan 4471
jelatong bulan 2341
jelawai 7281; 7293; 7313
jelawai jaha 7313
jelawai ketapang 7284
jelawai mempelam babi 7305
jelawai mentalun 7283
jelawei mempelam babi 7305
jelehe 884
jelengin 2142
jelentik 883
jelibru 6123
jelintong 2472
jelledu 1182
jelungan sasak 296
jelutong 2470; 2472
jelutong bukit 2470
jelutong paya 2470; 2472
jelutong pipt 3965; 3975
jelutung 437; 2470; 2472
jemelai 3885
jemerelan 5396
jemerelang 5394; 5397
jempaka hoetan 2690
jempilau 1402
jempilor 1913
jempina 3742
jempinang 2354; 2356
jemudu 2909
jenangan 334
jenerek 4814; 4815
jengan 6655
jengin 2142
jengkai 4973
jenitri 2652
jenjulang 3892
jenkol 5590
jenti buluh 1805
jentikan daun halus 887
jenuong 7580
jeod–namu 8
jerabingor 7380
jerabingor gana bawang 7409
jerabingor padang 7386
jerabingor tambang 319
jerabukau 5239
jerakat 6625
jering 5587; 5590; 6061
jering tupai 1810
jerinu 89
jermala 7346
jeruai 3747
jeruit 5056
jeruit hitam 7787
jerumbai 528; 5467
jerupong 692; 703; 4955; 6156
jeungjing 6526
jeuto 781
jewanputr 2438
jhal 6312
jhalna 7299
jhampi 25
jhan 6475
jhand 5845
jhanjhauka 7230
jhar phanoos 3981
jharambi 3275
jheri baval 32
jhin jit 925
jhingni 2921
jhinjit 925
jhinjri 923
jhinkri 447
jhintang 4058
jhirang 4899
jhonkaped 25
jibilike 3505
jibon 7428
jidi 6492
jidi–vate 477
jigatsumoo doo 6362
jigiri 3819
jilebar 5275
jili 2998
jilledu 1181
jilok 3812
jilugu 1318
jilugujattu 1318
jilumpang 6839
jingaan 6677
jingbawng 7822
jinggau 7469
jining 6651
jinjit 1171
jintek bukit 873
jintek–jintek 872; 6367
jiri 6492
jisak 7585
jittegi 2005
jivani 7428
jiyal 4057
jiyolo 4057
jizerhout 238
jizo–kanba 958
jjogdongba eg–namu 6891
joda 6236
joddi 1569
jodi 2998
jodimbrebei 1569
joemoek 5420
joene 5266
joerasan 2709
joesoekadoja 5325
joewoet 6778
joga 2606
jogiyarale 7353
johore oak 3884
johore teak 5330
jojaab 509
joknai 6643
joladhanna 2695
jolcham–na mu 6063
jolo saffranheart 1353
jolster 6298
jon 1049
jongbi 5502
jonghihorida 7286
jongkong 1941
jonmouia 5268
jono 2410
jookamalle chettu 7563
joping 5417
jouaca 1777
jowar marang 3508
joyontri 6533
juah 6568
judasboom 1452
judastrad 1452
juden dorn 7849
jugga–harina 4853
jugia 1723
jugini 6884
jugurya 4348
jujube 7841
julutu 4451
jumla 7279
jummina 7829
jumog 7258
jung bukit 6250
junggut keli 1282
junghuhn dacrydium 1913
jung–jung 973
jungle angoor 473
jungle cork–tree 3634
jungle grave–vine 473
junglebor 7842
jungleflame ixora 3897
jungli mohwa 2318
junjung bukit 7274
jurighas 3133
jurong 3892
jurung laki 974
jute 5402
juti 4898; 4900
jutili 447
jutraj 587
jutuli 447
juwar falah payo 1629
juyeob–namu 3332

K

ka 1732
ka du 1295
ka lao 4045
ka sanh 2983
ka thang 4734
kaadu ashwatha 2987
kaadumari drakshi 4076
kaagada – up puraeralae 1035
kaakhow 2398
kaalaadri 6852
kaam 5760
kaantisenbal 999
kaap chuk t´o 5063
kaar 5833

kajian 1200
kajinoki 1035
kajiru 3893
kajo bibungan 764
kajo churo 3468
kajo elain 973
kajo hutan 6485
kajo labito 2933
kajo latong 4362
kajo lete 4511
kajo loangbin 7214
kajo orang 5401
kajo pan 7737
kajo pejai 6572
kajo punan 5310
kajo tangiran 7348
kajo tegorang 2957
kajoe bapa 6700
kajoe besi 2933；4746
kajoe gading 4015
kajoe kaleh 3577
kajoe laka 2016
kajoe limocta 6887
kajoe malas 5319
kajoe oelar 6883
kajoe palaka 5099
kajoe patin 4910
kajoe pelleth 3984
kajoe poetih 4620
kajoe reboeng 4669
kajoe sema 1086
kajramta 4811
kajrauta 4811
kaju 477
kaju arau 2689
kaju lara 4745
kaju lulu 1428；1430
kajutaka 477
kaka suroli 2301
kakaag 1713
kakal 1275
kakan 6583；6597
kakan telor 6719
kakana 4187
kakandan 1048
kakang 802；2114
kakao 7350；7638
kakao-eta 2961
kakapholo 862
kakar 5580
kakarah 988
kakarsingi 3558
kakar-singi 5580
kakarundeh rumi 3505
kakatembhu rni 2257
kakatoddah 7410
kakau 6441；6568
kakaua 3345
kakauati 2243
kakawang 6562
kakawang buah 6664；6688
kakawang tantelah 6664
kakawang tingang 6688
kaker 3138
kakera 4639
kakhi 7352
kakhtar 1421
kaki 2243
kaki pala 7845
kakka thaali 123
kakkar 5581
kakkavalli 2731
kako 495
kakoli 1324；1331
kakor 7850
kakria 4048
kakrian 5580
kakroi 5580
kakru 89
kakulemino 2102
kakuli 6794
kakuluk 5593
kakun 6491
kakur 37
kakur chita 4305
kakur siris 362
kakure-mino 2102
kakurkat 3815
kala 2456；4317；6660
kala chuglam 7295
kala daun besar 6594
kala dhaukra 515
kala dhupi 1888
kala jantang 6625
kala lakri 2270
kala rukh 2005
kala takri 2256
kalabugau 2870
kalachucha 5649
kalachuche 5650
kalachuche ng-pula 5650
kalachucheng-puti 5648
kaladan 2331；2345；2354
kaladis narig 7583
kalagimai 5279
kalagunda 2261
kalai 421
kalainig 2952
kalak galam 4620
kalakat 5880
kalake 5325
kalakoroi 362
kalam 2445；4856
kalam ayam 2479
kalamahomad 1018
kalamansakat 7283
kalamansan ai 4548
kalamansanai 5018；5029；5031；7296
kalamansani 5029；5031
kalamansi 1576
kalamatau 6923
kalamavu 1059
kalamb 4861
kalambac 640
kalambiao 311
kalambuaia 896
kalambug 3478
kalamel 1721
kalamet 1721；2903；4578
kalamianis 4452
kalamismis 263
kalampai 2678
kalampain 520
kalampait 2413
kalamunding 1576
kalamungus 5807
kalan 4620
kalang asin 7597
kalanggiau an 5820
kalangiging 930
kalangkala 4319
kalanigi 3288
kalantaid 6751
kalantas 7413；7420
kalantas ceder 7413
kalantas-ilanan 7418
kalantoya 2311
kalap 6377
kalapachnak 3816
kalapak-kahoi 3129
kalapana 1318
kalapapa 7684
kalapayini 501
kalapi 3284
kalapini 859
kalapis 1941
kalap-pinuso 6381
kal-arasu 2987
kalaruk 1993；2037；4345
kalas 5062
kalasan 3823
kalasan-il anan 3851
kalasan-ko mpol 3846
kalasan-liitan 3853
kalasgas 4694
kalaskas 357
kalaso 1867
kalat undang 1065
kalatan 6548
kalatuche 440
kalaua 1925
kalauahan 793
kalauat 3077
kalau-kalau 6777
kalaum 7060；7076
kalaumber 3052
kalaung-ni 2485
kalaupi 7300
kalaw 3791；3795；3802
kalawalan 6751
kalaway 4142；4150
kalaw-ma 3803
kalaw-ni 3809
kalaw-pyu 3795
kalay 5080
kalayam 4725
kalbow 3735
kalchampa 5648
kalek gundik 849
kalek jambak 3436
kalek kasik 3887
kalek minyak 153
kalemanggong 5382
kalempajan 397
kalepeh 6585
kalepek 6702
kaleput 784
kalet nabirong 5319
kalet pinang 153
kalgakag 697

kanaga 5763
kanagani 380
kanagola 2160
kana-goraka-gass 3238
kanakapata 895
kanak-champa 5972
kanakho 1776
kanakpa 7339
kanakugi 4144
kanakugi - no - ki 4144; 4152
kanal 5574
kanalla 925
kanalum 2245; 2285
kaname 1499
kanamemochi 5464
kananakara vira 5648
kananga 1201
kanapa 896
kanapai 3066
kanara ebony 2266
kanarem 2291
kanari 1250
kanarie 1250
kanaso 885
kanazo 3597; 4972
kanchanarah 928
kanchavala 928
kanchavalado 928
kanchia 2301
kanci berana 6223
kandal 6179; 6181; 6763
kandal mangrove 6763
kandalisam page 753
kandangisan 1639
kandar 182
kandarola 7353
kandeb 1156
kandeka 1049
kandekuvana 6491
kandelaar spar 653
kandep 1156
kandeys 3243
kandiawa 925
kandihai 5624
kandik kurus 1360
kandis 3186; 3187; 3192; 3200; 3202; 3206; 3210; 3219; 3224; 3231; 3233; 3234; 3237; 3243; 3244; 3251; 3256; 3259; 3264; 3267
kandis assam 3237
kandis burong 161
kandis daun bulat 3272
kandis daun kecil 3203
kandis jangkar daun kecil 3233
kandis jangkar daun tebal 3185
kandis padang 3202
kandiyar 5851
kandla 924; 925
kandlao 924
kandol 1295
kandong 4680
kandubarangi 1659
kanduk kambing 5803
kandulit 704
kandulong 1602
kanela 1555
kanenum 6762
kanerballi 7843
kang 357; 362; 6822
kang dor 6918
kang khong 5355
kang pu 5355
kangae 5574
kangai 7821
kangal 5574
kangali 925
kangar 5580
kangi 7721
kangiabel 1029
kangji 2996
kangkawang 6664
kangko 584
kangok meas 1085
kangra 3508
kangsar 3617; 3618; 5996
kanhep 3961
kanhinni 2323
kaniar 928
kanila 1534
kaning 2122
kaningag 838
kaninging 3531
kanin-palak 6137
kaniongan 3683
kanit 1700
kaniti 4106
kaniue 299
kaniuing-kitid 307
kaniuing-p eneras 290
kaniwi 238
kaniwi-puti 240
kanjanamu 4758
kanjar 89
kanjaru 3614
kanjoni 928
kankabharnni 1659
kankar 32
kankeli 6348
kanki 3733
kankor 7850
kankpa 7339
kankra 1049; 7230
kankrao 2960
kankrei 1069
kankuti 1334
kanloo 925
kanluang 4963; 4972
kannilu 1350
kanocha 5482
kanochha 5482
kanodcha 5482
kanokoli 7845
kanomoi 2264
kanon 4942
kanonukan 3301
kansaw 4447
kansel 3810
kanshin 64
kansulud 212; 278
kansulud-pugot 263
kanta chira 33
kanta harina 7822
kantabahul 7786
kantabohul 7850
kantabora 7786
kantakauchi 1029
kanta-kumla 7786
kantegoti 7850
kantesavar 999
kanthal 775
kanti 28; 33
kantingan 5992
kantingen 351; 4026; 7413
kantjer 526; 539
kantrock 1599
kanu 7339
kanuari 3276
kanubling 793
kanuml 2264
kanumog 6026
kanun palle 4570
kanvel 4992; 7636
kanwala 4326
kanyaung 6589
kanyin 2337; 2356; 2359; 2375
kanyin byan 2359
kanzaburon oki 6954
kao 5105; 6136
ka-on 3101
kaootsiu 6460
kaosi 3735
kapajang 5282
kapala pipit 1360
kapalan 988
kapali-pyinma 4041
kapali-thit 4572
kapang 7346
kapas 1778; 2934
kapasi 65; 5771
kapas-kapas 2934
kapayang 5282
kapayang ambok 752
kapeh dotan 7641
kapeh panji 64
kapeh-kapeh 6304
kapen kalung 2338
kapencong 6438
kaphi 1688
kapi 1688
kapi-kapi 318
kapilanaga dustu 5079
kapilkottai 1688
kapinango 2495
kapingan 1865
kapinig 7136; 7207
kapinih 6867
kapivittulu 1688
kapoer 2411; 2412; 2414; 2415
kapok 999
kapok rapa 5803
kapor gunong 2411
kappalam 1296
kappanga 1296
kappumankala 981
kapua 770; 5752

kasid 1347
kasigai 4703
kasih beranak 6223
kasirag 2394
kasiwa 6057
kasla 1791
kasoe 477
kasondeh 1724
kaspische wilg 6299
kaspische zand-wilg 6277
kaspisk pil 6277
kasru 6108
kassamar 1723
kassi bramah 3891
kassod 1347
kastanjebl adigeeik 6050
kastel 3810
kastoori 5063
kastorikaman 2731
kasturigob bali 32
kasul 3496
kasumba 535；1242
kat 1396
kat illupei 5199
kat maa 1059
kat pindi 4917
kata 1373
kata meng keli 3565
katabang 4188
katagdo 3865
katagpo 5925
katagpong-ahas 5928
katagpong-balot 5944
katagpong-dalangan 5935
katagpong-dilau 5918
katagpong-gulod 5917
katagpong-haba 5924
katagpong-ilanan 5934
katagpong-kanos 5942
katagpong-laparan 5927
katagpong-linis 5932
katagpong-mabolo 5938
katagpong-pula 5940
katagpong-putla 5933
katagpong-tilos 5921
katagpong-tungko 5945
kataipa 711
katalavanakku 895
katambi 3220
katandungan 5150
katandungan apanit 4597
katap 7457
katap-alangan 7449
katap-dunpil 7455
katap-hima imai 7447
katap-kitid 7459
katap-ladlad 7450
katap-tang kaian 7451
katap-tilos 7443
katarang 3282
katarin 1278
katbhilawa 1059
katchampa 753
katdes 4889
kateang 1141
katepul 795
katesan merah 6875
katgeru 3631
katgrauw 6309
katguilari 3052
kath bhewal 3508
kathal 775
kathang 4734
kathera 1324
kathimagir angai 6781
kathinphiman 35
kathit 2752
kathitka 5402
kathitsu 7822
kath-semul 6452
katian 974
katiau 4451
katiel 4323
katigpo 683
katikal 5081；6873
katikis 4130
katillupei 5199
katilma 2245
katilug 4132
katilug-kitid 4135
katilug-linis 4131
katiluk 4215；6073
katimahar 2706
katimum 496
katin 35
katinu 4451
katjang 6875
katjeputbaum 4620
katkaula 5457
katlatige 1672
katma 1059
katmarra 4305
katmo 7558
katmon 2161
katmon-banani 2152
katmon-bayani 2152
katmon-bugtong 2153
katmon-kal abau 2165
katmon-kambal 2140
kato 229；459
katoelampa 2616
katok 6792
katol 3045
katolit 3194
katon 6320；6321
katonal 1103
katong 464；1900；1905；1906；7697
katong-baluga 462
katong-haong 461
katong-katong 1906
katong-lakihan 464
katong-mac hing 1494
katong-mangyan 466
katong-mat sin 1494
katongzu 2485
katori 6860
katos 5849
katot 1590
katpali 4572
kat-pindi 4917
katri 2717
katsura 1452
katsura-tree 1452
katta 7829
kattakre 1410
kattamanakku 895
kattanji 4610
kattikayi 2095
kattirippa 4441
kattito 7721
kattleknau 1590
kattou-mag a-marom 1881
kattu puvarasu 6188
kattuchera 3631
kattucheram 3631
kattucheru 3631
kattukkadali 3518
kattukkary ampu 4367
kattukkira mbu 4367
kattukol 1334
kattukoyya 1410
kattumanda 927
kattunerva lam 3927
kattuparatti 7352
kattupilavu 781
kattusinikka 45；4842
katu-boda 1878；2452
katud 2096
katud lahi 1590
katudai 4902
katugeri 3631
katuko 301；5314；7297
katuko andilau 6558
katuko asam 6581
katuko tapih panji 5412
katukoh bintungan 6755
katukoh payo 2479
katul 1411；6319
katulampa 2600；2636
katuling 6689
katum 4962
katum kao 5031
katup 6660
katupuveras 3133
katur 4555；6793
katuri 3254
katurog 1020
katus 1373
katuvarsana 2396
kat-wilg 6309
kau 5105
kau kin 3653
kauag 7128
kaukasisch buchs 1079
kaukasisch elinde 7375
kaukasische flugel - nuss 5962
kaukasische jeneverbes 3940
kaukasische spar 5510
kaukasisk adel-gran 15
kaukasisk lind 7375
kaukasiskt vingnottrad 5962
kaukasus spar 5510
kaula 4426
kaulia 43
kaulu 4426
kaung hmu 491
kaunghmu 495；500
kauri 203
kauri pine 203
kavakula 4367
kavao 2793

kayu putat 904
kayu raja 4023；4024
kayu rajah 1325
kayu rambe tikus 6808
kayu rapat 4960
kayu ratuh 3891
kayu raya 6631
kayu rayah 2251
kayu rebong 751
kayu rebung 5391
kayu regis 4930
kayu rendang 4021
kayu ribu 486
kayu rindu 4814
kayu rube boras 4667
kayu sae-sae 6939
kayu sale 5549
kayu sapat 2762；4412
kayu sapuong 2630
kayu sebija 3798
kayu sekala 6183
kayu selaru 6485
kayu semua 5178
kayu semut 5709
kayu sepah 3436
kayu sepak sipang 647
kayu sepat 7580
kayu seribu 157；4958；7333
kayu siamang 2251；2294
kayu sidepoh 3812
kayu sigi 195
kayu siharas 1772
kayu silu 988
kayu simartin 2103
kayu singanba 6124
kayu sippur 3590
kayu sulung 4471
kayu sumba 6364
kayu taji 5679
kayu talang 4383
kayu tanah 3811
kayu tapah 5335
kayu tebuh 6894
kayu tenjo 7596
kayu tepung 3316
kayu terkuku 4490
kayu tjina 4958
kayu tuli 1939
kayu ubi 5949
kayuang 5155
kayubesi 1460
kayuda 507
kayugalu 6737
kayugambar 7442
kayumanis 1597
kayumanis-laparan 1600
kayun 365
kayunalis 5883
kazaw 4954
kazhanchik kuru 1083
kazhichikai 1083
kda cong hen 4878
kdut 6706
kdut-me 6706
kdut-ni 6706
ke 3513；6850
ke duoi dong 4585
ke khao 1711
kea 5549
keaki 7832；7836
kebal ayam 4958；5683
kebal beruang 488
kebal musang 4958
kebaong 6682
kebatja 3410
kebaung 6608
kedabang 5060
kedalai 7442
kedang 5401
kedang belum 4839
kedang cabe 5632
kedang merkapal 4779
kedang ribis 5401
kedang teran 4832
kedangu 6533
kedawang 6710；7289
kedawoeng 5349
kedayan 4321
keddeng 1691；1701
kedi 3251
kedjawi 3072
kedki-keya 5263
kedoi 2678
kedond bulu tangkai pendek 1237
kedondong 1204；1210；1212；1213；1214；1218；1222；1225；1226；1230；1232；1236；1237；1240；1245；1925；1928；1929；1930；1931；1935；1936；1938；1939；6327；6328；6329；6330；6331；6486；7348；7462
kedondong buah kana 1236
kedondong bulan 1233
kedondong bulu laxa 1929
kedondong bulu tangkai pendek 1237
kedondong gegaji 1226
kedondong geraji 1226
kedondong kemasul 1204；1238
kedondong kerantai 6325；6326；6328
kedondong kerantai bulu 6331
kedondong kerantai lichin 6329
kedondong keruing 1230
kedondong kijai 4468
kedondong kijau 5417
kedondong matahari 1939
kedondong mempelas 1929
kedondong puteh 1226
kedondong senggeh 1240
kedondong seng - kuang 6486
kedondong tunjuk 4471
kedongdong 1204
kedontang 6600
kedoya 2495
kedru sibiruskii 5532
kedu 5796
kedui 3192；3251
keduko 6734
keduko berugi 6734
kedumpang batu 6250
kedundung 323
kedung 6930
keelu 1421
keeriya 38
ke-foi 2395
kegaki 2196
ke-gaki 2196
kei pala 5199
keiapple 2400
keiatrang 751
keilmun ogerie 3726
keim 4861
keizer-eik 6057
kekabu 1003
kekabu hutan 1003
kekaca 6932
kekalup 2326
ke-kapongtui 6122；6124
kekatong 1900；1903；1906
kekatong laut 1901；1906
kekintang 379
kelachong achon 5525
keladan 2411
keladan djauh 2341
keladan remingkai 6655
keladen 2410
kelaginit 530
kelambi 771
kelamondoi 5056
kelampai 2678
kelampai sitak 5525
kelampanas mondoh 3461
kelampanas porak 3442
kelampayan 2869
kelampu 6318；6319
kelampu bukit 6321
kelan 2191
kelana 6734
kelanah 5401
kelangah iman 6565
kelangah payah 6579
kelangah peka 6579
kelansau 2415；2416
kelanus 5870
kelapa tikus 3811
kelapa tupai 5329
kelapahit 6041
kelapayang 6439
kelapeh pahit 6690
kelasah 1939
kelasi 494
kelat 2812；2837；3471；7045；7047；7061；7063；7067；7085；7127；7149；7181；7182
kelat gelam 2792
kelat jambu 7061
kelat jambu laut 7050
kelat merah 7010
kelat opak 2797
kelat pajau 345
kelat paya 7131

kerandji 2121; 2122
kerandji asap 2121
kerandji-p agan 2121
kerang 4386
kerangyi 973
keranji 2111; 2112; 2116; 2117; 2121
keranji alai 2113
keranji bukit 1979
keranji bulu 2121; 2122
keranji hutan 5114
keranji kuning besar 2121
keranji kuning kechil 2121
keranji lotong 5125
keranji pelawa 2114
keranji tebal besar 2114
keranji tebal kechil 2117
keranji tunggal 2122
keranpapan 2114
kerantai 6329
kerantai merah 6331
kerantongan 2464
kerapa kerapa 6366
kerasak 7269
kerasap 4542
keraserom 351
kerdam ayer 3828
kerdam daun kecil 3861
keredas 5587
kerek 5593
kerempak 155
kereta 6914
kergeng 1222
keri 3681
kerier 3782
kerikit 5188
kerimpa patong 7215
kerindjing 973
kerindung 3565
kerinjing 973
kerinjing daun 7269
kerinjing renah 973
kerinjingan talang 6755
kerkhoven fig 3057
kerlik 6223
kerodong 4781
kerodong damak 4780
keroewing 2340; 2381
keroi 4361
kerok 6317
kerosene-wood 1725
kerosit 2364
kersik 3798
keru 6108
kerubang 2340
kerubang tudang 2335
kerubung 2340
kerueh 4361
keruing 2324; 2326; 2328; 2330; 2332; 2333; 2334; 2340; 2342; 2346; 2348; 2349; 2351; 2361; 2362; 2364; 2365; 2368; 2370; 2371; 2376; 2377; 2378; 2379; 2380; 2381; 2382
keruing ariung 2388
keruing arong 2326
keruing asam 2382
keruing assam 2382
keruing babi 7580
keruing bajan 2340
keruing baran 2346
keruing barang 2346
keruing batu 2349
keruing belimbing 2349
keruing beludu kuning 2336
keruing benar 2340
keruing bise 2330
keruing buah 2336
keruing buah bulat 2351
keruing bulat 2351
keruing bulu 2332; 2380
keruing chair 2346
keruing chogan 2376
keruing dadeh 2334; 2379
keruing daun alus 2348
keruing daun besar 2326
keruing daun halus 2328; 2348; 2376
keruing daun lebar 2376
keruing daun nipis 2380
keruing daun tebal 2370
keruing deran 2330
keruing dudu 2359
keruing gasing 2330
keruing gunong 2380
keruing guntang 2349
keruing jantong 2334
keruing jarang 2361
keruing kelabu 2348
keruing kertas 2332
keruing kerubong 2349
keruing kerut 2381
keruing kobis 2335
keruing kuching 490
keruing latek 2345
keruing layang 2378
keruing layang layang 2378
keruing lichin 2365
keruing licin 2365
keruing matang 2364
keruing mempelas 2338
keruing mengkai 2377
keruing merah 2376
keruing merkah 2322
keruing minyak 2346
keruing neram 2355; 2366
keruing ngeram 2355
keruing padi 2340; 2346; 2379
keruing palembang 2371
keruing pantai 2362
keruing pasir 2332; 2345; 2376
keruing pekat 2338; 2376; 4986
keruing pipit 2348
keruing puteh 2331
keruing ranau 2368
keruing runching 2342
keruing runcing 2342
keruing salatus 2360
keruing sendok 2334
keruing senylem 2334; 2346; 2348
keruing senyum 2348
keruing simpor 2349; 2360
keruing sindor 2328
keruing sol 2363
keruing sol padi 2370
keruing sugi 2381
keruing suji 2338
keruing sungkit 2376
keruing tangkai panjang 2349
keruing tempehes 2382
keruing tempurung 2334
keruing tepayan 2382
keruing tepayang 2382
keruing terenek 2388
keruing ternek 2371
keruing utap 2376
kerukeh 2346
kerukub 3605
kerukup 5312; 6561
kerukup siam 4896
keruntum 1708; 6223
kerup 2322; 2330; 2338; 2340; 2345; 2376; 2382
kerup tempuran 2334
keryuing perak 2372
kes 4570
kesak 7582
kesambi 1883
kesari 981
kesendak 6485
kesho-yana gi 1500
kesoi 7268
kesooi 7268
kesri 981
kesua 610
kesudo 1069
kesugoi 2363
kesumba 981
kesurai 2355
ket 3333
ket deng 2013
ketabu 7798
ketako sabut 6567
ketang 1194
ketanger 1170
ketapang 950; 4023; 7287; 7289; 7294; 7302; 7305; 7313
ketapang darat 7289
ketapei 6321
ketapi 6321
ketarum 187
keteleeria 3962
ketemaha 3984
ketengga 4726
ketenggah 4726
ketepan 4060
ketian 4451
ketiau 3180; 4439; 4451; 4465; 5254; 5376; 5387
ketiau badas 4439
ketiau merah 4434
ketiau padang 3179
ketiau paya 4451
ketiau puteh 3183
ketidahan 5060

ki-leppa 6522
kili 365; 6769
kilkil 1341
kilkova keaki 7832; 7836
kille 6769
kil'li 6769
killoe 7791
killoeh 7791
kilog 4222
kilonj 6058
kilpattar 89
kilung-lung 751
kiluvai 1714
kim cang 2608
kim giao 4960; 5669
kim phuong 1085
kimangal 6459
kimanjal 3482
kimbu 4892
kimeme 4368
kimeong 3466
kimri 347
kimu 4895
kin jung 6479
kin kori 3786
kin nemu 32
kin sjo 6479
kin sung 6479
kina 1177
kinabalu dacrydium 1917
kinabaulu kauri 199
kinaboom 1509; 1510
kinaibellati 365
kinakan kayu 2299
kinarum 2273
kinasaikasai 137
kinatrad 1509; 1510
kinbalin 567
kin-ba-lin-net 4467
kindal 7303
kinem 5099
kinesisk berg-gran 5504
kinesisk bok 2966
kinesisk gran 21; 5494
kinesisk idegran 7260
kinesisk katalpa 1408
kinesisk lark 5898
kinesisk lonn 72
kinesisk poppel 5776; 5782; 5784; 5787; 5788
kinesisk sekvoja 4744
kinesisk sorg-cypress 1888
kinesisk vingnot 5965
kinesisk vit-poppel 5785
kinesiskasp 5786
kinesisken 3934
kingiodendron 3982
kinnu 2304
kinogaki 2250
kinpadi 6333; 6336
kinsa 1374
kinsuka 1069
kin-thabut gyi 7340
kinu yanagi 6311
kinuum 548
kinuyanagi 6309
kioray 1713
kipada 5444
kiparai 4093
kirakuli 4570; 4844; 4845
kiralboghi 3735
kiran 792
kiranellig ida 5476
kirap 1770
kirbaili 5693
kirganelli 5476
kiri 5360
kiri-mawaa 3629
kirimbibit 5911
kirin 7424
kirinoki 5360
kirit 4317
kiriwalla 3629
kirmola 86
kirmoti 86
kirnee 4570
kironli 1156
kirontasi 324
kirriwella 4831
kirsel 6857
kirtti 1324
kirung 5080
kisakat 6123
kisampan 2868
kisangi 25
ki-sapie 3482
kisasage 1408
ki-sasage 1406
ki-semir 3788
kish par 5095
kishing 182
kisigoeng 6756
kisikap 6123
kisip 884
kissa 7064
kit nan dam 2226
kitakita 349
kitaldag 4234
kitannu 6530
kitelohr 7780
kiterong 6470; 6473
kiti 3810
kitimbilla 2400
kiting-kiting 4739
kitiwoe 4669
kitoewak 1222
kitondok 1436
kitong 7214
kittoe 1025
kitul 1318; 2508
kiuan 6578; 6666
kiuchuan fir 22
ki-ven 3648
kiwada 5444; 7340
kiyooi 7268
kiyugkug 7151
kizhanelli 5476
kjelbergio dendron 3983
kladan 2417
klaju 6123
klalar 2362
klamagan 4316
klampis 51
klangnita 3978
klanunnok 5226
klaoedi 4599
klapak 6570
klarar 2356
klavoe 5256
kleinbladi ge mahonie 6912
kleinbluti ge kiefer 5554
kleng 2111
kliniasada 1725
kloh 1001
klompang batu 6839
kluang 2977
klusi 7614
klut lyoo 5256
klutum 1431
k-mandung 6895
knackepil 6286
knee-duwe 5520
knet 1048
knet-ywethe 1051
knoptaxus 1444
ko 5105; 6136
ko deng 1373
ko kan 3653
ko kissa 7064
ko maizt 2977
ko nia 3887
ko som pong 3241
ko ye 1250
koan 7226
koba no shirakamba 966
kobanmochi noki 2605
kobanmocki 2605
koba-no-to neriko 3167
kobanotone riko 3167
kobari 1677
ko-be 6667
kobol 4171
kobolan 1470
kobu-nire 7502
kobushi 4476
kochila 6883
kocik 6678
kodai 3888
kodai-bundok 3889
kodaiho-gasi 4217
kodakkapuli 3214
kodapuli 3214
kodi marukkan 1071
kodi nirvitti 3810
kodichittal 1084
kodikkalli 6362
kodil 47
kodimudusu 4842
kodimurukkan 1071
kodivar 928
kodivarah 928
kodivelam 1084
kodiyarasu 2987
koe 409
koeda sondak 3141
koedang - koedang pajo 4797
koehre 6027
koejoeng 6534
koekoeran 3565
koekoon 6474
koelit-baw ang 2516
koemi 5099

koepa 7143
koesigoro 5024
koewar 1189
koga 121
kogod 1483
koguko 5441
kohia 7788
kohu 5105
koilar 924; 925
koivel 1648
kojbar 5095
kojii 1366; 1368
kok leuam 1224; 1248
koka 997; 1732
kokam 3220
kokam mara 3220
kokan 3220
kok-he 998
ko-kheemoo 6067
kokhimou 1388
koki ma san 3740
koki mosau 3691
koki thmar 3691
kokko 365; 369; 673
kokko akle 369
kokla 2695
kokoaru 5101
kokon 7312
kokonoe-no-kiri 5358
kokonon 1798
kokosan 4060
kokossan 4060
kokotta 3263
kokrawood 610
ko-kusagi 5112
kokut 1369
koky 3733
koky ma san 3740
koky tsat 3689; 3732
kola 979
kola mavu 477
kolaambi 380
kolahi 2957
kolain 5557
kolaka 4581
kolalabang 6395
kolam 7841
kolamava 1056
kolasa 5325
kolashahajo 7278
kolavu 3575
koli payar 5105
koli-al 3004
kolibobok kasajan 2580
kolinos 4087
kolis 2788
kolitatang 1586
kolla mavu 4425
kolland 3601
kolo-kolo 5419
kolon 141; 3569
kolungai 2556
kom 5039
komagetget 4169
komami-gasi 4242
komanh 7817
komarov juniper 3943
komatpa 7817
kometsuga 7487
komi 7230
kom-kom 4081
komkwa 5524
komleng 6678
komochi 3841
konai 357
konakon 2585
konam 1374
konara 6063
konara oak 6063
konda chiragu 351
konda kasinda 7411
konda mamidi 1714
konda mavu 1714
konda vaghe 365
kondabooru ga-chettu 999
kondagolugu 2998
kondajuvvi 2998
kondamudamu 895
kondapala 6362
kondaravi 2987
kondavaghe 365
kondi 5127
kondiman 7634
kondolon 335
kondricam 7565
kone 5399
konero 5063
kong 1139; 1162; 3695; 3751; 4986
konga 3727
kongi pute 7586
kongki 5858
kongora 7793
kongts´ung 5548
kongu 3727; 4861
konishi-damo 4997
konishigusu 1846
konisi-gasi 4218
konju 3727
konnakkay 1084
konnat 6433
konne 104
konoo 3816
konora 6063
kon-pyinma 4045
kon-sha 33
konskoi kaztan 181
kontoi genut 6692
kontoi kerosit 6597
kontoi rarak 6597
kontoi semangka 6597
kontoi suak 6597
kontoi tebayang 6692
kontoi tembaga 6682
kontoi tembalang 6682
kontoi umbing 6565
kontoko 1279
konya 7224
koondon belookar 3242
ko-one-ore 956
koongili 6541; 6636; 6721
koongili maram 6636
ko-ono-ore 956
koorka-poo lee 3199
koosga 6857
kopakopa 7098
kopangir 3176
kopek 3337
koperitoma 3745
kopi 1687
kopi hutan 5459; 5637; 5638
kopi kampong baja 6133
koping 212
koping-koping 249
kopo 2802
kopong 7498
kor 6067
koraalhout 139
korallenholz 5952
koranekalar 7262
korate 4069
korea beech 2970
koreaanse den 12
koreaanse levensboom 7358
koreaanse pijn 5543
koreaanse populier 5770
korea-gran 12
korean ageubae 4525
korean alder 404
korean birch 969
korean camphorwood 1526
korean cedar 7419
korean celtis 1427; 1433
korean cinnamon 1526
korean fir 12
korean hawthorn 1757
korean hornbeam 1304; 1310
korean lime 7363; 7367; 7369; 7374
korean maple 91; 96; 99; 100
korean maytree 1757
korean mulberry 4891
korean nut pine 5543
korean oak 6045; 6107; 6116
korean pine 5543; 5544; 5559; 5560
korean poplar 5770; 5772; 5775; 5778
korean rhododendron 6207
korean rowantree 6770
korean spice viburnum 7650
korean sumak 6228
korean thuja 7357
koreansk gran 12
koreansk tall 5543
korg-pil 6309
korig 1928
koriyanagi 6302
korkrinde 4620
koro 5773
korobiro 5063
koromandel 2204
koron-koron 3607
korotan 2961
korsa 979
korsbarstr ad 5859
kosai 2206
kosal 4443
koshiabura 2685

ko-somo 2106
kosonaro 928
kosugi 1872
kot semla 979
kota ranga 3282
kotaashari 7355
kotaki 6884
ko´tama 355
kotbu 5369
koteputol 1802
kotikan beraliya 6541
kotin 1423
kotipo 5946
kotmok 7296
kotta 7850
kottai 7850
kottaimuthu 6236
kottal 1331
kottampuli 5589
kottei 6884；7850
kotuki 1181
kou kan 2653
kouc moc 5995
koungmhoo 5309
kouoc moc 5995
kouri babul 43
kourka-pouli 3199
kouyamaki 6479
kovalam 177
kow 5105
kow tsi mu 4350
koya 7224
koyama spar 5503
koyama spruce 5503
koyama-gran 5503
koya-maki 6479
koyar 6884
koyosan 1880
koyya 5910
kozo 1032
kpudu 780
kra ka sbek 6742
kra kirck prach 1323
kra lanh 2111
kra nmung 1956
kra san 2983
kra sanh 2983
kraai dam 3724
kraak-wilg 6286
kraat 2367
krabak 490；491；500
kra-bak 491
krabak khaao 500
krabas soua 3800
krabau 3791
krabey kriek 2660
kraboo 7777
krachao 3634
krachow 3634
krad 2357
kradard 6338
krai 4913
krai sar 7810
kraka 6742
kraka sbek 6742
krakas 6730；6733
krakas meng 6733
krakas sbec 6742
krakas sbek 6733
kralanh 2111
kram remia 3217
kram remir 3217
kraminan 2495；2523
kramol 105；106
kranch chhmar 1571
kranch inon 1571
krandji 2121
kranji 2114
krantie 6325
kranuga 4342
kraodi 4599
krasang 2981；2982
krasang siphle 2983
krasna 4620
krat 2357；7813
kratang 4288
kraul 4631
krawit 1254
kraysar 2660
kreete 1338
kremar 3607
krempf pine 5545
kremuon cham bach 3887
krerk 4539
kres 6580
kreta-tall 5541
kreu 6108
kriang 1873
kriemar 3607
krier 3782
krigeng 1222
krikis ayer 6793
krim-linde 7375
krim-pijn 5552
krinjing daun 3582
kripa 4369
krishnabija 511
krishnasirisha 350
kristtorn 3822
kroeul 4631
kroewing 2346
krok 16
krong 614；630
kru 6108
kruen 2338；2345；2352；2360；2381；2385
kruen des indes 2338
krunjing 6928
krur 3225
kruwing kuching 490
kruyn 2363
krymighno 2695
kshira 5647
ku yen 3660
kua 2260；2265
kuang 2357
kuangian 6906
kuat 5644
kuayral 925
kubamban 1016
kubau 2131
kubau-bilog 2132
kuben 4178
kubi 783；790；806；930；5461
kubi-kubi 5072
kubili 1875；1876
kubin 4389；6435
kubing-dilau 806
kubong 250
kubung 3599
kucandanah 139
kucha pucca 6548
kuchikanta 4842
kuchila 6884
kuda 7030
kudagu 347
kudak 3300
kuda-kudauwi 2398
kudal 6849
kudan 2345
kudang payo 4803
kudang-kudang 2898
kuddam 4861
kudem 1130
kudok 1706
kudo-kudopayo 6124
kuduru 2438
kudurujivi 2438
kuea 4546
kuei kien chow 2899
kuela 973
kuen-luenjuniper 3933
ku-fuji 6785
kugli 28
kugyug 2536
kujur 2637
kuker 3881
kukisu-herio 7486
kuku 5420
kukui 6367
kukuinoki 379
kukung 7312
kukup 6561
kukur chita 4322
kukuran 1282
kukurbicha 3505
kukut biuta 4472
kula nim 4840
kulak 1423
kulaka 6883
kulalis 139
kulangi 2556
kulari 2556
kulasi 4368；4369
kulatan 6551
kulatingan 5986
kulatthika 1334
kulau 3802
kulavi 3275
kulavuri 6323
kulayo 2740
kulen 4178
kuli 6769
kuliaan 6557
kuliaga 7814
kuliang-ma nuk 2540
kulidang 784
kulilisiau 3731；4427
kulim 2473
kulimpapa 7679
kulimpapar 7690
kuling-bab ui 2496
kuling-babui 2477

kusi 3582；4546
kusibeng 6337
kusimba 3300
kusmar 3419
kusmus 6591；6669
kuspa 4725
kussam 6464
kussamar 3419
kussi 6851
kuta udang 1065
kutaak 399
kutaja 7755
kutangol 7014
kuthada 6849
kutijamo 7030
kutil 7284
kutki 1028；1029；4811
kutmu 6209
kuto 1478
kutog 4079
kutokong 6124
kuttampale 7213
kutti 1331
kuttvila 4137
kutulan 4519
kuvi 775
kuwa 4891
kuwal 7428
kuwe 4546
kuweih 4546
kuwi 4546
kuyau-kuyau 438
kuyauyau 442
kuyog-kuyog 3441
kuyos-kuyos 6869
kuyung 2414；5306；6623
kuyus kuyus 6868
kveng-lwai 2649
kwan mu 1880
kwanal 5956
kwangtung-aburagiri 7638
kwao 141；3569
kwe 4585
kwet 4137
kwetayaw 3508
kwetspruim 5861
kwila 3885
kwini 4549
kwong-long 1317
kwyetsa net 4253
ky yen 3648
kyakat 2340
kyalanki 6763
kyama 7794
kyana 1291；7798
kyasatte 2650
kyauk-tinya 1443
kyauk-tinyu 7255
kyaungban 7688
kyaung-dauk 5178
kyaung-sha-letto 5178
kyaw 5039
kye 3405
kyeng-lwai 2649
kyese-kyi-chi 2092
kyese-satna 2087
kyet-mouk 2180
kyettayaw 3508
kyet-tayaw 3504
kyetyo 7680；7686
kyetyo-po 7686
kyon 2304
kyro kaki 2243
kytdlao 3786
kyunalin 1092；1112
kyunbo 5835
kyun-gauk-nwe 7675
kyun-nalin 5829
kywedanyin 5589
kywe-danyin 4815
kywemagyol ein 6858
kywetho 979
kywetsa-net 6115
kywetsa-ni 6056

L

laba 6765
labag-labag 7048
labagti 3637
labakan 1766
laban 7684
labang 4006
labangon 5602
labat 717
labau 4862
labayanan 6121
labayo 4676
labe 6763
labid 4338
labig 4338
labik 4338
labri 4890；4892
labshi 1499
labu 2103；2706
labuai 2470
labuanaha 509
labulti 3640
labusei 5091
lacebark pine 5530
lacquer tree 7425
lacquer-tree 6233
lac-tree 6696
lada 4884
ladan 2338；2352；2376
ladda 4884
ladderwood 4423；4425；4426
laden 2346
ladiangau 195
ladit 478
ladko 7730
ladyin trdak 2464
lady-of-th e-night 1458
lagam 6569
lagam simpai 2273
lagan 2328；2330；2336；2352；2354；2356；2360；2371
lagan batu 2381
lagan beras 2333；2359；2388
lagan bras 2333
lagan buih 2381
lagan daun halus 2371
lagan sanduk 2327；2336
lagan simpai 2193
lagan tanduk 2381
lagan torop 2371
lagapak 4392
lagarai 1048
lagasa 1052
lagasak 1052
lagasi 6557
lagat 3094
lager-poppel 5777
lagertrad 4068
lagikdi 2274
lagilagi 2817
lagi-lagi 2788；7085
lago 5866；6027
lagong-ban guhan 6013
lagong-gulod 6018
lagong-liitan 6017
lagrimas fig 3060
laguloi 5265
laguna 7617
laguna baibat 5741
lagundi 7678；7688
lagunding-dagat 7688
lahan kudu 3279
lahan-shivan 3420
lahapang 7284；7299
lahas 5226
lahayang payo 7289
lahi-lahi 1928
lahkyik 1092；1112
laho 1704
lahong 2453
lahu 3126
lahung 5306；5316
lai 979；2458；7637
lai chi 4178
lai kuyu 2457
lai rung 379
lai tho 3419
laila 6304
laing 3432
lainja 1331
lajah 4841
lajokorer 5273
lajwati 4841
lak pas 6580
laka 5472
lakacho 5417
lakacho′ 6826
laka-hout 2016
lakai 1143
lakangan 7011
lakatwa 5267
lakhonde 4725
lakhota 2736
lakis 5223；5242
lakis bukit daun halus 5220
lakkey 356
lakki gida 7678
lakkote 2736
lakkotehannu 2736
lakock 782
lakojong 3436
lakong 2176；2422
lakooch 782
lakori 7739
lakot 3585
laksana 32
laktta 2736

lantoganon　4678
lantunan-b agio　3472
lantupak　311
lantupak jambu　240
lantupak mata kuching　7706
lantupak paya　296
lanusi　783
lanutan　3613；4871；5311；5701；5702；5721
lanutan dilau　5702
lanutan - ba gyo　3468；3472
lanutan-banguhan　4869
lanutan-buntotan　4867
lanutan-dagat　5722
lanutan-dilau　5702
lanutan-ha ba　5701
lanutan-laparan　2720
lanutan-liitan　5719
lanutan-linis　5133
lanutan-mabolo　5724
lanutan-mangyan　5718
lanutan-puti　5006；5729
lanutan-sa pa　5699
lanutan-utongin　5705
lanyan　6568
lanyat　4530
lao tao　3691
lapak　3996
lapakis　7122
lapi　7505
lapinig　7179；7207
lapis kulit　3468；5412
lapitling　2640
lapit-usa　7691
lapli　4117
lapnisan　5721
lapnit　6830
lapokan　4393
lapo-lapo　3568
lapome　7268
lapong　7281
lapsik　4110
lapun ada　2456
lapun bu　2467
lapun mas　2467
lara　4745；4746；7784
larak　6879
laran　2355；4758
larandka　2355
larasang　4389
larat api　6710
large garlic pear　1762
large-leaf holly　3844
larice cinese　5898
larice dahuriano　4062
larice del giappone　4064
larici dell´estre mo oriente　4065
laricio de caramanie　5552
laru　6669
laru betina　6592
lasalia　7735
lasang　2326
lasgas　7195
lashawng　520
lashora　1719
lasi　142；143；3569
lasie　142
lasila　4049
lasilak　4049
lasilasan　7287
lasona　2540；2543
lasret　5282
lasrin　362
lassi-hout　142
lassora　1724
lassuni　2485
lasuban　5725
lasuri manu uding　5390
lasuri manuk payo　3425
lat hua　6931
lat xanh　1505
lat xanht　1504
lat xoan　6783
lata　4884
lata palas　1071
latadaona　2909
latak manuk　301
latakaranja　1083
latakaranjah　1083
latanier　1742
latapalash　1071
latek　2345
lati-kawla　5426
lation　444
latkan　981
latkok　5995
latora　1726
latsai　7415
latteri pine　5546
lau　1641；4456；6765
lau tau nui　7616
lau tau nuoc　7616
lau tau xanh　6724
lauaan　6534；6689
lauaan ayian　6557
lauan　495；2416；6635
lauan bianco　6566；6578
lauan blanc　6566
lauan puti　495
lauat　4267
lauigan　7118
lauig-laui gan　7130
lauihan　7060
lauisan　7189
laukya　4305；6459
laur　89
laurack　349
laurat api　6710
laurel　121；943；4068；5431；7278；7315
laurel de condimento　4068
lauri　1723
laurier　4068
laurier-wilg　6298
lauro　4068
laut　504
lautan kuning　5312
lautau　7609
lauwawing etem　1493
lavangapatte　1555
lavasat　4905
lawa　3093
lawang　1524；1527
lay　180；1282；3208；6724
lay ouly　3208
layan　4210
layang　952；5334
layang kachin　952
layang-lay ang　5334；5338
layar　6688
layasin　4119
layaupan　3313
layeng　4019
laymin-bin　6898
leadtree　4106
leal craham　2339
leal kraham　2323
leang　1947
leauri　1892
leban　7664；7667；7669；7675；7680；7685
leban bunga　7686
leban paya　7687
leban tanduk　7687
lebo melukut　6932
lebut berisuk　4815
lebwe　7505
lechee　4178
leda　2769
leeboo　1571
leechee　4178
leemoo　1571
legai　3483
legangai　5794
legarang　446
lege　444
legno di noce indiano　357
legno ferro del borneo　2933
lehandur　301
lehe　6510
leheng uding　3828
le-hnyin　6977
lei　7226
lein　7282；7310
leja　4305
lek　4328
lekani　6755
lekkedagide　1181
lelagan　2323；2340
lelam　4620
lelamit　4278
lelantin　2326
lelayang　5334；5335；5337
lelayat　4910
lelebah　6932
leli　1419
lelun　6338
lem　5394
lemae　762
lemak manok　983
lemang　5099
lemayo　6232
lembasung　6544；6592
lembawang　4535
lemboa　1206
lemburan　2275
lembut berisuk　4815
lemel　5981
lemelai　3885
lemesa　6693

lipus 2345
liput 2345
lipuut 2345
liquidambar 4172；4175
lisak 5012
lisang 4309
lisi lisi 1474
lisoh 2457
lisong 2955；4436
listvennit sa japonskaja 4064
listwennitza sibiruskaya 4066
litak 1450；5990
litar 1450
litchi 4178
litchi ponceau 4178
litjeh 4178
litjik 4178
litoh 1873
litok 3352
li-tschi 4178
litschi ponceau 4178
liuaan 4651
liuas 7202
liuh delok 2444
liuoyosan 6426
liur 3950
liusin 4581；5325
liusin-pula 4739
live oak 6042
llanos tual 7084
llat 808；3532；4091；7791
lmanza 1421
lo bo 1039；1045
lo bo la long 1039
lo ka vi 3372
lo noi 3802
lobagan 7088
loba-loba 6930
loban 1006
lobanti 5138
lobloban 7020
loblolly pine 5564
lobo malagos 6202
lobul fatuh 2441
loc 1396
locbuc 4489
locma 1588
locust 3332
lod 6927
lodan 6690
loddo 7731
lodosong lahe 454
loe 4599
logan 2898
logat 2736
lohagasi 177
lohari 2261
lohasiju 2903
loher agosip 6943
loher anitap 4399
loher anolang 5288
loher cinnamon 1533
loher dungau 827
loher gusokan 7240
loher kaluag 1327
loher kayumanis 1603
loher kulis 4704
loher oak 4260
loher panga 6135
loher pildes 3227
loher sayab 1850
loher sukalpi 2184
loher surag 3415
loher tagatoi 5217
lohero 7263
lohotichondono 5960
loi 1817；6345
loi tho 3419
loiad 2004
lok 5055
lokan 6793
lokar bhadi 4057
lokat 2736
lokhandi 7636
lokiloki 5474
lokinai 1913
lokon 1797
lokun 5045
lole 1460
lolo 910
lolumboi 727
lom 5596
lom com 2587
lomalom 1428；1430
lomann 2942
lomarau 6915
lomas 3745
lomoi 2226
lomo-lomo 6429
lomvang 324
lon 6682
london plane 5626
long 2147；7749
long bang 2147
long com 2587
long hien 1774
long khuen 3740
long leng 1880
long man 5978
long mang 4415；5976；5993
long muc 7749
long nao 1516
long nhan 2180
longan 5051
longboi 7030
longgang 5796
longieng 1774
longleaf molave 7676
longleaf pine 5557
long-leaved nato 5200
longmuc 7754
longsut 4060
longyeng 1768
lonhirn 1768
lonkabhollia 477
lonlin 5273
lontar kuning 3798；5948
loom-paw 193
loose-skin ned orange 1577
lopokan 4393
loppio 66
loquat 2736
loro 3117
losim 368
losoban 3613
lota amara 470；587
lotal 5172
lotan 2191
loter 5809
lotong 301；2464
lotpan 981
lottaka 2736
louang khom 4469；4557
loudon banaba 4044
louo 2182
lout chom 6930
lovea chhke 1254
lovieng 6149
lowo 2567
lu 3196
lua 3126
luag 1649
lu′ang 2416
luang xuong 504
luba 4451
lubag 6413
lubagan 2796
lubag-lubag 6410
lubal 1681
lubanayong 7798
lubang dapdap 2750
lubang-lubang 5682
lubeg 2816；2839
lubug 5363
luchu pine 5547
lucki 347
lud tambang 7293
ludai 2939；6338；6340
ludang ludang 6885
ludek 5013
ludoc 5029
lugis 7021
lugub 4863
lui 425
luihin baguit 721
luik tunjang 6597
luing-luing 1252
luis 3729
luis ayer 3693
luis daun serong 3749
luis daun tebal 3750
luis gunong 3668
luis hitam 3688
luis jangkang 3747
luis jantan 3699
luis kancing 3714
luis kerangas 3707
luis melecur 3679
luis padi 3677
luis palit 3689
luis penak 3713
luis puteh 3755
luis ribu 3752
luis selukai 3690
luis somit 3669
luis tebal 3753
luis timbul 3684
luisin 4581
lujjekaye 6776
lukabban 6762

madd 1677
maddarssa 2744
maddi 739; 7279
madera de albaricoque 5854
madera do buxo 1079
madgi 4441
madhumaalati 7563
madi 5851
madiabug 262; 263
madja 4137
madkom 4445
madle mara 2744
madmandi 3628
mado chulia 7680
madolau 3315
madras thorn 5589
maduga 2752
madulai 6005
madung 6893
madung kemenyan 6887
mae laka 7348
ma-faen 5851
maffinio 287
ma-fit 4138
maga 6159
maga magas 2446
magabuluan 5031; 5037
magabuyo 1429
magadam 4844
magakombo 7167
magalablab 520
magalas 6924
magalayau 191
magalinga 6475
magalolo 4368
magaloput 6903
magangao 6557
maganmut 1027
maganonok 2952
magansira 938
magaring 2622
magas 2446
magasawih 2445
magasinoro 6689
magasusu 3716
magataru 2419
magatkarot 659
magatopoi 1840
magatungal 7033
magaubau 3323
magavepa 6852
magayanga 2871
magayau 3601
magbuabang 5461
magbut 5744
magbut-buh ukan 5751
magbut-bundok 5742
magbut-haba 5743
magbut-kutab 5747
magdang 7102
magdau 7696
magelang 7428
magge 3298
maghubo 7287
magilik 5826
magitarem 3731
magitlumboi 313
magkai 7154
magkaimag 7166
magkasau 644
magkono 7784
maglalopoi 7287
maglimokon 7519
magnolia 4480; 4759
magnolia du japon 4476
magnolia giapponese 4476
magnolia japonesa 4476
magobalogo 6940
magobani 7388
magodendron 4486
magolibas 3533
magolumboi 7029
magong 5044
magong-liitan 5044
magoting 6946
magpong 7197
magpongpong 6967
magrijojo 4815
magsangod 5092
magsantol 6322
magsayap 306
magsinolo 6534; 6689
magsinoyo 263
magtabigi 238
magtalisai 5435
magtalisi 7300
magtalulong 7148
magtongod 1455
magtongog 1048
magtungau 6969
magtungod 1281
magud 3475
magugahum 4049
magulamod 6010
magulipak 6798
magulitim 2282
magupung 3287
magwi-napa 5972
magyeng 7224
magyi-bauk 6334
maha andara 38
maha beraliya 6671
mahabai 4750
mahadingan 1158
mahagoni 4631
mahahlega 915
maha-hlega 1676
mahahlegabyu 915
maha-hlega-ni 922
mahaiansot 237
mahalan 3892
mahalilis 3595
mahalimbu 5970
mahambalud 5010
mahambung 3699; 6575
mahanamun 3729
mahang 4383; 4387; 4389; 4393; 4400; 4407; 4415
mahang gajah 4389
mahang kapur 4395
mahang merah 4415
mahang puteh 4395; 4511
mahang puteh paya 4407
mahang serindit 4415
mahanim 322; 4639
mahapindi 3298
mahar 3984
maharan 7609
maharan potong 6719
maharau 3884; 6719
mahard 782
maharorei 6171
maharuk 322
mahasam 7462
mahau 808
mahavira 1028
mahigotte 7845
mahkaw 7841
mahlwa 4585
mahoborn teak 2410
mahogany 5402
mahogany du honduras 6911
mahogany du pays 6912
mahogany grandes feuilles 6911
mahoka 7286
maholoc layu 7393
maholok hayu 3311
maholok layu 7393
mahoni besar daun 6911
mahoni ketjil daun 6912
mahot gombo 3626
mahoy 3070
mahua 4445
mahuda 4441
mahui 2950
mahul 927
mahula 4441; 4445
mahura 177; 4441
mahuva 4441
mahuwa karar 3815
mahuya 4445
mahuyan 2315
mahwa 4445; 4572
mai 2160
mai chan 4578
mai dasak 4322
mai deng 7793
mai hkai 7115
mai hogwan 2013
mai kan-ang 3663
mai khaine 3733
mai kham 3300
mai kok-kyin 6227
mai lal 6724
mai lim 2649
mai long 949
mai makho-ling 2200
mai mi-myen 4322
mai nangsang 4811
mai naw 4862
mai nyawng 3094
mai ong-tong 4322
mai pao 6580
mai pau 6580
mai pheu 5851
mai phoot 3289; 3619; 3630; 7213
mai pinngo 1293
mai pyele 4863
mai sak 7614
mai salao 4054

malaguijo 6666
malagulagan 7176
malagulambog 3175
malagumihan 770
malagusokan 5373
malaha 348
malahagnit 7044
malahagpo 5842
malahunggo 4602
malai haigai 3735
malaicmo 1429；1430
malaigang 7663
malaigot 1858
malai-ichchi 3059
malaikkarunai 6348
malaikmo 1428；1429；1430
malaimus 4948
malaing 4892
malaiohot 6723
malaipil 3882
malaippachi 3275
malaisic 7648
malaisik 7648
malaiyaman akku 3927
malaiyatti 919
malaka 5910
malakadios 2086；5073
malakalaum 7099
malakalipaya 5716
malakalnigag 1852
malakaluag 460
malakalumpang 6802
malakamanga 3644；6170
malakamatog 2757
malakamias 324；1220
malakamiing 7557
malakamingi 6170
malakaniue 2679
malakanniram 513
malakapai 335；338
malakapaya 5156
malakape 1254
malakaraksan 4162
malakarubek 6980
malakatmon 2150
malakaturai 6516
malakauayan 5688
malakayan 5735；6635；6666
malakbalak 2527
malakidia 3842
malakidian g - buntotan 3863
malakidian g-kapalan 3849
malak-malak 5230
malakmalak-bundok 5233
malakna 7025
malakokonon 7456
malakopa 7001
malakubi 801
malakulis 7520
malalagundi 384
malalakalu bkub 6985
malaligas 6511
malalimon 6868
malalin 2361
malalipa 1587
malalipakon 4245
malalipid 602
malalkarot 2670
malalono 4444
malalukban 1467
malalung 6552
malam 104；2193；2194；2197；2201；2210；2211；2221；2231；2234；2275；2293；2312
malamaitra 7636
malamalung gai 6522
malamanchadi 2731
malamangga 6723
malamangko no 7783
malamari 6734
malambis 6989
malampait 2413
malamulauin 7689
malamuto 7146
malanangka 5302
malanato 5811
malang karas 2985
malanganda 2524
malangau 2592；6490
malangi 2486
malangka 5302
malaninang 6611
malanjhana 927
malanjunta 6758
malankalli 3816
malantutali 7845
malapa 3455
malapaga 7784
malapagang 3084
malapaho 492；2353；4529；4548
malapalikpik 2446
malapana 2354
malapang 2175
malapangap 7252
malapangi 7432
malapano 2353
malapapaya 5755
malapari 5763；6740；6746
malapascuas 2905
malapasnit 3972
malapatpat 4819
malapau 1477
malapigas 2100
malapina 7218
malapinggan 7432
malapotokan 1651
malapuad 6902
malaputat 5623；7292
malapuyau 2278
malarahat 1185
malarambo 6322
malareg 7458
malaresa 2179
malaropit 2648
malarubat-na-puti 7015
malaruhat 7115；7167
malaruhat na pula 7092
malaruhat puti 2830；7137
malaruhat-balat-iyo 2790
malaruhat-bundok 7196
malaruhat-buntotan 7171
malaruhat-gulod 7107
malaruhat-lala-o 7065
malaruhat-pula 7034
malaruhat-sapa 7170
malarullat-puti 6990
malas 3663；4961；5319
malasabon 2712
malasaging 235；240
malasaging-ilallan 283
malasaging-liitan 269
malasaging-pula 257
malasalab 4855
malasalimai 3587
malasambali 2401
malasambong 7648
malasambong-batu 5800
malasangki 2898
malasantol 244；2323；6322
malasapsap 323；5755；5969
malasayo 5465
malasayong-linis 5464
malasikag 3548
malasinoro 6564；6611
malasugi 7209
malasulasi 4101
malatabako 6757
malatadiang 7775
malatadu 6794
malatae 1436
malatagkan 5195
malatagpo 715
malatagum 3689；3711；5623；7696
malatalang 2278
malataldian 1263；1264
malatalisai 7055
malatalot 2609
malataluto 5968
malatambali 1808
malatambis 7069
malatampui 7207
malatampui-haba 7086
malatangal 1454
malatanglin 139
malatapai 328
malatiaong 6611
malatibig 3016
malatiki 4854
malatinta 2245；2255
malatoko 367
malatuba 1783
malatumbaga 1494；1495；5031
malatumbaga-babae 313
malau 3297
malau kantok 3297
malau paya 3292
malaua 6901
malauang-kitid 6907
malauang-tungko 6909
malauisak 5038
malausa 7689
mala-usa 5820
malaut 3691
malay apple 7077；7096

mangga dodol 4552
manggachapui 3666；3694；3711；3726；3729
manggae-namu 946
manggapole 4529
manggasino ro 5311
manggasino ro-tilos 6590
manggasinoro 3683；6686
manggasiriki 4232
manggatsap isi 4548
manggatsap ui 4548
manggis 3198；3232；4023
manggis hutan 3187；3198；3206；3219
manggis outan 3231
manggorun 7475
manggul 157
mangha 1645
mangies boom 3232
mangies oetan 3224；3248
mangir 3176
mangirawan 5309
mangkabang 6664
mangkau 2862
mangkau-si langan 2867
mangkhaak 1906
mangkok 7780
mangkono 7784
mangkubang 3604
mangkudor 7440
mangkunai 6946
mangkuni 884
manglas 5478
manglati 4049
mangle kandal 6763
manglid 4469；4770；4777
mango 4529；4531；4546；4555
mango oetan 3224
mangobibas 7553
mangod 635
mangoe 3232
mangoe lowong 3224
mangoi 3426
mangopong 3899
mangoso 2720
mangostan 3232
mangosteen 3232
mangosteen oil-tree 3220
mangoustan 2253；3232
mangoustan du malabar 2253
mangoustan sauvage 6321
mangramayen 2484
mangrovia dell´asia 6181
mangrovia indiana 859
mangrovia kandal 6763
mangsteen 3232
mangtan 3484
manguau 2827
mangui 2950
mangulis 813
manhian item 1805
manhpha 2957
manicnic 2319
maniglia 3133
manihai 2094
manik 1023
maniknik 5249
manila elemi 1228
manilig 4432
maniltoa 4575
maningalao 1053
manipulnati 1021
manis 1515；1555
manitaru 6531
manjadi 139
manjakonna 1347
manjakonnai 1347
manjevi 2906
manjhapu 5079
manjigata 2257
mankana 3897
mankayan 6578
manlokoloko 6578
mann plum-yew 1446
manna-ash 3164
manna-eskn bloemes 3164
man-nanoi 782
mannapu 5079
mano 4400
manoc 4581
manogarom 2245
manogobahi 7116
manomano 5755
manongao 1047
manoranjani 753
manoranjidamu 753
manoso 6433
manpa 2957
manpla 2957
mansanita 4896
mansarai 6694
mansasij 2906
manshu-gurumi 3930
manshu-kae de 79
manshu-shi nanoki 7367
manshu-urihada-kaede 96
mansira 3828
mansu kayau 5045
mantabig 7300
mantang 2957
mantang kelait 2955
mantawa 764
mantiltoa 4576
mantoi 2456
mantrey 139
mantuk 1939
mantulli 3214
manuh kubal 4958
manunggal 6040；6041
manyam 3344；3373；3384
manyam mertambang 3344
manyarakat 3667；3742
manyi 568
manzanilla 4896
manzanita 4896
manzano comun 4524
mao chich 3691
maopi 4599
map ma 6350
mapa 2292
mapala 7414
maparai 5841
mapatak 5139
mapilig 7781
mapipi 4264
maple 64；86；88
maple silkwood 3145
mapola 3619
mappulanathi 6491
mapring 1007；1010
ma-pring 1010
maptagum 1899
mapugahan 1257
mapunao 287
mar akka 3750
mar kinat 6433
mara jening 3892
mara kaladi 5714
mara kata 7680
mara keluang 2337
mara keluwang 2341
mara keluwung 2327
mara kunyit 6625
mara lepang 342
maraampinit 295
marabahai 4831
marabarani 2739
marabasung 6595；6665
marabauga 644
maraber 7842
marabigaog 1135
marabikal 2278
marabitaog 1135
maradungun 6670
maragaat 6946
maragabuto 335
maragatau 5018
maragomon 1042
maragomon-puti 1037
maraharalu 3925
marajali 7440
marakapas 7352
marakata 7680
marakeluang 2388
marakka 3750
marakubong 4389
maram piney 7565
marama 6763
maramaatam 6988
maramalli 4840
maramanora njidam 1201
maramaram 6695
maramatam 7015
marambang 6329；6331
marampunjan 6183
marang 4271；4313；5006
marang-ban guhan 792
maranggo 861；862
marang-inang 2495
marang-laparan 4288
marangub 5850
maranti botino 5309
maranti bras 6553
maranti chingal 6600
maranti sagar 6694
maranti-be toel 6554
maranunuk 1158
marapangi 2712
marapayang 6438

may vang　5083
mayabong　116
mayakiat　1216
mayan　1007；1010
mayang　1014
mayang batu　4438
mayang bolon　5207
mayang cabak　1503
mayang damanik　5376
mayang doran　5210
mayang lisak　5376
mayang pecah　4465
mayang pinang　4434
mayang rata　5383；5803
mayang serikat　5211
mayang sondek　5382
mayang sudu　4455
mayanin　104；7822
mayanman　3909
mayapis　5311；6635
mayapsis　6566
mayarum　2095
mayauban　7167；7201
mayebas　2700
mayeng　5972
maylai　6727
maylay　6724
mayom　324
mayom pa　324
mayoro　7399
mayoumi　2902
mayu-de　4585
mayumi　2902
mazzard cherry　5855
mba　2730
mbaan　988
mbeb　2760
mcgregor anilau　1698
mcgregor bignai　542
mcgregor bungas　5480
mcgregor dangloi　5906
mcgregor katagpo　5926
mcgregor katap　7460
mcgregor panagang　1679
mcgregor pasnit　3974
mcgregor tagpo　706
me diet　491
me tay　6314
meang　5226
meang cingge　5384
meang na bontar　5248
mearns dungau　828
mechi　4048
medan tiong　6659
medang　115；120；126；127；128；130；425；427；431；432；433；929；933；935；944；1313；1524；1527；1545；1547；1827；1831；1841；1847；1851；1865；2085；2087；2089；2090；2091；2093；2211；2698；2702；2735；4268；4271；4275；4276；4278；4280；4282；4284；4287；4292；4295；4300；4301；4306；4309；4317；4318；4325；5069；5070；5074；5075；5077；5424；5449；5450；5451；5455；5459
medang api-api　7686
medang asam　6000
medang ayam　1817
medang ayau　6250
medang ayer　1847
medang balam　5210
medang balong　4310
medang bamban buslak　4469
medang bamban kuning　5080
medang berunok　157；159；173；3483
medang buaya　5588
medang buhulu　3325
medang bulu　4310
medang buluk　3329
medang bungo mango　1053
medang busok　5449
medang bustak　4469
medang cabe　5632
medang chabi　2091
medang daun lebar　4288
medang derian idjang　5080
medang dering　1841
medang engkala　4317
medang galundi　751；6932
medang gambak　4325
medang gatal　5459；6459
medang gergah　7274
medang harbo　6930
medang hitam　4774
medang huwaran　5455
medang ikan　752
medang jae　7313
medang jelawai　7337
medang jongkong　5459
medang kangkung　5333
medang kapur　6740
medang kasap　3325；3329
medang katok　6789；6792；6794
medang katri　6873
medang keladi　2091；4268；4272；4288；4472；5450；7348
medang keli　4287
medang kelipat　6000
medang kemangi　1524；1554
medang kesap　3325
medang ketanahan　2251
medang ketapang　2633
medang kidu　6122
medang kikisang　4292
medang kodo　3035
medang kok　5588
medang kulit manis　1527
medang kunik tamu　4766
medang kuning　1837；5455
medang kunyit　2089；4268；5450；5455
medang lada　546；5450
medang lampung　4278
medang lanying　4317
medang lasiak　5416
medang lawang　1547；1548
medang lebar daun　4288
medang lempong　987
medang lengguang　156
medang lepung laut　7498
medang lichin　1834
medang lilin　115；4319
medang limo　752
medang losah　1543
medang lui　425
medang lui kasar　427
medang melang sumpan　1548
medang mempau　4471
medang merah　1837
medang mesiu　2473
medang miang　3811
medang padang　4273
medang pahit　6040
medang pajal　7317；7318；7319；7322；7324
medang pajal daun besar　7324
medang pajal daun kecil　7322
medang pasir　4276；4282；5449；7614
medang pawas　4278；7268
medang pawas daun halus　4146
medang payong　130；132；423；433；2088
medang payong paya　125
medang pelepah　311
medang pepijat　5883
medang perawas　4278；4309
medang percah　5866
medang perlam　4770
medang pijat pijat　5853；6014；6019；6025
medang pisang　4272；4306
medang puteh　4306
medang putih　2547
medang ramuan　3472
medang sanggar　4563
medang sapak　1053
medang sekelat　4320
medang seluang　4282
medang seluangt　5080
medang sengeh　345
medang sepaling　4960
medang serai　120；432
medang sesudu　4306
medang siamang　4928
medang simpai　3551
medang sisek　2090；2091；5070；5424
medang sugi-sugi　5948
medang suid　5459
medang sungket　2699

mengeu 6498；6502
menggasa 1201
menggraai 5182
menggraan 2760
menggurun 7477
mengilan 203
mengilas 5319
mengkabang pinang 6628；6669
mengkal 4971
mengkalur 6875
mengkaniab 5844
mengkapas 7770
mengkaras 640
mengkayat 2416
mengkayatan moton 2416
mengkeniab 142；143；151
mengkes 1205
mengkeya 2411
mengkirai 1713；7426
mengkudu 4884；4886；4887
mengkudu hutan 3170；3171；3172；4961；5367；5372；7380；7409
mengkudu hutan bini 3292；3297
mengkula 161
mengkulang 3593；3594；3595；3596；3598；3604；3605
mengkulang jari 3593
mengkulang jari bulu 3605
mengkulang siku keluang 3604
mengkulang sipu keluang 3594
mengkulat 3837；3840；3861；3862
mengkum 1423
menglkudu hutan laki 5372
mengooi 6487
mengpiring 195
mengris 4025
mengudu paya 3172
mening 2760
menjalin 7771；7780
menjaloi 7780
menjan 6887
menjau 3423
menjereh 7794
menne 5272
menpisang 4749
mensira 3825；3854
mensira gunung 3854
mensirah 3825
mentada 5683
mentailing 3467
mentalian 7806
mentaliau 420
mentanam 6616
mentangur bunut 1148
mentangur djangkar 1163
mentangur labu 1143
mentangur laut 1145
mentangur ramu 1158
mentangur sulatri 1166
mentaplunge 6929
mentasawa 495
mentatai 5081
mentawa 764
mentawah 795
mentelor 4130；5326；5330
mentibu 1941
mentikal 5081
mentu 6124
mentua taban 4439
mentuke 2330
mentulang 345
mentulang bulu 342
mentulang daun bujor 335
mentulang daun lebar 345
mentulud 5407
mentungging 3436
menuang 5099
menyalin 7761
menyam paya 3365
menyam puteh 3355
menyelmu 2352
menyiur 5632
mepa 1766；5067
mepraai 4413
merabong 5459
meraga 142；143；147；149；3569；4743
meragang 415
merah bulu 5391
merah mata 887
meraka telor 6579
merakatangedu 1336
merakit 4415
merakoyong 2227
merakubong 4415
merakunyit 494；6660；6690
merama 483；485；486
merambang 481
merambing bukit besar 7611
merambung 7645
merampujan 6183
meramun 6328
meran pujan 6183
merandji 2122
merang 3468；3471
meranggo 861
meransi 1281；1282；1284
merantan 6559
meranti abang 6569
meranti amarillo 6677
meranti bahru 6581
meranti bakau 6586；6662
meranti banio 6569
meranti bapa 6700
meranti batu 6543；6586
meranti belang 6693
meranti bianco 6608；6643；6696
meranti buaya bukit 6578
meranti bulu merah 6691
meranti bumbong 6563
meranti bunga 6543；6635；6638
meranti busuk 5242
meranti damar hitam 6537；6617；6626；6647；6649；6657；6659；6663；6676；6679；6684；6708；6720
meranti daun mata lembing 6697
meranti daun puteh 6536
meranti daun tampul 6573
meranti dekat 6543
meranti gajah 6581
meranti galo 6543
meranti gambong 6543
meranti gerutu 5308；5309；5314
meranti giallo 6660
meranti gombung 6543
meranti gunong 6674
meranti hijau 6594
meranti horsik 6693
meranti hursik 6592
meranti jurai 6542
meranti kawang pinang 6615
meranti kawang pinang lichin 6535
meranti kelim 6599
meranti kepong kasar 6582
meranti kerangas 6574
meranti kerbau 6668
meranti kerukup 6561
meranti kunyit 6610
meranti lang 6623
meranti langgai 6540；6595
meranti lapis 6656
meranti laut puteh 6576
meranti leboh 6590
meranti luang 6697
meranti luang bukit 6697
meranti mebul 5306
meranti melechur 6603
meranti menalit 6546
meranti mengkai 6597
meranti merah 6561；6584；6634；6688；6700；6706
meranti merah kesumba 6577
meranti merebu 5306
meranti mesupang 6561
meranti pasir 5306；5308；6662
meranti pasir daun besar 5308
meranti paya 6543
meranti pipit 6640
meranti pugil 6610
meranti putih 6682；7573
meranti rambai 878；6610
meranti raya 6631
meranti rebak 6586
meranti red 6568
meranti ronek 6633
meranti runut 6565
meranti sabut 6543；6560；6565

merubil 6561
merubong 1941
merumbung 143；7641
merunggang 1766
meruong dacrydium 1914
meruyun 5313
meruyung 5313
mesa 7737
mesagar 6651
mesebaas 3465
mesegar 6651
mesegar lanang 6651
mesekam 872
mesenah 6314
meseneнezi 5675
mesengut 3072
mesepat 4383；4397
meshasingi 3558
mesobaas 3465
mesong seeuw 3729
mesquite 5846
mess-guch 359
messir 5956
mesta 3614
mestapat 3614
mesua 4734
mesuna 6485
met 6569
metangoh 3768
metapis 5709
metasekwoi chinskiej 4744
metasekwoja 4744
metasequoia 4744
metegar 6590
metika 5081
metis 4466；5245
metlein 6063
metlin 3250
meu lac 905
meurinoki 71
meweserein 1428
mexican gumtree 1675
meyer dungau 830
meyer spruce 5506
mez tagpo 709
meza 4447
mezali 6519
meze 4447
mhowra 4445
mi 4447
mia-mate-si 2200
miao 2496
miao kuling-babui 2496
miao tilos 2473
miapi 859
miau 2496
miau-tilos 2473
microcos 4781
midalli 4725
midang 4278
midbit 7103
midbit-lap aran 7100
midong 334；341；5631
miehs 4807
mien 4178
mien ket 3330
mien mou 1423
mien prey 304；2174
mies 4807
migadon 6373
migtanong-puso 55
miharo 2694
mihiriya 3490
miku 785
milakaranai 7410
mila-milan 4820
milas 5319
mileucaran ey-cheddi 7410
milgunari 1802
milibig 7049
milili 5697
mililiem 1320
milipili 1205；1220
miliusa 4807
milk bush 2909
milla 7667；7684
millakumari 1802
mille branches 4583
milo 7353
mimba 861
mimbre 6309
mimbrera 6278；6309
mimisan 7106
min fir 17
minahassa oak 4188
mindanao balanti 3639
mindanao balit 4607
mindanao baubo 1627
mindanao bignai 545
mindanao bitanghol 1127
mindanao cinnamom 1536
mindanao cinnamon 1536
mindanao gusokan 5370
mindanao malaua 6900
mindanao narek 3676；4986
mindanao narig 7609
mindanao nato 5224
mindanao oak 4225
mindanao palosapis 495；497
mindanao white 6608
mindo 5728
mindora pine 5549
mindoro 7802
mindoro banaui 2425
mindoro duguan 4939
mindoro kalimug 6403
mindoro manilig 4449
mindoro taparak 7215
minggi 5301
minggol 869
mingris 4025
mingut 2906；3232
minjaran 2694
minjarau 2694
minjri 1347
minnari 4342
minsul 3599
mintangur 1166
minuang 5099
minyak 6734
minyak berok 3466；7760；7761；7762；7763；7768；7769；7771；7772；7774；7777；7778；7779；7780
mir kom phor 7597
mirandu 2675
miranu 3641
mirapong birar 973
miri 1292；7796
miriam 1007；1010
mirim 6244
miristica 4926
mirlang 3887
mirmoti 86
mirobalanen baum 5472
mirsagni 7355
mirtentrad 4956
mirto 4956
mirto comun 4956
mispeltrad 4728
mit 779
mit nai 776
mitha indarjau 7755
mitha nim 4899
mitus 1937
miyakodara 2681
mi-yama-han-no-ki 408
miyama-inu zakura 5889
miyamazakura 5878
miyama-zakura 5878
miza-nura 6088
mizanura oak 6088
mizuki 1733；1735
mizume 959；963；967
mizume-zak ura 959
mizume-zakura 5865
mizunara 6055
mlechca-phala 1688
mlindjo 3423
mo 4469；4557
mo choul 285
mo cua 445
mo ran 3724
mo vang tam 4469；4557
moa 3144
moak 5261
moal 7597
mobatu 1633
mobi 769
moc 2789；5147
moc tong 3887
mochi 3838
mochinoki 3838；3848
mochi-no-ki 3838；3848
mocua 444；7284
moda 1324
modakama 6452
modang tangkotan 5080
modhura 1318
moenabore 2709
moendoc 3207
moer 6778
moerbei 4893
mogali 47
mogang-bagobo 6189
mogang-pudpud 6190
mogi 2783
mo-gioi 4756
mogo 1856
moh 4445
moha 4441；4445

mohal 7597
mohan 6515
mohi 3300
mohkwa 1296
moho 4441；4445
mohoi 2411
mohola 4445
moholo 4441
mohroo 6058
mohru 6058
mohua 4441
mohuka 4441
mohwa 4441；4445；4447；4572
moichi 3093
moidi 3093
moj 359
mojel 5280
moka-zakura 959
mokha 1350；7843
mokkamamidi 477
mokkokou 7323
mokkoku 7321；7323
mok-mun 7756
mokukenju 4014
mokukoku 7323
molakarunnay 7410
molan 864
molato 5198
molave 7667；7679
molaving aso 7689
moloyogo 6323
moluccan sau 6526
moluks ijzerhout 3884；3885
momaka 6304
mombin fruits jaunes 6780
mombin rouge 6782
momi 7
momi den 7
momi fir 7
momi-gran 7
momiji-kaede 88
momitanne 7；7486
momon 2717
mompon 2094
mon tia 329
mon trong trang 2743
monasocompa 753
monat 3447
monda 7431
monda dhup 1244
mondaing-bin 4365
mondo 3207
mong khut 3232
mong quan 3139
mong thau dau 98
mongheo 3300
mongolian birch 956
mongolisk bjork 956
mongoolse berk 956
mongori-nara 6088
mong-tog 5083
moniok 4565
monisiajamo 7124
monjuati 4069
monkey jack 781
monkey-jak 795
monkey-pod 6314
monkeypot-tree 4071
monnabillu 3816
mono 738
monpa-gasi 4213
monpon 4996
monsit 7838
mont he 4693
montol 6762
monu 7
monval 4106
moochukoonda 5991
moon creeper 6362
moontangoo 1132
mop 445；621；2743
mopuot 7641
mora 1057；2180
morakur 7597
moral 7511
moral negro 4893
moras preou 2512
moras prou phnom 2512
morbo 3884
moreas prou phnom 1532
morera de japon 1035
morgenland ische platane 5629
morhal 7597
mori-gasi 6090
morinda 16；5515
mori-yanagi 6296
morli sara 1056
morlilin 7462
moro nero 4893
morobe dacrydium 1924
morogis 3825
moroi 362
morolarie 7586
mortella 4956
moru 6058
moru oak 6058
morubi 774
morueik 6058
moseley bunog 3239
mosonea 4305
mospos 2263
moss 5972
motakarmalotengah 2149
motibhonya anmali 5490
motibhuiavali 5490
motley decussoberry 4958
motmo 3800
motong-botong 5623
motosarsio 350
motrang 1588
mottanvalli 927
mottled-leaf dapdap 2754
mottrang 535
moukourodji 6334
moulmein cedar 7419
moulmein teak 7264
moulmien lancewood 3663
moum 2592
moun 2592
mount morrison pine 5507
mountain agoho 1403
mountain alder-leavedash 6770
mountain ebony 915
mountain malag beam 2713
mountain soursop 508
mountain yew 7261
mountainelm 7501
mova 2718
mo-vang-tam 4557
movaro 4447
mowa-tree 4447
mowen 7289
mowha 4572
moxhoe 336
mpopo 739
mrpau 6914
mtini 3005
mtshigizi 7435
mu 1499；4445
mu khoa deng 6896
mu roi 2160
muak 1472
muanamal 4571
muara keluang 2340；2360
mubranghu 3768
muc 7749
mucbat 7753
muchokunda 5972
mucua 365
mudamah 1056
mudang asam 2653
mudar 1181
mudar-mudar 4930
mudayat 4445
mudchembai 6530
muden sabu 7429
mudra 25
mududavudare 2396
mugila 86
mugis 4026
mu-hsiang 4286
muhui 5576；5760
muhur 4051
mui 2357；5760
mui-nhoi 2305
mujau 5056
mujau jeruit 5056
mujuh 2933
muk heung 4286
mukarthi 1352
mukarti 6851；6857
mukkanamperu 383
mukkateballi 1070
mukki 3275
mukkogette 2037
mukong 6439
mukorosi 6334
muktimonjro 6333
mukundam 1006
mukunoki 592
muku-no-ki 592
mukur 4051
mukuram 3601
mukurodji 6334
mukuro-ji 6334
mukurozi 6334
mukuyenoki 592
mulabog 5336
mulah 2762
mulaippalvirai 1334

mulaiutbi 6127
mulajemudu 2903
mulang 714
mulappu marutu 6548
mulappumar utu 6695
mulauin 7679
mulauin-aso 5832
mulauin-asu 7689
mulawin-asu 5832
mulbagdal-namu 956
mulberry 4891
mulgal 4888
mulillam 7829
mullagathi 6530
mulle-kare 7850
mulli 7843
mullillade valtividivi 1084
mullukare 7850
mullumusta 1267
mulluvengai 1028
mulmunthuga 2752
mulong udok 5792
mulori namu 404
mulpure namu 3166
mulu modugu 2752
mulukorinda 45
mulut 3691
mum pesand 5711
mumpaing 4621
mumpilai klat 4099
mumu 4915
mumutong palaean 6517
mumutong sapble 6518
mumutun admelon 6517
mumutun palaoan 6517
mumutun sable 6518
mun 2238；2265；2305
mun kokoski 3786
mun si 5394
munarai 6694
munda dupa 7565
mundani 104
mundi 4861
mundivea 4565
mundugalli 2903
mung khut 3232
mung quan 3139
mung sau 898
mungilkil 7098
mung-tu 7830
muni 2752
muniah 513
muning 7090
munnaga 4515
munnai 7428
munsarai 6694
munsare 6694
munsega 3688
munsung 2265
muntambun 4498
muntangoo booga 1132
mun-thi 2213
muntjang 379
munzal 1331
muoi 6227
muom 4535
muong 6519；6522
muong chang 7837
muong chek 6515
muong quan rung 3139
muong rut 1349
muong trang 1349；6522
muong troung 7829
muong xoan 1349；6522
muongdo 6522
muonggai 1335
muongrut 6522
muongta 1335；7821
muongten 6519
muongtia 6522
muop 445
mur 4861
muran keong 4960
murangau 6538
murasakish ikibu 1098
muratthan 6849
murgal 3220
murgala 3220
murginahali 3220
murgut 7492
muri 2411
murier a papier 1035
murier blanc 4890
murier de java 7826
murier noir 4893
muro 3951
murrakku 7829
murtenga 5851
muruta 4051
murva 927
mus 5972
musang 336；346；6740
muscadier 4926
muscadier puant 7423
musha-damo 124
mush-timbi 2221
muskakah 6475
muskottrad 4926
muslini 5995
mustard 6313
musti 6883
muta-muta 6399
mutang-bigkis 6386
mutansu 6904
mutik 4717
mutirai 1498
mutree 7638
muttagyi 5578
muttee-pal 324
mutthugada balli 1071
muttidare muni 4841
muttuga 1069
muttugal 1069
mutty 324
mutun 1708
mutwinda 4931
muwen 7289
muya 4057
my 4370
my set 4370
myaboh burok 5412
mya-kamaung 7471
myanmar lacquer-tree 3408
myanmar lancewood 3663
myanmar oak 6063
myanmar padauk 5952
myanmar varnish-tree 3408
myanmar vernisboom 3408
myanmar warnish-tree 3408
myapao 417
myasein 5351
myat-ya 4783
myaukchaw 3663
myauk-laung 782
myauklok 782
myaukngo 2445；3663
myaukseik 3634
myauk-tanyet 5342
myauk-thanlyet 5342
myauk-thin gan 5305
myethlwa 4032
myinga 1904
myinkabin 1906
mylai 7664
myristica 4926
myrobalan 5857；7286
myrole 7664
myrte 4956
myrte commun 4956

N

na 331；4734
naagadanti 895
naap 495；501；7617
nabe 4057
nabhay 4057
nabol 2598
nabol-tilos 2596
nabulong 4051
nachal 6304
nachike 4841
nadangi 2906
nadong 3382
naekay 4057
nag kuda 2744
naga 1166；7030
naga kesara 4734
nagaba-gashi 6068
nagaba-inu biwa 3008
nagabala 1267；3505
nagadudilam 6127
nagae-gasi 6094
nagal 5840
nagaol 7678
nagapat katagpo 5931
nagapusta 3551
nagari 1173
nagarkuda 2744
nagas 6154
nagasambagam 7262
nagavalli 4905
nagballi 4905
naggara 2665
naghubo 4049；7287
nagi 5677
naglkudo 2744
nag-phul 3420
nagrunga 1565
nagthada 2752
nagurjun 4106
nagusip 930
nagye 5989
nahalbeli 1556
nahum 5081
nai 2111；7652

navadi 2665
navaehoe 2900
naviladi 7664
navulaadi 7664
nawada dun 6707
nawam 5996
nawashirog umi 2560
nay tram 4658
nayap 662
nayibende 4032
nayikadambe 4861
nayup 3316
naywe 3139
nazuc 7841
nbaan 988
nbalauwi 1410
nbalawi 1410
ncona maron 4888
ndau 1503
ndokum 1435
neang leang 2004
neang nuon 1972
neang nuong 1947；1981
neang phaec 7278
nebede 2872
nedun 5420
nedunar 4032；5704
neduvali kongu 3739
neeboo 1571
needlewood 6459
neelareegu 7842
neem-chameli 4840
neemeeri 7303
neemoo 1571
neem-tree 862
neeriya 2675
neerubale 520
neerukaye 6776
neesia 4979
neflier 4728
negris hitam 4021
negros duguan 4940
negros dungau 831
negros itangan 7715
negros kalimug 6404
negros nato 5227
negwrp 3649
nein 2921
nejoer 1677
neko-yanagi 6289
nel mal 6884
nela-amida 3926
nelajidi 895
nelamadu 7278
nelanelli 5476
nelaponna 1343
nelavusari 5476
nelkar 2037
nelligadde 3300
nellithalai 6533
nellu 4076
nemak nemak 4786
nembar mohi 5851
nembura moi 5851
nemibure 6475
nemiburo 6475
nemiliadaga 7664
nemunoki 356
nen 4884
nenangka 780
neng oi 2921
nengkong 490
nenmani 357
neodobam 2970
neodobam-namu 2970
neolitsea 5002
neosa pine 5538
neoscortec hinia 5044
neoza 5538
nepal alder 409
nepal camphor 1518
nepal camphorwood 1518；1543
nepal eik 6075
nepal oak 6075
nepal sassafras 1543
nepal spar 5515
nepal-ek 6075
nepalemu 3925；3926
nepalo 3926
nepal-tree 5172
nepal-zypresse 1892
neralemavu 3275
neram 2355
neram bukit 2327
nerambung 7641
nerasi 1350
nerebi 1207
nerek 793
nermali 6884
nerrum 2355
nervalam 895
nespolo 4728
netawu 7809
nettle-tree 1433
nettlewood 1425
netunjetti 4725
neuburgia 5066
neun 409
neureub 7500
neureub-na mu 7502
neuti 7836
neuti-namu 7836
nevali adugu 7664
new guinea dacrydium 1921
new guinea kauri 200
new guinea sandalwood 6324
newe 6910
new-zealand-wood 2403
ney kee 4341
nezuko 7359
nezumimochi 4134
nezumisashi 3951
nga-bauk 2403；2404
ngab-ngab 4918
ngahil 3329
ngali 3742
ngan chay 5698
ngan ngan 1768；1774
ngan wa 3492
nganga 4368
nganh nganh 1774
ngao 4884
ngapi-pet 4386
ngara bulu 6565
ngarau 2544
ngarau-ngarau 6940
ngarawan 3729；6568；6593
ngaret 7082
ngarit 2839
ngarusangis 1828
ngat 3328；3329
ngat trang 3329
ngat vang 3329
ngat xanh 3329
ngatao 4930
ngau 274
ngau kam 2237
ngau kan 2237
ngau rung 286
ngay xanh 6515
ngaysheek 6188
ngeh 6678
ngelam 4620
ngelegundi 2762
ngeo 4178
nger 399
ngerai 2416
ngerasah 2637
ngerawan 3692
ngerawan batu 3728；3743；5306
ngerawan tanah 6600
ngeri 2414
ngerih batak 3730
ngeris abang 4025
ngerunggang 5432
nget 388
nggir 3733
ng-goewaii 4599
ngguway 4599
nghat sanh 3329
nghat vang 3329
nghe tinh 3700
nghien 1067；2935；5402；5411
nghien mat 5411
nghien trang 1067；5411
nghien trung 5411
nghieu ban 5054
ngi 1026
ngiangi 6910
ngibanung 3641
ngibunuk 790
ngiew 999
ngikup 6485
ngilas 5319
ngilas padang 5319
ngilas paya 5319
ngiriknglk 6923
ngirik-ngirik 6923
ngirip 4368
ngjenhaak 1503
ngksingih 6778
ngo dong 1293；2754
ngo tung 3962
ngoat 4497
ngoc am 1888
ngom 621
ngon kai 3601；3606
ngon kai bok 3702
ngong 6898

noipolaso 1071
nok kok 304
noki 2391
nokkotta 2736
nolie 1189
nolita 4674
nomahong 3742
nona 510; 3607
nona kapri 510
nonac 3607
nonag 3607
nonak 3607
nong 6424
nong lua 372
nongko 775
no-nire 7509
nonnak 3607
nonok 3086
nonsee 5394
non-si 5394
nootmuskaa tboom 4926
nordisches ebenholz 1079
nordmann den 15
nordmann-tanne 15
norh thom 4888
nori-no-ki 3813
norokokalo 3925
north borneo gurjun 2334
north borneo kapur 2413; 2414; 2416
north borneo keruing 2334; 2360
northern burma pine 5542
northern chinese pine 5563
northern japanese hemlock 7487
northern japanese white pine 5554
northern korean spruce 5502
northern sargent spruce 5496
northern scaly - leav ed juniper 3955
norway spruce 5493
notasiju 6362
nouroh 999
nowli eragu 7664
noyer 3931
noyer a feuilles de frene 5962
noyer aux ailes chinois 5965
noyer aux ailes commun 5962
noyer aux ailes japonais 5964
noyer cheo 2716
noyer commun 3931
noyer du japon 3928; 3930
ntek njaap 4324
nua 3228
nuanali 1025
nublay 5697
nuc nac 5144; 5355
nugas 6502
nugge 4889
nuggi 4889
nug-nug 6379
nujou 195
nukku 2005
nulijana 3524
numhpunkap 359
numraw 6459
nuna 4888
nuncheugba eg 7357
nung 908
nuninunika 2695
nunnera 512
nunok 3012
nunu 3072; 3087
nunut 5054
nuon 1947
nurai item 1201
nurgi 2556
nuru varahaalu 5647
nurude 6227
nuruvi 1059
nutmeg 4926
nutmeg-tree 4926
nutub 4079
nva 5434
nwapadi 6333; 6336
nyabau 3923
nyabuda 4362
nyagat 6720
nyagrodhah 2996
nyala 1928
nyalak 2458
nyalas 5319
nyaletang 1194
nyalin 7761; 7768; 7769; 7772; 7774; 7777; 7778
nyalin bahe 1769
nyalin bintek 7440
nyalin padang 7776
nyalin paya 7761
nyalin tikus 7768
nyamut 2118
nyan 6063
nyanbo 6065
nyantuh buah palo 2252
nyantuh kerahh 5378
nyapiangan 3604
nyarai buru 6565
nyari badok 6930
nyari lemai 6932
nyarotong 2472
nyarum hutan 7237
nyatau 5237; 5387
nyato 1066
nyatoh 3180; 3181; 4433; 4437; 4439; 4442; 4451; 4455; 4457; 4458; 4462; 4463; 4464; 4465; 4486; 5182; 5186; 5187; 5189; 5191; 5193; 5196; 5197; 5208; 5210; 5211; 5212; 5213; 5216; 5218; 5220; 5221; 5223; 5226; 5227; 5229; 5235; 5236; 5238; 5240; 5241; 5243; 5246; 5252; 5254; 5378; 5381; 5384; 5385; 5387; 5801
nyatoh babi 5190; 5229; 5235; 5236; 5246
nyatoh babi kecil 5234
nyatoh balam 5210
nyatoh batu 5237; 5252
nyatoh baya 5254
nyatoh bukit 5245
nyatoh bulu 5186
nyatoh bunga tanju 5227
nyatoh bunga tanjung 5242; 5803
nyatoh chabi 4434
nyatoh durian 5248; 5385
nyatoh ekor 5381
nyatoh emplit 5215
nyatoh entalit 5215
nyatoh gunung 5238
nyatoh jambak 5210
nyatoh jangkang 5251
nyatoh jangkar 5252
nyatoh jelutong 5191
nyatoh jurai 4434
nyatoh kabu 5254
nyatoh katiau 4451
nyatoh kelalang 5237
nyatoh ketiau 4434; 4439; 4451; 5242
nyatoh king 4442
nyatoh kuning 5803; 5804; 5810
nyatoh laut 5807
nyatoh ldutong 3182
nyatoh maiang 5247
nyatoh mawans 5804
nyatoh nangka 5252; 5803
nyatoh nangka kuning 5804
nyatoh nangka merah 5803
nyatoh padang 4927
nyatoh padi 5235
nyatoh pelaga 7324
nyatoh pipit 5223
nyatoh puteb 2320
nyatoh puteh 4435; 5226
nyatoh rabung 6361
nyatoh renggang 5254
nyatoh rian 5240; 5376
nyatoh sarawak 3184
nyatoh semaram 5243
nyatoh sidang 5242
nyatoh sudu-sudu 4438
nyatoh sundek 5387
nyatoh surin 5212
nyatoh taban merah 5207
nyatoh taban puteh 5229; 5376; 5387
nyatoh tembaga 5211; 5216; 5221; 5236
nyatoh tembaga kuning 5211
nyatoh temiang 5191; 5216; 5235
nyatoh terentang 4463; 5246
nyatoh terong 5239
nyatoh ujub 7324
nyatohm 5182
nyatto pisang 5251

oodlu 4445
oo-kurigashi 1378
oo-kurikasi 1378
ooloke 3815
oori 4644
oor-wilg 6280
oost borneo kamfer 2411；2414
oosterse plataan 5629
oosterse thuja 7358
oostindisc paardenfle esch 6474
oostsiberi sche lariks 4062
ooyamazakura 5886
opeg 3907
openg-kopeng 222
oplai 444
opo 3128
opocunonia 1089
opok 3114
oppuvakkulu 739
orai lanjing 6688
oranda momi 1880
orang-aring 4579
orange amere 1565
orange grosse-peau 1565
orange jessamine 4900
orangenholz 1565
orang-oran gan 2078
orapil 6280
ordo 7286
oregon ash 3156
oreocallis 5111
oriental alder 411
oriental arborvitae 5634；7358
oriental cashew 6492
oriental nettle 7428
oriental pear 6037
oriental plane 5629
oriental planetree 5629
oriental saffranhout 1351
oriental spruce 5510
orientalis ktuja 7358
orientalisk platan 5629
ori-namu 407
oringon 1907
oris 621；4026
oris-nga-purau 1928
orme asiatique 7505；7507
orme asiatque 7505
orme aux feuilles larges 7501
orme blanc 7501
orme de kashmir 7510
orme de montagne 7501
orme des indes 7511
orme difus 7504
orme japonais 7500；7502；7503
orme shirasawana 7507
orme siberien 7509
ormosia 5115
orniello 3164
orno 3164
oro 191
oro kalingag 1540
orofon 1867
oru 1399
osa 3884
osai 7680
oshoko 6348
oshwottho 3094
osier des vanniers 6309
osier vert 6309
osiera trois etamines 6306
osina 5786
osterlandsk gran 5510
osterlandsk pil 6299
ostindisch es rotholz 1086
ostindisch es - mahagoni 7419
ostindisch es - rosenholz 2005；2037
ostindisch es - satinholz 1498
ostindischer nussbaum 357
ostrolistnik 3822
ota 3275
otag 4277
otaheite apple 6778
otak udang 1065；1194
otak udang daun tumpul 1057
otambi 781
othalei 28
otingah 2149
otoba 2123
otog-otog 7394
ottannalam 3052
ottutholi 2015
ou 2149
ou ke seng 1200
ou lok 3815
ouan tseko 3786
ouatier 999
oukathang 4734
oukofan 1373
oura 5472
ouru 6910
ousy 7609
ouvit 3300
ox-heart cherry 5855
oyagan 4197
oyakia 376
oyoi 5439
oyoy 2277
ozumi 4526

P

pa dong deng 1947
pa dong leuang 1972
pa militien 3103
pa nol 106
pa nong 6618
paagahan 137
p´aak heung 3147
paak kwai muk 777
paak laam 1203
paakan 2887
paakyuk laan 4753
pa´an 2869；2873；2875；2881
paang-balinis 7293
paang-dalaga 1821
paang-daraga 335
paatay 5340
pab maria del monte 1127
pabba 1505
pabda 4041
pabmaria del monte 1127
pabom 2630
pabong 649
pacak 227
pacar kidang 5080
pachagotla 7262
pachakarpura 1516
pachare 923
pachari 2015
pachariai 2015
pachunda 1278
pachut 5054
pacific rosewood 7353
pacpac 3527
pacung 5282
padac 5697
padado 6127
padal 6852；6860
padal kareadri 6857
padali 6123
padam 3950
padang 3649；4508；5221；5242；5251；5254
padar 6857；6860
padarun 224
padauk 5952；5956；5957；5958
padbae 6770
padbae-namu 6770
paddale 5063
paddam 5858
padekhado 3518
padeli 6852
pader 6852
padi 3064
padimi 2037
padjang 4508
padji 2410
padmaka 1293
padong 2013
padouk 5957
padrai 4639
padrium 1350
padriwood 6857
padsaingin 2352
paduk delle andamane 5952
paeao 1086
paena 3982
paeng-namu 1433
pafung 5260
paga anak 1359
pagaanak 1384
pagadamalle 5079
pagadapukatta 2765
pagadipatti 7352
pagaibayong 1794
pagaion 5131
pagakson 3731
paga-paga 3892
pagapos 2635
pagar anak 3482；3891；3892
pagar anak jantan 3482
pagatpat 6762；6764
pagatutup 3471；3472

palmhout 1079
palmier palmyra 1005
palmyra palm 1005
palmyra palmhout 1005
palmyra palmwood 1005
palmyra-palme 1005
palmyre 1005
palo china 1436
palo corra 6910
palo de granata 4952
palo de hierro 7784
palo de lana 5090
palo maria 1135; 1149; 3982
palo maria de monte 1127; 1178
palo maria del monte 1178
palo negro 2306
palo santo 7463
palogapig 3601; 3606
palomariang-babae 4739
palonapin 3606
palonapoi 3606; 4187
palosa 41
palosapis 490; 491; 492; 497; 500; 501
paloz 41
palte madar 2754
palu 4570
paluahan 2496; 2499; 2520
paludar 16; 1421
palumut 1127; 1134
palwan 7684
pamakoton 3968
pamalalian 6611
pamalauagon 4049
pamaluian 5390
pamaluian-apo 6361
pamansagan 6633
pamanutan 5708
pamatadon 1212
pamatagen 2499
pamatodon 1212
pamayaasen 7155
pamayabaien 6124
pamayauasan 6548
pamayauasen 5479
pamayausan 6629
pamburu 3626
pameklaten 1157
pamelesian 5695
pamiggayen 3743
pamiklaten 1127
pamilingan 5864; 5866
pamiltaogen 1135
pamintaogon 1166
pamirigin 2176
pamitaogen 1179
pamitaoien 1127
pamitlaten 1127
pamito 2179
pamitoyen 1154
pamoplasin 4168
pampahi 2475
pampana 5144
pampang 6813
pampelmose 1568
pamplemous sier 1568
pamutul 736
panabon 726
panachi 1029
panaga boonga 4734
panagang 1680
panagang-mabolo 1682
panagitmon 2211
panah 3747
panaipai 4712
panak 2706; 5421
panaka 5642; 5643
panakha 2676
panakitin 6800
panakka 5642; 5643
panalipan 2302
panalsalan 2360
panamora 6619
pananaam 4485
pananassan 1937
pananga 1201
panantolen 5167
panao 1590
panapotien 5121
panar 1411
panarahan 1816; 4927
panarahan arang gambut 4935
panasa 775
panasah 776
panasi 5807
panau 3673
panau-bunt otan 2330
panauisan 670
panawar beas 6239
panay bayud 7398
panay bigus 3453
panay hat 7129
panay kalimug 6409
pancar kidang 301
panchavoni 1025
panchit 6776
panchman 512
panchonta 5199
pancurmas 64
pandakaki 7215
pandakakin g - bagasbas 7215
pandakakin g-bilog 7216
pandakakin g - buntotan 7215
pandan 5316; 5632
pandan merah 5316
pandan-layugan 5262
pandari 4900
pandaru 1254
pandasahajo 7279
pandharidh aman 3518
pandhra khair 33
pandhri 4900
pandiya 6367
pandrakura 2744
pandru 3282
pandruk 6847
pandur 520
panen 2059
panese 6651
pang 1568
panga 6151; 7286
pangahutan 4529
pangalaban 4284
pangalisok loen 438
pangalusiten 7283
panganan 4875
panganauin 5128
pangang-buhukan 6141
pangang-kitid 6147
pangapatolen 7231
pangar 182
pangara 2752
pangarangui 2430
pangatang 572
panggang 3026
panggang cucuk 651
panggang nyirvan cerme 649
panggil 1643
panggil panggil 3919
pangi 5282
pangia 5858
pangin 4535; 6552; 6623; 6634; 6719
panginahauan 3644
pangkat 3582
pangku anak 3102
panglangkaen 6003
panglomboyen 6970
panglongbo ien 7164; 7167
panglongboien 5018
panglumboien 7001
pangmanggaen 4529
pangnan 4182
pangnan oak 4182
pangnan-bundok 4234
pango 3385; 6979; 7015; 7198
pangoasen 374
pangoi 86
pangra 2731
pangugok 7113; 7164
panguk 5760
pangun 1269
pangungan 7792
pangutanan 2566
panharva 38
pani jama 6304
paniabila 3282
panialu 7641
panigan 4008
panigib 7699
paninas 1939
paning-pan ing 4928
panisai 7299
panisaj 7299
paniyaratt utti 25
panja 1659
panjon 5697
pankakro 7221
pankul 3897
panlag 3610
panlon 1455
pan-ma 504
panna 5858
panni 5858
pan-no-ki 762
pannu 5858

patalgarur 6165
patalsik 2081
patalsik-pula 2079
patanak 1027
patanak galeget 2564
patanga 1167
patangawood 1086
patangis 4470；4484；7223
patasij 2906
patau 5339
patawnig 3510
patayud 4729
pates 5346
pathanghi 1086
pathaplip 5277
pathi 6758
pathor 1028
pathri 4905
pathuru - ya kahalu - dun 6678
patimeh 4815
patin 4910
pating 4439
patir 177
patireveta mkaruna 6127
patis bakar 2098
patjalo 1713
patjar 274
patjar goenoeng 7556
patji 2438
patle katus 6077
patok tilan 1769；1775
patotoo 157
patpatta 7221
patphanas 776
patrana 5960
patrangam 5960
patru kurwa 3628
patsan 3614
patsaragon 7026
patsaru 2015
pattacharya maram 38
pattadel 782
patte lapin 5090
pattelu 5063
pattewar 2261
pattia 351
pattibadam 7284
pattinga 7352
pattonkisend 2906
patu 303
patugau 4995
patuk 849
patuli 4051
pau 7342
pau hoi 5431；5458；5463；7502；7509
pau yang 3747
pauasan 279
pauh 2872；7345
pauh huse 3887
pauh kidjang 3887
pauh kijang 3887
pauh kijang rusa 3887
pauh rusa 3887
pauh tampui 751
pauhan 1057
pauhkijang 3887
pauhoi 3137
pauh-pauh sanggit 751
paukkyan 4585
paulownia 5360
paumiprwah 4863
pavalapulah 1018
pavate 3959
pavazha-ma lligai 5079
pavettai 3959
pavilappula 1021
pawa 3199
pawas 4278
pawuk 4535
pa´ya 3141
paya mai 5667
payali 7382
payaling-dapo 7383
payaling-h aba 7392
payaling-liitan 7387
payan 5858
payan-utis 952
payapa 3026
payau 6559
payaung 6347
payawm 6643
payina 3982；6744
payit 5632
payok 1516
payon-ama 6181
payung kung 1156
pazinznyo 7680
p´dada 6765
pdick 491
pe lan 1250
pe mou 3147；7419
pe mu 3147
peachleaved willow 6306
peacock pine 1872
peafruited cypress 1466
pear 6029
pea-tree 1280
pebok 1092
pe-bok-gal e-apyu 1100
pecabian 1837
pecah periuk 2236
pecah pinggan 3652
pecha-da 2245；2256
pecher 5882
pedada 6765；6766
pedada nasi 6766
pedada paya 7348
pedada rokam 6766
pedadi´e 6766
pedalai 800
pedali 6122
pedanevili 3634
pedaru 1275
pedda chintu 4610
pedda gomra 3419
pedda morali 1056
pedda patseru 365
peddabattuva 1723
peddabenda 25
peddabotuku 1723
peddachilka duduga 4811
peddajemudu 2903
peddamadupu 2731
peddamanu 322
peddanidra kanti 4841
peddayippa 4441
pedis 3270
pedu 322
pedu kalui 497
pee yaloo 1537
peely dun 6621
peep 4840
peepal 3094
peetchandan 6323
pegah 6331
pehimbia-gass 3133
pehu 2146
peini marum 7566
peinne-bo 5232
peirah 1059
pejibaye palm 889
pekadukkai 7303
pekang 868
pekin willow 6295
pekola batu 4844
pela 2678
pela´ 1441
pelahlar minyak 2356
pelai apong 445
pelai pipit 445
pelai puteh 443
pelai tikus 436
pelai uchong 3967
pelaik 443
pelajau 6826
pelajiu 6826
pelala 2356
pelalar 6651
pelalar lenga 6651
pelampung 3316
pelandjau 5417
pelangas 609
pelangas gunung 1325
pelanggoen gan 4113
pelansai 1937
pelantan 437
pelarah 1543
pelas 1431；2985；3070
pelasin 5417
pelasit 5417
pelas-kebo 3084
pelas-rambat 3110
pelawai 7313
pelawan 1770；7467；7471；7475；7477
pelawan kupur 7477
pelawan merah 7471
pelawan pelawan 7477；7737
pelawan talang 7475
pele 6865
pele labad 3091
pelegit 2142
pelekambing 849
peleman 2059
pelempang hitam 157
pelempayan 520
pelepak 3667；3675；6562；6661
pelepak batu 2361；6568；6592

4355; 4357; 4361; 4362; 4363; 4366; 4504; 4509
perupok dual 4355
perupok kuning 4019
perupok padang 4362
perupok paya 4357
peruppi 322
perupuk 4355; 4357; 4360; 4361; 4363; 4366
perupuk batu 5045
peruput 779
peruvian parasol 1412
peruvian-bell 7354
perwan lompong kijang 6662
perzik 5882
perzikboom 5882
perzischeeik 6050; 6085
pesang 5711
pesasang 2453
pesco 5882
peta 5346
petabu 7214
petah 5348
petah belit 5348
petai 5345; 5346; 5350
petai belalang 5346
petai belalang paya 5586
petai bilalang 5395
petai meranti 5345
petai papan 5345
petai paya 5348
petai-meranti 5345
petalang 2415
petaling 6873; 6875
petaling air 6873
petaling ayer 3650; 7614
petaling bemban 6875
petaling gajah 6877; 6880
petanang 6873
petar 5346
petara 5346
petari 25
petarkura 3564
petatal 6873
petau 5346
pete 5346
peteh 5346
petir 6734; 6738; 6747; 6753
petir lilin 1715
petir paya 1715
petir umbut 1715
pet-kanan 4664
petola 2769
petong 1460
petpeten 3349
petroleum-nut 5608
pet-shat 3517
petsul-yetama 7420
petsut 2718; 2735
pet-taungg yaing 4668
petthan 2974; 3609; 4585
pet-thin 2546
petuon 5818
pet-waing 4386
petwoon 949
petwun 949
pet-wun 950
petwun-gyi 3618
peu mou 3147
peu nol 1486
peungo putih 6756
peupleir blanc 5768
peuplier adenopoda 5767
peuplier argente 5768
peuplier baumier japonais 5769
peuplier blanc 5768
peuplier blanc chinois 5785
peuplier cathayana 5770
peuplier charab 5774
peuplier chinois 5776; 5782; 5784; 5787
peuplier chinois de wilson 5788
peuplier de coree 5775; 5778
peuplier du japon 5781
peuplier euramericain 5789
peuplier russe 5777
peuplier siebold 5781
peuplier tremble chinois 5786
peuris 621
peyamanakku 895
peyatti 3052
pferdeflei schholz 2398
pfirsichba umholz 5882
pflaume 5861
pha 6130
pha nhoung 1961
pha nong 177
pha yung 1961
phai 2445
phaja 5858
phalanda 7030
phalani 7030
phalasampenga 753
phalasneha 379
phaldu 3815
phaliant 6064
phals 5771
phalsa 3496; 3506; 3524
phalsan 1070
phalwa 3496
phamlet 4423
phan 2836
phan sat 5379
phanasa 775
phanat 6070
phancham 7591; 7614
phancham bai yai 3740
phancham dong 7600
phandra khair 33
phang 1085
phang tia 4659
phanong daeng 3702
phanong hin 3702
phanpim 5298
phansa 2015
phaong 1162
phara 3496
pharat-sin ghali 6075
pharengala 86
pharsa 3524
pharsia 3518
pharsuli 3496
pharusa 3887
pharwan 7226
phatterphodi 1028
phay 867
phay sung 3147
phaya 5858
phayom 6590; 6630
phayvi 2445; 6356
phcheck 6678
phdheck 6678
phdiec 491; 497
phdieck 6618
phdiecso 491
phdiek 6618
phecheck sneng 6678
phellodend ron 5446
phen den 2814; 2819
phet-kyan 6081
phetrak 3298
pheu 5851
phi 885
phi mene 35
philiooine rosewood 5435
philippijns gurjun 2387
philippine ash 3158; 3160
philippine cedar 1415; 1419; 7413
philippine chestnut 1386
philippine ebony 2215; 2230; 2241; 2245; 2259; 2277; 2283
philippine gurjun 2353
philippine ironwood 7784
philippine light mahogany 6566
philippine lignum vitae 7784
philippine mahogany 861; 6534; 6557; 6564; 6578; 6611; 6616
philippine maple 64
philippine podo 5688
philippine sangki 3870
philippine teak 4049; 7266
philippines gurjun 2387
phimbiya 3133
phlauv neang 1618
phloeou nieng 3663
phlong 7327
phlu 2154
phluang 2357; 2367; 2385
phnieuv 885
phoebe 5451
phoenician juniper 3945
phohoc 6678
phoi bo 4658
phok 5323
phong 3216; 3241
phongtu 3791
phoong 2147
phou ton 1546
phoung 7346
phuj-pattra 952
phuk 357

pino di corea 5543
pino di gerardo 5538
pino di manciuria 5563
pino eccelso 5566
pino excelso 5566
pino negro japones 5565
pino nero de corso 5565
pino rojo de china 5548
pino rojo japones 5533
pino rosso cinese 5548
pino rosso giapponese 5533
pino ruso laricino 5552
pino sombrilla japoneso 6479
pino valsain 5562
pinpin 3607
pins tropical asie 5542; 5549
pin-tayaw 3501
pinthong 5542
pinulug 1011
piod 7792
piodai 2130
pioppo adenopoda 5767
pioppo argentino 5768
pioppo balsamico giapponese 5769
pioppo bangikat 5771
pioppo bianco cinese 5785
pioppo cathayana 5770
pioppo charab 5774
pioppo cinese 5776; 5782; 5784; 5787
pioppo cinese di wilson 5788
pioppo del canada 5789
pioppo di corea 5775; 5778
pioppo euramericano 5789
pioppo fastigiata 5782
pioppo giapponese 5781
pioppo russo 5777
pioppo siebold 5781
pipal 5771
pipek 7281
piper dungau 835
piper magbut 5745
piphar 3282
pipi 119; 367
pipil 2934
pipiudan 6932
pipli 2934
pipri 3094
pipro 3094
pipul 3094
pirai 1350
piran 1655
pirawas 4278; 4994
piri 2752
pirin 3532
piris 3271
pirol 1911
pisa 741
pisak 3689
pisang mawe 2142; 2171
pisang mobdi 2171
pisang pisang 3442; 3461; 4618; 4748; 4749; 4751; 4881; 4882; 5706; 5709; 5710; 5726; 5727; 5730; 5731; 5766; 6720
pisek 237; 238
pishinika 1648
pisiki 1331
pisonia 1437
pissietan 4060
pistachio-nut 5583
pistula 1341
pisung 1648
pita 744
pita jam 7115
pita karuan 7755
pita korwa 3628
pitanga 2850
pitangi 2850
pitatar 5081
pitis 5239
pitjis 2392
pitjisan 7546
pitjoeng 5282
pitochampo 4758
pitoh 6919
pitoh ayer 6913
pitoh bukit 6916
pitoh paya 6916
pitohai 6913
pitondi 7845
pitraj 470; 587
pitti 7635
pittoli 7635
pitwa 3614
piukbanau 1075
piukbanau-kapalan 1077
piut 7792
piwar 896
piwarvel 1710
piyara 5910
plajau 5417
plaksa 3059
plaksha 2987; 3059
plalar 2362; 2375; 6651
plan 4511
planchonella 5806
planchonia 5622
plangau 2687
plank-tree 3597
plao 2716
plasa 1069
plashivalli 1070
platan kljonolist nyj 5627
platane 5626; 5629
platane oriental 5629
platano falso 90
platano oriental 5629
platano orientale 5629
platea 5630
platitos 5752; 5757
plau 4570
ploiarium 5646
plokhyo 2987
plommontrad 5861
plong 2819; 4693
plong phmeas 4693
plong phua 4693
plongtuk 2819
ploum 3608
pluang 2357; 2367; 2385
plue pine 5540
pluim-es 3164
plum-mango 1010
plumpang hitam 172
plumpang poetie 160
plum-tree 5861
pnom rang phong 6580
po 3134; 3135; 3621; 6817; 6848; 7637
po beng 359
po nan 5080
poagan 5141
pochong 3618
po-daeng 6833
podah 5056
podo 4958; 4959; 4960; 5667; 5683
podo chuchor atap 5667
podo d´asia 4958; 4959; 5669; 5683
podo kebal musang 4958
podo laut 5683
poehoen sikat 371
poelai rawang 443
poelasan 5059
poelasari 7546
poelasari pohon 4087
poelassan 5059
poeloes 1606; 2098
poeloes djalatrong 2098
poenak 7348
poenay 2762
poendoeng 871
poendoengan 871
poering 1683
poerwa djamboe 3307
poerwa geni 6195; 6203
poerwoko 2427
poerworoko 3306
poerwosada 3306
poesoe 1029
poespa 3482; 6459
poetat 5624
poetijan 1606
poeting 5382
poetjoeng 5282
poga 6331
pogau 7041
poh shu 7358
pohon 1162
pohon karet 3612
pohon-sapi 5173
pohon-toewa 4079
pohsa 1888
pohunjonia 2438
pointed star apple 1502
pointedlea ved willow 6277
poirier commun 6029
poirier sauvage 6029
pois doux 3877; 3878; 3880
pois doux blanc 3878
poison elder 6316
pojoh 4305
pokka 4445
poko kelinting 1190

pugahang-suui 1316
pugan 4617
pugaui-item 2285
pugguhalasu 776
pugi ranau 988
puguran 2434
puit 7792
pujong 4451；5251
pujuh 2234
pukan jantan 4099
pukul lima 6314
pulachi 6464
pulai 436；437；438；445；522
pulai basong 445
pulai bukit 437
pulai daun besar 438
pulai gabus 445
pulai hitam 437
pulai kapur 445
pulai miyang 3468
pulai paya 445
pulai penipu paya 436
pulai pipit 5243
pulai puteh 443
pulai ranwang 443
pulai tikus 445
pulak 6425
pulaka 5099
pulakgalau 6431
pulanji 6491
pulantan 445
pulanthi 2665
pulas 2762
pulasan 447；5059；7791
pulassan 5059
pulat 4156
pulau pipit 5242
pulei 437；443
pulgar kamal 2878
pulgar kangko 588
pulgar lamuto 7144
pulgar magbut 5746
pulgar malaua 6905
puli 6491
puliamaram 7224
puliccevandi 2742
pulichhai 3614
pulichinta 919
pulikogele pukke 919
puliman 6781
pulinjakka 781
pulippan 1556
pulippan cheddi 1556
puliyan 4032
puliyatti 919
pullaninta 919
pullare 919
pulor 762
pulu 2356；4032
pulu nyato 5207
pului payo 3425
pului silai 3434
puluIi 7444
pulusu-kayalu 853
pulut 2470；5338；5387
pulverholz 3153
pumarantha 6464
pumaruthu 4051
pumarutu 7303
pumatalam 6005
punaippidu kkan 3518
punak daun halus 7348
punampuli 3220
punamurukku 1069
punau 6677
puncham 7617
pundi 4832
pundung 855
pungai 1686
pungali 4725
punganaoan 5293
pungau 2979
punggai 1686；2450
punggai daun besar 1684
pungge-namu 1427
punggung kijang 3551
pungo 3731；4265；4286；7498
pungo´ 3731
pungo-pung 1894
pungsu 1353
pungus 1353
puni 1262；4832
punk 1710
punnagache ttu 896
punnakkukkirai 4674
punnapay 1145；1173
punnu 4342
puntalin 5081
punti 852；3828；5220；5376；5801
puntik 5242
punyong 5055
puoi 4033
puoi dong 4050
puoi khao 4034
puoi smoule 1606
pupalasu 1069
pupoi 6364；6367
puppatiri 6852
pupulo aniti 5568
pupulon aniti 5568
pupulun aniti 5568
pupuntad 4707
pupuut 2540
pural 6127
purang 4389；4409；4412；4415
purang belang 4394
purang bukit 751
purang ruman 4378
purang semut 4416
purap 4535
purapunna 1180
purdie podoberry 5684
purging croton 1776
purihan 1855
purin 4863
puroa 4515
purpalli 7842
purple osier 6300
purple willow 6300
purple-cone spruce 5512
purpur-pil 6300
pursa 7353
puru rusa 3887
purudona 1556
pushpaphal amu 4137
puska 6464
pusku 6464
puso pusong hulo 5006
puso-puso 5006
puspa 3484
pussur 1291；7794
pussurwood 7798
putai 5346
putak 1678
putanallamanu 7303
putang 1750
putang keladen 6702
putang leman 3741
putaran 764
putat 896；899；903；904；906；909；912；913；5248；5623；5624
putat bukit 5245
putat gadjah 5624
putat gajah 5624
putat halang 910
putat jambu 909
putat laut 899
putat paya 910；5624
putat talang 913；5621
putat tepi 3586
putatat 4442
puteh 858
puteh engkuliong 4782
putei 5346
puteng 899
puthang bolli 5693
puthang kolli 5693
puthatamara 4396
puthuluvena 7355
puti 6737
putian 335；2094；5802；7601
putigam 7052
putih sanggar 4469
putijia 2438
putikaranja 1083
putikithada 3138
putik-putik 2788
puting 899；4130
putjung 5282
putlapodra 3558
putli 86
putrajiva 2438
putrajivika 2438
putrajuvi 2998
putrajuvvi 2998
putranjeevi 2438
putranjiva 2438；5715
putranjivah 2438
putrashreni 1802
puttapodar ayarala 7563
putuli 1802
putut 899；1049
putut rambeh 909
putut sungai 901
pututan 1052
puutin 899
puvamkottai 6333
puvuna 4441

rikwa 2709
rilleul asiatique 7372
rima 762
rimba 2146；2154
rimbo 2716
rimu deasia 6179
rin 6070
rinboku 5888
rinchong 6625
rinda 3733
rineh 5099
ringgit 7708
ringin 2142
ringiodendron 3982
ringis 4850
ringri 891
rinj 6070
rinkaren 1145
rinto 5274
riobu 1666
rirau 6723
riribu 2201
ri-ri-do 2743
riripga 3207
risamani 4841
rishta 6334
rita 6334
ritha 6334
riu-kiu-ma tzu 5547
riung 6677
riung anak 1359
riung daun lebar 6599
riu-yan 2180
river birch 963
rizal alagasi 4125
rizal amau 2529
rizal danglin 3515
rizal dusong 7551
rizal kaniue 263
rizal katagpo 5939
rizal oak 4234
rizofora deasia 6179
rizoforea dell´asia 6179
ro ko 1423
roatanga 6464
robinson bangkal 4975
roble albar 6096
roble ban 6070
roble de caucasia 6085
roble de invierno 6096
roble de kurdistan 6104
roble de nepal 6075
roble indico 6109
roble japones 6042；6043；6057；6063；6088；6091
roble karshu 6108
roble moru 6058
roble perse 6050；6085
roble ruso 6100
rock red cedar 3945
rod dhup 5334
rod-al 403
rode chinese pijn 5548
rode dhup 5334
rode lauan 6551
rode meranti 6562
rodvide 6300
roekum 3141
roekum sepat 3139
roel 1710
roemeenseeik 6085
roengang 4979
rohituka 589
roi 3189；3209；3260；3268；7077
roi mat 3209
roka 997
rokam 3139；3141
rokambur 2576；2582
rokfa 7278；7315
rokurok 762
rola 7286
roleai thom 5039
roleaitom 150
roluos 2754
rom deng 2617
roman jawa 4021
roman tagpo 723
romoc 7742
romui 2357
rondoul 5764
rong 3216
rongga monci 2516
rongkau 2312
rongobodhika 3816
rongota 4069
ronzoni 4725
rookmini 3897
rop 2180
ropit 3119
rorop 770
rosa dehielo 7213
rosak 5487
rosal dilau 3290
rose apple 7077；7096
rosetree 7212
rosewood 1961
rosier du japon 1184
rota draga 1942
rota-kaeku na 1250
roteang 3691
roter dhup 5334
rotes lauan 6551
rotin de dragon 1942
rottoomuli 3959
round-leaved apitong 2369
rovere 6096
rovere peloso 6104
rowanra 2752
royal palm 6247
royal walnut 3931
royaung 5348
royong 5347
r´pa 4033
rsak kelabu 1750
rsak labuan 7624
ru 377；1402；1403
ru bukit 1911；1913
ru ri 1126
ru ronang 1402
ruai gajah 3464
ruan gerama 7737
ruas 2467
rubbertree 3029；3612
rubberwood 3612
rubi silai 3435
rubian 7287
ruchhalodu dhalo 7750
ruchila 6883
ruchipatri 1112
rudomo 7344
rudrakcham 2665
rugi 4025
rugsu 707
rugtoora 6776
ruhen 6775
ruhimula 750
ruhin 6775
ruinsh 1747
ruisen 23
ruk 2160
rukam 3141；3142
rukem 6484
rukh 7226
ruktapita 7635
rukt-mara 4917
rukum 3139
rulang 770
rumadi 3093
rumanian oak 6085
rumaromak 1934
rumbal 3052
rumenia 1007
rumphius lanutan 5726
rumphius podoberry 5688
runggat 1643
runggu 861；4026
rungon 1455
runkra 7413
ruoi 6865
rupas 769
rurel 1710
ruri 1174
ruriang 675
rurorang 1404
ruru 5657
rurum 3601
rusa 3959
rusak 6885
rusamala 447
rusche 7506
rushorchona 3059
russian birch 964；968
russian black poplar 5780
russian hornbeam 1300
russian juniper 3954
russian larch 4066
russian maple 74
russian oak 6096；6100；6106
russian olive 2554
russian poplar 5777
russian white elm 7504
russische berk 964
russische esdoorn 74
russische populier 5777
russische zwarte populier 5779
russischeeik 6100
rusty mimosa 45
rusty shield-bearer 5396
ruthee chinta mola 3436
ruttliracham 2665
ruvya 2149

salagong-pugot 7740
salagong-sibat 7743
salagorg-liitan 7742
salah 2193
salai 7825
salaisai 7284
salak 2634; 3552; 4005; 4920
salak balau 3126
salak gedang halus 3552
salakadan 7035
salakin 576; 584
salaking-pula 238; 257
salalangin 3982
salalong 6412
salam 7141
salam andking 1629
salamagi 7224
salamandar 3492
salamingai 204; 240; 302
salamoeli 1725
salamungi 313
salang betul 6625
salanggigi 367
salanguen 259
salanisin 3366
salao 4054
salapula 4608
salar 1006
salara 1410
salasak 7089
salasik 824
salat arun 4229
salayah 7358
salcio rosso 6300
salcio selvatico 6283
saldana 278
saldhupa 7565
sale 5542
saleng 195
sale-sale batu 887
sali 1498
saliangka 3451
salibotbot 7215
salibukbuk 7215
salice aurita 6280
salice babilonese 6281
salice bianco 6278
salice comune 6278
salice da ceste 6306
salice de ceste 6306
salice del mare caspio 6299
salice fragile 6286
salice giapponese 6291
salice grigio 6284
salice indiano 6304
salice lauro 6298
salice piangente 6281
salice rosso 6300
salice russo 6277
salice viminale 6309
saligna: of willow - like appearance, willowy, resembling salix 48
salikugi 367
salikut 5218
salima 64
salimai-lakihan 3588
salimai-liitan 3583
salimang 1615
salimbangon 7080
salimisim 6407
salimoeli 1725
salimuli 1721
salimutbut 4653
salinggogon 1769
salingkapa 7679
salingobad 6401
saling-sal ing 1232
salio bulung 3471
salisi 2998
salit 5549
salla 5515; 5557
sallaka 4842
sallow willow 6283
salmali 999
salmonwood 2741
salngan 986; 3731
salompeng 6565
salotoi 220
salow 4054
salsal 6923
saltiki 4082
salt-tree 3571
salud 4249
salulung 4049
salumar 3923
salumbar 3923
salup 5792; 7409
salusalu 4959
sam 4048
sam ta 7299
sama jawa 3482
sama rupa chengal 6549; 6610
sama rupa meranti 6693
samac 4412
samadara gass 6041
samadodai 698
samahian 7641
samaior 6550
samak 153; 157; 171; 174; 3481; 3489; 7164
samak dayak 2236
samak dayak hitam 2252
samak jambu 3891
samak pulat 3481; 3489
samala 447; 1275
samalaguin 6970
samalu 7678
saman 6314
samana 6314
samanga 4841
samanggaii 4026
samao tchet 7286
samapang 7345
samar anolang 5292
samar bauaua 4126
samar kalimug 6416
samar katagpo 5941
samar lanutan 4876
samar payali 7405
samar suding 3920
samar tagpo 724
samar yagau 3662
samara 4717
samarpipi 129
samaw 7281
samawo 7286
samba 7030
sambar 2752
sambar barung 1937
sambawai 6559
sambhalu 7678
sambirodjo 6898
sambrani 1006
sambuco di montagna 6316
sambulauan 1928; 3472; 5019; 5035; 6968; 7164
sambuliayi 2765
sambulung 7684
sambuor measle 4106
samee 47
samgawngmaeot 1293
sami mpadon 647
samiling 1534
samintha 6533
samir 6651
samkesar 357
samla 6314
samoka 3628
samondo 7300
sampad 6417
sampaka 1338
sampalag 1403
sampaluan 4130
sampandia 3010
sampang 773; 2868; 4649
samparantu 6740; 6747
sampean 495
sampean mas 497
sampear 799
sampejan 3089
sampeu 4565
sampiang 6363
sampirodjo 2679
sampong 7346
sampor 797
sampsun 750
sampunir 1913
samrang si phle 6440
samrong 6813
samsam 3425
samsheet 1079
samudraka 4080
samudraphala 896
samundar 896
samundarphul 896
san 2168; 2836; 3408; 4456; 4571
san francisco 1683; 3491
san ou ye 274
san sugi 1872
sana 5956
sanaangan 7719
sanai 495; 500; 1205
sanalinga 1555
sanamo 6895
sanapka 4137
sanariga 5808
sanbbong-n amu 4891
sanculit 2331
sanculit putih 2388; 2413
sandal neem 7415

sempoe 2154
sempoer 2154
sempulicha m 2765
semubi gaja 5949
semukau jejabong 5731
semul 1002
semundu 5335; 5338
sen 2684; 2686; 4456
sen cho chac 3740
sen cho chai 6713
sen dua 4456
sen mat 4456
sen so chei 3740
senang 1014
senara 2382
senariga 1503
senculit 4581
sendan 4639; 4644
sendara 2382
sendaren 3472
sendik 4863
sendiong 1713
sendok 2712
sendok-sen dok 2709
sendu 656
sendukduk 4637
sener 4844
seng bua 6883
seng kham 7316
sengadambu 896
sengal 3730
sengala 7214
sengarai 1267
sengarlang 5055
sengeni 7674
senggai 3683; 6660
senggeh 1240
sengit isau 752
sengkajang paya 7801
sengkawang 6553; 6562
sengkawang pinang 6581
sengkuang 6486
sengkurat 2652; 2653
sengkurat beliban 2572
sengkurat damum 2602
sengkurat empedu 2618
sengkurat tangkai panjang 2565
sengon 351
sengon laut 354
senipis 887
senkani 7674
senkuang 2403
sen-no-ki 2684
senoe 4518; 4676; 5570
senohm 1503; 4087
senom 4087
sensanit 2201
senta 4892
sentada 5683
sentali laki 4383; 4408
sentalon 7299
sentang 861
sentengek burong 2872
sentikal 5081
sentul 6317; 6319; 6321
sentul hutan 6321
sentul kapas 6318
sentul kera 6317
sentulang 3923
senu 4676
senumpul 3656; 3792
senumpul buloh 6004
senumpul hitam 620
senumpul landak 3806
senumpul merah 3805
senumpul paya 1327
senumpul puteh 3801
seoli 5079
seombeod 5891
seombeod-namu 5891
seomjad 5554
seomjadna mu 5554
seo-namu 1304
sepabang 4511
sepah bongin 3887
sepak sipang 647
sepakan 2613
sepakau 2613
sepali 5079
sepalis 4021
sepam 4535; 4553
sepan 764; 2111
separang 6734
sepat 535; 2438; 6873; 7600
sepatir 6352
sepeteh 6742
sepeti 6746
sepetir 1715; 5899; 6731; 6734; 6735; 6739; 6742; 6746; 6747; 6748; 6753
sepetir beledu besar 6746
sepetir beledu kechil 6746
sepetir beludu besar 6748
sepetir berduri 6734
sepetir daun nipis 6747
sepetir daun tebal 6747
sepetir lichin 6734
sepetir mempelas 6742
sepetir paya 1715; 6734
sephalika 5079
sepit udang 6556
sepu air 2146
sepu talang 2163
sepul 5334; 5335; 5337
sepulis 2961
sepunggung 7274
serabah 3438
serabah semangun 3438
serai 6655
serait 5056
serakka 1478; 1491
seral 6695
seranai 1275
seranai cendana 1275
serang 1374; 2255; 2294
serangap 1684; 1686
serangkottai 6492
serano 2446
serantie 3579
serapie 5088
serapoh 4509
seraya 3747; 6538; 6560; 6586; 6662
seraya babi 6720
seraya batu 6543; 6558; 6643
seraya betul 6616
seraya blanca 5311
seraya buaya bukit 6578
seraya bukit 6569; 6616
seraya bunga 6616; 6633
seraya daun besar 6547
seraya daun kasar 6545
seraya daun mas 6538
seraya daun tajam 6574
seraya daun tumpul 6573
seraya gunong 6674
seraya kelabu 6588
seraya kerangas 6587
seraya kuning barun 6720
seraya kuning bukit 6537
seraya kuning keladi 6657
seraya kuning kudat 6653
seraya kuning pinang 6684
seraya langgai 6595
seraya lop 6579
seraya lupa 6566
seraya matang 6719
seraya melantai 6665
seraya melantai kechil 6546
seraya merah 6536
seraya metong 6560
seraya minyak 6545
seraya pasir 6538
seraya pipit 6538
seraya punai bukit 6560
seraya roja clara 6538
seraya rossa chiara 6583
seraya rouge clair 6583
seraya sudu 6572
seraya tangkai panjang 6542
seraya timbau 6583
seraya urat banyak 6556
serayah samak 6565
sereh 1543
serga 6694
serga gunong 6694
seri barangkat 2201
seri mula 2762
seriah 5311; 6611
serian 7420
seribu naik 520
sericolea 6528
serindieng 5801
serjom 6548
serkaja 511
seroet 2392; 6865
seroet rambat 3091
seroh 3121
serpadan 1274
serugan 1766
serukara 1267
serumah 5644
serunai 973; 6471
serunai bukit 6469
serungan 1766; 1770
serungang 1766
serusop 692; 703; 4955; 6156
serusup 7614
seruvuram 4674

sialus-sia lus uding 2444
siam palissander 1961
siam pyinma 4044
siam rosewood 1961
siamang 2234；4930
siamang etem 2190
siamese gurjun 2324；2386
siamese sandalwood 4578
siamese senna 1347
siam-palisander 1961
sian 3704
siangkugi 367
siang-tcham 321
siangus 2273
sibakong 6162
sibaluak 1763
sibanbakau 5630
sibaroewas 3198
sibaruas 7498
sibaruas etem 3565
sibarueh 3198
sibasah 7498
sibau 7390
sibau bilog 7403
sibau haba 7391
sibayang 6694
sibayang air 3688
sibeda panah 780
sibelah kayu 6756
sibengang 4982
sibenjiet 6793
siberian fir 19
siberian pine 5543；5560
siberian redwood 5562
siberian silver fir 19
siberian spruce 5509
siberian stone pine 5560
siberian white fir 14
siberian yellow pine 5543；5544；5560
siberianelm 7509
siberische den 14；19
siberische fijn-spar 5509
siberische lariks 4066
siberische pijn 5532
siberischeiep 7509
siberisk cembra 5532
siberisk cembra-tall 5532
siberisk gran 5509
siberisk lark 4066
siberiskalm 7509
sibeuruwah 3565
sibin 2359
sibirische larche 4066
sibirische tanne 19
sibiriskt korktrad 5444
sibocao 1086
sibosa 6651
sibu nyuan 5056
sibucao 1086
sibukao 1086
sibulau 3336
sibulu samak 4960
sibunae etem 2687
sibura 7617
sibusuk 2516
sibusuk payo 2513
sibutok bulung 3471
sibuyan kalimug 6419
sicakik 1436
sicarani 350
sicheltanne 1872
sicomoro 90
sida 4048
sida barak 3579；3589
sidag-namu 100
sidarang daya 973
sidha 4048
sidi 2857；4048
sidigulige 1025
sidisale 383
sidi-sidi 2864
sidodot 1769
sidukung anah 6223
siebold beech 2965
siebold poplar 5781
siebold populier 5781
siebold-poppel 5781
siegun 6756
siffoo 7221
sigai 4683
sigai-pakpak 4713
sigai-sigai 1330
sigam 854
sigamkati 2130
sigappukak andan 1049
sigapputta naku 6847
sigar 1435
sigar djalak 3146
sigedundung 447
sigeung 5409
sigidago 4909
sigoen 6756
sigruh 4889
sigugrip 4761
sigye 1092；1112
si-gyi 1100
sihara 3176
sihau 5079
siju 2906
sik 4599
sikan ikan 346
sikapuk 1003
sikarig 5375
sikasja jam 7121
sikat 4287
sikibai 5080
sikim 1424
sikkim larch 4063
sikop 3232
sikru 587
siku keluang 3604
sikubus 4469
sikukaluang 983
sikukok 7668；7676
sikulik 4815
sikup 3187；3198
sil batna 6054
sil koroi 359
silai uding 769
silaiket donaya 5949
silak 5760
silam podoberry 5659
silanangsang 4448
silang kampong 2869；2873；2875；2881
silanghar 4079
silau payau 1863
silberblat tri salzstrauch 3571
silda 7003
sileung dotan 770
silhigan 437
siliang 6665
silktree 356
silkworm thorn 1877
silkworm tree 1877
sillu 2731
siloki payo 7625
silongki batu 7625
silowe 6694
silu buang 875
siluai 3729
siluk 3329
silver birch 968
silver fir 16；20
silver greywood 7282
silver magnolia 4480
silver oak 3492
silver poplar 5768
silver-grey indien 7282
silver-pil 6278
silvester-pijn 5562
silvor 6757
silyan 3711
simachinta 3214
simadali uding 3828
simagtonog 6145
simai hunase 3214
simaiavari 1347
simaiyaman akku 3926
simakoina 5589
simal 999
siman batu 5125
simandulak 4383
simanepale mu 3926
simanggurah payo 5630
simanidotan 2892；2898
simantok 6667；6704
simaoeng 5282
simar antipa 2706
simar naka-naka 784
simar siala 6438
simar tarutung 5376
simar terasa 2955
simarbanban 3798
simarhalua ng 2341
simarhalung 2341
simarhamajan 6887
simarsimata 3425
simartarut ung 2457
simartolu 6459
simarunggang 1766
simasang 865
simatangedu 1347
simatok 6704
simavu 4539
simayavana kku 3926
simbar kubung 4389
simbar tritih 3120
simbut 1934
simeauvdala 3927
simehunise 5589
simenawa 156

so 2141；2146
so ba 2160
so bac 2148
so chai 3740
so do 2154；4584
so do cong 1039
so dua 6532
so ke 3733
so khi 3964
so khpai 4806
so mi 2141
so neu long 5976
so nho 2137；2148
so nui 2141
so ta be 5088
so trai 2146
so trang 2148
soajna 4889
soan nhu 6781
soanjana 4889
soanjna 4889
soapberries 6334
soapnut-tree 6334；6336
sob 447
sobhanjana 4889
sodan 214
sodo 2974；2980
soebah 3665
soekoen 762
soekoen dotan 652
soela ketan 561
soelanghar 4079
soelatri 1171
soelatrie 1166
soeloeh 593；4581
soemgoel 1222
soeren meera 1416
soerhen poetih 1416
soerian 7419
soeroe 2910
soeroe dieng 2907
soeroe godo 2910
soeroe hajam 1588
soeroe kebo 2910
soetiet 6778
soetik 6778
soewagi 7556
sofora 6886
sofora giapponese 6886
soft-leaved guava 5909
sogar baringin 6590
sogar godang 6694
sohaga 587
sohajna 4889
sohm 859
soi 1396；2936；4206；4207；6338；6347
soibac 6340
soibop 4208
soida 4194
soighe 4194
soigi 4206
soitrang 4212
sojina 4889
sojoba 4889
sokah 7498
soko baros 6195
sokram 7793
sokungu 4089
sol 2363
solfjaders-lonn 76
solfjaders-tall 6479
solomon islands padauk 5956
solorakoli 1279
solsong 7490
solsong-namu 7490
solumar terung 4910
som ho 6779
som hong 6813
som mo 7286；7287
som poy luang 5348
soma 6362
soma lathe 6362
somah 5644
somah gajah 5644
somasara 33
somau 4510
somavalli 6362
somdouk 6254
somei-soyhino 5894
some-shiba 6949
somi 47
somlata 6362
somntrad 356
somolai 4581
somolata 6362
sompohr 2154
sompong 7346
sompotri 3300
somvel 6362
son 1400；3398；3399；3410；4631
son champa 5647
son dao 7327
son huyet 4631
son khair 33
son xa 1503
sona 922
so-namu 5533
sonatti 3052
sonchampo 4758
sondaia 3476
sondara 2015
sonde 5382；6758
sone-padat 795
song da 3726
song mau 5976
song xanh 3646
songa karsik 7600
songa kasi 7599；7600
songal 7600
songarbi 7674
songarli 7674
songgak 640
songgi kuning 2330
songgom tangkal 6195
song-sa-lu ́ng 4352
song-salung 4352
songsongbai 5549
sonnapatti 7262
sonneratia 6762
sono 4582
sonokeling 2036
sonokembang 5956
sonpadri 6860
sonpradipat 1400
sonting 1342
sontol 6321
sonve 3233
sooahn 2385
sooshiju 30
soosoop 4369
sop 449
sopari 739
sopera 2015
sophik 504
sophora 6886
sophora du japon 6886
sora pinnai 6181
soringhi 6695
sornapatti 7262
soro genen 7539
soro sari 6195
soro shide 1304
sorogon 4049
sorongo 1145
sorragon 3977
sorsogon 3683
sorsogon dungau 841
sorsogon gigabi 1165
sorsogon kalimug 6420
sorsogon katagpo 5943
sorsogon kelkel 3381
sorsogon lanutan 4877
sorsogon magbut 5748
sorsogon nato 5244
sorupotri mohi 5851
soshizu 30
sosot manis 3565
sosot manu 3434
sosowan 4270
sotkorsbar 5855
sougwa 5225
soumya 6362
soupie 5088
sour cherry 5859
sour orange 1565
soursop 509
south asis pine 5546
south chinese pine 5547
south pacific mahogany 6551；6557
southern bangkal 4971
southern cedar 1419
southern florida slash pine 5535
southern japanese hemlock 7490
southern japanese thujopsis 7356；7361
southern lanete 7754
southern likiang spruce 5504
southern silky oak 3492
soy chhmol 512
soya 1303
soymida 6775
soynhi 7316
soyogo 3852
spaanse aak 66
span 16
spanish cedar 1419

suran 7845
surangi 1145
suranji 350；4884
suran-suran 3488
suranti 3810
surantih kambung 6590
surantih limau manis 5314；6644
suraponna 1145
suratatige 7636
suratchekka 7635
surati chakke 7635
suratichekka 7635
sureau a grappes 6316
sureau rouge 6316
sureeabg 7389
surehonne 1173
suren 1768；4026；7413
surhoni 1173
suri manu payo 5390
suri manuh 3565
suri mullu 7843
suria 7793
surian batu 1505
surian bawang 861；1420
surian puteh 2516
surian sulawesi 7414
surigam 2655
surigam pasing 2613
surigam tikus 2655
surigao bahai 5126
surigao ligas 6509
surimanu uding 3434
surimanuk 5376
surin 4466；5245
surinam cherry 2850
surind 2936
suriu uding 3425
suriya-mara 362
suriyindu 1083
surkorsbar 5859
suropotro 365
surti 3810
surumah delok 2171
surusop 692
susino 5861
susu mua 4046
susumbik 3522
susung-biig 4786
sutayet 1410
sutiet 6778
suting gimba 6868
sutrang 4366
sutubal 342
suvannaman daram 928
suvapavalp oriyan 6165
suvi 3059
suwaa 1296
suwahar uding 6793
suyak-daga 1260
svaramuli 750
svart mullbar 4893
svart mullbarstr ad 4893
svart-poppel 5779
svay kang dor 6918
svay prey 4539
svensken 3935
svetakanch an 923
svetakanch ana 923
svetapatala 6127
svetkanchan 928
swadukantaka 3138
swamp kapur 2416
swamp mendora 7575
swamp sepetir 1715
swani 2741
sway kandol 4539
sway suor 2886
sway-kang-dor 6918
swedaw 915
swedaw-ni 922
swedish aspen 5786
swedish juniper 3935
sweet cherry 5855
sweet chestnut 1358
sweet india chestnut 1374
sweet indrajao 7755
sweet shimool 1423
sweet willow 6298
sweetleaf 6944
sweet - scen ted oleander 5063
sweetsop 511
swetakand 1181
swethe 4834
swi-namu 7338
swine palm 3817
swiss stone pine 5532
swisswak 509
swsmp sepetir 5899
syasyap 509
sycamore 3115
sycamore maple 90
sycopsis 6921
sydjipansk hemlock 7490
sydkinesis ktall 5547
sykomor-lonn 90
syndyophyl lum 6959
synrang 7339
syonakah 5144
syrian ash 3169
syrian juniper 3939
szechuan juniper 3953
szechuan thuja 7360

T

ta meo 4986
taai ip yau ka lei 2776
ta´ang 4317
taba 641；7470
tabaak 490；497
tabaan 2898
tabaek 4035
tabaek-laud 7298
tabaekna 4038
tabaeng 2367
ta-baeng 2758
tabagid 5807
tabak 6564
tabalangi 349
taban 5207；5251
taban merah 5207
taban puteh 5226
tabango 3348
tabao 4368
tabarus 6364
tabas 4792
tabataba 294
tabau 4368；4369
tabau empliau 5330
tabauk 2004
tabek 4035
ta-bela 2456
tabgun 3096
tabhisan 4470
tabian 2631
tabian-sik at 2629
tabid-tabid 663
tabigue 7798
tabila 495
tabing 7617
tabingalang 4752
tabiris 1925
tablan-sigik 2651
tabo 4032
taboan 5260
taboat 1557
tabokalau 2541
tabon-tabon 849；5329
taboondam 7798
tabsi 6847
tabsik 2924
tabsik-kapalan 2926
tabu 5431；7346
tabu tamagusu 5431
tabu-ja 329
tabul 2997
tabuloh 2360
tabu-mangrove 6765
tabung-han gin 2645
taburakin 790
tabyu 6765
tabyu mangrove 6765
tabyu-mang rove 6765
tachan-za 3608
tachiyanagi 6297；6306
taclang-anac 3270
tada 3524
tada manok 2312
tada manok udok 4751
tadagana 3524
tadagi 923
tadak 1129
tadapon puak 2961
taddae-marm 5991
tadet-ko 2445
tadetti 2445
tadhok 3759
tadiang-an uang 1263
tadiang-ka labau 2499
tadji 5679
tadkan 5251
tadok 1127
taeup 6179
tafanggeu bala 983
tafu 4492
tagada 6851；6852；6857
tagahas 2446
tagal 2507；6572
tagalipa 5164
tagalungoi 7074
tagapahan 4801
tagar 7213
tagara 7213
tagarai 4106

talipopo 4844
talipot palm 1745
talipot-palme 1745
talipugud 335
talipungpung 390
talipungpung-bundok 391
talisai 7293；7296；7313
talisai ganu 7312
talisai gubat 7293；7307
talisai paya 7289
talisaian 219
talisei 5624
talishaput rie 3139
talitan 1321
talitigan 3043
tall torreya 7421
tallamaddi 7279
tallan 263
ta-lo 3484
talobog 3006
talork 5323
talot 2601
talot-gulo d 2614
taloto 5969
taludala 1655
taludalai 1655
talugtug 689
talulong 4047
talulung 4049
taluto 5967；5969
tama 862
tamagoba-i nubiwa 3041
tamagusa 5431
tamagusu 5431
tamaho 3391
tamainok 700
tamaka 862
tama-kai 357
tamal 3275
tamala 3275
tamalaki 5476
tamalam 3275
tamalamu 3275
tamalan 2013
tamalapatra 1555
tamamizuki 3845
tamang 5149
tamaoyan 6879
tamapar hantu 6743
tamarak 854
tamarin 1403
tamarinier des indes 7564
tamasauk 7732
tamasutagai 2955
tamau 1766
tamayuan 6879
tamba 6717
tambag 2534
tambagas 2955
tambagum 6717
tambalau 3996；3997；4007；4298；4944
tambali 1814
tambalu 2548
tambar besi 5638；7522；7524
tambat 3138
tambau 4943
tambija 6590
tambing 367
tambis 6976；7098
tambon tambon 4581
tambong 3316
tambot 1152
tambugai 6717
tambulauan 7164
tambun 7431
tambun ranggas 5314
tambus kuro-kuro 887
tambuyogan 3111
tamdakura 7750
tamil 2229；2282
tamil-lalaki 2259
tamindan 4398
taming - taming 1871；2282；2499；3731
tamlaki 5488
tamma 43
tamo 3155；3162；7017
tamoe 4599
tamok 5985；6551；6567；6633
tamonn 4051
tamooedau 2341
tampa bussie 4669
tampakan 6717
tampalang 912
tampaluan 4130
tampanasan 6578
tampang 769；773；790；795；5817
tampang akar serikam 769
tampang bukit 4465
tampang dadak 769
tampang hadangan 5817
tampang nongko 5300
tampang susa 771
tampang wanji 773
tampangagas 5191
tampar hantu 1715；6740
tampar hantu paya 6740
tamparal 5172
tamparan hantu 6747
tamparasan 6578
tamparusan 3885
tampiras 6328
tampoedow 2341
tampoi 863；865；872；873；874；875；876；877；881
tampoi kera 872
tampoi kuning 875
tampoi merah 876
tampoi paya 865；988
tampoi silau 868
tampoi smut 881
tampong besi 3464
tampora antu 6732
tampu alas 4407
tampu mahang 4395
tampudau 497；2336；2338；2354；2360
tampui 7001；7077；7207
tampunik 780
tamrug 2257
tamruj 1350
tamrulhindi 7224
tamsui 1463
tamuku 1821
tamulauan 7784
tamungku 3708
tamuyan 3657
tan chuk 6641
tan mot 6851
tan mu 1991
tanag 3984
tan-ag 3984
tan´ag lalaki 6173
tanaku 1676
tanang 6476
tanasimale 4610
tanaua 2552
tanaung 38
tanau-tanau 1591
tandaluli 7243
tandang-isok 5115
tandharisend 2903
tandikan 2188
tandikat 1238
tandjang 1052
tandok gana 5801
tandong 5027
tandoropis 535
tanduk 640
tang 5557
tanga 5864；5866
tangadi 1336
tangal 7296
tangalan 1048
tangalin 137
tangang-laparan 5853
tangan-tan gan 2331
tangedu 1336
tangera 1336
tangga bangka 6732
tanggal 275；5081
tanggianuk 3544
tanggir 1454
tanggunan 5817；7274
tanggurun 5059
tanghal 1455
tanghan 1170
tanghas 2398；4944
tanghon 1158
tanghon lawkaw 1150
tangibe 3884
tangile 6551；6557
tangili 5251；6551
tangiling-bangohan 240
tangiling-kompol 5194
tangir 1454
tangisan 7287
tangisanb ayawak 3126
tangisang-bagyo 7803
tangisang-bayauak 3126
tangisang-layagan 3062
tangit 1201
tangitang 444
tangkai pendek 1065
tangkal 5081
tangkawang 6562；6688
tangkele 3984
tangkelie 3984
tangkih 3126

taw-mezali 6522
taw-mingut 3218
taw-okshit 6237
taw-petsut 7495
tawposa 4892
taw-posa 4892
tawpwesa 4892
tawsagasein 5728
taw-sagasein 4809
taw-saungtaw-gu 7724
taw-tama 1417
taw-tamaga 4640
tawthabut 5728
tawthayet 2180；4531
taw-thayet 4531；4555
taw-thitkya 2403
taxodier nicifere 3418
tayabas 4271
tayabas gasgas 4724
tayataya 7296
tayaw 3496
tayaw-ah 3497
tayaw-nyo 3508
tayaw-ywet waing 2741
tay-ninh 7282
tayoh 3464
tayok-hnin thi 2736
tayok-khau ng-bin 7217
tayoksaga 5650
tayok-te 2243
tayok-thit kya-bo 1513
tayok-tung-si-bin 7637；7638
tayong-tayong 7000
taytay lamuto 7184
taytyoof 2913
tayum-tayum 2425
tazan-yanagi 6305
tcha hoa 1186
tcha veou 1186
tchang lao 2410
tcheiray 7255
tchiabai kwa 1186
tciao chang 5431
tdle kiu tse 3786
te 2200
te nam 6742
te ou teho 6742
tea 1187
teak 2410
teal 501
teampinis batang hitam 6867
tea-tree 4620
tebaang 6364
tebalak bukid 3206
tebe 6756
tebeldi 134
tebelian 2933；5794
tebung 7617
tecade birmania 7264
teck rouge 4469；4557
tediun 4553
tedja 1524
tedjan 1673
t´ee liao 3653
teen-nok 7667；7684
tegalam 6655
tegam 5018
tegelam 6655
tegelam gunung 6623
tegelong 6561
tegerangan putih 3688
tegerangan silau 6565
tegering 2136；2139；2142；2146；2171
tegering abai 2170
tegina 7264
teglan 6606
teh 1187
teijsmanni odendron 7268；7270；7273
tein 4863
tein-kala 5039
teinkuia 5039
teinnyet 1086
teinthe 4863
teitakka 4599
tejo chino 7260
tejo de fortune 1443
tejo de japon 7258
teka 6548；7264
tekalong 800
tekalud 4249
tekam 3687；6548；7513
tekam air 3687
tekam bukit 7606
tekam engkarabak 2331
tekam gunung 3742
tekam kepuwa 3687
tekam lampung 3687
tekam padi 6539
tekam rajap 3687
tekam rayap 3687
tekam rian 6655
tekam teglam 6642；6654
tekatasij 2903
tekau 6559
tekem 7513
tekha 7264
teklong 6561
tekoyong-tekoyong 7469
teku 988；7264
tekum 5043
tekuyong 7409
telajin 2410
telaki 1655
telam 2797
telambu 6813
telangking 773
telap 803
telasihan 1543
telasu 362
telatang 1194
teleika 3298
telemboo 6813
telesai 5624
teletang 1190
telia 43
telia gurjum 2324
telian 2933
teliasag 1723
telihai 5621
telinga badak 1816
telinga basing 1641
telingan 6606
telisai 7293
tella chinduga 365
tella korinda 52
tella tuma 38
tella turna 33
tellachandra 47
tellaguggi lamu 1006
tellai-kori mara 776
tellajama 5910
tellakarin guva 3294
tellamanga 3294
tellapulugudu 6491
tellavegisa 1025
tellayavise 6531
tellayeshw ari 7355
telok enkajira 2604
telor 3078；3079
telor buaya 345；3647；3648；3652；3655
telphetru 1411
telu 6860
telung 2762
telunju 3565
teluto 5967；5969
temahau 3984
temak 6600；6630；6665
temak batu 6580
temak kacha 6618
temak nasi 6618
temalud 4249
temaras 5949
tematan 613；615
temau bisih 1708
tembagam 6717
tembaloe 2473
tembalun 5306
tembaran jari 770
tembaran lampong 800
temberas 6599
temberas gunung 849
tembesu ketam 2955
tembhurni 2261
tembikis 3887
tembilek beruang 437
tembilek luba 445
tembilek porak 443
tembusu 2954；2960
tembusu padang 2960
tembusu paya 2955；2961
tembusu talang 2955
tembusu tembaga 2955
temeae 6251
temedak 779
temesu 2957
temiang 3847
temigi 3306；7556
temigi kasar 3306
temoroh 5970
tempagas 4717
tempagas jilong 3532
tempan 3000
tempehes 2322；2331；2382
tempening 6076
tempilai 1275
tempinis 780；6867；6870；6872
temple juniper 3951

thabye-gyi 7059
thabye-gyin 6997；7115
thabye-kyw e-gaung 7015
thabye-ni 7052
thabye-nyo 2815
thabye-on 4693
thabye-pau k-pauk 7181
thabye-pin bwa 2804
thabye-satche 7119
thabye-yit pauk 7015
thabye-ywet-gyi 7188
thabyu 2149
thabyu - tha bye 7077；7096
thach luc 7771
thadasal 3496
thadi 5851
thadisalu 3496
thadut 3101
thagya 4574
thailand afzelia 3885
thailand doussie 3885
thailand ebony 2260
thailand gamboge-tree 3216
thailand rosewood 1961
thailand shower 6519
thailand teak 7264
thailands ebben 2260
thaitimul 6533
thakabti 6464
thakut 2398
thakut-po 6855
thalanji 1655
thalat 915
thale 6005；7505
thali 7492
thalkesur 6883
thalli 1244
tha-lok 7616
thamba 6717
thambagam 3727
thambagom 3727
thambagum 6717
thame 859
thamin-za-byu 3296
than 7301
thana 4137
thanaroja 1350
thanat 1719；1724
thanatka 4900
thanbe 6856
thande 6851；6857
thanh mai 4913
thanh nganh 1768
thanmela 3298
thanongsar 2337
thanthat 359
than-that 359
thao lao 4033
thapsi 3634
tharapi 1122；1161；1166；1167
tharfa 7225
thau 4172
thauhau 4172
thaur 925；928
thavasimur uaga 7355
thawka 6351
thayetkan 6914
thayetkin 6919
thayet-kin 6914
thayetle 6914
thayet-pya 4543
thayetsan 6914
thayet-san 6914；6919
thayet-the e-nee 4543
thayet-thi ni 4543
thayet-thi tsi 3405
thbeng 2343；2367
thbeng momis 2367
the 359
theban 6041
thebla 3419
thella usirika 750
thembarai 6492
thembava 7278
thembi 45
thenhotta 6492
thennei 1677
thenpavu 7278
theptharo 1543
therbe 1966
therhe 1966
thespesia 7351；7353
thethet 5402
thetlet 5402
thetti 3897
thetyin-gyi 1796
theun 5080
thewalaw 3663
thi 2289
thi rung 2289
thibaw-zibyu 5467
thich 78
thich lonhi 78
thick-leaved narig 7610
thideu 2268
thidin 981
thiduinui 2268
thietdinh 4585
thieu rung 5054
thiho-thayet 477
thikado 7420
thinban 3626
thinbaw-awza 510
thinbaw-ko kko 6314
thinbaw-me zali 5396
thinbaw-pin 1296
thinbaw-th apan 3005
thinbaw-thidin 981
thinbon 444
thingado 5309
thingadu 5309
thingan 4057
thingan gyank 3702
thingan kyauk 3702
thingan net 3702
thini 587
thinkadu 491；5309
thinsingan 3733
thinwin 4823；5763
thinwin-bo 4833
thinwin-zat 4834
thirukkana mallay 949
thit - cha 4203；6048；6056；6060；6065；6067；6074；6081；6086；6109；6115
thitcho 7786
thite 1358；1374；1396；6063；6075；6109
thitegyin 1374
thithya 6678
thitka 5402；5412
thitkado 7415
thitkale 5406
thitkaukhn yin 7505
thit-kauk-hnyin 7505
thitkya 2256
thit-kyabo 1549
thitlanda 3611
thit-lawt 193
thit-linda 3611
thit-linne 7222
thitmin 4960；5667；5680
thit-ngayan 6415
thitni 470；472
thit-pagan 4818
thit-palwe 893
thit-payaung 5015
thitpok 2000；2224；7346
thitpwe 2592
thit-pyauk 6341
thit-pyu 7723
thitsat 633
thit-sat 610
thitsho 5406
thitsi 3408
thitsi-bo 6504
thitswele 6475
thit-taw 6029
thit-tazin 7771
thit-thingan 5020
thitti-pilavu 781
thitto 6321
thitya 6678；6681
thitya-ing yin 6678
thkeou 520
thlimeng 853
thlok 5323
thmar 6742
thmie 35
thnong 6254
thnongsar 5957
thodappei 3407
thohar 2906
thoi chanh 329；347
thoi thanh 336
thom 3569；7684
thom nam 4863
thom sui 1200
thonda pala 7755
thondi 6847
thong 5531；5535；5545；5548；5553；5566；5663
thong duoi ngua 5548
thong lau 1880
thong tau 5548
thonglang 2752
thongre 5545
thongtinshu 5542
thor 2906
thoras 1069
thoratti 1279

tum 4857
tum karphat 3300
tuma 486
tumarau 7229
tumaraurau 7232
tumarau-tilos 7228
tumbaram 3093
tumbid 4158
tumboh kelapa 760
tumboh kelapa puteh 759
tumbrung 5080
tumdum biawak 7791
tumeh 520
tumki 2304
tummer 2304
tumolad 7105
tumpalai 7608
tumpis 1266
tumri 2304; 7431
tumu 3961
tumu merah 1049
tumu pirid 4832
tumuhan 3389
tumulubo 796
tunam 6719
tundjung 5236
tundon biyayat 6702
tundum biawak 7791
tung 16; 3607; 4515; 5667; 7255; 7346; 7637
tung yu 7637
tungboom 7637
tungfar 438
tungfiam 7431
tungganan 5853
tunggang 1226
tungkang mata 175
tungkeali 4660
tungkwa 4364
tungog 1454
tung-oil-t ree 7637
tung-oil-tree 377
tungtree 7637
tungu 5580
tungud 1455
tungug 1455
tunjang 6179; 7780
tunjang loncek 7498
tunjok langit 7234
tunki 2204; 2257
tunsi 7255
tunt 4895
tuntung 6559
tuntung parei 6665
tunua 38
tunyil 773
tuog 5435
tupaloh 2449
tupeh 6625; 6677
tupeh bangal 6669
tupkel 5910
tupkela 1410; 1411
tupul betiung 2689
turakavepa 4639
turco boj 1079
turcre 1575
turi 6942
turian 2457; 2469; 4979
turis 4553
turkische hasel 1740
turkish box 1079
turkish boxwood 1079
turks palmhout 1079
turpinia 7494
turutulang 6148
turuve 7352
tusam 5549
tusu 4782
tut 4892; 4895
tutai 5521
tutali 7845
tutalimullu 7843
tutambis 7163
tutat paya 5624
tutchul antu 652
tutidi 1267
tutor 3618
tutri 4890
tutturubenda 4674
tutuhi payo 2567
tutula 4496
tutulang 5915
tutun lasurimanu etem 3582
tutun tarijan 7625
tutup 55
tutup kabali 2227
tutu´up 4407
tuwi 2398
tuya japonesa 7359
tuyade japon 7361
tuyang 6552
tuyong 2376
tuyot 7348
tuyut 7348
twar 925
twi 4026
tysk lonn 90
tyuugan 2180
tzogar 4888

U

uahau 2530
uakatan 417; 5814; 6179
uak-uak 1654
uao 1429; 1430
uarjiro-in ugaya 457
uas 3576
uas-bundok 3578
uas-uasa 4581
ubah 2797; 2827; 3362; 3373; 3383; 3384; 7009; 7127
ubah air 2802
ubah banca 3482
ubah banir 7127
ubah bank 7127
ubah batu 2784; 2824
ubah chapi 2838
ubah chengkeh 7127
ubah dailan 2813; 2829; 2832; 7024; 7156; 7161
ubah daun kecil 7085
ubah gunong 2784
ubah jambu 7059; 7161
ubah jambu paya 2795
ubah jangkar 2822
ubah jingin 6702
ubah kelabu 2791; 2807
ubah kelimpa pinggai 2810
ubah laut 7141
ubah lingkau 7181
ubah lusu 2785; 2833
ubah merah 2792; 2801; 2832; 2833; 7085; 7094
ubah midin 7127
ubah minyak 7094
ubah padang 2843
ubah parit 7122
ubah puteh 2781; 2782; 2791; 2799; 2838; 2845; 7161; 7181
ubah ribu 2786; 2811; 6984
ubah rusa 2139
ubah samak 7156
ubah serai 7127
ubah tadah 7127
ubah tangkai pendek 2844
ubah telinga basing 4686
ubah tulang 2782
ubah urat 2841
ubal 7127
ubalu 4810
ubamegashi 6097
ubame-gashi 6097
uban 5209; 5623; 6630
ubanan 6564
ubar 2797
ubar dailan 7161
ubar dukat 7141
ubar jelai 153
ubaran 4805
ubarr 7127
ubarranbat 3380
ubat kerab 7127
ubbina 5715
uber 2797
ubi 1437
ubien 783; 793; 796
ubion 3661
ubor 2797
ubor jambu 7156; 7161
ubor porak 7181
ubug 2880
ubug-sinima 2879
ubung ubung putih 6583
ubut ubut 7293
u-byat 1754
ucche kaayi 6776
uchchiyusi rika 5490
uchong 853
ucunggunung 1503
udaballi 4725
udaikamba 959; 963; 967
udai-kanba 963
udal 6849
udap 5709
udar 6849
udayan 4057
udayu 1430
udda 2396
uddalalli 4725
ude 6860
udehm 4581
udem 4581

uto 105
utong-babui 2432
utongin 4078
utong-utong 2895
utrej 1575
utsugi 2110
utu katup 6644
utup 751
utup-utup 4471
uuangan 3007
uva mendora 3685
uvah 7127
uvya 2149
uwa 2414
uwai 5239
uwamizu-sakura 5865
uwanghei 2414
uweh 7066
uyam bunga 5549
uyan 4231
uyat-uyat 4925
uyok 1057; 6383
uyok-buhukan 6423
uyos 3550
uyyakkondan 5910
uzu 1571

V

vaada ganneru 5647
vaadari 6852
vaavili 7678
vabbina 5697
vac 3147
vachiram 2903
vaconnech eddi 3508
vada 7667
vadamadakki 1659
vadencarni 6127; 6860
vadhavardi 2548
vadli namdit 7213
vaga 357
vagatta 1411
vagulam 4844
vai thieu 5054
vaivaling 2695
vaiya 5693
vajra 2906
vajradruma 2909
vaka 6531
vakai 1347
vakenar 6849
vakka 739
vakula 4844
vakulamu 4844
vakumbha 1293
vakundi 3558
v-alafai 6932
valaivaian 6124
valampuli 7224
valapunna 2149
valeton sibau 7408
valikkarai 1411
vallay kungiliam 7565; 7566
valmurichha 3133
valnotstra 3931
valse plataan 90
valuluvai 4610
vamsa 6695
van nui 1325
vana sampige 923
vanachemba ga 1201
vanajai 1648
vanakarpasah 7352
vanaraja 922
vanas 775
vanatikitika 1672
vanbogar 6717
vandu 6775
vandumarma lar 4758
vang 1086; 4487; 4511; 6825; 6835
vang anh 6350
vang chung 2705
vang kieng 4974
vang lan 359
vang nhua 3273
vang tam 4469; 4557
vang tam dat 2953
vang trang 2705
vang trung 4511
vangam 5144
vangarai 4900
vangasena 6531
vangre 4428
vangueria 7564
vanjulam 6348
vanjulamu 6348
vankane 2261
vanlig cypress 1891
vanlig en 3935
vanlig furu 5562
vanlig hagg 5880
vanlig salg 6283
vanlig tall 5562
vanligasp 5786
vanligt apeltrad 4524
vanligt parontrad 6029
vannesandra 33
vanrao 6464
vanuthi 6491
vap 4734
varacchi 350
varagogu 4051
varang 4032
varanga 1282
varangu 501
vardhamana 6236
vargarai 1411
varnish-tree 6233
varul 322
vasa 3959
vasaka 3959
vasanga 1331
vasuka 3959
vasukani 6362
vataghni 1655
vatah 2996
vatam 2996
vatara 781
vatari 6236
vatchkuran 1254
vatehuli 782
vatica 7589; 7597; 7609; 7617
vattaatti 923
vattathamarei 4396
vattatti 919
vattavalli 2731
vavaea 7628
vavangu 2386
vavara 7281
vay 4178
vayana 1555
vayastha 6362
vayila 5693
vayoc 1158; 2232
vedam 7284
vedamarudu 7303
vedangkomai 6853; 6860
vedangkonnai 6127
vedanguruni 6127
vedchi 3897
vedi 43
vedi vembu 7415
vedi-babul 43
vedupla 2452
veduvali 3739
veitch 24
veitch fir 24
veitch gran 24
vejkseltra d 5875
vekka 6849
vekkali 513
vela-padri 6852
velatahri 5647
velayani 2386
veld-esdoorn 66
velenge 5991
velkhadar 1071
vella agil 2514
vella cadamba 520
vella champakam 5648
vella kadamba 3815
vella kondrikam 7566
vella-agil 2514
vellagagai 513
vellai kongu 3727
vellaikkun giliyam 1006
vellaikonju 3727
vellaikoyya 5910
vellaipaye ni 7567
vellaippadri 6852
vellaipput tali 6847
vellaippuv atti 928
vellaiyama nakku 3925
vellal 2998
vellamaruda 7303
vellamatta 7279
vellantarah 2130
vellapine 7567
vellapiney 7566
vellappina 7567
vellari 1021
vellaringi 2004
vellavaka 365
vellavelam 38
vellay 6847
vellayim 3634
vellei payin 7575
vellerku 1182
vellerukku 1181
velleruku 1182
vellila 4905
vellimayit tali 4905

wanyu 7479
waola 3634
wap 4734
wa-pasang 7030
warang 4032
waras 3610
warawaili 6127; 6860
warburg yabnob 3785
ward 3626
ware ware 3708
warga 1338
warik angin 4511
waringin 2998
waroe 3625
waroe goeneng 3616
waroe laut 3626
waroelot 4979
warr 6352
warsi 3610
waru 3618; 3626; 7353
waru gunung 3618; 3625
waru laut 3626
waru putih 7353
warung 4032
wasan 1672
wasian 2688; 4757
waso 2672
wasserlarche 4744
wassertanne 4744
water fir 4744
water larch 4744
water pine 3418
water rose apple 6976
water-wilg 6283
watkan 981
watson spar 5517
watson spruce 5517
watson-gran 5517
wau beech 2691
waua 2353
wavuli 3634
wax apple 2809
wax jambu 6976
wax oak 4249
waxmyrtle 4915
wayang raja 5242
wayu 5974
wayuwaling iballi 2695
weaver's-beam-tree 6475
weber katagpo 5947
weber lanutan 4879
weddell alagasi 4127
weeping willow 6281
wegil 600
weichhaari ge eiche 6104
weichsel 5875
weichselbo om 5875
weihrauch 1006
weisse dhup 1215
weissrucki ge - magnolie 4480
wekar 1057
welang 5973
weli-dorana 2350
welimada 5679
weli-penna 484
wenuang 5099
wenzel duguan 4950
wenzel hunggo 2673
wenzel katap 7461
wenzel lanutan 5142
wenzel malaruhat 7204
wenzel oak 4234
werak 6336
weru 357
west asian cedar 3940
west borneo kapur 2412
west himalayan silver fir 16
west himalayan spruce 5515
west irian vitex 7671; 7686
westaziati sche jeneverboom 3940
western bristlecone podoberry 5655
western himalayan pine 5566
wetshaw 3134
wet-thitcha 6109
wet-zinbyun 2158
wewarana 434
weymouth pine 5561
white babool 4106
white bark pine 5530
white baticulin 4271
white bombway 7309
white bombwe 1293; 7284
white cedar 1505; 2500; 2514; 4639
white champa 5648
white cheesewood 444
white chuglam 7282; 7283
white cinnamon 1555
white damar 7565
white dhup 1215; 1219; 1222; 1925; 6329; 7565
white durian 2452
white ebony 2254; 2272
white emeticnut 3294
white fir 4; 1215
white frangipani 5648
white kanyin 2324
white kutch 47
white lanutan 5713
white lauaan 6611
white lauan 5316; 6559; 6578; 6613; 6635
white mahogany 1215
white meranti 3708; 5309; 5311; 5314; 5316; 6563; 6594; 6597; 6600; 6608; 6612; 6618; 6625; 6638; 6640; 6643; 6644; 6651; 6657; 6660; 6682; 6693; 6694; 6703; 6719; 6720
white mulberry 4890
white murdah 7279
white nato 5802
white oak 6080
white padauk 5957
white pine 5561
white posi-posi 6762
white sandalwood 6323
white seraya 5310; 5311; 5312; 5313; 5316; 6537; 6638; 6644; 6657; 6677; 6684; 6713; 6720
white silver greywood 7282
white siris 324
white teak 3419
white thingan 3733
white willow 6278
whitebark acacia 38
whitford bakan 4331
whitford kalap 6430
whitford malaruhat 7205
whitford narig 7601
whitford tagatoi 5185
whitmorea 7738
widgetwood 2754
wiem 7617
wight saffranhout 5642
wijoejang 2986
wilada 3131
wilada toja 3131
wilada-ban joe 3131
wiladan 3070
wild apfel 4522
wild cherry 5855
wild durian 1878; 2452
wild guava 1293
wild jacktree 776
wild jessamine 1267
wild jujube 7842
wild mango 6781
wild mangosteen 3220; 6321
wild pear 6038
wilde kers 5855
wilde langa 238
williams amunat 5143
williams gisau 1249
williams lanutan 4880
williams malaruhat 7206
willow 6289; 6304
willow - leaved allamanda 380
wilodo 3035; 3063
wilodo-ban joe 3063
wilson poplar 5788
wilson populier 5788
wilson spruce 5517
wilson-gran 5517
wilson-poppel 5788
wilsons spar 5517
winong 7346
winter-eik 6096
winuang 6655
wiras putih 6895
wiry fig 2985
wisak 5018
witch elm 1298
witch-hazel 2391
witsoe 6778
witte dhup 1215
witte els 405
witte lauan 5311; 6566; 6578; 6611
witte meranti 6564; 6567; 6600; 6608; 6643; 6696
witte populier 5768
witte posi-posi 6762
witte wilg 6278
wiu 3299
wodi 2396
wodier 4057; 4058
woenen 3828
woenoet 3072
woenoet-banjoe 3026
woenoet-bi bis 3003; 3128
woenoet-boeloe 3026
woent 4599
woeroe 2953
woeroe-dapoeng 64
woeroe-gesik 4912
woeroe-ketingi 64
woeroe-poetih 64
woeroe-tja ngkok 4912

6644； 6647； 6649； 6657； 6659； 6660； 6663； 6668； 6676； 6677； 6679； 6684； 6708；6720
yellow mulberry 4892
yellow oleander 7354
yellow padauk 5957
yellow pine 4062
yellow sandalwood 6323
yellow satinwood 1498
yellow seraya 6625；6638； 6653
yellow silk – cotton – tree 1676
yellow siris 369
yellow snaketree 6852
yellow terminalia 7283； 7296
yellowbark quinine 1509
yellow–boxwood 5615
yellow–shower 6514
yellowwood 7490
yellow–wood 4972
yelparas 1071
yelpote 2318
yemane 3419
yemane–ani 4353
yemane–apyu 4366
yemane–ni 4353
yemanet 4758
yemau 4988
yeme 3575
ye–mein 633
ye–myaw 179
yen trang 7810
yene 6304
yen–ju 6886
yenkdi 3138
yennemara 501；2386
yenoki 1433
yeomju 7369
yeomju–namu 7369
yeou 1568
ye–padauk 979
yepi 3575
yerbhicky 3279
yerikan 1181
yerikku 1181
yerindi 2485
yerma 513
yermaddi 7279
yero–matsu 5501
yerra 2004；6847
yerra bikki 3298
yerra chandanam 5960
yerra sandanum 5960
yerrabikki 3282； 3294； 3298
yerralai 7428
yerramaddi 7279
yerravesiga 5956
yerri bikki 3294
yerribikki 3298
yeruchinta 362
yerugudu 2005
yerul 7793
ye–sagawa 4767
yeso–fichte 10
yetama 104
ye–taukkyan 7299
yetega 4863
yethabye 6304；7115
ye–thabye 6976
ye–thabye–thein 6982
ye–thagyi 6533
yetti 6883
yetwun 3618
yew 7255； 7257； 7258； 7259
yew–leaf juniper 3956
yeyo 4883
yezo matsu 5501
yezo spruce 5501
yimna 1505
yin–chien–mu 1880
yindaik 1966；2013
yingat–gale 3289
yingat–gyi 3276
yingu–akyi 6067
yingu–athe 6086
yinye 4368
yinzat 1981
yir 6304
yirijapa 357
yitpadi 5851
ylang ylang 1201
yobo 7704
yodaya 5083
yoewoet 7420
yoga 2606
yogga 2606
yoguso–min ebari 959
yoli 322
yomawood 7672
yomo 5952；5956；5957
yon 517
yon–akauk–chaw 516
yongkat 5631
yontamu 3802
yo–pa 4885
youzou 1571
ypil 3884
ypreau 5768
yruzuriha 2065
yu mou 4639
yuan 4023
yudzu 1571
yukunoki 1581
yu–latsen 7680
yung 512
yung daeng 2327
yung dam 2327；2337
yung kabueang 2353
yunnan hemlock 7488
yunnang den 5
yunnang fir 5
yunnang–gran 5
yunshan 5494
yusu 2391
yuzuriha 2065

Z

zabon 1568
zaccone 891
zachte eik 6104
zacon 891
zadeik–po 4926
zadlum 891
zagat 6109
zahnburste nholz 6313
zaitun 5105
zakum 2903；2906；2909
zalatni 6188
zalat–ni 6188
zama–zakura 5887
zambales gasi 1804
zambales hunggo 2674
zamboanga 2094
zambol 7030
zantewood 1498
zanzaro 923
zapote 2215
zariab 7842
zasak 1748
zaungbale 4048；4056
zaung–bale–ywet–gyi 4055
zaung–gyan 5171
zaungi 1966
zebrawood 2245； 2256； 2270；7822
zelkova 7834；7836
zemin 3471
zibyu 5472
zidaw 7841
zi–ganauk 7845
zig–zag rosewood 2037
zilverabeel 5768
zimbro 5532
zinbye 4056
zinbye–bo 4048
zinbyun 2160；2164
zippel bitongol 3142
zitan 2352
zitronen–mahagoni 444
ziziphus 7838
zoete kers 5855
zschokke adina 152
zschokke oak 4209
zuidchinese pijn 5547
zum 5880
zure kers 5859
zwarte moerbeiboom 4893
zwarte moerbezie 4893
zwarte populier 5779
zwarte siris 362
zweedse jeneverbes 3935

亚洲篇

商用木材名称及产地

序号	学名	主要产地	中文名称	地方名
	Abies **(PINACEAE)** **冷杉属（松科）**	**HS CODE** **4403.23（截面尺寸≥15cm）或 4403.24（截面尺寸<15cm）**		
1	*Abies beshanzuensis*	中国	百山祖冷杉	chekiang fir
2	*Abies chensiensis*	中国	秦岭冷杉	pao sha；shensi fir
3	*Abies cilicica*	叙利亚、以色列	纤毛冷杉	cilician fir
4	*Abies concolor*	中国	白冷杉	lengshan；white fir
5	*Abies delavayi*	中国、缅甸、印度	苍山冷杉	abeto de yunnang；delavay fir；sapin de yunnang；yunnang den；yunnang fir；yunnang-gran
6	*Abies fargesii*	中国	巴山冷杉	farges fir
7	*Abies firma*	日本	日本冷杉	abete momi；abeto japones；japanese fir；japanse den；japansk gran；momi；momi den；momi fir；momi-gran；momitanne；monu；sapin du japon；sapin momi
8	*Abies holophylla*	中国、朝鲜、日本、俄罗斯	杉松冷杉	abeti della corea；abeto de manchuria；chosen-momi；jeod-namu；lengshan；manchurian needle fir；mandsjoeri je den；nal-gran；sapin de mandchourie
9	*Abies homolepis*	日本	同形鳞片冷杉	abete nikko；abeti del giappone；abeto nikko；japanse kortnaaldi ge den；nikko den；nikko fir；nikkotanne；sapin nikko；takemomi
10	*Abies jezoensis*	日本	云冷杉	eso-fichte；eso-matsu；kuro-matsu；shunku；ssungi；yeso-fichte
11	*Abies kawakami*	中国台湾地区	台湾冷杉	kawakami fir；niitaka-to domatsu
12	*Abies koreana*	朝鲜	朝鲜冷杉	abete della corea；abeto de corea；gusang-namu；koreaanse den；korea-gran；korean fir；koreansk gran；sapin de coree
13	*Abies mariesii*	日本	马氏冷杉	abeto de maries；aomorigan-gran；japanese fir；maries den；maries fir；maries-gran；sapin de maries；todo-matsu
14	*Abies nephrolepis*	朝鲜、中国北方、俄罗斯、日本	臭冷杉	abete bianco siberiano；abeti della corea；amur fir；amur-gran；bunbi-namu；eastern siberian fir；lengshan；sapin blanc siberien；siberian white fir；siberische den；toshirabe

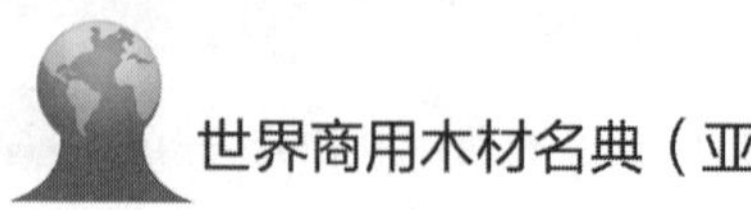

序号	学名	主要产地	中文名称	地方名
15	*Abies nordmanniana*	西亚、俄罗斯	高加索冷杉	abete del caucaso; abeto de nordmann; adelgran kaukasisk; caucasian fir; kaukasisk adel-gran; nordmann den; nordmann-tanne; pichta; sapin de nordmann; sapin du caucase
16	*Abies pindrow*	尼泊尔、印度、阿富汗、中国、巴基斯坦	喜马拉雅山冷杉	abete pindrow; badar; drewar; himalayan fir; krok; morinda; paludar; pindrau-tanne; pindrow den; pindrow fir; pindrow-gran; ragha; rai; ransla; rewar; sapin pindrow; silver fir; span; tos; tung; west himalayan silver fir
17	*Abies recurvata*	中国	紫果冷杉	min fir
18	*Abies sachalinensis*	日本、俄罗斯	库页冷杉	abete sachalin; abeti del giappone; abeto japones; hokkaido pine; japanese fir; japanse den; japansk gran; sachalin fir; sachalin-gran; sachalin tannc; sapin du japon; sapin sachalin
19	*Abies sibirica*	俄罗斯、中国	西伯利亚冷杉	abete russo; abete siberiano; chadsura; pichta; pichtagran; pichta-gran; sapin de siberie; siberian fir; siberian silver fir; siberische den; sibirische tanne
20	*Abies spectabilis*	尼泊尔、阿富汗、印度	西藏冷杉	abeto de himalaya; east himalayan fir; himalaya den; himalayan silver fir; himalayan silver silverfir; indisk gran; sapin archente; silver fir
21	*Abies squamata*	中国西部	鳞皮冷杉	abete cinese; abeto de china; chinese den; flakey fir; kinesisk gran; lengshan; sapin de chine
22	*Abies sutchuenensis*	中国	太白冷杉	kiuchuan fir
23	*Abies tschonoskiana*	日本	乔诺斯冷杉	nikkomomi; nikkotanne; ruisen; scheitelta nne; shirabe
24	*Abies veitchii*	日本、朝鲜、俄罗斯	威氏银冷杉	abeti del giappone; abeti della corea; aobiso; ebeto de veitch; sapin de veitch; sharabiso; shirabe; shira-moni; shirira-moni; veitch; veitch fir; veitch gran

序号	学名	主要产地	中文名称	地方名
	Abutilon **（MALVACEAE）** **苘麻属（锦葵科）**	**HS CODE** **4403.99**		
25	*Abutilon indicum*	印度	印度苘麻	adavibenda; atibala; botlabenda; chakrabhenda; country mallow; dabali; gidutingi; hettukisu; indian mallow; jhampi; jhonkaped; khapat; kisangi; mudra; nakochono; paniyaratt utti; peddabenda; perumtutti; petari; srimudre; thuttli; uram; voddlipettari
	Acacia **（MIMOSACEAE）** **相思树属（含羞草科）**		**HS CODE** **4403.49**	
26	*Acacia arabica*	巴基斯坦、印度	阿拉伯金合欢	arabn acacia; babul
27	*Acacia aulacocarpa*	印度尼西亚	沟果相思	pilang
28	*Acacia catechu*	缅甸、印度、菲律宾、南亚、巴基斯坦、泰国	儿茶金合欢	acacia indiana; alagjaie; baga; balapatra; bimbu; black catechu; catechu; dantadhavan; gayatri; indische acacia; kachu; kadiram; kair; kanti; karangalli; khair-babul; khayar; kherio; kugli; lalkhair; othalei; sandra
29	*Acacia chundra*	印度	绕枝相思	acacia; kachu; kaggli; karamgali; karugali; kempu jali; red cutch; red kutch; sardra; sundra
30	*Acacia confusa*	中国台湾地区、菲律宾	相思树	acacia; aiangili; ayangile; sooshiju; soshizu
31	*Acacia eburnea*	印度	象牙相思	marmat
32	*Acacia farnesiana*	日本、印度、马里亚纳群岛、菲律宾、柬埔寨、老挝、越南、西马来西亚、缅甸	金合欢	acacia; arimeda; aroma; cassie flower; deibabul; devabhabul; fragrant acacia; gabur; gaya babul; gongghogua nria; gubabul; guva babul; ironwood; jali; jheri baval; kankar; kapur; kasturigob bali; keota; kin nemu; laksana; oda sale; piktumi; sannajali; talbaval; vilayati babul
33	*Acacia ferruginea*	印度	锈色相思	ansandra; beech; brahmani khair; ironwood; kaiger; kanta chira; kanti; karmbai; khaiger; khogra; kon-sha; pandhra khair; parambai; phandra khair; safed-khair; somasara; son khair; tella turna; vannesandra; vellisandra; velvel

序号	学名	主要产地	中文名称	地方名
34	*Acacia gigantea*	越南	巨相思	goi
35	*Acacia harmandiana*	泰国、老挝、柬埔寨	哈曼迪相思	kathinphiman; katin; phi mene; thmie
36	*Acacia koa*	马里亚纳群岛	夏威夷相思	trokon boforeng; trokon sosigi
37	*Acacia lenticularis*	印度	荚状相思	kakur
38	*Acacia leucophloea*	印度、斯里兰卡、苏门答腊、缅甸	白韧金合欢	acacia; arinj; bela; bilajali; chalaebgaeng; goira; gwaria; havibaval; hiwa; jali; keeriya; maha andara; nimbar; panharva; pattacharya maram; pilang; raeru; rambavala; reunjha; rheunja; safed babul; safedkidar; sarai; tanaung; tella tuma; toppalu; tunua; uevar; vellavelam; vrikshala; whitebark acacia
39	*Acacia mangium*	沙巴	马占相思	akasia
40	*Acacia microcephala*	缅甸	小头相思	sha-tanaung
41	*Acacia modesta*	印度、阿富汗	秀异相思	indian acacia; palosa; paloz; phulai
42	*Acacia myaingii*	缅甸	迈氏相思	su-magyi
43	*Acacia nilotica*	印度、也门、缅甸	阿拉伯相思	arabic gum; babbar; babla; bamura; gabur; gobalu; godi; gum arabic; jali; kalikikar; kaulia; kouri babul; nala tuma; ramkanta; snut; subyu; tamma; telia; vedi; vedi-babul
44	*Acacia notabilis*	以色列	显著相思	israelian acacia
45	*Acacia pennata*	印度	垂枝相思	aila; biswul; chilati; giddukorinda; indambudai; indu; kadusige; kareencha; kattusinikka; mulukorinda; potadontari; rusty mimosa; shembi; singaimullu; sunna; thembi
46	*Acacia planifrons*	印度	平枝相思	jali salei
47	*Acacia polyacantha*	印度	多刺相思	bannimara; chhikur; gonharea; kamtiya; kodil; mogali; saikanta; samee; sankanta; saratumma; selaivunjai; shami; somi; tellachandra; venkarinnali; white kutch

序号	学名	主要产地	中文名称	地方名
48	*Acacia saligna*	以色列	柳叶相思	israelian acacia; saligna: of willow-like appearance, willowy, resembling salix
49	*Acacia senegal*	印度	塞内加尔金合欢	arabic gum; hashab; kher
50	*Acacia seyal*	以色列	阿尔及利亚相思木	seyal-anac acia-of-Je rusalem
51	*Acacia tomentosa*	西马来西亚	毛相思	klampis
52	*Acacia torta*	印度	扭曲相思	aila; antarike; anthochini; attu; chilar; dentari; incha; inna; kariyundu; tella korinda
53	*Acacia visco*	菲律宾	胶粘相思	aromang lagkitan
	Acalypha **(EUPHORBIACEAE)** **铁苋菜属（大戟科）**		**HS CODE** **4403.99**	
54	*Acalypha amentacea*	菲律宾	宽带铁苋菜	copperleaf; perpon-pula
55	*Acalypha caturus*	菲律宾、爪哇岛、沙巴、印度尼西亚	尖尾铁苋菜	migtanong-puso; palanggoen gan; tetepong; tutup
56	*Acalypha fruticosa*	印度	灌木铁苋菜	birch-leaved acalypha; chinni; chinnikajhar; chinnimara; kuppamani; sinni; sinnimaram
57	*Acalypha grandibracteata*	菲律宾	大苞铁苋菜	ahas
58	*Acalypha stipulacea*	菲律宾	托叶铁苋菜	bogus
	Acanthopanax **(ARALIACEAE)** **刺人参属（五加科）**		**HS CODE** **4403.99**	
59	*Acanthopanax innovans*	日本	因诺刺人参	imonoki
60	*Acanthopanax malayanus*	苏门答腊	马来刺人参	attarodan; berlaki
61	*Acanthopanax ricinifolius*	亚洲	蓖麻叶刺人参	castor aralia; hari-giri
	Acer **(ACERACEAE)** **槭属（槭树科）**		**HS CODE** **4403.99**	
62	*Acer amoenum*	日本	愉悦槭	
63	*Acer argutum*	日本	尖齿槭	asanohakaede
64	*Acer caesium*	菲律宾、印度、苏门答腊、婆罗洲、巴基斯坦、爪哇岛、印度尼西亚	灰槭	baliang; bodal; camin dayeng; kainju; kanshin; kapeh panji; karumbuk; kayu belah; kumai; lemuru gading; mandar; maple; pancurmas; philippine maple; rebah-rebah; salima; tjalik angin; trekhan; waliklar; woeroe-dapoeng; woeroe-ketingi; woeroe-poetih

序号	学名	主要产地	中文名称	地方名
65	*Acer campbellii*	柬埔寨、老挝、越南、印度、尼泊尔	藏南槭	chan vit；daom；dom；kabashi；kapasi；yali
66	*Acer campestre*	中国东部、日本	栓皮槭	acero campestre；acero loppo；arce silvestre；field maple；hedge maple；loppio；spaanse aak；veld-esdoorn
67	*Acer capillipes*	日本	毛柄槭	acero giapponese；arce japones；hoso-e-kaede；japanese maple；japanse esdoorn；japansk lonn
68	*Acer cappadocicum*	伊朗	青皮槭	shir-daar
69	*Acer carpinifolium*	日本	鹅耳枥叶槭	acero giapponese；arce japones；haagbeukbl adige esdoorn；hornbeam maple；japanse esdoorn；japansk lonn；yama-shiba
70	*Acer cissifolium*	日本	白粉藤叶槭	acero giapponese；arce japones；japanese maple；japanse esdoorn；japansk lonn
71	*Acer crataegifolium*	日本	山楂叶槭	meurinoki；uri-kaede
72	*Acer davidii*	中国	青榨槭	arce chinesco；chinese esdoorn；chinese maple；erable chinois；kinesisk lonn
73	*Acer distylum*	日本	二叶槭	maruba-kae de
74	*Acer ginnala*	东亚、日本、朝鲜	茶条槭	acero russo；erable de russie；karakogi-kaede；russian maple；russische esdoorn；rysk lonn；sim-namu；sin-namu
75	*Acer griseum*	中国	血皮槭	paperback maple
76	*Acer japonicum*	日本	日本槭	acero giapponese；arce japones；erable du japon；erable polymorphe；hanchiwaka ede；haucbiwa-k aede；hauchiwa-k aede；japanese maple；japanse esdoorn；solfjaders-lonn
77	*Acer laevigatum*	中国	光叶槭	chinese maple；dieng-than；saslendi
78	*Acer laurinum*	越南	十蕊槭	prai co；thich；thich lonhi
79	*Acer mandshuricum*	中国、朝鲜、日本	白牛槭	arce de manchuria；erable de mandchourie；manchurian maple；mandsjoeri je esdoorn；manshu-kae de

序号	学名	主要产地	中文名称	地方名
80	*Acer maximowiczianum*	中国、日本	毛果槭	acero giapponese; arce japones; erable du japon; erable napolitain; japanese maple; japanse esdoorn; japansk lonn
81	*Acer micranthum*	中国	小花槭	
82	*Acer miyabei*	日本	柔叶槭	kurobi-itaya
83	*Acer mono*	中国、日本、朝鲜	色木	acero giapponese; arce japones; erable du japon; gorosoe-namu; itaya; itaya-kaede; japanese maple; japanse esdoorn; japansk lonn; manchurian maple; painted itaya-kaede
84	*Acer nikoense*	日本、中国南部	毛柄三叶槭	japanese maple
85	*Acer nipponicum*	日本	尼库姆槭	
86	*Acer oblongum*	印度、尼泊尔	飞蛾槭	buzimpala; galiya; kirmola; kirmoti; maple; mark; mirmoti; mugila; pangoi; paranga; pharengala; potai; putli
87	*Acer oliverianum*	中国	五裂槭	chinese maple
88	*Acer palmatum*	日本、朝鲜、中国	鸡爪槭	acero giapponese; arce japones; erable polymorphe; iroha-momiji; itaya-kaede; jama-momiji; japanese maple; japansk lonn; kaede; maple; momiji-kaede; yama-momiji
89	*Acer pictum*	印度、日本、朝鲜	着色槭	bankimu; chindia; dudh-kainju; dumitha; gadkinu; itaya-kaede; japanese maple; jerinu; kaede; kainchli; kakru; kanjar; kilpattar; laur; pata; potli; tarkhana; tikta; tokiwa-kaede; trekhan
90	*Acer pseudoplatanus*	西亚	欧亚槭	acero montano; arce fico; berg-esdoorn; erable sycomore; platano falso; sicomoro; sycamore maple; sykomor-lonn; tysk lonn; valse plataan
91	*Acer pseudo-sieboldianum*	日本、朝鲜	假色槭	chosen-hau chiwa; korean maple
92	*Acer rubescens*	日本	红榨槭	taiwan urihada-kaede
93	*Acer rufinerve*	日本	红脉槭	acero giapponese; apansk lonn; arce japones; erable du japon; japanese maple; japanse esdoorn; urihada-kaede; urihadakae de

序号	学名	主要产地	中文名称	地方名
94	*Acer stereculiaceum*	中国、印度	大叶槭	chinese maple; kabashi
95	*Acer tataricum*	西亚	鞑靼槭	arce de tartaria; erable de tartarie; rysk lonn; tartaarse esdoorn; tatarian maple
96	*Acer tegmentosum*	日本、朝鲜	青楷槭	chosen-urihada-kaede; korean maple; manshu-urihada-kaede; sangyeoreu b-namu
97	*Acer tenuifolium*	柬埔寨	细叶槭	full moon maple
98	*Acer tonkinense*	柬埔寨、老挝、越南	粗柄槭	mong thau dau
99	*Acer triflorum*	朝鲜	拧紧槭	bogjagi; korean maple; three-flowered maple
100	*Acer tschonoskii*	朝鲜	小楷槭	korean maple; sidag-namu
101	*Acer ukurunduense*	西亚	花楷槭	
102	*Acer velutinum*	西亚、伊朗	毡毛状槭	acero asiatico; asiatic maple; asiatisk lonn; aziatische esdoorn; erable asiatique; palat
	Acmena **(MYRTACEAE)** **肖蒲桃属（桃金娘科）**		**HS CODE 4403.99**	
103	*Acmena acuminatissima*	菲律宾	肖蒲桃	binoloan; bujucan
	Acrocarpus **(CAESALPINIACEAE)** **顶果木属（苏木科）**		**HS CODE 4403.49**	
104	*Acrocarpus fraxinifolius*	印度、爪哇岛、老挝、缅甸	顶果木	belanji; delimas; hantige; khan khak; konne; kurangadi; kurangan; kuranjan; malam; mandane; mandling; mayanin; mundani; pink pencil cedar; red cedar; shegappu agili; taungdama; yetama
	Acronychia **(RUTACEAE)** **山油柑属（芸香科）**		**HS CODE 4403.99**	
105	*Acronychia lauriflora*	柬埔寨、老挝、越南、菲律宾	樟花山油柑	kramol; uto
106	*Acronychia laurifolia*	柬埔寨、越南、孟加拉国、老挝、印度	月桂叶山油柑	bang all; banjamir; bi bai; buoi bung; ca vi; cam moro; cut sat; jambobohnem; jambolanem; kramol; mac thao sang; pa nol; panoi
107	*Acronychia obovata*	菲律宾	倒卵叶山油柑	alibobo

序号	学名	主要产地	中文名称	地方名
	***Actephila*（EUPHORBIACEAE）** **喜光花属（大戟科）**		**HS CODE** **4403.99**	
108	*Actephila excelsa*	沙巴	大喜光花	actephila
	***Actinidia*（ACTINIDIACEAE）** **猕猴桃属（猕猴桃科）**		**HS CODE** **4403.99**	
109	*Actinidia arguta*	日本	软枣猕猴桃	raling；shirakuchi
110	*Actinidia chinensis*	中国	中华猕猴桃	
111	*Actinidia polygama*	中国	葛枣猕猴桃	
112	*Actinidia rufa*	中国	山梨猕猴桃	
	***Actinodaphne*（LAURACEAE）** **黄肉楠属（樟科）**		**HS CODE** **4403.99**	
113	*Actinodaphne acuminata*	日本	披针叶黄肉楠	aokago；barbarinoki
114	*Actinodaphne bicolor*	菲律宾	二色黄肉楠	hannag
115	*Actinodaphne borneensis*	文莱	婆罗洲黄肉楠	medang；medang lilin
116	*Actinodaphne conferta*	菲律宾	密花黄肉楠	mayabong
117	*Actinodaphne copelandii*	菲律宾	柯氏黄肉楠	copeland hannag
118	*Actinodaphne cupularis*	中国	高山黄肉楠	chinese actinodaphne
119	*Actinodaphne dolichophylla*	菲律宾	长叶黄肉楠	pipi
120	*Actinodaphne glomerata*	文莱、沙巴	聚花黄肉楠	angkala burong；kelus；medang；medang serai
121	*Actinodaphne lancifolia*	日本	剑叶黄肉楠	kagonoki；koga；laurel
122	*Actinodaphne longifolia*	日本	长圆叶黄肉楠	ao-kago-no-ki；baribari-no-ki
123	*Actinodaphne madaraspatana*	印度	马德拉斯黄肉楠	gulvara；kakka thaali
124	*Actinodaphne mushaensis*	中国台湾地区	雾社黄肉楠	musha-damo
125	*Actinodaphne myriantha*	沙捞越	多花黄肉楠	medang payong paya
126	*Actinodaphne nitida*	沙捞越、印度尼西亚	密茎黄肉楠	actinodaphne；medang
127	*Actinodaphne oleifolia*	文莱	橄榄叶黄肉楠	medang
128	*Actinodaphne pruninosa*	马来西亚	毛黄肉楠	medang
129	*Actinodaphne samarensis*	菲律宾	萨马岛黄肉楠	samarpipi
130	*Actinodaphne sesquipedalis*	西马来西亚	尺半黄肉楠	medang；medang payong

序号	学名	主要产地	中文名称	地方名
131	*Actinodaphne sinensis*	越南	中华黄肉楠	remit
132	*Actinodaphne sphaerocarpa*	西马来西亚	球果黄肉楠	chempa hutan; medang payong
133	*Actinodaphne tsaii*	东南亚	蔡氏黄肉楠	
	Adansonia **(MALVACEAE)** 猴面包属（锦葵科）		**HS CODE 4403. 99**	
134	*Adansonia digitata*	印度、也门	手指状猴面包木	anai-puliya-koy; churee-chentz; gorukh-chentz; hathi-khatyan; hujed; pain de singe; papara-poulia-marom; tebeldi; toddy-marom
	Adenanthera **(MIMOSACEAE)** 孔雀豆属（含羞草科）		**HS CODE 4403. 99**	
135	*Adenanthera aglaosperma*	斯里兰卡、西马来西亚	亮籽孔雀豆	masmoru; saga; saga daun tajam; saga hitam
136	*Adenanthera bicolor*	西马来西亚	二色孔雀豆	
137	*Adenanthera intermedia*	菲律宾	中性孔雀豆	bagiroro; bahai; butarik; ipiltanglin; kinasaikasai; malabagod; maratayum; paagahan; tangalin
138	*Adenanthera macrocarpa*	亚洲	大果孔雀豆	angico-preto; dark angico
139	*Adenanthera pavonina*	西伊里安、印度、苏门答腊、安达曼群岛、马里亚纳群岛、南亚、缅甸、斯里兰卡、菲律宾、柬埔寨、老挝、越南、沙捞越、泰国、沙巴、西马来西亚	孔雀豆	adenanthera; anaikundumani; arbrea reglisse; badigumchi; bandi guruvenda; bwaegyee; circassian-tree; colales; condori; condoriwood; doddagulag anji; graine rouge; hattigumchi; koraalhout; kucandanah; kulalis; kunchandana; malatanglin; manjadi; mantrey
140	*Adenanthera tamarindifolia*	爪哇岛	酸豆叶孔雀豆	radja boenga
	Adina **(RUBIACEAE)** 水团花属（茜草科）		**HS CODE 4403. 49**	
141	*Adina cordifolia*	缅甸、印度、泰国	心叶水团花木	gao vang; haldu; hnau; kolon; kwao
142	*Adina fagifolia*	印度、印度尼西亚、西马来西亚	水青冈叶水团花木	lasi; lasie; lassi-hout; mengkeniab; meraga

序号	学名	主要产地	中文名称	地方名
143	*Adina minutiflora*	印度尼西亚、婆罗洲、西马来西亚	微花小黄棉木	beroemboeng; djanang; gerunggang; kayu lobang; kelbahu; lasi; marumbungan; mengkeniab; meraga; merumbung
144	*Adina multiflora*	印度尼西亚	多花水团花木	beroemboeng
145	*Adina multifolia*	印度尼西亚	多叶水团花木	
146	*Adina parvula*	泰国	小叶水团花木	khamintong
147	*Adina polycephala*	柬埔寨、老挝、越南、西马来西亚、印度	黄棉木	dangde; gao; meraga; trai
148	*Adina racemosa*	日本	聚果黄棉木	hetsuka-nigaki
149	*Adina rubescens*	印度尼西亚、西马来西亚	红水团花木	beroemboeng; berombong; haldu; meraga; merombong; peropong
150	*Adina sessifolia*	柬埔寨	无柄水团花木	roleaitom
151	*Adina trichotoma*	沙巴	三出水团花木	mengkeniab
152	*Adina zschokkei*	菲律宾	兹肖水团花木	zschokke adina
	Adinandra **（THEACEAE）** **杨桐属（山茶科）**		**HS CODE** **4403. 99**	
153	*Adinandra acuminata*	苏门答腊、西马来西亚	披针叶杨桐	kalek minyak; kalet pinang; samak; ubar jelai
154	*Adinandra apoensis*	菲律宾	阿波杨桐	aposangnauan
155	*Adinandra cordifolia*	文莱	心叶杨桐	kerempak
156	*Adinandra dasyantha*	苏门答腊	毛花杨桐	gundik; jarak kuantan; kayu piun; madang gundik limbek; marpato; medang lengguang; simenawa
157	*Adinandra dumosa*	苏门答腊、沙巴、婆罗洲、文莱、马来西亚、西马来西亚	密叶杨桐	asam kumbang; bawang; beranakan; bohtelikau; gundik; kampisan; kayu seribu; manggul; medang berunok; merpenai; palembang hitam; patotoo; pelempang hitam; pinang-pinang; ranu; samak; tiup-tiup
158	*Adinandra elliptica*	菲律宾	椭圆杨桐	puyaka
159	*Adinandra excelsa*	文莱	大杨桐	medang berunok
160	*Adinandra glabra*	苏门答腊	光滑杨桐	plumpang poetie; ranoe
161	*Adinandra integerrima*	西马来西亚	全缘叶杨桐	kandis burong; mengkula; merapoh; tiup-tiup

序号	学名	主要产地	中文名称	地方名
162	*Adinandra javanica*	西马来西亚	爪哇杨桐	jalong
163	*Adinandra leytensis*	菲律宾	莱特杨桐	leyte sangnauan
164	*Adinandra loheri*	菲律宾	南洋杨桐	daruk
165	*Adinandra luzonica*	菲律宾	吕宋杨桐	kamiing
166	*Adinandra macgregorii*	菲律宾	麦氏杨桐	batinai
167	*Adinandra maquilingensis*	菲律宾	阿基林杨桐	makiling；makiling kamiing
168	*Adinandra montana*	菲律宾	山地杨桐	tikam
169	*Adinandra nigro-punctata*	菲律宾	黑斑杨桐	sangnauan-itim
170	*Adinandra rostrata*	菲律宾	长喙杨桐	liponteng-puti；lipote
171	*Adinandra sarosanthera*	西马来西亚	帚状花杨桐	samak
172	*Adinandra stylosa*	苏门答腊	长柱杨桐	plumpang hitam
173	*Adinandra verrucosa*	文莱	疣状杨桐	medang berunok
174	*Adinandra villosa*	西马来西亚	毛杨桐	jalong；samak
	***Aegiceras*（MYRSINACEAE）** **蜡烛果属（紫金牛科）**		**HS CODE** **4403. 99**	
175	*Aegiceras corniculatum*	菲律宾、沙巴、沙捞越、越南、西马来西亚	蜡烛果	saging-saging；saka mata；tinduc-tin ducan；truntum；tungkang mata
176	*Aegiceras floridum*	菲律宾	多花蜡烛果	tinduk-tindukan
	***Aegle*（RUTACEAE）** **木橘属（芸香科）**		**HS CODE** **4403. 99**	
177	*Aegle marmelos*	缅甸、印度、菲律宾、越南、柬埔寨、泰国、爪哇岛、伊朗、西马来西亚	木橘木	baelo；baeltree；bael-tree；bau nau；bela；bel indien；bengal quince；bhel；bilapatri；bilavamu；bilva；cognassier du bengale；covalam；hpunja；kovalam；lohagasi；mahura；maika；mak pyin；malura；okshit；patir；pha nong；shul；singjo；tangkoeloe；villuvam
	***Aeschynomene*（FABACEAE）** **合萌属（蝶形花科）**		**HS CODE** **4403. 99**	
178	*Aeschynomene aspera*	柬埔寨、老挝、越南	粗皮合萌	dien dien
	***Aesculus*（HIPPOCASTANACEAE）** **七叶树属（七叶树科）**		**HS CODE** **4403. 99**	
179	*Aesculus assamica*	缅甸	长柄七叶树	horsechestnut；ye-myaw

序号	学名	主要产地	中文名称	地方名
180	*Aesculus chinensis*	柬埔寨、越南、老挝	七叶树	bac ken; ken; ken gia; lay
181	*Aesculus hippocastanum*	印度、中国、日本、伊朗	欧洲七叶树	bois de spa; castano de indias; horsechest nut; konskoi kaztan
182	*Aesculus indica*	印度、尼泊尔、巴基斯坦	印度七叶树	bankhor; banknor; gun; hane; hanudun; horsechest nut; indian horsechest nut; kandar; kishing; pangar
183	*Aesculus turbinata*	日本、中国台湾地区、爪哇岛	日本七叶树	buckeye; castano japones; chiire dochi; chijira; horsechest nut; japanese buckeye; japanese horsechest nut; japanse wilde kastanje; marronnier du japon; tochi; tochi-noki; totzi
184	*Aesculus wilsonii*	中国	短叶七叶树	chinese horsechest nut
	Aetoxylon **（THYMELAEACEAE）** **鹰香木属（瑞香科）**		**HS CODE** **4403. 99**	
185	*Aetoxylon sympetalum*	印度、婆罗洲	鹰香木	gaharu; gaharu laka; kayu gohru; kayu laka
	Afzelia **（CAESALPINIACEAE）** **缅茄属（苏木科）**		**HS CODE** **4403. 49**	
186	*Afzelia africana*	马来西亚	非洲缅茄	lingue
187	*Afzelia borneensis*	西马来西亚、沙巴	婆罗洲缅茄	ipil darat; ketarum
188	*Afzelia cochinchinensis*	东南亚	交趾缅茄	beng
189	*Afzelia javanica*	爪哇岛	爪哇缅茄	ki-djoelang
190	*Afzelia martabanica*	缅甸	马塔巴缅茄	pyin-padauk
191	*Afzelia rhomboidea*	菲律宾	菱叶缅茄	apalit; bagalayau; balahiau; barayung; bayung; bialung; ipil; magalayau; oro; sangai; tindalo
192	*Afzelia thomboidea*	菲律宾	托姆缅茄	
193	*Afzelia xylocarpa*	越南、柬埔寨、老挝、泰国	木果缅茄	beng; go ca te; go dogo xiem; go-do; ho-bi; kha mong; loom-paw; makamong; makharmong; ninh; thit-lawt
194	*Afzelia zenkeri*	亚洲	森柯儿缅茄	

序号	学名	主要产地	中文名称	地方名
	Agathis **（ARAUCARIACEAE）** **贝壳杉属（南洋杉科）**	**HS CODE** **4403. 25（截面尺寸≥15cm）或 4403. 26（截面尺寸<15cm）**		
195	*Agathis borneensis*	菲律宾、苏门答腊、婆罗洲、沙捞越、印度尼西亚、马来西亚、西马来西亚、沙巴	婆罗洲贝壳杉	adiangau; anteng; badiangau; baltik; bengalan; borneo kauri; bunsog; dadiangau; damar bindang; damar laut; damar minyak; damar pilau; damar sigi; kayu cina; kayu pirau; kayu sigi; ladiangau; makau; malayan kauri; mengpiring; nujou; olensago; pilau; sabah agathis; saleng; sanum; titau
196	*Agathis dammara*	印度尼西亚、菲律宾、马来西亚	贝壳杉	celebes kauri; damar minyak
197	*Agathis endertii*	婆罗洲、印度尼西亚	恩氏贝壳杉	bembueng; damar pilau gunung; endert kauri; pilau gunung
198	*Agathis flavescens*	马来西亚	淡黄贝壳杉	malayan kauri
199	*Agathis kinabauluensis*	马来西亚	基纳贝壳杉	kinabaulu kauri
200	*Agathis labillardierii*	印度尼西亚、西伊里安	新几内亚贝壳杉	agathis; agathis di nuova guinea; awar; damar poetih; new guinea kauri; nieuw-guinea agathis
201	*Agathis lenticula*	马来西亚	柱状贝壳杉	sabah kauri
202	*Agathis orbicula*	马来西亚	圆形柄贝壳杉	sarawak kauri
203	*Agathis philippinensis*	菲律宾、印度尼西亚、马来西亚、沙捞越、婆罗洲、文莱、东南亚、沙巴	菲律宾贝壳杉	adiangau; agathis indiano; almaciga; ambonia pitchtree; bindang; borneo kauri; buloh; damar; damar miniak; east indian kauri; indian agathis; indisk agathis; indonesian kauri; kauri; kauri pine; mengilan; sabah kauri; sarawak kauri; tolong
	Aglaia **（MELIACEAE）** **米籽兰属（楝科）**		**HS CODE** **4403. 49**	
204	*Aglaia acuminata*	菲律宾	披针叶米籽兰	salamingai
205	*Aglaia affinis*	菲律宾	近缘米籽兰	batilan
206	*Aglaia aherniana*	菲律宾	阿赫尼米籽兰	alamag
207	*Aglaia alternifoliola*	菲律宾	互叶米籽兰	malabuhan
208	*Aglaia annamensis*	越南	越南米籽兰	goi trungbo
209	*Aglaia antonii*	菲律宾	安氏米籽兰	tibkal

序号	学名	主要产地	中文名称	地方名
210	*Aglaia apoana*	菲律宾	阿波米籽兰	apo bubunau
211	*Aglaia aquatica*	柬埔寨、老挝、越南	水生米籽兰	goi nep
212	*Aglaia argentea*	苏门答腊、菲律宾、沙巴、西马来西亚、文莱	银米籽兰	bale angin；bantana halah；calik；kansulud；koping；pasak；pikpik uak；segera
213	*Aglaia aspera*	菲律宾	粗皮米籽兰	basinau
214	*Aglaia baillonii*	柬埔寨	巴氏米籽兰	sdau phnom；sodan
215	*Aglaia banahaensis*	菲律宾	巴那威米籽兰	banahao malasaging
216	*Aglaia beccariana*	文莱	贝卡利米籽兰	segera
217	*Aglaia bernardoi*	菲律宾	贝纳米籽兰	barongisan
218	*Aglaia bicolor*	东南亚	二色米籽兰	batukanag
219	*Aglaia brachybotrys*	菲律宾	短柄米籽兰	talisaian
220	*Aglaia cagayanensis*	菲律宾	吕宋米籽兰	salotoi
221	*Aglaia cambodiana*	柬埔寨、老挝、越南	柬埔寨米籽兰	pong kom
222	*Aglaia carkii*	东南亚	土氏米籽兰	openg-kopeng；tukang-kalau
223	*Aglaia caulobotrys*	菲律宾	考洛米籽兰	mamata
224	*Aglaia clementis*	马来西亚	茎果米籽兰	padarun
225	*Aglaia cochinchinensis*	柬埔寨、老挝、越南	交趾米籽兰	goi；nang gia
226	*Aglaia copelandii*	菲律宾	柯氏米籽兰	panuhan
227	*Aglaia cordata*	东南亚	心形米籽兰	buny；keongai；pacak；sisil awad
228	*Aglaia costata*	菲律宾	脉状米籽兰	manabiig
229	*Aglaia cucullata*	印度、巴基斯坦、西马来西亚、菲律宾、文莱、缅甸、印度尼西亚、沙捞越、泰国	兜帽状米籽兰	amoor；amur；bekak；cato；jambangan；kato；merelang；parak api；segera；segera laut；tasua
230	*Aglaia cumingiana*	菲律宾	球兰米籽兰	alauihau
231	*Aglaia cuprea*	菲律宾	铜色叶米籽兰	bugalbal-pula
232	*Aglaia curranii*	菲律宾	库氏米籽兰	curran kaniue
233	*Aglaia davaoensis*	菲律宾	达沃米籽兰	kunau
234	*Aglaia denticulata*	菲律宾	齿状米籽兰	dauang
235	*Aglaia diffuse*	东南亚	散米籽兰	malasaging

序号	学名	主要产地	中文名称	地方名
236	*Aglaia diffusiflora*	菲律宾	散花米籽兰	tondong
237	*Aglaia dulcis*	印度尼西亚	甜米籽兰	mahaiansot；pisek
238	*Aglaia edulis*	菲律宾、苏拉威西、印度尼西亚	可食米籽兰	agulasing；arangen；daueng；jizerhout；kaniwi；langsa oetan；magtabigi；maligang；malinsot；pisek；salaking-pula；wilde langa
239	*Aglaia elaeagnoidea*	印度尼西亚、斯里兰卡、菲律宾	橄榄米籽兰	kibewog peutjang；kibewok；matamata
240	*Aglaia elliptica*	菲律宾、沙巴、西马来西亚	椭圆米籽兰	balinsiagau；bayog；daiamiras；kaniwi-puti；lantupak jambu；lumbanau；malasaging；mamonak；palatangan；pasak；pili-pili；salamingai；saplungan；tangiling-bangohan；tibungau；viz bayog
241	*Aglaia elliptifolia*	菲律宾	椭圆叶米籽兰	saibong
242	*Aglaia euphorioides*	柬埔寨、老挝、越南	大戟米籽兰	goi bang sung；goi muoc
243	*Aglaia eusideroxylon*	东南亚	铁米籽兰	langsat lutung
244	*Aglaia everetti*	菲律宾	埃氏米籽兰	bubua；bunguas；lumbanau；malasantol
245	*Aglaia exstipulata*	西马来西亚、文莱	无托叶米籽兰	pasak；segera；upi
246	*Aglaia formosana*	菲律宾	台湾米籽兰	alui
247	*Aglaia giganten*	东南亚	巨米籽兰	beng kleou；goitia
248	*Aglaia grandifoliola*	菲律宾	大叶米籽兰	sulmin
249	*Aglaia grandis*	柬埔寨、越南、马来西亚、西马来西亚	大米籽兰	ba chia；koping-koping；pasak；penarahan
250	*Aglaia griffithii*	东南亚	格氏米籽兰	kasai；kubong；pasak
251	*Aglaia hiernii*	西马来西亚	赫氏米籽兰	pasak
252	*Aglaia iloilo*	菲律宾	伊洛伊米籽兰	iloilo
253	*Aglaia korthalsi*	柬埔寨、老挝、越南	库尔德米籽兰	pao
254	*Aglaia laevigata*	东南亚	平滑米籽兰	gisihan
255	*Aglaia lancifolia*	文莱、沙捞越	剑叶米籽兰	bengang；bunyah；bunyo；ketongai；segera
256	*Aglaia lancilimba*	菲律宾	单穗米籽兰	tapuyi

序号	学名	主要产地	中文名称	地方名
257	*Aglaia langlassei*	菲律宾	兰格米籽兰	malasaging-pula；salaking-pula
258	*Aglaia lawii*	爪哇岛、印度尼西亚	拉氏米籽兰	langsat lutung；langsat-loetoeng；sao
259	*Aglaia leptantha*	菲律宾	细花米籽兰	agai；asat；gisihan；salanguen
260	*Aglaia leucophylla*	菲律宾	白叶米籽兰	agusan bulog
261	*Aglaia llanosiana*	东南亚	巴羊米籽兰	bayanti
262	*Aglaia loheri*	菲律宾	南洋米籽兰	madiabug
263	*Aglaia luzoniensis*	菲律宾	琉球米籽兰	kalamismis；kansulud-pugot；kuling-manuk；madiabug；magsinoyo；rizal kaniue；sandana；tallan
264	*Aglaia macrobotrys*	菲律宾	大序米籽兰	botgo
265	*Aglaia macrocarpa*	西马来西亚	大果米籽兰	bekak；pasak lingga
266	*Aglaia malaccensis*	西马来西亚	马来米籽兰	bekak
267	*Aglaia merostela*	东南亚	分柱米籽兰	pasak
268	*Aglaia merrillii*	菲律宾	麦氏米籽兰	hagasan
269	*Aglaia micrantha*	菲律宾	小花米籽兰	malasaging-liitan
270	*Aglaia mindanaensis*	菲律宾	棉兰老岛米籽兰	bubuiakit
271	*Aglaia mirandae*	菲律宾	米兰达米籽兰	bubunau
272	*Aglaia multiflora*	菲律宾	多花米籽兰	kagatongan
273	*Aglaia negrosensis*	菲律宾	内格罗斯米籽兰	bubua
274	*Aglaia odorata*	爪哇岛、越南、菲律宾、柬埔寨、老挝、中国、西马来西亚	香米籽兰	bakutjolan；cay ngau；china henna；cinamomo de china；ngau；patjar；san ou ye；tjulang
275	*Aglaia odoratissima*	苏门答腊、印度、沙巴、西马来西亚、印度尼西亚	馨香米籽兰	bekeh；chokkala；kempunola；langsat；langsat-la ngsat；pantjal kidang；pasak；tanggal
276	*Aglaia oligantha*	菲律宾	疏花米籽兰	ansa
277	*Aglaia oligocarpa*	西马来西亚	疏果米籽兰	bekak
278	*Aglaia pachyphylla*	菲律宾	厚叶米籽兰	alamag；balui；kansulud；makopa；makopang-gubat；saldana；tucang-calao；tukang-kalau
279	*Aglaia palawanensis*	菲律宾	巴拉望米籽兰	pauasan

序号	学名	主要产地	中文名称	地方名
280	*Aglaia palembanica*	西马来西亚	巴伦米籽兰	pasak
281	*Aglaia pallida*	菲律宾	淡紫米籽兰	karayap
282	*Aglaia parvifolia*	菲律宾	小叶米籽兰	gupak
283	*Aglaia pauciflora*	菲律宾	少花米籽兰	malasaging-ilallan
284	*Aglaia perfulva*	菲律宾	香水米籽兰	barongisan-dilau
285	*Aglaia pirifera*	柬埔寨、越南、老挝	梨叶米籽兰	bang cou；goioi；mo choul
286	*Aglaia pleuropteris*	柬埔寨、老挝、越南	何首乌米籽兰	ngau rung
287	*Aglaia ponapensis*	马里亚纳群岛、关岛	波纳米籽兰	maffinio；mapunao
288	*Aglaia puncticulata*	菲律宾	点状米籽兰	amponayan
289	*Aglaia pyramidata*	老挝	锥状米籽兰	chandeng
290	*Aglaia pyriformis*	菲律宾	梨形米籽兰	kaniuing-p eneras
291	*Aglaia querciflorescens*	菲律宾	栎花米籽兰	mamonak
292	*Aglaia quocensis*	柬埔寨、老挝、越南	苞叶米籽兰	goi nuoc
293	*Aglaia reticulata*	菲律宾	网状米籽兰	palatangan
294	*Aglaia rimosa*	菲律宾	多裂米仔兰	agulasin；balanti；balubar；tabataba
295	*Aglaia robinsonii*	菲律宾	罗氏米籽兰	maraampinit
296	*Aglaia rubiginosa*	西马来西亚、沙捞越、文莱、婆罗洲、印度尼西亚、沙巴	皱叶米籽兰	bekak；bersangai；chenaga gayong；jambangan；jelungan sasak；kadjalaki；kayu asam；keramu；lantupak paya；parak api；sangai
297	*Aglaia rufinervis*	文莱	鲁芬米籽兰	segera
298	*Aglaia saltatorum*	印度	舞者米籽兰	iroul
299	*Aglaia samarensis*	菲律宾	萨马岛米籽兰	kaniue
300	*Aglaia sibuyanensis*	菲律宾	辛布亚米籽兰	tagasleng
301	*Aglaia silvestris*	苏门答腊、婆罗洲、苏拉威西	林生米籽兰	balam simpai；baloh；bilajang pasak；ganggo；ginjau；gongga；katuko；kulut serian；latak manuk；lehandur；lotong；pancar kidang；pasah；perpendi；woleh
302	*Aglaia smithii*	菲律宾	史氏米籽兰	bakalau；basinau；batucanag；batukanag；doranai；masaleng；salamingai

序号	学名	主要产地	中文名称	地方名
303	*Aglaia sorsogonensis*	菲律宾	索索贡米籽兰	patu
304	*Aglaia spectabilis*	越南、柬埔寨、西马来西亚、老挝	托叶米籽兰	annam-mahagoni；baypouvaing；bekak；beng kheou；chomnay poveang；goi；goi te；goian；ham；mien prey；nok kok；tasua
305	*Aglaia squamulosa*	沙巴	圆果米籽兰	langsat
306	*Aglaia stellato-tomentosa*	菲律宾	星毛米籽兰	magsayap
307	*Aglaia stenophylla*	菲律宾	狭叶米籽兰	kaniuing-kitid
308	*Aglaia tarangisi*	菲律宾	塔兰米籽兰	tarangisi
309	*Aglaia tayabensis*	菲律宾	塔亚本米籽兰	botgong-silangan
310	*Aglaia tetrapetala*	中国	四瓣米籽兰	angloh；chaipooi；hungloh
311	*Aglaia tomentosa*	苏门答腊、沙巴、西马来西亚、菲律宾、马来西亚、文莱	毛米籽兰	balam simpai；balam tanduk；ganggo；ilapulung；kalambiao；lantupak；medang pelepah；pasak；segera
312	*Aglaia trunciflora*	菲律宾	树干花米籽兰	pilukau
313	*Aglaia turczaninowi*	菲律宾	图尔米籽兰	arangen；magitlumboi；malatumbaga-babae；salamungi
314	*Aglaia umbrina*	菲律宾	翁布利亚米籽兰	paralakat
315	*Aglaia urdanetensis*	菲律宾	乌坦尼塔米籽兰	oksa
316	*Aglaia villamilii*	菲律宾	维氏米籽兰	kuping
	***Ahernia*（FLACOURTIACEAE）** **菲柞属（大风子科）**		**HS CODE** **4403.99**	
317	*Ahernia glandulosa*	菲律宾	腺叶菲柞木	sanglai
	***Aidia*（RUBIACEAE）** **茜树属（茜草科）**		**HS CODE** **4403.99**	
318	*Aidia cochinchinensis*	西马来西亚、菲律宾、马里亚纳群岛	交趾茜树	jarum-jarum；kapi-kapi；smak；sumac；tinjau belukar
319	*Aidia racemosa*	柬埔寨、老挝、越南、文莱	聚果茜树	chan tonea；jerabingor tambang
320	*Aidia wallichiana*	柬埔寨、老挝、越南	粗茎茜树	chan tampeang

序号	学名	主要产地	中文名称	地方名
	Ailanthus （SIMAROUBACEAE） **臭椿属（苦木科）**		**HS CODE 4403. 99**	
321	*Ailanthus altissima*	中国、印度尼西亚、日本	臭椿	ailante; albero di paradiso; aylanthe; barniz falsodel japon; chinese ailanthus; drusiger gotterbaum; firnisbaum; gotterbaum; hemelboom; hiang; pajasan; siang-tcham; vernis de la chine; vernis du japon
322	*Ailanthus excelsa*	印度	大臭椿	adulsa; adusa; aral; bende; doddamara; ganges tree-of-heaven; ghorkaranj; gorimakkaba; helbeva; limbada; madala; mahanim; maharuk; peddamanu; pedu; perumaruttu; peruppi; varul; yoli
323	*Ailanthus integrifolia*	西伊里安、印度、苏门答腊、菲律宾、沙巴	全缘叶臭椿	ailanthus; gokul; kedundung; malasapsap; medang udang; tree-of-heaven
324	*Ailanthus triphysa*	印度、越南、柬埔寨、老挝、斯里兰卡、缅甸、印度尼西亚、泰国、菲律宾	岭南臭椿	ailante de malabar; cam tong huong; cay lom vang; hom thom; kambaulu; kirontasi; lanh; lomvang; malakamias; mayom; mayom pa; muttee-pal; mutty; odein; pareeya; white siris
	Aiphanes （PALMAE） **刺叶椰子属（棕榈科）**		**HS CODE 4403. 99**	
325	*Aiphanes aculeata*	菲律宾	尖刺叶椰子	martinez palm
	Akebia （LARDIZABALACEAE） **木通属（木通科）**		**HS CODE 4403. 99**	
326	*Akebia quinata*	日本	五叶木通	
327	*Akebia trifoliata*	日本	三叶木通	
	Alangium （ALANGIACEAE） **八角枫属（八角枫科）**		**HS CODE 4403. 99**	
328	*Alangium brachyanthum*	菲律宾	短花八角枫	busahin; malatapai
329	*Alangium chinense*	柬埔寨、越南、菲律宾、老挝、缅甸、中国	八角枫	ba bet; bagaloan; cha pa; cu giai; mang dam; mon tia; saga-thein; shui mong; tabu-ja; thoi chanh
330	*Alangium constigma*	越南	须状八角枫	
331	*Alangium costatum*	柬埔寨、越南、老挝	多脉八角枫	aloang canaysa biet; na; nau

序号	学名	主要产地	中文名称	地方名
332	*Alangium densiflorum*	越南	密花八角枫	
333	*Alangium grisolleoides*	越南	格里索八角枫	
334	*Alangium havilandii*	沙捞越、文莱	哈氏八角枫	dadam；jadam paya；jenangan；midong；sandaran sampar
335	*Alangium javanicum*	西伊里安、菲律宾、苏门答腊、沙巴、西马来西亚、文莱	爪哇八角枫	alangium；angathuan；bantunan；giok kunjir；kondolon；liemban；malakapai；manau；maragabuto；mentulang daun bujor；paang-daraga；putian；sandaran sampar；talipugud
336	*Alangium kurzii*	越南、苏门答腊	毛八角枫	chapa；endelupang；hale misang；kalimbangb ang；kayu dutteh；kayu misang；moxhoe；musang；thoi thanh
337	*Alangium lamarckii*	印度	拉氏八角枫	akola
338	*Alangium longiflorum*	菲律宾	长花八角枫	apitan；bunglas；busahin；guntapai；malakapai
339	*Alangium Marlea*	西马来西亚	马莱八角枫	
340	*Alangium meyeri*	西马来西亚	迈耶八角枫	
341	*Alangium mezianum*	文莱	梅纳姆八角枫	jadam；midong；sandaran sampar
342	*Alangium nobile*	苏门答腊、西马来西亚	高贵八角枫	mara lepang；mentulang bulu；sutubal
343	*Alangium pilosum*	菲律宾	毛状八角枫	malabulau
344	*Alangium premnifolium*	菲律宾	佩尼八角枫	
345	*Alangium ridleyi*	柬埔寨、苏门答腊、西马来西亚、越南	瑞德八角枫	ang kol；babi kurus；kelat pajau；lepang；medang sengeh；melepangan payo；mentulang；mentulang daun lebar；quang；rengengit fatuh；telor buaya
346	*Alangium rotundifolium*	苏门答腊	圆叶八角枫	kayu iam；musang；pialee bunga；sikan ikan
347	*Alangium salvifolium*	印度、柬埔寨、老挝、越南	鼠尾草叶八角枫	adigolam；akola；alinjil；anedhera；ankol；ankule mara；ansaroli；azhinni；baghankura；cay choi moi；chemmaram；dhalakura；dheri；dolanku；irinjil；karankolam；kimri；kudagu；lucki；onkla；sage-leaved alangium；thoi chanh；uguda chettu
348	*Alangium sessiliflorum*	马来西亚	无柄八角枫	malaha

序号	学名	主要产地	中文名称	地方名
	Albizia **(MIMOSACEAE)** 合欢属（含羞草科）		**HS CODE** **4403. 49**	
349	*Albizia acle*	菲律宾	菲律宾合欢木	acle; anagep; banuyo; kitakita; langin; laurack; sauriri; tabalangi; tili
350	*Albizia amara*	印度	苦合欢木	balukambi; chigare; chikreni; chujjallu; kadsige; krishnasirisha; lalai; motosarsio; nallangi; oil-cake-tree; seljhari; sicarani; suranji; tuggali; tugli; ushilai; varacchi; wunja
351	*Albizia chinensis*	印度、西马来西亚、缅甸、柬埔寨、老挝、越南、孟加拉国、菲律宾、印度尼西亚、婆罗洲	楹树	amluki; batai; bilkumbi; bonmeza; cang; chakua; cham; chapot; chickla; cupang babae; godhunchi; japud; kali-siris; kantingen; keraserom; konda chiragu; kupang bunduk; maikang; malagahanip; pattia; pili vagei; potta vaga; sau; sengon; siran; unip
352	*Albizia corniculata*	柬埔寨、老挝、越南	角香合欢木	keua han
353	*Albizia elata*	安达曼群岛	高山合欢木	beymadah
354	*Albizia falcataria*	文莱、印度尼西亚	南洋楹	andaki papak; batai; sengon laut; sngon sabrang
355	*Albizia ferruginea*	马来西亚	锈色合欢木	ko'tama
356	*Albizia julibrissin*	中国、伊朗、菲律宾、日本、印度	合欢木	acacia de constantin opla; albero di sonno; arbre de sommeil; asiatic sau; asiatic silktree; cotton-var ray; lakkey; nemunoki; pink siris; silktree; slaapboom; somntrad
357	*Albizia lebbeck*	菲律宾、安达曼群岛、缅甸、印度、印度尼西亚、西马来西亚、日本、越南、南亚、柬埔寨、老挝、西伊里安、马里亚纳群岛、爪哇岛、马来西亚、泰国、斯里兰卡、巴基斯坦	大叶合欢木	acleng-parang; baage; chamriek; chong riet; cotton-varay; darshana; east india walnut; garso; harreri; kalaskas; kang; konai; langil; legno di noce indiano; malagahanip; mamis; nenmani; ostindischer nussbaum; phuk; samkesar; sarin; siris-tree; sirisa; tama-kai; trongkon mames; tronkon mames; vaga; vieille fille; weru; xua; yirijapa

序号	学名	主要产地	中文名称	地方名
358	*Albizia lebbekoides*	菲律宾	类大叶合欢木	kaliskis
359	*Albizia lucidior*	越南、柬埔寨、印度、缅甸、老挝	光叶合欢木	ban xe; bang xe; mess-guch; moj; ngraem; numhpunkap; po beng; sil koroi; tapria-siris; than-that; thanthat; the; vang lan
360	*Albizia mainaea*	越南	马尼亚合欢木	
361	*Albizia minahasse*	越南	米纳合欢木	
362	*Albizia odoratissima*	印度、缅甸、老挝、斯里兰卡、巴基斯坦、泰国、越南	黑格	bansa; bilvara; bonosirisi; ceylon rosewood; chichwa; dou salen; erma; gondunchi; harreri; jangsiris; kakur siris; kalakoroi; kalio-siris; kali-saras; kang; karmbru; khsang hung; lasrin; mellivaka; moroi; polach; selanni; sela vagei; sirocho; suriya-mara; taungmagyi; telasu; xua; yeruchinta; zwarte siris
363	*Albizia papuana*	西马来西亚	巴布亚合欢木	
364	*Albizia pedicellata*	西马来西亚、苏门答腊、菲律宾	小梗合欢木	batai; batai hutan; saha faluh; unaki
365	*Albizia procera*	孟加拉国、缅甸、印度、菲律宾、婆罗洲、越南、西伊里安、印度尼西亚、南亚、柬埔寨、老挝、泰国、巴基斯坦、安达曼群岛、爪哇岛	白格	acle; adaan; alalangac; anapla; arkle; belati; billi-baage; chalavaka; karoi; kayun; kili; kinaibellati; kokko; konda vaghe; kondavaghe; medeloa; mucua; palatangan; pedda patseru; peruk; pyingado; quainai; safed siris; sarapatri; savapatri; siras; suropotro; tella chinduga; thou; vellavaka; wangkal
366	*Albizia retusa*	西马来西亚、菲律宾	微凹合欢木	batai; casay; kasai; kelor-pante; langil; malinab; saplit; sintog; tagolo
367	*Albizia saponaria*	菲律宾	皂荚合欢木	baiogo; banai-banai; gogo casay; gogo-kasai; gogong malatoko; gogong-toko; langil; malatoko; maratekka; pipi; salanggigi; salikugi; sangginggi; saplit; siangkugi; tambing; tinagi
368	*Albizia splendens*	苏门答腊、沙巴、沙捞越、西马来西亚	光亮合欢木	bima; eanunono; kempas; kendiri; kungkur; langkasau; losim; lukap
369	*Albizia xanthoxylon*	菲律宾	黄木合欢木	akle; kokko; kokko akle; yellow siris

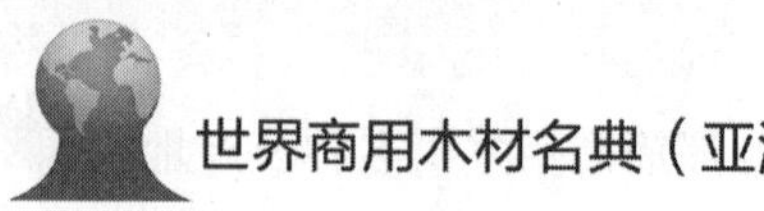

序号	学名	主要产地	中文名称	地方名
	Alchornea（**EUPHORBIACEAE**） **山麻杆属（大戟科）**		**HS CODE** **4403.49**	
370	*Alchornea pubescens*	菲律宾	短柔毛山麻杆	aguioi-buh ukan
371	*Alchornea rugosa*	菲律宾、爪哇岛	皱叶山麻杆	aguioi；poehoen sikat
372	*Alchornea tiliifolia*	柬埔寨、老挝、越南	椴叶山麻杆	dom dom；dong chau；nong lua
	Alectryon（**SAPINDACEAE**） **红冠果属（无患子科）**		**HS CODE** **4403.99**	
373	*Alectryon excisus*	菲律宾	尾叶红冠果	ibu
374	*Alectryon fuscus*	菲律宾	暗色红冠果	pangoasen
375	*Alectryon inaequilaterus*	菲律宾	因纳基红冠果	lupangan
376	*Alectryon ochraceus*	菲律宾	黄褐红冠果	oyakia
	Aleurites（**EUPHORBIACEAE**） **石栗属（大戟科）**		**HS CODE** **4403.99**	
377	*Aleurites cordata*	日本、柬埔寨、老挝、越南	心形石栗	abura-giri；aburakiri；cao；chau；ho；ru；tung-oil-tree
378	*Aleurites fordii*	日本	福氏石栗	
379	*Aleurites moluccana*	印度、西伊里安、马来西亚、沙捞越、菲律宾、西马来西亚、婆罗洲、印度尼西亚、沙巴、文莱、苏门答腊、日本、柬埔寨、老挝、越南、关岛、马里亚纳群岛、缅甸	石栗	akharu；akhod；akkrottu；akola；anoe；asphotaka；bauh keras；belgaum walnut；biau；buah keras；candlenut；indian walnut；jangliakrot；kamintin；kekintang；kemili；keminting；kemwiri；kukuinoki；lai rung；lumbang；muntjang；natakrodu；pakudita；phalasneha；raguar；trau
	Allamanda（**APOCYNACEAE**） **黄蝉属（夹竹桃科）**		**HS CODE** **4403.99**	
380	*Allamanda cathartica*	印度	软枝黄蝉	allamanda gida；allemandat heega；arasinhu；campanilla；golden trumpet；haladilu；harkakra；kanagani；kolaambi；willow-leaved allamanda
	Allophylus（**SAPINDACEAE**） **异木患属（无患子科）**		**HS CODE** **4403.99**	
381	*Allophylus apiocarpus*	菲律宾	梨果异木患	lunga-lunga
382	*Allophylus chlorocarpus*	菲律宾	绿果异木患	sagima

序号	学名	主要产地	中文名称	地方名
383	*Allophylus cobbe*	印度、沙捞越、爪哇岛	卡贝异木患	amalai；buah penanchang；eravalu；ising；khondokoli；mukkanamperu；naimaram；rakhalphul；sidisale；tangutam；togaratti；triputah
384	*Allophylus dimorphus*	菲律宾	二态异木患	malalagundi
385	*Allophylus filiger*	菲律宾	菲利格异木患	bating
386	*Allophylus granulatus*	菲律宾	粒状异木患	bating-gulod
387	*Allophylus grossedentatus*	菲律宾	长叶异木患	barotangol
388	*Allophylus holophyllus*	马里亚纳群岛	全缘叶异木患	nget
389	*Allophylus hymenocalyx*	菲律宾	膜萼异木患	damolio
390	*Allophylus largifolius*	菲律宾	大叶异木患	talipungpung
391	*Allophylus leptocladus*	菲律宾	细枝异木患	talipungpung-bundok
392	*Allophylus macrostachys*	菲律宾	大穗异木患	bignai-gubat
393	*Allophylus peduncularis*	菲律宾	花梗异木患	bating-tangkaian
394	*Allophylus racemosus*	菲律宾	总状异木患	basloi
395	*Allophylus simplicifolius*	菲律宾	单叶异木患	nanhingon
396	*Allophylus subinciso-dentatus*	菲律宾	齿状异木患	atig
397	*Allophylus sundanus*	西马来西亚	桑达异木患	kalempajan
398	*Allophylus swzdanus*	西马来西亚	斯维达异木患	halippajan
399	*Allophylus timorensis*	菲律宾、马绍尔群岛、马里亚纳群岛	帝汶异木患	handamo；kutaak；nger
	Alnus **（BETULACEAE）** **桤木属（桦木科）**		**HS CODE** **4403.99**	
400	*Alnus cordata*	俄罗斯	心形桤木	aliso napolitano；aunefeuillesen coeur；hartbladige els；italiaanse els；italienskal；ontano napolitano
401	*Alnus firma*	日本	疏毛桤木	yashabushi
402	*Alnus formosana*	日本、中国台湾地区	台湾桤木	chinese alder；taiwan hannoko；taiwan-hannoki
403	*Alnus glutinosa*	俄罗斯、日本	欧洲桤木	alha tsornaja；aulne glutineux；aune noir；black alder；common alder；european alder；grauwe els；hannoki；kawarahann oki；olse lepkava；ontano comune；rod-al

序号	学名	主要产地	中文名称	地方名
404	*Alnus hirsuta*	日本、朝鲜	毛赤杨	korean alder; mulori namu; yama-han-no-ki
405	*Alnus incana*	俄罗斯、日本	灰赤杨	alha seraja; aliso blanco; graal; grey alder; grijze els; hannoki; japanese alder; ontano bianco; ontano peloso; speckled alder; witte els; yama-han-no-ki
406	*Alnus joponica*	日本	日本桤木	
407	*Alnus maritima*	中国台湾地区、日本、朝鲜	东北赤杨	aliso de formosa; aliso japones; aune du formosa; aune japonais; formosa-al; hannoki; japanese alder; japanseels; ontano di formosa; ontano giapponese; ori-namu; ranoki; seaside alder; yasha-bushi
408	*Alnus maximowiczii*	日本	莫氏桤木	mi-yama-han-no-ki
409	*Alnus nepalensis*	印度、缅甸、尼泊尔	西南桤木	boshiswa; grey alder; indian alder; kachin maibau; koe; kuntz; maibau; nepal alder; neun; piak; utis
410	*Alnus nitida*	印度	密茎桤木	chamb; kash; kunis; sharol; utis
411	*Alnus orientalis*	东亚	东方桤木	oriental alder
412	*Alnus sieboldiana*	日本	无梗桤木	oobayasyab ushi
413	*Alnus subcordata*	伊朗	籽花桤木	iranian alder
414	*Alnus tinctoria*	日本	染料桤木	yama-han-no-ki
	Alphitonia **（RHAMNACEAE）** **麦珠子属（鼠李科）**		**HS CODE** **4403. 99**	
415	*Alphitonia carolinensis*	文莱、菲律宾	卡罗莱纳麦珠子	meragang; tulo
416	*Alphitonia incana*	沙巴	灰麦珠子	pakudita
417	*Alphitonia zizyphoides*	菲律宾	枣叶麦珠子	myapao; uakatan
	Alphonsea **（ANNONACEAE）** **藤春属（番荔枝科）**		**HS CODE** **4403. 99**	
418	*Alphonsea arborea*	菲律宾	树状滕春木	bolon
419	*Alphonsea javanica*	印度尼西亚	爪哇滕春木	mempisang
420	*Alphonsea kinabaluensis*	沙捞越	婆罗洲滕春木	mentaliau
421	*Alphonsea sessiliflora*	菲律宾	无柄滕春木	kalai
422	*Alphonsea ventricosa*	印度	偏凸滕春木	chai

序号	学名	主要产地	中文名称	地方名
	Alseodaphne **(LAURACEAE)** **油丹属（樟科）**		**HS CODE** **4403. 99**	
423	*Alseodaphne bancana*	沙巴	苏门答腊油丹	medang payong
424	*Alseodaphne chinensis*	沙巴	中华油丹	
425	*Alseodaphne coriacea*	沙捞越、文莱、西马来西亚	革叶油丹	lui；medang；medang lui
426	*Alseodaphne elata*	沙捞越	高山油丹	
427	*Alseodaphne insignis*	西马来西亚、沙捞越	显著油丹	medang；medang lui kasar；medang tanah
428	*Alseodaphne keenanii*	缅甸	肯氏油丹	ondon-gyi
429	*Alseodaphne longipes*	菲律宾	长梗油丹	babulo
430	*Alseodaphne malabonga*	菲律宾	马拉翁油丹	malabunga
431	*Alseodaphne nigrescens*	西马来西亚	黑格油丹	medang；medang telor
432	*Alseodaphne peduncularis*	西马来西亚	花梗油丹	medang；medang serai
433	*Alseodaphne pendulifolia*	西马来西亚	垂叶油丹	medang；medang payong；medang tandok
434	*Alseodaphne semecarpifolia*	印度、斯里兰卡	半果叶油丹	ranai；wewarana
435	*Alseodaphne umbelliflora*	亚洲	伞花油丹	
	Alstonia **(APOCYNACEAE)** **鸡骨常山属（夹竹桃科）**		**HS CODE** **4403. 49**	
436	*Alstonia angustifolia*	文莱、菲律宾、苏门答腊、沙捞越、西马来西亚、沙巴	狭叶灯架木	anga；batinong-kitid；benang sakupal；gitah；mergalang；pelai tikus；pulai；pulai penipu paya
437	*Alstonia angustiloba*	印度尼西亚、苏门答腊、菲律宾、文莱、婆罗洲、西马来西亚、沙巴	裂叶灯架木	ampalai；basung gabuk；dita；gitih berebing；jelutung；lame；palaj；pelantan；pulai；pulai bukit；pulai hitam；pulei；silhigan；tembilek beruang
438	*Alstonia brassii*	菲律宾、西马来西亚、沙巴	巴氏灯架木	basikalang；batikalang；dalakan；hard alstonia；itang-itang；kuyau-kuyau；pangalisok loen；pulai；pulai daun besar；sayongan；tungfar
439	*Alstonia glabrifolia*	西伊里安	光叶灯架木	hard alstonia
440	*Alstonia macrophylla*	菲律宾、印度	大叶灯架木	kalatuche；matchstick-tree
441	*Alstonia parvifolia*	菲律宾	小叶灯架木	batinong-liitan

序号	学名	主要产地	中文名称	地方名
442	*Alstonia paucinervia*	菲律宾	少脉灯架木	batino；kuyauyau
443	*Alstonia pneumatophora*	婆罗洲、印度尼西亚、西马来西亚、苏门答腊、沙捞越、文莱	长柄灯架木	ampalai；basong；gecih；gitih lad；handjalutung；lalutung；palaj；pelai puteh；pelaik；poelai rawang；pulai puteh；pulai ranwang；pulei；tembilek porak
444	*Alstonia scholaris*	菲律宾、印度尼西亚、西伊里安、孟加拉国、南亚、苏门答腊、文莱、缅甸、柬埔寨、老挝、越南、沙捞越、马来西亚、斯里兰卡、泰国	糖胶树	alipauen；ampalai；batino；benggan；bita；chatain；chhatiana；dalipauen；dirita；eda-kula；gitih tenor；gito；hale；ibong；jaren；kadusale；lation；lege；lettok；mocua；olungholz；oplai；pala；rampiampi；satiani；shaitanwood；tangitang；thinbon；tinpet；white cheesewood；zitronen-mahagoni
445	*Alstonia spatulata*	西马来西亚、沙巴、苏门答腊、越南、老挝、沙捞越、婆罗洲、文莱	匙形灯架木	basong；basung；gabus；mo cua；mop；muop；pelai apong；pelai pipit；pulai；pulai basong；pulai gabus；pulai kapur；pulai paya；pulai tikus；pulantan；tembilek luba
446	*Alstonia spectabilis*	西伊里安、印度尼西亚	托叶灯架木	hard alstonia；legarang
	***Altingia*（HAMAMELIDACEAE）** **蕈树属（金缕梅科）**		**HS CODE 4403.99**	
447	*Altingia excelsa*	苏门答腊、缅甸、印度、印度尼西亚、爪哇岛、泰国、南亚	大蕈树	bodi rimbo；burma storax-tree；cemara abang hitam；crucifixio n allthorn；duang；jhinkri；jutili；jutuli；kamayan；lamin；leuso；mala；mandung；namta-yok；nan-ta-yoh；nantayok；pulasan；raksamala；rasamala；rusamala；samala；seludang；sigedundung；sob；tulason
448	*Altingia gracilipes*	亚洲	细柄蕈树	
449	*Altingia siamensis*	泰国	泰国蕈树	prok；sop
450	*Altingia takhtadjnanii*	越南	塔氏蕈树	to hap dien bien
	***Alyxia*（APOCYNACEAE）** **链珠藤属（夹竹桃科）**		**HS CODE 4403.99**	
451	*Alyxia clusiacea*	菲律宾	藤黄叶链珠藤	malabatino
452	*Alyxia nummularia*	菲律宾	圆叶链珠藤	

序号	学名	主要产地	中文名称	地方名
453	*Alyxia olivaeformis*	菲律宾	橄榄链珠藤	
454	*Alyxia torresiana*	马里亚纳群岛	普通链珠藤	lodosong lahe；nanago；nanagu
	Amelanchier（**ROSACEAE**） **唐棣属（蔷薇科）**		**HS CODE** **4403. 99**	
455	*Amelanchier asiatica*	日本	亚洲唐棣	shidezakura
456	*Amelanchier ovalis*	印度	卵形唐棣	felsenbirne
	Amentotaxus（**TAXACEAE**） **穗花杉属（红豆杉科）**	**HS CODE** **4403. 25（截面尺寸≥15cm）或 4403. 26（截面尺寸<15cm）**		
457	*Amentotaxus argotaenia*	中国台湾地区	穗花杉	chinese floweringyew；uarjiro-in ugaya；urajiro-in ugaya
458	*Amentotaxus fomosana*	中国台湾地区、越南	台湾穗花杉	formosan floweringyew
	Amoora（**MELIACEAE**） **阿摩楝属（楝科）**		**HS CODE** **4403. 49**	
459	*Amoora aherniana*	东南亚	吕宋阿摩楝	kato
460	*Amoora caesifolia*	菲律宾	灰叶阿摩楝	malakaluag
461	*Amoora cupulifera*	菲律宾	杯状阿摩楝	katong-haong
462	*Amoora fulva*	菲律宾	黄褐阿摩楝	katong-baluga
463	*Amoora grandifolia*	印度尼西亚、爪哇岛	大叶阿摩楝	kidioedjoel；mendjantong
464	*Amoora macrocarpa*	菲律宾	大果阿摩楝	katong；katong-lakihan
465	*Amoora malaccensis*	东南亚	马六甲阿摩楝	
466	*Amoora mindorensis*	菲律宾	名都罗岛阿摩楝	katong-mangyan
467	*Amoora montana*	越南	山地阿摩楝	goi
468	*Amoora polystachya*	泰国、老挝	多穗阿摩楝	chumprak；tasua
469	*Amoora ridleyi*	东南亚	瑞德阿摩楝	
470	*Amoora rohituka*	印度、缅甸、尼泊尔、孟加拉国	阿摩楝	amoors；bandriphal；chayakaya；galingasing；lota amara；pitraj；thitni
471	*Amoora rubiginosa*	东南亚	褐阿摩楝	bekak
472	*Amoora wallichii*	缅甸、印度	瓦氏阿摩楝	amari；amoora；aukchinsa-ni；chumprak；galing libor；khalaung；lalchini；thitni
	Ampelocissus（**VITACEAE**） **酸蔹藤属（葡萄科）**		**HS CODE** **4403. 99**	
473	*Ampelocissus latifolia*	印度	阔叶酸蔹藤	govila；jungle angoor；jungle grave-vine

序号	学名	主要产地	中文名称	地方名
474	*Ampelocissus polystachya*	印度	多穗酸蔹藤	
475	*Ampelocissus sikkimensis*	印度	锡金酸蔹藤	
476	*Ampelocissus tomentosa*	印度	毛酸蔹藤	
	***Anacardium*（ANACARDIACEAE） 腰果属（漆树科）**		**HS CODE 4403.49**	
477	*Anacardium occidentale*	印度、缅甸、马里亚纳群岛、沙捞越、文莱、斯里兰卡、菲律宾	西方腰果木	andiparuppu-nut；bholliaambo；cashew；casue；gajus；gera-bija；godambe；hajli-badam；jagus；jidi-vate；kaju；kajutaka；kashumavu-tree；kasoe；kola mavu；lonkabhollia；mokkamamidi；paranki mavu；thiho-thayet
	***Anacolosa*（OLACACEAE） 迦楼果属（铁青树科）**		**HS CODE 4403.99**	
478	*Anacolosa frutescens*	文莱、沙捞越、菲律宾	灌木状迦楼果	belian landak；gurah baik；ladit；malabignay；suan
479	*Anacolosa papuana*	西伊里安	巴布亚迦楼果	anacolosa
	***Anaxagorea*（ANNONACEAE） 蒙蒿属（番荔枝科）**		**HS CODE 4403.99**	
480	*Anaxagorea scortechinii*	沙巴	狭叶蒙蒿	lampiu
	***Androtium*（ANACARDIACEAE） 长隔漆属（漆树科）**		**HS CODE 4403.99**	
481	*Androtium astylum*	沙捞越、文莱	长隔漆	merambang；rengas；rengas padang
	***Anisophyllea*（ANISOPHYLLEACEAE） 异叶树属（四柱木科）**		**HS CODE 4403.99**	
482	*Anisophyllea apetala*	西马来西亚	无瓣异叶树	dalekbukit；daleklimaumanis；delek；medangberunit
483	*Anisophyllea beccariana*	文莱	贝卡利异叶树	merama
484	*Anisophyllea cinnamoides*	斯里兰卡	玉桂异叶树	weli-penna
485	*Anisophyllea corneri*	文莱	角利异叶树	merama
486	*Anisophyllea disticha*	文莱、苏门答腊、沙捞越	二列异叶树	ambun ambun；daun tuma；ibu-ibu；kayu kancul；kayu ribu；merama；nasi-nasi；sapit；sempiding；tsul-tsul；tuma
487	*Anisophyllea fallax*	文莱	拟异叶树	
488	*Anisophyllea ferruginea*	文莱、沙捞越	锈色异叶树	kebal beruang；menengang；taliawad

序号	学名	主要产地	中文名称	地方名
489	*Anisophyllea griffithii*	西马来西亚	格氏异叶树	delek；delek tembaga
	Anisoptera **（DIPTEROCARPACEAE）** **异翅香属（龙脑香科）**		**HS CODE** **4403.49**	
490	*Anisoptera aurea*	菲律宾、泰国、缅甸、苏门答腊、西马来西亚	金黄异翅香	balau；dagang；ginsek；kabaak thong；keruing kuching；krabak；kruwing kuching；malagangau；mersawa kuning；nengkong；palosapis；pik；rengkong；tabaak
491	*Anisoptera costata*	柬埔寨、越南、苏门答腊、泰国、缅甸、印度、老挝、马来西亚、菲律宾	脉状异翅香	bak；basoeng；ben-ven；damar mata kuching；entenam；kaung hmu；krabak；kra-bak；me diet；mersawa；palosapis；pdick；phdiec；phdiecso；thinkadu；ven-ven；ven-ven xanh
492	*Anisoptera curtisii*	马来西亚	柯氏异翅香	balau；bella rosa；dagang；malagangau；malapaho；manapo；mersawa；palosapis
493	*Anisoptera glabra*	马来西亚	光滑异翅香	
494	*Anisoptera grossivenia*	婆罗洲、沙捞越、文莱、印度尼西亚、沙巴	粗状异翅香	ampereng；benchaloi；cangal padi；damar kelasi；kelasi；kenyau bantuk；marlangat；merakunyit；merayo；merbakan；mersawa kenyau；pengiran kasar；penyau banto；penyau rebong；tjangal padi
495	*Anisoptera laevis*	菲律宾、苏门答腊、印度尼西亚、缅甸、西马来西亚、西伊里安、泰国、东南亚、马来西亚、文莱、沙巴、柬埔寨、婆罗洲、越南	平滑异翅香	afu；apnit；bagobalong；dagang；duali；empeles；guyong；ioggiran burung；jamar；kako；kaunghmu；lauan；lauan puti；mascalwood；mentasawa；mindanao palosapis；naap；paihapi；pengiran durian；rengkong；sampean；sanai；tabila；ven van；vin vin
496	*Anisoptera marginata*	苏门答腊、印度尼西亚、婆罗洲、泰国、文莱、马来西亚、沙捞越、西马来西亚、沙巴	边缘异翅香	bebulang lawuh；chengal；damar kunjit；entenam；gadis；katimum；masegar；pelpak；pengiran kerangas；perapat hutan；rasak gunung；rasak pantau；sesawah；tukam

序号	学名	主要产地	中文名称	地方名
497	*Anisoptera megistocarpa*	老挝、菲律宾、苏门答腊、泰国、印度尼西亚、婆罗洲、缅甸、越南、柬埔寨、西马来西亚、马来西亚、爪哇岛、沙捞越、沙巴	巨果异翅香	bac; baligan; beurmen; chengal; damar lilin; entenam; kaban; kaban thangyin; meluwang tikus; mersawa kesat; mindanao palosapis; palosapis; pedu kalui; pengiran; phdiec; sampean mas; tabaak; tampudau; tenam; trabak; ven van; ven van trang; ven ven xanh; vin vin
498	*Anisoptera oblonga*	越南	长圆异翅香	
499	*Anisoptera reticulata*	沙捞越、沙巴	网状异翅香	merawan; pengiran gajah
500	*Anisoptera scaphula*	印度、泰国、缅甸、西马来西亚、马来西亚、孟加拉国、菲律宾、沙巴、柬埔寨、越南	船形异翅香	boilam; champaa; kahot; kaunghmu; kijal; krabak; krabak khaao; mascalwood; mersawa; mersawa gajah; palosapis; pengiran; sanai; tap; taungsagaing; terbak; ven ven
501	*Anisoptera thurifera*	缅甸、菲律宾、印度、越南、柬埔寨、老挝、安达曼群岛、孟加拉国、西马来西亚、泰国、西伊里安、印度尼西亚	香味异翅香	afu; aiyini; banasampa; burma gurjun; dau con rai nuoeu; duyongc; ennamara; gurjan; guyavella; holong; indochina gurjun; kaban; kalapayini; kallone; leuwang; mathao; naap; palosapis; shinglim; tailand gurjun; teal; varangu; wood-oil-tree-of-malabar; yennemara
502	*Anisoptera thurifera* subsp. *Polyandra*	苏拉威西	多雄异翅香	tolu
	Annesijoa (EUPHORBIACEAE) **钝药桐属（大戟科）**		**HS CODE 4403.99**	
503	*Annesijoa novoguineensis*	西伊里安	巴新钝药桐	annesijoa
	Anneslea (THEACEAE) **红楣属（山茶科）**		**HS CODE 4403.99**	
504	*Anneslea fragrans*	越南、缅甸、柬埔寨	红楣	laut; luang xuong; pan-ma; sophik
	Annona (ANNONACEAE) **番荔枝属（番荔枝科）**		**HS CODE 4403.99**	
505	*Annona atemova*	菲律宾	埃特番荔枝	atemoya
506	*Annona debilis*	越南	德比番荔枝	niap
507	*Annona glabra*	菲律宾	光滑番荔枝	cortissa; kayuda; mamon; pond apple
508	*Annona montana*	菲律宾	山地番荔枝	marcgrav sweetsop; mountain soursop

序号	学名	主要产地	中文名称	地方名
509	*Annona muricata*	缅甸、菲律宾、马绍尔群岛、马里亚纳群岛、爪哇岛	刺果番荔枝	duyin-awza；guayabano；jojaab；labuanaha；nangka-blanda；nangka-sabrang；nangka-walanda；sapadille；soursop；swisswak；syasyap
510	*Annona reticulata*	马里亚纳群岛、菲律宾、柬埔寨、老挝、越南、缅甸、爪哇岛、西马来西亚	牛心果	annonas；bullock-heart；corossol petit；mamilier；nona；nona kapri；thinbaw-awza
511	*Annona squamosa*	印度、马里亚纳群岛、缅甸、爪哇岛、西马来西亚、菲律宾	鳞状番荔枝	anan；ates；atta；custard apple；gandhagaal aramu；krishnabija；pomme canelle；sarkardjeuh；seetaphal；serkaja；sharifa；sitapalam；sitaphala；sithapazham；srikaja；sweetsop
	Anogeissus（**COMBRETACEAE**） **榆绿木属（使君子科）**		**HS CODE** **4403.99**	
512	*Anogeissus acuminata*	老挝、印度、越南、柬埔寨、孟加拉国、缅甸、泰国	披针叶榆绿木	ben mon；chakma；choeung chap thom；gara-hesel；hichhari；maipi；nunnera；panchman；pansi；pasi；sehoong；soy chhmol；takiannu；yung
513	*Anogeissus latifolia*	印度	阔叶榆绿木	arma；axelwood；bakla；button-tree；chiriman；country sumac；dandua；dhaori；dindal；ghatti-tree；goldia；hesel；malakanniram；muniah；namai；sheriman；tirman；vekkali；vellagagai；yella maddi；yerma
514	*Anogeissus leiocarpa*	柬埔寨	平果榆绿木	anogeissus；makire
515	*Anogeissus pendula*	印度	垂穗榆绿木	dhau；dhaukra；kala dhaukra；kardahi
516	*Anogeissus phillyreaefolia*	泰国	红景天叶榆绿木	yon-akauk-chaw
517	*Anogeissus rivularis*	柬埔寨、老挝、越南、缅甸	岸生榆绿木	chonhai；ram；yon
518	*Anogeissus sericea*	印度	绢毛榆绿木	chooi；kardehi
	Anthocephalus（**RUBIACEAE**） **黄梁木属（茜草科）**		**HS CODE** **4403.49**	
519	*Anthocephalus cadamba*	东南亚	卡丹巴团花	

序号	学名	主要产地	中文名称	地方名
520	*Anthocephalus chinensis*	印度、菲律宾、沙捞越、南亚、印度尼西亚、西伊里安、苏门答腊、柬埔寨、越南、缅甸、巴基斯坦、西马来西亚、婆罗洲、马来西亚、老挝、沙巴、安达曼群岛、泰国	黄梁木	atta vanji；bagarilao；cadamba；djahon；empajang；entipong；gao trang；harapean；jabon；jalupai bengkal；kadam；kalampain；lashawng；magalablab；neerubale；pandur；pelempayan；sanko；sapuan；sempayan；seribu naik；taku；tawa；thkeou；tumeh；vella cadamba；wampeyan
521	*Anthocephalus macrophyllus*	印度、马来西亚、巴基斯坦	大叶黄梁木	kadam
	Antiaris (**MORACEAE**) **箭毒木属（桑科）**		**HS CODE 4403. 49**	
522	*Antiaris toxicaria*（= *africana*）（= *welwitschii*）	印度、西马来西亚、印度尼西亚、柬埔寨、老挝、越南、西伊里安、缅甸、文莱、沙捞越、苏门答腊、爪哇岛、沙巴、婆罗洲、马来西亚、菲律宾	箭毒木	arbre des upas；basudh；cong；derei；dery；dry；hmyaseik；ipoh；ipu；ipuh；oepas；paliu；pantjar；pokok ipoh；pulai；siren；sui；suoi；tajim；terap；upas；upas-tree；uppas-tree
	Antiaropsis (**MORACEAE**) **钩被桑属（桑科）**		**HS CODE 4403. 99**	
523	*Antiaropsis decipiens*	西伊里安	长柄钩被桑	antiariopsis
	Antidesma (**EUPHORBIACEAE**) **五月茶属（大戟科）**		**HS CODE 4403. 99**	
524	*Antidesma agusanense*	菲律宾	阿古桑五月茶	mataindo
525	*Antidesma angustifolium*	菲律宾	窄叶五月茶	bignai-kitid
526	*Antidesma bunius*	菲律宾、马里亚纳群岛、爪哇岛、老挝、柬埔寨、越南、印度、印度尼西亚	五月茶	bignai；buni；choimoi；kantjer；lientu；wuni
527	*Antidesma catanduanense*	菲律宾	卡坦五月茶	bignai-agos
528	*Antidesma cauliflora*	文莱	茎花五月茶	jerumbai；merbanai
529	*Antidesma clementis*	菲律宾	茎果五月茶	bignai-bangin

序号	学名	主要产地	中文名称	地方名
530	*Antidesma coriaceum*	柬埔寨、老挝、越南、文莱、沙捞越	革质五月茶	buti；chong kong dah；kelaginit；rayan burong′
531	*Antidesma curranii*	菲律宾	库氏五月茶	curran bignai
532	*Antidesma eberhardti*	柬埔寨、老挝、越南	埃伯五月茶	mau
533	*Antidesma edule*	菲律宾	可食五月茶	tanigi
534	*Antidesma fructiferum*	菲律宾	硕果五月茶	bignai-bun dok
535	*Antidesma ghaesembilla*	菲律宾、缅甸、柬埔寨、老挝、越南、爪哇岛、西马来西亚、沙巴	方叶五月茶	arosep；binayuyu；byisin；chopmoi；chum mui；horroebatoe；kasumba；mottrang；oniam；sepat；tandoropis
536	*Antidesma hosei*	菲律宾	霍西五月茶	unat
537	*Antidesma ilocanum*	菲律宾	伊洛戈五月茶	arosip
538	*Antidesma impressinerve*	菲律宾	凹脉五月茶	inyam
539	*Antidesma japonicum*	柬埔寨、老挝、越南	日本五月茶	bignai；buni；choimoi；kantjer；lientu
540	*Antidesma leucopodium*	沙巴	白柄五月茶	kilas perempuan
541	*Antidesma luzonicum*	菲律宾	吕宋五月茶	alangnon
542	*Antidesma macgregorii*	菲律宾	麦氏五月茶	mcgregor bignai
543	*Antidesma megalophyllum*	菲律宾	巨叶五月茶	vunnai
544	*Antidesma microcarpum*	菲律宾	小果五月茶	baruan
545	*Antidesma mindanaense*	菲律宾	棉兰老岛五月茶	mindanao bignai
546	*Antidesma montanum*	沙巴、沙捞越、爪哇岛	山地五月茶	geruseh puteh；medang lada；poris ketjil
547	*Antidesma neurocarpum*	沙巴	低矮五月茶	sumping gudaun
548	*Antidesma nitidum*	菲律宾	光叶五月茶	bignai-kintab；kinuum
549	*Antidesma obliquinervium*	菲律宾	奥利奎五月茶	aniam
550	*Antidesma olivaceum*	西伊里安	橄榄五月茶	behengew；bengew；bengia；maai
551	*Antidesma palawanensis*	菲律宾	巴拉望五月茶	palawan bignai
552	*Antidesma pentandrum*	菲律宾	五雄蕊五月茶	alangnon；bignai-pogo；salagma
553	*Antidesma phanerophlebium*	菲律宾	显脉五月茶	bignai-hayag
554	*Antidesma pleuricum*	菲律宾	侧脉五月茶	bignai-kalabau

序号	学名	主要产地	中文名称	地方名
555	*Antidesma plumbeum*	文莱	铅灰五月茶	buti
556	*Antidesma ramosii*	菲律宾	宽瓣五月茶	bignai-ramos
557	*Antidesma samarensis*	菲律宾	萨马岛五月茶	bignai-samar
558	*Antidesma santosii*	菲律宾	桑氏五月茶	santos bignai
559	*Antidesma spicatum*	菲律宾	穗状五月茶木	tanigi
560	*Antidesma stenophyllum*	文莱	细叶五月茶	buti
561	*Antidesma stipulare*	菲律宾、爪哇岛	托叶五月茶	bignai-pinuso；soela ketan
562	*Antidesma subcordatum*	菲律宾	心形五月茶	tignoi-pinuso
563	*Antidesma subolivaceum*	菲律宾	亚奥利五月茶	aniam-gubat
564	*Antidesma tetrandrum*	爪哇岛	长梗五月茶	resep
565	*Antidesma tomentosum*	菲律宾	毛五月茶	bignai-kalau
566	*Antidesma velutinosum*	印度、爪哇岛	韦鲁五月茶	rheo；seueur badak
567	*Antidesma velutinum*	缅甸	绒叶五月茶	kinbalin
568	*Antidesma venenosum*	文莱	维诺五月茶	manyi；mernyamok；mertanak
	Antirhea **（RUBIACEAE）** **毛茶属（茜草科）**		**HS CODE** **4403.99**	
569	*Antirhea benguetensis*	菲律宾	本格特毛茶	benguet dimupa
570	*Antirhea hexasperma*	菲律宾	六边毛茶	dimupa
571	*Antirhea livida*	菲律宾	利维达毛茶	lumangog
572	*Antirhea microphylla*	菲律宾	小叶毛茶	pangatang
	Aphanamixis **（MELIACEAE）** **裴赛山楝属（楝科）**		**HS CODE** **4403.99**	
573	*Aphanamixis agusanensis*	菲律宾	阿古桑裴赛山楝	agusan kangko
574	*Aphanamixis apoensis*	菲律宾	阿波裴赛山楝	apo kangko
575	*Aphanamixis coriacea*	菲律宾	革叶裴赛山楝	kunatan
576	*Aphanamixis cumingiana*	菲律宾	球兰裴赛山楝	balukanag；bungliu；busenloi；dugarai；palang-batu；palatangen；salakin
577	*Aphanamixis davaoensis*	菲律宾	达沃裴赛山楝	davao kangko
578	*Aphanamixis grandifolia*	爪哇岛	大叶裴赛山楝	goela
579	*Aphanamixis lauterbachii*	爪哇岛	劳氏裴赛山楝	
580	*Aphanamixis macrocalyx*	西伊里安	大萼裴赛山楝	aphanamyxis

序号	学名	主要产地	中文名称	地方名
581	*Aphanamixis megalophylla*	越南	巨叶裴赛山楝	goitrang
582	*Aphanamixis myrmecophilia*	西伊里安	梅科裴赛山楝	benaai
583	*Aphanamixis obliquifolia*	菲律宾	斜叶裴赛山楝	guguloi
584	*Aphanamixis perrottetiana*	菲律宾	裴赛山楝	kangko；salakin
585	*Aphanamixis pinatubensis*	菲律宾	皮纳杜布裴赛山楝	tolagak
586	*Aphanamixis polillensis*	菲律宾	波利裴赛山楝	polillo kangko
587	*Aphanamixis polystachya*	印度、缅甸、越南、柬埔寨、老挝、泰国、孟加拉国、苏门答腊	多穗裴赛山楝	amari；amora；bandriphal；chaya-kaya；chemmaram；galingasing；goigac；goimu；harinharra；jutraj；lota amara；pitraj；sikru；sohaga；tahseua；tapou；tarih laung uding；tasua；thini
588	*Aphanamixis pulgarensis*	菲律宾	毛叶裴赛山楝	pulgar kangko
589	*Aphanamixis rohituka*	印度	罗希裴赛山楝	rohituka
590	*Aphanamixis tripetala*	菲律宾	三瓣裴赛山楝	agakak
591	*Aphanamixis velutina*	菲律宾	毛裴赛山楝	dugarag
	***Aphananthe*（CANNABACEAE）糙叶树属（大麻科）**		**HS CODE 4403.99**	
592	*Aphananthe aspera*	日本	糙叶树	mukunoki；muku-no-ki；mukuyenoki
593	*Aphananthe cuspidata*	菲律宾、爪哇岛	尖叶糙叶树	dulsis；galoempit；lali；pendjalinan；soeloeh；soloh
594	*Aphananthe monoica*	爪哇岛	莫尼卡糙叶树	
595	*Aphananthe philippinensis*	菲律宾、西伊里安	菲律宾糙叶树	alsiis；aphananthe；bataan；malacadios
	***Aphania*（SAPINDACEAE）滇赤才属（无患子科）**		**HS CODE 4403.99**	
596	*Aphania*（= *Lepisanthes*）*angustifolia*	菲律宾	狭叶滇赤才	balinonong-kitid
597	*Aphania*（= *Lepisanthes*）*loheri*	菲律宾	南洋滇赤才	balinono
598	*Aphania*（= *Lepisanthes*）*philippinensis*	菲律宾	菲律宾滇赤才	onaba
599	*Aphania cuspidata*	菲律宾	尖叶滇赤才	

序号	学名	主要产地	中文名称	地方名
600	*Aphania montana*	爪哇岛	山地滇赤才	wegil
601	*Aphania rubra*	爪哇岛	红滇赤才	
	Apodytes **(ICACINACEAE)** **柴龙属（茶茱萸科）**		**HS CODE** **4403. 99**	
602	*Apodytes dimidiata*	越南、菲律宾	柴龙树	dan; malalipid
603	*Apodytes giung*	越南	金柴龙树	chonchon
604	*Apodytes tonkinensis*	柬埔寨、老挝、越南	东京柴龙树	chonchon
	Aporusa **(EUPHORBIACEAE)** **银柴属（大戟科）**		**HS CODE** **4403. 99**	
605	*Aporusa acuminatissima*	菲律宾	尖叶银柴	bigloi-tilos
606	*Aporusa alvarezii*	菲律宾	阿氏银柴	bigloi
607	*Aporusa arborea*	爪哇岛、苏门答腊	树状银柴	poris; poris kebo; rambai ayam; sebasah; tengkai lawa
608	*Aporusa aurea*	西马来西亚	金黄银柴	kayu masam
609	*Aporusa aurita*	婆罗洲、菲律宾、印度尼西亚	耳状银柴	bate; bigloi; mandjangan; palangas; pelangas
610	*Aporusa dioica*	南亚、孟加拉国、印度、缅甸	异株银柴	cocoholz; kesua; kokrawood; thit-sat
611	*Aporusa elliptifolia*	菲律宾	椭圆叶银柴	apnung-tilos
612	*Aporusa elmeri*	西马来西亚、文莱、沙巴	埃尔银柴	kayu masam; merbadau; penatan
613	*Aporusa falcifera*	文莱、苏门答腊	镰形银柴	janggau; massam; merbadau; raium; tapor; tematan
614	*Aporusa ficifolia*	柬埔寨、老挝、越南	榕叶银柴	krong
615	*Aporusa frutescens*	菲律宾、文莱、爪哇岛	灌木状银柴	hauai; janggau; raium; sasah; sasah goenoeng; tematan
616	*Aporusa grandistipulata*	沙巴、西马来西亚	大托叶银柴	galang; galang-galang; kayu masam
617	*Aporusa leytensis*	菲律宾	莱特银柴	apnu
618	*Aporusa lindleyana*	印度	毛萼银柴	kagbhalai
619	*Aporusa lunata*	苏门答腊	月状银柴	semasaabu
620	*Aporusa maingayi*	文莱	梅尼亚银柴	janggau; senumpul hitam
621	*Aporusa microcalyx*	柬埔寨、老挝、越南、爪哇岛	小萼银柴	comnep; giaudat; manau; mop; ngom; oris; peuris; renjoeng

序号	学名	主要产地	中文名称	地方名
622	*Aporusa miqueliana*	文莱	米克利银柴	janggau jugam
623	*Aporusa nervosa*	菲律宾	多脉银柴	basilian hauai
624	*Aporusa nigropunctata*	菲律宾	黑叶银柴	
625	*Aporusa nitida*	沙巴、西马来西亚、文莱	密茎银柴	bagil；kayu masam；luti tulang
626	*Aporusa oblonga*	印度、孟加拉国	长圆银柴	aporosa；kharula
627	*Aporusa planchoniana*	越南	普朗肯银柴	chan
628	*Aporusa prainiana*	西马来西亚	普拉尼银柴	kayu masam
629	*Aporusa sphaeridophora*	菲律宾	球状银柴	bignai-lalaki
630	*Aporusa sphaerosperma*	柬埔寨、老挝、越南	球籽银柴	hangam；krong
631	*Aporusa stellifera*	西马来西亚	星形银柴	kayu masam
632	*Aporusa symplocosifolia*	菲律宾	丛生银柴	malabignai
633	*Aporusa villosa*	缅甸、中国	毛银柴	thitsat；ye-mein
	Aquilaria **（THYMELAEACEAE）** **沉香属（瑞香科）**			**HS CODE** **4403. 99**
634	*Aquilaria agallocha*	泰国	蜜香树②#	eaglewood
635	*Aquilaria apiculata*	菲律宾	尖叶沉香②	mangod
636	*Aquilaria brachyantha*	菲律宾	短花沉香②	binukat
637	*Aquilaria citrinaecarpa*	菲律宾	黄果沉香②	agododan
638	*Aquilaria crassna*	柬埔寨、老挝、越南	厚叶沉香②	chan krasna
639	*Aquilaria filaria*	菲律宾	线状沉香②	palisan
640	*Aquilaria malaccensis*	柬埔寨、越南、西马来西亚、印度、缅甸、婆罗洲、苏门答腊、文莱、东南亚、南亚、印度尼西亚、菲律宾、老挝、中国台湾地区、沙巴、沙捞越	沉香②	adlerholz；agallochum；agar；agarwood；alim；aloeswood；aloewood；bari；chau krasna；dhum；eaglewood；gaharu；hasi；indian eaglewood；kalambac；kayu；kayu garu；lign aloes；mengkaras；paradisewood；songgak；tanduk；tram huong；tugge；xylaloe
641	*Aquilaria microcarpa*	婆罗洲、苏门答腊	小果沉香②	engkaras；karas；kareh；kayu garu；taba
642	*Aquilaria sinensis*	中国	土沉香②	heung muk；hiosai

树种中文名称中①、②、③的具体说明详见编制说明部分的阐释。

序号	学名	主要产地	中文名称	地方名
643	*Aquilaria urdanetensis*	菲律宾	乌坦尼塔沉香②	makolan
	Aralia (ARALIACEAE) 楤木属（五加科）		HS CODE 4403.99	
644	*Aralia bipinnata*	菲律宾	台湾楤木	karugi; magkasau; marabauga
645	*Aralia californica*	菲律宾	加州楤木	
646	*Aralia chinensis*	菲律宾	楤木	
647	*Aralia dasyphylla*	苏门答腊	厚叶楤木	kayu burle laset; kayu sepak sipang; sami mpadon; sepak sipang
648	*Aralia elata*	日本	高楤木	hercules club; me-dara; taranoki
649	*Aralia ferox*	苏门答腊	粗壮楤木	pabong; panggang nyirvan cerme
650	*Aralia glauca*	苏门答腊	青冈楤木	
651	*Aralia montana*	苏门答腊	山地楤木	gorong; panggang cucuk
	Aralidium (TORRICELLIACEAE) 鳄胆木属（鞘柄木科）		HS CODE 4403.99	
652	*Aralidium pinnatifidum*	沙捞越、文莱、苏门答腊、马来西亚	羽状鳄胆木	daun tutchol antu; manel; medung; segentut; soekoen dotan; tutchul antu
	Araucaria (ARAUCARIACEAE) HS CODE 南洋杉属（南洋杉科） 4403.25（截面尺寸≥15cm）或 4403.26（截面尺寸<15cm）			
653	*Araucaria araucana*	印度尼西亚	智利南洋杉①	chilean pine; chilensk tall; kandelaar spar; pino de chile; pino del cile; sapin du chili
654	*Araucaria bidwillii*	中国台湾地区、沙巴	大叶南洋杉	bunya pine; bunya-bunya
655	*Araucaria columnaris*	西马来西亚	柱状南洋杉	cook's pine
656	*Araucaria cunninghamii*	西伊里安	南洋杉	sendu
657	*Araucaria heterophylla*	柬埔寨、越南	异叶南洋杉	bac; bach tan
	Archidendron (MIMOSACEAE) 猴耳环属（含羞草科）		HS CODE 4403.99	
658	*Archidendron acuminatum*	柬埔寨、老挝、越南	渐尖猴耳环	dongon; mau dia; maudia
659	*Archidendron apoensis*	菲律宾	阿波猴耳环	magatkarot
660	*Archidendron bigeminum*	印度	比格猴耳环	djengkol

序号	学名	主要产地	中文名称	地方名
661	*Archidendron clypearia*	老挝、文莱、越南、孟加拉国、菲律宾	围涎树猴环	benfay; chenarang; engerutak; giac; gunsi; kuramasa; langir antu; malaganip; maudia; piling; potkipot; rang rang; sabun; saga saga; tiagkot-kulot
662	*Archidendron ellipticum*	沙捞越、菲律宾	椭圆叶猴耳环	anyi; bugas; dangah; langir antu; nayap; sangkaong
663	*Archidendron fagifolium*	菲律宾	青冈叶猴耳环	tabid-tabid
664	*Archidendron jiringa*	文莱、沙捞越、缅甸、婆罗洲、沙巴	吉加猴耳环	babai jering; danyin; djering; jaring; kungkur; tanyin
665	*Archidendron kinabaluense*	缅甸	基纳猴耳环	
666	*Archidendron lucidum*	越南	光泽猴耳环	giac; lim set
667	*Archidendron lucyi*	越南	露西猴耳环	
668	*Archidendron merrillii*	菲律宾	麦氏猴耳环	anagap-bangin
669	*Archidendron microcarpum*	菲律宾	小果猴耳环	
670	*Archidendron pauciflorum*	菲律宾	疏花猴耳环	malaanagap; panauisan
671	*Archidendron ptenopum*	菲律宾	普泰猴耳环	
672	*Archidendron scutiferum*	菲律宾	斯库特猴耳环	anagap
	Archidendropsis **(MIMOSACEAE)** **瓶刷楹属（含羞草科）**		**HS CODE 4403.99**	
673	*Archidendropsis xanthoxylon*	缅甸	黄木瓶刷楹	kokko
	Archontophoenix **(PALMAE)** **假槟榔属（棕榈科）**		**HS CODE 4403.99**	
674	*Archontophoenix alexandrae*	菲律宾	假槟榔	queensland palm
	Archytaea **(BONNETIACEAE)** **桃金茶属（泽茶科）**		**HS CODE 4403.99**	
675	*Archytaea vahlii*	越南、印度、西马来西亚	瓦氏桃金茶	chung nom; riang; ruriang
	Ardisia **(MYRSINACEAE)** **紫金牛属（紫金牛科）**		**HS CODE 4403.99**	
676	*Ardisia alvarezii*	菲律宾	阿氏紫金牛	alvarez tagpo
677	*Ardisia angustifolia*	菲律宾	狭叶紫金牛	tagpong-kitid

序号	学名	主要产地	中文名称	地方名
678	*Ardisia bartlingii*	菲律宾	巴氏紫金牛	bartling tagpo
679	*Ardisia basilanensis*	菲律宾	巴西兰紫金牛	basilian tagpo
680	*Ardisia brevipetiolata*	菲律宾	短柄紫金牛	tagpong-pugot
681	*Ardisia calavitensu*	菲律宾	卡拉维紫金牛	puyakang-mangyan
682	*Ardisia castaneifolia*	菲律宾	多脉紫金牛	bayoktoan
683	*Ardisia clementis*	菲律宾	茎果紫金牛	katigpo
684	*Ardisia confertiflora*	菲律宾	密花紫金牛	apain
685	*Ardisia copelandii*	菲律宾	柯氏紫金牛	copeland tagpo
686	*Ardisia cumingiana*	菲律宾	球兰紫金牛	cuming tagpo
687	*Ardisia cuprea*	菲律宾	铜色紫金牛	sina-sina
688	*Ardisia curranii*	菲律宾	库氏紫金牛	balinugan
689	*Ardisia curtipes*	菲律宾	钝叶紫金牛	talugtug
690	*Ardisia darlingii*	菲律宾	达氏紫金牛	malinasag
691	*Ardisia diffusa*	菲律宾	疏散紫金牛	tagpong-kalat
692	*Ardisia elliptica*	文莱、沙巴	椭圆叶紫金牛	jerupong；sakantul；serusop；surusop
693	*Ardisia fragrans*	菲律宾	香紫金牛	tagpong-banguhan
694	*Ardisia geissanthoides*	菲律宾	边缘花紫金牛	tagpong-lumotan
695	*Ardisia gitingensis*	菲律宾	基廷根紫金牛	barasingag
696	*Ardisia grandidens*	菲律宾	粗齿紫金牛	dalaino
697	*Ardisia ilocana*	菲律宾	伊洛戈紫金牛	kalgakag
698	*Ardisia iwahigensis*	菲律宾	伊瓦紫金牛	samadodai
699	*Ardisia jagori*	菲律宾	贾戈里紫金牛	jagor tagpo
700	*Ardisia keithleyi*	菲律宾	基勒紫金牛	tamainok
701	*Ardisia lanceolata*	菲律宾	剑叶紫金牛	tagpong-sibat
702	*Ardisia laxiflora*	菲律宾	疏花紫金牛	tagpong-ladlad
703	*Ardisia livida*	文莱	利维紫金牛	jerupong；serusop
704	*Ardisia loheri*	菲律宾	南洋紫金牛	kandulit
705	*Ardisia longipetiolata*	菲律宾	长柄紫金牛	butau
706	*Ardisia macgregorii*	菲律宾	麦氏紫金牛	mcgregor tagpo
707	*Ardisia macropus*	菲律宾	大叶紫金牛	rugsu
708	*Ardisia marginata*	菲律宾	边缘紫金牛	dajou
709	*Ardisia mezii*	菲律宾	梅氏紫金牛	mez tagpo

序号	学名	主要产地	中文名称	地方名
710	*Ardisia nigro*	菲律宾	黑紫金牛	tagpong-libagin
711	*Ardisia oligocarpa*	菲律宾	少果紫金牛	kataipa
712	*Ardisia palawanensis*	菲律宾	巴拉望紫金牛	palawan tagpo
713	*Ardisia peninsula*	菲律宾	半岛紫金牛	sirapian
714	*Ardisia philippinensis*	菲律宾	菲律宾紫金牛	mulang
715	*Ardisia pirifolia*	菲律宾	梨叶紫金牛	malatagpo
716	*Ardisia polyactis*	沙捞越	多胞紫金牛	merjemah paya
717	*Ardisia proteifolia*	菲律宾	变形紫金牛	labat
718	*Ardisia pulchella*	菲律宾	艳丽紫金牛	tagpong-marikit
719	*Ardisia punctata*	菲律宾	点状紫金牛	tagpong-mabutas
720	*Ardisia pyramidalis*	菲律宾	锥状紫金牛	aunasin
721	*Ardisia pyramidole*	菲律宾	角锥紫金牛	luihin baguit
722	*Ardisia ramosii*	菲律宾	宽瓣紫金牛	ramos tagpo
723	*Ardisia romanii*	菲律宾	罗氏紫金牛	roman tagpo
724	*Ardisia samarensis*	菲律宾	萨马岛紫金牛	samar tagpo
725	*Ardisia scalaris*	菲律宾	密叶紫金牛	tagpong-hinagdan
726	*Ardisia serrata*	菲律宾	齿叶紫金牛	panabon
727	*Ardisia sibuvanensis*	菲律宾	西布瓦紫金牛	lolumboi
728	*Ardisia sligna*	菲律宾	斯莱紫金牛	dapui
729	*Ardisia squamulosa*	菲律宾	圆果紫金牛	tagpo
730	*Ardisia sulcata*	菲律宾	皱状紫金牛	tagpong-ukit
731	*Ardisia tayabensis*	菲律宾	塔亚紫金牛	tagpong-silangan
732	*Ardisia taytayensis*	菲律宾	短刺紫金牛	tagpong-kapalan
733	*Ardisia tomentosa*	菲律宾	毛紫金牛	lukti
734	*Ardisia verrucosa*	菲律宾	疣状紫金牛	sagoi
735	*Ardisia yatesii*	菲律宾	叶氏紫金牛	yates tagpo
736	*Ardisia zambalensis*	菲律宾	三描礼示紫金牛	pamutul
	Areca **（PALMAE）** **槟榔属（棕榈科）**		**HS CODE** **4403. 99**	
737	*Areca caliso*	菲律宾	卡利斯槟榔	kaliso
738	*Areca camarinensis*	菲律宾	甘马磷槟榔	mono

序号	学名	主要产地	中文名称	地方名
739	*Areca catechu*	印度、斯里兰卡、菲律宾、日本、印度尼西亚、西马来西亚、关岛、马里亚纳群岛	槟榔	adakka; adike mara; areca palm; beternut palm; bunga; chikaniyadike; fufal; gautupoka; kamugu; maddi; mpopo; oppuvakkulu; pinang; poogiphalam; popal; sopari; tantusara; vakka
740	*Areca costulata*	菲律宾	小脉槟榔	bungang-tadiang
741	*Areca hutchinsoniana*	菲律宾	哈钦槟榔	pisa
742	*Areca ipot*	菲律宾	伊波特槟榔	bungang-ipod
743	*Areca macrocarpa*	菲律宾	大果槟榔	bungang-lakihan
744	*Areca mammillata*	菲律宾	冠状槟榔	pita
745	*Areca parens*	菲律宾	帕伦斯槟榔	takobtob
746	*Areca whitfordii*	菲律宾	威氏槟榔	bungang-gubat
	***Arenga*（PALMAE）** **桄榔属（棕榈科）**		**HS CODE** **4403. 99**	
747	*Arenga ambong*	菲律宾	安邦桄榔	ambung
748	*Arenga pinnata*	西马来西亚、菲律宾、日本	羽状桄榔	kabong; sugar palm; tsugu
749	*Arenga tremula*	菲律宾	矮桄榔	dumayaka
	***Aristolochia*（ARISTOLOCHIACEAE）** **马兜铃属（马兜铃科）**		**HS CODE** **4403. 99**	
750	*Aristolochia indica*	印度	印度马兜铃	arkamul; dulagooda; eswaramuli; garudakkodi; ichchuramula; indian birthwort; jata; kadula; karalayam; nakuli; nallaeswari; perumarindu; ruhimula; sampsun; sapashi; svaramuli; thella usirika
	***Aromadendron*（MAGNOLIACEAE）** **香兰属（木兰科）**		**HS CODE** **4403. 99**	
751	*Aromadendron elegans*	苏门答腊、西马来西亚、印度尼西亚、婆罗洲	香兰	bungo; chempaka; chempaka hutan; kayu rebong; keiatrang; kilung-lung; medang galundi; medang tanah; melabang; pauh tampui; pauh-pauh sanggit; purang bukit; selampai; tongon damar; utup
752	*Aromadendron nutans*	沙捞越、西马来西亚、沙巴、印度尼西亚	垂花香兰	analuei; chempaka hutan; kapayang ambok; marinjang; medang ikan; medang limo; sengit isau

序号	学名	主要产地	中文名称	地方名
	Artabotrys **(ANNONACEAE)** **鹰爪花属（番荔枝科）**		**HS CODE** **4403.99**	
753	*Artabotrys hexapetalus*	印度	鹰爪花	climbing ylang-ylang; hara champa; hirva champa; kalomuro; kandalisam page; katchampa; manoranjani; manoranjidamu; monasocompa; nilachampaka; phalasampenga
754	*Artabotrys insignis*	印度	显著鹰爪花	
755	*Artabotrys oliganthus*	印度	稀花鹰爪花	
756	*Artabotrys oliveri*	印度	橄榄鹰爪花	
	Arthrophyllum **(ARALIACEAE)** **节叶枫属（五加科）**		**HS CODE** **4403.99**	
757	*Arthrophyllum ahernianum*	菲律宾	节叶枫	dokloi
758	*Arthrophyllum cenabrei*	菲律宾	塞纳节叶枫	bingliu
759	*Arthrophyllum diversifolium*	苏门答腊、菲律宾、马来西亚、沙捞越	众果节叶枫	abang-abang; alabihig; biju; bolu-bolu; bungaliu; kayu attu turut; tumboh kelapa puteh
760	*Arthrophyllum engganoense*	苏门答腊、沙捞越	恩加节叶枫	langkapu utan; tumboh kelapa
761	*Arthrophyllum pulgarense*	菲律宾	普加节叶枫	higin
	Artocarpus **(MORACEAE)** **波罗蜜属（桑科）**		**HS CODE** **4403.49**	
762	*Artocarpus altilis*	菲律宾、西马来西亚、西伊里安、关岛、文莱、沙捞越、马里亚纳群岛、马绍尔群岛、中国台湾地区、缅甸、爪哇岛、印度尼西亚	面包树	antipolo; artocarpe; dogoog; dugdug; igbui; jackfruit-tree; jaqueira; kamansi; kuror; lemae; ma; ma konono; nangka; pakak; pan-no-ki; pulor; rima; rokurok; soekoen; sukun; terap; tipolo; ugob; ulu
763	*Artocarpus altissimus*	苏门答腊	高原波罗蜜	lempato
764	*Artocarpus anisophyllus*	婆罗洲、苏门答腊、印度尼西亚、沙捞越、文莱、西马来西亚、菲律宾、沙巴	异叶桂木	bintawak; entawa; kajo bibungan; kayu bakeh; keledang babi; kelidang babi; mantawa; mentawa; papuan; puan; putaran; sepan; tawak; terap ikal
765	*Artocarpus blancoi*	菲律宾	苞片桂木	antipolo; tipolo

序号	学名	主要产地	中文名称	地方名
766	*Artocarpus bracteata*	西马来西亚	具苞波罗蜜	ara berteh bukit
767	*Artocarpus chama*	西马来西亚	查玛波罗蜜	
768	*Artocarpus chaplasha*	印度、巴基斯坦、缅甸、泰国、老挝、南亚、安达曼群岛	恰普拉西木菠萝	cham；chapalish；chram；hat；khanun；sahm；taung-pein；toungpeigyi
769	*Artocarpus dadah*	苏门答腊、文莱、沙巴、沙捞越、西马来西亚、婆罗洲	达达褐桂	benar；bufi；dadah；keledang；merubi；mobi；rupas；silai uding；tampang；tampang akar serikam；tampang dadak
770	*Artocarpus elasticus*	菲律宾、印度尼西亚、爪哇岛、苏门答腊、婆罗洲、文莱、马来西亚、西马来西亚、沙巴	弹性桂木	antipolo；bendo；ehabu；guminhan；kapua；lunok；malagumihan；rorop；rulang；sileung dotan；tarap；tembaran jari；teureup；toarokp；torok
771	*Artocarpus fretessii*	菲律宾、西伊里安、婆罗洲	弗氏波罗蜜	bayuko；behengew；kelambi；malaanubing；tampang susa
772	*Artocarpus fulvicortex*	西马来西亚	金柱波罗蜜	keledang tampang gajah
773	*Artocarpus glaucus*	苏门答腊、婆罗洲、沙捞越、印度尼西亚、爪哇岛、文莱	光亮波罗蜜	bufi etem；dadah；galing；merubi；pudau；sampang；selibut；sembir；tampang；tampang wanji；tapang；tawan；telangking；tunyil
774	*Artocarpus gomezianus*	菲律宾、安达曼群岛、西马来西亚、爪哇岛	戈麦齐波罗蜜	bagli；keledang tampang hitam；morubi；nangka-an；tarnpang
775	*Artocarpus heterophyllus*	印度、婆罗洲、印度尼西亚、沙捞越、西马来西亚、越南、斯里兰卡、菲律宾、泰国、柬埔寨、老挝、马里亚纳群岛、马来西亚、文莱、爪哇岛、缅甸、中国	菠萝蜜	alasa；cempedak；chakka；halasu；ichodopholo；jackfruit；jack tree；jacquier；kanthal；kathal；keledang；kuvi；langka；nanca；nangka；nongko；pala；panasa；phanasa；pila palam；pilavu；ponoso；sukun；tsempedak；vanas；verupanasa
776	*Artocarpus hirsutus*	印度、柬埔寨、老挝、越南	粗硬毛木菠萝	ainee；anjili；ayani；halasu；hebalasu；hebhulsina；jacquier；kaduhalasu；mit nai；panasah；patphanas；pepla；pugguhalasu；ranphanas；tellai-kori mara；wild jacktree

序号	学名	主要产地	中文名称	地方名
777	*Artocarpus hypargyreus*	中国	白桂木	paak kwai muk
778	*Artocarpus incisum*	西马来西亚	缺刻木波罗	artocarpa；breadfruit-tree
779	*Artocarpus integer*	西马来西亚、文莱、沙捞越、缅甸、印度、印度尼西亚、斯里兰卡、苏门答腊、马来西亚、柬埔寨、老挝、越南、沙巴、婆罗洲、爪哇岛	榴莲蜜	bangkong；cempedak hutan；ceubeadak huta；chempadak；jackhout；keldang；mit；nakan；nakau；peruput；temedak；tibadak；tjempedak
780	*Artocarpus kemando*	婆罗洲、苏门答腊、西马来西亚、印度尼西亚、爪哇岛、文莱、沙巴	卡曼多桂	buah tegebut；ceibeda buluh；cubadak air；keledang；kpudu；nenangka；perian；pudu；sibeda panah；tampunik；tarap undang；tempinis
781	*Artocarpus lacucha*	印度	野波罗密	badhar；chimpa；dahu；dephal；esuluhuli；hagusam；irappala；jeuto；kattupilavu；lakuca；lakudi；monkey jack；nakkarenu；otambi；pulinjakka；thitti-pilavu；tium；vatara；wotomba
782	*Artocarpus lakoocha*	泰国、菲律宾、印度、孟加拉国、老挝、缅甸、马来西亚、安达曼群岛、斯里兰卡	莱柯桂木	antipolo；barhal；cham；daho；dehua；dowa；hat；jackwood；kabyi；kamma-regu；keledang；lakock；lakooch；mahard；man-nanoi；myauk-laung；myauklok；nakka-renu；pattadel；vatehuli；wonta；wotomba
783	*Artocarpus lamellosa*	菲律宾	拉梅波罗密	hamigi；kubi；lanusi；sulipa；ubien
784	*Artocarpus lanceifolius*	婆罗洲、苏门答腊、印度尼西亚、马来西亚、西马来西亚、柬埔寨、老挝	剑叶桂木	bunon；cubadak air；kaleput；keledang；keledang keledang；kelidang；khanoonpa；kulidang；simar naka-naka
785	*Artocarpus lowii*	西马来西亚、马来西亚	楼氏波罗密	keledang；meku；miku
786	*Artocarpus maingayi*	西马来西亚	梅尼波罗密	chempedak ayer
787	*Artocarpus malaccensis*	西马来西亚	马六甲波罗密	keledang
788	*Artocarpus mariannensis*	马里亚纳群岛	马岛波罗密	dogdog；dokdok；dugdug
789	*Artocarpus multifidus*	菲律宾	多裂波罗密	bio-bio

序号	学名	主要产地	中文名称	地方名
790	*Artocarpus nitidus*	文莱、西马来西亚、菲律宾、沙捞越	光亮桂木	ampata；anjarubi；beruni；beruni tempurang；keledang；kubi；ngibunuk；selangking padi；sinojoh；taburakin；tampang
791	*Artocarpus nobilis*	斯里兰卡、印度	显著波罗蜜	aludel；del
792	*Artocarpus odoratissimus*	文莱、菲律宾、沙捞越、马来西亚、沙巴	芬芳波罗密	kiran；madang；marang-ban guhan；pingan；tarap；terap hutan；timadang
793	*Artocarpus ovatus*	菲律宾	卵形波罗密	anubing；bayuko；indang；kalauahan；kanubling；nangca；nerek；sulipa；ubien
794	*Artocarpus pinnatisecta*	菲律宾	羽状波罗密	bio
795	*Artocarpus rigidus*	苏门答腊、缅甸、西马来西亚、婆罗洲、菲律宾、马来西亚、爪哇岛	硬性桂	barok；cebeda salahuri；cempedak hutan；jahore jack；katepul；keledang temponek；mentawah；monkey-jak；nangka pipit；perian；sone-padat；tampang；tuah
796	*Artocarpus rubrovenia*	菲律宾	红脉波罗密	anabling；anobiling；bunga；hamigi；kalulot；tumulubo；ubien
797	*Artocarpus sampor*	越南	桑波波罗密	sampor
798	*Artocarpus scortechinii*	西马来西亚	斯氏桂木	terap；terap hitam
799	*Artocarpus sempervirens*	柬埔寨	常绿波罗密	sampear
800	*Artocarpus sericicarpus*	沙捞越、菲律宾、文莱	绸果波罗密	bua；gumihan；kian；pedalai；pien；tekalong；tembaran lampong；terap；tian
801	*Artocarpus subrotundifolius*	菲律宾	圆叶波罗密	buragit；lukoan；malakubi
802	*Artocarpus tamaran*	沙捞越、文莱、沙巴	塔玛波罗密	kakang；terap；timbagan
803	*Artocarpus teysmannii*	苏门答腊、婆罗洲	泰氏波罗密	barok；cempedak air；kikulum；nangka air；telap；tiwadak banju；tjempedak air
804	*Artocarpus tonkinensis*	越南、柬埔寨、老挝	东京波罗蜜	chay；hao；khoai
805	*Artocarpus treculianus*	菲律宾	特雷波罗密	antipolo；pakak；tipolo；tipuho
806	*Artocarpus xanthocarpa*	菲律宾	黄果波罗密	kubi；kubing-dilau

序号	学名	主要产地	中文名称	地方名
	***Arytera*（SAPINDACEAE）** **滨木患属（无患子科）**		**HS CODE** **4403.99**	
807	*Arytera forma*	菲律宾	福马滨木患	alasan-pula
808	*Arytera litoralis*	菲律宾、文莱、苏门答腊、西马来西亚、爪哇岛	滨木患	alasan；balingasan；eka nuaeh；iloilo；kulu layo hitam；llat；mahau；pendjalinan；rambutan hutan；tuba pancik；urat rusa
	***Ascarina*（CHLORANTHACEAE）** **蛔囊花属（金莉兰科）**		**HS CODE** **4403.99**	
809	*Ascarina maheshwarii*	菲律宾	马氏蛔囊花	
810	*Ascarina philippinensis*	菲律宾	菲律宾蛔囊花	parukanak；parukanak-bundok
	***Ashtonia*（EUPHORBIACEAE）** **反柱茶属（大戟科）**		**HS CODE** **4403.99**	
811	*Ashtonia excelsa*	沙捞越	大反柱茶	sabal
	***Astronia*（MELASTOMATACEAE）** **褐鳞木属（野牡丹科）**		**HS CODE** **4403.99**	
812	*Astronia acuminatissima*	菲律宾	尖叶褐鳞木	undayai
813	*Astronia avellana*	菲律宾	坚果褐鳞木	mangulis
814	*Astronia badia*	菲律宾	疣孢褐鳞木	dungau-ban guhan
815	*Astronia bicolana*	菲律宾	双核褐鳞木	bikol dungau
816	*Astronia bicolor*	菲律宾	二色褐鳞木	kalingai
817	*Astronia brachybotrys*	菲律宾	短柄褐鳞木	dungau-punggok
818	*Astronia bulusanensis*	菲律宾	布卢山褐鳞木	bulusan talanak
819	*Astronia candolleana*	菲律宾	褐鳞木	talanak
820	*Astronia consanguinea*	菲律宾	血缘褐鳞木	dungau-silangan
821	*Astronia cumingiana*	菲律宾	球兰褐鳞木	badling
822	*Astronia dioica*	菲律宾	异株褐鳞木	dungau-hiualai
823	*Astronia discolor*	菲律宾	变色褐鳞木	dungau-puti
824	*Astronia ferruginea*	菲律宾	锈色褐鳞木	salasik
825	*Astronia gitingensis*	菲律宾	菲律宾褐鳞木	dungau-gulod
826	*Astronia lagunensis*	菲律宾	内湖褐鳞木	dungau-bundok
827	*Astronia loheri*	菲律宾	南洋褐鳞木	loher dungau
828	*Astronia mearnsii*	菲律宾	黑荆褐鳞木	mearns dungau
829	*Astronia megalantha*	菲律宾	巨花褐鳞木	bagaubau

序号	学名	主要产地	中文名称	地方名
830	*Astronia meyeri*	菲律宾	迈耶褐鳞木	meyer dungau
831	*Astronia negrosensis*	菲律宾	内格罗斯褐鳞木	negros dungau
832	*Astronia pachyphylla*	菲律宾	厚叶褐鳞木	dungau-kapalan
833	*Astronia pacifica*	菲律宾	太平洋褐鳞木	dungau-dagat
834	*Astronia parvifolia*	菲律宾	小叶褐鳞木	dungau-liitan
835	*Astronia piperi*	菲律宾	臭褐鳞木	piper dungau
836	*Astronia platyphylla*	菲律宾	宽叶褐鳞木	dungau-laparan
837	*Astronia pulchra*	菲律宾	美丽褐鳞木	bulugigan
838	*Astronia purpuriflora*	菲律宾	紫花褐鳞木	kaningag
839	*Astronia ramosii*	菲律宾	宽瓣褐鳞木	ramos dungau
840	*Astronia rolfei*	菲律宾	高山褐鳞木	bugos；dungau-pula
841	*Astronia sorsogonensis*	菲律宾	索索贡褐鳞木	sorsogon dungau
842	*Astronia subcaudata*	菲律宾	无柄花褐鳞木	dungau-buntotan
843	*Astronia tetragona*	菲律宾	四方褐鳞木	pakia
844	*Astronia verruculosa*	菲律宾	瘤枝褐鳞木	dungau-butligin
845	*Astronia viridifolia*	菲律宾	绿褐鳞木	dalipos
846	*Astronia williamsii*	菲律宾	威氏褐鳞木	dungau
847	*Astronia zambalensis*	菲律宾	三描礼示褐鳞木	dulauan
	***Atuna*（ROSACEAE）** **灯罩李属（蔷薇科）**		**HS CODE** **4403. 99**	
848	*Atuna penangiana*	文莱	槟城灯罩李	belibu
849	*Atuna racemosa*	西伊里安、沙巴、西马来西亚、婆罗洲、苏门答腊、菲律宾	聚果灯罩李	atuna；bintang ular；cyclandrop hora；kalek gundik；kembang hutan；maripanas；merbatu；patuk；pelekambing；tabon-tabon；temberas gunung；torog；villamil liusin
	***Aucuba*（CORNACEAE）** **桃叶珊瑚属（山茱萸科）**		**HS CODE** **4403. 99**	
850	*Aucuba japonica*	日本	桃叶珊瑚	aoki；aokiba
	***Austrobuxus*（EUPHORBIACEAE）** **黄杨桐属（大戟科）**		**HS CODE** **4403. 99**	
851	*Austrobuxus malayan*	印度尼西亚	马来黄杨桐	kasai

序号	学名	主要产地	中文名称	地方名
852	*Austrobuxus nitidus*	西马来西亚、婆罗洲	光亮黄杨桐	arau；punti；selumbar
	***Averrhoa*（OXALIDACEAE）** **阳桃属（酢浆草科）**		**HS CODE** **4403.99**	
853	*Averrhoa bilimbi*	苏门答腊、印度尼西亚、文莱、西马来西亚、爪哇岛、菲律宾、马里亚纳群岛	红阳桃	asam；baling；belimbing；carambolier blimbing；kamias；pikue；poulitcha-maron；pulusu-kayalu；selimen；thlimeng；tjalingtjing；uchong
854	*Averrhoa carambola*	苏门答腊、菲律宾、马里亚纳群岛、印度、文莱、西马来西亚、南亚、柬埔寨、老挝、越南、斯里兰卡、缅甸	阳桃	asam jorbing；balimbing；balimbing say；carambol；carambola-tree；cophuong；dharaphala；kamarak；kamarakshi mara；kamaranga；khe gianh；kurmurunga；meetha-kam arunga；phuong；sagadam；sigam；star fruit-tree；tamarak
	***Avicennia*（VERBENACEAE）** **海榄雌属（马鞭草科）**		**HS CODE** **4403.99**	
855	*Avicennia alba*	沙巴、西马来西亚、菲律宾、孟加拉国	白海榄雌木	api-api；bungalon-puti；kachuchis；piapi；pundung；sada baen
856	*Avicennia germinans*	越南	萌发海榄雌木	mam den
857	*Avicennia intermedia*	越南	黄海榄雌木	mam trang
858	*Avicennia lanata*	西马来西亚、马来西亚	绵毛海榄雌木	api-api；api-api bulu；puteh
859	*Avicennia marina*	西马来西亚、沙捞越、马来西亚、菲律宾、西伊里安、孟加拉国、柬埔寨、老挝、越南、缅甸	海榄雌木	api api；api api sudu；api-api jambu；avicennia；boango；india mangrove；kalapini；lingog；mam；mangrovia indiana；miapi；parwa；piapi；sohm；thame
860	*Avicennia officianalis*	越南	药用海榄雌木	mam；mamden
	***Azadirachta*（MELIACEAE）** **蒜楝属（楝科）**		**HS CODE** **4403.99**	
861	*Azadirachta excelsa*	印度尼西亚、菲律宾、婆罗洲、苏门答腊、沙巴、沙捞越、文莱、西马来西亚	大蒜楝木	bawan；bawang surian；bebawang；calantas curly；kayu bawang；limpaga；maranggo；meranggo；mimba；philippine mahogany；runggu；sentang；surian bawang

序号	学名	主要产地	中文名称	地方名
862	*Azadirachta indica*	印度、越南、中国、老挝、斯里兰卡、缅甸、印度尼西亚、西马来西亚、南亚、菲律宾、苏门答腊、泰国、柬埔寨	蒜楝木	arishta; bakam; bemu; cho-do; danujhada; drekh; indian lilac; kadukhajur; kakapholo; kaybevu; limba; maranggo; margosa-tree; neem-tree; nimb; nimbah; picumarda; sadao; sedyapa; tama; tamaka; vembou; vepa; xoan dao; yapa; yapachettu
	Baccaurea **(EUPHORBIACEAE)** **木奶果属（大戟科）**		**HS CODE** **4403.99**	
863	*Baccaurea angulata*	沙巴、西马来西亚、沙捞越	角状木奶果	belimbing hutan; tampoi; ujong
864	*Baccaurea annamensis*	柬埔寨、越南、老挝	越南木奶果	dau dat; dau tien; molan
865	*Baccaurea bracteat*	沙捞越、印度、苏门答腊、沙巴、文莱	苞叶木奶果	depot; puak burong; rambia hutan; simasang; tampoi; tampoi paya
866	*Baccaurea brevipes*	沙捞越	短柄木奶果	batoh pranuk
867	*Baccaurea cauliflora*	柬埔寨、老挝、越南	茎花木奶果	dau dat; giau dat; giau gia; phay
868	*Baccaurea costulata*	文莱	小脉木奶果	enterawak; pekang; tampoi silau
869	*Baccaurea dulcis*	苏门答腊	甜木奶果	minggol
870	*Baccaurea glabriflora*	菲律宾	光叶木奶果	dilak-linis
871	*Baccaurea javanica*	爪哇岛	爪哇木奶果	poendoeng; poendoengan; redjasan
872	*Baccaurea kingii*	西马来西亚	金氏木奶果	jintek-jintek; mesekam; tampoi; tampoi kera
873	*Baccaurea kunstleri*	西马来西亚、文莱	阔翅木奶果	jintek bukit; massam; rambai hutan; tampoi
874	*Baccaurea lanceolata*	菲律宾、文莱、沙巴	剑叶木奶果	limpahung; lipau; tampoi
875	*Baccaurea latifolia*	沙捞越、沙巴	阔叶木奶果	silu buang; tampoi; tampoi kuning
876	*Baccaurea macrocarpa*	沙巴	大果木奶果	tampoi; tampoi merah
877	*Baccaurea minor*	沙捞越、马来西亚	小木奶果	sintak nyabor; tampoi
878	*Baccaurea motleyana*	沙捞越、文莱、沙巴、苏门答腊、西马来西亚	莫特利木奶果	berat; engkabang rambai; gulip; meranti rambai; rambai
879	*Baccaurea odoratissima*	菲律宾	馨香木奶果	dilak-bang uhan

序号	学名	主要产地	中文名称	地方名
880	*Baccaurea oxycarpa*	柬埔寨、越南	木果木奶果	aluan sacoi
881	*Baccaurea parviflora*	沙巴、印度、西马来西亚	小花木奶果	kunau; kunau-kunau; say hamboon; tampoi; tampoi smut
882	*Baccaurea philippinensis*	菲律宾	菲律宾木奶果	baloiboi
883	*Baccaurea pyriformis*	文莱	梨形木奶果	janggau; jelentik; massam
884	*Baccaurea racemosa*	苏门答腊、文莱	聚果木奶果	bera mata; engkuni; jelehe; kisip; mangkuni
885	*Baccaurea ramiflora*	柬埔寨、老挝、越南、孟加拉国、缅甸、伊朗	木奶果	dau da dat; dau gia dat; dau rung; dau thien; giau da dat; giau gia dat; giau giat; giau sat; harfata; kanaso; phi; phnieuv
886	*Baccaurea stipulata*	沙巴	绵毛木奶果	kunau; kunau-kunau
887	*Baccaurea sumatrana*	苏门答腊	苏门答腊木奶果	belawah kehepayo; jentikan daun halus; merah mata; sale-sale batu; semasam peris; senipis; tambus kuro-kuro
888	*Baccaurea tetrandra*	菲律宾	四蕊木奶果	dilak
	Bactris **(PALMAE)** **桃果椰子属（棕榈科）**		**HS CODE** **4403.99**	
889	*Bactris gasipaes*	菲律宾	加斯佩桃果椰子	pejibaye palm
	Baeckea **(MYRTACEAE)** **岗松属（桃金娘科）**		**HS CODE** **4403.99**	
890	*Baeckea frutescens*	沙巴、柬埔寨、老挝、越南、西马来西亚、沙捞越、婆罗洲	灌木状岗松	berungis; choixe; chuchor atap; cucor atap; daoen tjoetjoer atap; udjung atap
	Balanites **(ZYGOPHYLLACEAE)** **卤刺树属（蒺藜科）**		**HS CODE** **4403.99**	
891	*Balanites aegyptiaca*	印度、也门	埃及卤刺树	angavriksha; desert date; egligh; egorea; hinger; hingon; hingoriyun; hingot; hingota; ingalore; ingalukke; ingudihala; nanjunta; ringri; totuvattu; zaccone; zacon; zadlum
892	*Balanites roxburghi*	印度	罗克斯卤刺树	hengun; hingoota
893	*Balanites triflora*	缅甸	三花卤刺树	su-palwe; thit-palwe

序号	学名	主要产地	中文名称	地方名
	Balanocarpus **（DIPTEROCARPACEAE）** **南印坡垒属（龙脑香科）**		**HS CODE** **4403. 99**	
894	*Balanocarpus heimii*	东南亚	赫氏棒果香	
	Baliospermum **（EUPHORBIACEAE）** **斑籽木属（大戟科）**		**HS CODE** **4403. 99**	
895	*Baliospermum montanum*	印度、爪哇岛	山地斑籽木	adaviaamud amu; banjado; dant; danti; dantika; dantimul; donti; ettadundiga; hakum; hakun; jamalagota; kaduharalu; kanakapata; katalavanakku; kattamanakku; kondamudamu; naagadanti; nakadanti; nelajidi; nervalam; nikumbha; niradimuttu; peyamanakku; srintil; udumbarapa rni
	Barringtonia **（LECYTHIDACEAE）** **玉蕊属（玉蕊科）**		**HS CODE** **4403. 49**	
896	*Barringtonia acutangula*	印度、东南亚、柬埔寨、老挝、越南、南亚、菲律宾、缅甸	尖玉蕊	adampa; attampu; barringtonia; batta; dattephal; datte-phal; dundi; hendol; hijal; hijalo; hijjala; holekauvar; ingli; kadappai; kalambuaia; kanapa; kumia; kurpa; mauvinkubia; pinniha; piwar; punnagache ttu; putat; samudraphala; samundar; samundarphul; sengadambu; tiwarang
897	*Barringtonia angulata*	印度	角状玉蕊	gum
898	*Barringtonia annamica*	柬埔寨、老挝、越南	安纳玉蕊	bo; mung sau
899	*Barringtonia asiatica*	文莱、菲律宾、柬埔寨、越南、西伊里安、婆罗洲、苏门答腊、西马来西亚、沙捞越、马里亚纳群岛、马绍尔群岛	亚洲玉蕊	angas gimpalang; angas keraut; angas lakai; balubitoan; bangbi; barringtonia; boton; botong; botong-bot ong; bulan laut; buntun; butan; butong; gesam; pokok butun; putat; putat laut; puteng; puting; putut; puutin; sea putat; tentu; tentue; tentuwe; wop
900	*Barringtonia balabacensis*	菲律宾	巴兰嘎玉蕊	ulam
901	*Barringtonia conoidea*	沙捞越	圆锥玉蕊	putut sungai
902	*Barringtonia curranii*	菲律宾	库氏尼玉蕊	curran putat

序号	学名	主要产地	中文名称	地方名
903	*Barringtonia fusiformis*	印度尼西亚、文莱	梭形玉蕊	jambu jambu；putat
904	*Barringtonia macrostachya*	菲律宾、苏门答腊、文莱、西马来西亚	大穗玉蕊	karakauat；kayu putat；putat
905	*Barringtonia pauciflora*	柬埔寨、老挝、越南	少花玉蕊	cam lang；meu lac
906	*Barringtonia pendula*	西马来西亚	垂枝玉蕊	putat
907	*Barringtonia pterita*	菲律宾	普泰里玉蕊	hagpukan
908	*Barringtonia pterocarpa*	柬埔寨、老挝、越南	翅果玉蕊	nung
909	*Barringtonia racemosa*	马里亚纳群岛、印度、菲律宾、文莱、沙捞越	聚果玉蕊	langaasag；langansat；langasat；langat；nivar；putat；putat jambu；putut rambeh
910	*Barringtonia reticulata*	菲律宾、苏门答腊、沙捞越	网状玉蕊	lolo；putat halang；putat paya
911	*Barringtonia revoluta*	苏门答腊、菲律宾	卷叶玉蕊	peranap；ulam-pampang
912	*Barringtonia sarcostachys*	西马来西亚、沙巴	肉玉蕊	putat；tampalang
913	*Barringtonia scortechinii*	西马来西亚、苏门答腊	狭叶玉蕊	putat；putat talang
914	*Barringtonia speciosa*	安达曼群岛	美丽玉蕊	dubdah
	Bauhinia **(CAESALPINIACEAE)** **羊蹄甲属（苏木科）**		**HS CODE 4403. 99**	
915	*Bauhinia acuminata*	中国、印度、缅甸	披针叶羊蹄甲	berg-ebenholz；mahahlega；mahahlegabyu；mountain ebony；swedaw；thalat
916	*Bauhinia ampla*	缅甸	大羊蹄甲	
917	*Bauhinia dolichocalyx*	菲律宾	长萼羊蹄甲	malabanot
918	*Bauhinia integrifolia*	菲律宾	全缘叶羊蹄甲	agpei
919	*Bauhinia malabarica*	菲律宾、印度、缅甸、柬埔寨	马拉巴羊蹄甲	alibangbang；almi；ambothka；arampuli；asthura；basavanapada；bweggin；cheppura；chinbyit；doeum-chho eung-ko；gohonoboroda；khat-papri；khattajhin jhora；malaiyatti；pulichinta；pulikogele pukke；puliyatti；pullaninta；pullare；sehara；shinleyat；vattatti
920	*Bauhinia microstachya*	印度	小穗羊蹄甲	
921	*Bauhinia monandra*	马里亚纳群岛	单雄蕊羊蹄甲	flores mariposa；mariposa

序号	学名	主要产地	中文名称	地方名
922	*Bauhinia purpurea*	印度、菲律宾、爪哇岛、斯里兰卡、缅甸	紫羊蹄甲	atmatti; baswanapada; bedatithac hettu; bodanta; boroda; butterfly-tree; chuvannama ndaram; debokanjoro; devakanjan amu; dundra; fringon morado; geranium-tree; kempumandaara; kenchna; keolar; keolari; maha-hlega-ni; mandari; segappuman darai; sona; swedaw-ni; vanaraja
923	*Bauhinia racemosa*	印度、缅甸	聚果羊蹄甲	ambhota; anupushpaka; archi; ashintrao; ashitri; asondaro; asundro; atti; dhorara; dundra; gurial; jhinjri; mandaram; omboroda; pachare; svetakanch an; svetakanch ana; tadagi; taur; vana sampige; vattaatti; wanurajan; zanzaro
924	*Bauhinia roxburghiana*	印度	微凹羊蹄甲木	goddari; goddukura; gwayral; hirpa; kandla; kandlao; koilar; kural; nirpayamu; semla
925	*Bauhinia semla*	缅甸、印度	塞姆拉羊蹄甲	bauhinia; birnju; bunju; gwayral; jhin jit; jhinjit; kanalla; kandiawa; kandla; kangali; kanloo; koilar; kuayral; kural; semla; semla gum; thaur; twar
926	*Bauhinia tomentosa*	马里亚纳群岛	毛羊蹄甲	flor de mariposa; flores de mariposa; mariosa
927	*Bauhinia vahlii*	印度	瓦氏羊蹄甲	adda; addatiga; anepadu; anipadu; chambal; chambuli; chambura; chehur; chembelli; hepparige; jallur; kambihu; kattumanda; madaputige; mahul; malanjhana; malu; mandarai; marwar; mottanvalli; murva; shiali; shioli; sialpat; siyali; taur
928	*Bauhinia variegata*	印度、柬埔寨、越南、缅甸、老挝	斑状羊蹄甲	arisinatige; botantam; bwegyin; chuvannama ndaram; devakancha namu; dok ban; gurial; kachnag; kanchanarah; kanchavala; kanchavalado; kaniar; kanjoni; kempukanji vala; kodivar; kodivarah; kosonaro; segappuman darai; segapu-man chori; shemmandarai; suvannaman daram; svetkanchan; thaur; ulipe; vellaippuv atti

序号	学名	主要产地	中文名称	地方名
	Beilschmiedia **(LAURACEAE)** 琼楠属（樟科）		**HS CODE** **4403. 49**	
929	*Beilschmiedia assamica*	文莱、西马来西亚	阿萨琼楠	medang
930	*Beilschmiedia cairocan*	菲律宾	菲律宾琼楠	anagep; anago-ngisi; cubi; dulauen; inyam; kairukan; kalangiging; kubi; makatu; malacadios; nagusip; niket; takki-na-gayang
931	*Beilschmiedia gemmiflora*	西伊里安	花芽琼楠	bengeran
932	*Beilschmiedia glomerata*	菲律宾	聚花琼楠	terukan; tirukan
933	*Beilschmiedia insignis*	西马来西亚	显著琼楠	medang
934	*Beilschmiedia lucidula*	菲律宾	毛丽琼楠	bagaoring
935	*Beilschmiedia micrantha*	西马来西亚、沙巴	小花琼楠	medang; medang wangi
936	*Beilschmiedia morobensis*	沙巴	莫罗本琼楠	
937	*Beilschmiedia nigrifolia*	菲律宾	黑叶琼楠	tirukan-itim
938	*Beilschmiedia purpurea*	菲律宾	紫琼楠	magansira
939	*Beilschmiedia roxburghiana*	印度、缅甸	刺梨琼楠	kamatti; shawdu
940	*Beilschmiedia schmitzii*	缅甸	施氏琼楠	
941	*Beilschmiedia sikkimensis*	印度	锡金琼楠	indian tawa
942	*Beilschmiedia sphaerocarpa*	柬埔寨、老挝、越南	球果琼楠	chap choa
943	*Beilschmiedia tanakae*	日本	田中琼楠	laurel; yamenuban
944	*Beilschmiedia tonkinensis*	西马来西亚	东京琼楠	medang
	Berberis **(BERBERIDACEAE)** 小檗属（小檗科）		**HS CODE** **4403. 99**	
945	*Berberis thunbergii*	日本	日本小檗	megi
	Berchemia **(RHAMNACEAE)** 勾儿茶属（鼠李科）		**HS CODE** **4403. 99**	
946	*Berchemia berchemiaefolia*	朝鲜	贝尔希勾儿茶	manggae-namu
	Berchemiella **(RHAMNACEAE)** 小勾儿茶属（鼠李科）		**HS CODE** **4403. 99**	
947	*Berchemiella berchemiifolia*	日本	日本小勾儿茶	

序号	学名	主要产地	中文名称	地方名
	Berrya （**TILIACEAE**） **浆果椴属（椴树科）**		**HS CODE** **4403. 99**	
948	*Berrya ammonilla*	印度	浆果椴	tricomalee
949	*Berrya cordifolia*	印度、柬埔寨、老挝、越南、南亚、斯里兰卡、缅甸、印度尼西亚、泰国、菲律宾、沙巴、安达曼群岛	心叶浆果椴	amonilla; boisde trinque male; chavandalai; giathi; halmalille; liang man; lieng; lieng man; luong; mai long; petwoon; petwun; riengman; thirukkana mallay; tircana-ma le-marom; tricolmale; tricomale; tricomalee; trincomalee; trincomale e-wood; trincomali-wood
950	*Berrya mollis*	老挝、柬埔寨、越南、东南亚、泰国、缅甸	软浆果椴	doc bung; gia thi; halmilla; ketapang; liang man; lieng; luong; pet-wun; tricomale; trincomalee
	Bertholletia （**LECYTHIDACEAE**） **栗油果属（玉蕊科）**		**HS CODE** **4403. 49**	
951	*Bertholletia excelsa*	菲律宾	栗油果木	brazilnut
	Betula （**BETULACEAE**） **桦木属（桦木科）**	**HS CODE** **4403. 95（截面尺寸≥15cm）或 4403. 96（截面尺寸<15cm）**		
952	*Betula alnoides*	尼泊尔、印度、越南、缅甸	西南桦	abedul indico; banutis; betulla indiana; bouleau indien; canglo; cherry-bo; dingleen; haoul; haur; himalaya berk; himalayan birch; hlosunli; indisk bjork; kunis; layang; layang kachin; payan-utis; phuj-pattra; puzala; sauer; saur; saver; shagru; shaul; sheori; sunli
953	*Betula chinensis*	朝鲜、日本	坚桦	gaebagdal-namu; too-kanba
954	*Betula corylifolia*	日本	榛叶桦	urajirokan ba
955	*Betula costata*	北亚、日本、朝鲜	硕桦	abedul asiatico; asiatic birch; asiatisk alm; asiatisk bjork; aziatische berk; aziatische iep; betulla asiatica; bouleau asiatique; chosen-min ebari; geojesu-na mu; olmo asiatico
956	*Betula dahurica*	日本、朝鲜	黑桦	abedul de mongolia; betulla di mongolia; bouleau de mongolie; ko-one-ore; ko-ono-ore; mongolian birch; mongolisk bjork; mongoolse berk; mulbagdal-namu

序号	学名	主要产地	中文名称	地方名
957	*Betula ermanii*	日本、北亚	岳桦	abedul de japon; betulla giapponese; bouleau japonais; dakekaba; dakekanba; japanese birch; japanse berk; japansk bjork
958	*Betula globispica*	日本	环球桦	jizo-kanba
959	*Betula grossa*	日本	日本樱桦	japanese birch; japanese cherry birch; makaba; mizume; mizume-zak ura; moka-zakura; shirakaba; udaikamba; yoguso-min ebari
960	*Betula humilis*	俄罗斯	甸生桦	niedrige birke; shrubby birch
961	*Betula insignis*	中国	显著桦	chinese birch
962	*Betula luminifera*	中国	光皮桦	chinese birch
963	*Betula maximowicziana*	日本	王桦	abedul japones; betulla giapponese; bouleau japonais; grootbladi ge berk; japanese birch; japansk bjork; makaba; makaba birch; mizume; river birch; saihada-ka nba; shirakaba; shirakamba; udaikamba; udai-kanba
964	*Betula medwedewii*	俄罗斯	高加索桦	abedul ruso; betulla russa; bouleau de russie; russian birch; russische berk; rysk bjork
965	*Betula nana*	北亚	矮桦	abedul enano; betulla nana; bouleau nain; dvarg-bjork; dwarf birch; dwerg-berk
966	*Betula platyphylla*	日本、北亚	宽叶桦	abedul japones; betulla giapponese; bouleau du japon; jagjag-namu; japanese birch; japanese white birch; japanse berk; japansk bjork; koba no shirakamba
967	*Betula platyphylla* var. *japonica*	日本、朝鲜	日本桦	betulla giapponese; bouleau japonais; jajag-namu; japanese birch; japanse berk; japansk bjork; makaba; mizume; shirakaba; shirakaba birch; shirakamba; shirakanba; udaikamba

序号	学名	主要产地	中文名称	地方名
968	*Betula pubescens*	中国、北亚、俄罗斯、日本	欧洲桦	abedul de china; abedul europeo; beraza; bereza; berjoza puschistaja; betulla cinesa; betulla europea; betulla pubescente; bouleau chinois; china birch; chinese berk; european birch; glas-bjork; kenisesk bjork; pubescent birch; russian birch; shirakamba; silver birch
969	*Betula schmidtii*	朝鲜、日本	赛黑桦	bagdal-namu; korean birch; ono-ore; ono-ore-kanba
970	*Betula utilis*	尼泊尔、印度、日本	糙皮桦	abedul indico; betulla indiana; bharjapatri; bhujpattra; bhurjama; bouleau indien; himalayan white birch; india birch; indian birch; indische berk; indisk bjork; ono-ore; ono-ore-kamba
	Bhesa (CELASTRACEAE) 膝柄木属（卫矛科）		**HS CODE** **4403.99**	
971	*Bhesa archboldiana*	西伊里安	大花膝柄木	bhesa; bubyee
972	*Bhesa ceylanica*	西伊里安	锡兰膝柄木	
973	*Bhesa paniculata*	苏门答腊、沙捞越、西马来西亚、沙巴、婆罗洲、菲律宾、文莱	锥花膝柄木	arang; barin tilon; benak; biku; biku biku; damas; ensumat; hayodolok rawang; hibui; jela abala; jung-jung; kajo elain; kalumpan; kerangyi; kerindjing; kerinjing; kerinjing renah; kuela; madang bura; merlantaan rawang; mirapong birar; serunai; setomuhila; sidarang daya; tjanggam
974	*Bhesa robusta*	苏门答腊、西马来西亚	粗壮膝柄木	ayan; balam buju; benak; bengkinang; biku biku; cabe; janting; jurung laki; katian
	Bignonia (BIGNONIACEAE) 号角藤属（紫葳科）		**HS CODE** **4403.99**	
975	*Bignonia aequinoctialis*	印度	稀脉号角藤	
976	*Bignonia binata*	印度	叉叶号角藤	
977	*Bignonia capreolata*	印度	号角藤	cross-vine; quarter-vine
	Bikkia (RUBIACEAE) 东星木属（茜草科）		**HS CODE** **4403.99**	
978	*Bikkia tetranda*	马里亚纳群岛	四花东星木	gaosali; gausali

序号	学名	主要产地	中文名称	地方名
	Bischofia（EUPHORBIACEAE） 秋枫属（大戟科）		**HS CODE** **4403.99**	
979	*Bischofia javanica*	日本、中国台湾地区、菲律宾、缅甸、印度、西伊里安、印度尼西亚、苏门答腊、马来西亚、西马来西亚、老挝、柬埔寨、越南、沙巴	秋枫	akagi；apalang；aukkyu；aukkywe；ayuni；bagna；bembuk；bhillar；bintungan；bischofia；bishopwood；ch'au fung shue；cingkam；dueg；gerunjing；gobra nairul；gundjing；gunjing；hka-shatawi；irum；kola；korsa；kot semla；kundjing；kywetho；lai；tjingkam；toob；tuel；uriam；ye-padauk
980	*Bischofia trifolia*	越南	三叶秋枫	nhoi；nhut
	Bixa（BIXACEAE） 红木树属（红木科）		**HS CODE** **4403.99**	
981	*Bixa orellana*	马里亚纳群岛、菲律宾、柬埔寨、老挝、越南、中国、印度、西马来西亚、缅甸	红木树	achiote；achoti；achuete；annatto；dieu nhuom；fung fa muk；gulbas；jaffrachettu；jafframaram；jafra；japhara；japhoran；kappumankala；kesari；kesri；kesumba；kuppamanjal；kurungu-manjal；latkan；lipstick-tree；lotpan；sinduri；thidin；thinbaw-thidin；watkan
	Blepharocalyx（MYRTACEAE） 毛萼金娘属（桃金娘科）		**HS CODE** **4403.99**	
982	*Blepharocalyx cisplatensis*	柬埔寨、越南	西斯普毛萼金娘	arrayan
	Blumeodendron（EUPHORBIACEAE） 布鲁木属（大戟科）		**HS CODE** **4403.99**	
983	*Blumeodendron kurzii*	苏门答腊、沙捞越、西马来西亚	库氏布鲁木	babak；bangka bukit；buyun；entawak；gaham badak；kayu gading；lemak manok；madang timbakau；pinggan-pinggan；sikukaluang；tafanggeu bala
984	*Blumeodendron papuanum*	苏门答腊	巴布亚布鲁木	
985	*Blumeodendron paucinervium*	菲律宾	少脉布鲁木	lindog-ila nan
986	*Blumeodendron philippinense*	菲律宾	菲律宾布鲁木	salngan

序号	学名	主要产地	中文名称	地方名
987	*Blumeodendron subrotundifolium*	菲律宾、西马来西亚、印度尼西亚	亚伯布鲁木	lindog; lindog-bilog; medang lempong; taramajang pajo
988	*Blumeodendron tokbrai*	西伊里安、沙捞越、西马来西亚、婆罗洲、沙巴、文莱、印度尼西亚	托克布鲁木	baan; blumeodend ron; embaan; empungan; entungan; gaham badak; gampugi; gangulang; kakarah; kapalan; kayu silu; kemandang; mbaan; merbulan; nbaan; puak burong; pugi ranau; tampoi paya; teku; tengkurung
989	*Blumeodendron verticillatum*	菲律宾	轮叶布鲁木	lindog-pin ayong
	Boehmeria **(URTICACEAE)** **苎麻属（荨麻科）**		**HS CODE** **4403. 99**	
990	*Boehmeria clidemioides*	爪哇岛	序叶苎麻	oetjah-oet jahan
991	*Boehmeria cylindrica*	亚洲	圆叶苎麻	
992	*Boehmeria excelsa*	亚洲	大苎麻	
993	*Boehmeria nivea*	马里亚纳群岛、爪哇岛	妮维雅苎麻	amahadyan; amahayan; ramaj; rami; sayafi
994	*Boehmeria pilosiuscula*	爪哇岛	毛叶苎麻	nangsi
995	*Boehmeria ramiflora*	爪哇岛	枝花苎麻	
996	*Boehmeria rugulosa*	印度	皱叶苎麻	dar; genthi; genti; geti; gisit; sedeng
	Bombax **(BOMBACACEAE)** **木棉属（木棉科）**		**HS CODE** **4403. 49**	
997	*Bombax albidum*	柬埔寨、老挝、越南	白木棉	koka; roka
998	*Bombax anceps*	越南、缅甸	扁叶木棉	gao; kok-he
999	*Bombax ceiba*	印度、西伊里安、菲律宾、越南、南亚、印度尼西亚、缅甸、泰国、沙巴、西马来西亚、中国、柬埔寨、老挝、孟加拉国、巴基斯坦	爪哇木棉	bargu; bolchu; conrungdo; corkwood; cottonwood; dangdoer; dangdur; edel; fromage de hollande; gao tia; indian bombax; indian cottonwood; kaantisenbal; kantesavar; kapok; khatsaweri; kondabooru ga-chettu; leptan; letpan; ngiew; nouroh; ouatier; pagun; sakhata; salmali; sayarsimalo; semal; simal
1000	*Bombax costatum*	马来西亚	科斯塔木棉	boumboun

序号	学名	主要产地	中文名称	地方名
1001	*Bombax insignis*	缅甸、印度、安达曼群岛、泰国	显著木棉	didok; didu; didu simal; dumboil; kadung; kloh; pa-raik; semal; taung-letp an; thula
1002	*Bombax malabaricum*	印度、缅甸、泰国、中国	木棉	indian cottonwood; semul
1003	*Bombax valetonii*	苏门答腊、西马来西亚、马来西亚	瓦氏木棉	kabu-kabu; kekabu; kekabu hutan; sekabu; sikapuk
1004	*Bombax wighti*	印度	威格蒂木棉	thula
	Borassus **(PALMAE)** **树头榈属（棕榈科）**		**HS CODE** **4403.99**	
1005	*Borassus flabellifer*	南亚、缅甸、印度、泰国	扇叶树头榈	ago-palme; deleb; palma palmyra; palmier palmyra; palmyra palm; palmyra palmhout; palmyra palmwood; palmyra-palme; palmyre
	Boswellia **(BURSERACEAE)** **乳香树属（橄榄科）**		**HS CODE** **4403.99**	
1006	*Boswellia serrata*	印度、伊朗	齿叶乳香树	anduga; chadacula; dhupamu; frankincense; ganga; gugal; kunturukkam; loban; mukundam; ochittoo; olibanum; palankam; salar; sambrani; schullokee; tellaguggi lamu; vellaikkun giliyam; weihrauch
	Bouea **(ANACARDIACEAE)** **步泥漆属（漆树科）**		**HS CODE** **4403.99**	
1007	*Bouea burmanica*	西马来西亚、老挝、柬埔寨、婆罗洲、越南	缅甸步泥漆	baran; barine; kundang; kundang rumenia; mak phang; mak praing; mapring; mayan; merapoh; miriam; pucar; raman; remia; rumenia; uriam
1008	*Bouea macrophylla*	西马来西亚、印度	大叶步泥漆	kadongan; kundang; kundang hutan; kundangan; ramboonia; remenya
1009	*Bouea microphylla*	西马来西亚	小叶步泥漆	
1010	*Bouea oppositifolia*	西马来西亚、泰国、缅甸、文莱、印度	对叶步泥漆	baran; barine; mapring; ma-pring; mayan; miriam; plum-mango; pring; rambaniah; rauminiya; uriam
	Brackenridgea **(OCHNACEAE)** **银莲木属（金莲木科）**		**HS CODE** **4403.99**	
1011	*Brackenridgea fascicularis*	菲律宾	带状银莲木	bitas; pinulug

序号	学名	主要产地	中文名称	地方名
1012	*Brackenridgea forbesii*	西伊里安	宽叶银莲木	brackenridgea
1013	*Brackenridgea hookeri*	印度尼西亚	束花银莲木	majang-majang；semiang
1014	*Brackenridgea palustris*	苏门答腊	沼生银莲木	mayang；rampat dahan；senang
	Breynia（EUPHORBIACEAE） 黑面神属（大戟科）		HS CODE 4403.99	
1015	*Breynia cernua*	菲律宾	垂穗黑面神	matang-katang
1016	*Breynia patens*	沙巴	伸展黑面神	kubamban
1017	*Breynia racemosa*	菲律宾	聚果黑面神	karmai-bug kau
1018	*Breynia retusa*	印度	微凹黑面神	bahupraja；chitki；deulopohora；jajanga；kalamahomad；kalichikali；khedakamboi；medhokotah otoru；pavalapulah；peruniruri
1019	*Breynia rhamnoides*	菲律宾	菱叶黑面神	matang-hipon
1020	*Breynia trichopetalus*	菲律宾	毛蕊黑面神	katurog
1021	*Breynia vitis-idaea*	印度	维蒂斯黑面神	aruni；bamari；billisulli；chuvannnan iruri；ettaballi；ettapurugudu；gandupachc heri；indian snowberry；jajan；kadunugge；kempuhuli；manipulnati；pavilappula；tikhar；vellari；yellari
	Bridelia（EUPHORBIACEAE） 土密树属（大戟科）		HS CODE 4403.49	
1022	*Bridelia aubrevilleix*	东南亚	奥氏土密树	
1023	*Bridelia glauca*	菲律宾、沙巴	青冈土密树	balitahan；balitahan-tilos；manik
1024	*Bridelia monoica*	菲律宾	土密树	usli
1025	*Bridelia montana*	印度	山地土密树	asana；asano；gondni；kittoe；nuanali；panchavoni；pantangi；pantegi；pantenga；pasanabheda；sannakodari；sidigulige；tellavegisa；vengaimaram
1026	*Bridelia ovata*	日本	卵圆土密树	ngi
1027	*Bridelia penangiana*	柬埔寨、老挝、越南、菲律宾、文莱、沙巴、沙捞越、东南亚	槟城土密树	chinh dong；gien doc；maganmut；mertanak；obas；patanak；scrub ironbark；subiang

序号	学名	主要产地	中文名称	地方名
1028	*Bridelia retusa*	印度、缅甸、斯里兰卡	微凹土密树	arjnera; charalu; dhaulo; dudi maddi; ekadivi; ekalakanto; gondui; goojoo; kutki; lamkana; mahavira; mulluvengai; pathor; phatterphodi; seikchi; verri karaka
1029	*Bridelia stipularis*	印度、沙巴、西马来西亚、爪哇岛	托叶土密树	asana; balatotan; bisalballi; cheruka; gaurkarsi; ghonta; harinhara; kangiabel; kantakauchi; kenidai; khaji; kutki; panachi; poesoe
1030	*Bridelia tomentosa*	菲律宾、西马来西亚	毛土密树	agai; kenidai
	***Broussonetia* (MORACEAE)** **构树属（桑科）**		**HS CODE** **4403. 99**	
1031	*Broussonetia greveana*	亚洲	格雷构树	
1032	*Broussonetia kazinoki*	日本	小构树	kozo; paper mulberry
1033	*Broussonetia kurzii*	亚洲	落叶花桑	
1034	*Broussonetia luzonica*	亚洲	吕宋构树	
1035	*Broussonetia papyrifera*	缅甸、中国、日本、泰国、柬埔寨、老挝、越南、印度、菲律宾、爪哇岛	构树	broussonet; cay giuong; duong; giuong; jangali toot; kaagada-up puraeralae; kajinoki; morera de japon; murier a papier; paper mulberry; rang
	***Brownea* (CAESALPINIACEAE)** **宝冠木属（苏木科）**		**HS CODE** **4403. 49**	
1036	*Brownea grandiceps*	菲律宾	荣光宝冠木	brownea
	***Brownlowia* (TILIACEAE)** **杯萼椴属（椴树科）**		**HS CODE** **4403. 99**	
1037	*Brownlowia argentata*	西伊里安、文莱、菲律宾、沙捞越、沙巴	银杯萼椴	brownlowia; dungun ayer; itek itekan; maragomon-puti; melapeh; pinggau pinggau
1038	*Brownlowia cuspidata*	文莱	尖叶杯萼椴	belati
1039	*Brownlowia denysiana*	越南、柬埔寨、老挝	德尼杯萼椴	bo do; cay lo bo la long; lo bo; lo bo la long; so do cong
1040	*Brownlowia emarginata*	柬埔寨、老挝、越南	边缘杯萼椴	ach sat
1041	*Brownlowia havilandi*	沙捞越	哈维杯萼椴	enkerumai
1042	*Brownlowia lanceolata*	菲律宾	剑叶杯萼椴	maragomon

序号	学名	主要产地	中文名称	地方名
1043	*Brownlowia peltata*	沙巴	盾叶杯萼椴	pinggau
1044	*Brownlowia stipulata*	马来西亚	绵毛杯萼椴	menayat sayap
1045	*Brownlowia tabularis*	柬埔寨、老挝、越南	扁平杯萼椴	ach sat；cay lo bo；lo bo；redwood
	Brucea（**SIMAROUBACEAE**） **鸦胆子属（苦木科）**		**HS CODE 4403. 99**	
1046	*Brucea javanica*	菲律宾	爪哇鸦胆子	babayong；bogo-bogo
1047	*Brucea mollis*	菲律宾	软鸦胆子	makamara；manongao；suga
	Bruguiera（**RHIZOPHORACEAE**） **木榄属（红树科）**		**HS CODE 4403. 99**	
1048	*Bruguiera cylindrica*	西马来西亚、马来西亚、沙捞越、沙巴、菲律宾、苏门答腊、印度、缅甸、越南	柱果木榄	bakau；berus；berus ngayong；beus；bius；burus；hingali；kakandan；knet；lagarai；langarai；magtongog；pototan；pototan-la laki；saung；tangalan；vet du；vet khang
1049	*Bruguiera gymnorhiza*	婆罗洲、印度尼西亚、菲律宾、西马来西亚、苏门答腊、马来西亚、沙捞越、安达曼群岛、西伊里安、缅甸、巴基斯坦、柬埔寨、老挝、越南、马绍尔群岛、斯里兰卡、文莱、马里亚纳群岛、沙巴、爪哇岛	木榄	bakau；bototan；bruguiera；burma mangrove；duoc；eauaah；jon；kandeka；kankra；kurong；lengadai；machu；pertut；putut；sigappukak andan；taheup；thuddu ponna；tomo；tumu merah
1050	*Bruguiera hainesii*	西马来西亚、缅甸	海氏木榄	bakau；berus mata bunga；saung-po
1051	*Bruguiera parviflora*	马来西亚、西马来西亚、沙捞越、缅甸、菲律宾、婆罗洲、苏门答腊、沙巴、越南	小花木榄	bakau；beris lenggadai；hangalai；hangarai；hingalai；hnit；knet-ywethe；langadai；langarai；langari；lenggadai；lenggadi；pototan-la laki；vet tach
1052	*Bruguiera sexangula*	菲律宾、沙巴、西马来西亚、柬埔寨、越南、文莱、沙捞越、苏门答腊、马来西亚、缅甸、爪哇岛	海莲	alai；alay；bakau；berus；berus putut；bong bup；busain；busaing；busiung；lagasa；lagasak；mata buaya；mata buwaya；pototan；pututan；saung；tandjang；vet du

序号	学名	主要产地	中文名称	地方名
	Bruinsmia **(STYRACACEAE)** **歧序安息香属（野茉莉科）**		**HS CODE** **4403.99**	
1053	*Bruinsmia styracoides*	西伊里安、苏门答腊、菲律宾、沙巴	花柱歧序安息香	bruinsmia; deruwek; ganggo kunit; kasia; maningalao; medang bungo mango; medang sapak; sumabau; tinggiran punai; tingo; tingo tingo
	Brunfelsia **(SOLANACEAE)** **番茉莉属（茄科）**		**HS CODE** **4403.99**	
1054	*Brunfelsia americana*	菲律宾	美洲番茉莉	yellow brunsfelsia
	Buchanania **(ANACARDIACEAE)** **山様子属（漆树科）**		**HS CODE** **4403.99**	
1055	*Buchanania amboinensis*	印度	安汶山様子	
1056	*Buchanania angustifolia*	印度	狭叶山様子	kolamava; morli sara; mudamah; pedda morali
1057	*Buchanania arborescens*	菲律宾、西伊里安、婆罗洲、印度尼西亚、文莱、马来西亚、西马来西亚、越南	树状山様子	amugis; anam; bilowo; dingah; getasan; kepala tondang; kepala tundang; marawung; mora; otak udang daun tumpul; paleng; pauhan; terenti; uyok; wekar
1058	*Buchanania insignis*	菲律宾	显著山様子	balihud; balinghasay; balinghasi
1059	*Buchanania lanzan*	印度、缅甸	兰赞山様子	achar; charwari; chironji; cuddapah almond; herka; kalamavu; kat maa; katbhilawa; katma; lamboben; lun; nuruvi; peirah; perua; pial; sara; sareka
1060	*Buchanania lucida*	印度	亮叶山様子	
1061	*Buchanania macrocarpa*	西伊里安	大果山様子	bengeng
1062	*Buchanania microphylla*	菲律宾	小叶山様子	palinlin
1063	*Buchanania nitida*	菲律宾	密茎山様子	alitagtag; balingohot; balitantan; tioc
1064	*Buchanania pallida*	柬埔寨、老挝、越南	淡紫山様子	lang ktiai
1065	*Buchanania sessifolia*	婆罗洲、文莱、沙巴、印度、西马来西亚	无柄山様子	bindjai hutan; djingah; kalat undang; kepala tang tungkai pendek; kepala tundang; kuta udang; otak udang; retundang; tangkai pendek; terentang ajam; terentang tchit
	Burckella **(SAPOTACEAE)** **伯克山榄属（山榄科）**		**HS CODE** **4403.99**	
1066	*Burckella macropoda*	印度尼西亚	大柄伯克山榄	nyato

序号	学名	主要产地	中文名称	地方名
	Burretiodendron（**TILIACEAE**） **椴翅果属（椴树科）**		**HS CODE** **4403. 99**	
1067	*Burretiodendron tonkinense*	越南	越南柄翅果	nghien; nghien trang
	Bursera（**BURSERACEAE**） **裂榄属（橄榄科）**		**HS CODE** **4403. 49**	
1068	*Bursera simaruba*	菲律宾	苦木裂榄	gommier; gommier barriere; gommier rouge; maliskad
	Butea（**FABACEAE**） **紫矿属（蝶形花科）**		**HS CODE** **4403. 99**	
1069	*Butea monosperma*	菲律宾、印度、柬埔寨、老挝、越南、缅甸、斯里兰卡、爪哇岛、西马来西亚	单籽紫矿	bengal kino; brahmavrik sham; chachra; chora; dhak; gieng gieng; kankrei; kesudo; kinsuka; muttuga; muttugal; palah; palas; plasa; porasu; punamurukku; pupalasu; shanggan; thoras
1070	*Butea parviflora*	印度	小花紫矿	athambu; athambuvalli; bando; bodegateega; chamatha; maula; mukkateballi; phalsan; pilacchivalli; plashivalli; poraso
1071	*Butea superba*	印度、柬埔寨、老挝、越南、东南亚	艳丽紫矿	bela palas; beliapalas; chihumt; kodi marukkan; kodimurukkan; lata palas; latapalash; mutthugada balli; noipolaso; palas lata; palasavela; palasvel; tigemoduga; tivvamoduga; velkhadar; yelparas
	Buxus（**BUXACEAE**） **黄杨属（黄杨科）**		**HS CODE** **4403. 99**	
1072	*Buxus cochinchinensis*	柬埔寨、老挝、越南	交趾黄杨木	cama
1073	*Buxus japonica*	日本	日本黄杨木	
1074	*Buxus liukiuensis*	日本	琉球黄杨木	okinawa-tsuge
1075	*Buxus loheri*	菲律宾	南洋黄杨木	piukbanau
1076	*Buxus microphylla*	东亚、印度尼西亚、中国台湾地区	小叶黄杨木	boj; bosso; boxwood; buis; buxbom; buxus; formosa boxwood; taiwan asama tsuge
1077	*Buxus pachyphylla*	菲律宾	厚叶黄杨木	piukbanau-kapalan
1078	*Buxus rivularis*	菲律宾	岸生黄杨木	malagaapi

序号	学名	主要产地	中文名称	地方名
1079	*Buxus sempervirens*	西亚、日本、俄罗斯、伊朗	欧洲黄杨木	anatolian box; buxo; circassian box; european boxwood; gemeiner buchs; iranian boxwood; kaukasisch buchs; madera do buxo; nordisches ebenholz; palmhout; samsheet; turco boj; turkish box; turkish boxwood; turks palmhout
1080	*Buxus stenophylla*	中国	狭叶黄杨木	an-koe
1081	*Buxus wallichiana*	印度、阿富汗	瓦里奇黄杨木	boxwood; buis de wallich; chickdi; chickri; chicxri; chikri; papar; paprang; papri; sansad; sansadu; shamshad; shanda laghune; shumaj
	Byttneria **(STERCULIACEAE)** **刺果藤属（梧桐科）**		**HS CODE 4403. 99**	
1082	*Byttneria uncinata*	西马来西亚	钩状刺果藤	sugee jantan
	Caesalpinia **(CAESALPINIACEAE)** **苏木属（苏木科）**		**HS CODE 4403. 49**	
1083	*Caesalpinia bonduc*	印度	刺果苏木	akitmakit; avil; gachchakaya; gagaja; gatan; gataram; gutsakai; kachki; kazhanchik kuru; kazhichikai; latakaranja; latakaranjah; nata; natakaranja; natukoranza; physic-nut; putikaranja; sagargoti; suriyindu; tapasi
1084	*Caesalpinia coriaria*	印度	革质苏木	american sumac; dividivi plant; dividivitu mma; gilo; inkimaram; kodichittal; kodivelam; konnakkay; mullillade valtividivi; tari; tauri; vilayatiya ldekayi
1085	*Caesalpinia pulcherrima*	马里亚纳群岛、越南、马绍尔群岛、柬埔寨、老挝	粉蕊苏木	caballero; diep; emenawa; fang; jeimota; kabayeros; kangok meas; kim phuong; phang
1086	*Caesalpinia sappan*	印度尼西亚、西马来西亚、越南、南亚、泰国、马里亚纳群岛、斯里兰卡、菲律宾、沙巴、缅甸	苏木	arbol de sapan; bakapu; bresillet; buckhamwood; fang pal; go vang; indian redwood; kajoe sema; ostindisch es rotholz; paeao; patangawood; pathanghi; sapan; sibocao; sibucao; sibukao; teinnyet; vang

序号	学名	主要产地	中文名称	地方名
	Caldcluvia（**CUNONIACEAE**） **栎珠梅属（火把树科）**		**HS CODE 4403.99**	
1087	*Caldcluvia brassii*	印度尼西亚	栎珠梅	
1088	*Caldcluvia celebica*	菲律宾、西伊里安	西里伯斯栎珠梅	bognag; caldcluvia; spiraeopsis
1089	*Caldcluvia nymanii*	西伊里安	尼氏栎珠梅	caldcluvia; opocunonia
	Calliandra（**MIMOSACEAE**） **朱缨花属（含羞草科）**		**HS CODE 4403.99**	
1090	*Calliandra haematocephala*	菲律宾	朱缨花	fireball
1091	*Calliandra tergemina*	菲律宾	畸形朱缨花	tergemina
	Callicarpa（**VERBENACEAE**） **紫珠属（马鞭草科）**		**HS CODE 4403.99**	
1092	*Callicarpa arborea*	孟加拉国、印度	树状紫珠	barmala; bodudu; boropatri; dera; dhaia; dum kotokoi; gamhari; ghiwala; goehlo; jandakhai; khoja; kyunalin; lahkyik; makanchi; pebok; shiwali; sigye; sunga
1093	*Callicarpa basilanensis*	菲律宾	巴西兰紫珠	linagop
1094	*Callicarpa candata*	菲律宾	大果紫珠	aniguip
1095	*Callicarpa dolichophylla*	菲律宾	白花紫珠	atimlang-h aba
1096	*Callicarpa elegans*	菲律宾	秀丽紫珠	tigau-ganda
1097	*Callicarpa erioclona*	菲律宾	绵毛紫珠	palis
1098	*Callicarpa japonica*	日本	日本紫珠	murasakish ikibu
1099	*Callicarpa longifolia*	菲律宾	长叶紫珠	papalsin
1100	*Callicarpa macrophylla*	孟加拉国、缅甸	宏叶紫珠	barmala; pe-bok-gal e-apyu; si-gyi
1101	*Callicarpa magna*	菲律宾	麦格纳紫珠	atimla
1102	*Callicarpa magnifolia*	菲律宾	大叶紫珠	agnai
1103	*Callicarpa merrillii*	菲律宾	麦氏紫珠	katonal
1104	*Callicarpa negrescens*	菲律宾	红紫珠	atimlang-itim
1105	*Callicarpa pachyclada*	菲律宾	厚枝紫珠	atimlang-kapalan
1106	*Callicarpa paloensis*	菲律宾	帕洛紫珠	tigau-tigau
1107	*Callicarpa pedunculata*	西伊里安	下垂紫珠	semaisonne
1108	*Callicarpa platyphylla*	菲律宾	宽叶紫珠	anuyup
1109	*Callicarpa plumosa*	菲律宾	普氏紫珠	balahib

序号	学名	主要产地	中文名称	地方名
1110	*Callicarpa ramiflora*	菲律宾	枝花紫珠	tigau-sang ahan
1111	*Callicarpa subintegra*	菲律宾	全缘紫珠	taringau
1112	*Callicarpa tomentosa*	印度、缅甸	毛紫珠	aisar；bastra；chruthekku；dera；dhaia；doddanatha da gambari；ibbanne；karavati；kyunalin；lahkyik；makandli；massandari；ruchipatri；shiwali；sigye；sunga；teregam；tontittera kam；vettilaipp attai
	***Callistemon*（MYRTACEAE）** **红千层属（桃金娘科）**		**HS CODE** **4403. 99**	
1113	*Callistemon citrinus*	菲律宾	红千层	red bottlebrush
1114	*Callistemon glaucus*	菲律宾	灰绿红千层	showy bottlebrush
1115	*Callistemon lanceolatus*	缅甸	剑叶红千层	bottlebrush；ponnyet
1116	*Callistemon rigidus*	菲律宾	硬红千层	stiff bottlebrush
1117	*Callistemon salignus*	菲律宾	柳叶红千层	feathery bottlebrush
	***Calocedrus*（CUPRESSACEAE）** **翠柏属（柏科）**	**HS CODE** **4403. 25（截面尺寸≥15cm）或 4403. 26（截面尺寸<15cm）**		
1118	*Calocedrus formosana*	中国台湾地区	翠柏	formosan calocedar
1119	*Calocedrus macrolepis*	中国台湾地区、缅甸	台湾翠柏	cedre du formosa；cedro de formosa；cedro di formosa；chinese calocedar；formosa cedar；formosa cypres；shoonan-bo ku；taiwan cedar；tiny-hmwe
1120	*Calocedrus rupestris*	中国台湾地区	岩生翠柏	
	***Calophyllum*（GUTTIFERAE）** **海棠木属（藤黄科）**		**HS CODE** **4403. 49**	
1121	*Calophyllum alboramulum*	西马来西亚	金海棠木	bintangor puteh
1122	*Calophyllum amoenum*	安达曼群岛、印度	愉悦红厚壳木	tharapi
1123	*Calophyllum angustifolium*	西马来西亚	窄叶海棠木	peon
1124	*Calophyllum antillanum*	印度	拉美红厚壳木	aceite de maria
1125	*Calophyllum auriculatum*	菲律宾	耳状海棠木	butalau
1126	*Calophyllum balansae*	越南	南岭海棠木	ru ri

序号	学名	主要产地	中文名称	地方名
1127	*Calophyllum blancoi*	菲律宾	苞片红厚壳木	bitanghol；bitanghol-linis；bitanhol；bitaong；mindanao bitanghol；pab maria del monte；pabmaria del monte；palo maria de monte；palumut；pamiklaten；pamitaoien；pamitlaten；tadok
1128	*Calophyllum bomeense*	菲律宾	博美海棠木	
1129	*Calophyllum brachyphyllum*	菲律宾	短叶海棠木	tadak
1130	*Calophyllum buxifolium*	菲律宾	黄杨叶海棠木	kudem；sarumayen.
1131	*Calophyllum calaba*	印度	卡拉巴海棠木	hole-honne
1132	*Calophyllum canum*	婆罗洲、印度尼西亚、西马来西亚、文莱	香叶海棠木	bayur；bintangor merah；chenaga；moontangoo；muntangoo booga
1133	*Calophyllum coriaceum*	西马来西亚	革质海棠木	bintango gunong daun besar
1134	*Calophyllum cucullatum*	菲律宾	兜鞘海棠木	palumut
1135	*Calophyllum cumingii*	菲律宾	三角海棠木	bantaogan；bitaoi-bakil；bitok-gubat；marabigaog；marabitaog；palo maria；pamiltaogen
1136	*Calophyllum dasypodum*	印度尼西亚	椭圆海棠木	ki putri；mersaweu
1137	*Calophyllum depressinervosum*	文莱、西马来西亚	叶绿海棠木	bintangor lada；bintangor lekok；chenaga burong
1138	*Calophyllum dongnaiensis*	柬埔寨、老挝、越南	东奈海棠木	cong nuoc
1139	*Calophyllum dryobalanoides*	柬埔寨、老挝、越南	类冰片香红厚壳木	cong；cong nui；cong trang；khting；kong
1140	*Calophyllum ferrugineum*	文莱、西马来西亚	铁质海棠木	bintangor bunga；bintangor gambut
1141	*Calophyllum floribundum*	马来西亚、泰国、加里曼丹岛	多花海棠木	bintanggur；bintangro；han；kateang；kuning
1142	*Calophyllum gracilipes*	菲律宾	细叶海棠木	taugan
1143	*Calophyllum grandiflorum*	婆罗洲	大花海棠木	lakai；mentangur labu
1144	*Calophyllum hosei*	沙捞越、印度尼西亚	荷西海棠木	bintangor paya；madang

序号	学名	主要产地	中文名称	地方名
1145	*Calophyllum inophyllum*	缅甸、印度、菲律宾、苏门答腊、西马来西亚、沙捞越、文莱、印度尼西亚、西伊里安、马来西亚、关岛、柬埔寨、老挝、越南、马里亚纳群岛、斯里兰卡、婆罗洲、中国、爪哇岛、泰国、马绍尔群岛、沙巴、苏拉威西、安达曼群岛	海棠木	alexandrian laurel; baitaog; calophyllum beech; dagkalan; dangkalan; dangkan; domba; gadhavunate; godiyundina; haiho; jamplond; kung; mentangur laut; penaga laut; penagoh; punnapay; rinkaren; sorongo; sultana champ; surangi; suraponna
1146	*Calophyllum lanigerum*	印度尼西亚	胡桐海棠木	bintangoor batoe
1147	*Calophyllum lowii*	沙捞越	低矮海棠木	bintangor puteh
1148	*Calophyllum macrocarpum*	印度、西马来西亚、沙捞越、婆罗洲	大果海棠木	bintangor bunut; breembah; buntut; bunut; mentangur bunut; penaga
1149	*Calophyllum megistanthum*	菲律宾	极斯海棠木	bitaog-bakil; palo maria
1150	*Calophyllum molle*	泰国	软海棠木	tanghon lawkaw
1151	*Calophyllum obliquinervium*	文莱、菲律宾	斜脉红厚壳木	bintangor kuning; dangkalan
1152	*Calophyllum oliganthum*	菲律宾	疏花海棠木	tambot
1153	*Calophyllum peekelii*	西伊里安	凯利海棠木	calophyllum
1154	*Calophyllum pentapetalum*	菲律宾	五叶海棠木	pamitoyen
1155	*Calophyllum plicipes*	印度尼西亚	普斯海棠木	bintangoor priet
1156	*Calophyllum polyanthum*	印度、缅甸	多花红厚壳木	kamdob; kandeb; kandep; kironli; payung kung; sunglyer
1157	*Calophyllum pseudowallichianum*	菲律宾	假花海棠木	pameklaten
1158	*Calophyllum pulcherrimum*	西马来西亚、印度尼西亚、越南、柬埔寨、老挝、婆罗洲、泰国	芽苞海棠木	bintangor gasing; bintangur; cay cong; cong vayoc; djindjit; dupa; mahadingan; maranunuk; mentangur ramu; paong; penaga; tanghon; vayoc
1159	*Calophyllum pulgarense*	菲律宾	节萼海棠木	bintaugan

序号	学名	主要产地	中文名称	地方名
1160	*Calophyllum retusum*	西马来西亚	微凹红厚壳木	bintangor gambut
1161	*Calophyllum rigidum*	菲律宾、缅甸	硬壳海棠木	karumayan；tharapi
1162	*Calophyllum saigonense*	柬埔寨、老挝、越南	西贡红厚壳木	caduoi；cong；congtia；kong；phaong；pohon
1163	*Calophyllum sclerophyllum*	沙捞越、文莱、西马来西亚、婆罗洲、印度尼西亚	硬叶海棠木	bintangor dudok；bintangor gajah；bintangor jangkang；bintangor jangkar；bintangor jankang；bintangor kapas；bintangor kapus；mentangur djangkar；penaga djangkar；penaga jangkar
1164	*Calophyllum scriblitifolium*	沙捞越、西马来西亚	毛叶海棠木	bintangor gulong；bintangor kelim
1165	*Calophyllum sorgogonense*	菲律宾	索索贡海棠木	sorsogon gigabi
1166	*Calophyllum soualatti*	印度尼西亚、沙捞越、苏门答腊、菲律宾、越南、安达曼群岛、婆罗洲、缅甸、爪哇岛、西马来西亚	苏拉海棠木	bentangur；bintangor madu；bintangur；bitanghol-sibat；bito；cong tau lau；cong trang；dakartalada；djindjit；eeoba；kapur；lalchini；mentangur sulatri；mintangur；naga；pamintaogon；pantaga；penaga；soelatrie；tharapi
1167	*Calophyllum spectabile*	印度、安达曼群岛、印度尼西亚、泰国、缅甸	显著红厚壳木	b-hatiyu；dakartalada；lalchini；nicobar canoe-tree；pantaga；patanga；tharapi
1168	*Calophyllum suberosum*	印度尼西亚	小穗海棠木	
1169	*Calophyllum symingtonianum*	西马来西亚	掌叶海棠木	bintangor bukit
1170	*Calophyllum tetrapterum*	西马来西亚、文莱	四叶海棠木	bintangor kuning；bita'or；kerakang；ketanger；tanghan
1171	*Calophyllum teysmannii*	西马来西亚、沙捞越、文莱、婆罗洲、印度尼西亚	泰氏海棠木	bintangor batu；bintangor kabang；bintangor kapas；djindjit；jinjit；soelatri
1172	*Calophyllum thoreli*	越南	索勒海棠木	cong muu
1173	*Calophyllum tomentosum*	印度、菲律宾、斯里兰卡	毛红厚壳木	alexandrian laurel；baitaog；gurn-kina；nagari；pongu；poon；poonspar；poon-spar-tree；punnapay；shrihonay；surehonne；surhoni；viri
1174	*Calophyllum tonkinensis*	柬埔寨、老挝、越南	东京海棠木	ruri

序号	学名	主要产地	中文名称	地方名
1175	*Calophyllum vanoverberghii*	菲律宾	万氏海棠木	basangal
1176	*Calophyllum venulosum*	印度尼西亚	脉络海棠木	ki sapilan
1177	*Calophyllum walkeri*	斯里兰卡	沃克海棠木	kina
1178	*Calophyllum wallichianum*	印度、西马来西亚、菲律宾	马来海棠木	bintangor lilin; b-merrah; palo maria del monte; palo maria de monte
1179	*Calophyllum whitfordii*	菲律宾	威氏海棠木	bitamok; pamitaogen
1180	*Calophyllum wightianum*	印度	杯氏红厚壳木	bobbi; bobby; cherupinnay; irai; purapunna; sirapunna
	***Calotropis*（ASCLEPIADACEAE） 牛角瓜属（萝藦科）**		**HS CODE 4403.99**	
1181	*Calotropis gigantea*	印度	牛角瓜木	aditya; akand; arkkam; bikhortono; bowstring hemp; bukam; dinesam; erikku; erukka; erukkam; gurakand; jilledu; kotuki; lekkedagide; madar; mudar; nallajille edu; pratapasa; ravi; swetakand; uruk; vellerukku; yerikan; yerikku
1182	*Calotropis procera*	印度	高大牛角瓜木	akada; akado; akaua; bili yekkada gida; chinna jilleedu; dead sea apple; jelledu; madar; mandara; nallajilledu; nanirui; safedak; vellerku; velleruku; yakkigida
	***Camellia*（THEACEAE） 茶属（山茶科）**		**HS CODE 4403.99**	
1183	*Camellia grijisii*	中国	茶树	chinese camellia
1184	*Camellia japonica*	中国、日本、朝鲜	山茶树	camellia; dongbaeg-namu; hime-tsubaki; ho-kai; ice ts'baki; ise bubaki; japan rose; rosier du japon; tsubaki; yabutsubaki; yama-tsubaki
1185	*Camellia lanceolata*	菲律宾	油茶树	haikan; malarahat
1186	*Camellia sasanqua*	日本、中国	萨桑茶树	camellia the; sasankwa; sazanka; sazankwa; tcha hoa; tcha veou; tchiabai kwa
1187	*Camellia sinensis*	马里亚纳群岛、印度、西马来西亚、菲律宾	野茶树	cha; rajghur; tea; teh; tsa

序号	学名	主要产地	中文名称	地方名
	***Campnosperma*（ANACARDIACEAE）** **坎诺漆属（漆树科）**		**HS CODE** **4403. 49**	
1188	*Campnosperma auriculata*	东南亚	耳状坎诺漆	nang pron；talantang；talantang putih；teretang；teretang daun besar
1189	*Campnosperma brevipetiolatum*	西伊里安、西马来西亚	短柄籽漆	kelinting；koewar；lieuw；liew；melumut；napan；nolie；rieuw；riew；terentang；toekwanan；toemboes
1190	*Campnosperma coriaceum*	西马来西亚、婆罗洲、文莱、印度尼西亚、马来西亚	革质坎诺漆	karamati；kelinting；melumut；napan；poko kelinting；tarantang；teletang；terantang；terentang；terentang abang；terentang kelintang；terentang simpoh；toemboes
1191	*Campnosperma macrophylla*	东南亚	大叶坎诺漆	
1192	*Campnosperma minor*	东南亚	小坎诺漆	
1193	*Campnosperma montanum*	印度尼西亚	山地坎诺漆	hotong otan
1194	*Campnosperma squamatum*	沙捞越、西马来西亚	斯莫坎诺漆	betangan；gerat；karamati；keletang；kelinting；ketang；melumut；napan；nyaletang；otak udang；telatang；terentang；terentang daun kechil；terentang laut；terentang paya；terentang tikus；tetang；toemboes
1195	*Campnosperma wallichii*	东南亚	瓦氏坎诺漆	
1196	*Campnosperma zeylanicum*	斯里兰卡	斯里兰卡籽漆	aridda；arrida
	***Camptostemon*（BOMBACACEAE）** **海槿属（木棉科）**		**HS CODE** **4403. 99**	
1197	*Camptostemon philippinense*	菲律宾	菲律宾海槿	baluno；bungalon；dandulit；gapas-gapas；libato-puti；nigi-puti
1198	*Camptostemon schultzii*	西伊里安、菲律宾、东南亚	舒氏海槿	camptostemon；gapas gapas；guaca puriara；guacapuria ra
	***Camptotheca*（NYCTAGINACEAE）** **喜树属（紫茉莉科）**		**HS CODE** **4403. 99**	
1199	*Camptotheca acuminata*	中国	喜树	camptotheca
	***Cananga*（ANNONACEAE）** **依兰属（番荔枝科）**		**HS CODE** **4403. 99**	
1200	*Cananga latifolia*	柬埔寨、东南亚、老挝、越南	阔叶依兰木	chhke sreng；foeng；kajian；ou ke seng；tai nghe；thom sui

序号	学名	主要产地	中文名称	地方名
1201	*Cananga odorata*	马里亚纳群岛、菲律宾、南亚、印度、苏门答腊、西伊里安、沙巴、印度尼西亚、文莱、泰国、越南、缅甸、婆罗洲、西马来西亚、爪哇岛	香依兰木	aguillon; aranigan; bunga gadong; cananga; chempaka; chettu sampengi; fereng; hangilang; kadatnyan; kananga; karumugai; maramanora njidam; menggasa; nurai item; pananga; tangit; vanachemba ga; wafut; wangsa; ylang ylang
	Canarium **(BURSERACEAE)** **橄榄属（橄榄科）**		**HS CODE** **4403.49**	
1202	*Canarium acutifolium*	印度尼西亚、西伊里安	尖叶橄榄	damar itam; damar noir; grey canarium
1203	*Canarium album*	柬埔寨、老挝、越南、中国	橄榄	ca na; cay bui; paak laam
1204	*Canarium apertum*	西马来西亚、马来西亚	开放橄榄	kedondong; kedondong kemasul; kedongdong; malaysian canarium
1205	*Canarium asperum*	菲律宾、印度尼西亚、西伊里安	粗橄榄	ananggi; brea; dulit; giret; kenari; mengkes; milipili; pagsahigin; pagsahing; pagsahingin; sanai; saongsaong an; sember; sulusulungan
1206	*Canarium balsamiferum*	印度尼西亚	巴尔橄榄	damar nitih; kamakoan; lemboa
1207	*Canarium bengalense*	印度	方橄榄	nerebi
1208	*Canarium boivinii*	安达曼群岛	博氏橄榄	dhup
1209	*Canarium booglandii*	东南亚	短冠橄榄	
1210	*Canarium caudatum*	文莱	尾状橄榄	kedondong
1211	*Canarium copaliferum*	柬埔寨、老挝、越南	白花橄榄	cham trang; champac prang; cuom
1212	*Canarium decumanum*	婆罗洲、西马来西亚、沙巴	极大橄榄	djelmu; djetapat; kedondong; kenari babi; pamatadon; pamatodon
1213	*Canarium denticulatum*	婆罗洲、菲律宾、沙巴、西马来西亚	西齿橄榄	damar lilin; kalisau; kedondong; kenari hutan
1214	*Canarium dichotomum*	沙巴	二歧橄榄	kedondong
1215	*Canarium euphyllum*	安达曼群岛、印度	美叶橄榄	canario indiano; canarium d'inde; canarium indico; dhup; dhup bianco; dhup blanc; dhup blanco; indian canarium; indisch canarium; indisches kanariumholz; indisk canarium; weisse dhup; white dhup; white fir; white mahogany; witte dhup

序号	学名	主要产地	中文名称	地方名
1216	*Canarium euryphyllum*	菲律宾	宽叶橄榄	mayakiat
1217	*Canarium gracile*	菲律宾	淡橄榄	pagsahingi n-langgam
1218	*Canarium grandifolium*	西马来西亚	大叶橄榄	kedondong
1219	*Canarium herrii*	印度	山橄榄	indian canarium；white dhup
1220	*Canarium hirsutum*	菲律宾、印度尼西亚、婆罗洲	多毛橄榄	cuyog；dulit；harepang；kenari miang；kibiroe；kiharpan；kurihang；malakamias；milipili；sahing-lalake
1221	*Canarium hooglandii*	菲律宾	郝氏橄榄	
1222	*Canarium indicum*	印度尼西亚、西伊里安、菲律宾、沙巴、西马来西亚、马绍尔群岛、泰国	爪哇橄榄	ai-quiar；bemoe；bemog；bemui；canari vulgaire；dolok；java almond；kedondong；kenari；kergeng；kitoewak；krigeng；lukerr；menap；rangkeu；soemgoel；wam；white dhup
1223	*Canarium kaniense*	东南亚	卡塞橄榄	
1224	*Canarium kerrii*	老挝	克氏橄榄	kok leuam
1225	*Canarium kostermansii*	沙巴	科氏橄榄	kedondong
1226	*Canarium littorale*	文莱、西马来西亚	海岸橄榄	adal maya maya；kedondong；kedondong gegaji；kedondong geraji；kedondong puteh；meritus；sangal outan；sungal outan；tunggang
1227	*Canarium lucidum*	菲律宾	药用橄榄	kihu
1228	*Canarium luzonicum*	菲律宾	吕宋橄榄	anteng；bakan；bakoog；belis；bulau；manila elemi；pagsahingi n；pilauai；pili；piling-lii tan；piluai；sahing
1229	*Canarium maluense*	印度尼西亚	马来橄榄	kapur-baru s；lian；nanari laki-laki
1230	*Canarium megalanthum*	沙巴、西马来西亚	大花橄榄	kedondong；kedondong keruing
1231	*Canarium nigrum*	柬埔寨、老挝、越南	黑橄榄	bay；bui；ca na；cay bui；cham；cham den；tram den；tram hong；tram trang；vietnam canarium
1232	*Canarium odontophyllum*	沙捞越、马来西亚、沙巴、菲律宾	黄橄榄	buah dabei；dabei；kambauau；kedondong；kembayu；lumakad；saling-sal ing
1233	*Canarium oleiferum*	西马来西亚	油橄榄	kedondong bulan
1234	*Canarium oleosum*	柬埔寨、老挝、越南	富油橄榄	dau rai；deau rai；grey canarium
1235	*Canarium ovatum*	菲律宾	伞毛橄榄	pili

序号	学名	主要产地	中文名称	地方名
1236	*Canarium patentinervium*	文莱、印度	展脉橄榄	adal maya maya; dabai; daondong; kedondong; kedondong buah kana; kembayau
1237	*Canarium pilosum*	印度、沙巴	毛状橄榄	kadong krut; kedond bulu tangkai pendek; kedondong; kedondong bulu tangkai pendek
1238	*Canarium pseudodecumanum*	马来西亚、印度尼西亚、泰国、沙巴	假大橄榄	damar kangar; damar likat; han; jelapat gala-gala semut; kedondong kemasul; pomatodon; tandikat
1239	*Canarium pseudopatentinervium*	印度尼西亚	金橄榄	asam-asam; engai; tetak tunjuk
1240	*Canarium pseudosumatranum*	西马来西亚	假苏门答腊橄榄	kedondong; kedondong senggeh; senggeh
1241	*Canarium salomonense*	苏门答腊	沙门橄榄	merasam
1242	*Canarium secundum*	西马来西亚	塞昆橄榄	kasambee; kasumba
1243	*Canarium sikkimense*	印度	柱花橄榄	goguldhup; gokuldhup; lali; narock-pa; pah
1244	*Canarium strictum*	印度	劲直橄榄木	black dhup; black siris; dhup; doopamara; halemaddu; indian canarium; indian white mahogany; kaighupa; karapu; kunthrikam; mandadupa; monda dhup; pantappayan; raladhupa; raladupa; tendalake; thalli
1245	*Canarium sumatranum*	印度尼西亚、马来西亚	苏门答腊橄榄	anglip batu; benemil; damar lang; kedondong
1246	*Canarium sylvestre*	印度尼西亚	野生橄榄	kaiia; kenari hutan; kenari janele; nanary
1247	*Canarium tonkinense*	柬埔寨、老挝、越南	越南橄榄	cham chim; cham trang; co bay; dhup; tram nen; tram trang
1248	*Canarium venosum*	老挝	静脉橄榄	kok leuam
1249	*Canarium vrieseanum*	菲律宾	塞纳橄榄	gisau; gisau-kitid; williams gisau
1250	*Canarium vulgare*	帝汶、柬埔寨、老挝、越南、印度尼西亚、西马来西亚、菲律宾、苏拉威西	大众橄榄	aiquiar; arbre baume; bui; kanari; kanarie; kenari; ko ye; nanari; nia; pe lan; pili; rerey; rota-kaeku na

序号	学名	主要产地	中文名称	地方名
	Canthium （**RUBIACEAE**） **鱼骨木属（茜草科）**		**HS CODE** **4403.99**	
1251	*Canthium confertum*	沙巴、文莱	集聚鱼骨木	grubai; gurah bukit
1252	*Canthium cordatum*	菲律宾	心形鱼骨木	luing-luing
1253	*Canthium culionense*	菲律宾	库利昂鱼骨木	culion bogas
1254	*Canthium dicoccum*	南亚、印度、沙捞越、柬埔寨、老挝、越南、缅甸、斯里兰卡、文莱、菲律宾、西马来西亚	鱼骨木	abalu; bakoi; ceylon box; dalsingha; embulong udok; garbha; gojha; hanigigari; hunnagere; irambaratt han; janang; krawit; lovea chhke; malakape; nakkini; pandaru; surabubu; tolan; vatchkuran
1255	*Canthium ellipticum*	菲律宾	椭圆鱼骨木	potot
1256	*Canthium elmeri*	菲律宾	埃尔鱼骨木	bogas-bogas
1257	*Canthium fenicis*	菲律宾	兰屿鱼骨木	mapugahan
1258	*Canthium glabrum*	文莱、越南	无毛鱼骨木	bernipor; gelagah gelagah; gurah bukit; merpadi; sacor; sawar bubu; surabubu
1259	*Canthium glandulosum*	菲律宾	腺叶鱼骨木	aparungan
1260	*Canthium horridum*	菲律宾	密刺鱼骨木	suyak-daga
1261	*Canthium leytense*	菲律宾	莱特鱼骨木	bosoi-bosoi
1262	*Canthium megacarpum*	菲律宾	巨果鱼骨木	puni
1263	*Canthium monstrosum*	菲律宾	多苞鱼骨木	malataldian; tadiang-an uang
1264	*Canthium nitis*	菲律宾	刺耳鱼骨木	malataldian
1265	*Canthium oblongifolium*	菲律宾	扁平鱼骨木	linuan
1266	*Canthium obovatifolium*	菲律宾	倒卵鱼骨木	tumpis
1267	*Canthium parviflorum*	印度、斯里兰卡、柬埔寨、老挝、越南	小花鱼骨木	balasu; cang son; ganduk-koral; gang com; gangeruki; kadalattal; mullumusta; nagabala; nallakkarai; niruri; ollepode; sengarai; serukara; sinnabalusu; tutidi; wild jessamine
1268	*Canthium ramosii*	菲律宾	宽瓣鱼骨木	topas
1269	*Canthium sarcocarpum*	菲律宾	肉果鱼骨木	pangun
1270	*Canthium subcapitatum*	菲律宾	头花鱼骨木	apaipai
1271	*Canthium tomentosum*	柬埔寨、老挝、越南	毛鱼骨木	gang vang
1272	*Canthium trichoporum*	菲律宾	毛鳞鱼骨木	ambabasal

序号	学名	主要产地	中文名称	地方名
1273	*Canthium umbelligerum*	沙捞越	贝利鱼骨木	tulang ular
1274	*Canthium wenzelii*	菲律宾	温氏鱼骨木	serpadan
	Cantleya **(ICACINACEAE)** **香茶茱萸属（茶茱萸科）**		**HS CODE** **4403.99**	
1275	*Cantleya corniculata*	婆罗洲、印度尼西亚、沙捞越、苏门答腊、西马来西亚、马来西亚、沙巴	角香茶茱萸	bedaru; daru; dedaru; dnaru; garoe boewaja; garu betina; kadjo; kakal; mendaru; merore; naru; pedaru; pendaru; samala; seranai; seranai cendana; tarai pahang; tempilai
	Capparis **(CAPPARACEAE)** **山柑仔属（山柑科）**		**HS CODE** **4403.99**	
1276	*Capparis aphylla*	印度	无叶山柑仔	karil
1277	*Capparis cordifolia*	马里亚纳群岛	心叶山柑仔	atkaparas
1278	*Capparis grandis*	越南、印度	大山柑仔	bungbi; cay main; cay umain; katarin; pachunda
1279	*Capparis sepiaria*	印度	青皮山柑仔	basingi; hingerna; kadukatri; kaliakara; kontoko; mastondi; nallapuyyi; nallavuppi; nalluppi; puyyi; shenkathari; solorakoli; thoratti; uppi; volle uppi gidda; waghati
	Caragana **(FABACEAE)** **锦鸡儿属（蝶形花科）**		**HS CODE** **4403.99**	
1280	*Caragana arborescens*	俄罗斯	树锦鸡儿	acacia de rusia; pea-tree
	Carallia **(RHIZOPHORACEAE)** **竹节树属（红树科）**		**HS CODE** **4403.49**	
1281	*Carallia borneensis*	文莱、菲律宾、西马来西亚	婆罗竹节树	kerakas payau; magtungod; meransi
1282	*Carallia brachiata*	苏门答腊、印度、菲律宾、婆罗洲、老挝、缅甸、西伊里安、柬埔寨、越南、斯里兰卡、沙捞越、东南亚、泰国、文莱、孟加拉国、印度尼西亚、安达曼群岛、沙巴、西马来西亚	竹节树	ambarade; andipunar; anose; bacauan gubat; dawata; gelam sabut; herkat; junggut keli; kukuran; lay; lempanai; meransi; nailhalasu; palamkat; rabong; tengkawa; varanga

序号	学名	主要产地	中文名称	地方名
1283	*Carallia diplopetala*	东南亚	锯叶竹节树	
1284	*Carallia eugenioide*	西马来西亚	金缕竹节树	meransi
1285	*Carallia euryoides*	东南亚	似柃竹节树	
1286	*Carallia garciniaefolia*	东南亚	山竹叶竹节树	
1287	*Carallia lucida*	东南亚	亮叶竹节树	
1288	*Carallia pectinifolia*	东南亚	蓖叶竹节树	
	***Carapa*（MELIACEAE）** **蟹木楝属（楝科）**		**HS CODE** **4403.49**	
1289	*Carapa borneensis*	婆罗洲、菲律宾	婆罗蟹木楝	niri
1290	*Carapa mekongensis*	柬埔寨、老挝、越南	桂系蟹木楝	xuongco
1291	*Carapa moluccensis*	安达曼群岛、印度尼西亚、孟加拉国	马鲁古苦油楝	kyana；piagau；poshur；pussur
1292	*Carapa obovata*	菲律宾、印度、柬埔寨、越南、缅甸、印度尼西亚	倒卵叶蟹木楝	black nigi；cedar；chumpoutuk；dang dinh；dhundol；karambola；miri；nyirehbatu；passur；penle-on；pinle-on；puzzle-fru it-tree；su；vung
	***Careya*（LECYTHIDACEAE）** **凯宜木属（玉蕊科）**		**HS CODE** **4403.99**	
1293	*Careya arborea*	印度、缅甸、安达曼群岛、柬埔寨、斯里兰卡、越南、西马来西亚、老挝	树状凯宜木	agiya；bambwe；careya；dambel；gadava；gummar；kumin；kummar；mai pinngo；ngo dong；padmaka；samgawngmaeot；vakumbha；vung；white bombwe；wild guava
1294	*Careya globosa*	柬埔寨	圆叶凯宜木	angkol
1295	*Careya sphaerica*	柬埔寨、安达曼群岛、老挝、越南	狭叶凯宜木	angkol；beereegah；cadol；ka du；kadol；kandol；vung
	***Carica*（CARICACEAE）** **番木瓜属（番木瓜科）**		**HS CODE** **4403.99**	
1296	*Carica papaya*	印度、马绍尔群岛、日本、缅甸、西伊里安	番木瓜	boppayi；eranda karkati；kappalam；kappanga；madanaba；mohkwa；omrytobhonda；papai；pappali；parinda；pasalai；penpe；popaiyun；popoya；suwaa；thinbaw-pin
	***Carmona*（BORAGINACEAE）** **基及树属（紫草科）**		**HS CODE** **4403.99**	
1297	*Carmona retusa*	马里亚纳群岛	微凹基及树	cha cimarron

序号	学名	主要产地	中文名称	地方名
	Carpinus **(BETULACEAE)** **鹅耳枥属(桦木科)**		**HS CODE** **4403.99**	
1298	*Carpinus betulus*	伊朗、中国、俄罗斯	欧洲鹅耳枥	avenbok; carpe; charme; common hornbeam; european hornbeam; gewone haagbeuk; haagbeuk; habr obecny; hojaranzo; hornbeam; vitavenbok; vit-bok; witch elm
1299	*Carpinus carpinoides*	日本	鹅耳枥	hornbeam; kuma-shide
1300	*Carpinus cordata*	朝鲜、俄罗斯、日本	心形榆	ggachibagdal; russian hornbeam; sawashiba
1301	*Carpinus distegocarpus*	日本	秀色鹅耳枥	kuma-shide
1302	*Carpinus hebestroma*	中国台湾地区	太鲁阁鹅耳枥	taroko-sidi
1303	*Carpinus japonica*	日本	日本鹅耳枥	kuma-shide; soya
1304	*Carpinus laxiflora*	日本、朝鲜	疏花鹅耳枥	akashide; aka-shide; hornbeam; korean hornbeam; seo-namu; soro shide
1305	*Carpinus polyneura*	中国	多脉鹅耳枥	chinese hornbeam
1306	*Carpinus pubescens*	柬埔寨、老挝、越南	短柔毛鹅耳枥	giau do
1307	*Carpinus rankanensis*	中国台湾地区	兰邯千金榆	rankan-side
1308	*Carpinus schuschaensis*	伊朗	疏果鹅耳枥	iran hornbeam
1309	*Carpinus seki*	中国台湾地区	阿里山鹅耳枥	taiwan-aka shide
1310	*Carpinus tschonoskii*	朝鲜、日本	昌化鹅耳枥	gaeseo-namu; inu-shide; korean hornbeam
	Carrierea **(FLACOURTIACEAE)** **山羊角属(大风子科)**		**HS CODE** **4403.99**	
1311	*Carrierea calycina*	中国	山羊角树	carrierea
	Carya **(JUGLANDACEAE)** **山核桃属(胡桃科)**		**HS CODE** **4403.99**	
1312	*Carya tonkinensis*	柬埔寨、老挝、越南	东京山核桃	chau; may chau
	Caryodaphnopsis **(LAURACEAE)** **檬果樟属(樟科)**		**HS CODE** **4403.99**	
1313	*Caryodaphnopsis tonkinensis*	西伊里安、越南	东京檬果樟	caryodaphn osis; lalo; medang

序号	学名	主要产地	中文名称	地方名
	Caryota（PALMAE） 鱼尾葵属（棕榈科）		**HS CODE** **4403. 99**	
1314	*Caryota cumingii*	菲律宾	三角鱼尾葵	fishtail palm；pugahan
1315	*Caryota majestica*	菲律宾	冬鱼尾葵	pugahang-b ungalan
1316	*Caryota mitis*	菲律宾	软鱼尾葵	pugahang-suui
1317	*Caryota ochlandra*	中国	鱼尾葵	kwong-long
1318	*Caryota urens*	印度、斯里兰卡	董棕	anapana；anibony；bagani；chundappana；dirgha；golsago；indian sago-palm；jilugu；jilugujattu；kalapana；kitul；mada；modhura；shankarjata；tippili；tippilipanei；toddy-palm
	Casearia（FLACOURTIACEAE） 嘉赐属（大风子科）		**HS CODE** **4403. 99**	
1319	*Casearia brevipes*	菲律宾	短柄嘉赐	inignin
1320	*Casearia capitellata*	苏门答腊	小头嘉赐	mililiem
1321	*Casearia fuliginosa*	菲律宾	黄嘉赐	talitan
1322	*Casearia gigantifolia*	苏门答腊	巨叶嘉赐	kadundun dotan；kadundun ilifen batu
1323	*Casearia glomerata*	印度、柬埔寨、老挝、越南、印度尼西亚	嘉赐树	borgonli；kra kirck prach；luyur
1324	*Casearia graveolens*	印度、缅甸	臭嘉赐	aloal；annavananni；bokhada；bokhara；cherukannan；chilla；giridi；hanise；hon-ya-za；kakoli；kathera；khonji；kirtti；moda；nara；naro；pimpri；safed karai
1325	*Casearia grewiaefolia*	苏门答腊、西伊里安、柬埔寨、老挝、越南、菲律宾、沙巴	扁担杆叶嘉赐	balam pelapah；casearia；chroui；chrouy；kaluag；kayu rajah；ki sona louang；madang klapah；pelangas gunung；tapion kirabas；van nui
1326	*Casearia lobbiana*	苏门答腊	斑叶嘉赐	pijor kayu
1327	*Casearia loheri*	菲律宾、沙捞越	南洋嘉赐	loher kaluag；luyong；senumpul paya
1328	*Casearia membranacea*	柬埔寨、老挝、越南	膜叶嘉赐	boiloi
1329	*Casearia mindanaensis*	菲律宾	棉兰老岛嘉赐	dalipa
1330	*Casearia phanerophlebia*	菲律宾	显脉嘉赐	sigai-sigai

序号	学名	主要产地	中文名称	地方名
1331	*Casearia tomentosa*	印度、南亚	毛嘉赐	anakkarana; biliyubina; bokhade; charcho; giridi; girugudu; hanise; kadichai; kakoli; kottal; kutti; lainja; massei; maun; munzal; pisiki; sunjhal; vasanga
1332	*Casearia trivalvis*	菲律宾	大嘉赐	boog-boog
1333	*Casearia tuberculata*	菲律宾	瘤果嘉赐	matalung
	Cassia **(CAESALPINIACEAE)** **铁刀木属（苏木科）**		**HS CODE** **4403.49**	
1334	*Cassia absus*	印度	阿布铁刀木	aranyakula ttika; banar; chakshushya; chaksie; chaksu; chakut; chimar; chimed; chinol; edikkol; kankuti; karinkolla; kattukol; kulatthika; mulaippalvirai
1335	*Cassia arabica*	柬埔寨、老挝、越南	肉桂铁刀木	muonggai; muongta
1336	*Cassia auriculata*	印度	耳状铁刀木	arsual; avarike; avartaki; avarttaki; honnavarike; merakatangedu; ollethangadi; ponnaviram; sadurguli; semmalai; sukusina; tangadi; tangedu; tangera; taravada
1337	*Cassia bartonii*	沙巴、西伊里安	巴氏铁刀木	busok-busok; cassia
1338	*Cassia fistula*	印度、菲律宾、马里亚纳群岛、缅甸、斯里兰卡、中国台湾地区、南亚、老挝、柬埔寨、越南、印度尼西亚	腊肠树	alash; aragvadha; bahawa; canafistola; dhanbahar; ehela; garmalo; gurmala; hari; indian laburnum; jagaruwa; kreete; pwabet; reach; reylu; sampaka; trengguli; vyadhighata; warga
1339	*Cassia glauca*	印度	青冈铁刀木	
1340	*Cassia hybrida*	菲律宾	矮铁刀木	antsoan-ha luan
1341	*Cassia javanica*	菲律宾、柬埔寨、老挝、越南、西马来西亚	爪哇铁刀木	anchoan; angsoan; antsoan-mabolo; bagiroro; balayong; canafistula; dulauen; duyong; fugayong; kilkil; narang-dauel; pistula; tindalo; trenggoeli
1342	*Cassia leptophylla*	菲律宾	狭叶铁刀木	sonting
1343	*Cassia mimosoides*	印度	含羞草铁刀木	nelaponna; nirutti

序号	学名	主要产地	中文名称	地方名
1344	*Cassia nodosa*	东南亚	结状铁刀木	
1345	*Cassia renigera*	缅甸	格拉铁刀木	ngu-sat; pwabet
1346	*Cassia roxburghii*	缅甸、斯里兰卡	刺槐铁刀木	retama; sapechihua
1347	*Cassia siamea*	印度	铁刀木	beati; hiretagadi; ironwood-tree; kasid; kassod; manjakonna; manjakonnai; minjri; ponavari; siamese senna; simaiavari; simatangedu; simethangadi; vakai
1348	*Cassia timoriensis*	东南亚	滞文铁刀木	
1349	*Cassia tonkinensis*	柬埔寨、老挝、越南	东京铁刀木	muong rut; muong trang; muong xoan
	Cassine (**CELASTRACEAE**) **藏红卫矛属（卫矛科）**		**HS CODE** **4403. 99**	
1350	*Cassine glauca*	印度	青冈藏红卫矛	alan; bira; burkas; ceylontea; dhebri; irgoli; jamras; jamrassi; kallurmara; kannilu; mokha; nerasi; padrium; pirai; rajjehul; seluppai; tamruj; thanaroja
1351	*Cassine orientale*	马来西亚、菲律宾	东方藏红卫矛	olive; oriental saffranhout
1352	*Cassine roxburghii*	印度	罗氏藏红卫矛	mukarthi
1353	*Cassine viburnifolia*	沙捞越、沙巴	荚蒾叶藏红卫矛	barat barat; barat laut; jolo saffranheart; kena'eng; pungsu; pungus
	Castanea (**FAGACEAE**) **栗属（壳斗科）**		**HS CODE** **4403. 99**	
1354	*Castanea argentea*	印度尼西亚	银白栗木	saninten
1355	*Castanea crenata*	朝鲜、日本	日本栗木	bam-namu; castagno giapponese; castano de japon; chataigner du japon; chestnut; japanese chestnut; japanische kastanie; japanse kastanje; japansk kastanje; kuri
1356	*Castanea javanica*	印度尼西亚	爪哇栗木	goenoeng; indonesian chestnut
1357	*Castanea mollissima*	中国	柔毛栗木	fung lut
1358	*Castanea sativa*	俄罗斯、缅甸	欧洲栗木	kashtan posevnoj; sweet chestnut; thite

序号	学名	主要产地	中文名称	地方名
	Castanopsis **(FAGACEAE)** **锥木属(壳斗科)**		**HS CODE** **4403.49**	
1359	*Castanopsis acuminatissima*	马来西亚、苏门答腊、中国台湾地区、印度尼西亚	尖叶栲	berangan; paga anak; pasania; pasinia; riung anak; saninten
1360	*Castanopsis argentea*	文莱、婆罗洲、苏门答腊、爪哇岛	银毛锥	berangan petah kemudi; berangan sanintan; kandik kurus; kapala pipit; kumpat tungging; saninten
1361	*Castanopsis argyrophylla*	缅甸	银叶锥	gon
1362	*Castanopsis brachycantha*	中国台湾地区	短苞锥	harizii-no-ki
1363	*Castanopsis brevispina*	中国台湾地区、越南	短柄锥	gie moxi; taiwan-kur ikasi
1364	*Castanopsis chinensis*	越南	华锥	giegai hatnho
1365	*Castanopsis curtisii*	西马来西亚	库氏锥	berangan
1366	*Castanopsis cuspidata*	日本、中国	尖叶锥	chii; chinese chestnut; japanese evergreen chinquapin; kojii; shii; shiinoki; tsuburajii kojii
1367	*Castanopsis echinocarpa*	越南	短刺锥	gie moga
1368	*Castanopsis fauriei*	日本	法利锥	kojii
1369	*Castanopsis fleuryi*	老挝	小果锥	hoco mong; kokut
1370	*Castanopsis formosana*	中国台湾地区	台湾锥	taiwan-kur ikasi
1371	*Castanopsis foxworthyi*	沙捞越	南亚锥	berangan; pondip borut; ponip barut; salad kup
1372	*Castanopsis hypophoenicea*	西马来西亚	低锥	berangan
1373	*Castanopsis hystrix*	印度、尼泊尔、老挝	红锥	dalne katus; hingori; kata; katus; ko deng; oukofan; sirikishu
1374	*Castanopsis indica*	印度、越南、中国、缅甸、尼泊尔、老挝	印度锥	banj katus; castagno indiano; ginsa; india chestnut; kashioron; kinsa; konam; matsawi; nikari; selang; serang; sweet india chestnut; tailo; thite; thitegyin
1375	*Castanopsis inermis*	苏门答腊、西马来西亚、菲律宾	苦苣锥	bangan; berangan; berangan gundul; karakah; malagasa
1376	*Castanopsis javanica*	婆罗洲、印度尼西亚、苏门答腊、沙捞越	爪哇锥	berangan djawa; castagno indonesiano; castano indonesiano; goenoeng; gunung; indonesische kastanje; indonesisk kastanje; kupat; palele; semilu

序号	学名	主要产地	中文名称	地方名
1377	*Castanopsis junghuhnii*	中国台湾地区	中虎井锥	taiwan-jii
1378	*Castanopsis kawakamii*	中国台湾地区	吊皮锥	chinquapin；ohba-kurik ashi；oo-kurigashi；oo-kurikasi
1379	*Castanopsis kusanoi*	中国台湾地区	罗浮锥	kusano-kur ikasi
1380	*Castanopsis lecomtei*	越南、柬埔寨、老挝	栎锥	gie bop；gie goi
1381	*Castanopsis luichuensis*	日本	路氏锥	shii
1382	*Castanopsis malaccensis*	西马来西亚	马来锥	berangan
1383	*Castanopsis motleyana*	沙巴、西马来西亚	莫特锥	berangan
1384	*Castanopsis neuminatissima*	印度尼西亚	东北锥	pagaanak；pageranak
1385	*Castanopsis oviformis*	沙捞越	卵果锥	butoh terampayoh；terampayoh
1386	*Castanopsis philipensis*	菲律宾	菲律宾红锥	philippine chestnut；talakatak
1387	*Castanopsis platyacanta*	中国	扁刺锥	chinese chestnut
1388	*Castanopsis pyriformis*	越南、老挝	梨形锥	gieanh；kokhimou
1389	*Castanopsis rhamnifolia*	西马来西亚	鼠李锥	berangan
1390	*Castanopsis schefferiana*	西马来西亚	夏枯锥	berangan
1391	*Castanopsis stellatospina*	中国台湾地区	星刺锥	hisigata-kurikasi
1392	*Castanopsis stipitata*	日本	米锥	shimashii
1393	*Castanopsis subacuminata*	中国台湾地区	披针叶锥	hiiran-kurikasi
1394	*Castanopsis taiwaniana*	中国台湾地区	红叶锥	kuri-kasi
1395	*Castanopsis tonkinensis*	越南	东京锥	giegai
1396	*Castanopsis tribuloides*	孟加拉国、柬埔寨、老挝、越南、缅甸、马来西亚	蒺藜锥	balna；caoi；chimou；coioi；hingra；kat；khami；loc；soi；thite
1397	*Castanopsis tungurrut*	苏门答腊、印度尼西亚	鲁特锥	berang babi；borara；dali kerandan；endiket；kalimorot；karamayo；palemai；pinang baik；toenggeureuk
	***Castanospermum*（FABACEAE） 栗豆木属（蝶形花科）**		**HS CODE 4403. 99**	
1398	*Castanospermum australe*	西伊里安	南方栗豆木	blackbean

序号	学名	主要产地	中文名称	地方名
	***Casuarina*（CASUARINACEAE）** **木麻黄属（木麻黄科）**		**HS CODE** **4403. 99**	
1399	*Casuarina equisetifolia*	菲律宾、西马来西亚、婆罗洲、沙巴、印度、印度尼西亚、苏门答腊、缅甸、西伊里安、泰国、越南、柬埔寨、老挝、关岛、马里亚纳群岛、南亚、安达曼群岛、文莱、沙捞越	木麻黄	agoho; angin laut; aroho; balau; beefwood-tree; casuarina; duong; duong lieu; eru; gago; janglisaru; karamutan; malabohok; oru; rarau; sarve; savukku; tinyu; tjamara; vilayatijh au
1400	*Casuarina junghuhniana*	印度尼西亚	荣胡恩木麻黄	caqueu; cemara; son; sonpradipat; tjemara gunung
1401	*Casuarina montana*	西马来西亚	山地木麻黄	berg-casuarine
1402	*Casuarina nobilis*	西马来西亚、文莱、沙巴	显著木麻黄	agoho; empilor; jempilau; ru; ru ronang; sempilau; sempilau laut
1403	*Casuarina nodiflora*	西马来西亚、菲律宾	节花木麻黄	agoho; agoho del monte; mountain agoho; ru; sampalag; tamarin
1404	*Casuarina sumatrana*	文莱、苏门答腊、西伊里安、印度尼西亚、婆罗洲、南亚、菲律宾、沙捞越、沙巴、西马来西亚、马来西亚	苏门答腊木麻黄	ambon; casuarina; cemara; ironwood; maribuhok; rhu ronang; rurorang; sempilau; sempilau bukit; tjemara; tjemara gunung; tjemara sumatra
	***Catalpa*（BIGNONIACEAE）** **梓树属（紫葳科）**		**HS CODE** **4403. 99**	
1405	*Catalpa duclouxii*	中国	滇楸	chumu shu
1406	*Catalpa kaempferi*	日本	桑梓	hisasage; ki-sasage
1407	*Catalpa longissima*	柬埔寨、老挝、越南	极长梓树	khao; khvao; quao
1408	*Catalpa ovata*	中国、日本	梓树	catalpa chinesca; catalpa chinois; catalpa cinese; chinese catalpa-tree; chinese trompetboom; kinesisk katalpa; kisasage; trumpet-tree
	***Cathormion*（MIMOSACEAE）** **项链豆属（含羞草科）**		**HS CODE** **4403. 99**	
1409	*Cathormion umbellatum*	西伊里安	伞花项链豆	cathormion

序号	学名	主要产地	中文名称	地方名
	Catunaregam **（RUBIACEAE）** **山石榴属（茜草科）**		**HS CODE** **4403. 99**	
1410	*Catunaregam spinosa*	印度、柬埔寨、老挝、越南、缅甸、印度尼西亚	多刺石榴	arar; birara; cang trau; cay cogan; dang tuhu; gaddi; kattakre; kattukoyya; mainhar; maini; nbalauwi; nbalawi; pendra; rara; salara; sinnamanga; sutayet; tupkela
1411	*Catunaregam uliginosa*	印度	齿萼山石榴	adivimanga; banbugri; cindra; doddakare; gandega; kalikarai; katul; nalla kaksha; nallaika; ollekare; panar; telphetru; tupkela; vagatta; valikkarai; vargarai
	Cavanillesia **（BOMBACACEAE）** **卡夫木棉属（木棉科）**		**HS CODE** **4403. 99**	
1412	*Cavanillesia hylogeiton*	菲律宾	卡夫木棉	peruvian parasol
	Cayratia **（VITACEAE）** **乌蔹莓属（葡萄科）**		**HS CODE** **4403. 99**	
1413	*Cayratia vitiensis*	印度	乌蔹莓	
	Cecropia **（MORACEAE）** **砂纸桑属（桑科）**		**HS CODE** **4403. 99**	
1414	*Cecropia peltata*	菲律宾	盾状砂纸桑	bois trompette; trumpet-tree
	Cedrela **（MELIACEAE）** **洋椿属（楝科）**		**HS CODE** **4403. 49**	
1415	*Cedrela fissilis*	菲律宾	劈裂洋椿	philippine cedar
1416	*Cedrela inodora*	西马来西亚、爪哇岛	伊诺洋椿	soeren meera; soerhen poetih
1417	*Cedrela microcarpa*	缅甸	小果洋椿	taw-tama
1418	*Cedrela multijuga*	缅甸	多对洋椿	taung-tama
1419	*Cedrela odorata*	菲律宾	香洋椿	acajou ameubles; acajou amer; acajou pays; acajou rouge; acajou senti; leli; philippine cedar; southern cedar; spanish cedar
1420	*Cedrela serrata*	西马来西亚	齿叶洋椿	surian bawang
	Cedrus **（PINACEAE）** **雪松属（松科）**	**HS CODE** **4403. 25（截面尺寸≥15cm）或 4403. 26（截面尺寸<15cm）**		
1421	*Cedrus deodara*	阿富汗、尼泊尔、印度、巴基斯坦	雪松	cedar; cedro asiatico; cedro deodara; dadar; dewar; diar; himalaya zeder; india cedar; kakhtar; keelu; kelmung; kelon; lmanza; paludar

序号	学名	主要产地	中文名称	地方名
1422	*Cedrus libani*	叙利亚、印度、黎巴嫩	黎巴嫩雪松	deodar cedar of lebanon；deodar-cedar；diodar；libanon zeder；sharbin
	Ceiba （**BOMBACACEAE**） **吉贝属（木棉科）**		**HS CODE** **4403.49**	
1423	*Ceiba pentandra*	马里亚纳群岛、菲律宾、西伊里安、马绍尔群岛、印度、越南、南亚、柬埔寨、老挝、西马来西亚、印度尼西亚、缅甸、爪哇岛	五雄吉贝	algodon de manila；bosangloi；bouma；cay gon；doldol；fromagera kapok；kotin；kulak；kumaka；mengkum；mien mou；onyina；pin kouen；randoe；randu；ro ko；seiba；sumauma；sweet shimool
	Celtis （**ULMACEAE**） **朴属（榆科）**		**HS CODE** **4403.49**	
1424	*Celtis asperifolia*	菲律宾	小叶朴	sikim
1425	*Celtis australis*	柬埔寨、越南、印度、老挝	南方朴	ap anh；batkarar；brinij；chena；hat；khanak；kharak；kharik；khirk；nettlewood；seu
1426	*Celtis bungeana*	日本、中国	黑弹树	ezo-enoki；tar yeh pai mu
1427	*Celtis jessoensis*	朝鲜	凤仙花朴	korean celtis；pungge-namu
1428	*Celtis latifolia*	西伊里安、印度尼西亚、菲律宾	阔叶朴	agoenbaloes；ikgi；ikoimog；kaju lulu；kayu lulu；lomalom；malaikmo；meweserein；pieh；pi-ij；ramaro；sehiga
1429	*Celtis luzonica*	菲律宾	吕宋朴	magabuyo；malaicmo；malaikmo；uao；ulalo；ularog
1430	*Celtis philippensis*	西伊里安、印度尼西亚、马来西亚、菲律宾	菲律宾朴	bepiet；bepie-yet；bepyet；kaju lulu；lomalom；malaicmo；malaikmo；uao；udayu；ulalo；ularog；urarog；uratan
1431	*Celtis rigescens*	印度尼西亚、苏门答腊	硬朴	ampelas；asin-asin；empelas；hampelas；klutum；marsekam；pelas；rempelas
1432	*Celtis rubrovenia*	菲律宾	红朴	palek
1433	*Celtis sinensis*	日本、朝鲜	朴树	enoki；korean celtis；nettle-tree；paeng-namu；yenoki
1434	*Celtis sumtrana*	婆罗洲	苏门答腊朴	asahan landak；empelas batu；kayu gatal

序号	学名	主要产地	中文名称	地方名
1435	*Celtis tetrandra*	苏门答腊、印度尼西亚	四蕊朴	bitatar; karing; ndokum; sigar; temung; tritih
1436	*Celtis timorensis*	菲律宾、苏门答腊	樟叶朴	gurenda; kitondok; malabutulan; malatae; palo china; sicakik
	Ceodes（NYCTAGINACEAE） 胶果木属（紫茉莉科）		**HS CODE 4403.99**	
1437	*Ceodes umbellifera*	苏门答腊、菲律宾、西伊里安、马里亚纳群岛	胶果木	angkola; anuling; beso; besob; besub; gayam; kayu pisang; langsat; luningu; pisonia; ubi
	Cephalomappa（EUPHORBIACEAE） 肥牛树属（大戟科）		**HS CODE 4403.99**	
1438	*Cephalomappa beccariana*	沙捞越、文莱	刺果肥牛树	arau bulu; bantas
1439	*Cephalomappa lepidotula*	文莱	鳞状肥牛树	bantas
1440	*Cephalomappa malloticarpa*	西马来西亚、沙巴	桐果肥牛树	arau; kayu mapa
1441	*Cephalomappa paludıcola*	沙捞越	沼泽肥牛树	arau paya; pela'
1442	*Cephalomappa penangensis*	西马来西亚	密生肥牛树	arau
	Cephalotaxus（CEPHALOTAXACEAE） 三尖杉属（三尖杉科）		**HS CODE 4403.25（截面尺寸≥15cm）或 4403.26（截面尺寸<15cm）**	
1443	*Cephalotaxus fortunei*	中国、缅甸	三尖杉	cephalotaxe de fortune; chinese plum-yew; fortune's cephalotaxus; fortunes-idegran; fortune's kop-taxus; kyauk-tinya; tasso di fortune; tejo de fortune
1444	*Cephalotaxus harringtonia*	中国台湾地区、越南、日本	粗榧	harrington plum-yew; inu-gaya; knoptaxus
1445	*Cephalotaxus lanceolata*	缅甸	剑叶三尖杉	
1446	*Cephalotaxus mannii*	缅甸、中国、印度	印度三尖杉	mann plum-yew
1447	*Cephalotaxus wilsoniana*	中国台湾地区	台湾三尖杉	taiwan inugaya
	Cerbera（APOCYNACEAE） 海杧果属（夹竹桃科）		**HS CODE 4403.99**	
1448	*Cerbera dilatata*	马里亚纳群岛	宽叶海杧果	chuti
1449	*Cerbera floribunda*	西伊里安	多花海杧果	bibow; bigbao; bitbow; grey milkwood; itbo
1450	*Cerbera manghas*	菲律宾、文莱、西伊里安、缅甸	海杧果	baraibai; bengkada; bibau; kalwa; litak; litar; merbadak; terbadak

序号	学名	主要产地	中文名称	地方名
1451	*Cerbera odollam*	印度、沙巴	奥多海杧果	babouta；burong gagak
	Cercidiphyllum **（CERCIDIPHYLLACEAE）** **连香树属（连香树科）**			**HS CODE** **4403. 99**
1452	*Cercidiphyllum japonicum*	日本	连香树	albero di giuda；arbol de judas；arbre de judee；gainier；judasboom；judastrad；kadsoura；kadsura；katsura；katsura-tree
1453	*Cercidiphyllum magnificum*	日本	大叶连香树	
	Ceriops **（RHIZOPHORACEAE）** **角果木属（红树科）**		**HS CODE** **4403. 99**	
1454	*Ceriops decandra*	沙捞越、越南、印度、缅甸、菲律宾、柬埔寨、印度尼西亚	十雄蕊角果木	bakau lali；daoanh；davoi；goran；kabaing；kamyaing；malatangal；sme；tanggir；tangir；tenga；tengar；tengar tikus；tenger；tengi；ting；tingi；tungog
1455	*Ceriops tagal*	西马来西亚、菲律宾、越南、西伊里安、柬埔寨、老挝、缅甸、苏门答腊、婆罗洲、文莱、沙巴、沙捞越、印度尼西亚	塔加尔角果木	bakau；bakauan；da quang；magtongod；matangal；panlon；rungon；sme；tanghal；tengah；tengah puti；tengar samak；tengarl；tinga；tongog；tungud；tungug
1456	*Ceriops timorensis*	马来西亚	帝纹角果木	tengar
	Cestrum **（SOLANACEAE）** **夜香树属（茄科）**		**HS CODE** **4403. 99**	
1457	*Cestrum diurnum*	马里亚纳群岛	日夜香树	din ka raja；tentanchinu；tintan china
1458	*Cestrum nocturnum*	马里亚纳群岛	夜香树	dama de noche；dama di noche；lady-of-th e-night
	Chaenomeles **（ROSACEAE）** **木瓜属（蔷薇科）**		**HS CODE** **4403. 99**	
1459	*Chaenomeles cathayensis*	缅甸	毛叶木瓜	chinsawga
	Chaetocarpus **（EUPHORBIACEAE）** **毛果大戟属（大戟科）**		**HS CODE** **4403. 99**	
1460	*Chaetocarpus castanocarpus*	西马来西亚、婆罗洲、印度、柬埔寨、老挝、越南、沙巴、斯里兰卡、沙捞越、苏门答腊、文莱	椎果毛果大戟	bebatu；bedik；chimas；dusun-dusun；haddoka；hedoka；karikas；kayubesi；lamanin；lole；mauhi；peris；petong；quannui；rambai punai；siriang；sukir

序号	学名	主要产地	中文名称	地方名
1461	*Chaetocarpus coriaceus*	东南亚	革质毛果大戟	
	***Chamaecrista*（CAESALPINIACEAE）** **山扁豆属（苏木科）**		**HS CODE** **4403.99**	
1462	*Chamaecrista mindanaensis*	菲律宾	棉兰老岛山扁豆	andaupong
	***Chamaecyparis*（CUPRESSACEAE）** **扁柏属（柏科）**	**HS CODE** **4403.25（截面尺寸≥15cm）或 4403.26（截面尺寸<15cm）**		
1463	*Chamaecyparis formosensis*	中国台湾地区、日本	红桧	beniki; dantotei; formosa cedar; formosan chamaecypa ris; formosan cypress; matsumura; tamsui
1464	*Chamaecyparis funebris*	中国	桧扁柏	chinese weeping chamaecypa ris
1465	*Chamaecyparis obtusa*	日本、中国台湾地区	日本扁柏	cedar; cedre du japon; cypres japonais; fusi-noki; hinoki; hinoki cypress; hinokicedar; japanese cedar; japanse cypres; japansk cypress; stompe dwerg-cypres; taiwan hinoki
1466	*Chamaecyparis pisifera*	日本	日本花柏	art-cypress; cedar; cypres sawara; hondo cypres; japanese cypress; japanese sawara; peafruited cypress; retinospora porte-pois; sawara; sawara cypress
	***Champereia*（OPILIACEAE）** **台湾山柚属（山柚子科）**		**HS CODE** **4403.99**	
1467	*Champereia manillana*	中国台湾地区、菲律宾	马尼拉台湾山柚	kanabiki-boku; malalukban; sulanmanuk
	***Chionanthus*（OLEACEAE）** **流苏木属（木犀科）**		**HS CODE** **4403.99**	
1468	*Chionanthus cumingiana*	菲律宾	球兰流苏木	culilisiao
1469	*Chionanthus evenia*	沙捞越	亚尼亚流苏木	sapah hutan
1470	*Chionanthus grandifolia*	菲律宾	大叶流苏木	kobolan
1471	*Chionanthus racemosa*	菲律宾	聚果花流苏木	dila-aila
1472	*Chionanthus ramiflorus*	西伊里安、文莱、菲律宾	枝花流苏木	chionanthus; jangkatul; karaksan; kemanyan kemanyan; kemanyan larat; linociera; mangan kemanyan; muak; teriam
	***Chisocheton*（MELIACEAE）** **溪杪属（楝科）**		**HS CODE** **4403.99**	
1473	*Chisocheton apoense*	菲律宾	阿波溪杪	apo dagau

序号	学名	主要产地	中文名称	地方名
1474	*Chisocheton beccarianus*	沙巴	贝卡里溪桫	lisi lisi
1475	*Chisocheton benguetense*	菲律宾	溪桫木	batuakan
1476	*Chisocheton brachyanthus*	沙捞越	短花恩溪桫	bua pesa kanan
1477	*Chisocheton cauliflorus*	菲律宾	茎花溪桫	malapau
1478	*Chisocheton ceramicus*	西伊里安	赛兰溪沙	betum；kamunmotok；kuto；mereit；serakka
1479	*Chisocheton clementis*	菲律宾	茎果溪桫	dagau
1480	*Chisocheton cochinchinensis*	柬埔寨、老挝、越南	交趾溪桫	cochaba heng；goi；goi duong；goi mat；goi nuoi；paong
1481	*Chisocheton coriaceus*	柬埔寨、老挝、越南	革质溪桫	goi tom
1482	*Chisocheton cumingianus*	菲律宾	卡明溪桫	balukanag
1483	*Chisocheton curranii*	菲律宾	库氏溪桫	kogod
1484	*Chisocheton divergens*	东南亚	分叉溪抄	
1485	*Chisocheton fulvus*	菲律宾	黄褐色溪桫	sapanauak
1486	*Chisocheton globosus*	柬埔寨、老挝、越南	球果溪桫	bo nang；peu nol
1487	*Chisocheton glomerulatus*	东南亚	缴花溪抄	
1488	*Chisocheton lasiocarpus*	东南亚	毛果溪桫	
1489	*Chisocheton macranthus*	菲律宾	油溪桫	babanganon
1490	*Chisocheton macrothyrsus*	东南亚	大柄溪抄	
1491	*Chisocheton microcarpus*	印度尼西亚	小果溪桫	besop；serakka
1492	*Chisocheton parvifoliolus*	菲律宾	小叶溪桫	uidauid
1493	*Chisocheton patens*	沙巴、西马来西亚、马来西亚、印度、苏门答腊	伸展溪桫	berindu；garonton tangah；garontong tangah；garontong tengah；lauwawing etem；limos-limosetem；segam；tualang
1494	*Chisocheton pentandrus*	菲律宾	五雄蕊溪沙	katong-mac hing；katong-mat sin；malatumbaga
1495	*Chisocheton philippinus*	菲律宾	菲律宾溪桫	malatumbaga
1496	*Chisocheton tetrapetalus*	菲律宾	四瓣溪桫	agogoi
	Chloroxylon **（RUTACEAE）** **绿木属（芸香科）**		**HS CODE** **4403. 49**	
1497	*Chloroxylon faho*	斯里兰卡、印度尼西亚	法奥绿木	citronnier；dileba

序号	学名	主要产地	中文名称	地方名
1498	*Chloroxylon swietenia*	印度、斯里兰卡、柬埔寨、老挝、越南、菲律宾	缎绿木	behra；ceylan satin；dhoura；east indian satinwood；flowered satin；girya；haladbera；indian satinwood-tree；karumboraju；mutirai；ostindisches-satinholz；sali；satinwood；tonquinewood；yellow satinwood；zantewood
	Choerospondias（**ANACARDIACEAE**） **山枣属（漆树科）**		**HS CODE** **4403.99**	
1499	*Choerospondias axillaris*	日本、泰国	山枣	chan chin modiki；kaname；labshi；mu
	Chosenia（**SALICACEAE**） **钻天柳属（杨柳科）**		**HS CODE** **4403.99**	
1500	*Chosenia arbutifolia*	日本	钻天柳	karafuto-k uro-yanagi；kesho-yana gi
	Chrysophyllum（**SAPOTACEAE**） **金叶树属（山榄科）**		**HS CODE** **4403.49**	
1501	*Chrysophyllum cainito*	苏门答腊、菲律宾	藏红金叶树	bunga pekule；caimito；star apple；sterappel
1502	*Chrysophyllum oliviforme*	菲律宾	橄榄叶金叶树	caimito；pointed star apple
1503	*Chrysophyllum roxburghii*	柬埔寨、西伊里安、印度尼西亚、泰国、菲律宾、苏门答腊、婆罗洲、西马来西亚、文莱、越南、老挝	刺梨金叶树	benggraai；chrysophyllum；endauw；hali；kayu pulit；maai；mayang cabak；mempulut；ndau；ngjenhaak；pepulut；senariga；senohm；son xa；star apple；takya；ucunggunung
	Chukrasia（**MELIACEAE**） **麻楝属（楝科）**		**HS CODE** **4403.99**	
1504	*Chukrasia quadrivalvis*	越南	四角麻楝	lat xanht
1505	*Chukrasia tabularis*	印度、缅甸、斯里兰卡、泰国、南亚、西马来西亚、马来西亚、巴基斯坦、柬埔寨、越南、老挝	麻楝	agal；burma mahogany；chukrassi；dalmara；eleutharay；gante melle；giam；hulanhik；indian redwood；kalgarige；lat xanh；madagari vembu；nhom khao；pabba；suntang；surian batu；voryong；white cedar；yimna
	Chydenanthus（**LECYTHIDACEAE**） **奇登木属（玉蕊科）**		**HS CODE** **4403.99**	
1506	*Chydenanthus excelsus*	西伊里安、苏门答腊	大奇登木	chydenanthus；kayu bodoh

序号	学名	主要产地	中文名称	地方名
	Cinchona（**RUBIACEAE**） **金鸡纳属（茜草科）**		**HS CODE** **4403. 99**	
1507	*Cinchona calisaya*	菲律宾	卡利萨金鸡纳	quinine
1508	*Cinchona hybrida*	菲律宾	矮牵牛金鸡纳	hybrid quinine
1509	*Cinchona ledgeriana*	印度、印度尼西亚、菲律宾	金鸡纳	albero cincona; arbol de quina; arbre quinquina; cinchona-tree; kinaboom; kinatrad; yellowbark quinine
1510	*Cinchona pubescens*	印度、印度尼西亚、菲律宾	短柔毛金鸡纳	albero cincona; arbol de quina; arbre quinquina; cinchona-tree; kinaboom; kinatrad; redbark quinine
1511	*Cinchona succirubra*	印度尼西亚、印度	红汁金鸡纳	cinchona tree
	Cinnamomum（**LAURACEAE**） **樟属（樟科）**		**HS CODE** **4403. 99**	
1512	*Cinnamomum amoenum*	柬埔寨	愉悦樟	
1513	*Cinnamomum aromaticum*	柬埔寨、老挝、越南、缅甸	芳香樟	cannellier royal; cassiabark; que; tayok-thit kya-bo
1514	*Cinnamomum balansae*	越南	南岭樟	gu huong; vu huong
1515	*Cinnamomum burmannii*	菲律宾、印度尼西亚	阴香	burmann cinnamon; kulit manis; manis
1516	*Cinnamomum camphora*	日本、中国台湾地区、印度、越南、缅甸、柬埔寨、老挝、西马来西亚	香樟	akta kamfertra; camphor; dhavala; echt kamferhout; gambura; himavaluka; indu; japanische kamferboom; karpura; long nao; olorosa; pachakarpura; payok; rahuong; sitamsu; tuhina
1517	*Cinnamomum cassia*	印度	肉桂	
1518	*Cinnamomum cercidodaphne*	印度	西西妥樟	bohu; gondhori; gondri; gondserai; gundroi; gunserai; malagiri; malligiri; nepal camphor; nepal camphorwood
1519	*Cinnamomum cinereum*	印度	灰樟	
1520	*Cinnamomum clemensii*	印度	克氏樟	
1521	*Cinnamomum daphnoides*	印度	水蚤纳樟	
1522	*Cinnamomum divers*	越南	隐形樟	re
1523	*Cinnamomum illicioides*	柬埔寨、老挝、越南	八角肉桂	go huong; gu huong; vu huong

序号	学名	主要产地	中文名称	地方名
1524	*Cinnamomum iners*	柬埔寨、菲律宾、老挝、越南、缅甸、沙巴、西马来西亚、文莱、西伊里安、马来西亚、印度尼西亚	桂樟	camphorwood；cinnanmon；hmanthin；kayu manis；lawang；medang；medang kemangi；medang teja；mehau；namog；palawan；tedja；tidjam；tidju
1525	*Cinnamomum inunctum*	缅甸、印度	闭锁樟	karaway；karawe
1526	*Cinnamomum japonicum*	朝鲜、日本	天竺桂	korean camphorwood；korean cinnamon；saengdal-namu；yabu-nikkei
1527	*Cinnamomum javanicum*	文莱、沙捞越、西马来西亚	爪哇樟	balong；berawith labor；lawang；medang；medang kulit manis；medang teja
1528	*Cinnamomum kanechirai*	中国台湾地区	坎切拉樟	camphorwood
1529	*Cinnamomum kanehira*	中国台湾地区	日本纳樟	shoogyun
1530	*Cinnamomum kanehirai*	中国台湾地区	牛樟	giusho
1531	*Cinnamomum laubatii*	印度	劳氏樟	cassia lignea；cinnamon
1532	*Cinnamomum litsaefolium*	老挝、柬埔寨	木姜子叶樟	chek tum；moreas prou phnom
1533	*Cinnamomum loheri*	菲律宾	南洋樟	loher cinnamon
1534	*Cinnamomum mercadoi*	菲律宾	梅尔卡樟	calingag；kalingag；kanila；kuliuan；samiling；similing；uliuan
1535	*Cinnamomum microphyllum*	菲律宾	微纤樟	kalingag-liitan
1536	*Cinnamomum mindanaense*	菲律宾	棉兰老岛樟	kami；mindanao cinnamom；mindanao cinnamon
1537	*Cinnamomum mollissimum*	印度	软樟	pee yaloo
1538	*Cinnamomum myrianthum*	菲律宾	多花樟	peling
1539	*Cinnamomum obtusifolium*	柬埔寨、老挝、越南、缅甸	黑豆樟	cannelle；hamanthein；nalingyaw；rebau；rehuong
1540	*Cinnamomum oroi*	菲律宾	奥罗伊樟	oro kalingag
1541	*Cinnamomum pedunculatum*	日本	长花梗樟	cinnamon；yabu-nikkei
1542	*Cinnamomum pendulum*	沙捞越	摆樟	balong

序号	学名	主要产地	中文名称	地方名
1543	*Cinnamomum porrectum*	印度尼西亚、老挝、婆罗洲、爪哇岛、缅甸、西马来西亚、柬埔寨、越南	黄樟	baso; chouang; kigadis; lesak; malligirl; medang losah; nepal camphorwood; nepal sassafras; pelarah; peluwali; rehuong; selasihan; sereh; telasihan; teptaro; theptharo
1544	*Cinnamomum sandkuhlii*	菲律宾	三叶樟	sandkuhl cinnaamon
1545	*Cinnamomum scortechinii*	西马来西亚	斯氏樟	medang; medang teja
1546	*Cinnamomum siamense*	老挝	暹罗樟	phou ton
1547	*Cinnamomum sintoc*	西马来西亚	辛塔克樟	cinnamon; medang; medang lawang; medang teja lawang
1548	*Cinnamomum subavenium*	泰国、印度尼西亚	细叶樟	cha-em; madang kulit manis; medang lawang; medang melang sumpan; se-ko-le; sura-marit
1549	*Cinnamomum tamala*	越南、缅甸	柴樟	re; thit-kyabo
1550	*Cinnamomum tavoyanum*	缅甸、印度、泰国	塔沃樟	burma cinnamon; cinnamon; hmantheinpo
1551	*Cinnamomum tetragonum*	柬埔寨、老挝、越南	四棱樟	redo
1552	*Cinnamomum tonkinense*	越南、柬埔寨、老挝	假桂皮樟	nhaxanh; rexanh
1553	*Cinnamomum trichophyllum*	菲律宾	毛叶樟	kalingag-mabolo
1554	*Cinnamomum velutinum*	马来西亚	茸毛樟	medang kemangi
1555	*Cinnamomum verum*	印度、菲律宾、柬埔寨、老挝、越南、缅甸、印度尼西亚	斯里兰卡樟	cannalavan agpattai; cannelle; darachini; erikkolam; gudotwoka; hmanthein; ilavangam; kanela; lavangapatte; manis; nisane; sanalinga; tamalapatra; tapinchchha; vayana; white cinnamon
	Cipadessa **(MELIACEAE)** **浆果楝属（楝科）**		**HS CODE** **4403.99**	
1556	*Cipadessa baccifera*	菲律宾、印度、柬埔寨、老挝、越南	浆果楝	bieu; chend-bera; chitundi; giockhe; khicay; nahalbeli; nalbila; pulippan; pulippan cheddi; purudona; ranabili
1557	*Cipadessa warburgii*	菲律宾	瓦氏浆果楝	taboat
	Cissus **(VITACEAE)** **白粉藤属（葡萄科）**		**HS CODE** **4403.99**	
1558	*Cissus angustifololia*	菲律宾	狭叶白粉藤	gayuma

序号	学名	主要产地	中文名称	地方名
1559	*Cissus quadrangularis*	印度	方白粉藤	bone setter；edible-ste mmed-vine；harbhanga；hasjora；horjora
1560	*Cissus repens*	印度	被白粉藤	
1561	*Cissus striata*	印度	条纹白粉藤	
	***Citronella*（CARDIOPTERIDACEAE） 橙榄属（心翼果科）**		**HS CODE 4403. 99**	
1562	*Citronella philippinensis*	菲律宾	菲律宾橙榄	malaampipi
1563	*Citronella suaveolens*	苏门答腊	香甜橙榄	awa iseum；fatuh sito bulung；iseum batu；sitenheur delok
	***Citrus*（RUTACEAE） 柑橘属（芸香科）**		**HS CODE 4403. 99**	
1564	*Citrus aurantifolia*	马里亚纳群岛、苏门答腊	金叶柑橘	citron commun；lemon；lime；limon
1565	*Citrus aurantium*	菲律宾、越南、马里亚纳群岛、印度、柬埔寨、西马来西亚、伊朗、也门	酸橙木	baggao；cam tien；kahel；kahet；kumal；limau manis；nagrunga；narendj；narungee；narunj；orange amere；orange grosse-peau；orangenholz；sour orange
1566	*Citrus balincolong*	菲律宾	巴林柑橘	balinkolong
1567	*Citrus bigaradi*	也门、印度	比加拉柑橘	arendj；nartem-marom
1568	*Citrus decumana*	日本、印度、越南、印度尼西亚、柬埔寨、老挝、西马来西亚、南亚	薄皮柑橘	azabon；buntan；djeroek matjang；jabon；kam tel；limau besar；mac kamtel；mac kiong nhay；pampelmose；pamplemous sier；pang；pomelo；shaddock；singtara；yeou；zabon
1569	*Citrus grandis*	西伊里安、马里亚纳群岛、菲律宾、苏门答腊	大柑橘	joddi；jodimbrebei；kahetmagas；lalangha；lalanha；lukban；pomelo
1570	*Citrus hystrix*	菲律宾、马里亚纳群岛、苏门答腊	栲柑橘	kabuyau-ki tid；limon china；limonadmelo；pomelo
1571	*Citrus limon*	印度、越南、柬埔寨、马里亚纳群岛、西马来西亚、也门、日本	柠檬	beeja-poora；cam non；chanh nun；kranch chhmar；kranch inon；leeboo；leemoo；lemon reat；limau chumbol；neeboo；neemoo；nimbu；tsimpy；uzu；youzou；yudzu
1572	*Citrus limonuni*	印度	利莫柑橘	lemon；limu
1573	*Citrus macrophylla*	菲律宾	大叶柑橘	alimau

序号	学名	主要产地	中文名称	地方名
1574	*Citrus macroptera*	菲律宾、马里亚纳群岛	巨翅柑橘	kabuyau；kahet
1575	*Citrus medica*	印度、马里亚纳群岛、伊朗、也门	大花柑橘	beeja-poora；bejoura；bijouree；cedrat；cedratier；limon real；setlas；tronkon setlas；turcre；utrej
1576	*Citrus microcarpa*	菲律宾	小果柑橘	kalamansi；kalamunding
1577	*Citrus nobili*	菲律宾	高贵柑橘	loose-skin ned orange；naranjita
1578	*Citrus reticulata*	马里亚纳群岛	网纹柑橘	kahenakikiki；lalanghita
1579	*Citrus sinensis*	马里亚纳群岛	中华柑橘	cahet；kahel；kahet
	***Cladrastis*（FABACEAE）** **香槐属（蝶形花科）**		**HS CODE** **4403.99**	
1580	*Cladrastis platycarpa*	日本	刺荚香槐	fujiki
1581	*Cladrastis shikokiana*	日本	四国香槐	yukunoki
	***Claoxylon*（EUPHORBIACEAE）** **白桐树属（大戟科）**		**HS CODE** **4403.99**	
1582	*Claoxylon arboreum*	菲律宾	乔状白桐树	banata
1583	*Claoxylon brachyandrum*	菲律宾	台湾白桐树	ungalau
1584	*Claoxylon crassipes*	菲律宾	粗柄白桐树	ungalau-si langan
1585	*Claoxylon crassivenium*	菲律宾	厚脉白桐树	ungalau-ka palan
1586	*Claoxylon ellipticum*	菲律宾	卵叶白桐树	kolitatang
1587	*Claoxylon elongatum*	菲律宾	长穗白桐树	malalipa
1588	*Claoxylon indicum*	柬埔寨、老挝、越南、爪哇岛	白桐树	chinh hoi；locma；motrang；soeroe hajam
1589	*Claoxylon longifolium*	印度尼西亚	长叶白桐树	bohetan etem
1590	*Claoxylon marianum*	马里亚纳群岛	马里亚纳白桐树	cator；katot；kattleknau；katud lahi；panao
1591	*Claoxylon oblanceolatum*	菲律宾	尖白桐树	tanau-tanau
1592	*Claoxylon pubescens*	菲律宾	短柔毛白桐树	kurong
1593	*Claoxylon purpureum*	菲律宾	紫白桐树	anot-ot
1594	*Claoxylon rubrivemum*	菲律宾	鲁布里白桐树	ungalau-pula
1595	*Claoxylon spathulatum*	菲律宾	刺白桐树	balong-sagai
1596	*Claoxylon subviride*	菲律宾	亚绿白桐树	bilid-bilid
	***Clausena*（RUTACEAE）** **黄皮属（芸香科）**		**HS CODE** **4403.49**	
1597	*Clausena anisum-olens*	菲律宾	细叶黄皮	kayumanis
1598	*Clausena brevistyla*	菲律宾	短叶黄皮	kalomata

序号	学名	主要产地	中文名称	地方名
1599	*Clausena excavata*	菲律宾、柬埔寨、老挝、越南	假黄皮	buringit；gioi；gioi dat；kantrock
1600	*Clausena grandifolia*	菲律宾	大叶黄皮	kayumanis-laparan
1601	*Clausena lansium*	柬埔寨、老挝、越南、菲律宾	黄皮	gioi；hong bi；huampit；mat；ngut；quat hongbi
1602	*Clausena laxiflora*	菲律宾	疏花黄皮	kandulong
1603	*Clausena loheri*	菲律宾	南洋黄皮	loher kayumanis
1604	*Clausena palawanensis*	菲律宾	巴拉望黄皮	palawan buringit
1605	*Clausena worcesteri*	菲律宾	伍塞斯黄皮	aromata
	***Cleidion*（EUPHORBIACEAE）棒柄花属（大戟科）**		**HS CODE 4403. 99**	
1606	*Cleidion javanicum*	柬埔寨、老挝、越南、爪哇岛	爪哇棒柄花	dache；dau la tat；poeloes；poetijan；puoi smoule
1607	*Cleidion lanceolatum*	菲律宾	剑叶棒柄花	dagumai
1608	*Cleidion microcarpum*	菲律宾	小果棒柄花	agipos
1609	*Cleidion ramosii*	菲律宾	宽瓣棒柄花	ramos santiki
1610	*Cleidion spiciflorum*	菲律宾、马来西亚、缅甸	尖花棒柄花	santiki；saukau；taw-kanako
	***Cleistanthus*（EUPHORBIACEAE）闭花木属（大戟科）**		**HS CODE 4403. 99**	
1611	*Cleistanthus angustifolius*	菲律宾	狭叶闭花木	aniatam-kitid
1612	*Cleistanthus apiculatus*	菲律宾	刺叶闭花木	aniatam-tilos
1613	*Cleistanthus baramicus*	文莱	巴拉闭花木	dam
1614	*Cleistanthus blancoi*	菲律宾	苞片闭花木	aniatam
1615	*Cleistanthus bridelifolius*	菲律宾	土密树叶闭花木	salimang
1616	*Cleistanthus collinus*	印度	丘生闭花木	karra
1617	*Cleistanthus decipiens*	菲律宾	疏柄闭花木	aniatam-mali
1618	*Cleistanthus eburneus*	柬埔寨	埃伯恩闭花木	phlauv neang
1619	*Cleistanthus ellipticus*	沙捞越	椭圆闭花木	iris
1620	*Cleistanthus everettii*	菲律宾	埃氏闭花木	everett anupag
1621	*Cleistanthus holtzii*	菲律宾	霍利氏闭花木	
1622	*Cleistanthus insignis*	西伊里安	显著闭花木	cleistanthus
1623	*Cleistanthus integer*	菲律宾	全缘闭花木	anupag

序号	学名	主要产地	中文名称	地方名
1624	*Cleistanthus isabellinus*	菲律宾	伊莎贝闭花木	malaanupag
1625	*Cleistanthus manianthus*	菲律宾	山茱萸闭花木	bakayau；bakayau-dilau
1626	*Cleistanthus megacarpus*	菲律宾、沙巴	巨果闭花木	baubo
1627	*Cleistanthus mindaensis*	菲律宾	棉兰老岛闭花木	mindanao baubo
1628	*Cleistanthus misamisensis*	菲律宾	米萨米闭花木	buru
1629	*Cleistanthus myrianthus*	苏门答腊、爪哇岛	巨葚闭花木	ekenenona；ila fuluog uding；juwar falah payo；salam andking
1630	*Cleistanthus orgyalis*	菲律宾	温睿闭花木	aniatam-pampang
1631	*Cleistanthus ovatus*	菲律宾	卵状闭花木	aniatam-initlog
1632	*Cleistanthus paxii*	沙巴	帕氏闭花木	garu
1633	*Cleistanthus pedicellatus*	菲律宾	梗节闭花木	anupag；mobatu
1634	*Cleistanthus pilosus*	菲律宾	茸毛闭花木	banitlong
1635	*Cleistanthus robinsonii*	菲律宾	罗氏闭花木	brungau
1636	*Cleistanthus samarensis*	菲律宾	萨马岛闭花木	abo-abo
1637	*Cleistanthus sumatranus*	苏门答腊、爪哇岛、柬埔寨、老挝、越南	尖叶闭花木	mali-mali balah；pantjal kidang；ranh；semoet
1638	*Cleistanthus venosus*	菲律宾	细管闭花木	sarimisim
1639	*Cleistanthus vestitus*	菲律宾	维莎特闭花木	kandangisan
1640	*Cleistanthus vidalii*	菲律宾	维氏闭花木	buliti
1641	*Cleistanthus winkleri*	文莱	温克勒闭花木	dam；lau；telinga basing
	Cleistocalyx **（MYRTACEAE）水翁属（桃金娘科）**		**HS CODE 4403. 99**	
1642	*Cleistocalyx paucipunctatus*	菲律宾	少斑水翁	titimi
	Clerodendrum **（VERBENACEAE）大青属（马鞭草科）**		**HS CODE 4403. 99**	
1643	*Clerodendrum album*	文莱	白大青	bayam nuhor；panggil；runggat
1644	*Clerodendrum apavaoense*	菲律宾	阿巴耀大青	apayao luag
1645	*Clerodendrum brachyanthum*	菲律宾	短花大青	mangha
1646	*Clerodendrum elliptifolium*	菲律宾	椭圆大青	mata-kuo
1647	*Clerodendrum flavum*	菲律宾	黄大青	aiam-aiam；bagauak-dilau

序号	学名	主要产地	中文名称	地方名
1648	*Clerodendrum inerme*	印度	假大青	banjai; cholora; dariajai; eruppichha; garden quinine; koivel; lanjai; naitakkilai; pinasangam-koppi; pinchil; pishinika; pisung; sangam; sangankuppi; takkolkamu; utichettu; vanajai
1649	*Clerodendrum klemmei*	菲律宾	克莱米大青	luag
1650	*Clerodendrum lanuginosum*	菲律宾	柔和大青	tanogo
1651	*Clerodendrum macrostegium*	菲律宾	大茎大青	malapotokan; pai-at
1652	*Clerodendrum minahassae*	菲律宾	姆米纳大青	aiam-aiam; bagauak; bagauak morado; fireworks
1653	*Clerodendrum mindorense*	菲律宾	名都罗岛大青	bagab
1654	*Clerodendrum philippininse*	菲律宾	菲律宾大青	uak-uak
1655	*Clerodendrum phlomidis*	印度	灯芯大青	agnimantha; agnimanthah; bataghni; hontari; iran; irun; piran; taggi gida; takali; takkolamu; taludala; taludalai; telaki; thalanji; tirutali; urni; vataghni
1656	*Clerodendrum preslii*	菲律宾	黄花大青	sunkol
1657	*Clerodendrum quadriloculare*	菲律宾	四根大青	bagauak morado; fireworks
1658	*Clerodendrum schmidtii*	柬埔寨	施氏大青	smach daum
1659	*Clerodendrum serratum*	印度	细齿大青	angaravalli; bamanhati; chinda; chirudekku; chiruteka; duma; gantubarangi; kandubarangi; kankabharnni; napalu; panja; penjura; sirudekku; vadamadakki
1660	*Clerodendrum trichosperma*	日本	三角大青	kusagi
1661	*Clerodendrum trichotomum*	日本	毛大青	kusagi
1662	*Clerodendrum villosum*	菲律宾	绢毛大青	anoran
1663	*Clerodendrum wenzelii*	菲律宾	温氏大青	pakapis
1664	*Clerodendrun laciniatum*	亚洲	花边大青	

序号	学名	主要产地	中文名称	地方名
1665	*Clerodendrun molle*	亚洲	软大青	
	Clethra （**CLETHRACEAE**） **桤叶树属（桤叶树科）**		**HS CODE** **4403.99**	
1666	*Clethra barbinervis*	日本	髭脉桤叶树	riobu；ryobu
1667	*Clethra canescens*	菲律宾	灰堇桤叶树	kaliapi
1668	*Clethra pulgarensis*	菲律宾	普加尔桤叶树	tagobahi
1669	*Clethra sumatrana*	苏门答腊	苏门答腊桤叶树	bodli-bodli；darikh-darikh；hau si martayau；kumbawang
	Cleyera （**THEACEAE**） **肖柃属（山茶科）**		**HS CODE** **4403.99**	
1670	*Cleyera japonica*	日本	红淡	sakaki
	Coccoloba （**POLYGONACEAE**） **海葡萄属（蓼科）**		**HS CODE** **4403.99**	
1671	*Coccoloba philippinensis*	菲律宾	菲律宾海葡萄	kamayuan
	Cocculus （**MENISPERMACEAE**） **木防己属（防己科）**		**HS CODE** **4403.99**	
1672	*Cocculus hirsutus*	印度	多毛木防己	chipurutige；dusariballi；faridbutti；jamtikibel；katlatige；paravel；patalagarudi；sugadiballi；tildhara；vanatikitika；wasan；yadaniballi
1673	*Cocculus laurifolius*	爪哇岛	桂叶木防己	tedjan
1674	*Cocculus trilobus*	印度	三裂木防己	
	Cochlospermum （**BIXACEAE**） **弯子木属（红木科）**		**HS CODE** **4403.99**	
1675	*Cochlospermum regium*	菲律宾	马齿弯子木	mexican gumtree
1676	*Cochlospermum religiosum*	印度、缅甸	神圣弯子木	appakuttaka；arasinaburaga；bendia murdoni；elluva；gabdi；gagili；gungdi；kaduburaga；kumbi；maha-hlega；pahadvel；tanaku；venivel；yellow silk-cotton-tree
	Cocos （**PALMAE**） **椰子属（棕榈科）**		**HS CODE** **4403.99**	
1677	*Cocos nucifera*	印度、也门、西马来西亚、伊朗、爪哇岛、马绍尔群岛、马里亚纳群岛、菲律宾、关岛、苏门答腊、缅甸	椰子	gotoma；jadhirdah；kobari；madd；nali；nariyela；nejoer；ni；nijog；nimaro；nimir；nimur；onsi；paido；tenga；tengina；thennei；trinodrumo；tuba

序号	学名	主要产地	中文名称	地方名
	Codiaeum **（EUPHORBIACEAE）** **变叶木属（大戟科）**		**HS CODE** **4403. 99**	
1678	*Codiaeum luzonicum*	菲律宾	吕宋变叶木	putak
1679	*Codiaeum macgregorii*	菲律宾	麦氏变叶木	mcgregor panagang
1680	*Codiaeum megalanth*	菲律宾	巨花变叶木	panagang
1681	*Codiaeum palawanense*	菲律宾	巴拉望变叶木	lubal
1682	*Codiaeum trichocallyx*	菲律宾	毛萼变叶木	panagang-mabolo
1683	*Codiaeum variegatum*	菲律宾、爪哇岛	变叶木	buena vista；poering；san francisco
	Coelostegia **（BOMBACACEAE）** **凹顶木棉属（木棉科）**		**HS CODE** **4403. 99**	
1684	*Coelostegia borneensis*	苏门答腊、西马来西亚、文莱	婆罗洲凹顶木棉	durian；punggai daun besar；sebunkih；serangap
1685	*Coelostegia chartacea*	西马来西亚	纸叶凹顶木棉	durian
1686	*Coelostegia griffithii*	马来西亚、西马来西亚、文莱	凹顶木棉	durian；durian badak；durian tua；ha-ha；pungai；punggai；sebunkih；serangap
	Coffea **（RUBIACEAE）** **咖啡属（茜草科）**		**HS CODE** **4403. 99**	
1687	*Coffea abeocuta*	西马来西亚	咖啡	kopi
1688	*Coffea arabica*	印度、马里亚纳群岛、菲律宾	小果咖啡	bannu；bun；bund；bunna；cafe；caffi；coffee；kafe；kafi；kaphi；kapi；kapilkottai；kapivittulu；mlechca-phala；rajapiluh
1689	*Coffea canephora*	菲律宾	中果咖啡	cafe
1690	*Coffea liberica*	菲律宾	大果咖啡	kafeng-bar ako
	Colona **（TILIACEAE）** **大泡火绳属（椴树科）**		**HS CODE** **4403. 99**	
1691	*Colona blancoi*	菲律宾	苞片大泡火绳	anilanu；keddeng；mamaued
1692	*Colona hastata*	菲律宾	尖大泡火绳	anilau-pan tai
1693	*Colona hirsuta*	菲律宾	粗毛大泡火绳	kadiin-buh ukan
1694	*Colona jagori*	菲律宾	贾古里大泡火绳	jagor kadiin
1695	*Colona javanica*	印度尼西亚	爪哇大泡火绳	djalupang
1696	*Colona lanceolata*	菲律宾	剑叶大泡火绳	kadiin
1697	*Colona longipetiolata*	菲律宾	长叶大泡火绳	anilau-lal aki

序号	学名	主要产地	中文名称	地方名
1698	*Colona macgregorii*	菲律宾	麦氏大泡火绳	mcgregor anilau
1699	*Colona megacarpa*	菲律宾	巨果大泡火绳	banhot
1700	*Colona mindanaensis*	菲律宾	棉兰老岛大泡火绳	kanit
1701	*Colona mollis*	菲律宾	软大泡火绳	keddeng
1702	*Colona philippinensis*	菲律宾	菲律宾大泡火绳	anitai
1703	*Colona serratifolia*	菲律宾	齿叶大泡火绳	anilau；banilad
1704	*Colona subaequalis*	菲律宾	苏巴大泡火绳	laho
1705	*Colona subintegra*	菲律宾	全缘大泡火绳	malaanilau
	***Colubrina*（RHAMNACEAE）** **蛇藤属（鼠李科）**		**HS CODE** **4403. 99**	
1706	*Colubrina anomala*	沙巴	异形蛇藤	kudok
1707	*Colubrina asiatica*	马里亚纳群岛	蛇藤	gasoso；gasusu
	***Combretocarpus*（ANACARDIACEAE）** **风车果属（漆树科）**		**HS CODE** **4403. 99**	
1708	*Combretocarpus rotundatus*	印度尼西亚、马来西亚、文莱、婆罗洲、沙捞越、沙巴、西马来西亚、苏门答腊	风车果	derepat darat；emprapat；keruntum；merapat；mutun；perapat darat；perepat；pragat darah；sabutum；temau bisih；teroentoem batoe
	***Combretodendron*（LECYTHIDACEAE）** **风车玉蕊属（玉蕊科）**		**HS CODE** **4403. 99**	
1709	*Combretodendron quadraialatus*	菲律宾	四翅风车玉蕊木	toog
	***Combretum*（COMBRETACEAE）** **风车子属（使君子科）**		**HS CODE** **4403. 99**	
1710	*Combretum decandrum*	印度	十雄蕊风车子	arikota；atundi；bontatige；piwarvel；punk；roel；rurel
1711	*Combretum quadrangulare*	越南、老挝、柬埔寨	四角风车子	chum bau；dom songke；ke khao；sangke
1712	*Combretum quadrialata*	菲律宾	四棱风车子	bagulangog；kapulau
	***Commersonia*（STERCULIACEAE）** **山麻黄属（梧桐科）**		**HS CODE** **4403. 99**	
1713	*Commersonia bartramia*	柬埔寨、越南、文莱、印度尼西亚、老挝、菲律宾	东南亚山麻黄木	babep；bangkiai；handeong；hu；hu mong；kakaag；kioray；maroom-meira；mengkirai；patjalo；sendiong；thung

序号	学名	主要产地	中文名称	地方名
	Commiphora **（BURSERACEAE）** **没药树属（橄榄科）**		**HS CODE** **4403. 99**	
1714	*Commiphora caudata*	印度	尾状没药树	hill mango; kiluvai; konda mamidi; konda mavu
	Copaifera **（CAESALPINIACEAE）** **香脂苏木属（苏木科）**		**HS CODE** **4403. 49**	
1715	*Copaifera*（= *Pseudosindora*）*palustris*	泰国、沙捞越、印度尼西亚、马来西亚、沙巴、西马来西亚、菲律宾	香脂苏木	makata; petir lilin; petir paya; petir umbut; sepetir; sepetir paya; sindur; supa; swamp sepetir; tampar hantu; tepih
	Cordia **（BORAGINACEAE）** **破布木属（紫草科）**		**HS CODE** **4403. 49**	
1716	*Cordia alba*	库拉索	白破布木	karawara
1717	*Cordia bantamensis*	越南	万丹破布木	ngut; ong bau
1718	*Cordia cumingiana*	菲律宾	球兰破布木	anonang-la laki
1719	*Cordia dichotoma*	印度、菲律宾、西伊里安、沙巴、缅甸、婆罗洲、南亚、苏门答腊	破布木	ambata; barghand; bukampaada ruka; bukampadar uka; challangayi; cordia; dohar; duanl; embrum; giduri; indian cherry; kendal; lashora; nimat; rasalla; slesmataka; thanat; viriyasam; virki
1720	*Cordia eraschanthoides*	菲律宾	毛蕨破布木	princewood
1721	*Cordia fragrantissima*	印度、缅甸	极香破布木	kalamel; kalamet; salimuli; sandawa; taung-kalamet; toungkalamet
1722	*Cordia grandis*	缅甸	大破布木	hmaik; taung-thanat
1723	*Cordia macleodii*	印度、尼泊尔	马氏破布木	bahurlo; botuku; bourlo; dahipalas; daiwas; gadda; gadru; hadaga; jugia; kassamar; lauri; peddabattuva; peddabotuku; porponda; teliasag
1724	*Cordia myxa*	印度	毛叶破布木	ambata; bhokar; chokri; dohar; embrum; giduri; hpak-mong; iriki; kasondeh; lassora; nakkeri; nimat; rasalla; shebu; thanat; virki; virusham
1725	*Cordia subcordata*	菲律宾、沙巴、西伊里安、印度尼西亚、关岛、马绍尔群岛、马里亚纳群岛、爪哇岛、苏门答腊	心叶破布木	agotot; agutub; banagau; banago; banalo; bibili; island walnut; kamanak-manak; kerosene-wood; kliniasada; niyoron; salamoeli; salimoeli; singaudagat

序号	学名	主要产地	中文名称	地方名
1726	*Cordia vestita*	印度	包裹破布木	bairola；chinta；indak；kum barola；kum paiman；kunbhi；latora；pin
	Cordyla **（CAESALPINIACEAE）** **棒状苏木属（苏木科）**		**HS CODE** **4403. 49**	
1727	*Cordyla pinnata*	马来西亚	羽状棒状苏木	dooda
	Coriaria **（CORIARIACEAE）** **马桑属（马桑科）**		**HS CODE** **4403. 99**	
1728	*Coriaria intermedia*	菲律宾	台湾马桑	baket
1729	*Coriaria japonica*	菲律宾	粳稻马桑	
1730	*Coriaria nepalensis*	印度	马桑	balel
	Cornus **（CORNACEAE）** **梾木属（山茱萸科）**		**HS CODE** **4403. 99**	
1731	*Cornus brachypoda*	日本	短角梾木	japanuki；kumano-mizuki
1732	*Cornus capitata*	中国、柬埔寨、老挝、越南	头状梾木	chinese dogwood；ka；koka
1733	*Cornus controversa*	朝鲜、日本	灯台树	asiatic dogwood；cheungcheung-namu；cornel；dogwood；mizuki
1734	*Cornus kousa*	朝鲜、日本	库萨梾木	sanddal-namu；yama-booshi；yamaboshi
1735	*Cornus macrophylla*	日本	大叶梾木	asiatic dogwood；mizuki
1736	*Cornus mas*	亚洲	地中海梾木	gemeine-kornelkirsdle
1737	*Cornus oblonga*	亚洲	长圆叶梾木	
1738	*Cornus officinalis*	亚洲	药用梾木	
1739	*Cornus walteri*	朝鲜	毛梾木	malchae-namu
	Corylus **（BETULACEAE）** **榛属（桦木科）**		**HS CODE** **4403. 99**	
1740	*Corylus avellana*	亚洲	本色榛	baum-hasel；turkische hasel
	Corymbia **（MYRTACEAE）** **伞房桉属（桃金娘科）**		**HS CODE** **4403. 99**	
1741	*Corymbia citriodora*	越南	柠檬伞房桉	bach dan chanh；bacha
	Corypha **（PALMAE）** **贝叶棕属（棕榈科）**		**HS CODE** **4403. 99**	
1742	*Corypha laevis*	越南	光滑贝叶棕	latanier
1743	*Corypha lecomtei*	柬埔寨、老挝、越南	棒状贝叶棕	cayia buong；lan

序号	学名	主要产地	中文名称	地方名
1744	*Corypha microclada*	菲律宾	小枝贝叶棕	biliran buri
1745	*Corypha umbraculifera*	菲律宾、老挝、斯里兰卡、印度	贝叶棕	buri-palme；talipot palm；talipot-palme
1746	*Corypha utan*	菲律宾、印度尼西亚	巨大贝叶棕	buri；buri palm；gebang-palme
	***Cotoneaster*（ROSACEAE）** **栒子属（蔷薇科）**		**HS CODE** **4403.99**	
1747	*Cotoneaster bacillaris*	尼泊尔、印度	芽孢栒子	benang；luni；ruinsh
	***Cotylelobium*（DIPTEROCARPACEAE）** **杯裂香属（龙脑香科）**		**HS CODE** **4403.99**	
1748	*Cotylelobium burckii*	婆罗洲、印度尼西亚、沙捞越、文莱、西马来西亚	伯氏杯裂香	awang；giam；rasak tambaga；rassak durian；resak bukit；resak durian；resak jawai；resak mendawe；resak padi；resak penyau；resek peringit；zasak
1749	*Cotylelobium flavun*	沙捞越	黄杯裂香	
1750	*Cotylelobium lanceolatum*	西马来西亚、婆罗洲、印度尼西亚、苏门答腊、泰国、马来西亚、沙巴、文莱、沙捞越	剑叶杯裂香	bukit；damar resek；gagil；kiam；kiem；pakulin batu；putang；rasak；rasak bukit；rasak gunung；resak gunung；resak kechil daun；resak padi；rsak kelabu
1751	*Cotylelobium lewisianum*	斯里兰卡	刘易斯杯裂木	mendora na-mendora
1752	*Cotylelobium melanoxylon*	印度尼西亚、苏门答腊、婆罗洲、泰国、文莱、沙巴、沙捞越、西马来西亚	黑木杯裂香	giam；giam hitam；giam tembaga；khiam；khian dam；resak；resak batu；resak bukit；resak daun lebar；resak hitam；resak keranji；resak telur；resak tempuro
1753	*Cotylelobium scabriusculum*	斯里兰卡	斯里兰卡杯裂香	namendora；napat beraliya
	***Craibiodendron*（ERICACEAE）** **金叶子属（杜鹃科）**		**HS CODE** **4403.99**	
1754	*Craibiodendron shanicum*	缅甸	香叶金叶子	briarwood；u-byat
1755	*Craibiodendron stellatum*	缅甸	假木荷	
	***Crataegus*（ROSACEAE）** **山楂属（蔷薇科）**		**HS CODE** **4403.99**	
1756	*Crataegus chlorosarca*	日本	绿肉山楂	kuromi-san zashi

序号	学名	主要产地	中文名称	地方名
1757	*Crataegus pinnatifida*	朝鲜	山楂	korean hawthorn; korean maytree; sansa-namu
1758	*Crataegus rhipidophylla*	印度	扁桃叶山楂	ghunza; pingyat
	Crateva **(CAPPARACEAE)** **鱼木属（山柑科）**		**HS CODE** **4403.99**	
1759	*Crateva adansonii*	中国台湾地区	鱼木	garlic pear tree
1760	*Crateva gynandra*	亚洲	白花鱼木	
1761	*Crateva hygrophila*	亚洲	湿热鱼木	
1762	*Crateva magna*	亚洲	马格纳鱼木	large garlic pear
1763	*Crateva religiosa*	亚洲	加罗林鱼木	banugan; jaranan; kemantu; kumg; sibaluak; tonliem
1764	*Crateva speciosa*	亚洲	美丽鱼木	
1765	*Crateva tapia*	亚洲	塔皮亚鱼木	
	Cratoxylum **(HYPERICACEAE)** **黄牛木属（金丝桃科）**		**HS CODE** **4403.49**	
1766	*Cratoxylum arborescens*	婆罗洲、苏门答腊、沙捞越、印度、文莱、印度尼西亚、西马来西亚、马来西亚、沙巴	乔木黄牛木	adat; ampet; garongong; gonggang; idat; kayu dori; labakan; manat; mepa; mertilan; merunggang; ngrunggung; sarungan; serugan; serungan; serungang; simarunggang; tamau
1767	*Cratoxylum arboreum*	菲律宾	亚洲黄牛木	paguringon-bundok
1768	*Cratoxylum cochinchinense*	婆罗洲、柬埔寨、老挝、越南、西马来西亚、文莱、沙巴、苏门答腊、爪哇岛、菲律宾	交趾黄牛木	bantaleng; danh nganh; geroking; kayu liat; kumpah; longyeng; lonhirn; machit; ngan ngan; oimo rung; perinas; selulus; suren; tai kakang; thanh nganh; uging; ugingen
1769	*Cratoxylum formosum*	印度尼西亚、婆罗洲、菲律宾、沙捞越、西马来西亚、沙巴、苏门答腊、马来西亚、爪哇岛、越南	台湾黄牛木	ampat; buntun; corrigidor cherry; derum; entemu; geronggang biabas; kembululm; lampasek; mampat; nyalin bahe; patok tilan; rawa tikus; salinggogon; sidodot
1770	*Cratoxylum glaucum*	婆罗洲、印度尼西亚、文莱、西马来西亚、沙巴、沙捞越、苏门答腊	粉绿黄牛木	erat; garunggang; geronggang; geronggang bogoi; geronggang padang; geronggang tamau; gerunggang; idat; kirap; pelawan; serungan
1771	*Cratoxylum lingustrinum*	东南亚	舌纹黄牛木	

序号	学名	主要产地	中文名称	地方名
1772	*Cratoxylum maingayi*	西马来西亚、苏门答腊	曼氏黄牛木	derum bukit；kayu bonbon；kayu siharas；mempat；pemantang；semapat
1773	*Cratoxylum polyanthum*	中国	滇南黄牛木	
1774	*Cratoxylum prunifolium*	越南、柬埔寨、缅甸、老挝	苦丁茶	dongon；long hien；longieng；ngan ngan；nganh nganh；sa-thange-on-hnauk；tiou
1775	*Cratoxylum sumatranum*	文莱、印度尼西亚、苏门答腊、菲律宾、爪哇岛、柬埔寨、越南、缅甸	苏门答腊黄牛木	baibya；bebya；geronggang；hermang；kemutum；marong；paguringon；patok tilan；remang；uling；ulingon
1776	*Cratoxylum tiglium*	缅甸	蒂柳黄牛木	kanakho；purging croton
	***Crescentia*（BIGNONIACEAE）** **葫芦树属（紫葳科）**		**HS CODE** **4403.99**	
1777	*Crescentia alata*	马里亚纳群岛、菲律宾	翼状葫芦树	hikara；hojacruz；houka；jouaca
	***Croton*（EUPHORBIACEAE）** **巴豆属（大戟科）**		**HS CODE** **4403.49**	
1778	*Croton argyratus*	柬埔寨、越南、婆罗洲、印度、老挝、沙巴、马来西亚、文莱、爪哇岛、菲律宾	银背巴豆	bacla；bekahalap；choonoo；day mang；djarakan；kapas；karai pisang；kemarik；parengpeng；paskapasan；perkoso；saynanchong；tubang-puti
1779	*Croton babuyanensis*	菲律宾	巴布延岛巴豆	babuyan gasi；batangas tuba；croton-oil-plant
1780	*Croton cascarilloides*	菲律宾	卡斯巴豆	croton-oil-plant；cuming tuba
1781	*Croton caudatus*	菲律宾、沙巴	尾状巴豆	alimpai；angguk
1782	*Croton colubrinoides*	菲律宾	秋水仙巴豆	tukbu
1783	*Croton consanguineus*	菲律宾	亲缘巴豆	malatuba
1784	*Croton cotabatensis*	菲律宾	科塔巴巴豆	makasla
1785	*Croton guisumbingianus*	菲律宾	桂苏巴豆	croton-oil-plant；quisumbing tuba
1786	*Croton haumanianus*	东南亚	牛膝巴豆	
1787	*Croton heterocarpus*	沙巴、菲律宾	异果巴豆	benadak；croton-oil-plant；tuba-tuba
1788	*Croton hibiscifolius*	亚洲	木槿巴豆	
1789	*Croton joufra*	柬埔寨、越南、老挝	乔弗巴豆	baybay；khai deng；pao

序号	学名	主要产地	中文名称	地方名
1790	*Croton laevifolius*	爪哇岛	光滑叶巴豆	sintok
1791	*Croton lancilimbus*	菲律宾	披针巴豆	kasla
1792	*Croton leiophyllus*	菲律宾	光叶巴豆	tagoang-uak
1793	*Croton leytensis*	菲律宾	莱特巴豆	sangar
1794	*Croton luzoniensis*	菲律宾	吕宋巴豆	pagaibayong
1795	*Croton novae-astiges*	菲律宾	努班巴豆	tubang-supil
1796	*Croton oblongifolius*	缅甸	长叶叶巴豆	thetyin-gyi
1797	*Croton oblongus*	文莱、沙捞越、沙巴	奥龙巴豆	entupak；entupak paya；lokon；santupak
1798	*Croton palawanensis*	菲律宾	巴拉望巴豆	kokonon
1799	*Croton pampangensis*	菲律宾	邦板牙巴豆	tubang-pam pang
1800	*Croton poilanei*	柬埔寨、老挝、越南	波伊巴豆	cu den；rang cua
1801	*Croton rectipilis*	菲律宾	雷蒂巴豆	tubang-buh ukan
1802	*Croton roxburghii*	印度	刺巴豆	baragach；bhutankasamu；bhutankusa；bhutankusam；chucka；ganasura；ghansurang；gunsur；koteputol；milgunari；millakumari；putrashreni；putuli
1803	*Croton tiglium*	沙捞越、菲律宾	巴豆	buah kemandah；croton-oil-plant；tuba；tubai buah；tubai kantu
1804	*Croton zambalensis*	菲律宾	三描礼示巴豆	zambales gasi
	***Crudia*（CAESALPINIACEAE）** **库地豆属（苏木科）**		**HS CODE** **4403. 99**	
1805	*Crudia acuta*	苏门答腊	尖库地豆木	jawat；jenti buluh；manhian item
1806	*Crudia bantamensis*	东南亚	万丹库地豆木	
1807	*Crudia blancoi*	菲律宾	苞片库地豆木	ulud
1808	*Crudia cauliflora*	菲律宾	茎花库地豆木	malatambali
1809	*Crudia chrysantha*	越南、柬埔寨、老挝	金花库地豆木	nhinh；ninh；sdey
1810	*Crudia curtisii*	西马来西亚	库地苏木	jering tupai；merbau kera
1811	*Crudia mutabilis*	苏门答腊	变叶库地豆木	pinang bancung
1812	*Crudia reticulata*	沙巴、西马来西亚	网纹库地豆木	angar；angar-angar；merbau kera
1813	*Crudia scortechinii*	西马来西亚	斯氏库地豆木	babi kurus；merbau kera

序号	学名	主要产地	中文名称	地方名
1814	*Crudia subsimplicifolia*	菲律宾	亚单叶库地豆木	tambali
	Crypteronia **（CRYPTERONIACEAE）** **隐翼属（隐翼科）**		**HS CODE** **4403.99**	
1815	*Crypteronia cumingii*	西伊里安、沙巴、菲律宾	卡氏隐翼木	crypteronia；rambai rambai；tigauon
1816	*Crypteronia griffithii*	西马来西亚、苏门答腊、沙巴、老挝	格氏隐翼木	bekoi；panarahan；rambai；rambai-rambai；saam；telinga badak
1817	*Crypteronia paniculata*	印度、西马来西亚、苏门答腊、印度尼西亚、越南、老挝、菲律宾、柬埔寨	隐翼木	ananbo；bekoi；kayu kopas；ki banen；loi；medang ayam；sa am；tiaui；trap tom；trap-toum
1818	*Crypteronia pubescens*	亚洲	短柔毛隐翼木	
	Cryptocarya **（LAURACEAE）** **厚壳桂属（樟科）**		**HS CODE** **4403.99**	
1819	*Cryptocarya acuminata*	菲律宾	披针叶厚壳桂	karaskas
1820	*Cryptocarya affinis*	菲律宾	近缘厚壳桂	nilagasi
1821	*Cryptocarya ampla*	菲律宾	巨厚壳桂	bagarilau；bulingog；manayau；paang-dalaga；tamuku
1822	*Cryptocarya aromatica*	亚洲	香厚壳桂	
1823	*Cryptocarya aschersoniana*	亚洲	阿舍森厚壳桂	
1824	*Cryptocarya barbellata*	亚洲	少须厚壳桂	
1825	*Cryptocarya bicolor*	菲律宾	双色厚壳桂	dugcatan；dugkatan
1826	*Cryptocarya bowiei*	亚洲	鲍氏厚壳桂	
1827	*Cryptocarya bracteolata*	西马来西亚	小苞厚壳桂	medang
1828	*Cryptocarya cagayanensis*	菲律宾	吕宋厚壳桂	ngarusangis
1829	*Cryptocarya caloneura*	亚洲	美脉厚壳桂	
1830	*Cryptocarya chinensis*	中国台湾地区	厚壳桂	maruba-damo；shina-kusu modoki
1831	*Cryptocarya crassinervia*	菲律宾、文莱	克氏厚壳桂	balangus；medang
1832	*Cryptocarya densiflora*	菲律宾	密花厚壳桂	bonai
1833	*Cryptocarya depressa*	亚洲	扁厚壳桂	
1834	*Cryptocarya enervis*	沙捞越	无脉厚壳桂	medang lichin
1835	*Cryptocarya euphlebia*	菲律宾	显脉厚壳桂	impaparen

序号	学名	主要产地	中文名称	地方名
1836	*Cryptocarya everettii*	菲律宾	埃氏厚壳桂	sayab
1837	*Cryptocarya ferrea*	印度尼西亚、马来西亚	铁厚壳桂	huru mentek；medang kuning；medang merah；medang tanah；pecabian；ras-berasan
1838	*Cryptocarya foxworthyi*	菲律宾	南亚厚壳桂	baniakau
1839	*Cryptocarya glauca*	菲律宾	青冈厚壳桂	baliktaran
1840	*Cryptocarya glauciphylla*	菲律宾	格氏厚壳桂	magatopoi
1841	*Cryptocarya griffithiana*	菲律宾、西马来西亚、沙巴、印度	格里菲厚壳桂	baraan；medang；medang dering；seegun
1842	*Cryptocarya ilocana*	菲律宾	伊洛戈厚壳桂	kamigai
1843	*Cryptocarya impressa*	越南	再现厚壳桂	hoang mang
1844	*Cryptocarya intermedia*	菲律宾	介质厚壳桂	maligiting
1845	*Cryptocarya invasiorum*	印度尼西亚	因瓦厚壳桂	avies
1846	*Cryptocarya konishii*	中国台湾地区	台湾厚壳桂	konishigusu
1847	*Cryptocarya kurzii*	文莱、西马来西亚	库氏厚壳桂	medang；medang ayer
1848	*Cryptocarya lanceolata*	菲律宾	剑叶厚壳桂	aningat
1849	*Cryptocarya lauriflora*	菲律宾	樟花厚壳桂	lamot
1850	*Cryptocarya loheri*	菲律宾	南洋厚壳桂	loher sayab
1851	*Cryptocarya massoy*	西伊里安	马索厚壳桂	massoia-bark；medang
1852	*Cryptocarya merrillii*	菲律宾	麦氏厚壳桂	malakalnigag
1853	*Cryptocarya mindanaoensis*	菲律宾	棉兰老岛厚壳桂	biaon
1854	*Cryptocarya nativitalis*	马来西亚	马来西亚厚壳桂	cryptocarya
1855	*Cryptocarya oblongata*	菲律宾	长圆形厚壳桂	purihan
1856	*Cryptocarya obtusifolia*	越南	钝叶厚壳桂	mogo
1857	*Cryptocarya ochracea*	柬埔寨、老挝、越南	褐毛厚壳桂	coukirp
1858	*Cryptocarya oligocarpa*	菲律宾	少果厚壳桂	malaigot
1859	*Cryptocarya oligophlebia*	菲律宾	少脉厚壳桂	masagku
1860	*Cryptocarya palawanensis*	菲律宾	巴拉望厚壳桂	paren
1861	*Cryptocarya pallida*	菲律宾	淡紫厚壳桂	ponit
1862	*Cryptocarya ramosii*	菲律宾	宽瓣厚壳桂	ramos kamigai
1863	*Cryptocarya rugulosa*	沙捞越	皱叶厚壳桂	silau payau

序号	学名	主要产地	中文名称	地方名
1864	*Cryptocarya subvelutina*	菲律宾	隐叶厚壳桂	lumog
1865	*Cryptocarya todayensis*	菲律宾、西马来西亚	毛厚壳桂	kapingan；medang
1866	*Cryptocarya trinervia*	菲律宾	特里厚壳桂	inikmo
1867	*Cryptocarya verrucosa*	印度尼西亚	凸状厚壳桂	kalaso；menako；orofon
1868	*Cryptocarya vidalii*	菲律宾	维氏厚壳桂	vidal sayab
1869	*Cryptocarya villarii*	菲律宾	尉氏厚壳桂	baliktan
1870	*Cryptocarya wightiana*	斯里兰卡	斯里兰卡厚壳桂	gulmur
1871	*Cryptocarya zamboangensis*	菲律宾	三宝颜厚壳桂	taming-taming
	***Cryptomeria*（CUPRESSACEAE）柳杉属（柏科）**		**HS CODE 4403. 25（截面尺寸≥15cm）或 4403. 26（截面尺寸<15cm）**	
1872	*Cryptomeria japonica*	日本、中国东部	日本柳杉	benisugi；common cryptomeria；criptomeria；dark sugi；goddess-of-mercy fir；honsugl；japanese cedar；japanse ceder；kosugi；kurosugi；peacock pine；san sugi；sicheltanne；sugi mats；yakusugi
	***Ctenolophon*（CTENOLOPHONACEAE）垂籽树属（垂籽树科）**		**HS CODE 4403. 99**	
1873	*Ctenolophon parvifolius*	西马来西亚、印度尼西亚、沙捞越、沙巴、西伊里安、文莱、菲律宾	垂籽树	aetan pandac；babi koeroes；balama'a；besi；besi-besi；ctenolophon；kriang；litoh；mertas；mertas bungkal；preecha；sabong ribut；sudiang；sudyang
1874	*Ctenolophon philipinense*	菲律宾	菲律宾垂籽树	sudiang；sudiang-babae；suding-lalake
	***Cubilia*（SAPINDACEAE）幼子属（无患子科）**		**HS CODE 4403. 99**	
1875	*Cubilia blancoi*	菲律宾	苞片幼子木	kubili
1876	*Cubilia cubili*	菲律宾	方幼子木	kubili
	***Cudrania*（*MORACEAE*）拓树属（桑科）**		***HS CODE* 4403. 99**	
1877	*Cudrania tricuspidata*	东亚	拓树	che；chinese mulberry；chinese strawberry tree；cudrang；mandarin melon berry；silkworm thorn；silkworm tree；storehousebush

序号	学名	主要产地	中文名称	地方名
	***Cullenia*（BOMBACACEAE）** **野榴莲属（木棉科）**		**HS CODE** **4403. 99**	
1878	*Cullenia excelsa*	斯里兰卡、印度西南部	野榴莲木	katu-boda；wild durian
	***Cunninghamia*（TAXODIACEAE）** **杉木属（杉科）**		**HS CODE** **4403. 25（截面尺寸≥15cm）或 4403. 26（截面尺寸<15cm）**	
1879	*Cunninghamia konishii*	中国台湾地区、日本、越南	台湾杉木	formosan cunninghamia；randai sugi；sa mu dau
1880	*Cunninghamia lanceolata*	柬埔寨、老挝、越南、东南亚、菲律宾、中国台湾地区、日本	杉木	araucaria de chine；chinese fir；cunningham pine；koyosan；kwan mu；long leng；oranda momi；sha mu；sha shu；shan mu；spiesstanne；thong lau；xa-mou；yin-chien-mu
	***Cupania*（SAPINDACEAE）** **野蜜莓属（无患子科）**		**HS CODE** **4403. 99**	
1881	*Cupania canescens*	印度	灰野蜜莓	kattou-mag a-marom
1882	*Cupania pubescens*	西马来西亚	短柔毛野蜜莓	sugee
1883	*Cupania sideroxylon*	印度尼西亚、西马来西亚	铁木野蜜莓	behlo poetih；kesambi
	***Cupaniopsis*（SAPINDACEAE）** **鸮蜜莓属（无患子科）**		**HS CODE** **4403. 99**	
1884	*Cupaniopsis kajewskii*	西伊里安	卡氏鸮蜜莓	cupaniopsis
	***Cupressus*（CUPRESSACEAE）** **柏木属（柏科）**		**HS CODE** **4403. 25（截面尺寸≥15cm）或 4403. 26（截面尺寸<15cm）**	
1885	*Cupressus cashmeriana*	中国	不丹柏木	kashmir cypress
1886	*Cupressus chengiana*	中国	岷江柏木	cheng cypress
1887	*Cupressus duclouxiana*	中国	冲天柏木	ducloux cypress
1888	*Cupressus funebris*	中国、柬埔寨、越南、尼泊尔、印度、老挝、南亚	柏木	bach；bach diep；cipresso funebre；cypres funebre；cypres pleureur；funeral cypress；hoang dan；kala dhupi；kinesisk sorg-cypress；ngoc am；pai mu；pohsa；pomu；tar-cypress
1889	*Cupressus gigantea*	中国	巨柏木	tsang riverpo cypress
1890	*Cupressus lusitanica*	菲律宾	墨西哥柏木	portuguese cypress

序号	学名	主要产地	中文名称	地方名
1891	*Cupressus sempervirens*	伊朗、尼泊尔、以色列	常绿柏木	arcipresso；cipres comun；cipresso；cipresso comune；cypres pyramidal；cypress；italiaanse cypres；italian cypress；mediterran ean cypress；mediterran ian cypress；vanlig cypress
1892	*Cupressus torulosa*	尼泊尔、印度	喜马拉雅山柏木	bhutan cypress；cipres de nepal；cypres de nepal；deodar；devidar；devidiar；dhupi；galla；himalaya cypres；kallain；leauri；nepal-zypresse；raisal；rasula；sarai；sarru
	***Curatella*（DILLENIACEAE）** **库拉五桠果属（五桠果科）**		**HS CODE** **4403.99**	
1893	*Curatella americana*	斯里兰卡	库拉五桠果	gatao
	***Cyclobalanopsis*（FAGACEAE）** **青冈属（壳斗科）**		**HS CODE** **4403.99**	
1894	*Cyclobalanopsis merrillii*	菲律宾	麦氏青冈	pungo-pung
	***Cyclocarya*（JUGLANDACEAE）** **青钱柳属（胡桃科）**		**HS CODE** **4403.99**	
1895	*Cyclocarya paliurus*	中国	青钱柳	
	***Cynometra*（CAESALPINIACEAE）** **喃喃果属（苏木科）**		**HS CODE** **4403.49**	
1896	*Cynometra cauliflora*	菲律宾、西马来西亚、苏门答腊	喃喃果	nam-nam；namnan
1897	*Cynometra commersoniana*	亚洲	康梅索喃喃果	
1898	*Cynometra copelandii*	菲律宾	柯氏喃喃果	matolog
1899	*Cynometra dongnainsis*	菲律宾	东奈喃喃果	maptagum
1900	*Cynometra inaequifolia*	菲律宾、沙巴、西马来西亚	光滑喃喃果	dila-dila；katong；kekatong；melankan katong
1901	*Cynometra iripa*	西马来西亚	伊里喃喃果	kekatong laut
1902	*Cynometra luzoniensis*	菲律宾	吕宋喃喃果	
1903	*Cynometra malaccensis*	西马来西亚	马来西亚喃喃果	kekatong
1904	*Cynometra mimosoides*	印度、缅甸	含羞草喃喃果	gal mendora；myinga；shungra
1905	*Cynometra polyandra*	印度	多蕊喃喃果	katong；ping

序号	学名	主要产地	中文名称	地方名
1906	*Cynometra ramiflora*	西伊里安、菲律宾、柬埔寨、马里亚纳群岛、印度尼西亚、沙巴、西马来西亚、苏门答腊、缅甸、沙捞越	枝花喃喃果	balitbitan; chom prinh; cotabato; cynometra; gulos; ipil; katong; katong-katong; kekatong; kekatong laut; mangkhaak; myinkabin; namnam; namot; namot-namot; shingru
1907	*Cynometra simplicifolia*	菲律宾	单叶喃喃果	lanos; lanos-haba; oringon
1908	*Cynometra warburgii*	菲律宾	沃氏喃喃果	siping
	Cyphomandra **(SOLANACEAE) 树番茄属（茄科）**		**HS CODE 4403.99**	
1909	*Cyphomandra betacea*	爪哇岛	树番茄	hollandsch e-terong; terong-blanda
1910	*Cyphomandra oblongifolia*	亚洲	长圆形树番茄	
	Dacrydium **(PODOCARPACEAE) 陆均松属（罗汉松科）**	**HS CODE 4403.25（截面尺寸≥15cm）或 4403.26（截面尺寸<15cm）**		
1911	*Dacrydium beccarii*	印度尼西亚、马来西亚、菲律宾、苏门答腊、婆罗洲、西伊里安、西马来西亚、沙捞越	加里曼丹陆均松	beccar dacrydium; cemantan; cematan; dacrydium; ekur kuda; ekur tupai; huon pine; kayu alau; kayu cina; meloor; melor; melur; pirol; ru bukit; sempilor; simpilor; tjemantan; tjemara
1912	*Dacrydium comosum*	马来西亚、西马来西亚	多叶陆均松	malayan dacrydium; sempilor
1913	*Dacrydium elatum*	西马来西亚、柬埔寨、老挝、越南、文莱、印度尼西亚、马来西亚、菲律宾、泰国、婆罗洲、苏门答腊、东南亚、沙巴、沙捞越	巨陆均松	ekur kuda; hoan-dan; jempilor; junghuhn dacrydium; kayu cina; lokinai; meloor; melor; melur; ru bukit; sampunir; sempilor; srol kraham
1914	*Dacrydium ericoides*	马来西亚	欧石楠陆均松	meruong dacrydium
1915	*Dacrydium falciforme*	马来西亚	镰叶陆均松	
1916	*Dacrydium gibbsiae*	马来西亚、西马来西亚	赤陆均松	gibbs dacrydium; sempilor
1917	*Dacrydium gracillis*	马来西亚	纤细陆均松	kinabalu dacrydium
1918	*Dacrydium magnum*	印度尼西亚	大苞陆均松	obi dacrydium
1919	*Dacrydium medium*	马来西亚	中陆均松	pahang dacrydium

序号	学名	主要产地	中文名称	地方名
1920	*Dacrydium nidulum*	柬埔寨、老挝、越南、沙巴、苏拉威西、印度尼西亚	奈氏陆均松	hoang dan；santal du tonkin；sempilor；vogelkop dacrydium
1921	*Dacrydium novo-guineense*	苏拉威西、印度尼西亚	新几内亚陆均松	new guinea dacrydium
1922	*Dacrydium pectinatum*	婆罗洲、中国、印度尼西亚、马来西亚、菲律宾、沙捞越	陆均松	chinese dacrydium；kayu cina；sempilor paya
1923	*Dacrydium spathoides*	婆罗洲、印度尼西亚、马来西亚	匙形陆均松	indenberg river dacrydium
1924	*Dacrydium xanthandrum*	马来西亚、印度尼西亚、菲律宾	黄蕊陆均松	kayu cina；morobe dacrydium
	Dacryodes **(BURSERACEAE)** **蜡烛木属（橄榄科）**		**HS CODE** **4403.49**	
1925	*Dacryodes costata*	文莱、菲律宾、西马来西亚、苏门答腊、印度尼西亚	脉状蜡烛木	bembangan；besini；kalaua；kedondong；kemantan；kenari；membangan；membangan santan；pagsahingin；tabiris；white dhup
1926	*Dacryodes crassipes*	苏门答腊	凤眼蜡烛木	kenari
1927	*Dacryodes expansa*	沙捞越、文莱	沙纹蜡烛木	buah sekebar；sabal
1928	*Dacryodes incurvata*	菲律宾、文莱、西马来西亚、苏门答腊、沙捞越	弯曲蜡烛木	alupag-maching；bogo；gatasan；kamingi；kedondong；kenari；korig；lahi-lahi；nyala；oris-nga-purau；sambulauan；sayong；seladah laut
1929	*Dacryodes laxa*	西马来西亚、文莱、沙巴、苏门答腊	疏叶蜡烛木	anreyjan；kedondong；kedondong bulu laxa；kedondong mempelas；kenari；langain；liakong
1930	*Dacryodes longifolia*	西马来西亚	长枝蜡烛木	kedondong
1931	*Dacryodes macrocarpa*	菲律宾、沙巴、西马来西亚、苏门答腊、沙捞越	大果蜡烛木	kaminging-lakihan；kedondong；kenari；seladah batu
1932	*Dacryodes multijuga*	苏门答腊	多对蜡烛木	kenari
1933	*Dacryodes nervosa*	苏门答腊	多脉蜡烛木	kenari
1934	*Dacryodes nitida*	马来西亚	密茎蜡烛木	rumaromak；simbut
1935	*Dacryodes papuana*	西马来西亚	巴布亚蜡烛木	kedondong
1936	*Dacryodes puberula*	西马来西亚	短毛蜡烛木	kedondong

序号	学名	主要产地	中文名称	地方名
1937	*Dacryodes rostrata*	文莱、马来西亚、印度尼西亚、西马来西亚、婆罗洲、沙巴、苏门答腊、菲律宾、沙捞越	喙状蜡烛木	beliris；boruk diangkut；embajau；kembajau；kembayau；kenari；kerakas；keramu；kumbajau；lamajau；lunai；mitus；pananassan；pelansai；pinanasan；sambar barung
1938	*Dacryodes rubiginosa*	西马来西亚	红蜡烛木	kedondong
1939	*Dacryodes rugosa*	婆罗洲、沙巴、西马来西亚、沙捞越、印度尼西亚、苏门答腊、马来西亚	多皱蜡烛木	damar tingkih；kayu tuli；kedondong；kedondong matahari；kelasah；kembajau putih；kenari；mantuk；paninas
1940	*Dacryodes sclerophylla*	马来西亚	硬叶蜡烛木	
	Dactylocladus （CRYPTERONIACEAE） 钟康木属（隐翼科）		**HS CODE** **4403.49**	
1941	*Dactylocladus stenostachys*	婆罗洲、沙捞越、印度尼西亚、马来西亚、沙巴、西马来西亚、苏门答腊	钟康木	embuwan；entibu；gatal；jongkong；kalapis；madang；medang tabak；medangtabak；mentibu；merebong；merebung；mersebong；merubong；sangkalikit
	Daemonorops （PALMAE） 黄藤属（棕榈科）		**HS CODE** **4403.99**	
1942	*Daemonorops draco*	印度尼西亚	龙黄藤木	canna draga；djernang；dracena；drago；dragon palm；dragonnier；drakenbloe drotan；rota draga；rotin de dragon
	Dalbergia （FABACEAE） 黄檀属（蝶形花科）		**HS CODE** **4403.49**	
1943	*Dalbergia abbreviata*	印度尼西亚、泰国	矮黄檀②	
1944	*Dalbergia albertisii*	印度尼西亚	巴布亚黄檀②	
1945	*Dalbergia assamica*	中国、东南亚、南亚	紫花黄檀②	
1946	*Dalbergia balansae*	越南	南岭黄檀②	
1947	*Dalbergia bariensis*	越南、老挝、柬埔寨	巴里黄檀②	asiatic rosewood；asiatisk palisander；aziatisch palissander；cam lai；camlai；camphi；leang；neang nuong；nuon；pa dong deng；palisandro de asia；palissandre cam lai；palissandro d'asia；vietnam palissander

序号	学名	主要产地	中文名称	地方名
1948	*Dalbergia baroni*	亚洲	巴罗尼黄檀②	asiatic rosewood；asiatisk palisander；aziatisch palissander；madagascar palissander；palisandro de madagascar；palissander d'asie；palissandrod'asia
1949	*Dalbergia beccarii*	马来西亚、印度尼西亚	贝氏黄檀②	
1950	*Dalbergia beddomei*	印度	贝多米黄檀②	
1951	*Dalbergia benthamii*	中国、越南	两广黄檀②	
1952	*Dalbergia bintuluensis*	印度尼西亚、马来西亚	宾图卢黄檀②	
1953	*Dalbergia boniana*	越南	博尼亚黄檀②	
1954	*Dalbergia borneensis*	印度尼西亚、马来西亚	印尼黄檀②	
1955	*Dalbergia burmanica*	缅甸	缅甸黄檀②	
1956	*Dalbergia cambodiana*	老挝、柬埔寨、越南	柬埔寨黄檀②	kham phi；kra nmung；palissandre asie；trac；trac cam bot；trac cam pot
1957	*Dalbergia cana*	中南半岛	卡纳黄檀②	
1958	*Dalbergia candenatensis*	中国、东南亚	弯枝黄檀②	
1959	*Dalbergia canescens*	马来西亚、菲律宾	灰黄檀②	
1960	*Dalbergia clarkei*	印度	克拉克黄檀②	
1961	*Dalbergia cochinchinensis*	柬埔寨、老挝、越南、泰国、印度尼西亚	交趾黄檀②	canhum；karanhung；kha jung；kha nhung；nang nuang；palisandro de siam；pha nhoung；pha yung；rosewood；siam palissander；siam rosewood；siam-palisander；thailand rosewood；trac；trac nam bo；tracwood
1962	*Dalbergia comorensis*	越南	科莫罗黄檀②	
1963	*Dalbergia confertiflora*	孟加拉国、印度	聚花黄檀②	
1964	*Dalbergia congesta*	印度	密花黄檀②	
1965	*Dalbergia coromandeliana*	印度	科罗曼黄檀②	
1966	*Dalbergia cultrata*	缅甸、印度、泰国、老挝	刀状黑黄檀②	burma blackwood；burma palissander；cocobolo；indian cocobolo；indian cococolo；khamphi khao khouay；mai viet；palisandro asiatico；palisandro de asia；palissanderd'asie；therbe；therhe；yindaik；zaungi
1967	*Dalbergia cumingiana*	菲律宾	球兰黄檀②	

序号	学名	主要产地	中文名称	地方名
1968	*Dalbergia curtisii*	东南亚	柯氏黄檀②	
1969	*Dalbergia densa*	印度尼西亚、菲律宾	密集黄檀②	
1970	*Dalbergia dialoides*	越南	大叶黄檀②	
1971	*Dalbergia discolor*	东南亚	变色黄檀②	
1972	*Dalbergia dongnainensis*	越南、柬埔寨、老挝	东斯黄檀②	cam lai；neang nuon；pa dong leuang
1973	*Dalbergia duarensis*	印度	双花黄檀②	
1974	*Dalbergia duperreana*	柬埔寨、泰国	杜培尔黄檀②	
1975	*Dalbergia dyeriana*	中国	戴尔黄檀②	
1976	*Dalbergia entadoides*	中南半岛	榼藤子黄檀②	trac bam
1977	*Dalbergia errans*	泰国	厄尔黄檀②	
1978	*Dalbergia falcata*	印度尼西亚、马来西亚	镰状黄檀②	
1979	*Dalbergia floribunda*	泰国	多花黄檀②	bukit；keranji bukit
1980	*Dalbergia forbesii*	印度尼西亚、老挝、泰国	宽叶黄檀②	
1981	*Dalbergia fusca*	越南、柬埔寨、缅甸、印度	黑黄檀②	cam lai；neang nuong；trac vang；yinzat
1982	*Dalbergia gardneriana*	印度	加德纳黄檀②	
1983	*Dalbergia godefroyi*	中南半岛	戈德夫黄檀②	
1984	*Dalbergia hainanensis*	中国	海南黄檀②	
1985	*Dalbergia hancei*	中国、泰国、越南	藤黄檀②	
1986	*Dalbergia havilandii*	马来西亚	哈氏黄檀②	
1987	*Dalbergia henryana*	中国	蒙自黄檀②	
1988	*Dalbergia horrida*	东南亚	霍里黄檀②	
1989	*Dalbergia hoseana*	马来西亚	霍西纳黄檀②	
1990	*Dalbergia hullettii*	印度尼西亚、马来西亚	胡氏黄檀②	
1991	*Dalbergia hupeana*	中国	黄檀②	chinese rosewood；tan mu
1992	*Dalbergia jaherii*	印度尼西亚	贾氏黄檀②	
1993	*Dalbergia javanica*	印度、印度尼西亚	爪哇黄檀②	biti；bombay blackwood；east indian rosewood；eravadi；kalaruk；shisham；sissoo

序号	学名	主要产地	中文名称	地方名
1994	*Dalbergia jingxiensis*	中国	京西黄檀②	
1995	*Dalbergia junghuhnii*	东南亚	琼氏黄檀②	
1996	*Dalbergia kerrii*	老挝、泰国	克氏黄檀②	
1997	*Dalbergia kingiana*	中国、缅甸、泰国	滇南黄檀②	
1998	*Dalbergia kostermansii*	印度尼西亚、马来西亚	科氏黄檀②	
1999	*Dalbergia kunstleri*	缅甸	阔翅黄檀②	
2000	*Dalbergia kurzii*	柬埔寨、老挝、越南、缅甸	伯氏黄檀②	ham hom；thitpok
2001	*Dalbergia lacei*	缅甸、泰国	花边黄檀②	
2002	*Dalbergia lactea*	缅甸	乳状黄檀②	
2003	*Dalbergia lakhonensis*	老挝、泰国	拉康黄檀②	
2004	*Dalbergia lanceolaria*	印度、柬埔寨、老挝、越南、缅甸、东南亚	窄叶（披针叶）黄檀②	aian；bander-siris；chapot-siris；dandoshi；dobi；erigei；gengri；harrani；kiachalom；loiad；neang leang；parekha；quanh quack；snoul；tabauk；vellaringi；yerra
2005	*Dalbergia latifolia*	印度、爪哇岛、柬埔寨、老挝、越南、印度尼西亚、菲律宾	阔叶黄檀②	bombay rosewood；botbiola；cittegi；east indian rosewood；eravadi；ibadi；india rosewood；jittegi；kala rukh；malabar；nukku；ostindisch es-rosenholz；palisander；saisa；todagatti；virududuch ava；yerugudu
2006	*Dalbergia malabarica*	印度	马拉巴黄檀②	
2007	*Dalbergia mammosa*	越南	曼莫黄檀②	
2008	*Dalbergia marcaniana*	泰国	马卡尼黄檀②	
2009	*Dalbergia mimosella*	菲律宾	塞拉黄檀②	makapil
2010	*Dalbergia nigra*	越南	巴西黑黄檀①	trac den；xim quat
2011	*Dalbergia obtusifolia*	中国、缅甸、泰国	钝叶黄檀②	
2012	*Dalbergia odorifera*	中国	降香黄檀②	
2013	*Dalbergia oliveri*	缅甸、泰国、老挝、印度、越南、柬埔寨、老挝、泰国	奥氏黄檀②	burma tulipwood；cam lai；cam lai bong；kaytdeng；ket deng；mai hogwan；padong；palissandro di birmania；tamalan；tulipwood；yindaik
2014	*Dalbergia ovata*	泰国	卵圆黄檀②	madama；wun-byaung

序号	学名	主要产地	中文名称	地方名
2015	*Dalbergia paniculata*	印度	锥花黄檀②	adukkuvagia; barahbakala; dhupi; gunniri; hassurugunni; ottutholi; pachari; pachariai; patsaru; phansa; potrumporilla; satpura; sheodur; sondara; sopera; taple; toper; vetiatholi; vettatholi
2016	*Dalbergia parviflora*	马来西亚、印度、印度尼西亚	小花黄檀②	akar lakak; kajoe laka; laka-hout
2017	*Dalbergia peguensis*	缅甸	佩古黄檀②	
2018	*Dalbergia peishaensis*	中国	白沙黄檀②	
2019	*Dalbergia pierreana*	柬埔寨	皮耶纳黄檀②	
2020	*Dalbergia pinnata*	缅甸	羽状黄檀②	
2021	*Dalbergia polyadelpha*	中国、越南	云南黄檀②	
2022	*Dalbergia polyphylla*	菲律宾	多叶黄檀②	
2023	*Dalbergia prainii*	缅甸	勃氏黄檀②	
2024	*Dalbergia pseudo-ovata*	缅甸	假卵叶黄檀②	
2025	*Dalbergia pseudo-sissoo*	东南亚、南亚	假印度黄檀②	
2026	*Dalbergia reniformis*	南亚	肾叶黄檀②	
2027	*Dalbergia reticulata*	菲律宾	网状黄檀②	
2028	*Dalbergia richardsii*	马来西亚	里氏黄檀②	
2029	*Dalbergia rimosa*	缅甸	多裂黄檀②	daung-dalaung
2030	*Dalbergia rostrata*	东南亚、南亚	喙叶黄檀②	
2031	*Dalbergia rubiginosa*	中国、印度	棕红黄檀②	
2032	*Dalbergia sacerdotum*	中国	上海黄檀②	
2033	*Dalbergia sandakanensis*	印度尼西亚、马来西亚	桑达坎黄檀②	
2034	*Dalbergia scortechinii*	印度尼西亚、马来西亚	斯氏黄檀②	
2035	*Dalbergia sericea*	尼泊尔	绢毛黄檀②	
2036	*Dalbergia sissoides*	印度尼西亚	西索黄檀②	java palissander; sonokeling
2037	*Dalbergia sissoo*	印度、缅甸、阿富汗、巴基斯坦、尼泊尔、菲律宾、印度尼西亚	印度黄檀②	agaru; biridi; bombay rosewood; chittim; east indian rosewood; iruvil; kalaruk; mukkogette; nelkar; ostindisch es-rosenholz; padimi; palissandre asie; shewa; sissom; tahli; zig-zag rosewood

序号	学名	主要产地	中文名称	地方名
2038	*Dalbergia spinosa*	南亚	刺叶黄檀②	
2039	*Dalbergia stenophylla*	中国、泰国、越南	狭叶黄檀②	
2040	*Dalbergia stercoracea*	印度尼西亚、马来西亚	斯特科黄檀②	
2041	*Dalbergia stipulacea*	东南亚、南亚	托叶黄檀②	
2042	*Dalbergia succirubra*	泰国	高原黄檀②	
2043	*Dalbergia teijsmannii*	印度尼西亚	泰氏黄檀②	
2044	*Dalbergia thomsonii*	印度	长茎黄檀②	
2045	*Dalbergia thorelii*	中南半岛	索氏黄檀②	
2046	*Dalbergia tinnevelliensis*	印度	蒂涅黄檀②	
2047	*Dalbergia tonkinensis*	越南、中国	东京黄檀②	
2048	*Dalbergia travancorica*	印度	特拉凡科黄檀②	
2049	*Dalbergia tsoi*	中国	红果黄檀②	
2050	*Dalbergia velutina*	东南亚、南亚	毛黄檀②	
2051	*Dalbergia verrucosa*	泰国	疣状黄檀②	
2052	*Dalbergia volubilis*	中南半岛、南亚	南亚黄檀②	
2053	*Dalbergia wattii*	印度	瓦氏黄檀②	
2054	*Dalbergia ximengensis*	中国	西门黄檀②	
2055	*Dalbergia yunnanensis*	中国	滇黔黄檀②	
	***Daphne*（THYMELAEACEAE）瑞香属（瑞香科）**		**HS CODE 4403. 99**	
2056	*Daphne luzonica*	菲律宾	吕宋瑞香	tukang-bundok
	***Daphniphyllum*（DAPHNIPHYLLACEAE）虎皮楠属（虎皮楠科）**			**HS CODE 4403. 99**
2057	*Daphniphyllum borneense*	菲律宾	婆罗虎皮楠	ali
2058	*Daphniphyllum buchananifolium*	菲律宾	黄虎皮楠	inutatan
2059	*Daphniphyllum glaucescens*	日本、爪哇岛	虎皮楠	hime-yuzuriha；panen；peleman
2060	*Daphniphyllum gracile*	缅甸	细叶虎皮楠	
2061	*Daphniphyllum himalayense*	印度	喜马拉雅虎皮楠	
2062	*Daphniphyllum laurinum*	文莱	亮叶虎皮楠	melingkat

序号	学名	主要产地	中文名称	地方名
2063	*Daphniphyllum luzonense*	菲律宾	吕宋虎皮楠	luzon ali
2064	*Daphniphyllum macropodium*	日本	长柄虎皮楠	daphniphyl lum
2065	*Daphniphyllum macropodum*	日本	交趾虎皮楠	yruzuriha；yuzuriha
2066	*Daphniphyllum obtusifolium*	菲律宾	短叶虎皮楠	haugoi
2067	*Daphniphyllum parvifolium*	菲律宾	小叶虎皮楠	aling-liit an
2068	*Daphniphyllum paxianum*	亚洲	海南虎皮楠	daphniphyl lum
2069	*Daphniphyllum pierrei*	柬埔寨、老挝、越南	埃里虎皮楠	chamoi
2070	*Daphniphyllum teijsmanni*	日本	泰氏虎皮楠	himeuzuriha
2071	*Daphniphyllum teysmanni*	日本	香虎皮楠	
	***Dasymaschalon*（ANNONACEAE）** **皂帽花属（番荔枝科）**		**HS CODE** **4403. 99**	
2072	*Dasymaschalon clusiflorum*	菲律宾	聚合皂帽花	malaates
2073	*Dasymaschalon lamentaceum*	柬埔寨	西达皂帽花	choeung chap
2074	*Dasymaschalon oblongatum*	菲律宾	长圆皂帽花	sagot
2075	*Dasymaschalon rostratum*	越南	喙果皂帽花	
2076	*Dasymaschalon sootepense*	泰国	黄花皂帽花	
	***Davidia*（NYSSACEAE）** **珙桐属（蓝果树科）**		**HS CODE** **4403. 99**	
2077	*Davidia involucrata*	中国	珙桐	davidia
	***Debregeasia*（URTICACEAE）** **水麻属（荨麻科）**		**HS CODE** **4403. 99**	
2078	*Debregeasia longifolia*	爪哇岛	长叶水麻	oerang-oer angan；orang-oran gan
	***Decaspermum*（MYRTACEAE）** **子楝树属（桃金娘科）**		**HS CODE** **4403. 99**	
2079	*Decaspermum blancoi*	菲律宾	苞片子楝树	patalsik-pula
2080	*Decaspermum forbesii*	西伊里安	宽叶子楝树	decaspermum

序号	学名	主要产地	中文名称	地方名
2081	*Decaspermum fruticosum*	菲律宾	五瓣子楝树	patalsik
2082	*Decaspermum gracilentum*	越南	子楝树	
2083	*Decaspermum microphyllum*	菲律宾	小叶子楝树	halgus
2084	*Decaspermum parviflorum*	印度	小花子楝树	
	***Dehaasia*（LAURACEAE）** **莲桂属（樟科）**		**HS CODE** **4403. 99**	
2085	*Dehaasia caesia*	印度尼西亚、婆罗洲、文莱	蓝灰莲桂	hoeroe katjang；madang intalo；medang；medang tanduk
2086	*Dehaasia cairocan*	菲律宾	菲律宾莲桂	malacadios；malacdios；malakadios
2087	*Dehaasia cuneata*	缅甸、婆罗洲、印度尼西亚、西马来西亚、泰国	楔形莲桂	kyese-satna；madang penguan；marsihung；medang；medang tanahan；raachaw
2088	*Dehaasia curtissi*	马来西亚	短柄莲桂	medang payong
2089	*Dehaasia elliptica*	西马来西亚	椭圆形莲桂	medang；medang kunyit
2090	*Dehaasia firma*	文莱	硬莲桂	medang；medang sisek
2091	*Dehaasia incrassata*	西伊里安、婆罗洲、文莱、沙捞越、西马来西亚、沙巴	腰果莲桂	dehaasia；madang tanduk；medang；medang chabi；medang keladi；medang sisek；medang tanah；medang telor；penguan
2092	*Dehaasia kurzii*	缅甸	库氏莲桂	kyese-kyi-chi
2093	*Dehaasia pauciflora*	西马来西亚	少花莲桂	medang
2094	*Dehaasia triandra*	菲律宾	三蕊莲桂	anaga；anagasor baslayan margapali；bangulo；baslayan；baticulin baslayan；betis；kaburo；manihai；margapali；mompon；paitan；putian；zamboanga
	***Delonix*（CAESALPINIACEAE）** **凤凰木属（苏木科）**		**HS CODE** **4403. 99**	
2095	*Delonix regia*	印度、马里亚纳群岛、越南、柬埔寨、老挝、菲律宾、中国、缅甸	凤凰木	alasippu；arbol del fuego；doddartnag randhi；erraturayl；fire-tree；gulmohur；gultora；hung fa ying；kattikayi；mayarum；phuongvi；radha chura；shimasumke sula
	***Dendrocnide*（URTICACEAE）** **火麻树属（荨麻科）**		**HS CODE** **4403. 99**	
2096	*Dendrocnide latifolia*	马里亚纳群岛	阔叶火麻树	kahtat；kahtl；katud

序号	学名	主要产地	中文名称	地方名
2097	*Dendrocnide sinuata*	印度	全缘火麻树	
2098	*Dendrocnide stimulans*	文莱、爪哇岛	海南火麻树	anjarapai; patis bakar; poeloes; poeloes djalatrong; rapai
2099	*Dendrocnide urentissima*	越南	火麻树	
	Dendrolobium **(FABACEAE)** **假木豆属（蝶形花科）**		**HS CODE** **4403. 99**	
2100	*Dendrolobium umbellatum*	菲律宾	伞花假木豆	malapigas
	Dendropanax **(ARALIACEAE)** **树参属（五加科）**		**HS CODE** **4403. 99**	
2101	*Dendropanax morbifera*	朝鲜	莫比树参	dendropanax; hwangchil; hwangchil-namu
2102	*Dendropanax trifidus*	日本	树参	kakulemino; kakure-mino
	Deplanchea **(BIGNONIACEAE)** **金盖树属（紫葳科）**		**HS CODE** **4403. 99**	
2103	*Deplanchea bancana*	苏门答腊、沙捞越	苏门答腊金盖树	baha; bangkal; enjasiengien; kayu alang; kayu chendem; kayu labu; kayu simartin; labu; lampang; mastia baho; meertapa
2104	*Deplanchea tetraphylla*	西伊里安	四叶金盖树	deplanchea
	Desbordesia **(IRVINGIACEAE)** **德斯木属（苞芽树科）**		**HS CODE** **4403. 49**	
2105	*Desbordesia pierreana*	俄罗斯	皮氏德斯木	lian
	Detarium **(CAESALPINIACEAE)** **荚髓苏木属（苏木科）**		**HS CODE** **4403. 49**	
2106	*Detarium senegalense*	马来西亚	塞内加尔荚髓苏木	ko-somo
	Deutzia **(HYDRANGEACEAE)** **溲疏属（绣球科）**		**HS CODE** **4403. 99**	
2107	*Deutzia acuminata*	菲律宾	披针叶溲疏	ket-ket
2108	*Deutzia hypoleuca*	日本	下白溲疏	urajiroutsugi
2109	*Deutzia pulchra*	菲律宾	美丽溲疏	alatin
2110	*Deutzia scabra*	日本	粗叶溲疏	utsugi
	Dialium **(CAESALPINIACEAE)** **摘亚木属（苏木科）**		**HS CODE** **4403. 49**	
2111	*Dialium cochinchinense*	文莱、越南、老挝、泰国、柬埔寨	交趾摘亚木	bubok kelamanggis; gaiac brun; keranji; kheng; khleng; kleng; kra lanh; kralanh; lang; lignum vitae; mackheng; nai; nai sai met; sai met; sepan; xai met; xay; xoay

序号	学名	主要产地	中文名称	地方名
2112	*Dialium havilandii*	西马来西亚	维氏摘亚木	keranji
2113	*Dialium hydnocarpoides*	苏门答腊	厚皮摘亚木	keranji alai
2114	*Dialium indum*	文莱、沙捞越、印度尼西亚、马来西亚、沙巴、西马来西亚、爪哇岛、缅甸、苏门答腊	印度摘亚木	beliadau；bubok ambon；bubok ugong；kakang；keranji pelawa；keranji tebal besar；keranpapan；kranji；malia'o；ra'ang；tanjan；tanyan；taung-kaye；terpendi
2115	*Dialium kingii*	亚洲	金氏摘亚木	
2116	*Dialium kunstleri*	西马来西亚	特斯摘亚木	keranji
2117	*Dialium maingayi*	西马来西亚	梅氏摘亚木	keranji；keranji tebal kechil
2118	*Dialium modestum*	婆罗洲	适度摘亚木	nyamut
2119	*Dialium ovoideum*	斯里兰卡、泰国	卵圆摘亚木	gal-siyamb ala；ironwood-of-ceylon；kaddupuli；khleng
2120	*Dialium patens*	东南亚	伸展摘亚木	
2121	*Dialium platysepalum*	印度尼西亚、马来西亚、婆罗洲、西马来西亚	阔萼摘亚木	kerandji；kerandji asap；kerandji-pagan；keranji；keranji bulu；keranji kuning besar；keranji kuning kechil；krandji；kurandji
2122	*Dialium procerum*	苏门答腊、印度尼西亚、西马来西亚	直立摘亚木	kaning；kayu lilin；kerandji；keranji bulu；keranji tunggal；merandji；teseh
2123	*Dialium sumatrana*	马来西亚、印度尼西亚	苏门答腊摘亚苏木	otoba
2124	*Dialium wallichii*	东南亚	瓦氏摘亚木	
	***Dichapetalum* (DICHAPETALACEAE)** **毒鼠子属（毒鼠子科）**		**HS CODE 4403.99**	
2125	*Dichapetalum gelonioides*	菲律宾	毒鼠子	ariskis；ariskis-bu tolin；sumatra ariskis
2126	*Dichapetalum platyphyllum*	菲律宾	厚叶毒鼠子	ariskis-la paran
2127	*Dichapetalum rugosum*	菲律宾	红叶毒鼠子	
2128	*Dichapetalum toxicarium*	菲律宾	黄毒鼠子	
2129	*Dichapetalum tricapsulare*	菲律宾	双歧毒鼠子	kayotkot

序号	学名	主要产地	中文名称	地方名
	Dichrostachys **（MIMOSACEAE）** **代儿茶属（含羞草科）**		**HS CODE** **4403. 99**	
2130	*Dichrostachys cinerea*	印度、爪哇岛、缅甸	代儿茶	bilatri；khoiridya；kunlai；marud；odavinaha；piodai；sigamkati；vellantarah；veltori；veltura；veturu；vidattalai；vurtuli；wadu；yedathari；yelati；yelatri
	Dictyoneura **（SAPINDACEAE）** **迪永属（无患子科）**		**HS CODE** **4403. 99**	
2131	*Dictyoneura philippinensis*	菲律宾	菲律宾迪永	kubau
2132	*Dictyoneura sphaerocarpa*	菲律宾	球果迪永	kubau-bilog
	Dillenia **（DILLENIACEAE）** **五桠果属（五桠果科）**		**HS CODE** **4403. 49**	
2133	*Dillenia alata*	西马来西亚	翼状五桠果	simpoh
2134	*Dillenia albiflos*	西马来西亚	白花五桠果	simpoh；simpoh puteh
2135	*Dillenia aurea*	缅甸	金黄五桠果	byu；chamaggai
2136	*Dillenia beccariana*	文莱	贝卡五桠果	buan；simpor laki；tegering
2137	*Dillenia blanchardi*	越南	布榄五桠果	so nho
2138	*Dillenia bolsteri*	菲律宾	狄勒五桠果	bolster katmon
2139	*Dillenia borneensis*	西马来西亚、沙巴、文莱、婆罗洲	婆罗五桠果	simpoh；simpoh gajah；simpor laki；simpur；simpur riga；tegering；ubah rusa
2140	*Dillenia diantha*	菲律宾	双花五桠果	katmon-kambal
2141	*Dillenia elata*	柬埔寨、老挝、越南	高山五桠果	pelou phnom；pelou pnom；so；so mi；so nui
2142	*Dillenia excelsa*	婆罗洲、苏门答腊、文莱、印度尼西亚、菲律宾、西马来西亚、沙巴	大五桠果	begihing；cipuh；deharaenehe；gilih；jelengin；jengin；kaligara；kendikora；pelegit；pisang mawe；rawang；ringin；selegara；simpoh；simpoh ungu；simpor laki；simpur；tegering；tjumihing；urip
2143	*Dillenia eximia*	东南亚	淡红五桠果	
2144	*Dillenia fagifolia*	西伊里安	水青冈叶五桠果	dillenia
2145	*Dillenia fischeri*	菲律宾	费氏五桠果	fischer katmon

序号	学名	主要产地	中文名称	地方名
2146	*Dillenia grandifolia*	苏门答腊、婆罗洲、柬埔寨、西马来西亚、文莱、印度尼西亚、越南	大叶五桠果	air；bawel；gawel-gawel；jangkang；kadjang；limpur；pehu；rimba；sejorangka ng kijang；sepu air；simpor laki；simpur；simpur djangkang；simpur jankang；sisitne；so；so trai；tegering；wai
2147	*Dillenia heterosepala*	柬埔寨、老挝、越南	异萼五桠果	lang；long；long bang；phoong
2148	*Dillenia hookeri*	越南	锐齿五桠果	so bac；so nho；so trang
2149	*Dillenia indica*	印度、孟加拉国、柬埔寨、老挝、越南、菲律宾、西马来西亚、印度尼西亚、苏门答腊、缅甸	印度五桠果	akku；bettakanig ala；chala；dillenia；elephant apple；gangalu；hargesa；india dillenia；india katmon；motakarmalotengah；otingah；ou；panpui；ruvya；simpor；sipoer；thabyu；uvya；valapunna
2150	*Dillenia luzoniensis*	菲律宾	吕宋五桠果	catmon；malacatmon；malakatmon
2151	*Dillenia marsupialis*	菲律宾	袋状五桠果	palali
2152	*Dillenia megalantha*	菲律宾	巨花五桠果	katmon-banani；katmon-bayani
2153	*Dillenia monantha*	菲律宾	山地五桠果	katmon-bugtong
2154	*Dillenia obovata*	苏门答腊、柬埔寨、爪哇岛、印度尼西亚、西马来西亚、老挝、越南	倒卵叶五桠果	benar；dim-petoi；djoenti；djunti；phlu；rawa；rimba；sempoe；sempoer；simpoh；simpoh padang；so do；sompohr
2155	*Dillenia ochreata*	印度尼西亚	褐色五桠果	
2156	*Dillenia ovata*	印度尼西亚	卵圆五桠果	
2157	*Dillenia papuana*	西伊里安	巴布亚五桠果	kiehp；kiep；majongga
2158	*Dillenia parkinsonii*	缅甸	帕氏五桠果	wet-zinbyun
2159	*Dillenia parviflora*	缅甸、印度	小花五桠果	lingyaw；linyaw
2160	*Dillenia pentagyna*	印度、柬埔寨、越南、缅甸、老挝	五桠果	achki；aggai；chinna-kal inga；dillenia；graw-grawp；kalot；kanagola；khwaw；kurweil；linyaw；machie；mai；mak san；mu roi；nai-tek；pinnai；rai；rawadam；rawandan；ruk；sahar；so ba；tatri；zinbyun
2161	*Dillenia phillippinensis*	菲律宾	菲律宾五桠果	calmon；catmon；katmon
2162	*Dillenia pteropoda*	菲律宾	翼足五桠果	kambug

序号	学名	主要产地	中文名称	地方名
2163	*Dillenia pulchella*	文莱、苏门答腊、西马来西亚、沙捞越	美丽五桠果	enchalum；limpur；perapat darat；rawang；sepu talang；simpoh ayer；simpoh paya；simpor paya
2164	*Dillenia pulcherrima*	缅甸	粉蕊五桠果	zinbyun
2165	*Dillenia reifferscheidia*	菲律宾	弗里五桠果	catmon-cal abau；katmon-kal abau
2166	*Dillenia reticulata*	苏门答腊、文莱、西马来西亚、婆罗洲	网状五桠果	ampelu；beringin；pinggan-pi nggan；simpoh gajah；simpoh jangkang；simpur；simpur empelu
2167	*Dillenia retusa*	斯里兰卡	微凹五桠果	godapara
2168	*Dillenia salomonensis*	泰国	所罗门五桠果	san
2169	*Dillenia scabrella*	印度	糙五桠果	agosthyo
2170	*Dillenia suffruticosa*	文莱、西马来西亚	木质五桠果	buan；dinging；dinging kela'o；simpoh ayer；simpoh paya；simpor；tegering abai
2171	*Dillenia sumatrana*	文莱、苏门答腊	苏门答腊五桠果	peru；pisang mawe；pisang mobdi；ranggang walak；simpor laki；surumah delok；tegering
2172	*Dillenia triquestra*	斯里兰卡	斯特五桠果	diyapara
2173	*Dillenia turbinata*	越南	大花五桠果	
	***Dimocarpus*（SAPINDACEAE）** **龙眼属（无患子科）**		**HS CODE** **4403. 99**	
2174	*Dimocarpus cambodiana*	柬埔寨、老挝、越南	柬埔寨龙眼	mien prey
2175	*Dimocarpus foveolata*	菲律宾	金叶龙眼	malapang
2176	*Dimocarpus fumatus*	文莱、菲律宾	山龙眼	lakong；pamirigin
2177	*Dimocarpus gracilis*	菲律宾	细龙眼	alupag；alupag-lalaki
2178	*Dimocarpus informis*	越南	通脉龙眼	nhoncutdec
2179	*Dimocarpus logan*	菲律宾	洛氏龙眼	alupac；alupag；alupai；arupag；ayupag；bait；bakalao；bakalau；bakeles；bakkalau；balik；balit；bayit；bukkalau；malaresa；pamito
2180	*Dimocarpus longan*	越南、缅甸、老挝、爪哇岛、印度尼西亚、马来西亚、斯里兰卡、西马来西亚、柬埔寨、日本、中国台湾地区、沙巴	龙眼	boa；boboa；cay nhon；kyet-mouk；lamnhei pa；lengkeng；leng-keng；ligkeng；long nhan；lungngaan；mata kuching；mora；nhanxa；riu-yan；rop；ryuugan；tawthayet；truong；tyuugan
2181	*Dimocarpus nephelioides*	菲律宾	石斑龙眼	iboli

序号	学名	主要产地	中文名称	地方名
2182	*Dimocarpus stellulata*	菲律宾	莱乌龙眼	louo
	Dimorphocalyx （EUPHORBIACEAE） 异萼木属（大戟科）		**HS CODE 4403.99**	
2183	*Dimorphocalyx denticulatus*	菲律宾	齿异萼木	sukalpi
2184	*Dimorphocalyx loheri*	菲律宾	南洋异萼木	loher sukalpi
2185	*Dimorphocalyx luzoniensis*	菲律宾	吕宋异萼木	kulis-paka tan
2186	*Dimorphocalyx malayanus*	马来西亚	马来异萼木	
2187	*Dimorphocalyx murinus*	菲律宾、沙巴	巴布异萼木	kulis-daga; obah puteh
	Diospyros （EBENACEAE） 柿属（柿树科）		**HS CODE 4403.49**	
2188	*Diospyros alata*	菲律宾	翼状柿木	tandikan
2189	*Diospyros alvarezii*	菲律宾	阿氏柿木	alvarez ataata; bantulinau; batulinau
2190	*Diospyros andamanica*	菲律宾、苏门答腊、沙捞越	安达柿木	anang-baluga; bihofi; buluan; entina; siamang etem
2191	*Diospyros areolata*	沙捞越、印度尼西亚	黑斑柿木	kayu malam paya; kelan; kenapa; lotan
2192	*Diospyros argentea*	印度	银牛柿木	booale; bulu-bulu
2193	*Diospyros bantamensis*	苏门答腊、文莱	万丹柿木	kayu asam; kayu hitam; lagan simpai; malam; salah
2194	*Diospyros beccarii*	文莱	倍氏柿木	balleh; malam
2195	*Diospyros bejaudii*	柬埔寨	白花柿木	angkot khmau
2196	*Diospyros blancoi*	菲律宾、斯里兰卡、中国台湾地区、马里亚纳群岛、泰国	苞片柿木	amaga; bolongeta; camagon; ceylon ebben; ebano de ceilan; ebene de ceylan; ebony; gubat; kamagon; kamagong; kamahi; kegaki; ke-gaki; kurogaki; mabolo; mabulo; marit; talang
2197	*Diospyros borneensis*	文莱	婆罗柿木	balleh; malam
2198	*Diospyros brideliaefolia*	菲律宾	斑叶柿木	malinoag
2199	*Diospyros bulusanensis*	菲律宾	布卢山柿木	baganito
2200	*Diospyros burmanica*	印度、缅甸	缅甸柿木	hpunmang; mai makho-ling; mia-mate-si; te

序号	学名	主要产地	中文名称	地方名
2201	*Diospyros buxifolia*	苏门答腊、菲律宾、日本、印度、印度尼西亚、斯里兰卡、西马来西亚、婆罗洲、文莱	黄杨叶柿木	bakah; balatinao; bulatinau; ebano; ebony; gumunan; indian ebony; kadjoe areng; kalu habarliya; kayu malam; malam; meribut; pepatis; rami; riribu; sensanit; seri barangkat
2202	*Diospyros calcicola*	菲律宾	岩生柿木	anang-apog an
2203	*Diospyros cauliflora*	西伊里安	茎花柿木	bengemun; bengum
2204	*Diospyros celebica*	印度尼西亚、苏拉威西	苏拉威西乌木	celebes coromandel; coromandel; ebano de macassar; eboni; ebony; gestreept ebben; indian ebony; indonesisk ebenholts; koromandel; macassar ebony; streaked ebony; temru; tendu; timbruni; tunki
2205	*Diospyros chevalieri*	柬埔寨	薛氏柿木	dang kor
2206	*Diospyros chloroxylon*	印度	绿柿木	anduli; aulanche; green ebony; kosai
2207	*Diospyros clavigera*	苏门答腊、西马来西亚	棒状柿木	kayu arang; kayu malam
2208	*Diospyros confertiflora*	苏门答腊、西马来西亚、沙捞越	密花柿木	daging ayam; kayu malam; kayu malam pinang
2209	*Diospyros copelandii*	菲律宾	圆钝柿木	sapoteng-hulo; talang-gubat
2210	*Diospyros coriacea*	文莱	革叶柿木	malam; nilu
2211	*Diospyros curranii*	菲律宾、马来西亚、苏门答腊	库氏柿木	alinau; baganito; malagaitman; malam; malin-mali ninjuk; medang; panagitmon; tapih hiu
2212	*Diospyros dasyphylla*	泰国	厚叶柿木	khienoo; makluea
2213	*Diospyros decandra*	柬埔寨、老挝、越南	十雄蕊柿木	ebene d'indo-chine; mun-thi
2214	*Diospyros diepenhorstii*	沙巴、西马来西亚	迪氏柿木	kayu malam
2215	*Diospyros digyna*	菲律宾	迪纳柿木	philippine ebony; zapote
2216	*Diospyros discocalyx*	西马来西亚、沙巴	盘萼柿木	kayu malam; kayu malam gajah
2217	*Diospyros discolor*	斯里兰卡、中国	台湾乌木	ceylon ebony
2218	*Diospyros dodecandra*	柬埔寨、老挝、越南	十二雄蕊柿木	cuom-thi; ebene d'indo-chine
2219	*Diospyros durionoides*	婆罗洲、西马来西亚、沙巴	榴莲柿木	arang daon durian; arang halus daun; kayu hitam daun durian; kayu malam; sabah ebony

序号	学名	主要产地	中文名称	地方名
2220	*Diospyros ebenaster*	斯里兰卡、马来西亚	斯里兰卡乌木	bastard ebony；ebony
2221	*Diospyros ebenum*	印度、斯里兰卡、柬埔寨、越南、泰国、印度尼西亚、安达曼群岛、婆罗洲、老挝、南亚	乌木	abnos；abnus；angkot khmau；calamander；ceylon ebben；ceylon ebony；ebans；ebene de ceylan；ebene noire d'asie；itam；kamerara；karemara；karu；karum-kali；karunthali；kayu；kendhu；malam；mush-timbi；nakua；tendu；tuki
2222	*Diospyros egbert-walkeri*	印度	沃克里柿木	
2223	*Diospyros egrettarum*	印度	白蚁柿木	
2224	*Diospyros ehretioides*	缅甸、印度、菲律宾	红枝柿木	aukchinsa；burma kanomoi；thitpok
2225	*Diospyros elliptifolia*	菲律宾、马来西亚、沙巴	椭圆叶柿木	atilma；kayu malam
2226	*Diospyros eriantha*	老挝、越南	乌材	kit nan dam；lomoi；nhonghe
2227	*Diospyros evena*	沙捞越、沙巴、印度尼西亚	埃文柿木	bersayet；kayu malam paya；kayu malum；merakoyong；merpinang daun kecil；tutup kabali
2228	*Diospyros everettii*	菲律宾	埃氏柿木	everett kamagong；mabolo
2229	*Diospyros fasciculiflora*	菲律宾	椭圆柿木	tamil
2230	*Diospyros ferrea*	菲律宾、印度尼西亚、东南亚、越南、南亚	铁乌木	bantulinau；batlatinau；batulinau；ebano；ebene noire d'asie；eboni；ebony；ironwood；lambid；ma nam；palatinau；philippine ebony
2231	*Diospyros ferruginescens*	文莱	铁线柿木	malam；merpinang
2232	*Diospyros filipendula*	柬埔寨、越南	细叶柿木	ambeng ches；vayoc
2233	*Diospyros foxworthyi*	西马来西亚	南亚柿木	kayu malam
2234	*Diospyros frutescens*	文莱、苏门答腊	灌木状柿木	entagaram；malam；pujuh；siamang
2235	*Diospyros gardneri*	老挝、斯里兰卡	加德柿木	hang hon；kadumberiya；kallu
2236	*Diospyros glaucophylla*	苏门答腊	青冈柿木	pecah periuk；ribu-ribu；samak dayak
2237	*Diospyros hainanensis*	中国	海南柿木	ngau kam；ngau kan
2238	*Diospyros hasseltii*	越南、柬埔寨	黑毛柿木	mun；tonleap
2239	*Diospyros hillebrandii*	菲律宾	斑点柿木	lama lau nui

序号	学名	主要产地	中文名称	地方名
2240	*Diospyros hirsuta*	斯里兰卡、印度	粗硬毛乌木	ceylon ebben; ceylon ebony; ceylon-ebenholtz; coromandel holz; ebano de ceilan; ebano di ceylon; ebene de ceylan
2241	*Diospyros inclusa*	菲律宾	东印度柿木	anang-bulod; anang-gulod; philippine ebony
2242	*Diospyros insignis*	印度	显著柿木	poruwamara
2243	*Diospyros kaki*	中国、日本、越南、老挝、柬埔寨、菲律宾、伊朗、缅甸	柿木	chinese persimmon; ebony; hong; hong rung; japanese ebony; japanese persimmon; kai-samtsz; kakauati; kaki; khormalou; kyro kaki; persimmon; tayok-te; tokiwa-gaki; yama-gaki
2244	*Diospyros koeboeensis*	苏门答腊	红豆柿木	bebulu
2245	*Diospyros kurzii*	印度、菲律宾、安达曼群岛	尾叶柿木	andaman marblewood; atilma; ebony; kanalum; karanung; katilma; malatinta; manogarom; marblewood; pecha-da; philippine ebony; zebrawood
2246	*Diospyros laevigata*	沙巴	无毛柿木	kayu malam
2247	*Diospyros lanceifolia*	印度、苏门答腊、越南	剑叶柿木	arang; baju-baju etem; keluhuh; sang den
2248	*Diospyros lolin*	印度尼西亚	洛林柿木	eboni
2249	*Diospyros longiciliata*	菲律宾	长枝柿木	itom-itom
2250	*Diospyros lotus*	日本	黑枣柿木	amluk; ebony; kinogaki; kurokaki; mamegaki; mame-gaki; shinano-gaki
2251	*Diospyros macrophylla*	苏门答腊、沙巴、印度尼西亚、菲律宾	大叶柿木	harungan; kayu gajah; kayu malam; kayu rayah; kayu siamang; maraula; medang ketanahan; tauailan
2252	*Diospyros maingayi*	印度尼西亚、西马来西亚、苏门答腊	梅加伊柿木	bangkirai; kayu malam; medang tampui; nyantuh buah palo; samak dayak hitam
2253	*Diospyros malabarica*	西马来西亚、印度	木棉柿木	kayu malam; mangoustan; mangoustan du malabar
2254	*Diospyros malacapai*	菲律宾	马拉干柿木	white ebony
2255	*Diospyros maritima*	西伊里安、菲律宾、苏门答腊	黄心柿木	bengemun; bengum; malatinta; serang

序号	学名	主要产地	中文名称	地方名
2256	*Diospyros marmorata*	安达曼群岛、印度、缅甸	安达曼乌木	andaman ebben; andaman ebony; andaman marblewood; ebano de india; ebano delle andamane; ebene des indes; ebene veinee d'asie; kala takri; marblewood; pecha-da; thitkya; zebrawood
2257	*Diospyros melanoxylon*	印度、菲律宾、斯里兰卡、印度尼西亚、东南亚	黑木柿木	abanasi; abnus; balai; coromandel ebony; damadi; ebene indienne; ebony; indisch ebben; kakatembhu rni; karai; malabar ebony; mallali; manjigata; nallatumki; persimmon ebony; tamrug; tunki
2258	*Diospyros merrillii*	菲律宾	麦氏柿木	bagaitman
2259	*Diospyros mindanaensis*	菲律宾	棉兰老岛柿木	ata-ata; bolongeta; camagon; itom-itom; malagaitman; philippine ebony; tamil-lalaki; ugau
2260	*Diospyros mollis*	泰国、东南亚、老挝	软毛柿木	ebanode thailandia; ebene noire d'asie; kua; makleua; ma-klua; thailand ebony; thailands ebben
2261	*Diospyros montana*	印度、缅甸、斯里兰卡、菲律宾	山地柿木	balagunike; bistendu; dasaundu; east indian ebony; goddigattu; goinda; halda; hirek; jagadagondi; kalagunda; kendu; lohari; mabolo; pattewar; pudumaddi; tembhurni; vankane; verragada
2262	*Diospyros morrisiana*	日本	罗浮柿木	tokiwa-gaki
2263	*Diospyros multibracteata*	菲律宾	多苞叶柿木	mospos
2264	*Diospyros multiflora*	菲律宾	多花柿木	amaga; canomai; canomoi; kalumai; kanomoi; kanuml
2265	*Diospyros mun*	越南、柬埔寨、老挝	孟卫柿木	ebene mun; ebene noire d'asie; khmau; kua; lang dam; mun; munsung
2266	*Diospyros nigrescens*	印度	印度乌木	indian egony; kanara ebony
2267	*Diospyros nitida*	印度	密茎柿木	
2268	*Diospyros nitidula*	越南、柬埔寨、老挝	尼杜拉柿木	dau chi rui; daudu; thideu; thiduinui
2269	*Diospyros odoratissima*	柬埔寨	馨香柿木	chhoeu kmau

序号	学名	主要产地	中文名称	地方名
2270	*Diospyros oocarpa*	印度、斯里兰卡、安达曼群岛、缅甸	欧卡帕柿木	andaman marblewood; ela-tunbiri; kala lakri; marblewood; red zebrawood; zebrawood
2271	*Diospyros paniculata*	印度	锥花柿木	doddele darimarugh karimarlu
2272	*Diospyros papuana*	沙捞越	巴布亚柿木	white ebony
2273	*Diospyros pauciflora*	菲律宾、苏门答腊	少花柿木	kinarum; lagam simpai; siangus
2274	*Diospyros pellucida*	菲律宾	透皮柿木	lagikdi
2275	*Diospyros pendula*	苏门答腊、沙捞越、西马来西亚、文莱	垂柿木	hitam; jangkang; kayu malam; lemburan; malam; merpinang
2276	*Diospyros phanerophlebia*	菲律宾	显脉柿木	aliuak
2277	*Diospyros philippinensis*	菲律宾	菲律宾乌木	cyoy; kamagong; kamagong-liitan; oi-oi; oyoy; philippine ebony
2278	*Diospyros pilosanthena*	婆罗洲、菲律宾、印度尼西亚、西马来西亚	多毛柿木	arang rapak; baganito; balatinan; bantolinao; belongaeta; belu itam; boloagnita; bolong-eta; camagon; camagoon; eboni; kayu arang; kayu hitam perompuan; kayu malam; kuntete; malapuyau; malatalang; marabikal
2279	*Diospyros pilosanthera*	菲律宾	毛药乌木	bolong-eta
2280	*Diospyros pilosula*	安达曼群岛、孟加拉国	梨状柿木	ebony; kali kalla
2281	*Diospyros pisocarpa*	文莱、沙捞越	皮果柿木	tubai buah; tubu
2282	*Diospyros plicata*	菲律宾	皱褶柿木	magulitim; tamil; taming-taming
2283	*Diospyros poncei*	菲律宾	蓬塞乌木	mabolo; philippine ebony; ponce kamagong
2284	*Diospyros pulgarensis*	菲律宾	普氏柿木	aponan
2285	*Diospyros pyrrhocarpa*	菲律宾	梨柿木	anang; kabag; kanalum; pugaui-item
2286	*Diospyros quaesita*	斯里兰卡	塞塔柿木	calamander; ceylon ebben; ceylon ebony; ceylon-ebenholts; coromandel ebony; ebanode ceilan; ebanodi ceylon; ebony; gestreifte s-ebenholz; stripe
2287	*Diospyros ramiflora*	印度	枝花柿木	gulal
2288	*Diospyros rigida*	西马来西亚	硬柿木	kayu malam; meribut

序号	学名	主要产地	中文名称	地方名
2289	*Diospyros rubra*	柬埔寨、老挝、越南	红柿木	cam thi；thi；thi rung
2290	*Diospyros rumphii*	苏拉威西、东南亚、印度尼西亚	朗氏柿木	coromandel；ebanode macassar；ebene veinee d'asie；eboni；indonesisk ebernholtz；macassar ebony；makassar ebben
2291	*Diospyros sabtanensis*	菲律宾	沙丁柿木	kanarem
2292	*Diospyros sandwicensis*	菲律宾	沙维斯柿木	lama；mapa
2293	*Diospyros sarawakana*	文莱	沙捞柿木	malam
2294	*Diospyros siamang*	沙捞越、苏门答腊	合趾柿木	kayu malam balih；kayu siamang；maserang；pais；serang；siah menahun
2295	*Diospyros siamensis*	柬埔寨、老挝、泰国、越南	暹罗柿木	camthi；langdam；trayung
2296	*Diospyros simalurensis*	苏门答腊	西马路岛柿木	lalar-lala r fatuh；lalar-lala retem payo
2297	*Diospyros streptosepala*	菲律宾	链球柿木	dalondong
2298	*Diospyros styraciformis*	苏门答腊	柱状柿木	balun ijuk
2299	*Diospyros subtruncata*	马来西亚	苏特塔柿木	kinakan kayu；mempisang batu
2300	*Diospyros sumatrana*	沙捞越、文莱	苏门答腊柿木	entam；tubai buah
2301	*Diospyros sylvatica*	印度、斯里兰卡	林生柿木	kaka suroli；kanchia
2302	*Diospyros tenuipes*	菲律宾	细梗柿木	panalipan
2303	*Diospyros thwaitesi*	斯里兰卡	斯韦特柿木	ho-mediriya
2304	*Diospyros tomentosa*	印度	毛乌木	ebano de laindia；ebano indiano；ebene des indes；ebony；india ebony；indisch ebben；indisk ebenholts；kend；kendu；kinnu；kyon；temru；tendu；tiril；tumki；tummer；tumri
2305	*Diospyros tonkinensis*	越南、柬埔寨、老挝	东京柿木	mui-nhoi；mun
2306	*Diospyros toposia*	菲律宾	糙皮柿木	bulatlat；kulitom；kulitum；palo negro
2307	*Diospyros triflora*	菲律宾	三花柿木	aponan-tungko
2308	*Diospyros tuberculata*	沙巴	构叶柿木	kayu malam
2309	*Diospyros ulo*	菲律宾	乌洛柿木	ulo
2310	*Diospyros utilis*	印度尼西亚、中国台湾地区	良木柿木	ebbenhout；ebony；kurogaki
2311	*Diospyros velascoi*	菲律宾	瓦伦瑞拉柿木	kalantoya

序号	学名	主要产地	中文名称	地方名
2312	*Diospyros venosa*	苏门答腊、文莱、沙捞越	韦诺柿木	angke fulus; arang delok; malam; rongkau; tada manok; tubuh
2313	*Diospyros vera*	柬埔寨、老挝、越南	交趾乌木	cay mun; ebano indiano; ebano indochino; ebene d'indo-chine; indisk ebenholtz; indo-china ebony; vietnam ebben
2314	*Diospyros wallichii*	文莱、西马来西亚	卵叶柿木	balleh; tuba buah
2315	*Diospyros whitfordii*	菲律宾	威氏柿木	mahuyan
	***Diplodiscus*（TILIACEAE）** **二重椴属（椴树科）**		**HS CODE** **4403. 99**	
2316	*Diplodiscus paniculatus*	菲律宾	圆锥二重椴	balabo
2317	*Diplodiscus suluensis*	菲律宾	苏禄二重椴	mangabu
	***Diploknema*（CHENOPODIACEAE）** **藏榄属（藜科）**		**HS CODE** **4403. 99**	
2318	*Diploknema butyracea*	印度、安达曼群岛	藏榄	butter-tree; hill mahua; jungli mohwa; yelpote
2319	*Diploknema ramiflora*	菲律宾	枝花藏榄	baneti; baniti; manicnic
2320	*Diploknema sebifera*	沙巴	蜡质藏榄	nyatoh puteb
	***Diplospora*（RUBIACEAE）** **狗骨柴属（茜草科）**		**HS CODE** **4403. 99**	
2321	*Diplospora singularis*	柬埔寨、老挝、越南	狗骨柴木	de
	***Dipterocarpus*（DIPTEROCARPACEAE）** **龙脑香属（龙脑香科）**		**HS CODE** **4403. 49**	
2322	*Dipterocarpus acutangulus*	沙巴、印度尼西亚、文莱、马来西亚、沙捞越、西马来西亚、婆罗洲	锐角龙脑香	borneo keruing; gurjun; indonesisch keroewing; keruing merkah; kerup; mandurian putih; resak; sabah keruing; sagelam; sarawak keroewing; sarawak keruing; ta'gelam; tempehes
2323	*Dipterocarpus alatus*	菲律宾、柬埔寨、老挝、越南、孟加拉国、缅甸、印度、西马来西亚、苏门答腊、泰国	龙脑香	apinao; bang khuoi; choeu teal; dang phaoc; dzau mich; gnong; gurjun; indochina gurjun; kanhinni; leal kraham; lelagan; malasantol; prang prohop; yaang; yang; yang bai; yang kabueang; yang kaen; yang paii

序号	学名	主要产地	中文名称	地方名
2324	*Dipterocarpus alembanicus*	缅甸、越南、柬埔寨、老挝、安达曼群岛、孟加拉国、印度、泰国、西马来西亚	粉叶龙脑香	aing-kamgien-zee; burma gurjun; cay dzau nuoc; dau con rai; gnang; gurjun; hao; hrai; indian gurjun; keruing; mai yang; main hao; nhang; nhang khao; siamese gurjun; telia gurjum; white kanyin; yang teak
2325	*Dipterocarpus appendiculatus*	东南亚	追加龙脑香	
2326	*Dipterocarpus applanatus*	婆罗洲、印度尼西亚、沙巴、沙捞越	平展龙脑香	kekalup; keruing; keruing arong; keruing daun besar; lasang; lelantin
2327	*Dipterocarpus baudii*	安达曼群岛、印度、西马来西亚、越南、柬埔寨、苏门答腊、菲律宾、缅甸、印度尼西亚、泰国	东南亚龙脑香	andaman gurjun; atui; cay dan long; dom chhoeu dpang; dpang; dulia; eng; gurjun; hagachac; india gurjun; kan yaung; lagan sanduk; mara keluwung; neram bukit; yung daeng; yung dam
2328	*Dipterocarpus borneensis*	婆罗洲、文莱、印度尼西亚、沙捞越、苏门答腊	婆罗洲龙脑香	awang buah; damar resek; keruing; keruing daun halus; keruing sindor; lagan; ompal; resak kerangas; tempudau; tempur
2329	*Dipterocarpus bourdillonii*	印度、柬埔寨、老挝、越南、安达曼群岛	印度龙脑香	charatta angili; cheratta angili; gurjan; gurjun; karangili; karanjili
2330	*Dipterocarpus caudatus*	菲律宾、印度尼西亚、西马来西亚、婆罗洲、沙捞越、苏门答腊、文莱	尾状龙脑香	apitong; keruing; keruing bise; keruing deran; keruing gasing; kerup; lagan; mentuke; panau-bunt otan; songgi kuning; tailed-leaf apitong; tailed-leaf panau
2331	*Dipterocarpus caudiferus*	婆罗洲、印度尼西亚、文莱、马来西亚、沙巴、沙捞越	野禽尾龙脑香	baan; bayan; damar kaladan; gurjun; kaladan; keruing puteh; resak gunung; sabah keruing; sanculit; sarapan; sarawak keroewing; tangan-tan gan; tekam engkarabak; tempehes; tempudau
2332	*Dipterocarpus chartaceus*	西马来西亚、泰国	纸质龙脑香	keruing; keruing bulu; keruing kertas; keruing pasir; yang sian; yang tang; yang wat
2333	*Dipterocarpus cinereus*	印度尼西亚、苏门答腊	灰龙脑香	keruing; lagan beras; lagan bras

序号	学名	主要产地	中文名称	地方名
2334	*Dipterocarpus concavus*	沙巴、西马来西亚、婆罗洲、文莱、印度尼西亚、沙捞越、苏门答腊、马来西亚	凹陷龙脑香	borneo keroewing; damar liat; gurjun; keruing; keruing dadeh; keruing jantong; keruing sendok; keruing senylem; keruing tempurung; kerup tempuran; north borneo gurjun; north borneo keruing; sabah keruing; tempudau
2335	*Dipterocarpus conferta*	婆罗洲	密伞龙脑香	kerubang tudang; keruing kobis
2336	*Dipterocarpus conformis*	苏门答腊、文莱、印度尼西亚、沙巴、沙捞越、婆罗洲	同形龙脑香	keruing beludu kuning; keruing buah; lagan; lagan sanduk; tampudau
2337	*Dipterocarpus coriaceus*	柬埔寨、老挝、越南、西马来西亚、印度、婆罗洲、缅甸、文莱、印度尼西亚、沙捞越、苏门答腊、泰国	革质龙脑香	chhnar; choeu teal; damar etoi; dau; dzau xam nam; gurjun; gurjun d'indo-chine; indo-china gurjun; kadau; kanyin; mara keluang; rat soul; thanongsar; yang sian; yang tai; yung dam
2338	*Dipterocarpus cornutus*	婆罗洲、西马来西亚、印度尼西亚、马来西亚、苏门答腊、沙巴	角状龙脑香	akas; apot; gombang; kapen kalung; keruing mempelas; keruing pekat; keruing suji; kerup; kruen; kruen des indes; ladan; malaysian keruing; martempe; tampudau; tempudau; tempudau laki
2339	*Dipterocarpus costatus*	孟加拉国、柬埔寨、越南、东南亚、老挝、印度尼西亚	中脉龙脑香	baitya-gar jan; bang khuoi; cay dau tra ben; chhoeuteal bangkuoi; dau cal; dau cat; dau mit; dau song nang; dau-cal; dom chhoeu teal neang dang phaoc; dzao cat; dzao mit; dzau mich; leal craham
2340	*Dipterocarpus costulatus*	婆罗洲、马来西亚、沙巴、文莱、印度尼西亚、沙捞越、西马来西亚、苏门答腊	小肋龙脑香	apot; bajan; bian; borneo keruing; keroewing; kerubang; kerubung; keruing; keruing bajan; keruing benar; keruing padi; kerup; kyakat; lelagan; maalaran; malaysian keruing; muara keluang; resak ran
2341	*Dipterocarpus crinitus*	印度尼西亚、婆罗洲、苏门答腊、西马来西亚、马来西亚、文莱、沙巴、沙捞越、泰国	长毛龙脑香	akas; amperok; ariung; bajan uhit; bayan uhit; bian; gombang; jelatong bulan; kawan; keladan djauh; malaysian keruing; mara keluwang; resak bulu daun; simarhalua ng; simarhalung; tamooedau; tampoedow; yang khaai

序号	学名	主要产地	中文名称	地方名
2342	*Dipterocarpus cuspidatus*	文莱、沙捞越	长尖龙脑香	keruing; keruing runching; keruing runcing
2343	*Dipterocarpus dyeri*	柬埔寨、越南	棉兰老龙脑香	chhoeuteal; dau song nang; thbeng
2344	*Dipterocarpus ecaltatus*	柬埔寨	薄叶龙脑香	
2345	*Dipterocarpus elongatus*	菲律宾、沙巴、婆罗洲、马来西亚、西马来西亚、沙捞越、印度尼西亚、文莱、苏门答腊	伸长龙脑香	apitong; balam; hagachac; hagakhak; indonesisch keroewing; kaladan; kaludan; kambong; keruing latek; keruing pasir; kerup; kruen; kudan; latek; lipunt; lipus; liput; lipuut; penga'an; ran; sabah keruing; sarawak gurjun
2346	*Dipterocarpus eurynchus*	苏门答腊、菲律宾、婆罗洲、西马来西亚、沙捞越、印度尼西亚、文莱	巴西兰龙脑香	ansang ansang; betuyupu; hagakhak; keruing; keruing baran; keruing barang; keruing chair; keruing minyak; keruing padi; keruing senylem; kerukeh; kroewing; laden; semanto minyak; semantoh minjak
2347	*Dipterocarpus exaltatus*	文莱	高大龙脑香	
2348	*Dipterocarpus fagineus*	文莱、沙捞越、西马来西亚、苏门答腊	水青冈状龙脑香	keruing; keruing daun alus; keruing daun halus; keruing kelabu; keruing pipit; keruing senylem; keruing senyum
2349	*Dipterocarpus geniculatus*	文莱、印度尼西亚、沙巴、沙捞越	膝曲龙脑香	keruing; keruing batu; keruing belimbing; keruing guntang; keruing kerubong; keruing simpor; keruing tangkai panjang
2350	*Dipterocarpus glandulosus*	斯里兰卡	腺柱龙脑香	darana; dorana; weli-dorana
2351	*Dipterocarpus globosus*	文莱、沙巴、沙捞越	球体假龙脑香	keruing; keruing buah bulat; keruing bulat
2352	*Dipterocarpus gracilis*	菲律宾、婆罗洲、苏门答腊、斯里兰卡、孟加拉国、印度、缅甸、印度尼西亚、沙巴、文莱、沙捞越、西马来西亚、爪哇岛、泰国	纤细龙脑香	anderi; apitong; balao; duen; duho; dulia; dulia gurjan; eng; gan'an; gurjun; hagakhak; indonesian gurjun; kruen; kurimau; ladan; lagan; menyelmu; merluang; padsaingin; red mai yang; yang tang; zitan

序号	学名	主要产地	中文名称	地方名
2353	*Dipterocarpus grandiflorus*	菲律宾、印度、安达曼群岛、沙巴、婆罗洲、缅甸、文莱、印度尼西亚、沙捞越、西马来西亚、马来西亚、爪哇岛、苏门答腊、泰国	大花龙脑香	anahanon; balau; danlog; gurjun; hagakhak; himpagkatan; himpagtan; indian gurjun; malapaho; malapano; philippine gurjun; resak gunung; resak lebar daun; sabah keruing; tempudau; waua; yung kabueang
2354	*Dipterocarpus hasseltii*	菲律宾、西马来西亚、越南、爪哇岛、印度、安达曼群岛、婆罗洲、缅甸、苏门答腊、印度尼西亚、沙巴、泰国	哈氏龙脑香	anahanon; apitong; balao; dermala; gurjan; highland panau; indonesia kawang; jempinang; kaladan; lagan; malapana; pagsahingin; pokok getah; remuan bukit; sasurun; tampudau; yang man sai; yang manmu
2355	*Dipterocarpus hispidus*	婆罗洲、沙捞越、西马来西亚、文莱、印度尼西亚、沙巴、苏门答腊、马来西亚、泰国	粗毛龙脑香	alaw; ansurai; bansurai; bechikui; chikui; denderam; ensurai; kacohoi; keruing neram; keruing ngeram; kesurai; laran; larandka; meneram; mengeram; neram; nerrum; sakuai; sarawak; yang khlong
2356	*Dipterocarpus humeratus*	婆罗洲、苏门答腊、爪哇岛、印度、孟加拉国、缅甸、文莱、印度尼西亚、沙巴、沙捞越、西马来西亚、泰国	节肩龙脑香	dermala; dulia; gurjun; holong; jati olat; jati paser; jempinang; kanyin; kawang; kayu minyak; klarar; lagan; pelahlar minyak; pelala; pulu; ran; tian kahom; yang khuang
2357	*Dipterocarpus intricatus*	泰国、柬埔寨、老挝、越南	缠结龙脑香	chabaeng; dau; dau chai; dau lang; dau long; hiang nam man; hieng; hueang; krad; krat; kuang; lang; mui; nhang sa beng; phluang; pluang; reumeri; romui; sabeng; trach; yang kraat; yang krat
2358	*Dipterocarpus jourdaini*	柬埔寨、老挝、越南	朱尼龙脑香	dau con rai nuoe; dom chhoeu teal dung; dzao con rai nuoc
2359	*Dipterocarpus kerrii*	缅甸、西马来西亚、苏门答腊	克氏龙脑香	kanyin; kanyin byan; keruing dudu; lagan beras; sibin

序号	学名	主要产地	中文名称	地方名
2360	*Dipterocarpus kunstleri*	菲律宾、苏门答腊、婆罗洲、沙巴、文莱、印度尼西亚、沙捞越、西马来西亚、马来西亚	阔翅龙脑香	anahanon; apitong; balau; hagachac; hagakhak; isak; kamkalong; keruing salatus; keruing simpor; kruen; lagan; lipas; muara keluang; north borneo keruing; panalsalan; tabuloh; tampudau; tempudau
2361	*Dipterocarpus lamellatus*	印度尼西亚、沙巴、婆罗洲	片状龙脑香	keruing; keruing jarang; malalin; pelepak batu; resak gunung
2362	*Dipterocarpus littoralis*	印度尼西亚、爪哇岛	滨龙脑香	keruing; keruing pantai; klalar; lalar; plalar
2363	*Dipterocarpus lowii*	婆罗洲、苏门答腊、文莱、印度尼西亚、马来西亚、沙巴、沙捞越、西马来西亚	洛氏龙脑香	bajan; bayan; damar minyak; kalup puteh; keruing sol; kesugoi; kruyn; pudu; resak butoh biawak; sarawak keroewing; sarawak keruing; sindur betul; sol
2364	*Dipterocarpus mundus*	印度尼西亚、婆罗洲、文莱、沙捞越	洁净龙脑香	kamurai; kensurai bukit; kerosit; keruing; keruing matang
2365	*Dipterocarpus nudus*	文莱、沙捞越	裸叶龙脑香	keruing; keruing lichin; keruing licin; resak ensurai
2366	*Dipterocarpus oblongifolius*	文莱	长叶龙脑香	ensurai bansurai; keruing neram; yang-khlong
2367	*Dipterocarpus obtusifolius*	西马来西亚、柬埔寨、老挝、越南、缅甸、印度、安达曼群岛、东南亚、泰国	钝叶龙脑香	dau do; gurjan; gurjun; hiang; hiang phluang; hieng; in; in bo; in byu; keupang; kraat; may sabeng; phluang; phun-topha ng; pluang; sabaeng; tabaeng; teuriar; thbeng; thbeng momis; topang; yang hiam; yang hiang; yanghieng
2368	*Dipterocarpus ochraceus*	沙巴	赭黄龙脑香	keruing; keruing ranau
2369	*Dipterocarpus orbicularis*	菲律宾	菲律宾圆叶龙脑香	anahanon; apitong; round-leaved apitong
2370	*Dipterocarpus pachyphyllus*	文莱、沙巴、沙捞越	厚叶龙脑香	keruing; keruing daun tebal; keruing sol padi
2371	*Dipterocarpus palembanicus*	越南、文莱、印度尼西亚、沙巴、沙捞越、西马来西亚、苏门答腊	巨港龙脑香	garjanka-tel; keruing; keruing palembang; keruing ternek; lagan; lagan daun halus; lagan torop
2372	*Dipterocarpus perakensis*	西马来西亚	霹雳州龙脑香	keryuing perak

序号	学名	主要产地	中文名称	地方名
2373	*Dipterocarpus philippinensis*	菲律宾	毛叶龙脑香	hairy leaf panau
2374	*Dipterocarpus pilosus*	亚洲	茸毛龙脑	
2375	*Dipterocarpus retusus*	印度、柬埔寨、老挝、越南、缅甸、爪哇岛	云南龙脑香	andaman gurjun；cho；cho chi；cho nau；dau dan；hollong；indian gurjun；kanyin；plalar；tro；yang
2376	*Dipterocarpus rigidus*	婆罗洲、文莱、印度尼西亚、沙捞越、西马来西亚、苏门答腊	坚硬龙脑香	bajan tuwung；bayan tuwung；keruing；keruing chogan；keruing daun halus；keruing daun lebar；keruing merah；keruing pasir；keruing pekat；keruing sungkit；keruing utap；kerup；ketjuhi；ladan；tuyong
2377	*Dipterocarpus rotundifolius*	西马来西亚	马来西亚圆叶龙脑香	keruing；keruing mengkai
2378	*Dipterocarpus sarawakensis*	文莱、沙捞越	沙捞越龙脑香	keruing；keruing layang；keruing layang layang
2379	*Dipterocarpus semivestitus*	印度尼西亚、西马来西亚、婆罗洲	半覆龙脑香	keruing；keruing dadeh；keruing padi；martulang
2380	*Dipterocarpus stellatus*	文莱、沙巴、沙捞越、婆罗洲、爪哇岛	星芒龙脑香	keruing；keruing bulu；keruing daun nipis；keruing gunong
2381	*Dipterocarpus sublamellatus*	婆罗洲、马来西亚、印度尼西亚、西马来西亚、沙巴、沙捞越、苏门答腊	微片状龙脑香	bajan；keroewing；keruing；keruing kerut；keruing sugi；kruen；lagan batu；lagan buih；lagan tanduk；malaysian keruing；malitan；masibuk；resak gunung；resak lebar daun
2382	*Dipterocarpus tempehes*	婆罗洲、文莱、印度尼西亚、沙巴、沙捞越	坦佩龙脑香	badjan；badjan uhit；bajan；bajan uhit；bayan；karup；keruing；keruing asam；keruing assam；keruing tempehes；keruing tepayan；keruing tepayang；kerup；senara；sendara；tempehes；tempurau
2383	*Dipterocarpus thoreli*	越南	索勒龙脑香	dzao nuoc
2384	*Dipterocarpus tonkinensis*	东南亚	东京龙脑香	tro
2385	*Dipterocarpus tuberculatus*	柬埔寨、老挝、越南、缅甸、印度、泰国、南亚	小瘤龙脑香	coung；cuong；dau；dau long；dzau long；eng；enig；gurjun；in；indaing；indochina gurjun；kahur；kruen；kung；mai teen；phluang；pluang；sooahn；teung；tueng khaao；ung；yaang；yang；yang phluang；yang teak；yangwood

序号	学名	主要产地	中文名称	地方名
2386	*Dipterocarpus turbinatus*	缅甸、印度、泰国、越南、柬埔寨	陀螺龙脑香	aengdah; andaman gurjun; black dammar; burma gurjun; cay dau rai; challane; chor tue; dhuma; ennei; gurjan; gurjun; guya; indian gurjun; kalpayin; shweta gurjum; siamese gurjun; vavangu; velayani; yang; yennemara
2387	*Dipterocarpus validus*	菲律宾	粗壮龙脑香	apitong; gurjun; philippijns gurjun; philippines gurjun
2388	*Dipterocarpus verrucosus*	婆罗洲、苏门答腊、文莱、印度尼西亚、马来西亚、沙巴、沙捞越、西马来西亚	棕斑龙脑香	ariung; bajan halus daun; bajan uhit; bayan uhit; karup; kawan; keruing ariung; keruing terenek; lagan beras; marakeluang; palindas; resak gunung; sanculit putih; sansulit; sarawak keroewing; sarawak keruing
2389	*Dipterocarpus zeylanicus*	斯里兰卡	斯里兰卡龙脑香	ceylon gurjun; gurjun de ceylan; hora
	Distylium （**HAMAMELIDACEAE**） **蚊母树属（金缕梅科）**		**HS CODE** **4403. 99**	
2390	*Distylium lepidotum*	日本	二叶蚊母树	ogasawara-zima
2391	*Distylium racemosum*	日本	蚊母树	isu; isu-no-ki; noki; witch-hazel; yusu
2392	*Distylium stellare*	苏门答腊、爪哇岛	星状蚊母树	gelam putih; pitjis; seroet
	Dodonaea （**SAPINDACEAE**） **车桑子属（无患子科）**		**HS CODE** **4403. 99**	
2393	*Dodonaea salicifolia*	印度	柳叶车桑子	bois de rainette; bois de reinette; reinette
2394	*Dodonaea viscosa*	缅甸、马绍尔群岛、菲律宾、马里亚纳群岛、关岛、印度尼西亚、爪哇岛	车桑子	hmaing; kamen; kamin; kasirag; lampuage; lampuaye; lampuayi; tengsek; tjantigi
	Dolichandrone （**BIGNONIACEAE**） **猫尾木属（紫葳科）**		**HS CODE** **4403. 99**	
2395	*Dolichandrone crispa*	泰国	密花猫尾木	ke-foi; khaafoy
2396	*Dolichandrone falcata*	印度	镰叶猫尾木	bhersing; chittavadi; cittivoddi; godmurki; hawar; kadalatti; kaliyacha; katuvarsana; medasingi; medsing; mududavudare; nirpponnayyam; oddi; oodigida; udda; udure; visanika; wodi; wudige

序号	学名	主要产地	中文名称	地方名
2397	*Dolichandrone serrulata*	缅甸	齿状猫尾木	hingut；kae-yoddam
2398	*Dolichandrone spathacea*	西伊里安、泰国、婆罗洲、苏门答腊、印度、越南、菲律宾、西马来西亚、缅甸、文莱、沙巴、沙捞越	宽叶猫尾木	asember tiy；dolichandrone；kaakhow；kayu kuda laut；kiarak；kuda-kudauwi；pferdeflei schholz；quao；tanghas；taring buaya；tewi；thakut；tiwi；tui；tuwi
2399	*Dolichandrone stipulata*	越南、中国	云南猫尾木	dinh
	Dovyalis **（FLACOURTIACEAE）** **锡兰莓属（大风子科）**		**HS CODE** **4403. 99**	
2400	*Dovyalis caffra*	菲律宾	毛锡兰莓	keiapple；kitimbilla
	Dracaena **（AGAVACEAE）** **龙血树属（龙舌兰科）**		**HS CODE** **4403. 99**	
2401	*Dracaena angustifolia*	菲律宾	狭叶龙血树	malasambali
2402	*Dracaena multiflora*	菲律宾	多花龙血树	amamangkas
	Dracontomelon **（ANACARDIACEAE）** **人面子属（漆树科）**		**HS CODE** **4403. 49**	
2403	*Dracontomelon dao*	菲律宾、苏拉威西、柬埔寨、老挝、越南、印度尼西亚、西马来西亚、婆罗洲、西伊里安、文莱、沙捞越、缅甸、爪哇岛、马来西亚、沙巴	人面子	aduas；alauihau；batuan；chu；dahoe；dahu；hamarak；jaap；kaili；landawu；lupigi；makadaag；new-zealand-wood；nga-bauk；omamio；paldao；paldap；raap；senkuang；singkuang；taw-thitkya；tjingkuang；ulandug；yaap
2404	*Dracontomelon duperreanum*	柬埔寨、老挝、越南、缅甸	毛人面子	gia trang；nga-bauk；sau
2405	*Dracontomelon edule*	东南亚	可食人面子	
2406	*Dracontomelon laoticum*	越南、老挝	老挝人面子	coc chua；makfen
2407	*Dracontomelon lenticulatum*	老挝	扁豆人面子	
2408	*Dracontomelon mangiferum*	东南亚及太平洋群岛	杧果人面子	
	Drimycarpus **（ANACARDIACEAE）** **辛果漆属（漆树科）**		**HS CODE** **4403. 99**	
2409	*Drimycarpus racemosus*	尼泊尔、缅甸	辛果漆	amdali；kagi；taung-thitsi

序号	学名	主要产地	中文名称	地方名
	Dryobalanops **(DIPTEROCARPACEAE)** 冰片香属（龙脑香科）		**HS CODE 4403.49**	
2410	*Dryobalanops aromatica*	婆罗洲、西马来西亚、印度尼西亚、马来西亚、苏门答腊、文莱、沙巴、沙捞越、越南、泰国	芳味冰片香	anggi; baros camphor; barus; borneo teak; campher; indonesisk kapur; jono; kamferhout; kampferhout; keladen; mahoborn teak; padji; pentanang; sarawak kapur; singkelkam ferhout; tchang lao; teak; telajin; teng mang
2411	*Dryobalanops beccarii*	婆罗洲、印度尼西亚、西马来西亚、文莱、沙巴、沙捞越、马来西亚	贝氏冰片香	angerih; binderi; capur indonesiano; indonesian kapur; indonesisk kapur; kapoer; kapor gunong; kapur tulang; keladan; mengkeya; mohoi; muri; ngri; oost borneo kamfer; pentanang; sabah kapur; sintik; sintok; wahai
2412	*Dryobalanops fusca*	婆罗洲、沙捞越、印度尼西亚、文莱、马来西亚	黑冰片香	ampadu; borneo camphorwood; capur de borneo; capur di borneo; empedoe; empedu; indonesian kapur; kapoer; kapur; kapur empedu; kayatan; pentanang; west borneo kapur
2413	*Dryobalanops keithii*	沙巴、婆罗洲、印度尼西亚、马来西亚	基氏冰片香	borneo kapur; gempait; gum; gumpait; kalampait; kapur; kapur daun besar; kapur de borneo; kapur gumpait; malampait; north borneo kapur; sanculit putih; tulai
2414	*Dryobalanops lanceolata*	婆罗洲、印度尼西亚、沙捞越、文莱、沙巴、马来西亚、爪哇岛	剑叶冰片香	adu; amplang; borneo kamferholz; capur; east borneo kapur; indonesian kapur; jalam; kapoer; kuyung; lesuan; ngeri; north borneo kapur; oost borneo kamfer; paigie; sabah kapor; sabah kapur; tepurau; uwa; uwanghei; wahai
2415	*Dryobalanops oblongifolia*	婆罗洲、马来西亚、苏门答腊、印度尼西亚、文莱、沙捞越、西马来西亚、沙巴	长圆叶冰片香	ampalang; badjau; borneo camphorwood; capurd'indonesie; capur indonesiano; indonesian kapur; indonesisk kapur; kapoer; kapur guras; kelansau; kuras; malaysian kapur; pentanang; petalang; sumatraans kamferhout; sumatra kapur

序号	学名	主要产地	中文名称	地方名
2416	*Dryobalanops rappa*	沙巴、印度尼西亚、婆罗洲、文莱、马来西亚、沙捞越	沼泽冰片香	borneo kapur; kapur; kapur kayatan; kapur paya; kayatan; kelansau; lauan; lesuan; lu'ang; mengkayat; mengkayatan moton; ngerai; north borneo kapur; swamp kapur
2417	*Dryobalanops sumatrensis*	苏门答腊	苏门答腊冰片香木	kapur anggi; kapur bukit; kapur peringii kapus; kladan
	Drypetes **(EUPHORBIACEAE)** **核果木属（大戟科）**		**HS CODE** **4403.49**	
2418	*Drypetes bordenii*	菲律宾	波氏核果木	balikbikan; tinaan-pintai
2419	*Drypetes cumingii*	菲律宾	青枣核果木	magataru
2420	*Drypetes deplanchei*	菲律宾	楔形核果木	
2421	*Drypetes ellipsoidea*	菲律宾	椭圆核果木	busag-busag
2422	*Drypetes gitingensis*	菲律宾	菲律宾核果木	lakong
2423	*Drypetes globosa*	菲律宾	球形核果木	kalugkugan
2424	*Drypetes grandifolius*	菲律宾	厚皮核果木	banaoi; banaui
2425	*Drypetes littoralis*	菲律宾	滨核果木	mindoro banaui; tayum-tayum
2426	*Drypetes longifolia*	西马来西亚、印度尼西亚、苏门答腊	长叶核果木	arau; batu; lidah-lidah
2427	*Drypetes macrophylla*	西马来西亚、沙巴、爪哇岛	大叶核果木	arau; odopon puteh; poerwoko
2428	*Drypetes maquilingensis*	菲律宾	马氏核果木	tinaang-pa ntai
2429	*Drypetes megacarpa*	菲律宾	巨果核果木	kalmol
2430	*Drypetes microphyllus*	菲律宾	小果核果木	butong-manuk; pangarangui; talang-idong
2431	*Drypetes mindanaensis*	菲律宾	棉兰老岛核果木	tingkal
2432	*Drypetes monosperma*	菲律宾	单籽核果木	utong-babui
2433	*Drypetes neglecta*	菲律宾	多毛核果木	bato-bato
2434	*Drypetes ovalis*	菲律宾	卵圆核果木	puguran
2435	*Drypetes pendula*	西马来西亚	垂直核果木	arau
2436	*Drypetes rhacodiscus*	爪哇岛	爪哇核果木	penawar beas
2437	*Drypetes rhakodiskos*	菲律宾	细苞核果木	tombong-uak

序号	学名	主要产地	中文名称	地方名
2438	*Drypetes roxburghii*	印度、缅甸、爪哇岛	刺核果木	amani; bholokoli; irukolli; jewanputr; kuduru; kudurujivi; menasinakale; paishandia; patji; pohunjonia; putijia; putrajiva; putrajivika; putranjeevi; putranjiva; putranjivah; ras-berasan; sepat
2439	*Drypetes serrata*	爪哇岛	齿叶核果木	namoek
2440	*Drypetes sibuyanensis*	菲律宾、沙捞越	四宝核果木	bagbog; dalkuyat
2441	*Drypetes simalurensis*	苏门答腊	西马路岛核果木	ilal sawali fatuh; lobul fatuh
2442	*Drypetes spinosodentata*	苏门答腊	重齿核果木	
2443	*Drypetes subcrenata*	菲律宾	毛蚶核果木	kari-kari
2444	*Drypetes subsymmetrica*	苏门答腊	苏门答腊核果木	alifen batu; babi kurus; elefen batu etem; liuh delok; seal; sialus-sia lus uding
	Duabanga **（LYTHRACEAE）** **八宝树属（千屈菜科）**		**HS CODE** **4403. 49**	
2445	*Duabanga grandiflora*	印度、巴基斯坦、柬埔寨、越南、西马来西亚、老挝、印度尼西亚、缅甸、马来西亚、泰国、东南亚	八宝树	bandarhulla; banderhola; cha phay; dlom chloeu ter; door; duabanga; fay; kalam; kamaing; lampatia; lampatti; linkwai; magasawih; myaukngo; phai; phayvi; ramdala; shala; tadet-ko; tadetti; tramdi
2446	*Duabanga moluccana*	菲律宾、印度尼西亚、婆罗洲、西伊里安、文莱、西马来西亚、沙捞越、沙巴、爪哇岛	马六甲八宝树	arik; banuang; banuang laki; begeow; bengkul linggi; benua; binuwang laki; bukag; bulung; duabanga; kadil; kadir; luktub; maga magas; magas; malapalikpik; merentawei; sawih; serano; tagahas; takir; usung
2447	*Duabanga taylorii*	菲律宾	细花八宝树	
	Duranta **（VERBENACEAE）** **假连翘属（马鞭草科）**		**HS CODE** **4403. 99**	
2448	*Duranta erecta*	菲律宾	假连翘	goden dewdrop; pigeonberry
	Durio **（BOMBACACEAE）** **榴莲属（木棉科）**		**HS CODE** **4403. 99**	
2449	*Durio acutifolius*	马来西亚、印度尼西亚、沙捞越、沙巴	锐齿榴莲	durian; durian anggang; durian burong; durian daun runching; tupaloh
2450	*Durio affinis*	文莱	近缘榴莲	durian; punggai

序号	学名	主要产地	中文名称	地方名
2451	*Durio carinatus*	印度尼西亚、马来西亚、苏门答腊、西马来西亚	龙骨榴莲	doeren-paja; durian; durian burung; durian hantu; durian paya; durio
2452	*Durio ceylanicus*	印度、斯里兰卡	锡兰榴莲	aini; durian wild; kai-aini; kai-ainsi; kar ayani; karani; katu-boda; vedupla; white durian; wild durian
2453	*Durio dulcis*	婆罗洲、文莱、马来西亚	枳壳榴莲	alyung; durian; durian bala; durian isa; durian merah; issu; lahong; pesasang
2454	*Durio excelsus*	印度尼西亚、文莱	秀丽榴莲	apun; begurah; durian; durian daun; kumpang; suluh
2455	*Durio grandiflorus*	西马来西亚、马来西亚、沙捞越	大花榴莲	durian; durian hantu; durian hantu hutan; durian munyit; sukang
2456	*Durio graveolens*	苏门答腊、文莱、西马来西亚、马来西亚	香叶榴莲	ajan; durian; durian anggang; durian burong; durian burung; durian hutan; durianisa; durian kuning; durian rimba; kala; lalit; lalit manok; lapun ada; mantoi; rian; rian burong; sinambela; ta-bela; tinambela
2457	*Durio griffithii*	苏门答腊、西马来西亚、马来西亚、婆罗洲、沙巴、沙捞越、印度尼西亚	格氏榴莲	beberas; daun durian; dendurian; dendurien; durian; durian anggang; durian doun; durian kuning; durian mun; durian tupai; lai kuyu; lisoh; simartarut ung; turian
2458	*Durio kutejensis*	沙捞越、沙巴、马来西亚、印度尼西亚	特斯榴莲	bela; bua bela; dien muot; dien takot; durian; durian isu; durian kuning; durian merah; durian perui ubak; durian tinggang; lai; nyalak; rian isu; sekawi
2459	*Durio lanceolatus*	文莱、印度尼西亚	剑叶榴莲	durian; durian anggang; durian pelanduk; kelintjing
2460	*Durio lowianus*	苏门答腊、西马来西亚、马来西亚	洛氏榴莲	durian; durian au; durian daun; durian sepeh
2461	*Durio macrophyllus*	西马来西亚、沙巴	大叶榴莲	durian; durian daun besar; durian kura-kura
2462	*Durio malaccensis*	苏门答腊、西马来西亚	马来榴莲	durian; durian bangko; durian bangkolo; durian batang
2463	*Durio oblongus*	文莱、西马来西亚	长圆形榴莲	durian

序号	学名	主要产地	中文名称	地方名
2464	*Durio oxleyanus*	文莱、印度尼西亚、西马来西亚、马来西亚	奥克榴莲	bata；durian；durian beledu；durian burong；durian daun；durian hutan；durian isa；durian sukang；kerantongan；ladyin trdak；lotong；mali；sukang
2465	*Durio pinangianus*	西马来西亚	欧杜榴莲	durian daun tajam
2466	*Durio singaporensis*	西马来西亚	新加坡榴莲	durian；durian bujor
2467	*Durio testudinarum*	沙捞越、文莱、沙巴、婆罗洲、菲律宾	小球榴莲	bekah tud；bia po'ong；durian kura；durian kura kura；lapun bu；lapun mas；luyian beramatai；nika；panugianon；rian kura；ruas；stemmed durian
2468	*Durio wyatt-smithii*	西马来西亚、马来西亚	多花榴莲	durian；durian burung；durian ijau laut
2469	*Durio zibethinus*	印度尼西亚、文莱、婆罗洲、西马来西亚、马来西亚、缅甸、菲律宾、苏门答腊、沙巴、泰国、老挝、柬埔寨	榴莲	ambetan；birjin；derian tinggang；doeren；doerian；dulian；duren；durian；durian biasa；durian kampong；durian puteh；durio；durioan；durion；duyin；du-yin；kadoe；kadu；kartungen；lampun；rian；thourien；thurian；turian
	***Dyera*（APOCYNACEAE）** **竹桃属（夹竹桃科）**		**HS CODE** **4403. 49**	
2470	*Dyera costulata*	婆罗洲、苏门答腊、文莱、印度尼西亚、马来西亚、沙巴、西马来西亚、沙捞越	小脉夹竹桃	djelutung；djelutung bukit；djelutung gunung；gapuk；gelutong；jelutong；jelutong bukit；jelutong paya；jelutung；kelutong；labuai；lampuh；njulutung；pantung；pidora；pulut
2471	*Dyera lowii*	婆罗洲	劳氏夹竹桃	
2472	*Dyera polyphylla*	婆罗洲、马来西亚、沙捞越、沙巴、西马来西亚、文莱、印度尼西亚	多叶夹竹桃	djeloetoeng；djelutung；djelutung paya；djiuluton；elutong-paya；gelutong；grituong；jehitong；jelintong；jelutong；jelutong paya；jelutung；nyarotong；pantung
	***Dysoxylum*（MELIACEAE）** **樫木属（楝科）**		**HS CODE** **4403. 99**	
2473	*Dysoxylum acutangulum*	苏门答腊、印度尼西亚、婆罗洲、西马来西亚、菲律宾	锐角樫木	ambalo；ambaloe；balau bunga；berkeling；kayu kuku；kembalu；kulim；medang mesiu；membaloe；membalun；miao tilos；miau-tilos；tembaloe

序号	学名	主要产地	中文名称	地方名
2474	*Dysoxylum agusanense*	菲律宾	阿古桑樫木	tauid
2475	*Dysoxylum alliaceum*	苏门答腊、婆罗洲、西马来西亚	蒜香樫木	aung-aung; bawang; jarum-jarum; kayu bawang; pampahi; peler kujuk
2476	*Dysoxylum alternifoliolum*	菲律宾	互叶樫木	kupel
2477	*Dysoxylum altissimum*	菲律宾	高山樫木	kuling-babui
2478	*Dysoxylum apoense*	菲律宾	阿波樫木	paria
2479	*Dysoxylum arborescens*	沙巴、西马来西亚、苏门答腊、菲律宾	乔木樫木	buahan; buahan-bua han; jarum-jarum; kalam ayam; kalimutain; katukoh payo; kayu kupang; kayu longgajan
2480	*Dysoxylum aurantiacum*	菲律宾	橙花樫木	sasaba
2481	*Dysoxylum bailloni*	越南	白樫木	sadau
2482	*Dysoxylum bakeri*	菲律宾	巴氏樫木	buahan
2483	*Dysoxylum benguetense*	菲律宾	泰斯樫木	igai
2484	*Dysoxylum biflorum*	菲律宾	双花樫木	mangramayen
2485	*Dysoxylum binectariferum*	印度、缅甸、柬埔寨、老挝、越南	红果樫木	agil; aukchinsa; aukchinza; bandordema rangirata; borogotodh ara; chac khe; devdaru; kalaung-ni; karagil; karakil; karaogil; katongzu; lassuni; yerindi
2486	*Dysoxylum brachybotrys*	菲律宾	短柄樫木	malangi
2487	*Dysoxylum brevipaniculatum*	菲律宾	小苞樫木	
2488	*Dysoxylum capizense*	菲律宾	卡皮斯樫木	abubuli
2489	*Dysoxylum cauliflorum*	越南、西马来西亚、菲律宾	茎花樫木	cha ba beng; jarum-jarum
2490	*Dysoxylum confertiflorum*	菲律宾	康德樫木	
2491	*Dysoxylum confertum*	菲律宾	集聚樫木	
2492	*Dysoxylum corneri*	马来西亚	角樫木	jarum-jarum; pasak lingga
2493	*Dysoxylum cumingiana*	菲律宾	球兰樫木	tara-tara
2494	*Dysoxylum decandrum*	菲律宾	十雄蕊樫木	bobaue
2495	*Dysoxylum densiflorum*	苏门答腊、印度尼西亚、爪哇岛	丛化樫木	bangkiring payo; bayasan uding; beka; cempaga; kapinango; kedoya; kraminan; mail; marang-inang; pingku; relai talang

序号	学名	主要产地	中文名称	地方名
2496	*Dysoxylum euphlebium*	菲律宾	美脉樫木	kuling-bab ui；miao；miao kuling-babui；miau；paluahan
2497	*Dysoxylum floribundum*	菲律宾	多花樫木	hairy-leav ed himamau；himamau
2498	*Dysoxylum fragrans*	菲律宾	香樫木	timatingan
2499	*Dysoxylum gaudichaudianum*	菲律宾	金地樫木	agaru；bagulibas；buntugon；igiu；igyo；malaaduas；paluahan；pamatagen；tadiang-ka labau；taming-taming
2500	*Dysoxylum glandulosum*	印度	腺叶樫木	white cedar
2501	*Dysoxylum grande*	缅甸	大樫木	tagat-ni
2502	*Dysoxylum grandifolium*	菲律宾	大叶樫木	ananangtang
2503	*Dysoxylum hexandrum*	菲律宾	六角樫木	dalaganan
2504	*Dysoxylum ilocanum*	菲律宾	伊洛戈樫木	adukag
2505	*Dysoxylum irigense*	菲律宾	伊里加樫木	guso
2506	*Dysoxylum juglans*	柬埔寨、老挝、越南	胡桃樫木	goi nui
2507	*Dysoxylum kinabaluense*	马来西亚	吉祥木	dusan；tagal
2508	*Dysoxylum klanderi*	苏门答腊	克氏樫木	beka；kitul
2509	*Dysoxylum klemmei*	菲律宾	克莱米樫木	malaaduas
2510	*Dysoxylum lanceolatum*	菲律宾	剑叶樫木	bakugan
2511	*Dysoxylum laxum*	菲律宾	拉克樫木	tauing
2512	*Dysoxylum loureirii*	柬埔寨、老挝、越南	卢氏樫木	bach dau；bach duong；bach-dan；cay huinh duong；hom dang；huinh duong；huinh-dan；huon dang；huyndan；huynduong；huynh duong；khonta xang；moras preou；moras prou phnom；santal cirin；sdau phon
2513	*Dysoxylum macrocarpum*	爪哇岛、苏门答腊	大果樫木	ki-hadji；sibusuk payo
2514	*Dysoxylum malabaricum*	印度	印度樫木	agar；agil；bili-budli ge；bili-devda ri；bombay white cedar；indian white cedar；vella agil；vella-agil；white cedar
2515	*Dysoxylum motleyanum*	文莱	海南樫木	upi borak
2516	*Dysoxylum muelleri*	苏门答腊、爪哇岛	板条樫木	bawang；bokin uman；kibawang-b odas；koelit-baw ang；rongga monci；sekia；sibusuk；surian puteh；tenggiling
2517	*Dysoxylum oblongifoliolum*	菲律宾	长叶樫木	pasiloag

序号	学名	主要产地	中文名称	地方名
2518	*Dysoxylum octandrum*	菲律宾	八蕊樫木	himamau
2519	*Dysoxylum pachyrhache*	马来西亚	厚皮樫木	bubut
2520	*Dysoxylum palawanense*	菲律宾	巴拉望樫木	paluahan
2521	*Dysoxylum pallidum*	菲律宾	白果樫木	kadangisol
2522	*Dysoxylum panayense*	菲律宾	帕纳樫木	baginabot
2523	*Dysoxylum parasiticum*	沙巴、马来西亚、印度尼西亚	大花樫木	jarum；jarum-jarum；kraminan
2524	*Dysoxylum pauciflorum*	菲律宾	少叶樫木	amau；malanganda
2525	*Dysoxylum platyphyllum*	菲律宾	厚叶樫木	takanalon
2526	*Dysoxylum purpureum*	印度	紫樫木	karagil
2527	*Dysoxylum ramosii*	菲律宾	宽瓣樫木	malakbalak
2528	*Dysoxylum revolutum*	菲律宾	革兰樫木	buntog
2529	*Dysoxylum rizalense*	菲律宾	短叶樫木	rizal amau
2530	*Dysoxylum rostratum*	菲律宾	大喙樫木	uahau
2531	*Dysoxylum schiffneri*	苏门答腊	西弗樫木	kulut
2532	*Dysoxylum sericeum*	印度尼西亚、爪哇岛	锯齿樫木	piengkoe；pingkoe；pinkoe
2533	*Dysoxylum sibuyanense*	菲律宾	安南樫木	bungloi
2534	*Dysoxylum sorsogonense*	菲律宾	索索贡樫木	tambag
2535	*Dysoxylum sulphureum*	菲律宾	黄樫木	iranin
2536	*Dysoxylum testaceum*	菲律宾	红樫木	kugyug
2537	*Dysoxylum thyrsoideum*	马来西亚	甲茹樫木	jarum-jarum；passk lingga
2538	*Dysoxylum tonkinense*	越南	粗柄樫木	chac khe；cham hong
2539	*Dysoxylum translucidum*	柬埔寨、老挝、越南	光叶樫木	chac khe
2540	*Dysoxylum turczaninowii*	菲律宾	琉球樫木	adupar；agaru；bungloi；gatatan；kayatau；kuliang-ma nuk；kuling-man uk；lasona；makabonglo；pupuut
2541	*Dysoxylum venosum*	菲律宾	多脉樫木	tabokalau
2542	*Dysoxylum venulosum*	西马来西亚	粗脉樫木	jarum-jarum
2543	*Dysoxylum verruculosum*	菲律宾	库洛樫木	lasona
2544	*Dysoxylum wenzelii*	菲律宾	文氏樫木	ngarau
	***Echium*（BORAGINACEAE）** **蓝蓟属（紫草科）**		**HS CODE** **4403. 99**	
2545	*Echium strictum*	亚洲	滇蓝蓟	

序号	学名	主要产地	中文名称	地方名
	Ehretia **(BORAGINACEAE)** **厚壳树属（紫草科）**		**HS CODE** **4403.99**	
2546	*Ehretia acuminata*	日本、缅甸、越南	披针叶厚壳树	chicha-no-ki; chisha-no-ki; pet-thin; sang bop
2547	*Ehretia javanica*	爪哇岛、苏门答腊	爪哇厚壳树	kendal; ki-bako; medang putih
2548	*Ehretia laevis*	印度、南亚、缅甸、中国、伊朗	平滑厚壳树	adak; addi; addula; bagari; bentea; bhoi umbar; chamror; charmol; chavandi; chinor; dalranga; guachipo; gyaung-byu-obein; kalyirussu; narivalli; paldatam; paldatan; reda paladante; sakar; tambalu; vadhavardi
2549	*Ehretia navesii*	菲律宾	台湾厚壳树	talibunog
2550	*Ehretia ovalifolia*	日本	卵形厚壳树	chisha-no-ki
2551	*Ehretia philippinensis*	菲律宾	菲律宾厚壳树	halimumog
2552	*Ehretia polyantha*	菲律宾	多花厚壳树	tanaua
2553	*Ehretia thyrsiflora*	日本	厚壳树	anuqua; chisha-no-ki
	Elaeagnus **(ELAEAGNACEAE)** **胡颓子属（胡颓子科）**		**HS CODE** **4403.99**	
2554	*Elaeagnus angustifolia*	西亚	沙枣	arabia; oleaster; oleastre; olijf-wilg; olivier de boheme; olivo de bohemia; olivo di boemia; ol-weide; russian olive
2555	*Elaeagnus glabra*	日本	光滑胡颓子	tsuru-gumi
2556	*Elaeagnus latifolia*	印度	阔叶胡颓子	ambgul; dibaguda; ghiwain; guara; gunnamada patte balli; haligeballe; hejjala; huliga; hunaseballi; kayalampuv alli; kolungai; kulangi; kulari; nildook; nurgi; pihta
2557	*Elaeagnus macrophylla*	印度	大叶胡颓子	
2558	*Elaeagnus multiflora*	日本	木半夏	natsu-gumi
2559	*Elaeagnus numajiriana*	日本	花叶胡颓子	
2560	*Elaeagnus pungens*	日本	胡颓子	akigumi; nawashirog umi
2561	*Elaeagnus umbellata*	日本	伞花胡颓子	akigumi
2562	*Elaeagnus yakusimensis*	日本	西门胡颓子	
	Elaeis **(PALMAE)** **油棕属（棕榈科）**		**HS CODE** **4403.99**	
2563	*Elaeis guineensis*	菲律宾	油棕	african oil palm

序号	学名	主要产地	中文名称	地方名
	Elaeocarpus **(ELAEOCARPACEAE)** **杜英属（杜英科）**		**HS CODE 4403.99**	
2564	*Elaeocarpus acmocarpus*	菲律宾	无瓣杜英	patanak galeget
2565	*Elaeocarpus acronodia*	文莱、沙捞越	古花杜英	perius perius; sengkurat tangkai panjang
2566	*Elaeocarpus affinis*	菲律宾	近缘杜英	pangutanan
2567	*Elaeocarpus angustifolius*	印度尼西亚、西伊里安、婆罗洲、苏门答腊、西马来西亚	狭叶杜英	ambit; belistri; bendaat; blue mable tree; djenitri; empudungan; ganitri; ganjang urat; gantri; genitri; geldri; genitri; genitrim; ginitri; glaltri; hongmako; lowo; mendong; popceu; titim urat; tutuhi payo
2568	*Elaeocarpus apiculatus*	西马来西亚	刺叶杜英	mendong
2569	*Elaeocarpus apoensis*	菲律宾	阿波杜英	tapaok
2570	*Elaeocarpus argenteus*	菲律宾	银杜英	bakani
2571	*Elaeocarpus balansa*	柬埔寨、老挝、越南	巴氏杜英	cho nau
2572	*Elaeocarpus beccarii*	沙捞越、文莱	小丝杜英	beliban; perius perius; sengkurat beliban
2573	*Elaeocarpus bellus*	菲律宾	贝斯杜英	alimba
2574	*Elaeocarpus bonii*	柬埔寨、老挝、越南	白杜英	choi da
2575	*Elaeocarpus brevipes*	文莱	短柄杜英	pensi
2576	*Elaeocarpus burebidensis*	菲律宾	管状杜英	rokambur
2577	*Elaeocarpus calomala*	菲律宾	灰杜英	bongani; kalomala; hunggong-mabolo
2578	*Elaeocarpus candollei*	菲律宾	多莱杜英	nangkaon
2579	*Elaeocarpus chrysophyllus*	文莱	金叶杜英	perius perius
2580	*Elaeocarpus clementis*	菲律宾、婆罗洲	茎果杜英	kolibobok kasajan; kusep manok; pensi
2581	*Elaeocarpus cuernocensis*	菲律宾	埃诺杜英	nangkaon-bundok
2582	*Elaeocarpus cumingii*	菲律宾	三角杜英	bago; hunggo; rokambur
2583	*Elaeocarpus cupreus*	文莱	佩斯杜英	perius perius
2584	*Elaeocarpus dinagatensis*	菲律宾	迪加杜英	dinagat konakon
2585	*Elaeocarpus dolichopetalus*	菲律宾	扁豆杜英	konakon

序号	学名	主要产地	中文名称	地方名
2586	*Elaeocarpus dongnaiensis*	柬埔寨、老挝、越南	东莱杜英	con con
2587	*Elaeocarpus dubius*	柬埔寨、老挝、越南	显脉杜英	co nhom nhom；com；com tang；kemcang；khuyu；lom com；long com；nhom nhom
2588	*Elaeocarpus elatus*	柬埔寨	刺参杜英	
2589	*Elaeocarpus elmeri*	菲律宾	埃尔杜英	elmer hunggo
2590	*Elaeocarpus eunneurus*	文莱	叶连杜英	perius perius
2591	*Elaeocarpus ferrugineus*	印度	铁锈树	merawan
2592	*Elaeocarpus floribundus*	印度尼西亚、越南、柬埔寨、老挝、菲律宾、西马来西亚、文莱、苏门答腊、缅甸	多花杜英	hauoean；hawoean；hong trau；lant；malangau；mendong；moum；moun；perius perius；rangkenang；remasabang；thitpwe
2593	*Elaeocarpus forbesii*	菲律宾	宽叶杜英	kumau
2594	*Elaeocarpus foxworthyi*	菲律宾	南亚杜英	paki
2595	*Elaeocarpus fulvus*	菲律宾	黄褐色杜英	lanauting-dilau
2596	*Elaeocarpus fusicarpus*	菲律宾	白榆杜英	nabol-tilos
2597	*Elaeocarpus gammillii*	菲律宾	巨叶杜英	balingbing an
2598	*Elaeocarpus gigantifolius*	菲律宾	阔叶杜英	nabol
2599	*Elaeocarpus gitingensis*	菲律宾	菲律宾杜英	saritan
2600	*Elaeocarpus glaber*	文莱、印度尼西亚、苏门答腊	平滑杜英	belinsi；katulampa；kelinchi padi；perius perius；utih nalas
2601	*Elaeocarpus grandiflorus*	菲律宾	大花杜英	mala；talot
2602	*Elaeocarpus griffithii*	柬埔寨、老挝、越南、文莱、沙捞越	格氏杜英	chuoc bung；perius perius；sengkurat damum
2603	*Elaeocarpus ilocanus*	菲律宾	异叶杜英	panulauen
2604	*Elaeocarpus insignis*	文莱	显著杜英	keragem；pensi bakatan；perius perius；telok enkajira
2605	*Elaeocarpus japonicus*	日本	杜英	asiatic ebony；kobanmochi noki；kobanmocki
2606	*Elaeocarpus joga*	马里亚纳群岛	乔加杜英	joga；yoga；yogga
2607	*Elaeocarpus kobanmochi*	日本	日本杜英	bimatsu
2608	*Elaeocarpus lacunosus*	柬埔寨、老挝、越南	多沟杜英	cham bac parang；cham bac prang；cham bac trang；kim cang；lant

序号	学名	主要产地	中文名称	地方名
2609	*Elaeocarpus lagunensis*	菲律宾	内湖杜英	malatalot
2610	*Elaeocarpus lanceaefolius*	印度、尼泊尔、缅甸、泰国	剑叶杜英	banghkri; batrachi; bhadras; bhadrat; budalet; sakalang; shepkyew
2611	*Elaeocarpus laxirameus*	菲律宾	长苞杜英	balintodog
2612	*Elaeocarpus leytensis*	菲律宾	莱特杜英	bunsilak
2613	*Elaeocarpus littoralis*	西马来西亚、婆罗洲、文莱	滨杜英	mendong; merdjasa; perius perius; sepakan; sepakau; surigam pasing
2614	*Elaeocarpus luzonicus*	菲律宾	吕宋杜英	talot-gulo d
2615	*Elaeocarpus macranthus*	菲律宾	油杜英	bayukbok
2616	*Elaeocarpus macrophyllus*	印度尼西亚	大叶杜英	hawoean; katoelampa
2617	*Elaeocarpus madopetalus*	柬埔寨、越南、老挝	杜氏杜英	ansall srou; cana; cham bac parang; khao vang; rom deng
2618	*Elaeocarpus marginatus*	沙捞越	边缘杜英	sengkurat empedu
2619	*Elaeocarpus mastersii*	文莱	穆氏杜英	jangkatul
2620	*Elaeocarpus merrillii*	菲律宾	麦氏杜英	merrill hunggo
2621	*Elaeocarpus micranthus*	印度尼西亚	小花杜英	saratoes
2622	*Elaeocarpus microphyllus*	菲律宾	小叶杜英	magaring
2623	*Elaeocarpus mindanaensis*	菲律宾	棉兰老岛杜英	pilokalau
2624	*Elaeocarpus mindoroensis*	菲律宾	名都罗岛杜英	onas-onasan
2625	*Elaeocarpus mollis*	菲律宾	软杜英	bunsilak-b uhukan
2626	*Elaeocarpus multiflorus*	菲律宾	繁花杜英	tigalot
2627	*Elaeocarpus nervosus*	菲律宾	脉络杜英	onas
2628	*Elaeocarpus nitentifolius*	越南	亮叶杜英	com la bac
2629	*Elaeocarpus nitidulus*	菲律宾	叶状杜英	tabian-sik at
2630	*Elaeocarpus nitidus*	沙捞越、文莱	光亮杜英	bua kuchap; kayo kesap; kayu sapuong; luung; luung ticha; pabom; pensi antu; perius perius; sangoh
2631	*Elaeocarpus obovatus*	菲律宾	倒卵形杜英	tabian
2632	*Elaeocarpus obtusifolius*	文莱	钝叶杜英	jangkatul kapal raoun; perius perius
2633	*Elaeocarpus obtusus*	苏门答腊、西马来西亚	钝头杜英	medang ketapang; mendong
2634	*Elaeocarpus octopetalus*	菲律宾	八瓣杜英	salak
2635	*Elaeocarpus oliganthus*	菲律宾	稀花杜英	pagapos

序号	学名	主要产地	中文名称	地方名
2636	*Elaeocarpus oxypyren*	印度尼西亚	棱齿杜英	belistri; djanitri; ganitri; gantri; geldri; genitrim; ginitri; glaltri; katulampa
2637	*Elaeocarpus palembanicus*	苏门答腊、西马来西亚、文莱	羽叶杜英	bantalafai uding; ilah-ilah falah; kujur; mendong; ngerasah; perius perius
2638	*Elaeocarpus palimlimensis*	菲律宾	棕杜英	palimlim
2639	*Elaeocarpus paniculatus*	西马来西亚	锥序杜英	mendong
2640	*Elaeocarpus parvilimbus*	菲律宾	小杜英	lapitling
2641	*Elaeocarpus pedunculatus*	沙巴	具柄杜英	parius
2642	*Elaeocarpus pendulus*	菲律宾	悬垂杜英	borosa
2643	*Elaeocarpus petiolatus*	苏门答腊、西马来西亚	长柄杜英	bangseng item; mendong
2644	*Elaeocarpus polystachyus*	西马来西亚	多穗杜英	mendong
2645	*Elaeocarpus procerus*	菲律宾	高茎杜英	tabung-han gin
2646	*Elaeocarpus pustulatus*	菲律宾	脓状杜英	karukatol
2647	*Elaeocarpus quercifolius*	柬埔寨、老挝、越南	栎杜英	nhoi
2648	*Elaeocarpus ramiflorus*	菲律宾	花枝杜英	malaropit
2649	*Elaeocarpus robustus*	印度、缅甸、泰国、西马来西亚	粗壮杜英	batrachi; bepari; hminkya; jalpai; kayahmwe; kveng-lwai; kyeng-lwai; mai lim; mendong; obah; tawmagyi
2650	*Elaeocarpus serratus*	印度	锯齿杜英	kyasatte
2651	*Elaeocarpus sessilis*	菲律宾	无柄杜英	tablan-sigik
2652	*Elaeocarpus sphaericus*	南亚、东南亚	球形杜英	jenitri; sanga burong; sengkurat
2653	*Elaeocarpus stipularis*	苏门答腊、柬埔寨、老挝、越南、马来西亚、沙巴、西马来西亚、文莱	托叶杜英	arelau; bantalafai delok; elewis; empudungan; garaterter; igas; jakang; jangka batu; kou kan; kungkurad; maro kijang; mendong; mudang asam; perius perius; sengkurat; tarik angin putih; utih delok uding
2654	*Elaeocarpus subglobosus*	菲律宾	圆果杜英	lanauti
2655	*Elaeocarpus subpuberus*	文莱	小囊杜英	belinsi; perdoh; perius perius; surigam; surigam tikus; ukut

序号	学名	主要产地	中文名称	地方名
2656	*Elaeocarpus surigaensis*	菲律宾	苏里高杜英	yagau-yagau
2657	*Elaeocarpus sylvestris*	越南	野生杜英	
2658	*Elaeocarpus tectorius*	泰国	冠状杜英	
2659	*Elaeocarpus tetramerus*	菲律宾	四角杜英	kuribang
2660	*Elaeocarpus tomentosa*	柬埔寨、越南	毛杜英	chambak praing; chan chan; chau chau; com long; krabey kriek; kraysar
2661	*Elaeocarpus tonganus*	柬埔寨	桐叶杜英	
2662	*Elaeocarpus trichopetalus*	菲律宾	毛蕊杜英	kuribang-b uhukan
2663	*Elaeocarpus triflorus*	菲律宾	三花杜英	onas-tungko
2664	*Elaeocarpus truncatus*	菲律宾	截形杜英	
2665	*Elaeocarpus tuberculatus*	印度	小瘤杜英	danala; naggara; navadi; pilahi; pulanthi; rudrakcham; ruttliracham; sattaga
2666	*Elaeocarpus urophyllus*	菲律宾	尾叶杜英	saritan-bu ntotan
2667	*Elaeocarpus varunna*	孟加拉国	孟加杜英	jalpai
2668	*Elaeocarpus venosus*	菲律宾	静脉杜英	buslung
2669	*Elaeocarpus verruculosus*	菲律宾	具疣杜英	pakauan
2670	*Elaeocarpus verticillatus*	菲律宾	轮叶杜英	malalkarot
2671	*Elaeocarpus villosiusculus*	菲律宾	维氏杜英	hunggong-m abolo
2672	*Elaeocarpus wallichii*	缅甸	瓦氏杜英	waso
2673	*Elaeocarpus wenzelii*	菲律宾	文氏杜英	wenzel hunggo
2674	*Elaeocarpus zambalensis*	菲律宾	三描礼示杜英	zambales hunggo
	***Elaeodendron*（CELASTRACEAE）** **洋橄榄属（卫矛科）**		**HS CODE** **4403. 99**	
2675	*Elaeodendron glaucum*	柬埔寨、老挝、越南、印度、尼泊尔	洋橄榄	bi bai; chiague; mirandu; neeriya
2676	*Elaeodendron microcarpum*	越南、斯里兰卡	小果洋橄榄	ca bu; panakha
	***Elateriospermum*（EUPHORBIACEAE）** **意拉特属（大戟科）**		**HS CODE** **4403. 99**	
2677	*Elateriospermum blumeodendron*	爪哇岛	青意拉特木	batin-batin silai; lala-lalar oeding; toetoen ramboetan dotan

序号	学名	主要产地	中文名称	地方名
2678	*Elateriospermum tapos*	苏门答腊、文莱、沙捞越、婆罗洲、马来西亚、西马来西亚、沙巴、印度尼西亚	意拉特木	asilum; bohing; bueng; dungku; kalampai; kalumpai; kedoi; kelampai; pala; para; pela; perah; perah ikan; prah; rapi; satan; tapos; tapui; tapus; tapus musang; tepus; tjebus; wajan
	***Elattostachys*（SAPINDACEAE）** **埃拉属（无患子科）**		**HS CODE** **4403. 99**	
2679	*Elattostachys verrucosa*	菲律宾、爪哇岛	疣状埃拉	malakaniue; sampirodjo
2680	*Elattostachys zippeliana*	西伊里安	木里埃拉	elattostac hys
	***Eleutherococcus*（ARALIACEAE）** **五加属（五加科）**		**HS CODE** **4403. 99**	
2681	*Eleutherococcus autumualis*	日本	白刺五加	miyakodara
2682	*Eleutherococcus evodiifolius*	中国	吴刺五加	chinese acanthopanax
2683	*Eleutherococcus pictus*	朝鲜、日本	红腹五加	eum-namu; harigiri; taranoki
2684	*Eleutherococcus ricinifolium*	日本、中国、斯里兰卡	蓖麻刺五加	castor arabia; harigiri; hiri-giri; japanese ash; japanese soft ash; nakada; sem; sen; sen-no-ki; stingtree; tse tsin
2685	*Eleutherococcus sciadophylloides*	日本	刺五加	gonzetsu; imogi koshiabura; koshiabura
2686	*Eleutherococcus septemlobus*	日本	楸五加	castor arabia; harigiri; japaneseash; kalopanax; sem; sen
	***Ellipanthus*（CONNARACEAE）** **单叶豆属（牛栓藤科）**		**HS CODE** **4403. 99**	
2687	*Ellipanthus tomentosus*	菲律宾、苏门答腊、沙捞越	单叶豆	alomangoi; burinai etem; kelin; plangau; sibunae etem
	***Elmerrillia*（MAGNOLIACEAE）** **埃梅木属（木兰科）**		**HS CODE** **4403. 99**	
2688	*Elmerrillia celebica*	印度尼西亚、菲律宾、沙巴	西里伯斯埃梅木	wasian
2689	*Elmerrillia mollis*	印度尼西亚、菲律宾、沙巴	埃梅木	arau; kaju arau; madang lintan; tupul betiung
2690	*Elmerrillia ovalis*	印度尼西亚	广椭圆埃梅木	cempaka; faas; jempaka hoetan

序号	学名	主要产地	中文名称	地方名
2691	*Elmerrillia papuana*	印度尼西亚、菲律宾、沙巴	巴布亚埃梅木	wau beech
2692	*Elmerrillia platyphylla*	菲律宾	宽叶埃梅木	hangilo
2693	*Elmerrillia pubescens*	菲律宾	短柔毛埃梅木	manaikut
2694	*Elmerrillia tsiampacca*	印度尼西亚、西伊里安、沙捞越、婆罗洲、西马来西亚、沙巴、苏门答腊	坦帕埃梅木	adat; adau; arau; cempaka; chempaka; chempaka bulu; elmerrillia; kayu arau; miharo; minjaran; minjarau
	Embelia（**MYRSINACEAE**） **酸藤子属（紫金牛科）**		**HS CODE 4403. 99**	
2695	*Embelia tsjeriam-cottam*	印度	酸藤子	ambati; ambuti; amti; baberang; baibedanga; baibrang; bayabirang; bayibidongo; bhingi; bidongo; cheriyanna ttam; joladhanna; kokla; krymighno; nuninunika; vaivaling; vidanga; vidangah; wayuwaling iballi
	Emmenosperma（**RHAMNACEAE**） **宿珠木属（鼠李科）**		**HS CODE 4403. 99**	
2696	*Emmenosperma alphitonioides*	西伊里安	宿珠木	bonewood; emmenoserma; yellow ash
	Endiandra（**LAURACEAE**） **土楠属（樟科）**		**HS CODE 4403. 99**	
2697	*Endiandra brassii*	西伊里安	巴氏土楠	endiandra
2698	*Endiandra coriacea*	沙捞越、文莱、菲律宾	革叶土楠	bejubai; medang; usua
2699	*Endiandra djamuensis*	沙巴	达曼土楠	medang sungket
2700	*Endiandra gitingensis*	菲律宾	菲律宾土楠	mayebas
2701	*Endiandra laxiflora*	菲律宾	疏花土楠	usuang-saha
2702	*Endiandra maingayi*	文莱	文莱土楠	medang
	Endlicheria（**LAURACEAE**） **锥钓樟属（樟科）**		**HS CODE 4403. 99**	
2703	*Endlicheria formosa*	中国台湾地区	台湾锥钓樟	
	Endocomia（**MYRISTICACEAE**） **内毛楠属（肉豆蔻科）**		**HS CODE 4403. 99**	
2704	*Endocomia macrocoma*	苏门答腊	巨瘤内毛楠	mandarahan pajo; mandarahan sitobulong

序号	学名	主要产地	中文名称	地方名
	***Endospermum*（EUPHORBIACEAE）** **黄桐属（大戟科）**		**HS CODE 4403.49**	
2705	*Endospermum chinense*	柬埔寨、越南、老挝	黄桐	aloang don do；bop；chum；cong；vang chung；vang trang
2706	*Endospermum diadenum*	苏门答腊、印度、婆罗洲、马来西亚、文莱、沙捞越、西马来西亚、印度尼西亚、沙巴	印马黄桐	alifambang bunga；bulan；cinpa-cinpa；embulan；endulak；entabulan；garung；inchong perlis；katimahar；kundui；labu；madang sanduk；madang tapak kudo；membulan；merbulan；nigiponak；panak；simar antipa；sindok sindok；tapau；terbulan
2707	*Endospermum macrophyllum*	亚洲	大叶黄桐	sesendok
2708	*Endospermum malaccensis*	马来西亚	短尾黄桐	
2709	*Endospermum medullosum*	西伊里安、西马来西亚	硬黄桐	adokko；joerasan；membulan；moenabore；rikwa；sendok-sen dok；sesendok；terbulan；tower pine
2710	*Endospermum moluccanum*	东南亚	摩鹿加黄桐	
2711	*Endospermum ovatum*	菲律宾	卵叶黄桐	malagubas
2712	*Endospermum peltatum*	菲律宾、沙捞越、沙巴、马来西亚	盾黄桐	biliuan；biluang；binuang；binunga；buluang；cubas；ekor belangkas；ginabang；gubas；indang；kalukoi；malasabon；marapangi；sendok；sesendok；tau；terbulan
	***Engelhardtia*（JUGLANDACEAE）** **黄杞属（胡桃科）**		**HS CODE 4403.99**	
2713	*Engelhardtia apoensis*	菲律宾、西马来西亚	阿波黄杞	apo lupisan；dungun paya；mountain malag beam
2714	*Engelhardtia formosana*	中国台湾地区	裸果黄杞	fuzibaside
2715	*Engelhardtia rigida*	菲律宾、西马来西亚、文莱	硬黄杞	buntan；dungun paya；par；sansanlang
2716	*Engelhardtia roxburghiana*	苏门答腊、柬埔寨、老挝、越南、西马来西亚、中国台湾地区、文莱	黄杞	belango；chao；cheo；cheo den；cheo tia；cheotrang；cho-chi；dungun paya；fujiba-shi de；kihujan；kulut；noyer cheo；peo；plao；rimbo；sansanlang

序号	学名	主要产地	中文名称	地方名
2717	*Engelhardtia serrata*	苏门答腊、西马来西亚、菲律宾、沙捞越、文莱	齿叶黄杞	balam; balang; beberi; dungun paya; katri; kikeper; lamiding; lupisan-liitan; momon; sansanlang; tansanlang; teraling
2718	*Engelhardtia spicata*	西马来西亚、孟加拉国、印度、菲律宾、缅甸、尼泊尔、苏门答腊	云南黄杞	dungun paya; kaichra; kharhod; lupisan; mova; pan-swele; petsut; takup bolok; talas serungkut
2719	*Engelhardtia tonkinensis*	越南	东京黄杞	mac nieng
	Enicosanthum (ANNONACEAE) **韦暗罗属（番荔枝科）**		**HS CODE 4403.99**	
2720	*Enicosanthum gigantifolium*	菲律宾	巨韦暗罗	lanutan-laparan; mangoso
2721	*Enicosanthum klemmei*	菲律宾	克莱米韦暗罗	alisnat
2722	*Enicosanthum macranthum*	菲律宾	大齿韦暗罗	
2723	*Enicosanthum mindanaense*	菲律宾	棉兰老岛韦暗罗	dulau
	Enkianthus (ERICACEAE) **吊钟花属（杜鹃科）**		**HS CODE 4403.99**	
2724	*Enkianthus cernuus*	亚洲	刺吊钟花	
2725	*Enkianthus deflexus*	印度	毛叶吊钟花	
2726	*Enkianthus quinqueflorus*	越南	吊钟花	
2727	*Enkianthus ruber*	越南	越南吊钟花	
2728	*Enkianthus sikokianus*	亚洲	刺毛吊钟花	
2729	*Enkianthus subsessilis*	亚洲	无柄吊钟花	
	Entada (MIMOSACEAE) **榼藤属（含羞草科）**		**HS CODE 4403.99**	
2730	*Entada phaseoloides*	西伊里安、柬埔寨、老挝、越南	榼藤	bangerom; cham; mba
2731	*Entada pursaetha*	印度	云南榼藤	ahakkatlo; chian; chillu; doddakampi; elephant creeper; gaer; garambi; garbe; geredi; hallekayi balli; irikki; kakkavalli; kastorikaman; malamanchadi; pangra; peddamadupu; perunkakka valli; sillu; tikatiyya; vattavalli

序号	学名	主要产地	中文名称	地方名
	Enterolobium **（MIMOSACEAE）** **象耳豆属（含羞草科）**		**HS CODE** **4403.49**	
2732	*Enterolobium cyclocarpum*	菲律宾	环果象耳豆	earpod；nigger-ear
	Eriandra **（POLYGALACEAE）** **香杖木属（远志科）**		**HS CODE** **4403.99**	
2733	*Eriandra fragrans*	西伊里安	香杖木	eriandra
	Eriobotrya **（ROSACEAE）** **枇杷属（蔷薇科）**		**HS CODE** **4403.99**	
2734	*Eriobotrya acuminatissima*	菲律宾	尖叶枇杷	bitging-tilos
2735	*Eriobotrya bengalensis*	西马来西亚、缅甸	南亚枇杷	medang；petsut
2736	*Eriobotrya japonica*	中国、日本、印度、缅甸、菲律宾	枇杷	bibacier；biwa；chinese medlar；ilakotta；lakhota；lakkote；lakkotehannu；laktta；logat；lokat；loquat；lottaka；nispero del japon；nokkotta；tayok-hnin thi
2737	*Eriobotrya luzonensis*	菲律宾	吕宋枇杷	bitgi
2738	*Eriobotrya oblongifolia*	菲律宾	长圆叶枇杷	bitging-llaba
2739	*Eriobotrya philippinensis*	菲律宾	菲律宾枇杷	marabarani
	Erioglossum **（SAPINDACEAE）** **赤才属（无患子科）**		**HS CODE** **4403.99**	
2740	*Erioglossum rubiginosum*	菲律宾、西马来西亚	赤才	kulayo；mertajam
	Eriolaena **（STERCULIACEAE）** **火绳树属（梧桐科）**		**HS CODE** **4403.99**	
2741	*Eriolaena candollei*	印度、缅甸	橙红火绳木	aranj；bother；bothi；botku；budgari；bute；dahmun；dwanee；dwani；salmonwood；swani；tayaw-ywet waing
2742	*Eriolaena hookeriana*	印度	矩圆火绳木	bhondia-dh aman；bhoti；bonohandi；dandiyase；dhasiro；guakasi；nar botku；narubotuku；peruduppai；puliccevandi
	Erismanthus **（EUPHORBIACEAE）** **轴花木属（大戟科）**		**HS CODE** **4403.99**	
2743	*Erismanthus indochinensis*	柬埔寨、老挝、越南	轴花木	conh ranh；mon trong trang；mop；ri-ri-do

序号	学名	主要产地	中文名称	地方名
	Ervatamia **(APOCYNACEAE)** **狗牙花属（夹竹桃科）**		**HS CODE** **4403.99**	
2744	*Ervatamia heyneana*	印度	狗牙花木	bilikodsalu; halmeti; kundalapala; maddarssa; madle mara; nag kuda; nagarkuda; naglkudo; pandrakura
2745	*Ervatamia pubescens*	印度	短柔毛狗牙花木	
	Erythrina **(FABACEAE)** **刺桐属（蝶形花科）**		**HS CODE** **4403.99**	
2746	*Erythrina arboresens*	东南亚	刺桐	
2747	*Erythrina crista-galli*	菲律宾	鸡冠刺桐	dapdap-palong
2748	*Erythrina fusca*	菲律宾、西马来西亚	黑刺桐	ani; anii; bois immortel; dedap; immortel blanc
2749	*Erythrina orientalis*	东南亚	东方刺桐	
2750	*Erythrina stipitata*	菲律宾	柄荚刺桐	lubang dapdap
2751	*Erythrina stricta*	缅甸	狭窄刺桐	taung-kathit
2752	*Erythrina suberosa*	印度、缅甸	木栓刺桐	chaldua; chasedue; dhaul; gadapad; gadha palas; gadichora; gulnashtar; haruwa; kathit; madar; maduga; mandat; mulmunthuga; mulu modugu; muni; nagthada; nasut; paildua; pangara; piri; rowanra; sambar; thab; thonglang
2753	*Erythrina subumbrans*	菲律宾	散花刺桐	rarang
2754	*Erythrina variegata*	柬埔寨、老挝、越南、印度、沙巴、南亚、马来西亚、菲律宾、西马来西亚、关岛、马里亚纳群岛、缅甸、孟加拉国	斑状刺桐	boung; dadap; dadop; dapdap; dap-dap; dedap; gabgab; gaogao; gaogao gabgab; gapgap; gaugau; indian coraltree; lang; mandar; mottled-leaf dapdap; ngo dong; palte madar; roluos; vong; widgetwood; ye-kathit
	Erythrophleum **(CAESALPINIACEAE)** **格木属（苏木科）**		**HS CODE** **4403.49**	
2755	*Erythrophleum densiflorum*	亚洲	丛化格木	
2756	*Erythrophleum fordii*	柬埔寨、老挝、越南	格木	co lim; lim; lim vert; lim xanh

序号	学名	主要产地	中文名称	地方名
2757	*Erythrophleum philippinense*	菲律宾	菲律宾格木	malakamatog
2758	*Erythrophleum succirubrum*	泰国	苏铁格木	sak；sat；ta-baeng
2759	*Erythrophleum teysmannii*	泰国	蒂氏格木	saak；sark
	***Erythrospermum*（ACHARIACEAE）红子木属（青钟麻科）**		**HS CODE 4403. 99**	
2760	*Erythrospermum candidum*	西伊里安	铁皮红子木	bembrok；erythrospe rmum；kasember；mbeb；menggraan；mening
	***Erythroxylum*（ERYTHROXYLACEAE）古柯属（古柯科）**		**HS CODE 4403. 49**	
2761	*Erythroxylum areolatum*	印度	槟榔古柯	amava-buruhi；bois major；devadarum；dewadari；dewudar；semanatty；tevadarum
2762	*Erythroxylum cuneatum*	苏门答腊、婆罗洲、文莱、西马来西亚、菲律宾、沙巴、印度尼西亚	赤古柯	ankara mula；asau；chinta mula；chintah；cinta mulia；garu abang；gelundi；kacang；kayu kacang；kayu sapat；merpitas；merpitis；mulah；ngelegundi；pietis；poenay；pulas；seri mula；telung；tenara punai；tinggiran poemay
2763	*Erythroxylum deciduum*	印度尼西亚	蜕膜古柯	
2764	*Erythroxylum macrophyllum*	斯里兰卡	大叶古柯	batakirilea
2765	*Erythroxylum monogynum*	印度	单雌古柯	adavigorante；adivigoranta；bastard sandal；chemanatti；devadaram；devadari；devadaru；devataru；gadara；gandhagiri；huli；kuruvakumara；pagadapukatta；paribhadra kamu；red cedar；sambuliayi；sempulicha m
	***Eucalyptus*（MYRTACEAE）桉属（桃金娘科）**		**HS CODE 4403. 98**	
2766	*Eucalyptus alba*	印度尼西亚、越南	白桉	ampupu；bac ha；palavao branco
2767	*Eucalyptus camaldulensis*	越南	赤桉	bac ha；bach dan trang
2768	*Eucalyptus decaisneana*	印度尼西亚	黄毛桉	palavao preto
2769	*Eucalyptus deglupta*	菲律宾、西伊里安、印度尼西亚	剥皮桉	amamanit；dinglas；leda；petola

序号	学名	主要产地	中文名称	地方名
2770	*Eucalyptus globulus*	越南、印度、俄罗斯	蓝桉	bac ha；blue gum；eucalyptus；evkalipt sharvidnyj；haritaparna；karupurama ram；nilagiri mara；nilaniryasa；sugandhapatra；tailaparna；tailaparnah
2771	*Eucalyptus gracilis*	越南	巨桉	bac ha
2772	*Eucalyptus maculata*	中国	斑皮桉	masulata gum
2773	*Eucalyptus obliqua*	越南	斜叶桉	bac ha
2774	*Eucalyptus papuana*	印度尼西亚	巴布亚桉	
2775	*Eucalyptus punctata*	越南	斑叶桉	bac ha
2776	*Eucalyptus robusta*	越南、中国	大叶桉	bac ha；bach dan do；taai ip yau ka lei
2777	*Eucalyptus saligna*	越南	柳叶桉	bac ha
2778	*Eucalyptus sieberiana*	俄罗斯	西伯利亚桉	
2779	*Eucalyptus tereticornis*	中国、越南	细叶桉	ai ip yau ka lei；bac ha；bach dan dieu
	***Eugeissona*（PALMAE）** **鲮皮椰子属（棕榈科）**		**HS CODE** **4403. 99**	
2780	*Eugeissona tristis*	西马来西亚	三叶鲮皮椰子	bertam palm
	***Eugenia*（MYRTACEAE）** **番樱桃属（桃金娘科）**		**HS CODE** **4403. 49**	
2781	*Eugenia albidiramea*	马来西亚、文莱	白番樱桃	kamabarum；ubah puteh
2782	*Eugenia alcinae*	马来西亚、文莱	阿尔金番樱桃	timbaras；ubah puteh；ubah tulang
2783	*Eugenia alternifolia*	印度	互叶番樱桃	manchi moyadi；mogi
2784	*Eugenia ampullaria*	文莱	瓶状番樱桃	ubah batu；ubah gunong
2785	*Eugenia arcuatinervia*	菲律宾、沙捞越	弓状番樱桃	birakbak；ubah lusu
2786	*Eugenia bankensa*	文莱	管状番樱桃	ubah ribu
2787	*Eugenia baramense*	文莱	巴拉番樱桃	jambu ayer
2788	*Eugenia brevistylis*	菲律宾	短叶番樱桃	kolis；lagi-lagi；putik-putik；sagimsim
2789	*Eugenia bullochi*	柬埔寨、老挝、越南	老挝番樱桃	moc
2790	*Eugenia calcicola*	菲律宾	岩生番樱桃	malaruhat-balat-iyo
2791	*Eugenia caudatilimba*	文莱	尾叶番樱桃	ubah kelabu；ubah puteh
2792	*Eugenia cerina*	文莱、印度尼西亚、西马来西亚	油番樱桃	jambu kerasik；kayu lalas；kelat gelam；ubah merah

序号	学名	主要产地	中文名称	地方名
2793	*Eugenia chanlos*	柬埔寨、老挝、越南	无柄番樱桃	kavao；pring chanlos；tram sung
2794	*Eugenia chlorantha*	越南	绿花番樱桃	
2795	*Eugenia christmannii*	沙捞越	渐香番樱桃	ubah jambu paya
2796	*Eugenia clausa*	菲律宾	菲律宾番樱桃	daeng；dakug；lubagan
2797	*Eugenia conferta*	文莱	密伞番樱桃	bati bati；changkeh hutan；gelam gelam；jambu；jarang；kelat opak；naisa；telam；ubah；ubar；uber；ubor；wagwag
2798	*Eugenia cumina*	东南亚	番樱桃	
2799	*Eugenia cuneiforme*	文莱	楔形番樱桃	jambu ayer；ubah puteh
2800	*Eugenia cuprea*	东南亚	铜色番樱桃	
2801	*Eugenia curtisii*	文莱	西番樱桃	ubah merah
2802	*Eugenia densiflora*	沙捞越、印度尼西亚	密花番樱桃	jambu；kopo；ubah air
2803	*Eugenia divers*	越南	展枝番樱桃	tram
2804	*Eugenia formosa*	柬埔寨、东南亚、缅甸	台湾番樱桃	angkol；angkol doi；bolsobak；thabye-pin bwa
2805	*Eugenia grisea*	菲律宾	灰叶番樱桃	balat-mala gmat
2806	*Eugenia gustavioides*	东南亚	古斯塔番樱桃	
2807	*Eugenia havilandii*	沙捞越	哈氏番樱桃	ubah kelabu
2808	*Eugenia jambolana*	东南亚	黑番樱桃	
2809	*Eugenia javanica*	马里亚纳群岛	爪哇番樱桃	macupa；makupa；wax apple
2810	*Eugenia kiauensa*	文莱	奥塞番樱桃	jambu putat hutan；ubah kelimpa pinggai
2811	*Eugenia kinabaluense*	文莱	巴林番樱桃	ubah ribu
2812	*Eugenia koordersiana*	西马来西亚	德氏番樱桃	kelat
2813	*Eugenia kuchingensis*	文莱	库钦番樱桃	ubah dailan
2814	*Eugenia kuranda*	越南	库兰达番樱桃	phen den
2815	*Eugenia kurzii*	缅甸	库氏番樱桃	thabye-nyo
2816	*Eugenia lineata*	菲律宾	细纹番樱桃	lubeg
2817	*Eugenia longiflora*	东南亚	长花番樱桃	bakans；gisihan；lagilagi
2818	*Eugenia megalantha*	菲律宾	巨花番樱桃	meltampoi

序号	学名	主要产地	中文名称	地方名
2819	*Eugenia mekongensis*	柬埔寨、老挝、越南	美贡番樱桃	phen den；plong；plongtuk
2820	*Eugenia microphylla*	日本	小叶番樱桃	adeku
2821	*Eugenia montana*	印度	山地番樱桃	aramby
2822	*Eugenia nemestrina*	沙捞越	平顶番樱桃	ubah jangkar
2823	*Eugenia nitidissima*	菲律宾	金叶番樱桃	balat-baya bas
2824	*Eugenia odoardoi*	文莱	欧氏番樱桃	ubah batu
2825	*Eugenia onesima*	沙巴	小萼番樱桃	obah
2826	*Eugenia operculata*	东南亚	亮番樱桃	
2827	*Eugenia palawanensis*	马来西亚、沙巴	巴拉望番樱桃	langkimut；manguau；obah；ubah
2828	*Eugenia palumbis*	马里亚纳群岛	扁豆番樱桃	agatelang；doni chaca
2829	*Eugenia paradoxa*	文莱	似锦番樱桃	ubah dailan
2830	*Eugenia perpallida*	菲律宾	淡紫番樱桃	malaruhat puti
2831	*Eugenia polyantha*	东南亚	多花番樱桃	
2832	*Eugenia pontianakense*	文莱	彭田番樱桃	ubah dailan；ubah merah
2833	*Eugenia punctatilimba*	文莱	点刺番樱桃	ubah lusu；ubah merah
2834	*Eugenia reinwarditana*	马里亚纳群岛	雷沃番樱桃	aabang
2835	*Eugenia rejangense*	文莱	雷根番樱桃	jambu ayer
2836	*Eugenia resinosa*	柬埔寨、老挝、越南	多脂番樱桃	cophan；phan；san
2837	*Eugenia rhamphiphylla*	西马来西亚	弯叶番樱桃	kelat
2838	*Eugenia rynchophylla*	文莱	钩藤番樱桃	ubah chapi；ubah puteh
2839	*Eugenia saligna*	菲律宾	柳叶番樱桃	binoloan；bohokan；lubeg；mabayaon；ngarit；tagilumboi；talamitam
2840	*Eugenia sandakanense*	文莱	三达番樱桃	jambu ayer
2841	*Eugenia sarawacensis*	沙捞越	砂劳番樱桃	ubah urat
2842	*Eugenia stelechantha*	马里亚纳群岛	中柱番樱桃	luluhut
2843	*Eugenia subdecussata*	沙捞越	沙番樱桃	ubah padang
2844	*Eugenia subsessilifolia*	沙捞越	无梗番樱桃	ubah tangkai pendek
2845	*Eugenia tenuicaudata*	文莱	细脉番樱桃	ubah puteh
2846	*Eugenia ternifolia*	柬埔寨、老挝、越南	三叶番樱桃	gioi
2847	*Eugenia thompsonii*	马里亚纳群岛	二世番樱桃	atoto

序号	学名	主要产地	中文名称	地方名
2848	*Eugenia tierneyana*	老挝	铁尼番樱桃	
2849	*Eugenia tinctoria*	柬埔寨、老挝、越南	染料番樱桃	pring; pring thasar theas; pring thmar; pring thom; sang; tram sung
2850	*Eugenia uniflora*	菲律宾、马里亚纳群岛、西马来西亚	单花番樱桃	pitanga; pitangi; surinam cherry
2851	*Eugenia venusta*	缅甸	美木番樱桃	thabye-ga
2852	*Eugenia villamilii*	沙巴	尉氏番樱桃	obah
2853	*Eugenia vulgaris*	南亚	普通番樱桃	cambui
	***Euodia*（RUTACEAE）** 吴茱萸属（芸香科）		**HS CODE 4403.99**	
2854	*Euodia acuminata*	菲律宾	披针叶吴茱萸	tankapan
2855	*Euodia arborea*	菲律宾	树状吴茱萸	tarungatau
2856	*Euodia aromatica*	东南亚	香吴茱萸	
2857	*Euodia benguetensis*	菲律宾	本格特吴茱萸	sidi
2858	*Euodia bintoco*	菲律宾	尤迪吴茱萸	bintoko
2859	*Euodia bonwickii*	东南亚	邦氏吴茱萸	
2860	*Euodia camiguinensis*	菲律宾	卡米京吴茱萸	maliko
2861	*Euodia celebica*	东南亚	西里伯斯吴茱萸	
2862	*Euodia confusa*	菲律宾	杂色吴茱萸	bugauak; mangkau
2863	*Euodia crassifolia*	菲律宾	厚叶吴茱萸	balasbas
2864	*Euodia dubia*	菲律宾	杜比亚吴茱萸	sidi-sidi
2865	*Euodia elleryana*	西伊里安	艾勒吴茱萸	bepraai; betaai; betai
2866	*Euodia fraxinifolia*	印度	柃叶吴茱萸	
2867	*Euodia glaberrima*	菲律宾	光叶吴茱萸	bugauak; mangkau-si langan
2868	*Euodia glabra*	印度尼西亚、西马来西亚	光滑吴茱萸	djampang; djarampang; kisampan; pepauh; sampang; sinjampang; sirampah
2869	*Euodia latifolia*	文莱	阔叶吴茱萸	kelampayan; pa'an; silang kampong
2870	*Euodia laxa*	菲律宾	疏叶吴茱萸	kalabugau
2871	*Euodia laxireta*	菲律宾	拉克吴茱萸	magayanga
2872	*Euodia luna-akenda*	西马来西亚、沙巴	玉吴茱萸	chabang tiga; evodia; nebede; pauh; pepauh; sentengek burong; tingee burong
2873	*Euodia macrophylla*	文莱	大叶吴茱萸	pa'an; silang kampong

序号	学名	主要产地	中文名称	地方名
2874	*Euodia meliaefolia*	东南亚	楝叶吴茱萸	
2875	*Euodia obtusifolia*	文莱	钝叶吴茱萸	pa'an; silang kampong
2876	*Euodia pergamentacea*	菲律宾	佩加吴茱萸	tangulimus
2877	*Euodia philippinensis*	菲律宾	菲律宾吴茱萸	anino
2878	*Euodia pulgarensis*	菲律宾	普尔吴茱萸	pulgar kamal
2879	*Euodia reticulata*	菲律宾	网纹吴茱萸	ubug-sinima
2880	*Euodia retusa*	菲律宾	微凹吴茱萸	ubug
2881	*Euodia robusta*	文莱	粗壮吴茱萸	pa'an; silang kampong
2882	*Euodia roxburghiana*	东南亚	洛氏吴茱萸	
2883	*Euodia semecarpifolia*	菲律宾	肉托果叶吴茱萸	luos; semecarpus
2884	*Euodia sessilifoliola*	菲律宾	无梗吴茱萸	atipan
2885	*Euodia subcaudata*	菲律宾	无柄花吴茱萸	basoloi
2886	*Euodia triphylla*	柬埔寨	三叶吴茱萸	sway suor
2887	*Euodia villosa*	菲律宾	毛吴茱萸	paakan
2888	*Euodia zambalensis*	菲律宾	三描礼示吴茱萸	tiklad
	***Euonymus* (CELASTRACEAE) 卫矛属（卫矛科）**		**HS CODE 4403.99**	
2889	*Euonymus alata*	日本	翼状卫矛	nichikigni; nishikigi
2890	*Euonymus benguetensis*	菲律宾	本格特卫矛	takbang
2891	*Euonymus camosus*	菲律宾	樟树卫矛	
2892	*Euonymus castaneifolius*	苏门答腊	栗叶卫矛	simanidotan
2893	*Euonymus cochinchinensis*	菲律宾	交趾卫矛	baras-baras
2894	*Euonymus europaea*	俄罗斯	欧洲卫矛	beresklet; bonetero; bonnet carre; verescled
2895	*Euonymus glandulosum*	菲律宾	腺叶卫矛	utong-utong
2896	*Euonymus hamiltonianus*	印度、日本、越南	大花卫矛	brahmani; xoay
2897	*Euonymus hederaceus*	柬埔寨	常春卫矛	
2898	*Euonymus javanicus*	苏门答腊、菲律宾	爪哇卫矛	awa kudang-kudang; bintol lanca; gading; kayu hiis; kayu kumbang kecil; kemuning ayer; kienjiens; kudang-kudang; lamelul; logan; malasangki; pelimbing hutan; simanidotan; tabaan

序号	学名	主要产地	中文名称	地方名
2899	*Euonymus lanceifolia*	中国	剑叶卫矛	kuei kien chow
2900	*Euonymus macropterus*	朝鲜	黄心卫矛	naraehoe-namu; navaehoe
2901	*Euonymus melananthus*	朝鲜	黑卫矛	
2902	*Euonymus sieboldianus*	日本	黄杨卫矛	majume; mayoumi; mayumi
	Euphorbia **(EUPHORBIACEAE)** **大戟属（大戟科）**		**HS CODE** **4403.99**	
2903	*Euphorbia antiquorum*	印度、泰国	古伦大戟	bajwaran; bommajemudu; chadara galli; dokahanasiju; jadekalli; kalamet; lohasiju; mulajemudu; mundugalli; naraseja; narasya; narsej; peddajemudu; sadurakkalli; tandharisend; tekatasij; vachiram; zakum
2904	*Euphorbia cinerea*	菲律宾	灰大戟	apalong
2905	*Euphorbia cotinifolia*	菲律宾	紫叶大戟	malapascuas
2906	*Euphorbia neriifolia*	印度	夹竹桃叶大戟	akujemuda; elagalli; gangichu; hijdaona; ilaikkalli; kalli; manjevi; mansasij; mingut; nadangi; niwarung; patasij; pattonkisend; sehund; sehunda; siju; snuhi; snuk; thohar; thor; vajra; yalekalli; zakum
2907	*Euphorbia plumerioides*	菲律宾、爪哇岛	羽状大戟	bait; soeroe dieng
2908	*Euphorbia pulcherrima*	菲律宾	粉蕊大戟	pascuas
2909	*Euphorbia tirucalli*	印度、菲律宾、爪哇岛	绿玉大戟	bontakalli; chemudu; consuelda; dandalioth ora; ganderi; guda; indian-tre e spurge; jemudu; kada jemudu; latadaona; milk bush; nirval; nivla; niwarang; pardeshith ora; sehund; shera; trikantaka; vajradruma; zakum
2910	*Euphorbia trigona*	爪哇岛	龙骨柱大戟	soeroe; soeroe godo; soeroe kebo
	Euptelea **(EUPTELEACEAE)** **领春木属（领春木科）**		**HS CODE** **4403.99**	
2911	*Euptelea pleiosperma*	日本	领春木	euptelea
2912	*Euptelea polyandra*	日本	多蕊领春木	fasazacuru; fusa-zakura
	Eurya **(THEACEAE)** **柃属（山茶科）**		**HS CODE** **4403.99**	
2913	*Eurya acuminata*	文莱、南亚、西马来西亚	披针叶柃	kelinchi padi; malukut jantan; tateyyoo; taytyoof

序号	学名	主要产地	中文名称	地方名
2914	*Eurya amplexicaulis*	菲律宾	平果柃	halinghingon
2915	*Eurya buxifolia*	菲律宾	黄杨叶柃	basbasit
2916	*Eurya coriacea*	菲律宾	革叶柃	bakig
2917	*Eurya flava*	菲律宾	黄柃	diligit
2918	*Eurya hayatae*	中国台湾地区	台湾柃	
2919	*Eurya hirsutula*	印度尼西亚	大叶柃	djiera koewwaten
2920	*Eurya inaequilatera*	印度尼西亚	小叶柃	
2921	*Eurya japonica*	马来西亚、日本、印度、越南、缅甸	柃木	baiang; hi-sakaki; jhingni; nein; neng oi; saikaki; sakaki; siraki; taung-lapet; taw-lapet
2922	*Eurya kanchirae*	缅甸	坎奇柃	
2923	*Eurya nitida*	缅甸	密茎叶柃	
2924	*Eurya obovata*	菲律宾	倒卵叶柃	tabsik
2925	*Eurya osimensis*	菲律宾	奥西柃	
2926	*Eurya pachyphylla*	菲律宾	厚叶柃	tabsik-kapalan
2927	*Eurya pachyrchachis*	菲律宾	茯苓柃	darakok
2928	*Eurya rengechiensis*	中国台湾地区	莲华柃	
2929	*Eurya tigang*	西伊里安	蒂冈柃	eurya
	Euscaphis **(STAPHYLEACEAE)** **野鸦椿属（省沽油科）**		**HS CODE** **4403. 99**	
2930	*Euscaphis japonica*	日本	野鸦椿	
2931	*Euscaphis staphyleoides*	日本	球果野鸦椿	gonzui
	Eusideroxylon **(LAURACEAE)** **铁樟属（樟科）**		**HS CODE** **4403. 49**	
2932	*Eusideroxylon melagangai*	东南亚、加里曼丹岛	铁樟木	malagangai
2933	*Eusideroxylon zwageri*	婆罗洲、马来西亚、文莱、印度尼西亚、菲律宾、沙巴、沙捞越、西马来西亚、苏门答腊、爪哇岛	坤甸铁樟木	balian; ballian; chinese blackwood; engeriting; geriting; ironwood; kajo labito; kajoe besi; legno ferro del borneo; mujuh; onglen; palembangs ijzerhout; red billian; sagat; strombosia; tebelian; telian; ulin; ulin bening

序号	学名	主要产地	中文名称	地方名
	Exbucklandia **（HAMAMELIDACEAE）** **马蹄荷属（金缕梅科）**		**HS CODE** **4403. 99**	
2934	*Exbucklandia populnea*	苏门答腊、东南亚、印度、西马来西亚、印度尼西亚、尼泊尔	马蹄荷	budi catur；dieng-doh；dingdah；dulpak rangan；gerok；hapas；kapas；kapas-kapas；pipil；pipli；singliang；singliang-kung；tapak leman
	Excentrodendron **（TILIACEAE）** **蚬木属（椴树科）**		**HS CODE** **4403. 99**	
2935	*Excentrodendron tonkinensis*	越南、中国	东京蚬木	nghien
	Excoecaria **（EUPHORBIACEAE）** **海漆属（大戟科）**		**HS CODE** **4403. 99**	
2936	*Excoecaria agallocha*	菲律宾、南亚、西马来西亚、苏门答腊、婆罗洲、沙巴、印度、西伊里安、缅甸、印度尼西亚、巴基斯坦、柬埔寨、老挝、越南、爪哇岛	海漆木	alipata；aloe；bebuta；buta；buta buta；buta-buta；caju malta buta；chilla；gangwa；garu；geor；geria；geva；gewa；gia；hara；hasi；kayaw；kayu；paradisewood；phungali；soi；surind；tatoum；tilai；uguru
2937	*Excoecaria bantamensis*	菲律宾	万丹海漆木	sau-sau
2938	*Excoecaria bornensis*	菲律宾	乳白海漆木	gumaingat
2939	*Excoecaria indica*	沙巴、沙捞越、西马来西亚	印度海漆木	apid；gurah；ludai
2940	*Excoecaria japonica*	日本	日本海漆木	shiraki
2941	*Excoecaria obtusa*	菲律宾	钝叶海漆木	batano
2942	*Excoecaria oppositifolia*	柬埔寨、老挝、越南	对叶海漆木	lomann；promann；rang cua
2943	*Excoecaria pachyphylla*	菲律宾	厚叶海漆木	iingi
2944	*Excoecaria philippinensis*	菲律宾	菲律宾海漆木	dakau
2945	*Excoecaria stenaphylla*	菲律宾	狭叶海漆木	siak
2946	*Excoecaria virgata*	爪哇岛	细叶海漆木	penjan；rawan；sembirit
	Exocarpos **（SANTALACEAE）** **罗汉檀属（檀香科）**		**HS CODE** **4403. 99**	
2947	*Exocarpos latifolius*	西伊里安、印度尼西亚、菲律宾	阔叶罗汉檀	exocarpos；papi；tulisan
2948	*Exocarpos longifolius*	菲律宾	长叶罗汉檀	agsum

序号	学名	主要产地	中文名称	地方名
	Fagara **(RUTACEAE)** **崖椒属(芸香科)**		**HS CODE** **4403.49**	
2949	*Fagara schinifolia*	日本	裂叶崖椒木	inuiba; prickly ash
2950	*Fagara sororia*	婆罗洲	索罗崖椒木	mahui; mangui
	Fagraea **(LOGANIACEAE)** **灰莉属(马钱科)**		**HS CODE** **4403.49**	
2951	*Fagraea auriculata*	菲律宾	耳状灰莉	curran urung; piakang
2952	*Fagraea blumei*	苏门答腊、菲律宾	蓝梅灰莉	akar konyal; kalainig; kama lojang; maganonok
2953	*Fagraea ceilanica*	苏门答腊、菲律宾、柬埔寨、老挝、越南、爪哇岛	希拉里灰莉	angilaan bilu; bani-bani luam; dolis; kabal; vang tam dat; woeroe
2954	*Fagraea crenulata*	沙巴、印度尼西亚、苏门答腊、婆罗洲、西马来西亚	齿灰莉	ada pohon puak; bebira; bemalabira; bira; bira-bira; birah; kayu bulan; malabera; malabira; melabira; tembusu
2955	*Fagraea elliptica*	苏门答腊、文莱、印度尼西亚、马来西亚、西马来西亚	椭圆灰莉	kayu bajan; kayu galumbang batu; lisong; mantang kelait; simar terasa; tamasutagai; tambagas; tembesu ketam; tembusu paya; tembusu talang; tembusu tembaga; temusuk; tenggel delok; ujub
2956	*Fagraea fastigiata*	西马来西亚、爪哇岛	直枝灰莉	malabera; malbira; malebera
2957	*Fagraea fragrans*	缅甸、印度、印度尼西亚、马来西亚、菲律宾、泰国、东南亚、沙捞越、西马来西亚、婆罗洲、苏门答腊、南亚、柬埔寨、老挝、越南、文莱、沙巴	香灰莉	ahnyin; anan; ananma; anan-ma; anan tembusu; burman yellowheart; burma yellowheart; dolo; dulu; kajo tegorang; kolahi; lemesu; manhpha; manpa; manpla; mantang; temesu; tigaan; tikulong; trai; urang; urung
2958	*Fagraea gigantea*	泰国	高灰莉	
2959	*Fagraea longiflora*	菲律宾	长花灰莉	sapiag
2960	*Fagraea peregrina*	东南亚、西马来西亚	硬皮灰莉	anan; kankrao; tatrau; tembusu; tembusu padang; trai

序号	学名	主要产地	中文名称	地方名
2961	*Fagraea racemosa*	菲律宾、文莱、西伊里安、柬埔寨、老挝、越南、西马来西亚、沙巴、沙捞越、爪哇岛	聚果灰莉	balatbuaia; belinum baliei; fagraea; han tuk; kakao-eta; korotan; prahuttuk; sepulis; sukong ranyai; tadapon puak; tatrau tuk; tembusu paya; tinggirang pirak; tjangkoedo e-badak; tjangkoedo e-goenoeng; tjatjankoe doean
2962	*Fagraea sororia*	亚洲	姊妹灰莉木	
2963	*Fagraea speciosa*	亚洲	美丽灰莉	
2964	*Fagraea tragrans*	亚洲	特拉灰莉	
	Fagus **(FAGACEAE)** **水青冈属（壳斗科）**	**HS CODE** **4403.93（截面尺寸≥15cm）或 4403.94（截面尺寸<15cm）**		
2965	*Fagus crenata*	日本	圆齿水青冈	beech; buna; faggio giapponese; haya japonesa; hetre japonais; japanese beech; japanse beuk; japansk bok; siebold beech
2966	*Fagus engleriana*	中国	米心水青冈	chinese beech; chinese beuk; faggio cinese; haya de la china; hetre chinois; kinesisk bok
2967	*Fagus hayatae*	中国台湾地区	台湾水青冈	taiwan-buna
2968	*Fagus japonica*	日本	日本水青冈	inu-buna
2969	*Fagus longipetiolata*	中国	水青冈	chinese beech
2970	*Fagus multinervis*	朝鲜	多脉水青冈	korea beech; neodobam; neodobam-namu
2971	*Fagus sieboldii*	日本	掬水青冈	buna; buna-noki; faggio giapponese; haya japonesa; hetre du japon; japanese beech; japanse beuk; japansk bok; shiro-buna
2972	*Fagus sylvatica*	俄罗斯	欧洲水青冈	buk; haya asiatica
	Fatsia **(ARALIACEAE)** **八角金盘属（五加科）**		**HS CODE** **4403.99**	
2973	*Fatsia japonica*	日本	八角金盘	yatsude
	Fernandoa **(BIGNONIACEAE)** **厚膜树属（紫葳科）**		**HS CODE** **4403.99**	
2974	*Fernandoa adenophylla*	缅甸、安达曼群岛、印度、老挝、越南、孟加拉国	腺叶厚膜树	barpatta; karenwood; khe; ngot nai; paichar; petthan; sodo

序号	学名	主要产地	中文名称	地方名
2975	*Fernandoa bracteata*	越南	具苞厚膜树	dinh；dinh vang；dinh xanh
2976	*Fernandoa brilletii*	越南	布氏厚膜树	dinh thoi
2977	*Fernandoa collignomii*	越南、老挝	科氏厚膜树	dinh mat；dinh vang；kluang；ko maizt
2978	*Fernandoa hoabiensis*	越南	霍比厚膜树	dinh vang hoa binh
2979	*Fernandoa macroloba*	苏门答腊	大裂叶厚膜树	pungau；raja
2980	*Fernandoa serrata*	越南	齿叶厚膜树	dinh vang；sodo
	Feronia **(RUTACEAE)** **象橘属（芸香科）**		**HS CODE** **4403.99**	
2981	*Feronia elephantum*	柬埔寨	大象橘木	krasang
2982	*Feronia limonia*	柬埔寨	利莫象橘木	krasang
2983	*Feronia lucida*	柬埔寨、老挝、越南	亮叶象橘木	can than；can thang；cao sanh；crasan；ka sanh；kra san；krasang siphle；kra sanh
	Ficus **(MORACEAE)** **榕树属（桑科）**		**HS CODE** **4403.99**	
2984	*Ficus altissima*	菲律宾	高山榕	baleteng-layugan
2985	*Ficus ampelas*	爪哇岛、苏门答腊、菲律宾	安培榕	ampelas；epomiu；malang karas；pelas；rempelas；remplas；upling-gubat；wiry fig
2986	*Ficus annulata*	缅甸、菲律宾、爪哇岛	环纹榕	nyaung-tha pan；siningsing；wijoejang
2987	*Ficus arnottiana*	印度	阿诺榕	amakanniyam；aswathom；bettadarali；kaadu ashwatha；kadarase；kadasvattha；kagoli；kal-arasu；kallarase；kallarasu；kallaravi；kallarayal；kodiyarasu；kondaravi；paraspipal；plaksha；plokhyo
2988	*Ficus asperiuscula*	爪哇岛	钩毛榕	oeja-oejah an bromo
2989	*Ficus aurantiaceae*	爪哇岛	橙黄榕	ojot santenan
2990	*Ficus aurata*	文莱	奥拉塔榕	lamak lamak
2991	*Ficus aurea*	印度	金黄榕	india rubbertree
2992	*Ficus auriculata*	缅甸	耳状榕	sin-thapan
2993	*Ficus balete*	菲律宾	菲律宾榕	balete
2994	*Ficus bataanensis*	菲律宾	巴丹榕	bataan fig
2995	*Ficus beccarii*	文莱	贝氏榕	antimau；mal

序号	学名	主要产地	中文名称	地方名
2996	*Ficus benghalensis*	印度、缅甸	孟加拉榕	ahlada; bahupada; but; fico indiano; figuier indien; higuera indica; india wild fig; indian wild fig; indische wilde vijg; kangji; mari; nyagrodhah; peral; peralu; pudavam; vatah; vatam; wora; wur
2997	*Ficus benguetensis*	菲律宾	本格特榕	tabul
2998	*Ficus benjamina*	印度、菲律宾、苏门答腊、缅甸、爪哇岛、印度尼西亚	垂叶榕	arekgol; balete; beringin; dhavidek goli; golden fig; java athi; java fig; jili; jodi; kamrup; kondagolugu; kondajuvvi; nandruk; nyaung-tha bye; pakur; putrajuvi; putrajuvvi; salisi; tjaringin; vellal; waringin
2999	*Ficus botryocarpa*	菲律宾	束果榕	basikong
3000	*Ficus bruneiensis*	文莱	文氏榕	lamak lamak; lamak lamak nasi; tempan
3001	*Ficus brunneo-aurata*	文莱	乌尔塔榕	lamak lamak
3002	*Ficus bucheyana*	中国台湾地区	小叶榕	usuba-ke-i nubiwa
3003	*Ficus callophylla*	菲律宾、爪哇岛	马蹄莲榕	basala; woenoet-bi bis
3004	*Ficus callosa*	西马来西亚、菲律宾、印度、泰国	硬皮榕	ara; kalukoi; koli-al; niretimara; walgonna
3005	*Ficus carica*	印度、缅甸、马绍尔群岛	无花果木	mtini; thinbaw-th apan; wojke piik
3006	*Ficus carpenteriana*	菲律宾	卡尼亚榕	talobog
3007	*Ficus cassidyana*	菲律宾	卡西迪榕	uuangan
3008	*Ficus caudato-longifolia*	中国台湾地区	长叶榕	nagaba-inu biwa
3009	*Ficus caulocarpa*	菲律宾	大叶雀榕	bubulung
3010	*Ficus cereicarpa*	沙捞越	神果榕	sampandia
3011	*Ficus championi*	越南	黄水榕	bop
3012	*Ficus chartacea*	文莱	纸叶榕	ara; chingar; iram iram; lunok; nunok
3013	*Ficus chrysolepis*	菲律宾	金榕	baleteng-h abaan
3014	*Ficus citrifolia*	文莱、印度	橘叶榕	anjalakat; figuier banian; figuier blanc; figuier maudit; india rubbertree
3015	*Ficus concinna*	菲律宾	整洁桂榕	balete; pasapla
3016	*Ficus congesta*	菲律宾	密花榕	malatibig

序号	学名	主要产地	中文名称	地方名
3017	*Ficus consociata*	苏门答腊	附属榕	kuok；olor iup-iup
3018	*Ficus cordatula*	菲律宾	心叶榕	agamid
3019	*Ficus crassiramea*	菲律宾	克拉西榕	baleteng-kapalan
3020	*Ficus cucurbitina*	菲律宾	瓜叶榕	baleteng-mabolo
3021	*Ficus cumingii*	菲律宾	糙毛榕	isis-ibon
3022	*Ficus curtipes*	缅甸	钝叶榕	nyaung-gyat
3023	*Ficus cuspidato-caudata*	中国台湾地区	虎尾榕	siro-gazyu maru
3024	*Ficus deltoidea*	文莱	金钱榕	ara sudu；daun tepak labi
3025	*Ficus depressa*	印度尼西亚、苏门答腊、爪哇岛	矮榕	aro；tereup-are uj
3026	*Ficus drupacea*	爪哇岛、菲律宾	枕果榕	panggang；payapa；woenoet-banjoe；woenoet-boeloe
3027	*Ficus edanoii*	菲律宾	伊氏榕	edano fig
3028	*Ficus edelfeldti*	爪哇岛	埃德尔榕	tjeliling；troeh
3029	*Ficus elastica*	菲律宾、印度、马来西亚、苏门答腊、缅甸	印度榕	assam rubber；assam rubbertree；ficus；figuier indien elastique；fonsterfikus；higuera indica elastica；india rubber；india rubber fig；india rubbertree；kayu aro karet；nyaung-kye tpaung；rubbertree
3030	*Ficus elmeri*	菲律宾	埃尔榕	dugnai
3031	*Ficus episima*	菲律宾	叶甲榕	malaagaein
3032	*Ficus erecta*	日本	牛奶榕	inu-biwa
3033	*Ficus fiskei*	菲律宾	菲斯基榕	hagupit
3034	*Ficus fistulata*	苏门答腊	管状榕	berkuang
3035	*Ficus fistulosa*	西马来西亚、印度尼西亚、马来西亚、苏门答腊、爪哇岛	水同木	ara；beunjing；hanjalakat；medang kodo；wilodo
3036	*Ficus formosana*	中国台湾地区	台湾榕	taiwan-inu biwa
3037	*Ficus forstenii*	菲律宾	福氏榕	balete forsten
3038	*Ficus foveolata*	爪哇岛	蜂窝榕	ojot lawean
3039	*Ficus francisci*	文莱	弗兰克榕	antimau；mal
3040	*Ficus fulva*	文莱、爪哇岛	黄褐榕	lamak lamak；seuhang
3041	*Ficus garanbiensis*	中国台湾地区	鹅銮鼻蔓榕	tamagoba-i nubiwa

序号	学名	主要产地	中文名称	地方名
3042	*Ficus geocharis*	文莱	地质榕	antimau；mal
3043	*Ficus gigantifolia*	菲律宾	巨叶榕	talitigan
3044	*Ficus glaberrima*	爪哇岛	大叶水榕	tritih-ber asan
3045	*Ficus glandulifera*	苏门答腊、菲律宾、爪哇岛	腺状榕	baira delok；katol；remplas-badak
3046	*Ficus globosa*	爪哇岛	球形榕	teureup-areuj
3047	*Ficus grossularioides*	苏门答腊、沙捞越、爪哇岛	厚叶榕	betung kulikap；lengkan；sematung monok；seuhang
3048	*Ficus gul*	菲律宾	古尔榕	butli
3049	*Ficus guyeri*	菲律宾	古耶里榕	agupili
3050	*Ficus harlandi*	南亚	哈兰迪榕	teriha-inu biwa
3051	*Ficus heteropoda*	菲律宾	巨蟹榕	alangas
3052	*Ficus hispida*	印度、缅甸、苏门答腊	对叶榕	adavi atti；bemmadu；dagurin；dumoor；erumanakku；gobla；jangliangir；kalaumber；katguilari；kharoti；olapatha；ottannalam；parakam；peyatti；rumbal；sahadaboro；selului；sonatti；vettiyati
3053	*Ficus insularis*	柬埔寨、老挝、越南	白榕	sung
3054	*Ficus irisana*	菲律宾	糙叶榕	aplas
3055	*Ficus iteophylla*	亚洲	埃特榕	
3056	*Ficus japonica*	日本	日本榕	ako
3057	*Ficus kerkhovenii*	菲律宾	克氏榕	kerkhoven fig
3058	*Ficus kurzii*	爪哇岛	库氏榕	wringin
3059	*Ficus lacor*	印度	黄葛榕	basari；bassari；chakkila；chela；cherla；dhedumbara；gandhaumbara；jati；kurugatti；kurugu；malai-ichchi；pakar；pakhar；pakri；pakur；pepar；pepri；pilkhan；plaksa；plaksha；rushorchona；suvi；trimbal
3060	*Ficus lagrimasii*	菲律宾	拉氏榕	lagrimas fig
3061	*Ficus lamponga*	西马来西亚	兰彭加榕	ara
3062	*Ficus latsoni*	菲律宾	花枝榕	tangisang-layagan
3063	*Ficus lepicarpa*	苏门答腊、爪哇岛	麻叶榕	iyubyub etem；todo；wilodo；wilodo-ban joe

序号	学名	主要产地	中文名称	地方名
3064	*Ficus leucoptera*	马来西亚	白翅榕	lamak nasi；padi
3065	*Ficus madurensis*	爪哇岛	马杜尔榕	oeja-oejahan
3066	*Ficus magnoleaefolia*	西马来西亚、菲律宾	木兰榕	ara；kanapai
3067	*Ficus malunuensis*	菲律宾	马伦榕	kalukoi
3068	*Ficus manahaseae*	菲律宾	水榕	haguimit
3069	*Ficus megaleia*	文莱	巨榕	antimau；mal
3070	*Ficus melinocarpa*	西伊里安、爪哇岛、菲律宾	蜜榕	besos；besrai；besrum；mahoy；mehui；pelas；rempelas；rempelas-bawang；upli；wiladan
3071	*Ficus merrittii*	菲律宾	梅氏榕	merritt fig
3072	*Ficus microcarpa*	菲律宾、日本、西马来西亚、婆罗洲、苏门答腊、西伊里安、马里亚纳群岛、缅甸、爪哇岛	小果榕	agaein；ako；ara；baleteng-l iitan；barri；djawi；gajumaru；gazumaru；kayu aro nasi；kayu penggang；kedjawi；mesengut；nunu；nyaung-ok；woenoet
3073	*Ficus minahassae*	菲律宾	米纳榕	hagimit
3074	*Ficus mirabilis*	菲律宾	奇异榕	tagitig
3075	*Ficus mollissima*	马来西亚	柔毛榕	ara laut
3076	*Ficus montana*	爪哇岛	山地榕	oeja-oejah an
3077	*Ficus multistipularis*	菲律宾	多花榕	kalauat
3078	*Ficus nervosa*	印度、印度尼西亚	多脉脉榕	icha；telor
3079	*Ficus nodosa*	印度尼西亚	结节榕	telor
3080	*Ficus nota*	菲律宾	诺塔榕	catintog；tibig
3081	*Ficus odorata*	菲律宾	香榕	pakiling；sandpaper fig
3082	*Ficus padana*	苏门答腊	帕达那榕	betung gajah；semantuing
3083	*Ficus pandurata*	菲律宾	琴叶榕	fiddled fig
3084	*Ficus parietalis*	文莱、菲律宾、爪哇岛	顶叶榕	anjalakat；malapagang；pelas-kebo
3085	*Ficus pellucido-punctata*	菲律宾	透明榕	baleteng-tilos
3086	*Ficus prasinicarpa*	菲律宾	普拉榕	nonok
3087	*Ficus prolixa*	马里亚纳群岛	双生榕	nunu
3088	*Ficus pseudopalma*	菲律宾	伪帕尔榕	coconut palm；niog-niogan

序号	学名	主要产地	中文名称	地方名
3089	*Ficus pubinervis*	印度尼西亚、菲律宾、苏门答腊、爪哇岛	绿岛榕	baa；dungo；epomiah；marongo；sampejan
3090	*Ficus pumila*	亚洲	薜荔	o-itabi
3091	*Ficus punctata*	爪哇岛	点状榕	pele labad；seroet rambat；tangkil
3092	*Ficus pungens*	西伊里安、菲律宾	普金斯榕	bekau；isis-tilos；kalinga fig
3093	*Ficus racemosa*	西马来西亚、印度、缅甸、越南	聚果榕	attimara；attimaram；bodda；dadhuri；gooler；gular；hpak-lu；jagidambar；jagya；jagyadumbar；kumbal；lawa；medi；moichi；moidi；nyaung-tha bye；ognondumburo；paidi；rumadi；tumbaram；udumbara；umbri；yajnadumbar
3094	*Ficus religiosa*	印度、缅甸、斯里兰卡、菲律宾、柬埔寨、老挝、越南	菩提榕	arachu；aswat；basri；bodhi；borbur；busri；hesak；jari；lagat；lung；mai nyawng；oshwottho；peepal；pipri；pipro；pipul；ragi；rai；raiga；rangi；ravi；sacred bo-tree；sacred fig；tepe；tree-of-wisdom；usto
3095	*Ficus ribes*	菲律宾、爪哇岛	里贝斯榕	adagei；dungarug-kitid；walen
3096	*Ficus ruficaulis*	菲律宾	红茎榕	tabgun
3097	*Ficus rumphii*	印度、缅甸	鲁氏榕	hijalya；nyaung-byu
3098	*Ficus sagittata*	爪哇岛	羊乳榕	oeja-oejah an
3099	*Ficus sargentii*	菲律宾	萨氏榕	sargent fig
3100	*Ficus saxophila*	菲律宾	萨克松榕	balitarhan
3101	*Ficus semicordata*	缅甸	鸡嗉子榕	ka-on；thadut；ye ka-on
3102	*Ficus septica*	菲律宾、马来西亚、南亚	棱果榕	hauili；pangku anak；tokiwa-inu biwa
3103	*Ficus similis*	菲律宾	似榕	pa militien
3104	*Ficus stipulosa*	南亚	托叶榕	oba-ako
3105	*Ficus stolonifera*	文莱	匍匐榕	antimau；mal
3106	*Ficus stricta*	苏门答腊	劲直榕	eono；jai-jai；kayu arao
3107	*Ficus subcordata*	菲律宾	籽榕	marobutum
3108	*Ficus subincisa*	中国	棒果榕	asiatic wild fig；sansoi；siratpe
3109	*Ficus subterranea*	文莱	地下榕	antimau；mal
3110	*Ficus subulata*	爪哇岛	假斜叶榕	pelas-rambat；pereng

序号	学名	主要产地	中文名称	地方名
3111	*Ficus sulitii*	菲律宾	三叶榕	tambuyogan
3112	*Ficus sumatrana*	菲律宾	苏门答腊榕	sumatra strangler
3113	*Ficus sundiaca*	西马来西亚	太阳榕	ara
3114	*Ficus superba*	西马来西亚、爪哇岛	艳丽榕	ara；opok
3115	*Ficus sycomorus*	以色列	西科榕	sycamore
3116	*Ficus tenuifolium*	中国台湾地区	细叶榕	usuba-ke-inubiwa
3117	*Ficus thonningii*	马来西亚	佟氏榕	loro
3118	*Ficus tinctoria*	西马来西亚、马里亚纳群岛、马绍尔群岛	染料榕	ara；gulus；hoda；hooda；hotda；tagete；tepero；topdo
3119	*Ficus todayensis*	菲律宾	托达因榕	ropit
3120	*Ficus trichocarpa*	爪哇岛	毛果榕	pengoeng；simbar tritih
3121	*Ficus tricolor*	爪哇岛	三色榕	seroh；seuhang
3122	*Ficus tristanifolia*	婆罗洲、印度尼西亚	红胶木叶榕	beringin
3123	*Ficus ulmifolia*	菲律宾	榆叶榕	isis；is-is
3124	*Ficus uncinata*	文莱	钩叶榕	antimau；mal
3125	*Ficus uniglandulosa*	菲律宾	腺叶榕	sarongutong
3126	*Ficus variegata*	西马来西亚、苏门答腊、西伊里安、婆罗洲、菲律宾	变异榕	ara；aro；baan；baira silai uding；ban；beneb；berkum；besrai；besrum；ebareke；embaan；gele rau；hara；haru kucing；iyubyub silai；kundang；lahu；lua；nyawi；rau；salak balau；tangisanb ayawak；tangisang-bayauak；tangkih
3127	*Ficus vasculosa*	西马来西亚、苏门答腊	白肉榕	ara；segata
3128	*Ficus virens*	西马来西亚、缅甸、爪哇岛	黄葛树	ara；nyaung-gyin；opo；woenoet-bi bis
3129	*Ficus virgata*	菲律宾	岛榕	kalapak-kahoi
3130	*Ficus viridicarpa*	西马来西亚	野榕	ara
3131	*Ficus vrieseana*	爪哇岛	紫叶榕	wilada；wilada toja；wilada-ban joe
3132	*Ficus xylophylla*	沙巴	木叶榕	kayu ara

序号	学名	主要产地	中文名称	地方名
	Filicium（SAPINDACEAE） **蕨叶无患子属（无患子科）**		**HS CODE** **4403.99**	
3133	*Filicium decipiens*	印度、斯里兰卡	蕨叶无患子	adali；atha；athalanghi；filicium；jurighas；katupuveras；maniglia；nirvali；nivoli；pehimbia-gass；phimbiya；pihimbiya；valmurichha
	Firmiana（STERCULIACEAE） **梧桐属（梧桐科）**		**HS CODE** **4403.99**	
3134	*Firmiana colorata*	越南、孟加拉国、印度尼西亚、老挝、缅甸	色拉塔梧桐	bo；faisa udal；hamerang；hantap hoelan；hantap hulang；po；wetshaw
3135	*Firmiana pallens*	老挝	帕伦斯梧桐	po
3136	*Firmiana papuana*	西伊里安	巴布亚梧桐	firmiana
3137	*Firmiana simplex*	日本、菲律宾、中国	梧桐	ao giri；aokiri；awo giri；awo guiri；bitnong；chinese parasolboom；chinese parasol-tree；fekigo；firmiana；firmiana de la china；firmiana giapponese；gotogiri；japanese varnish-tree；parasolier japonais；pauhoi
	Flacourtia（FLACOURTIACEAE） **刺篱木属（大风子科）**		**HS CODE** **4403.99**	
3138	*Flacourtia indica*	印度、菲律宾、缅甸、爪哇岛	刺篱木	aghori；baichi；balangra；chothakilai；gajale；hanmunki；hanumanth；hattarimulu；india bitongol；kaker；madagascar plum；madagaskar plum；mamuri；paker；potnaboniso；putikithada；ramontchi；swadukantaka；tambat；yenkdi
3139	*Flacourtia jangomas*	越南、菲律宾、柬埔寨、老挝、缅甸、爪哇岛、西马来西亚、印度	罗旦梅	bo quan；cay mucuon；governor plum；hong quan；madagascar plum；mong quan；mung quan；muong quan rung；naywe；pin man kiun；quen；roekum sepat；rokam；rukum；talishaput rie
3140	*Flacourtia ramontchii*	印度	大果刺篱木	
3141	*Flacourtia rukam*	菲律宾、印度尼西亚、沙捞越、西马来西亚、婆罗洲、文莱、沙巴	大叶刺离木	bitongol；koeda sondak；pa'ya；roekum；rokam；rukam；tatah
3142	*Flacourtia zippelii*	菲律宾	显脉刺篱木	rukam；zippel bitongol

序号	学名	主要产地	中文名称	地方名
	Flindersia **(RUTACEAE)** **巨盘木属（芸香科）**		**HS CODE** **4403. 99**	
3143	*Flindersia amboinensis*	印度尼西亚、爪哇岛	安汶巨盘木	amboine；bois d'amboine；caju baroedan
3144	*Flindersia australis*	南亚	南方巨盘木	moa
3145	*Flindersia pimenteliana*	西伊里安	类槭巨盘木	maple silkwood
	Flueggea **(EUPHORBIACEAE)** **白饭树属（大戟科）**		**HS CODE** **4403. 99**	
3146	*Flueggea virosa*	爪哇岛	白饭树	prembiloetan；sigar djalak；simpeureum
	Fokienia **(CUPRESSACEAE)** **福建柏属（柏科）**	**HS CODE** **4403. 25（截面尺寸≥15cm）或 4403. 26（截面尺寸<15cm）**		
3147	*Fokienia hodginsii*	越南、老挝、中国南部、柬埔寨、中国东部	福建柏	hodgins fokiena；langlen；lenle；p'aak heung；pe mou；pe mu；pemou；peu mou；phay sung；pomu；vac
	Fontainea **(EUPHORBIACEAE)** **茶梅桐属（大戟科）**		**HS CODE** **4403. 99**	
3148	*Fontainea picrosperma*	西伊里安	苦籽茶梅桐	
	Fordia **(FABACEAE)** **干花豆属（蝶形花科）**		**HS CODE** **4403. 99**	
3149	*Fordia splendidissima*	文莱	最光亮干花豆	mergantong
	Forsythia **(OLEACEAE)** **连翘属（木犀科）**		**HS CODE** **4403. 99**	
3150	*Forsythia japonica*	日本	日本连翘	
3151	*Forsythia suspensa*	中国	连翘	huang hua kan
	Fortunella **(RUTACEAE)** **金橘属（芸香科）**		**HS CODE** **4403. 99**	
3152	*Fortunella japonica*	柬埔寨、老挝、越南	日本金橘	quat
	Frangula **(RHAMNACEAE)** **裸芽鼠李属（鼠李科）**		**HS CODE** **4403. 99**	
3153	*Frangula alnus*	亚洲	欧裸芽鼠李	black alder；pulverholz
	Fraxinus **(OLEACEAE)** **白蜡树属（木犀科）**		**HS CODE** **4403. 99**	
3154	*Fraxinus bungeana*	日本	小叶白蜡木	toneriko

序号	学名	主要产地	中文名称	地方名
3155	*Fraxinus commemoralis*	日本	康梅白蜡木	ash; asiatic ash; shioji; tamo; yachi-dama
3156	*Fraxinus excelsior*	印度、俄罗斯	欧洲白蜡木	ash; black ash; common ash; himalayan ash; hum; jasan ztepily; oregon ash; sinnun; sum
3157	*Fraxinus floribunda*	印度、越南	多花梣	angan; banarish; himalayan ash; tu chanh
3158	*Fraxinus griffithii*	菲律宾、印度尼西亚	格氏白蜡木	asaas; indonesian ash; philippine ash; tjandu
3159	*Fraxinus japonica*	日本	日本白蜡木	ash; japanese ash; toneriko; yachi-damo
3160	*Fraxinus lanuginosa*	菲律宾	绵白蜡木	philippine ash
3161	*Fraxinus longicuspis*	日本	长白蜡木	aotago; yama-toaod amo
3162	*Fraxinus mandshurica*	日本、中国、朝鲜	水曲柳	ash; asiatic ash; curly ash; damo; frassino giapponese; frene du japon; fresno japones; japanese ash; japanse es; japansk ask; mandschuri sche esche; shioji; tamo; ya chidamo; yachi-damo
3163	*Fraxinus mandshurica*	俄罗斯	水曲柳③	
3164	*Fraxinus ornus*	西亚	花白蜡木	ask; blom-ask; flowering ash; fresno silvestre; manna-ash; manna-eskn bloemes; orniello; orno; pluim-es
3165	*Fraxinus pubinervis*	日本	毛脉白蜡木	shieji; shioji; toneriko
3166	*Fraxinus rhynchophylia*	朝鲜、中国、日本	伦乔菲白蜡木	chinese ash; chosen-ton eriko; mulpure namu
3167	*Fraxinus sieboldiana*	日本	西博地白蜡木	ao-damo; aodamo; asiatic ash; koba-no-to neriko; kobanotone riko; shijoi; shioji; yachi-dama
3168	*Fraxinus spaethiana*	日本	日本本州白蜡木	shioji
3169	*Fraxinus syriaca*	以色列	叙利亚白蜡木	israelian ash; syrian ash
	***Gaertnera* (RUBIACEAE)** 拟九节属（茜草科）		**HS CODE 4403.99**	
3170	*Gaertnera borneensis*	文莱	婆罗拟九节	mengkudu hutan
3171	*Gaertnera brevistylis*	文莱	短梗拟九节	mengkudu hutan
3172	*Gaertnera vaginans*	文莱、沙捞越	鞘柄拟九节	mengkudu hutan; mengudu paya

序号	学名	主要产地	中文名称	地方名
	Galbulimima **(HIMANTANDRACEAE)** **瓣蕊花属(瓣蕊花科)**		**HS CODE** **4403.99**	
3173	*Galbulimima belgraveana*	西伊里安	贝格瓣蕊花	galbulimima
	Galearia **(PANDACEAE)** **山篱木属(油树科)**		**HS CODE** **4403.99**	
3174	*Galearia celebica*	西伊里安	西里伯斯山篱木	galearia
3175	*Galearia philippinensis*	菲律宾	菲律宾山篱木	malagulambog
	Ganophyllum **(SAPINDACEAE)** **甘欧属(无患子科)**		**HS CODE** **4403.99**	
3176	*Ganophyllum falcatum*	菲律宾、西伊里安、印度尼西亚、爪哇岛	镰叶甘欧木	arangen; arrangen; ganophyllum; kiangir; kopangir; mangir; sihara
3177	*Ganophyllum obliquum*	菲律宾	斜甘欧木	arangen
	Ganua **(SAPOTACEAE)** **假胶木属(山榄科)**		**HS CODE** **4403.99**	
3178	*Ganua coriacea*	沙捞越	革叶假胶木	
3179	*Ganua daemonica*	沙捞越	达莫尼假胶木	ketiau padang
3180	*Ganua hirtiflora*	西马来西亚	毛花假胶木	ketiau; nyatoh
3181	*Ganua ligulata*	文莱	舌状假胶木	nyatoh
3182	*Ganua palembanica*	文莱	巨港假胶木	nyatoh ldutong
3183	*Ganua pierrei*	沙捞越	皮埃尔假胶木	ketiau puteh
3184	*Ganua sarawakensis*	沙巴	沙捞越假胶木	nyatoh sarawak
	Garcinia **(GUTTIFERAE)** **藤黄属(藤黄科)**		**HS CODE** **4403.99**	
3185	*Garcinia apetala*	沙捞越	无瓣藤黄	kandis jangkar daun tebal
3186	*Garcinia atroviridis*	西马来西亚	阿托维藤黄	asam gelugor; kandis
3187	*Garcinia bancana*	西马来西亚、沙捞越	苏门答腊藤黄	kandis; kunong; manggis hutan; sekop; sikup
3188	*Garcinia beccarii*	文莱	贝氏藤黄	lulai
3189	*Garcinia benthamii*	菲律宾、柬埔寨、老挝、越南	本氏藤黄	bunog; prus; roi
3190	*Garcinia bicolorata*	菲律宾	双色藤黄	bunog-agos
3191	*Garcinia binucao*	菲律宾	比努考藤黄	binukau
3192	*Garcinia borneensis*	文莱	婆罗洲藤黄	enkurumon; kandis; kedui; kendong

序号	学名	主要产地	中文名称	地方名
3193	*Garcinia brevirostris*	菲律宾	短叶藤黄	basan
3194	*Garcinia bulusanensis*	菲律宾	布卢山藤黄	katolit
3195	*Garcinia busuangaensis*	菲律宾	布桑加藤黄	batuhan
3196	*Garcinia cambodgiensis*	柬埔寨、老挝、越南	坎博藤黄	hong phat；lu
3197	*Garcinia cambogia*	印度尼西亚	藤黄果	heela；kadagolumu ruga
3198	*Garcinia celebica*	印度尼西亚、婆罗洲、苏门答腊	西里伯斯藤黄	berua；beruas；beruns；beruwas；manggis；manggis hutan；sibaroewas；sibarueh；sikup；sungkup
3199	*Garcinia cornea*	印度尼西亚、西马来西亚、爪哇岛	角膜藤黄	jawora；koorka-poo lee；kourka-pouli；malukka；pawa；tjavoeng
3200	*Garcinia cowa*	西马来西亚、孟加拉国、缅甸	小叶藤黄	kandis；kawgula；taung-thale
3201	*Garcinia cumingiana*	菲律宾	球兰藤黄	malabunog
3202	*Garcinia cuneifolia*	文莱、沙捞越	楔叶藤黄	enkurumon；kandis；kandis padang；lulai
3203	*Garcinia cuspidata*	沙捞越	尖叶藤黄	kandis daun kecil
3204	*Garcinia delpyana*	柬埔寨	德尔皮藤黄	tra meng
3205	*Garcinia dives*	菲律宾	浅水藤黄	pildis
3206	*Garcinia drybalanoide*	文莱	冰片叶藤黄	enkurumon；kandis；lusi；lusieh；manggis hutan；perdah perdah；remta；tawakun；tebalak bukid
3207	*Garcinia dulcis*	西伊里安、菲律宾、印度尼西亚、爪哇岛	甜藤黄	ayom；buneg；grunggoi；moendoc；mondo；riripga；taklang-anak
3208	*Garcinia fagraeoides*	柬埔寨、老挝、越南	类香藤黄木	lay；lay ouly；ly；trai；trai-ly
3209	*Garcinia ferrea*	柬埔寨、老挝、越南	铁藤黄	prus；prus pnom；roi；roi mat
3210	*Garcinia forbesii*	沙巴	宽叶藤黄	bebata；kandis
3211	*Garcinia fusca*	越南	黑藤黄	bua lueur
3212	*Garcinia garciae*	菲律宾	加西亚藤黄	bogalot
3213	*Garcinia gaudichaudii*	柬埔寨、老挝、越南	高氏藤黄	cana

序号	学名	主要产地	中文名称	地方名
3214	*Garcinia gummi-gutta*	印度	天然藤黄	dharambe；kadumpuli；kodakkapuli；kodapuli；mantulli；pinaru；simachinta；simai hunase；upagi mara；vrksamlah
3215	*Garcinia gynotrochoides*	菲律宾	雌雄异体藤黄木	kadiliag
3216	*Garcinia hanburyi*	老挝、柬埔寨、越南、菲律宾	植物藤黄	phong；rong；thailand gamboge-tree
3217	*Garcinia harmandi*	越南、柬埔寨	哈氏藤黄	bua moi；kram remia；kram remir
3218	*Garcinia heterandra*	缅甸	蔓生藤黄	taw-mingut
3219	*Garcinia hombroniana*	西马来西亚	地黄藤黄	bruas；kandis；manggis hutan
3220	*Garcinia indica*	印度	印度藤黄	amlavetasa；amsol；bhirand；birondd；dhupadamara；katambi；kokam；kokam mara；kokan；mangosteen oil-tree；murgal；murgala；murginahali；punampuli；ratamba；ratambi；tintidika；tittidika；vrksamla；wild mangosteen
3221	*Garcinia ituman*	菲律宾	伊图曼藤黄	haras；ituman
3222	*Garcinia kydia*	菲律宾	凯迪亚藤黄	india mangosteen
3223	*Garcinia lanessani*	柬埔寨、老挝、越南	拉萨尼藤黄	ong col
3224	*Garcinia lateriflora*	菲律宾、印度尼西亚	侧花藤黄	kandis；mangies oetan；mango oetan；mangoe lowong；ugau
3225	*Garcinia latissima*	西伊里安	最广藤黄	krur
3226	*Garcinia linearifolia*	菲律宾	线叶藤黄	tagbag
3227	*Garcinia loheri*	菲律宾	南洋藤黄	loher pildes
3228	*Garcinia loureiri*	越南、柬埔寨	罗氏藤黄	bua；bua nha；nua；sandan；tramung
3229	*Garcinia luzoniense*	菲律宾	吕宋藤黄	malabinukau
3230	*Garcinia macgregorii*	菲律宾	麦氏藤黄	tagkon
3231	*Garcinia malaccensis*	西马来西亚	马来藤黄	kandis；manggis outan
3232	*Garcinia mangostana*	沙捞越、越南、文莱、沙巴、印度尼西亚、缅甸、菲律宾、西马来西亚、柬埔寨、老挝	山竹子	buah manggis；mang cut；manggis；mangies boom；mangoe；mangostan；mangosteen；mangoustan；mangsteen；mingut；mong khut；mung khut；pas；sikop；tien lum

序号	学名	主要产地	中文名称	地方名
3233	*Garcinia merguensis*	西马来西亚、沙捞越、柬埔寨、老挝、越南	梅格斯藤黄	kandis；kandis jangkar daun kecil；lulai；sonve
3234	*Garcinia microcarpa*	文莱	小果藤黄	enkurumon；kandis；kendong
3235	*Garcinia microphylla*	菲律宾	细叶藤黄	basan-liitan
3236	*Garcinia mindanaensis*	菲律宾	棉兰老岛藤黄	kariis
3237	*Garcinia miquelii*	文莱	米氏藤黄	enkurumon；kandis；kandis assam
3238	*Garcinia morella*	斯里兰卡	桑叶藤黄	gokotoo；kana-goraka-gass
3239	*Garcinia moseleyana*	菲律宾	莫塞利藤黄	moseley bunog
3240	*Garcinia multibracteolata*	菲律宾	多苞藤黄	kabangla
3241	*Garcinia multiflora*	越南、老挝	多花山竹	bua tai；ko som pong；phong
3242	*Garcinia nervosa*	柬埔寨、菲律宾、印度、西马来西亚	多脉山竹	belookar；buradgis；gading；koondon belookar；prohut phnom
3243	*Garcinia nigrolineata*	西马来西亚	线条山竹	kandeys；kandis
3244	*Garcinia nitida*	文莱	密茎藤黄	enkurumon；kandis
3245	*Garcinia oblongifolia*	越南	长圆叶山竹	bua la thuon
3246	*Garcinia oligophlebia*	菲律宾	少脉藤黄	diis
3247	*Garcinia oliveri*	柬埔寨、老挝、越南	橄榄藤黄	bua；bua nha；bua nui；bua rung；tramung
3248	*Garcinia oxyphylla*	印度尼西亚	锐叶藤黄	mangies oetan
3249	*Garcinia pacifica*	菲律宾	太平洋藤黄	pildis-sil angan
3250	*Garcinia paniculata*	缅甸	锥花藤黄	metlin
3251	*Garcinia parvifolia*	文莱、沙巴、西马来西亚、沙捞越	小叶山竹	enkurumon；kandis；kedi；kedui；sempat tebu
3252	*Garcinia pedunculata*	印度	下垂藤黄	tikoor；tikul
3253	*Garcinia picrorrhiza*	印度尼西亚	皮洛希藤黄	bois de sagouer；obad-sagek roe；oeba sagehroe toeni；sagoe-weer hout；sagouer
3254	*Garcinia ramosii*	菲律宾	宽瓣藤黄	katuri
3255	*Garcinia rhizophoroides*	菲律宾	根际藤黄	bogaiat
3256	*Garcinia rostrata*	文莱	弯曲藤黄	enkurumon；kandis
3257	*Garcinia rubra*	菲律宾	红藤黄	dulitan；kamandiis
3258	*Garcinia samarensis*	菲律宾	萨马岛藤黄	polangi
3259	*Garcinia sarawahensis*	文莱	沙捞越藤黄	enkurumon；kandis；lulai

序号	学名	主要产地	中文名称	地方名
3260	*Garcinia scheferi*	柬埔寨、老挝、越南	夏费里藤黄	roi
3261	*Garcinia schomburgkiana*	越南、柬埔寨、老挝	斯氏藤黄	bua; tramoung
3262	*Garcinia speciosa*	缅甸	美丽藤黄	bawa; palawa; parawa
3263	*Garcinia spicata*	斯里兰卡、日本	穗花藤黄	elagokatu; fukugi; kokotta
3264	*Garcinia stigmacantha*	文莱	斑状花藤黄	enkurumon; kandis; lulai
3265	*Garcinia subelliptica*	菲律宾	椭圆福木	gatasan-dagat
3266	*Garcinia sulphurea*	菲律宾	硫藤黄	bunog-dilau
3267	*Garcinia tetrandra*	菲律宾、文莱	四蕊藤黄	bluas; enkurumon; kandis; kendong
3268	*Garcinia thoreli*	柬埔寨、老挝、越南	索雷利藤黄	roi
3269	*Garcinia tonkinensis*	柬埔寨、越南	东京藤黄	bao; cay doc; doc; gioc
3270	*Garcinia venulosa*	菲律宾	密脉藤黄	bilucao; bonog; gatasan; pedis; peris; taclang-anac
3271	*Garcinia vidalii*	菲律宾	维氏藤黄	piris
3272	*Garcinia vidua*	沙捞越	单叶藤黄	kandis daun bulat
3273	*Garcinia vilersiana*	越南、柬埔寨、老挝	维西藤黄	bout; prohut; vang nhua
3274	*Garcinia whitfordii*	菲律宾	威氏藤黄	kadis
3275	*Garcinia xanthochymus*	印度、缅甸	黄汁藤黄	anavaya; chalate; cheoro; dampel; hmandaw; ivarumidi; iwara mamadi; javangi; jharambi; karamala; kulavi; madaw; malaippachi; mukki; neralemavu; ota; sitakamraku; sitambu; tamal; tamala; tamalam; tamalamu
	***Gardenia*（RUBIACEAE）** **栀子属（茜草科）**		**HS CODE** **4403.99**	
3276	*Gardenia coronaria*	孟加拉国、缅甸	冠状栀子	kanuari; yingat-gyi
3277	*Gardenia curranii*	菲律宾	库氏栀子	sinampaga
3278	*Gardenia erythroclada*	缅甸	红枝栀子	hmanni
3279	*Gardenia gummifera*	印度	胶状栀子	bandarledu; bhicky-gid da; bruru; buroi; bururi; chita mota; chitta bikki; dickamali; dicky; gurudu; karmari; kurbu; kurdu; kurmuri; kuru; lahan kudu; manchi bikki; manchi-bikki; yerbhicky

序号	学名	主要产地	中文名称	地方名
3280	*Gardenia hansemannii*	沙巴、西伊里安	汉氏栀子	cempaka；chempaka；gardenia
3281	*Gardenia lagunensis*	菲律宾	内湖栀子	malabukok
3282	*Gardenia latifolia*	印度、斯里兰卡	阔叶栀子	adavi；ban pindalu；bikke；ceylon boxwood；damkurdu；gaiger；gardenia；ghogar；himalaya buchs；india box；india boxwood；jantia；kalkambi；katarang；kota ranga；kumbay；pandru；paniabila；perungambil；piphar；popro；yerrabikki
3283	*Gardenia longiflora*	菲律宾	长花栀子	balanigan
3284	*Gardenia megalocarpa*	菲律宾	巨果栀子	kalapi
3285	*Gardenia merrillii*	菲律宾	麦氏栀子	bagabi
3286	*Gardenia morindaefolia*	菲律宾	鸡眼藤叶栀子	lanigai
3287	*Gardenia negrosensis*	菲律宾	内格罗斯栀子	magupung
3288	*Gardenia obscurinervia*	菲律宾	隐脉栀子	kalanigi
3289	*Gardenia obtusifolia*	泰国、缅甸	钝叶栀子	mai phoot；yingat-gale
3290	*Gardenia philastrei*	菲律宾	集束栀子	rosal dilau
3291	*Gardenia pseudopsidium*	菲律宾	假足栀子	bukok
3292	*Gardenia pterocalyx*	沙捞越、文莱	翼萼栀子	benah；malau paya；mengkudu hutan bini；randa hutan；sual；sulang；sulong
3293	*Gardenia pubifolia*	菲律宾	毛叶栀子	sulipa
3294	*Gardenia resinifera*	印度	树脂栀子	bikke；dekamali；dekamari；erubikki；jantuka；kallarige；kambil；karenga；karinguva；kumbai；kumbe；kumbi；mali；sinnakarin guva；tellakarin guva；tellamanga；tikkamalli；white emeticnut；yerrabikki；yerri bikki
3295	*Gardenia segmenta*	菲律宾	分裂栀子	bukok-bukok
3296	*Gardenia sessiliflora*	缅甸	无柄栀子	thamin-za-byu
3297	*Gardenia tubifera*	沙巴、婆罗洲、苏门答腊、西马来西亚、文莱	大花栀子	champaka tanjong；delima hutan；malau；malau kantok；mengkudu hutan bini；randa hutan

序号	学名	主要产地	中文名称	地方名
3298	*Gardenia turgida*	印度、缅甸	肿胀栀子	bamenia; bengeri; chamar karhar; dandukil; dandukit; gurana; hmanbyu; karamba; karhar; magge; mahapindi; makaton; phetrak; safed pendra; teleika; thanmela; thunla; yerra bikki; yerrabikki; yerribikki
	Garuga **(BURSERACEAE)** **嘉榄属（橄榄科）**		**HS CODE** **4403. 99**	
3299	*Garuga floribunda*	菲律宾、西马来西亚	多花白头树	babayong; bogo; canarium; talinganan; wiu
3300	*Garuga pinnata*	印度、缅甸、越南、柬埔寨、老挝、泰国、西马来西亚	羽状嘉榄木	aranelli; armu; bilagadde; chinyok; dabdabbi; garuga; gendeli de poma; gendeli poma; gharri; ghogar; godda; kudak; kusimba; mai kham; mohi; mongheo; nelligadde; ouvit; pagsahingin; paranki; sompotri; takhram; tum karphat; xakham
	Gastonia **(ARALIACEAE)** **软皮枫属（五加科）**		**HS CODE** **4403. 99**	
3301	*Gastonia serratifolia*	西伊里安、菲律宾	齿叶软皮枫	bekuak; kanonukan
	Gaultheria **(ERICACEAE)** **白珠属（杜鹃科）**		**HS CODE** **4403. 99**	
3302	*Gaultheria anastomosans*	东南亚	川白珠	
3303	*Gaultheria buxifolia*	东南亚	黄杨叶白珠	
3304	*Gaultheria erecta*	东南亚	直立白珠	
3305	*Gaultheria fragrantissima*	缅甸	芳香白珠	akyawsi-bin
3306	*Gaultheria leucocarpa*	爪哇岛	滇白珠	poerworoko; poerwosada; sanglir; temigi; temigi kasar; tjantigi bodas; tjantigi wangi
3307	*Gaultheria punctata*	爪哇岛	点状白珠	poerwa djamboe; sari moedjari; tjantigi; tjantigi wangi
3308	*Gaultheria remyana*	爪哇岛	雷亚纳白珠	tjantigi wangi
3309	*Gaultheria reticulata*	爪哇岛	网状白珠	tjantigi wangi
	Geijera **(RUTACEAE)** **钩瓣常山属（芸香科）**		**HS CODE** **4403. 99**	
3310	*Geijera salicifolia*	西伊里安	柳叶钩瓣常山	geijera; ironwood

序号	学名	主要产地	中文名称	地方名
	Geniostoma （**LOGANIACEAE**） **髯管花属（马钱科）**		**HS CODE** **4403.99**	
3311	*Geniostoma micranthum*	马里亚纳群岛	小花髯管花	anasser；maholok hayu；majlocjayo
3312	*Geniostoma rupestre*	爪哇岛	石生髯管花	pi-kopian
	Geunsia （**VERBENACEAE**） **五蕊紫珠属（马鞭草科）**		**HS CODE** **4403.99**	
3313	*Geunsia apoensis*	菲律宾	阿波五蕊紫珠	layaupan
3314	*Geunsia cumingiana*	菲律宾	球兰五蕊紫珠	danasi
3315	*Geunsia flavida*	菲律宾	金黄五蕊紫珠	madolau
3316	*Geunsia pentandra*	西伊里安、婆罗洲、沙巴	五雄五蕊紫珠	geunsia；kayu tepung；nayup；pelampung；rambong；renajup；tambong；tapong；tapu；tapung；tepung
3317	*Geunsia ramosii*	菲律宾	宽瓣五蕊紫珠	ramos palis
	Gevuina （**PROTEACEAE**） **热夫山龙眼属（山龙眼科）**		**HS CODE** **4403.99**	
3318	*Gevuina papuana*	西伊里安	巴布亚热夫山龙眼木	gevuina
	Gigasiphon （**CAESALPINIACEAE**） **长管豆属（苏木科）**		**HS CODE** **4403.99**	
3319	*Gigasiphon humblotianus*	西伊里安	胡姆布长管豆	
3320	*Gigasiphon schlechteri*	西伊里安	狭叶长管豆	bauhinia；gigasiphon
	Gillbeea （**CUNONIACEAE**） **翅梅珠属（火把树科）**		**HS CODE** **4403.99**	
3321	*Gillbeea papuana*	西伊里安	巴布亚翅梅珠	gillbeeah
	Ginkgo （**GINKGOACEAE.**） **银杏属（银杏科）**		**HS CODE** **4403.99**	
3322	*Ginkgo biloba*	日本、中国南部、朝鲜、印度	银杏	arbre aux quarante ecus；eunhaeng-namu；gin；ginco；ginco giapponese；ginkgo；ginkgoa deux lobes；ginkgo de japon；ginko；icho；ichoo；ischo；japansk ginkgo；maidenhair-tree；waaierboom
	Gironniera （**CANNABACEAE**） **白颜属（大麻科）**		**HS CODE** **4403.99**	
3323	*Gironniera celtidifolia*	菲律宾	朴叶白颜	amaitan；magaubau

序号	学名	主要产地	中文名称	地方名
3324	*Gironniera hirta*	西马来西亚	毛白颜	hampas tebu; kasap
3325	*Gironniera nervosa*	沙巴、苏门答腊、文莱、西马来西亚、马来西亚	多脉白颜	ampas tebu; capol olong; entabuloh; hampas tebu; kasap; medang buhulu; medang kasap; medang kesap; tapis
3326	*Gironniera parvifolia*	文莱、西马来西亚	小叶白颜	entabuloh; hampas tebu; kasap
3327	*Gironniera reticulata*	南亚	网纹白颜	galoempit; lali
3328	*Gironniera sinensis*	柬埔寨、老挝、越南	中华白颜	kham; ngat
3329	*Gironniera subaequalis*	西伊里安、柬埔寨、老挝、越南、文莱、西马来西亚、马来西亚、婆罗洲、菲律宾	白颜	benggu; chat; entabuloh; hampas tebu; kasap; kerakas; lansat lansat; limpasu; madang; medang buluk; medang kasap; ngahil; ngat; ngat trang; ngat vang; ngat xanh; nghat sanh; nghat vang; siluk
	***Gleditsia*（CAESALPINIACEAE）** **皂荚木属（苏木科）**		**HS CODE** **4403. 99**	
3330	*Gleditsia australis*	柬埔寨、老挝、越南	南方皂荚	man ket; mien ket
3331	*Gleditsia fera*	菲律宾	华南皂荚	honey langi; tiri
3332	*Gleditsia japonica*	日本、朝鲜	日本皂荚	japanese gleditsia; juyeob-namu; locust; saikachi
3333	*Gleditsia sinensis*	柬埔寨、老挝、越南	皂荚	boket; ket
	***Glochidion*（EUPHORBIACEAE）** **算盘子属（大戟科）**		**HS CODE** **4403. 99**	
3334	*Glochidion acuminatum*	菲律宾	渐尖算盘子	
3335	*Glochidion album*	菲律宾	算盘子	malabag-ang
3336	*Glochidion angulatum*	菲律宾	尖角算盘子	sibulau
3337	*Glochidion arborescens*	爪哇岛、印度尼西亚	树状算盘子	kopek; mareme; rehen
3338	*Glochidion borneense*	沙巴、西马来西亚	婆罗算盘子	obah nasi
3339	*Glochidion brachystylum*	菲律宾	短柱算盘子	mambulau
3340	*Glochidion cagayenense*	菲律宾	卡加耶算盘子	sangi
3341	*Glochidion camiguinense*	菲律宾	卡米京算盘子	bonot-bonot
3342	*Glochidion canescens*	菲律宾	灰算盘子	bagnang-ab ohin
3343	*Glochidion cauliflorum*	菲律宾	茎花算盘子	hamugun

序号	学名	主要产地	中文名称	地方名
3344	*Glochidion celastrodes*	文莱	塞拉斯算盘子	manyam；manyam mertambang；saka saka padang
3345	*Glochidion coronulatum*	菲律宾	圆锥算盘子	kakaua
3346	*Glochidion curranii*	菲律宾	库氏算盘子	curran bagna
3347	*Glochidion cyrtostylum*	爪哇岛	花柱算盘子	pepe
3348	*Glochidion dolichostylum*	菲律宾	白花算盘子	tabango
3349	*Glochidion falcatilimbum*	菲律宾	镰刀算盘子	petpeten
3350	*Glochidion gigantifolium*	菲律宾	巨叶算盘子	bagnang-la paran
3351	*Glochidion glaucescens*	菲律宾	白变算盘子	takuanis
3352	*Glochidion harveyanum*	菲律宾	哈维亚算盘子	litok
3353	*Glochidion hohenackeri*	孟加拉国	多花算盘子	panyaturi
3354	*Glochidion humile*	菲律宾	矮算盘子	obog
3355	*Glochidion hypoleucum*	沙捞越	浅白算盘子	menyam puteh
3356	*Glochidion ilanosii*	菲律宾	依氏算盘子	banitan
3357	*Glochidion kollmannianum*	爪哇岛	科尔曼算盘子	rememe
3358	*Glochidion lancifolium*	菲律宾	披针叶算盘子	kalian
3359	*Glochidion lancilimbum*	菲律宾	唇形算盘子	banak
3360	*Glochidion latistylum*	菲律宾	宽算盘子	obog-obog
3361	*Glochidion ligulatum*	菲律宾	舌状算盘子	karkarmai
3362	*Glochidion littorale*	沙捞越、文莱、沙巴、西马来西亚	海岸算盘子	buah kenanang；peparoh；pero；piling；saka；saka saka；ubah
3363	*Glochidion liukiuense*	日本	琉球算盘子	karaijo
3364	*Glochidion longistylum*	菲律宾	长柱算盘子	nigad
3365	*Glochidion lucidum*	沙捞越	伍氏算盘子	menyam paya
3366	*Glochidion lutescens*	菲律宾	黄色算盘子	salanisin
3367	*Glochidion malindangense*	菲律宾	马丹算盘子	malindang bagna
3368	*Glochidion marianum*	马里亚纳群岛、关岛	马里亚纳算盘子	abas duendes；chimorro-chosgo；chosga；chosgo；chosgu
3369	*Glochidion merrillii*	菲律宾	麦氏算盘子	pud-pud
3370	*Glochidion molle*	爪哇岛	软算盘子	pari；slangenblad
3371	*Glochidion nitidum*	菲律宾	两面针算盘子	bagnang-gu bat

序号	学名	主要产地	中文名称	地方名
3372	*Glochidion obliquum*	柬埔寨、老挝、越南	斜算盘子	cho tack ket；ghe；lo ka vi
3373	*Glochidion obscurum*	文莱、爪哇岛、西马来西亚	暗色算盘子	langsat ambok；manyam；oeris-oeri san；pari；ubah
3374	*Glochidion perakense*	爪哇岛	佩肯算盘子	semoet
3375	*Glochidion philippicum*	西伊里安、菲律宾、爪哇岛	甜叶算盘子	bekuang；glochidion；iba-ibaan；karmai；rememe
3376	*Glochidion phyllanthoides*	菲律宾	叶状算盘子	malabagna
3377	*Glochidion psidioides*	菲律宾	透光算盘子	anam
3378	*Glochidion pubicapsa*	菲律宾	普比萨算盘子	kalnag
3379	*Glochidion robinsonii*	菲律宾	罗氏算盘子	kel-kel
3380	*Glochidion rubrum*	菲律宾、马来西亚、沙巴	细叶馒头果	bagnang-pula；dampul；obah nasi；ubarranbat
3381	*Glochidion sorsogonense*	菲律宾	索索贡算盘子	sorsogon kelkel
3382	*Glochidion subfalcatum*	菲律宾	镰叶算盘子	nadong
3383	*Glochidion sumatranum*	西马来西亚	苏门答腊算盘子	ubah
3384	*Glochidion superbum*	沙巴、文莱、西马来西亚	华丽算盘子	gerumong jantan；manyam；ubah
3385	*Glochidion triandrum*	菲律宾	三蕊算盘子	bagna；pango
3386	*Glochidion trichophorum*	菲律宾	皂帽算盘子	bagnang-ma bolo
3387	*Glochidion unophylloides*	菲律宾	尾叶算盘子	halakan
3388	*Glochidion weberi*	菲律宾	韦氏算盘子	pasogonon
3389	*Glochidion williamsii*	菲律宾	威氏算盘子	tumuhan
3390	*Glochidion woodii*	菲律宾	伍氏算盘子	bognak
	Gloeocarpus **（SAPINDACEAE）** **格罗卡属（无患子科）**		**HS CODE** **4403.99**	
3391	*Gloeocarpus patentivalvis*	菲律宾	格罗卡	tamaho
	Gluta **（ANACARDIACEAE）** **胶漆树属（漆树科）**		**HS CODE** **4403.49**	
3392	*Gluta aptera*	文莱、沙捞越、西马来西亚	无翼胶漆树	rengas；rengas kasar；rengas kerbau jalang；rengas manok
3393	*Gluta beccarii*	印度尼西亚、文莱、沙捞越	贝氏胶漆树	rangas；rengas；rengas kayu nyala；rengas paya；umpah

序号	学名	主要产地	中文名称	地方名
3394	*Gluta curtisii*	西马来西亚、印度尼西亚	柯氏胶漆树	borneo rosewood；rengas；straits mahogany
3395	*Gluta elegans*	孟加拉国、西马来西亚	雅胶漆树	kabita；rengas；rengas ayer
3396	*Gluta gracilis*	越南	细胶漆树	tram moc
3397	*Gluta laxiflora*	文莱、西马来西亚	疏花胶漆树	rengas
3398	*Gluta malayana*	印度尼西亚、西马来西亚	马来亚胶漆树	rak；rengas；rengas kerbau jalang；son
3399	*Gluta megalocarpa*	越南	巨果胶漆树	son
3400	*Gluta oba*	文莱	奥巴胶漆树	rengas
3401	*Gluta papuana*	西伊里安	巴布亚胶漆树	gluta；rengas
3402	*Gluta pubescens*	文莱	短柔毛胶漆树	rengas
3403	*Gluta renghas*	婆罗洲、西马来西亚、印度、印度尼西亚	胶漆树	djingah；djingah rangas；remgasz；rengas；rengas ayer；rengas hutan；rengas tembaga；renghas；reungas
3404	*Gluta speciosa*	文莱、沙捞越	美丽胶漆树	rengas；rengas bulu
3405	*Gluta tavoyana*	印度、缅甸、泰国、老挝	缅甸胶漆	black gluta；burma gluta；chay；kye；nam kieng dong；rengas；thayet-thi tsi
3406	*Gluta torquata*	文莱、西马来西亚	球状胶漆树	rengas；rengas kerbau jalang
3407	*Gluta travancorica*	印度	特拉胶漆树	gluta；shencurani；shencurungi；thodappei
3408	*Gluta usitata*	印度、缅甸、泰国、老挝、柬埔寨、越南、东南亚	乌西塔胶漆树	blackvarnish-tree；hak；hkri；kheu；kiahong；maihak；myanmar lacquer-tree；myanmar varnish-tree；myanmar vernisboom；myanmar warnish-tree；nam kieng；rac；rak；rengas；san；thitsi
3409	*Gluta velutina*	婆罗洲、沙捞越、文莱	毛胶漆树	rengas；rengas air；rengas ayer；rengas pendek
3410	*Gluta wallichii*	婆罗洲、东南亚、文莱、印度尼西亚、马来西亚、沙巴、西马来西亚	瓦氏胶漆树	kebatja；rak；rengas；rengas ajam；rengas ambawang；rengas boeroeng；rengas burung；rengas kerbau jalang；rengas maho；rengas manau；semanggah；son；straits mahogany；umpah
3411	*Gluta wrayi*	西马来西亚	瑞氏胶漆树	rengas；rengas ayer；rengas kerbau jalang

序号	学名	主要产地	中文名称	地方名
	Glyptopetalum (CELASTRACEAE) 沟瓣属（卫矛科）		**HS CODE** **4403.99**	
3412	*Glyptopetalum acuminatissimum*	菲律宾	尖叶沟瓣木	butinging-tilos
3413	*Glyptopetalum euonymoides*	菲律宾	似卫矛沟瓣木	sangki-san gki
3414	*Glyptopetalum euphlebium*	菲律宾	美脉沟瓣木	butingi; surag-linis
3415	*Glyptopetalum loheri*	菲律宾	南洋沟瓣木	loher surag
3416	*Glyptopetalum marivelense*	菲律宾	马里维沟瓣木	surag; surag-sinima
3417	*Glyptopetalum palawanense*	菲律宾	巴拉望沟瓣木	palawan surag
Glyptostrobus (CUPRESSACEAE) 水松属（柏科）		**HS CODE** **4403.25（截面尺寸≥15cm）或 4403.26（截面尺寸<15cm）**		
3418	*Glyptostrobus pensilis*	中国南部	水松	chileense cypres; chinese deciduous cypress; chinese swamp cypress; chinese water pine; taxodier nicifere; water pine
	Gmelina (VERBENACEAE) 石梓属（马鞭草科）		**HS CODE** **4403.49**	
3419	*Gmelina arborea*	印度、孟加拉国、西伊里安、泰国、缅甸、斯里兰卡、越南、西马来西亚、老挝、沙巴	石梓	bachanige; ban; candahar-tree; chiman sag; gamar; kumulu; kusmar; kussamar; lai tho; loi tho; maisaw; niuvon; papua new guinea gmelina; pedda gomra; sriparni; summadi; taungnangyi; thebla; umi; umi-thekku; white teak; yamane; yemane
3420	*Gmelina asiatica*	印度	亚洲石梓	adavigummadi; badhara; chirunelli; gombhari; gummadi; kadambal; kumilamaram; kumizhaniaram; lahan-shivan; nag-phul; nilakkimnizh; nilakkumil; shirigumudu; sivni; vikarini
3421	*Gmelina hainanensis*	中国	海南石梓	shek tsz
3422	*Gmelina moluccana*	西伊里安	马六甲石梓	anyus; biy-yen-piy; buwoh; engki-e-u; engkiu

序号	学名	主要产地	中文名称	地方名
	Gnetum **（GNETACEAE）** **买麻藤属（买麻藤科）**		**HS CODE** **4403. 99**	
3423	*Gnetum gnemon*	菲律宾、苏门答腊、西伊里安、印度尼西亚、沙捞越、爪哇岛	灌状买麻藤	bago；bagu；ebaku；garintul；mencau；menjau；mlindjo；sabe；sabong；tangkil；tankil；tjengkarang
	Gomphandra **（ICACINACEAE）** **粗丝木属（茶茱萸科）**		**HS CODE** **4403. 99**	
3424	*Gomphandra apoensis*	菲律宾	阿波粗丝木	marumai
3425	*Gomphandra capitulata*	苏门答腊	集束花序粗丝木	awa suki；dotan；lasuri manuk payo；pului payo；samsam；simarsimata；suriu uding
3426	*Gomphandra cumingiana*	菲律宾、印度尼西亚	球兰粗丝木	barabo；lambuan；luzoniensis；mabunot；mangoi
3427	*Gomphandra dolichocarpa*	苏门答腊	长果粗丝木	kayu
3428	*Gomphandra flavicarpa*	菲律宾	黄果粗丝木	marumai-dilau
3429	*Gomphandra fuliginea*	菲律宾	煤黑粗丝木	dangka
3430	*Gomphandra lancifolia*	菲律宾	剑叶粗丝木	paranuyog
3431	*Gomphandra luzoniensis*	菲律宾	吕宋粗丝木	mabunot；maluboho
3432	*Gomphandra oblongifolia*	菲律宾	长圆叶粗丝木	bibislakin；laing
3433	*Gomphandra oligantha*	菲律宾	少花粗丝木	manangkalau
3434	*Gomphandra pseudojavanica*	苏门答腊	伪爪哇粗丝木	ausan delok uding；bayut uding；beluyan etem；pului silai；sosot manu；surimanu uding
3435	*Gomphandra simalurensis*	苏门答腊	西马路岛粗丝木	delok；rubi silai
	Gomphia **（OCHNACEAE）** **赛金莲木属（金莲木科）**		**HS CODE** **4403. 99**	
3436	*Gomphia serrata*	菲律宾、斯里兰卡、文莱、西马来西亚、苏门答腊	齿叶赛金莲木	barsik；bokaara-gass；chenaga lampong；chinta mola；chirta mola；kalek jambak；kayu dolak；kayu mat；kayu sepah；lakojong；majang-majang；mentungging；pinis；ruthee chinta mola；sebalusi
	Goniothalamus **（ANNONACEAE）** **哥纳香属（番荔枝科）**		**HS CODE** **4403. 99**	
3437	*Goniothalamus amuyon*	菲律宾	恒春哥纳香	amuyong

序号	学名	主要产地	中文名称	地方名
3438	*Goniothalamus andersonii*	沙捞越	毛叶哥纳香	drai'oh；pudin；serabah；serabah semangun
3439	*Goniothalamus catanduanensis*	菲律宾	卡坦哥纳香	bigus-kata ndungan
3440	*Goniothalamus copelandii*	菲律宾	柯氏哥纳香	copeland bigus
3441	*Goniothalamus dolichocarpus*	沙巴、菲律宾	长果哥纳香	babangkau；kusa；kuyog-kuyog
3442	*Goniothalamus dolichophyllus*	文莱	长叶哥纳香	kelampanas porak；lakum；limpanas puteh；pisang pisang
3443	*Goniothalamus elmeri*	菲律宾	埃尔梅哥纳香	bigus
3444	*Goniothalamus giganteus*	西马来西亚	巨型哥纳香	mempisang
3445	*Goniothalamus gigantifolius*	菲律宾	巨叶哥纳香	bigus-lapa ran
3446	*Goniothalamus gitingense*	菲律宾	基廷根哥纳香	guyog
3447	*Goniothalamus lancifolius*	菲律宾	披针叶哥纳香	monat
3448	*Goniothalamus longistylus*	菲律宾	长穗哥纳香	bigus-haba
3449	*Goniothalamus malayanus*	沙捞越、文莱	马来西亚哥纳香	hujan panas paya；lim panas paya；selukai；selumoh
3450	*Goniothalamus mindorensis*	菲律宾	名都罗岛哥纳香	bigus-mang yan
3451	*Goniothalamus oblongipetalum*	菲律宾	剑叶哥纳香	saliangka
3452	*Goniothalamus obtusifolius*	菲律宾	茎花哥纳香	malaamuyong
3453	*Goniothalamus panayensis*	菲律宾	帕纳哥纳香	panay bigus
3454	*Goniothalamus philippinensis*	菲律宾	菲律宾哥纳香	dakter
3455	*Goniothalamus puncticulifolius*	菲律宾	斑点叶哥纳香	malapa
3456	*Goniothalamus ridleyi*	西马来西亚	瑞德哥纳香	mempisang
3457	*Goniothalamus sibuyanensis*	菲律宾	辛布亚岛哥纳香	lanitos
3458	*Goniothalamus suluensis*	菲律宾	苏禄哥纳香	sulu lanitos
3459	*Goniothalamus tapis*	西马来西亚	塔皮斯哥纳香	tapis

序号	学名	主要产地	中文名称	地方名
3460	*Goniothalamus truncifloru*s	菲律宾	茎花哥纳香	bigus-sila ngan
3461	*Goniothalamus velutinus*	文莱	毛哥纳香	hujan panas；kelampanas mondoh；lakum；limpanas hitam；nyiliseh antu；pisang pisang
	Gonocaryum（CARDIOPTERIDACEAE） 琼榄属（心翼果科）		**HS CODE 4403. 99**	
3462	*Gonocaryum calleryanum*	菲律宾	柿叶琼榄	busigan；taingang-b abui；uratan
3463	*Gonocaryum cognatum*	菲律宾	齿槽琼榄	angkak；angkak-lap aran
3464	*Gonocaryum gracile*	苏门答腊	纤细琼榄	rambai ayam；ruai gajah；tampong besi；tayoh
3465	*Gonocaryum litorale*	西伊里安	海生琼榄	gonocaryum；mesebaas；mesobaas
3466	*Gonocaryum macrophyllum*	苏门答腊、印度尼西亚	大叶琼榄	jarak；kayu napa；kimeong；minyak berok
	Gonystylus（THYMELAEACEAE） 棱柱木属（瑞香科）		**HS CODE 4403. 49**	
3467	*Gonystylus affinis*	文莱、西马来西亚	近缘棱柱木②	bengol；dara elok；entailung；gatal；lesait；melitan；mentailing；pinang baik；ramin；ramin dara elok
3468	*Gonystylus bancanus*	沙捞越、苏门答腊、文莱、婆罗洲、印度尼西亚、爪哇岛、西马来西亚、菲律宾、马来西亚、沙巴	邦卡棱柱木②	balet；balun kulit；geharu；geronggang；kajo churo；lamin ngalang；lanutan-ba gyo；lapis kulit；lunak；matakeli；melawis；merang；nasi nasi；paliu；pulai miyang；ramin；ramin melawis；ramin telur；setalam
3469	*Gonystylus brunnescens*	文莱、西马来西亚	褐色棱柱木②	bengol；ramin；ramin duan tebal
3470	*Gonystylus confusus*	苏门答腊、西马来西亚	棱柱木②	banitan；pinang muda；ramin；ramin pinang muda；sitabai；sitebal
3471	*Gonystylus forbesii*	婆罗洲、文莱、苏门答腊、马来西亚、印度尼西亚、西马来西亚、沙捞越	宽叶棱柱木②	bakubal；bengol；gaharu buaya；gaharu miang；jao-jao；kelat；melawis；merang；pagatutup；ramin；ramin batu；salio bulung；sibutok bulung；zemin
3472	*Gonystylus macrophyllus*	苏门答腊、印度尼西亚、菲律宾、西伊里安、西马来西亚、沙捞越、爪哇岛	大叶棱柱木②	batu raja；garu；garu buaja；lantunan-b agio；lanutan-ba gyo；medang ramuan；melawis；pagatutup；pinang bai；ramin；ramin telur；sambulauan；sendaren；sirantih kunyi

序号	学名	主要产地	中文名称	地方名
3473	*Gonystylus maingayi*	苏门答腊、西马来西亚、马来西亚、沙捞越	曼氏棱柱木②	bemban hitam; pinang muda; ramin; ramin batu; ramin batu air; ramin pipit; tapih; tapis
3474	*Gonystylus philippinensis*	菲律宾	菲律宾棱柱木②	
3475	*Gonystylus reticulatus*	菲律宾	网状棱柱木②	magud
3476	*Gonystylus velutinus*	文莱、苏门答腊	毛棱柱木②	bengol; bitis; kayu minyak; meranti tanduk; ramin; sondaia; ulu tupai
3477	*Gonystylus warburgianus*	马来西亚、马来半岛	马来棱柱木②	melawis
	Gordonia **(THEACEAE)** **大头茶属(山茶科)**		**HS CODE** **4403.99**	
3478	*Gordonia amboinensis*	西伊里安、菲律宾、沙巴	安汶大头茶	gordonia; kalambug; malulok
3479	*Gordonia benguetica*	菲律宾	本格特大头茶	benguet kalambug
3480	*Gordonia brevifolia*	马来西亚	短叶大头茶	maluluk
3481	*Gordonia concentricicatrix*	西马来西亚	同心大头茶	kelat samak; samak; samak pulat
3482	*Gordonia excelsa*	柬埔寨、印度尼西亚、越南、苏门答腊、西马来西亚、爪哇岛	大头茶	jantan; kayu idung; kimanjal; ki-sapie; madang ketapang; pagar anak; pagar anak jantan; poespa; sama jawa; sapie; ubah banca
3483	*Gordonia havilandii*	文莱	哈氏大头茶	ipil; legai; medang berunok; melasira
3484	*Gordonia integrifolia*	东南亚	全缘大头茶	chilauni; mangtan; puspa; ta-lo
3485	*Gordonia obtusa*	印度	钝叶大头茶	mallanga
3486	*Gordonia polisana*	菲律宾	波利大头茶	polis kalambug
3487	*Gordonia sablayana*	菲律宾	萨布大头茶	sublaya kalambug
3488	*Gordonia subclavata*	菲律宾	亚克拉大头茶	suran-suran
3489	*Gordonia taipingensis*	西马来西亚	太平大头茶	samak; samak pulat
3490	*Gordonia zeylanica*	斯里兰卡	锡兰大头茶	mihiriya
	Graptophyllum **(ACANTHACEAE)** **彩叶木属(海榄雌科)**		**HS CODE** **4403.99**	
3491	*Graptophyllum pictum*	菲律宾、马里亚纳群岛	彩叶木	atai-atai; san francisco
	Grevillea **(PROTEACEAE)** **银桦属(山龙眼科)**		**HS CODE** **4403.99**	
3492	*Grevillea robusta*	缅甸、中国、印度尼西亚、菲律宾	银桦	khadaw-hmi; ngan wa; salamandar; silver oak; southern silky oak

序号	学名	主要产地	中文名称	地方名
	Grewia（TILIACEAE） 扁担杆属（椴树科）		HS CODE 4403.99	
3493	*Grewia acuminata*	西伊里安	披针叶扁担杆	ngontun
3494	*Grewia antidesmaefolia*	西马来西亚	安德斯扁担杆	chenderai
3495	*Grewia arborea*	印度	树状扁担杆	dhaman
3496	*Grewia asiatica*	印度、斯里兰卡、缅甸	亚洲扁担杆	baringa; bimla; charachi; dadsal; daman; daminne; dhamani; dhamia; dhamin; dhamnoo; farri; gonyer; hasa-dhamin; jana; kasul; khosla; kunsung; nanhaolat; phalsa; phalwa; phara; pharsuli; tayaw; thadasal; thadisalu
3497	*Grewia aspera*	印度、缅甸	粗皮扁担杆	dhaman; tayaw-ah
3498	*Grewia bilameuata*	菲律宾	比拉扁担杆	benglareng
3499	*Grewia blattaefolia*	西马来西亚	羽叶扁担杆	chenderai; damak-damak
3500	*Grewia crenata*	马里亚纳群岛	克里纳扁担杆	agilau; angelo; angilao; anilao
3501	*Grewia elatostemoides*	印度、缅甸	伊拉托扁担杆	dhaman; pin-tayaw
3502	*Grewia eriocarpa*	菲律宾、柬埔寨、老挝、越南	毛果扁担杆	bariuan; giam
3503	*Grewia florida*	西马来西亚	佛罗里达扁担杆	chenderai
3504	*Grewia glabra*	印度、缅甸	光滑扁担杆	dhaman; kyet-tayaw
3505	*Grewia hirsuta*	印度	粗毛扁担杆	chimachipuru; govli; gudasarkara; gur-sukri; jibilike; kakarundeh rumi; kukurbicha; nagabala; sri-gur-sukri
3506	*Grewia humilis*	菲律宾、印度、缅甸	矮扁担杆	bariuan-gulod; dhaman; dhamni; khwe-tayaw; phalsa
3507	*Grewia inflexa*	菲律宾	弯曲扁担杆	banglad
3508	*Grewia laevigata*	印度、缅甸	无毛扁担杆	allpeyar; alpear; bhimul; bulawshaw; dali bhimal; dhaman; dhamana; dhamani; gara bursu; jowar marang; kangra; karikawdi; karri; kath bhewal; kawri; khar phulsa; kwetayaw; kyettayaw; tayaw-nyo; vaconnech eddi
3509	*Grewia multiflora*	菲律宾	多花扁担杆	danglin
3510	*Grewia nudiflora*	缅甸、印度	节花扁担杆	patawnig; set-kadon

序号	学名	主要产地	中文名称	地方名
3511	*Grewia oppositifolia*	印度、尼泊尔	对叶扁担杆	behel; bhiunl; biul; biung; biur; dhaman; dhamman; pastuwanni
3512	*Grewia palawanensis*	菲律宾	巴拉望扁担杆	bagun
3513	*Grewia paniculata*	西马来西亚、越南、柬埔寨、老挝	锥花扁担杆	chindarey; chindaryeh; coke; ke; pophlear; poplea; poplea thom; poplear
3514	*Grewia retusifolia*	菲律宾	网叶扁担杆	danglin-pa rang
3515	*Grewia rizalensis*	菲律宾	里萨尔扁担杆	rizal danglin
3516	*Grewia rolfei*	菲律宾	高山扁担杆	danglin; maladanglin
3517	*Grewia scabrophylla*	印度、缅甸	糙叶扁担杆	bankajana; dhaman; pet-shat
3518	*Grewia sclerophylla*	印度	硬叶扁担杆	darsuk; kadukadele; kattukkadali; khatkhati; padekhado; pandharidh aman; pharsia; punaippidu kkan
3519	*Grewia serrata*	菲律宾	齿叶扁担杆	danglin-la gari
3520	*Grewia setacea*	菲律宾	塞拉塔扁担杆	alinau
3521	*Grewia setaceoides*	菲律宾	塞塔扁担杆	malaalinau
3522	*Grewia stylocarpa*	菲律宾	小果扁担杆	susumbik
3523	*Grewia tenax*	印度	硬扁担杆	ganger; gangerum
3524	*Grewia tiliaefolia*	印度	椴叶扁担杆木	butale; chadicha; charachi; dadsal; dadsale; dalmon; damoni; dhaman; dhamani; dhamin; dharmana; ettatada; jana; karavarani; nulijana; phalsa; pharsa; sadachi; satachi; tada; tadagana; tarra; udupai; una
3525	*Grewia tomentosa*	西马来西亚	毛扁担杆	chenderai; khaotak
3526	*Grewia variabilis*	印度	变异扁担杆	dhaman
	Guamia **(ANNONACEAE)** **檬茸木属（番荔枝科）**		**HS CODE** **4403. 99**	
3527	*Guamia mariannae*	马里亚纳群岛	玛丽安檬茸木	pacpac; paipai
	Guarea **(MELIACEAE)** **驼峰楝属（楝科）**		**HS CODE** **4403. 49**	
3528	*Guarea guidonia*	印度	拉美驼峰楝	bois balle; bois pistolet
	Guioa **(SAPINDACEAE)** **三蝶果属（无患子科）**		**HS CODE** **4403. 99**	
3529	*Guioa acuminata*	菲律宾	披针叶三蝶果	pasi
3530	*Guioa aptera*	菲律宾	无翼三蝶果	imug

序号	学名	主要产地	中文名称	地方名
3531	*Guioa bicolor*	菲律宾	双色三蝶果	kaninging
3532	*Guioa bijuga*	文莱	二对三蝶果	buau; llat; pirin; semala; semala semala; tempagas jilong
3533	*Guioa diplopetala*	菲律宾	双瓣三蝶果	magolibas
3534	*Guioa discolor*	菲律宾	变色三蝶果	alahan-puti
3535	*Guioa falcata*	菲律宾	镰形三蝶果	ulas-lilik
3536	*Guioa ferruginea*	菲律宾	锈色三蝶果	alahan-kal auang
3537	*Guioa glauca*	菲律宾	青冈三蝶果	bunsikag-puti
3538	*Guioa koelreuteria*	菲律宾	栾树三蝶果	alahan
3539	*Guioa lasiothyrsa*	菲律宾	疏花序三蝶果	bunsikag-buhukan
3540	*Guioa mindorensis*	菲律宾	名都罗岛三蝶果	alahan-mangyan
3541	*Guioa myriadenia*	菲律宾	塞米莱三蝶果	ulas
3542	*Guioa obtusa*	菲律宾	钝叶三蝶果	alahan-silangan
3543	*Guioa parvifoliola*	菲律宾	小花三蝶果	angset
3544	*Guioa pleuropteris*	菲律宾、印度尼西亚	何首乌三蝶果	bunsikag; lentadak; tanggianuk
3545	*Guioa pubescens*	菲律宾、西马来西亚	短柔毛三蝶果	alahan-mabolo; nilan; sugi-sugi
3546	*Guioa reticulata*	菲律宾	网状三蝶果	alahan-sin ima
3547	*Guioa salicifolia*	菲律宾	柳叶三蝶果	talimanok
3548	*Guioa subapiculata*	菲律宾	亚皮三蝶果	malasikag
3549	*Guioa sulphurea*	菲律宾	硫黄三蝶果	malaalahan
3550	*Guioa truncata*	菲律宾	截叶三蝶果	uyos
	***Gymnacranthera* (MYRISTICACEAE)** **裸花豆蔻属（肉豆蔻科）**		**HS CODE 4403.99**	
3551	*Gymnacranthera bancana*	苏门答腊、西马来西亚、文莱	苏门答腊裸花豆蔻	darah-darah; kayu asap; medang simpai; nagapusta; penarahan; pendarahan; punggung kijang; rahan
3552	*Gymnacranthera contracta*	沙巴、西马来西亚、文莱、苏门答腊	缩脉裸花豆蔻	lanau; lunau; penarahan; pendarahan; salak; salak gedang halus; tulahang etem
3553	*Gymnacranthera farquhariana*	沙捞越、文莱、苏门答腊	美叶裸花豆蔻	kayu gajah; kumpang puteh; pendarahan

序号	学名	主要产地	中文名称	地方名
3554	*Gymnacranthera forbesii*	苏门答腊、西马来西亚	宽叶裸花豆蔻	edaran balah; edaran buluh; edaran bungo; edaran uding; etem sebel fulung; madang sudu-sudu; penarahan
3555	*Gymnacranthera lanceolata*	菲律宾	剑叶裸花豆蔻	bahay
3556	*Gymnacranthera pani*	菲律宾	帕尼裸花豆蔻	
3557	*Gymnacranthera paniculata*	菲律宾	锥花裸花豆蔻	
	Gymnema **(ASCLEPIADACEAE)** **匙羹藤属（萝藦科）**		**HS CODE** **4403. 99**	
3558	*Gymnema sylvestre*	印度	野生匙羹藤	adigam; australian cow-plant; bedakuli; cherukurinja; dhuleti; gadalshingi; gurmar; kakarsingi; mardashingi; mendhasingi; meshasingi; putlapodra; ranmogra; sannagera; sannageras ehambu; uriyamere; vakundi
	Gymnosporia **(CELASTRACEAE)** **裸石属（卫矛科）**		**HS CODE** **4403. 99**	
3559	*Gymnosporia diversifolia*	菲律宾	众叶裸石木	
3560	*Gymnosporia heterophylla*	菲律宾	异叶裸石木	
3561	*Gymnosporia mekongensis*	柬埔寨、越南	湄公河裸石木	ben nam
3562	*Gymnosporia nitida*	菲律宾	密茎裸石木	amumut-sikat
3563	*Gymnosporia spinosa*	菲律宾	多刺裸石木	amumut
	Gynocardia **(FLACOURTIACEAE)** **马蛋果属（大风子科）**		**HS CODE** **4403. 99**	
3564	*Gynocardia odorata*	印度	马蛋果	chaulmugri; kadu; lemtan; petarkura
	Gynotroches **(RHIZOPHORACEAE)** **鲇目树属（红树科）**		**HS CODE** **4403. 99**	
3565	*Gynotroches axillaris*	印度尼西亚、西马来西亚、西伊里安、苏门答腊、文莱、菲律宾	腋脉鲇目树	awa lacesin manoet; buloh-buloh; gynotroches; kata meng keli; kayu bakau; kayu buluh; kerakas payau; kerakas payoh; kerindung; koekoeran; mata keli; membuloh; sibaruas etem; sibeuruwah; sosot manis; suri manuh; talingan; telunju
	Gyrinops **(THYMELAEACEAE)** **拟沉香属（瑞香科）**		**HS CODE** **4403. 99**	
3566	*Gyrinops audate*	印度尼西亚	拟沉香②	agarwood

序号	学名	主要产地	中文名称	地方名
	***Gyrocarpus*（HERNANDIACEAE）** **旋翼果属（莲叶桐科）**		**HS CODE** **4403. 99**	
3567	*Gyrocarpus asiaticus*	亚洲	亚洲旋翼果	
3568	*Gyrocarpus jacquinii*	西伊里安、菲律宾、缅甸	雅克尼旋翼果	gyrocarpus; lapo-lapo; pinle-thit kaut
	***Haldina*（RUBIACEAE）** **水黄棉属（茜草科）**		**HS CODE** **4403. 49**	
3569	*Haldina cordifolia*	柬埔寨、印度、印度尼西亚、老挝、马来西亚、缅甸、菲律宾、斯里兰卡、泰国、越南	心叶水黄棉	adina; gao-vang; haldu; hnaw; khvao; kolon; kwao; lasi; meraga; thom; tong lueang
	***Halesia*（STYRACACEAE）** **银钟花属（野茉莉科）**		**HS CODE** **4403. 99**	
3570	*Halesia corymbosa*	日本	伞房银钟花	asagara
	***Halimodendron*（FABACEAE）** **铃铛刺属（蝶形花科）**		**HS CODE** **4403. 99**	
3571	*Halimodendron halodendron*	亚洲	铃铛刺	salt-tree; silberblat tri salzstrauch
	***Haloxylon*（CHENOPODIACEAE）** **梭梭属（藜科）**		**HS CODE** **4403. 99**	
3572	*Haloxylon aphyllum*	亚洲	无叶梭梭木	kara-saksaul
	***Haplolobus*（BURSERACEAE）** **宿萼榄属（橄榄科）**		**HS CODE** **4403. 99**	
3573	*Haplolobus acuminatus*	西伊里安	尖叶宿萼榄	haplolobus
3574	*Haplolobus celebicus*	印度尼西亚	西里伯宿萼榄	enei
	***Hardwickia*（CAESALPINIACEAE）** **印度苏木属（苏木科）**		**HS CODE** **4403. 99**	
3575	*Hardwickia binata*	印度	二出印度苏木	acha; acha maram; anian; anjan; chhota dundhera; kamara; kamra; karachi; kolavu; madayan samprani; nar-yepi; piney; shurali; uram; yapa; yeme; yepi
	***Harpullia*（SAPINDACEAE）** **假山萝属（无患子科）**		**HS CODE** **4403. 99**	
3576	*Harpullia arborea*	西伊里安、爪哇岛、菲律宾	树状假山萝	harpullia; peloes; pelos; uas

序号	学名	主要产地	中文名称	地方名
3577	*Harpullia cupanioides*	菲律宾、印度、西马来西亚、爪哇岛	山木患	buka-buka; harpolli; harpulli; kajoe kaleh; pendjalinan
3578	*Harpullia macrocalyx*	菲律宾	大萼假山萝	uas-bundok
	Helicia (**PROTEACEAE**) **山龙眼属（山龙眼科）**		**HS CODE** **4403.99**	
3579	*Helicia attenuata*	苏门答腊	细小山龙眼	darudung; kayu bohordung; kayu pinang; serantie; sida barak
3580	*Helicia cochinchinensis*	越南	交趾山龙眼	ma sua
3581	*Helicia erratica*	缅甸、中国	异形山龙眼	daukyat-gyi; luo bo
3582	*Helicia excelsa*	苏门答腊、西马来西亚	大山龙眼	baheneng payo; bayut etem; bofo etem; kaluminting; krinjing daun; kusi; membatu laiang; pangkat; rantu; tuaro batu; tutun lasurimanu etem
3583	*Helicia graciliflora*	菲律宾	单花山龙眼	salimai-liitan
3584	*Helicia loranthoides*	菲律宾	束带花山龙眼	tarang
3585	*Helicia paucinervia*	菲律宾	少脉山龙眼	lakot
3586	*Helicia petiolaris*	西马来西亚	叶柄山龙眼	gong; putat tepi
3587	*Helicia rigidiflora*	菲律宾	硬花山龙眼	malasalimai
3588	*Helicia robusta*	菲律宾	粗壮山龙眼	salimai-lakihan
3589	*Helicia rufescens*	西马来西亚、苏门答腊	红山龙眼	sawa luka; sida barak
3590	*Helicia serrata*	苏门答腊	齿叶山龙眼	kayu hondung; kayu sippur; madang kalawi
3591	*Helicia terminalis*	缅甸	终末山龙眼	sin-kozi
	Hemiptelea (**ULMACEAE**) **刺榆属（榆科）**		**HS CODE** **4403.99**	
3592	*Hemiptelea davidii*	中国、朝鲜	刺榆	
	Heritiera (**STERCULIACEAE**) **银叶树属（梧桐科）**		**HS CODE** **4403.49**	
3593	*Heritiera albiflora*	西马来西亚、文莱	白花银叶树	mengkulang; mengkulang jari
3594	*Heritiera aurea*	西马来西亚、文莱	金黄银叶树	mengkulang; mengkulang sipu keluang; upun; upun mengkulang
3595	*Heritiera borneensis*	泰国、沙巴、菲律宾、印度尼西亚、西马来西亚	婆罗洲银叶树	chumprag; chumprak; kembang; lumbayan; mahalilis; mengkulang

序号	学名	主要产地	中文名称	地方名
3596	*Heritiera elata*	东南亚	高银叶树	mengkulang
3597	*Heritiera fomes*	婆罗洲、印度、西马来西亚、缅甸、巴基斯坦、孟加拉国	层孔银叶树	brettbaum；kanazo；pinle kanazo；pinle-kana zo；plank-tree；razo；sunder；sundri；ye-kanazo
3598	*Heritiera globosa*	文莱、沙捞越、西马来西亚	球形银叶树	dungun；mengkulang；napir
3599	*Heritiera javanica*	柬埔寨、苏门答腊、越南、老挝、泰国、印度尼西亚、菲律宾、婆罗洲、东南亚、亚洲、缅甸、沙巴、马来西亚、西马来西亚、爪哇岛	爪哇银叶树	acajou du cambodge；bey son loc；cambodge mahogany；chem；chumphraek；chumprag；chumprak；dark red mahogany；galumpit；gapuk；gelumpah batu；huan；kubung；lumbayan；minsul；nhom；palapi；sanloc；seluang；tarrietie
3600	*Heritiera kuenstleri*	东南亚	库恩银叶树	
3601	*Heritiera littoralis*	印度、柬埔寨、越南、西马来西亚、印度尼西亚、菲律宾、缅甸、中国、马来西亚、沙捞越、婆罗洲、沙巴、苏门答腊、马里亚纳群岛、西伊里安、南亚、泰国	滨银叶树	adavibadamu；barit；bayag-kabayo；chandmara；chomuntri；choomuntri；dumon；dungon；kolland；lumbayau；magayau；mukuram；nakam；napera；ngon kai；palapi；palogapig；rurum；setebal；sunder；totonai；tulip mangrove；ufa
3602	*Heritiera longipetiolata*	马里亚纳群岛	长柄银叶树	ufa；ufa halumtano
3603	*Heritiera macrophylla*	东南亚	大叶银叶树	heritiera
3604	*Heritiera simplicifolia*	婆罗洲、泰国、西马来西亚、马来西亚、沙巴、菲律宾、文莱、印度尼西亚	单叶银叶树	balau；chumprag；chumprak；jambu keluang；kembang；lumbayan；mangkubang；mekeluang；melima；mengkulang；mengkulang siku keluang；merbaju；nyapiangan；palapi；papunga merah；siku keluang；teralin
3605	*Heritiera sumatrana*	文莱、西马来西亚、泰国	苏门答腊银叶树	kerukub；mengkulang；mengkulang jari bulu；siadcho
3606	*Heritiera sylvatica*	菲律宾、泰国	林生银叶树	dungon；dungul；ngon kai；palogapig；palonapin；palonapoi；paronapin；paronapoi

序号	学名	主要产地	中文名称	地方名
	Hernandia （**HERNANDIACEAE**） **莲叶桐属（莲叶桐科）**		**HS CODE** **4403. 99**	
3607	*Hernandia nymphaefolia*	西马来西亚、西伊里安、马绍尔群岛、印度尼西亚、中国台湾地区、日本、菲律宾、马里亚纳群岛、斯里兰卡、越南	美丽莲叶桐	baru laut; besinggauw; besonggo; buah keras laut; fofo; hasunoka-giri; hernandia; idamagiri; koron-koron; kremar; kriemar; nona; nonac; nonag; nonak; nonnak; palatu; pingaping; pinpin; singgau; sumgau; tung
	Heteropanax （**ARALIACEAE**） **幌伞枫属（五加科）**		**HS CODE** **4403. 99**	
3608	*Heteropanax fragrans*	柬埔寨、老挝、越南、缅甸	幌伞枫	ploum; tachan-za; vung trang
	Heterophragma （**BIGNONIACEAE**） **异膜紫葳属（紫葳科）**		**HS CODE** **4403. 99**	
3609	*Heterophragma adenophyllum*	缅甸、安达曼群岛	腺叶异膜紫葳木	karen wood; petthan
3610	*Heterophragma roxburghii*	印度	罗氏异膜紫葳木	adwi-nuggi; bondgu; bora-kala-goru; palang; panlag; ponchia mara; waras; warsi; wurus
3611	*Heterophragma sulfureum*	缅甸	柱水异膜紫葳木	thitlanda; thit-linda
	Hevea （**EUPHORBIACEAE**） **橡胶树属（大戟科）**		**HS CODE** **4403. 49**	
3612	*Hevea brasiliensis*	西马来西亚、越南、沙巴、印度尼西亚、菲律宾、马来西亚、泰国、西伊里安、东南亚	橡胶树	balam perak; caosu; getah; hevea; kayu getah; kayu karet; para rubber; para-rubbe rtree; pararubber; pohon karet; pokok getah; rubbertree; rubberwood; yang para
	Hibiscus （**MALVACEAE**） **木槿属（锦葵科）**		**HS CODE** **4403. 99**	
3613	*Hibiscus campylosiphon*	菲律宾	弯管木槿	lanutan; losoban; vidal lanutan
3614	*Hibiscus cannabinus*	印度	大麻木槿	ambada; ambadi; ambari; bhanga; bhindiyamboi; bombay hemp; chandana; gaynaru; gogu; gonkura; holadapund rike; kanjaru; mesta; mestapat; nali; patsan; pitwa; pulichhai; sankikra; sankokla; sheria; sinjubara

序号	学名	主要产地	中文名称	地方名
3615	*Hibiscus dalbertisii*	西伊里安	达氏木槿	hibiscus
3616	*Hibiscus elatus*	印度、印度尼西亚	高槿	belli patta；waroe goeneng
3617	*Hibiscus floccosus*	西马来西亚	卷毛木槿	baru；baru-baru；kangsar
3618	*Hibiscus macrophyllus*	西马来西亚、苏门答腊、柬埔寨、老挝、越南、菲律宾、日本、缅甸、东南亚、婆罗洲、印度尼西亚	大叶木槿	baru；baru hutan；bos phnom；danglug；kangsar；kayu baru；petwun-gyi；pochong；potang dandang；tisuk；tutor；waru；waru gunung；yetwun
3619	*Hibiscus mutabilis*	菲律宾、中国、泰国、马里亚纳群岛	变叶木槿	amapola；amor dos homens；mai phoot；mapola
3620	*Hibiscus papuodendron*	西伊里安	巴布登木槿	hibiscus
3621	*Hibiscus praeclarus*	越南、柬埔寨、老挝	普拉克木槿	bo；cay bo；copo；po
3622	*Hibiscus rosa-sinensis*	马里亚纳群岛、菲律宾	朱槿	flores rosa；gumamela；shoe-flower
3623	*Hibiscus schizopetalus*	菲律宾	裂瓣朱槿	gumamela de arana；shoe-flower
3624	*Hibiscus sepikensis*	西伊里安	希比库木槿	hibiscus
3625	*Hibiscus similis*	印度尼西亚	似南木槿	waroe；waru gunung
3626	*Hibiscus tiliaceus*	印度、关岛、苏门答腊、印度尼西亚、婆罗洲、文莱、沙巴、西马来西亚、沙捞越、西伊里安、日本、柬埔寨、老挝、越南、马绍尔群岛、菲律宾、马里亚纳群岛、斯里兰卡、缅甸、中国	黄槿	baluh；baroe；bola；cottonwood；cuba-majagua；dawoenbaroe；dengar；empaan；franc；grand mahot；hibiscus；jeimpaan；kayu baru；mahot gombo；malubago；pamburu；sea hibiscus；thinban；ward；waroe laut；waru；waru laut
3627	*Hibiscus vulpinus*	爪哇岛	狐尾木槿	tisoek；tissoek
	***Holarrhena*（APOCYNACEAE） 止泻木属（夹竹桃科）**		**HS CODE 4403.99**	
3628	*Holarrhena antidysenterica*	印度、菲律宾、孟加拉国、缅甸	止泻木	ankhria；beppale；conessi-bark；dudcory；dudhi；girchi；hat；holarrhena；indirajar；indrabam；indrajab；kalinga；lettakgyi；lettok；lettok-gyi；madmandi；palakodsa；patru kurwa；pita korwa；samoka；titaindarjau；vepali；veppalei

序号	学名	主要产地	中文名称	地方名
3629	*Holarrhena mitis*	印度	软止泻木	kiri-mawaa；kiriwalla
3630	*Holarrhena similis*	泰国	似止泻木	mai phoot
	Holigarna (**ANACARDIACEAE**) **墨胶漆属（漆树科）**		**HS CODE** **4403.99**	
3631	*Holigarna arnottiana*	印度	阿诺墨胶漆	bibu；charei；chera；cheru；holageru；holgeri；holigar；hoolgeri；hulgeri；kadugeru；karumcharei；karunjarai；katgeru；kattuchera；kattucheram；kattucheru；katugeri；sannale holigara；sudrabilo
3632	*Holigarna beddomei*	印度	贝氏墨胶漆	doddele holigara
3633	*Holigarna caustica*	孟加拉国	碱性墨胶漆	barela
	Holoptelea (**ULMACEAE**) **古榆属（榆科）**		**HS CODE** **4403.49**	
3634	*Holoptelea integrifolia*	印度、柬埔寨、老挝、越南、斯里兰卡、缅甸、泰国	全缘叶大古榆	animaram；banchilla；cayoi；cham hong；dharango；dhumnah；godakirilla；gtoul；indian elm；jungle cork-tree；krachao；krachow；myaukseik；nali；papri；pedanevili；rajain；thapsi；vellayim；waola；wavuli
	Homalanthus (**EUPHORBIACEAE**) **澳杨属（大戟科）**		**HS CODE** **4403.99**	
3635	*Homalanthus alpinus*	菲律宾	高山澳杨	buta
3636	*Homalanthus bicolor*	菲律宾	双色澳杨	topi
3637	*Homalanthus concolor*	菲律宾	纯色澳杨	labagti
3638	*Homalanthus fastuosus*	菲律宾	显著澳杨	botinag
3639	*Homalanthus macradenius*	菲律宾	大腺澳杨	mindanao balanti
3640	*Homalanthus megaphyllus*	菲律宾	巨叶澳杨	labulti
3641	*Homalanthus nutans*	菲律宾、马来西亚、沙捞越	垂穗澳杨	balanti；batabut；dalamatu；lemutah；merenang；miranu；ngibanung；nyila bulan；tapang lalat
3642	*Homalanthus rotundifolius*	菲律宾	圆叶澳杨	balanting-bilog

序号	学名	主要产地	中文名称	地方名
	Homalium **(FLACOURTIACEAE)** **天料木属（大风子科）**		**HS CODE** **4403.99**	
3643	*Homalium barandae*	菲律宾	巴笼盖天料木	arangga; baranda aranga
3644	*Homalium bracteatum*	菲律宾	包片天料木	aranga; arangan; arangan-ba bae; kamuyau; malakamanga; matambokal; panginahauan
3645	*Homalium brevidens*	柬埔寨	短天料木	ateang
3646	*Homalium caryophyllaceum*	苏门答腊、越南、柬埔寨	豆蔻花天料木	kayu beras; napoc; song xanh; tralaktuk
3647	*Homalium dasyanthum*	柬埔寨、老挝、越南、西马来西亚	厚毛花天料木	charan; telor buaya
3648	*Homalium dictyoneurum*	柬埔寨、老挝、越南、印度、西马来西亚	迪蒂托天料木	ki-ven; ky yen; nhut; telor buaya
3649	*Homalium foetidum*	西伊里安、印度尼西亚、菲律宾、婆罗洲、西马来西亚、苏门答腊、马来西亚、沙巴	烈味天料木	aibewas; aranga; batu bagalang; dijung barak; gia; hija; inowawa; jakawaipa; kamagahai; melinas; menako; negwrp; onbekend; padang; selimbar; takabu; usin; wuyenbah
3650	*Homalium frutescens*	西马来西亚	灌木状天料木	petaling ayer
3651	*Homalium gitingense*	菲律宾	菲律宾天料木	bunguas
3652	*Homalium grandiflorum*	苏门答腊、西马来西亚、泰国、沙巴	大花天料木	areng; kayu batu; kayu bias; ob; pecah pinggan; takaliu; telor buaya
3653	*Homalium hainanense*	中国	海南天料木	chai mai; kau kin; ko kan; shaan hungloh; t'ee liao
3654	*Homalium loheri*	菲律宾	南洋天料木	parangiat
3655	*Homalium longifolium*	西马来西亚	长叶天料木	selimbar; telor buaya
3656	*Homalium moultonii*	文莱	穆氏天料木	senumpul
3657	*Homalium multiflorum*	菲律宾	多花天料木	tamuyan
3658	*Homalium oblongifolium*	菲律宾	长圆叶天料木	banaui; yagau
3659	*Homalium panayanum*	菲律宾	帕纳天料木	ampupuyot; aranga
3660	*Homalium quadriflorum*	越南	四花天料木	ku yen
3661	*Homalium ramosii*	菲律宾	宽瓣天料木	ubion
3662	*Homalium samarense*	菲律宾	萨马岛天料木	samar yagau

序号	学名	主要产地	中文名称	地方名
3663	*Homalium tomentosum*	缅甸、印度、南亚、爪哇岛、东南亚、老挝、印度尼西亚、柬埔寨	毛天料木	burma lancewood; dalingsem; dlingsem; khanang; khen nang; mai kan-ang; malas; moulmien lancewood; myanmar lancewood; myaukchaw; myaukngo; ob; phloeou nieng; thewalaw
3664	*Homalium villarianum*	菲律宾	维拉里天料木	adanga; matobato
	***Homonoia* (EUPHORBIACEAE)** **水柳属（大戟科）**		**HS CODE** **4403.99**	
3665	*Homonoia riparia*	菲律宾、爪哇岛	水柳	dumanai; mangagos; soebah
	***Hopea* (DIPTEROCARPACEAE)** **坡垒属（龙脑香科）**		**HS CODE** **4403.49**	
3666	*Hopea acuminata*	菲律宾	披针叶坡垒木	dalindingan; haliot; manggachapui
3667	*Hopea aequalis*	婆罗洲、西马来西亚、文莱、沙巴、沙捞越、苏门答腊	等节坡垒木	bangkirai danum; bayan; boyan; emang binyak; emang petup; gegelam; giam; giam bayan; giambayan; manyarakat; melapi beryangkang; merawan mata kuching; merkoyang; merkoyeng; pelepak; selangan perupok
3668	*Hopea altocollina*	沙捞越	阿托科坡垒木	luis gunong
3669	*Hopea andersonii*	沙捞越	安氏坡垒木	luis somit
3670	*Hopea apiculata*	西马来西亚	细尖坡垒木	giam; melukut; resak melukut
3671	*Hopea aptera*	西伊里安	无翼坡垒木	gamur
3672	*Hopea auriculata*	西马来西亚	耳状坡垒木	merawan
3673	*Hopea basilanica*	菲律宾	贝卡坡垒木	basilan yakal; dalingding an; gyan; panau; yakal
3674	*Hopea beccariana*	西马来西亚	贝卡利坡垒木	chengal; mengarawan; merawan batu
3675	*Hopea bilitonensis*	苏门答腊、西马来西亚	对斑坡垒木	pelepak
3676	*Hopea brachyptera*	菲律宾	短叶坡垒木	dalingding an; mindanao narek; yakal narek
3677	*Hopea bracteata*	婆罗洲、西马来西亚、沙捞越、文莱、印度尼西亚	具苞坡垒木	bangkirai amas; bangkirai emang; damar hitam; damar mata kuching; lampung wea; luis padi; merawan; merawan mas; merawan padi; merawan ungu; nyerakat; resak gunung; singga; tempunai

序号	学名	主要产地	中文名称	地方名
3678	*Hopea brevipetiolaris*	斯里兰卡	短蕊坡垒木	dunmala
3679	*Hopea bullatifolia*	沙捞越	凹凸叶坡垒木	luis melecur
3680	*Hopea cagayanensis*	菲律宾	吕宋坡垒木	narek；narig；yakal narek
3681	*Hopea celebica*	印度尼西亚、苏拉威西	西里伯斯坡垒木	balau；keri
3682	*Hopea celtidifolia*	西伊里安	朴叶坡垒木	et
3683	*Hopea centipeda*	菲律宾、沙巴、婆罗洲、沙捞越、文莱	百节坡垒木	bangoran；bangoron；baniakau；dagil；dalingding an；dinas；gagil；ganganan；gisok；kaliot；kaniongan；linas；manggasinoro；merawan；oliva；sagil；selangan batu；senggai；sorsogon
3684	*Hopea cernua*	婆罗洲、沙巴、沙捞越、印度尼西亚	垂头坡垒木	emang jangkar；gagil；luis timbul；mang besi；merawan；selangan urat；tenggerawan
3685	*Hopea cordifolia*	斯里兰卡	心叶坡垒木	mendora；uva mendora
3686	*Hopea coriacea*	婆罗洲、文莱、沙捞越、西马来西亚	革叶坡垒木	arang bayar；garang buaya；giam hantu
3687	*Hopea dasyrrhachis*	婆罗洲、印度尼西亚	粗轴坡垒木	damar putih；merawan；takam air；tekam；tekam air；tekam kepuwa；tekam lampung；tekam rajap；tekam rayap
3688	*Hopea dryobalanoides*	婆罗洲、苏门答腊、沙巴、文莱、沙捞越、西马来西亚、印度尼西亚	似冰片香坡垒木	awang tanet；belahkan；cengah；damar cermin；emang；gagil；guning meranti；luis hitam；mang bukit；munsega；nang telor；nyerakat；pasun baruk；ranggang wa-kah；selangan；sibayang air；tegerangan putih
3689	*Hopea dyeri*	婆罗洲、印度尼西亚、菲律宾、泰国、沙巴、西马来西亚、柬埔寨、越南、老挝、沙捞越、文莱	德氏坡垒木	bangkirai batu；dala；dukhian raak；dukhian rak；emang besi；gagil；giam；khaen haak yong；koky tsat；luis palit；malatagum；omang；omang terubuk；pisak；salabsabab；takhian saai；takhiansai
3690	*Hopea enicosanthoides*	沙捞越	伊尼科坡垒木	luis selukai；merawan selukai；selukai

序号	学名	主要产地	中文名称	地方名
3691	*Hopea ferrea*	柬埔寨、越南、西马来西亚、泰国、印度尼西亚、老挝、婆罗洲、菲律宾	铁坡垒木	ateang; atteang; chengal batu; ching chaap; giam; khen hin; kian saai; koki mosau; koki thmar; lao tao; mach; malaut; malut; mao chich; mulut; roteang; sang; sang da; sang dao; takhian hin; takianhin
3692	*Hopea ferruginea*	婆罗洲、苏门答腊、沙巴、文莱、沙捞越、西马来西亚、印度尼西亚、马来西亚	锈色坡垒木	awanghit; awang tanet; bangkirai mahanamum; buluan; chengal lempong; damar jangkar; emang telor; gagil; gangsal; lantia daun; mata kuching beludu; mengarawan; ngerawan; nyerakat; selangan; supin; takungan
3693	*Hopea fluvialis*	沙捞越、文莱	河生坡垒木	luis ayer; merawan; merawanayer
3694	*Hopea forbesii*	菲律宾、西马来西亚	宽叶坡垒木	manggachapui; merawan
3695	*Hopea glabra*	印度	光滑坡垒木	hiribog; hopea; ilapongu; illaponga; irumbakam; karakongu; kong; naithambag am
3696	*Hopea glabrifolia*	西马来西亚、沙捞越、菲律宾	光叶坡垒木	giam; selangan batu; yakal
3697	*Hopea glaucescens*	西马来西亚	白变坡垒木	meranti tengkok biawak; merawan; merawan galor; merawan jangkang; merawan kelabu
3698	*Hopea gregaria*	印度尼西亚、苏拉威西	群生坡垒木	balau; pooti
3699	*Hopea griffithii*	婆罗洲、印度尼西亚、沙捞越、西马来西亚	格氏坡垒木	emang; hopea; luis jantan; mahambung; merawan; merawan jantan; pengerawan bunga; perawan
3700	*Hopea hainanensis*	越南	坡垒木	cocasat; kien kien; nghe tinh; sao hai nam; saolato
3701	*Hopea heimii*	马来西亚、泰国	赫氏坡垒木	chengal; mai takien chantamaao
3702	*Hopea helferi*	柬埔寨、西马来西亚、安达曼群岛、印度、泰国、爪哇岛、越南、缅甸	海尔坡垒木	cokidek; damar siput; engyin; giam; giam lintah bukit; hopea; kabok kang; lintah bukit; ngon kai bok; phanong daeng; phanong hin; praang; sao; sao xanh; takhian; thingan gyank; thingan kyauk; thingan net
3703	*Hopea inexpectata*	西伊里安	因特塔坡垒木	arais; bu-aan

序号	学名	主要产地	中文名称	地方名
3704	*Hopea iriana*	西马来西亚、西伊里安、沙捞越、菲律宾	伊瑞安坡垒木	giam；lilipga；saindorik；selangan batu；sian；yakal
3705	*Hopea johorensis*	西马来西亚	柔佛坡垒木	mata kuching pipit；merawan
3706	*Hopea jucunda*	斯里兰卡	尤肯达坡垒木	rata beraliya
3707	*Hopea kerangasensis*	沙捞越、苏门答腊	克朗加坡垒木	luis kerangas；resak tunjang；selangan kerangas
3708	*Hopea koordersii*	苏拉威西、印度尼西亚	库氏坡垒木	damar lari lari；tamungku；ware ware；white meranti
3709	*Hopea latifolia*	婆罗洲、沙捞越、西马来西亚、沙巴、泰国、文莱、印度尼西亚、苏门答腊	阔叶坡垒木	amang terubuk；banjutan jangkang；cengal pasir；chengai pasir；gagil；jangkang；khian raak；lempong mit；merawan jangkang；merawan penak；nyerakat hitam；rangau；rasak tunjamg；selangan；takhian；takian rak
3710	*Hopea lowii*	东南亚	劳氏坡垒木	
3711	*Hopea malibato*	菲律宾	马里巴托坡垒木	dabuingan；dala；dalingdingan；dalingingan；dalinyding an；isak；kaliot；liot；malatagum；mangachapuy；manggachapui；salabsabad；silyan；sugkad；yakalyakal-kaliot
3712	*Hopea megacarpa*	沙捞越	巨果坡垒木	merawan
3713	*Hopea mengarawan*	婆罗洲、苏门答腊、印度尼西亚、沙捞越	门格坡垒木	anggelem；bangkirai；bangkirai bulau；bangkirai kahuwut；bangkirai tanduk；cengal；cengal bulu；damar mata koetjieng；lempong darah；luis penak；mata koetjieng；merawan；merawan banglai；merawan benar；merawan tanduk
3714	*Hopea mesuoides*	西马来西亚、沙捞越	梅苏坡垒木	giam；luis kancing；merawan；merawan jangkang；merawan kanching
3715	*Hopea micrantha*	苏门答腊	小花软坡垒木	damar dassal
3716	*Hopea mindanensis*	菲律宾	棉兰老岛坡垒木	ganon；gisok；magasusu；yakal；yakal magasusu；yakal-maga susu
3717	*Hopea montana*	沙巴、文莱、沙捞越、西马来西亚	山地坡垒木	gagil；giam；merawan；merawan gunong；selangan bukit

序号	学名	主要产地	中文名称	地方名
3718	*Hopea myrtifolia*	印度尼西亚	番樱桃叶坡垒木	bangkirai
3719	*Hopea nervosa*	沙巴	多脉坡垒木	gagil
3720	*Hopea nigra*	苏门答腊	黑坡垒木	mang; medemut; sasak linga
3721	*Hopea nodosa*	西伊里安	结节坡垒木	megumgun
3722	*Hopea novoguineensis*	西伊里安、印度尼西亚、苏门答腊、苏拉威西	巴新坡垒木	aria; balau; balau mata kuching; dama dere; dama dere itam; dama lotong; damar dere item; damar mata kuching; hulo dere; kielmun; mata kuching; pootie; puwokigih; tanyung; woigik; wokijih
3723	*Hopea nutans*	西马来西亚、婆罗洲、沙捞越	俯重坡垒木	chengal; chengal batu; chengal keras; chengal pelandok; chengal tenglam; garang buaya daun kechil; giam; giam betul; glam; merawan; merepak; selangan batu giam; tengkawang
3724	*Hopea oblongifolia*	泰国、缅甸	长圆叶坡垒木	kraai dam; mai thein opein; mo ran
3725	*Hopea odorata*	老挝	香坡垒木	khen
3726	*Hopea papuana*	西伊里安、西马来西亚、菲律宾、越南	巴布亚坡垒木	keilmun ogerie; linaka; linakiong; manggachapui; matre; merawan; pasang; pasang keserup; resereep; riheu; rihew; song da
3727	*Hopea parviflora*	印度	小花硬坡垒木	agil; bogimara; borumara; hopea; irubogam; irubogan; irumbagam; iruppa; iruppu; kalhoni; kambagam; konga; kongu; konju; nirkongu; pongu; thambagam; thambagom; tirpu; uripu; vellai kongu; vellaikonju; wrippu
3728	*Hopea paucinervis*	印度尼西亚、苏门答腊	少脉坡垒木	balau; kayu gadis renah; ngerawan batu; resak linggo
3729	*Hopea pedicellata*	婆罗洲、印度尼西亚、苏门答腊、菲律宾、西马来西亚、马来西亚、沙捞越、泰国	花柄坡垒木	bangkirai; chengal; chengal bulu; dalingdingan; emang jangkar; imang; jankang; luis; mahanamun; manggachapui; mesong seeuw; ngarawan; nyerakat; pengarawan; rangau; saraya dam; siluai; takhian khao; tengerewen; tjinkang

序号	学名	主要产地	中文名称	地方名
3730	*Hopea pentanervia*	沙捞越、婆罗洲、文莱、沙巴	多脉坡垒木	cengal paya; chengai paya; chengal paya; giam; mang; mang besi; ngerih batak; resak batu; selangan batu paya; selangan lima urat; sengal
3731	*Hopea philippinensis*	菲律宾、文莱、沙捞越	菲律宾坡垒木	baguatsa; barakbakan; gisok; guisoc; guisoc guisoc; kulilisiau; magitarem; makatayring; makitarem; matikayram; merawan; merawan daun serong; pagakson; paina; pongo; pungo; pungo'; saengen; salngan; subiang; taming-taming
3732	*Hopea pierrei*	菲律宾、柬埔寨	皮氏坡垒木	isak; koky tsat
3733	*Hopea plagata*	越南、婆罗洲、西马来西亚、泰国、柬埔寨、老挝、缅甸、安达曼群岛、印度、巴基斯坦	创伤坡垒木	bobo; bolo; chengal; chengal kampong; chuke; coky; dang; kanki; koky; mai khaine; mai takien; nggir; rinda; sao vang; sao xanh; sauchi; sawkwai; selangan batu; so ke; takien; takien tawng; thinsingan; white thingan; xao den
3734	*Hopea polyalthioides*	西马来西亚	类暗罗坡垒木	giam; giam rambai; resak rambai; selimbar; selumbar
3735	*Hopea ponga*	印度	蓬加坡垒木	beribogi; haiga; hiral bogi; hopea; ilapongu; kalbow; kalhoni; kaosi; kavsi; kiralboghi; kurihouga; kurinonga; malai haigai
3736	*Hopea pterygota*	沙捞越	翅坡垒木	merawan
3737	*Hopea pubescens*	西马来西亚、马来西亚	短柔毛坡垒木	merawan; merawan bunga; merawan pipit; merewan; pengarawan; pengarawan bunga
3738	*Hopea quisumbingiana*	菲律宾	奎松坡垒木	quisumbing dilingan
3739	*Hopea racophloea*	印度	凸生坡垒木	kallu; karung kongu; neduvali kongu; veduvali
3740	*Hopea recopei*	泰国、柬埔寨、老挝、越南	雷科坡垒木	chan phu; cho chai; cho chi; koki ma san; koky ma san; long khuen; phancham bai yai; popel; sen cho chac; sen so chei; so chai
3741	*Hopea rudiformis*	婆罗洲	糙叶坡垒木	damar jangkar; emang behau; putang leman; selangan jangkang

序号	学名	主要产地	中文名称	地方名
3742	*Hopea sangal*	苏门答腊、婆罗洲、印度尼西亚、西马来西亚、爪哇岛、马来西亚、沙巴、沙捞越、泰国、越南、缅甸、文莱	桑嘎尔坡垒木	alat; ambulu; bangkirai; cengal; damar hata; emang jangkar; gagil; giam; jempina; karai; lampong; lupdih; manyarakat; ngali; nomahong; pokok damar siput; rangon; sangal; tekam gunung; tongon banwah; tukam
3743	*Hopea semicuneata*	印度尼西亚、菲律宾、苏门答腊、西马来西亚、文莱、沙巴、泰国、沙捞越、马来西亚、婆罗洲、越南	半楔形坡垒木	balau; chengal batu; dagindingan; guisoc; hambaboye; haras; jangkang putih; kamantala; lengjang; malium; ngerawan batu; pamiggayen; quiebrahacha; raman; rasak bunga; saplungan; siakal; taggai; taggao; yacal; yacal blanco
3744	*Hopea shingkeng*	印度	星肯坡垒木	hopea; shingkeng
3745	*Hopea similis*	西伊里安	似坡垒木	koperitoma; lomas
3746	*Hopea subalata*	印度	微翅坡垒木	hopea; shingkeng
3747	*Hopea sublanceolata*	西马来西亚、沙捞越、文莱、沙巴	剑叶坡垒木	chengal karang; chengal pasir; chengal rawan; jeruai; luis jangkang; mata puteh; merawan; merawan jangkang; merawan jeruai; merawan penak; pahi yang; panah; pau yang; selangan jangkang; seraya; tengkawang pasir
3748	*Hopea sulcata*	西马来西亚	皱状坡垒木	merawan; merawan meranti; pengarawan bukit
3749	*Hopea tenuinervula*	沙捞越、婆罗洲	细脉坡垒木	luis daun serong; merawan; merawan daun serong
3750	*Hopea treubii*	婆罗洲、沙捞越、文莱	特氏坡垒木	gerik kechil daun; luis daun tebal; mar akka; marakka; merawan; merawan daun tebal
3751	*Hopea utilis*	印度	良木坡垒木	black kongu; karakong; karun kongu; kong
3752	*Hopea vaccinifolia*	沙捞越、文莱	灰叶坡垒木	luis ribu; merawan; merawan ribu; selangan; tis
3753	*Hopea vesquei*	沙巴、婆罗洲、沙捞越、文莱	韦氏坡垒木	gagil; luis tebal; selangan; selangan bukit; selangan daun kechil
3754	*Hopea wightiana*	印度	威赫蒂坡垒木	kavsi

序号	学名	主要产地	中文名称	地方名
3755	*Hopea wyattsmithii*	沙巴、沙捞越、文莱	杯氏坡垒木	gagil；luis puteh；merawan；merawan puteh；selangan daun bulat
	Horsfieldia **(MYRISTICACEAE)** **风吹楠属（肉豆蔻科）**		**HS CODE** **4403.99**	
3756	*Horsfieldia acuminata*	菲律宾	披针叶风吹楠	anoniog
3757	*Horsfieldia ardisifolia*	菲律宾	尖叶风吹楠	tapol
3758	*Horsfieldia bracteosa*	柬埔寨、老挝、越南、苏门答腊	多苞风吹楠	cai saug；cay sau；co cai san；pianggu talang；sang mau
3759	*Horsfieldia confertiflora*	菲律宾	聚花风吹楠	tadhok
3760	*Horsfieldia cranosa*	沙捞越	克朗风吹楠	kumpang pianggu
3761	*Horsfieldia crassifolia*	印度尼西亚、苏门答腊、文莱	厚叶风吹楠	hangkang；kumbang ensulinee；pendarahan
3762	*Horsfieldia disticha*	文莱	二列风吹楠	pendarahan
3763	*Horsfieldia fragillima*	文莱	弗拉利风吹楠	pendarahan；rahan
3764	*Horsfieldia gigantifolia*	菲律宾	巨叶风吹楠	kana
3765	*Horsfieldia glabra*	苏门答腊	风吹楠	cemanding putih；pala rimbu；pendarahan
3766	*Horsfieldia grandis*	沙巴、西马来西亚、文莱	大风吹楠	darah；penarahan；pendarahan
3767	*Horsfieldia hellwigii*	西伊里安	海氏风吹楠	horsfieldia
3768	*Horsfieldia irya*	婆罗洲、马来西亚、沙巴、苏门答腊、西伊里安、西马来西亚、文莱	伊利亚风吹楠	badarahan；horsfieldia；lempoyang paya；madang batei；metangoh；mubranghu；narahan；penarahan；pendarahan；pianggu；sumaralah payo；umaralah anteu
3769	*Horsfieldia lowiana*	马来西亚	洛维纳风吹楠	asam kumbang
3770	*Horsfieldia megacarpa*	菲律宾	巨果风吹楠	yabnob
3771	*Horsfieldia motleyi*	马来西亚	杂色风吹楠	darah darah
3772	*Horsfieldia oblongata*	菲律宾	长圆风吹楠	parugan
3773	*Horsfieldia obscurineruia*	菲律宾	蒙金风吹楠	yabnob-linis
3774	*Horsfieldia polyspherula*	西马来西亚、文莱	多球风吹楠	penarahan；pendarahan
3775	*Horsfieldia punctatifolia*	西马来西亚	点状风吹楠	penarahan
3776	*Horsfieldia ramosii*	菲律宾	宽瓣风吹楠	ramos yabnob
3777	*Horsfieldia ridleyana*	苏门答腊	里德风吹楠	darodong
3778	*Horsfieldia sabulosa*	文莱	萨布风吹楠	pendarahan

序号	学名	主要产地	中文名称	地方名
3779	*Horsfieldia subglobosa*	西马来西亚	球形风吹楠	penarahan
3780	*Horsfieldia sucosa*	西马来西亚	肉质风吹楠	penarahan
3781	*Horsfieldia superba*	西马来西亚	艳丽吹楠	penarahan
3782	*Horsfieldia sylvestris*	印度尼西亚、西伊里安	野生风吹楠	bomsi; hieka; kerier; krier
3783	*Horsfieldia tomentosa*	苏门答腊	毛风吹楠	darodong
3784	*Horsfieldia valida*	沙捞越、苏门答腊	粗风吹楠	kumpang tembaga; lundang
3785	*Horsfieldia warburgiana*	菲律宾	华尔布风吹楠	warburg yabnob
	***Hovenia*（RHAMNACEAE）** **拐枣属（鼠李科）**		**HS CODE** **4403. 99**	
3786	*Hovenia dulcis*	朝鲜、中国、印度、日本	拐枣	heodgae; heodgae-name; japanese raisin-tre; kempo-nashi; kenponashi; ki-kou; kin kori; kytdlao; mun kokoski; ouan tseko; tdle kiu tse
	***Hunteria*（APOCYNACEAE）** **仔榄树属（夹竹桃科）**		**HS CODE** **4403. 99**	
3787	*Hunteria zeylanica*	西马来西亚	锡兰仔榄树	gading; kayu gading; kemuning; kemuning hutan
	***Hura*（EUPHORBIACEAE）** **沙箱大戟属（大戟科）**		**HS CODE** **4403. 49**	
3788	*Hura crepitans*	柬埔寨、老挝、越南、爪哇岛、印度尼西亚	沙箱大戟木	dieptay; ki-semir; seeda blanco
	***Hydnocarpus*（FLACOURTIACEAE）** **大风子属（大风子科）**		**HS CODE** **4403. 99**	
3789	*Hydnocarpus alcalae*	菲律宾	亚里舍大风子	dudoa
3790	*Hydnocarpus alpinus*	印度	高山大风子	attuchankalai; sanua solti
3791	*Hydnocarpus anthelminthica*	越南、柬埔寨、老挝、菲律宾、缅甸	驱虫大风子	cham-bao; chom hoi; chum bao; chung bao; chungbaolon; dai-phong-tu; dudoang-bulate; kabao; kalaw; krabau; phongtu; thuoc phutu
3792	*Hydnocarpus borneensis*	沙巴、文莱	婆罗洲大风子	andara; karpus tulangasai; senumpul; setumpol
3793	*Hydnocarpus castanea*	西马来西亚	栗果大风子	setumpol
3794	*Hydnocarpus cauliflora*	菲律宾	茎花大风子	tioto
3795	*Hydnocarpus dawnesis*	缅甸	达文西大风子	kalaw; kalaw-pyu

序号	学名	主要产地	中文名称	地方名
3796	*Hydnocarpus filipes*	西马来西亚	丝梗大风子	setumpol
3797	*Hydnocarpus glaucescens*	苏门答腊	白变大风子	langsat
3798	*Hydnocarpus gracilis*	苏门答腊、印度尼西亚	细大风子	kayu manau; kayu sebija; kersik; lontar kuning; mata ulat; sebia; simarbanban
3799	*Hydnocarpus heterophylla*	越南	异叶大风子	gia da trang
3800	*Hydnocarpus ilicifolia*	柬埔寨、老挝、越南	冬青叶大风子	chung baonho; da da trang; gia da trang; krabas soua; motmo
3801	*Hydnocarpus kunstleri*	文莱、西马来西亚	阔翅大风子	senumpul puteh; setumpol
3802	*Hydnocarpus kurzii*	柬埔寨、老挝、越南、缅甸、西马来西亚	库氏大风子	chungbao; kalaw; kulau; lo noi; yontamu
3803	*Hydnocarpus macrocarpa*	缅甸	大果大风子	kalaw-ma; on-kalaw
3804	*Hydnocarpus palawanensis*	菲律宾	巴拉望大风子	palawan damol
3805	*Hydnocarpus pinguis*	文莱	膨胀大风子	senumpul merah
3806	*Hydnocarpus polypetala*	文莱	多瓣大风子	senumpul landak
3807	*Hydnocarpus subfalcata*	菲律宾	镰叶大风子	damol
3808	*Hydnocarpus sumatrana*	菲律宾、苏门答腊	苏门答腊大风子	bagarbas; kayu buntut
3809	*Hydnocarpus verrucosa*	缅甸	疣状大风子	kalaw-ni
3810	*Hydnocarpus wightianus*	印度	维希提大风子	kabasale; kansel; kastel; kawti; kiti; kodi nirvitti; maravatti; niratti niralam; suranti; surti; toratti
3811	*Hydnocarpus woodii*	苏门答腊、沙巴、西马来西亚	伍氏大风子	bo-ahlo; bogolo; karpuswood; kayu tanah; kelapa tikus; kerambil tupai; medang miang; niur menci; setumpol
3812	*Hydnocarpus yatesii*	苏门答腊	叶氏大风子	golom lisak; jilok; kayu sidepoh
	Hydrangea **(HYDRANGEACEAE)** 八仙花属（绣球科）		**HS CODE 4403. 99**	
3813	*Hydrangea paniculata*	日本	锥花八仙花	nori-no-ki
	Hymenaea **(CAESALPINIACEAE)** 孪叶苏木属（苏木科）		**HS CODE 4403. 99**	
3814	*Hymenaea courbaril*	菲律宾	孪叶苏木	courbaril; jatoba; marbre

序号	学名	主要产地	中文名称	地方名
	Hymenodictyon **（RUBIACEAE）** **土连翅属（茜草科）**		**HS CODE** **4403. 99**	
3815	*Hymenodictyon excelsum*	菲律宾、柬埔寨、越南、印度、尼泊尔、缅甸、泰国	大土连翅	aligango; bhorkond; bhorsal; burja; dhauli; hibau; kakurkat; mahuwa karar; mai sonpu; ooloke; ou lok; peranjoli; phaldu; potur; sagapu; tai nghe; u-lok; vella kadamba
3816	*Hymenodictyon orixense*	印度	奥里森土连翅	amarchhala; bandara; dondro; dondru; gandele; ghono; guli; itthilei; ittiyila; kalapachnak; konoo; malankalli; monnabillu; nichan; peranjoli; perantholi; rongobodhika; sagappu; ugragandha; vilari; yanni
	Hyophorbe **（PALMAE）** **酒瓶椰属（棕榈科）**		**HS CODE** **4403. 99**	
3817	*Hyophorbe americaulis*	菲律宾	艾美酒瓶椰	swine palm
3818	*Hyophorbe verschaffeltii*	菲律宾	网纹酒瓶椰	verschaffelt swine palm
	Idesia **（FLACOURTIACEAE）** **山桐子属（大风子科）**		**HS CODE** **4403. 99**	
3819	*Idesia polycarpa*	日本	山桐子	iigiri; ilgiri; jigiri
	Ilex **（AQUIFOLIACEAE）** **冬青属（冬青科）**		**HS CODE** **4403. 99**	
3820	*Ilex antonii*	菲律宾	安氏冬青	masaliksik
3821	*Ilex apoensis*	菲律宾	阿波冬青	marintok
3822	*Ilex aquifolium*	中国、俄罗斯、沙特阿拉伯	圣诞树	acebo; agrifoglio; aoud ech-chouk; european holly; europese hulst; holly; houx; hulst; jarnek; kristtorn; ostrolistnik; viazogeld
3823	*Ilex asprella*	菲律宾	阿普拉冬青	kalasan
3824	*Ilex chapaensis*	越南	沙帕安冬青	vodang
3825	*Ilex cissoidea*	西马来西亚、沙巴	西冬青	bangkulatan; mensira; mensirah; morogis
3826	*Ilex cissoides*	苏门答腊	西索冬青	amboturan
3827	*Ilex cochinchinensis*	越南	交趾冬青	bui

序号	学名	主要产地	中文名称	地方名
3828	*Ilex crenata*	日本、苏门答腊、沙巴、婆罗洲、印度尼西亚、沙捞越、文莱、西马来西亚、爪哇岛、菲律宾	圆锯齿冬青	bakbahan; epooie; gensira gunung; hapur-hapur; inoutsougne; japanese holly; kerdam ayer; kurikas; leheng uding; luzon kalasan; mansira; masintan; punti; simadali uding; timah-timah; woenen
3829	*Ilex curranii*	菲律宾	库氏冬青	curran kalasan
3830	*Ilex fangii*	中国	方氏冬青	chinese holly
3831	*Ilex fletcheri*	菲律宾	弗莱切尔冬青	fletcher pait
3832	*Ilex formosana*	中国台湾地区	香冬青	shama-nana menoki; shima-nana menoki
3833	*Ilex godajam*	孟加拉国	米碎冬青	puya-jam
3834	*Ilex guerreroii*	菲律宾	格氏冬青	guerrero pait
3835	*Ilex halconensis*	菲律宾	哈尔贡冬青	halcon kalasan
3836	*Ilex hanceana*	中国台湾地区	汉西纳冬青	tsugemochi
3837	*Ilex hypoglauca*	文莱	青冈冬青	mengkulat
3838	*Ilex integra*	日本	全缘叶冬青	inu-tsuge; mochi; mochi-no-ki; mochinoki
3839	*Ilex latifolia*	日本、西伊里安	阔叶冬青	araragni; ilex; tarago; taraia; tarayo
3840	*Ilex laurocerasus*	文莱	劳罗冬青	mengkulat
3841	*Ilex liukiuensis*	日本	琉球冬青	holly; komochi
3842	*Ilex loheri*	菲律宾	南洋冬青	malakidia
3843	*Ilex macrophylla*	苏门答腊、西马来西亚	大叶冬青	kali menang uding; pasak lenga
3844	*Ilex macropoda*	日本	大柄冬青	ao ada; aohada; large-leaf holly
3845	*Ilex micrococca*	中国、日本	小果冬青	chinese holly; holly; tamamizuki; tani-yasu
3846	*Ilex microthyrsa*	菲律宾	小腺冬青	kalasan-ko mpol
3847	*Ilex orestes*	沙捞越	奥雷冬青	temiang
3848	*Ilex othera*	日本	奥特拉冬青	mochinoki; mochi-no-ki
3849	*Ilex pachyphylla*	菲律宾	厚叶冬青	malakidian g-kapalan
3850	*Ilex palawanica*	菲律宾	巴拉望冬青	palawan kalasan

序号	学名	主要产地	中文名称	地方名
3851	*Ilex paucinervia*	菲律宾	白花冬青	kalasan-il anan
3852	*Ilex pedunculosa*	日本	具柄冬青	holly; soyogo
3853	*Ilex permicrophylla*	菲律宾	二叶冬青	kalasan-liitan
3854	*Ilex pleiobrachiata*	东南亚	多枝冬青	mensira; mensira gunung
3855	*Ilex pulogensis*	菲律宾	脉叶冬青	papatak
3856	*Ilex purpurea*	日本	紫冬青	nanamenoki; siroki
3857	*Ilex racemifera*	菲律宾	外毛冬青	marintok-t angkaian
3858	*Ilex rotunda*	柬埔寨、越南	铁冬青	bacbo
3859	*Ilex rugosa*	日本	皱叶冬青	
3860	*Ilex rutunda*	日本	芸香冬青	kurogane-mochi
3861	*Ilex sclerophylloides*	沙捞越、文莱	硬叶冬青	kerdam daun kecil; mengkulat
3862	*Ilex spicata*	文莱	穗花冬青	bengkulat; mengkulat; nakrit
3863	*Ilex subcaudata*	菲律宾	尾尾冬青	malakidian g-buntotan
3864	*Ilex thorelii*	越南	托叶冬青	bui
3865	*Ilex wenzelii*	菲律宾	文氏冬青	katagdo
	Illicium **（ILLICIACEAE）** **八角属（八角科）**		**HS CODE** **4403. 99**	
3866	*Illicium anisatum*	日本、菲律宾	茴香八角	badiane; iririsi ja mou; sangki; shikimi; simiki; tsikibi
3867	*Illicium cambodianum*	柬埔寨、越南	柬埔寨八角	badiane du cambodge; dai hoi; dai hoi nui
3868	*Illicium henryi*	中国	红茴香	star-anise
3869	*Illicium montanum*	菲律宾	山地八角	sangking-b undok
3870	*Illicium philippinense*	菲律宾	菲律宾八角	philippine sangki
3871	*Illicium tashiroi*	中国台湾地区	塔西罗八角	randai-shi kimi
3872	*Illicium verum*	柬埔寨、越南、老挝、菲律宾	八角	anis etoile; hoe; hoi; mac chec; true star-anise
	Indigofera **（FABACEAE）** **木蓝属（蝶形花科）**		**HS CODE** **4403. 99**	
3873	*Indigofera cassioides*	印度	决明奥木蓝	baroli; chirmati; ghirghol; girili; gogge; hakna; manali; narinji; nil; nirda; sakena; siralli; vuyye

序号	学名	主要产地	中文名称	地方名
3874	*Indigofera semitrijuga*	沙特阿拉伯	半裂木蓝	tagjao
3875	*Indigofera suffruticosa*	马里亚纳群岛	木质木蓝	aniles
3876	*Indigofera tinctoria*	马里亚纳群岛	染料木蓝	anilis
	***Inga*（MIMOSACEAE）** **因加豆属（含羞草科）**		**HS CODE** **4403. 49**	
3877	*Inga ingoides*	印度	英格斯因加豆	pois doux
3878	*Inga laurina*	菲律宾、印度	桂叶因加豆	guama; pois doux; pois doux blanc
3879	*Inga spectabilis*	菲律宾	大因加豆	showy guama
3880	*Inga venosa*	印度	韦诺因加豆	pois doux
	***Inocarpus*（FABACEAE）** **栗檀属（蝶形花科）**		**HS CODE** **4403. 99**	
3881	*Inocarpus fagifer*	沙捞越、马里亚纳群岛、西伊里安、菲律宾、马绍尔群岛	法吉尔栗檀	bayam; budo buoy; budu; buoy; deb; dib; gayam; inocarpus; kayam; kuker; kurak; polynesian chestnut
	***Intsia*（CAESALPINIACEAE）** **印茄属（苏木科）**		**HS CODE** **4403. 49**	
3882	*Intsia acuminata*	菲律宾	披针叶印茄	balabian; ipil; malaipil; tindalo
3883	*Intsia bakeri*	亚洲	贝克里印茄	
3884	*Intsia bijuga*	婆罗洲、西伊里安、苏拉威西、越南、西马来西亚、印度尼西亚、苏门答腊、东南亚、柬埔寨、老挝、马里亚纳群岛、关岛、菲律宾、沙捞越、文莱、沙巴、马来西亚、马绍尔群岛、泰国、爪哇岛、缅甸	二对印茄	alai; babrie babili; ekito; epel; gocate; ifil; inzia; johore oak; kaboei; kaiabau; lumpho; maharau; moluks ijzerhout; morbo; osa; pakvem; paseh; sekka; shoondal; tangibe; ypil
3885	*Intsia palembanica*	婆罗洲、西伊里安、印度尼西亚、沙巴、文莱、沙捞越、西马来西亚、泰国、苏门答腊、菲律宾、南亚、缅甸	帕利印茄	alai; anglai; bauw; ipil; ironwood; jemelai; kwila; lemelai; merbau; merbau asam; merbau darat; moluks ijzerhout; tamparusan; tat-talun; thailand afzelia; thailand doussie

序号	学名	主要产地	中文名称	地方名
3886	*Intsia retusa*	亚洲	微凹印茄	
	***Irvingia*（IRVINGIACEAE）** **苞芽树属（苞芽树科）**		**HS CODE** **4403.49**	
3887	*Irvingia malayana*	老挝、印度尼西亚、苏门答腊、柬埔寨、越南、泰国、西马来西亚、婆罗洲、沙巴、马来西亚、文莱	苞芽树	bok；bongin；cay；cay cay；cham bac；chambak；chambak pranak；empelas batu；kabok；ka-bok；kalek kasik；kayu batu；kayu besi；ko nia；kremuon cham bach；kulut；ma lu'n；mirlang；moc tong；paharusa；paha rusa；paru rusa；pauh huse；pauh kidjang；pauhkijang；pauh kijang；pauh kijang rusa；pauh rusa；pharusa；puru rusa；sa-ang；sarong icoh；selangan tandok；sepah bongin；tembikis；tulang
	***Itea*（ITEACEAE）** **鼠刺属（鼠刺科）**		**HS CODE** **4403.99**	
3888	*Itea macrophylla*	沙捞越、菲律宾	大叶鼠刺	kembarang；kodai
3889	*Itea maesaefolia*	菲律宾	梅萨亚鼠刺	kodai-bundok
	***Itoa*（FLACOURTIACEAE）** **栀子皮属（大风子科）**		**HS CODE** **4403.99**	
3890	*Itoa stapfii*	西伊里安、印度尼西亚	斯氏栀子皮	itoa；oesoe tamaoe
	***Ixonanthes*（IXONANTHACEAE）** **粘木属（粘木科）**		**HS CODE** **4403.99**	
3891	*Ixonanthes icosandra*	越南、苏门答腊、西马来西亚	二十雄蕊粘木	dat van；kassi bramah；kayu leja-leja；kayu ratuh；pagar anak；pagow ank；pempaaga；samak jambu
3892	*Ixonanthes petiolaris*	苏门答腊、菲律宾、柬埔寨、老挝、越南、文莱、西马来西亚、沙巴	叶索粘木	cham ba；dembilid；gian；haundolok simartajau；ho nu；inggir burong；jenjulang；jurong；kayu dori bunga；mahalan；mara jening；marebikang；melebekang；paga-paga；pagar anak；peru；sitinjau
	***Ixora*（RUBIACEAE）** **龙船花属（茜草科）**		**HS CODE** **4403.99**	
3893	*Ixora amplexifloia*	马绍尔群岛	紧花龙船花	kajiru
3894	*Ixora angustilimba*	菲律宾	窄枝龙船花	ligad
3895	*Ixora capitulifera*	菲律宾	尖状龙船花	kabar

序号	学名	主要产地	中文名称	地方名
3896	*Ixora casei*	马绍尔群岛	卡塞伊龙船花	kajdro
3897	*Ixora coccinea*	印度	朱红龙船花	bakora; bandhuka; bandhukamu; bondhuko; cetti; chetti; guddedasal; jungleflame ixora; kepala; kullai; mankana; pankul; paranti; rangan; rookmini; sedaram; thetti; vedchi
3898	*Ixora confertiflora*	菲律宾	密花龙船花	tangpupo
3899	*Ixora crassifolia*	菲律宾	厚叶龙船花	mangopong
3900	*Ixora ebracteolata*	菲律宾	小叶龙船花	pilis
3901	*Ixora finlaysoniana*	菲律宾	薄叶龙船花	santan-putii
3902	*Ixora fluminalis*	文莱	滨龙船花	mergading
3903	*Ixora gigantifolia*	菲律宾	巨叶龙船花	bilibid
3904	*Ixora gracilipes*	菲律宾	纤花龙船花	kahan
3905	*Ixora grandiflora*	沙巴、文莱	大花龙船花	belah buloh; kiam; mergading
3906	*Ixora havilandii*	沙捞越、文莱	哈氏龙船花	jarum hutan; mergading
3907	*Ixora intermedia*	菲律宾	中叶龙船花	opeg
3908	*Ixora lanceisepala*	文莱	剑柱龙船花	mergading
3909	*Ixora longistipula*	菲律宾	长托叶龙船花	mayanman
3910	*Ixora luzoniensis*	菲律宾	吕宋龙船花	dingin
3911	*Ixora macgregorii*	菲律宾	麦氏龙船花	asas-asas
3912	*Ixora macrophylla*	菲律宾	大叶龙船花	asas
3913	*Ixora macrothyrsa*	菲律宾	腺叶龙船花	santan-pula
3914	*Ixora myriantha*	菲律宾	多花龙船花	bulaklakan
3915	*Ixora philippinensis*	菲律宾	菲律宾龙船花	kayomkom
3916	*Ixora pilosa*	菲律宾	多毛龙船花	kahan-buhukan
3917	*Ixora platvphvlla*	菲律宾	广叶龙船花	asas-laparan
3918	*Ixora propinqua*	菲律宾	园竹龙船花	malaasas
3919	*Ixora salicifolia*	文莱	柳叶龙船花	belah periok; bilah pingan; gergansar; jangeuh; mergading; mergansai; panggil panggil; raong
3920	*Ixora samarensis*	菲律宾	萨马岛龙船花	samar suding
3921	*Ixora tenuipedunculata*	菲律宾	长柄龙船花	suding
	Jacaranda **（BIGNONIACEAE）** **蓝花楹属（紫葳科）**		**HS CODE** **4403. 49**	
3922	*Jacaranda mimosifolia*	菲律宾、缅甸	含羞草叶蓝花楹木	jacaranda; seinban-pya

序号	学名	主要产地	中文名称	地方名
	***Jackiopsis*（RUBIACEAE）** **山红檀属（茜草科）**		**HS CODE** **4403. 99**	
3923	*Jackiopsis ornata*	文莱、婆罗洲、印度尼西亚、沙捞越、沙巴、西马来西亚	花式山红檀	baar; ensumar; langiran; lumar; nyabau; renggiran; salumar; salumbar; seloemar; seluma; selumar; sentulang; ulin air
	***Jagera*（SAPINDACEAE）** **雨沫树属（无患子科）**		**HS CODE** **4403. 99**	
3924	*Jagera serrata*	西伊里安	齿叶雨沫树	jagera
	***Jatropha*（EUPHORBIACEAE）** **麻风树属（大戟科）**		**HS CODE** **4403. 99**	
3925	*Jatropha curcas*	印度、菲律宾、马里亚纳群岛、关岛	麻风树	adaluharalu; baigoba; chandarjot; cotoncillo; dravanti; erond; jamalgota; kuribaravuni; maraharalu; nepalemu; norokokalo; parvataranda; ratanjota; safed arand; tuba; tubatuba; vellaiyama nakku
3926	*Jatropha gossypifolia*	印度	棉叶麻风树	adalai; atalai; bherenda; chikka kaadu haralu; chitletti; dravanti; karituruka haralu; nela-amida; nepalemu; nepalo; rangakalo; simaiyaman akku; simanepale mu; simayavana kku; verenda; vilayati nepalo
3927	*Jatropha multifida*	印度	风尾麻风树	bhadradanti; chiniyerandi; coral plant; guchhphala; havalada mara; kattunerva lam; malaiyaman akku; simeauvdala; small physic-nut; vilayatiha ralu; vishabhadra
	***Juglans*（JUGLANDACEAE）** **核桃属（胡桃科）**		**HS CODE** **4403. 99**	
3928	*Juglans ailanthifolia*	中国、日本	臭椿叶核桃	chiu; hu-tiao; japanese walnut; japanse noot; japanskt valnotstra; kurumi; noce giapponese; nogal japones; noyer du japon; onigurumi; oni-gurumi
3929	*Juglans cathayensis*	中国	野核桃	chinese walnut

序号	学名	主要产地	中文名称	地方名
3930	*Juglans mandshurica*	朝鲜、日本	核桃楸	garae-namu; garea; japanese walnut; japanse noot; japanskt notstra; manchurian walnut; manshu-gurumi; noce giapponese; nogal japones; noyer du japon
3931	*Juglans regia*	印度、伊朗、南亚、俄罗斯、中国、日本、缅甸、巴基斯坦	核桃	akhor; akhrot; basilikon; birbogh; common walnut-tree; english walnut; european walnut; gewone noot; jaoz; kam khol; noce comunme; noyer; noyer commun; okhar; persian walnut; royal walnut; tagashing; valnotstra; walnut
3932	*Juglans sieboldiana*	日本	日本核桃	japanese; oni-gurumi; walnut
	Juniperus **(CUPRESSACEAE)** 刺柏属（柏科）	**HS CODE** **4403. 25**（截面尺寸≥15cm）或 **4403. 26**（截面尺寸<15cm）		
3933	*Juniperus centrasiatica*	中国南部	中亚刺柏	kuen-luenjuniper
3934	*Juniperus chinensis*	日本、中国南部、朝鲜	中国刺柏	biakushin; byakushin; chinese jeneverbes; chinese juniper; enebro de la china; genevrier chinois; ginepri dell'estre mo oriente; ginepro cinese; hyang; hyang-namu; ibuki; kinesisken; ni-byakushin; tsze poh
3935	*Juniperus communis*	北亚、俄罗斯	欧洲刺柏	common juniper; enebro comun; enebro real; genevrier commun; ginepro comune; ginepro svedese; obnik nowennuii; svensken; swedish juniper; trad-en; vanlig en; zweedse jeneverbes
3936	*Juniperus conferta*	日本、俄罗斯	密生刺柏	shore juniper
3937	*Juniperus convallium*	中国南部	密枝圆柏	mekong juniper
3938	*Juniperus davurica*	朝鲜、蒙古、中国南部	达乌刺柏	dahurian juniper
3939	*Juniperus drupacea*	黎巴嫩、叙利亚	叙利亚圆柏	syrian juniper
3940	*Juniperus excelsa*	俄罗斯、西亚、叙利亚、伊朗、黎巴嫩、印度	乔桧	arditsch; artscha; asiatisken; enebro griego; ginepro greco; grecian cedar; grecian juniper; grekisk en; himalayan pencil cedar; kaukasische jeneverbes; west asian cedar; westaziati sche jeneverboom

序号	学名	主要产地	中文名称	地方名
3941	*Juniperus foetidissima*	黎巴嫩、叙利亚、俄罗斯	臭刺柏	crimean juniper
3942	*Juniperus formosana*	中国台湾地区	台湾刺柏	enebro de formosa；formosa jeneverbes；formosa-en；formosan juniper；genevrier de formosa；ginepro di formosa；prickly cypress；taiwan byakusin
3943	*Juniperus komarovii*	中国南部	科氏刺柏	komarov juniper
3944	*Juniperus oxycedrus*	叙利亚、伊朗、俄罗斯	刺柏	brown-berr ied cedar；prickly juniper；sharp cedar
3945	*Juniperus phoenicea*	阿拉伯、以色列	阿伯刺桧	arabian juniper；arabische jeneverbes；arabisken；cedrolicio；genevrier de phenicie；ginepro feniceo；ginepro licio；phoenician juniper；rock red cedar；sabina negral；sabina suave；sabine maritime
3946	*Juniperus pingii*	中国南部	垂枝香柏	ping juniper
3947	*Juniperus prezwalskii*	中国南部	普氏刺柏	prezwalskii juniper
3948	*Juniperus procumbens*	日本	匍匐刺柏	creeping juniper；japenese juniper
3949	*Juniperus psuedosabina*	俄罗斯、中国南部	假圆柏状刺柏	sinkiang juniper
3950	*Juniperus recurva*	印度、尼泊尔、阿富汗、不丹、缅甸、中国南部	垂枝柏	appurz；chandan；dhup；dhupi；dhupri；drooping juniper；himalayan drooping juniper；himalayan pencil cedar；indian juniper；liur；padam；sacred juniper；shukpa；shupa；shur
3951	*Juniperus rigida*	日本、朝鲜、中国南部	杜松	cedar；ginepri dell'estre mo oriente；japanese juniper；muro；nezumisashi；temple juniper
3952	*Juniperus sabina*	俄罗斯、中国南部	圆柏状刺柏	chaparra；cipresso dei maghi；genevrier de sabine；ginepro sabina；sabina；sabina juniper；sabina medicinal；sabina-en；sabine；sabinier；savelboom；savenbom；savijnse jeneverbes；savin；savin juniper；sevenboom
3953	*Juniperus saltauria*	中国南部	沙涛刺柏	szechuan juniper
3954	*Juniperus semiglobosa*	阿富汗、俄罗斯、中国南部	天山圆柏	russian juniper

序号	学名	主要产地	中文名称	地方名
3955	*Juniperus squamata*	阿富汗、中国台湾地区、印度	鳞叶刺柏	flakey juniper; niitaka-by akusin; northern scaly-leav ed juniper
3956	*Juniperus taxifolia*	日本	紫杉叶刺柏	yew-leaf juniper
3957	*Juniperus tibetica*	中国南部	西藏刺柏	tibetan juniper
3958	*Juniperus wallichiana*	尼泊尔、不丹、印度、中国南部	瓦利刺柏	black juniper; wallich juniper
	Justicia **(ACANTHACEAE)** **爵床属（海榄雌科）**		**HS CODE** **4403. 99**	
3959	*Justicia adhatoda*	印度	鸭嘴花	adadodai; ardusi; arusa; arusha; atalotakam; bakas; bansa; bashing; basongo; basung; basuti; bhekar; kurchigida; pavate; pavettai; rottoomuli; rusa; shwetavasa; vasa; vasaka; vasuka
	Kalopanax **(ARALIACEAE)** **刺楸属（五加科）**		**HS CODE** **4403. 99**	
3960	*Kalopanax septemlobus*	亚洲	刺楸	
	Kandelia **(RHIZOPHORACEAE)** **秋茄树（红树科）**		**HS CODE** **4403. 99**	
3961	*Kandelia candel*	文莱、缅甸、柬埔寨、老挝、越南、印度、沙巴、西马来西亚	秋茄树	berus berus; byu-baingd aung; chanh chanh; chanh vet; guria; kanhep; linggayong; selang selangan; temu; tengar; tengor; tumu; vet dia
	Keteleeria **(PINACEAE)** **油杉属（松科）**	**HS CODE** **4403. 25（截面尺寸≥15cm）或 4403. 26（截面尺寸<15cm）**		
3962	*Keteleeria davidiana*	日本、华南地区、中国台湾地区、老挝、越南、柬埔寨	铁坚油杉	abura-sugi; chinese keteleeria; david keteleeria; david's fir; du sam; du sam cao bang; hing; hinh; keteleeria; ngo tung
3963	*Keteleeria fortunei*	中国台湾地区	油杉	formosa keteleeria; fortune keteleeria; fortune's fir
	Khaya **(MELIACEAE)** **卡雅楝属（楝科）**		**HS CODE** **4403. 49**	
3964	*Khaya senegalensis*	越南	塞内加尔卡雅楝	so khi; xa cu
	Kibatalia **(APOCYNACEAE)** **倒樱木属（夹竹桃科）**		**HS CODE** **4403. 99**	
3965	*Kibatalia arborea*	西马来西亚	树状倒樱木	jelutong pipt

序号	学名	主要产地	中文名称	地方名
3966	*Kibatalia blancoi*	菲律宾	苞片倒樱木	pasnit
3967	*Kibatalia borneensis*	沙捞越	婆罗倒樱木	pelai uchong
3968	*Kibatalia daronensis*	菲律宾	达罗倒缨木	pamakoton
3969	*Kibatalia elmeri*	菲律宾	埃尔倒缨木	elmer pasnit
3970	*Kibatalia fragrans*	菲律宾	香倒缨木	ayete
3971	*Kibatalia gitingensis*	菲律宾	菲律宾倒缨木	laneteng-g ubat
3972	*Kibatalia longifolia*	菲律宾	长叶倒缨木	malapasnit
3973	*Kibatalia luzonensis*	菲律宾	吕宋倒缨木	luzon pasnit
3974	*Kibatalia macgregorii*	菲律宾	麦氏倒缨木	mcgregor pasnit
3975	*Kibatalia maingayi*	西马来西亚	梅加倒缨木	jelutong pipt
3976	*Kibatalia merrilliana*	菲律宾	梅里倒缨木	merrill pasnit
3977	*Kibatalia merrittii*	菲律宾	梅氏倒缨木	merritt pasnit；sorragon
3978	*Kibatalia oblongifolia*	菲律宾	长圆叶倒缨木	klangnita
3979	*Kibatalia puberula*	菲律宾	毛皮倒缨木	pasnit-mabolo
3980	*Kibatalia stenophylla*	菲律宾	狭叶倒缨木	pasnit-kit id
	***Kigelia*（BIGNONIACEAE）** **吊灯树属（紫葳科）**		**HS CODE** **4403. 99**	
3981	*Kigelia africana*	印度、菲律宾	非洲吊灯木	common sausage-tree；jhar phanoos；sausage-tree
	***Kingiodendron*（CAESALPINIACEAE）** **金苏木属（苏木科）**		**HS CODE** **4403. 99**	
3982	*Kingiodendron alternifolium*	菲律宾、巴布亚	互生叶金苏木	bagbalogo；bahai；balete；batete；bitangol；danggai；duka；kingiodendron；mabalogo；paena；paina；palina；palo maria；parina；payina；ringiodendron；salalangin；tuaan
	***Kjellbergiodendron*（MYRTACEAE）** **桃翎木属（桃金娘科）**		**HS CODE** **4403. 99**	
3983	*Kjellbergiodendron celebicum*	巴布亚	切莱桃翎木	kjelbergio dendron
	***Kleinhovia*（STERCULIACEAE）** **鹧鸪麻属（梧桐科）**		**HS CODE** **4403. 99**	
3984	*Kleinhovia hospita*	越南、印度尼西亚、爪哇岛、婆罗洲、菲律宾、西马来西亚、沙巴、巴布亚	鹧鸪麻	cay tra；kajoe pelleth；ketemaha；ketimaha；ketimoho；mahar；pelleth；tanag；tan-ag；tangkele；tangkelie；tangkoiloh；tankolo；temahau；timahar；timanga；timoho；tjangkolho

序号	学名	主要产地	中文名称	地方名
	Knema（MYRISTICACEAE） 红光树属（肉豆蔻科）		**HS CODE** **4403.99**	
3985	*Knema acuminata*	菲律宾	披针叶红光树	dagdagan
3986	*Knema alvarezii*	菲律宾	阿氏红光树	alvarez tambalau
3987	*Knema ashtonii*	文莱	安氏红光树	pendarahan
3988	*Knema attenuata*	印度	细吻红光树	panu；sahaura
3989	*Knema cinerea*	文莱	灰质红光树	pendarahan
3990	*Knema conferta*	柬埔寨、老挝、越南、苏门答腊、西马来西亚	密花红光树	huyet muong；lipai；luot；malipai；mau cho；pala hutan；penarahan；piangi
3991	*Knema corticosa*	柬埔寨、老挝、越南	厚皮红光树	mau cho；sang mau
3992	*Knema curtisii*	苏门答腊	柯氏红光树	bengkirang uding；tulahang buluh；tulahang bulung；tulahang sito bulung；tulahang sito bulung delo；tulahang sito bulung sila
3993	*Knema furfuracea*	西马来西亚、文莱	红光树	penarahan；pendarahan
3994	*Knema galeata*	文莱	显盔红光树	pendarahan
3995	*Knema glaucescens*	菲律宾	白变红光树	maladuguan
3996	*Knema glomerata*	菲律宾	聚花红光树	dagdagaan；dilang-but iki；duguan；dumadara；durugu；lapak；parug-an；talihagan；tambalau
3997	*Knema heterophylla*	菲律宾	异叶红光树	tambalau
3998	*Knema hookeriana*	西马来西亚	虎克红光树	penarahan
3999	*Knema insularis*	菲律宾	圣岛红光树	biuku
4000	*Knema intermedia*	沙捞越	中型红光树	kumpang daun panjang
4001	*Knema kinabaluensis*	西马来西亚	肯巴红光树	penarahan
4002	*Knema korthalsii*	西马来西亚	科氏红光树	penarahan
4003	*Knema kunstleri*	沙捞越、菲律宾、文莱	昆特红光树	kumpang pinggu；kunstler tambalau；pendarahan
4004	*Knema laterica*	菲律宾、文莱	侧枝红光树	duhao；pendarahan
4005	*Knema laurina*	沙巴、苏门答腊、文莱	桂叶红光树	darah darah kerantu；darah-darah；darah-darah kerantu；penarahan；pendarahan；salak；tulahang alafai
4006	*Knema mandaharam*	苏门答腊	曼达哈红光树	bedarah；kulit；labang；sekawa；tariktik

序号	学名	主要产地	中文名称	地方名
4007	*Knema mindanaensis*	菲律宾	棉兰老岛红光树	bunud；tambalau
4008	*Knema stellata*	菲律宾	星状红光树	panigan
4009	*Knema stenocarpa*	菲律宾	窄果红光树	libago
4010	*Knema uliginosa*	沙捞越	乌节红光树	kumpang kabang
4011	*Knema vidalii*	菲律宾	维氏红光树	alimpapang an
4012	*Knema woodii*	西马来西亚	伍氏红光树	penarahan
	***Knoxia*（RUBIACEAE）** **红芽大戟属（茜草科）**		**HS CODE** **4403. 99**	
4013	*Knoxia stricta*	菲律宾	红芽大戟	dapit
	***Koelreuteria*（SAPINDACEAE）** **栾树属（无患子科）**		**HS CODE** **4403. 99**	
4014	*Koelreuteria paniculata*	中国、日本	锥花栾树	albero della vernice；arbol de barniz de la china；arbre de vernis chinois；chinese varnish-tree；chinese vernisboom；fernissatr ad；hei yen shu；mokukenju
	***Koilodepas*（EUPHORBIACEAE）** **白茶树属（大戟科）**		**HS CODE** **4403. 99**	
4015	*Koilodepas bantamense*	印度尼西亚	斑塔白茶树	kajoe gading
4016	*Koilodepas longifolium*	沙巴	白茶树	kilas
	***Kokoona*（CELASTRACEAE）** **柯库卫矛属（卫矛科）**		**HS CODE** **4403. 49**	
4017	*Kokoona littoralis*	苏门答腊、西马来西亚、马来西亚	滨柯库木	bayan gareyak；mata ulat；perupok
4018	*Kokoona luzoniensis*	菲律宾	吕宋柯库木	
4019	*Kokoona ochracea*	菲律宾、西马来西亚、沙巴	黄柯库木	layeng；mata ulat；perupok kuning
4020	*Kokoona ovatolanceolata*	沙捞越、文莱、西马来西亚	剑叶柯库木	badang tulang；bajan；bajan paya；do'ol；dual；gas；kayan；mata dau；mata ulat；sabong api
4021	*Kokoona reflexa*	苏门答腊、西马来西亚、马来西亚	柯库木	cali；gerat；kayu rendang；kempas sakam；marcali；mata ulat；mata-ulat；negris hitam；pasir；resak tulang；roman jawa；sayap；sepalis
	***Koompassia*（CAESALPINIACEAE）** **甘巴豆属（苏木科）**		**HS CODE** **4403. 49**	
4022	*Koompassia borneensis*	马来西亚	婆罗甘巴豆	impas

序号	学名	主要产地	中文名称	地方名
4023	*Koompassia excelsa*	婆罗洲、沙捞越、斯里兰卡、马来西亚、菲律宾、沙巴、文莱、西马来西亚、印度、泰国、印度尼西亚、苏门答腊	大甘巴豆	bengaris; doho; du'uh; enggaris; harimara; kayu raja; ketapang; mangaris; manggis; mengaris; sumpon; tanid; tanyid; tualang; tulang; wahis; yuan
4024	*Koompassia grandiflora*	印度尼西亚、沙捞越、婆罗洲、西马来西亚、巴布亚	大花甘巴豆	impas; kayu raja; kempas; medobi; mengaris; tualang
4025	*Koompassia malaccensis*	婆罗洲、印度尼西亚、沙捞越、苏门答腊、文莱、沙巴、马来西亚、西马来西亚、爪哇岛	甘巴豆	ampas; apas; banji; bengaris; benggeris; empas; gempas; goranei; hampas; impas; inggeris; kampas; mengris; mingris; ngeris abang; njari; pah; rawang; rugi; sabanting; tualang; umpas
	Koordersiodendron （**ANACARDIACEAE**） **科德漆属（漆树科）**		**HS CODE 4403.99**	
4026	*Koordersiodendron pinnatum*	印度尼西亚、菲律宾、西马来西亚、沙巴、沙捞越、文莱、马来西亚、婆罗洲	羽状科德漆	ambugis; amoguis; bangkahasi; benyawang; bugis; dangila; gagil; goei; kaluau; kalumanog; kantingen; karogkog; kayu bugis; kelemiring; maset; melimudjan; menado boegis; mugis; oris; ranggu; runggu; samanggaii; sioeri; siuri; suren; taligaan; tobu hitem; twi; uris; urisan
	Kopsia （**APOCYNACEAE**） **蕊木属（夹竹桃科）**		**HS CODE 4403.99**	
4027	*Kopsia arborea*	菲律宾	树状蕊木	anatau
4028	*Kopsia flavida*	菲律宾	黄果蕊木	libatbat
4029	*Kopsia fruticosa*	菲律宾	灌状蕊木	lipata
	Kurrimia （**CELASTRACEAE**） **大叶鼠刺属（卫矛科）**		**HS CODE 4403.99**	
4030	*Kurrimia pulcherrima*	柬埔寨、老挝、越南	粉蕊大叶鼠刺	chumbac; laloa; sdey; snai
4031	*Kurrimia zeylanica*	斯里兰卡	锡兰大叶鼠刺	etheraliya

序号	学名	主要产地	中文名称	地方名
	Kydia **(MALVACEAE)** **翅果麻属(锦葵科)**		**HS CODE** **4403.99**	
4032	*Kydia calycina*	印度、缅甸、泰国	花萼翅果麻	balumashaw; bankopas; choupultea; dwabok; iliya; khopashya; myethlwa; nayibende; nedunar; pala; puliyan; pulu; ranbhendi; safed dhamin; tabo; varang; venda; vendai; venta; warang; warung; yap-liang
	Lagerstroemia **(LYTHRACEAE)** **紫薇属(千屈菜科)**		**HS CODE** **4403.99**	
4033	*Lagerstroemia angustifolia*	越南、柬埔寨、老挝	狭叶紫薇	bang lang; bang lang cuom; banglang; entranel; may puoi; puoi; r'pa; sangle; sralao; thao lao; trabeck-sr alao
4034	*Lagerstroemia balansae*	柬埔寨、老挝、越南	毛萼紫薇	puoi khao
4035	*Lagerstroemia calyculata*	泰国、缅甸、印度	萼状紫薇	ai; banglang; bungur; langlang; leza-byu; pu'ai-dang; tabaek; tabek
4036	*Lagerstroemia crispa*	柬埔寨、越南	密花紫薇	bang langoi
4037	*Lagerstroemia duperreana*	柬埔寨、越南	杜佩紫薇	bang iam; bang lang cheo; banh lanh
4038	*Lagerstroemia floribunda*	柬埔寨、越南、西马来西亚、缅甸、印度、菲律宾、东南亚	众花紫薇	bang lang muoc; bungor; kamaung-pyu; malayan myrtle; pyinma-byu; tabaekna; trabek prey
4039	*Lagerstroemia flos-reginae*	东南亚	大叶紫薇	
4040	*Lagerstroemia hirsuta*	柬埔寨、越南	刚毛紫薇	bang langtia
4041	*Lagerstroemia hypoleuca*	安达曼群岛、印度、柬埔寨、缅甸	下白紫薇	andaman pyinma; andaman pynma; babdah; bungur; kapali-pyinma; pabda; pyinma; pynma indien; pyrimma
4042	*Lagerstroemia indica*	马里亚纳群岛、菲律宾、日本	紫薇	melindaes; melindres; sarusuberi
4043	*Lagerstroemia lanceolata*	印度	剑叶紫薇	benteak; bili-nandi; bungur; hana; nana; nandi; venda; vengalam; ventaku; venteak; venthekku; vevala

序号	学名	主要产地	中文名称	地方名
4044	*Lagerstroemia loudoni*	越南、柬埔寨、老挝、菲律宾、泰国	泰国紫薇	bang langtia; entravel; loudon banaba; poplea pras; pyinma de siam; pyinma di siam; siam pyinma
4045	*Lagerstroemia macrocarpa*	老挝、缅甸	大果紫薇	ka lao; kon-pyinma; mak sao; pyinma-ywe t-gyi
4046	*Lagerstroemia ovalifolia*	西马来西亚、婆罗洲、苏门答腊	圆叶紫薇	bungor; bungur; bungur daun kotjil; bungur laki; rada-rada; susu mua
4047	*Lagerstroemia paniculata*	菲律宾	锥花紫薇	talulong
4048	*Lagerstroemia parviflora*	印度、缅甸	小花紫薇	adhauari; bakli; bondga; chakrey; chinangi; dhaura; dhauri; kakria; karia seja; lendia; lendya; mechi; nandi; sam; shida; sida; sidha; sidi; zaungbale; zinbye-bo
4049	*Lagerstroemia piriformis*	菲律宾	梨叶紫薇	bagunarem; bagunaum; baluknit; basit; batikalag; batitinan; buguarom; dinglas; dumate; lasila; lasilak; linau; magugahum; manglati; naghubo; nathubo; pamalauagon; philippine teak; salulung; sorogon; talulung; tinaan
4050	*Lagerstroemia siamica*	柬埔寨、老挝、越南	南洋紫薇	lan; puoi dong
4051	*Lagerstroemia speciosa*	印度、印度尼西亚、菲律宾、苏门答腊、柬埔寨、缅甸、越南、沙巴、西马来西亚、马来西亚、婆罗洲、老挝、泰国、巴基斯坦、孟加拉国、斯里兰卡、东南亚	美丽紫薇	adamboe; bungur benar; challa; dugaum; entravel; gara; hani; holematti; intanin; jarulo; kabek; kadali; muhur; mukur; muruta; nabulong; patuli; pumaruthu; pyinma; queen-of-flowers; sekre; tamonn; varagogu; wungu
4052	*Lagerstroemia spireana*	柬埔寨、老挝、越南	绣线紫薇	lan sao
4053	*Lagerstroemia thorelii*	越南	索氏紫薇	bang iam; bang lang
4054	*Lagerstroemia tomentosa*	越南、柬埔寨、老挝、缅甸、印度、泰国	多毛紫薇	bang lang; bang-lang; coian; kamaungthwe; leza; leza-ni; leza-wood; mai salao; pyinma-pyu; salao; salow; sang le; sralao
4055	*Lagerstroemia venusta*	缅甸	美木紫薇	zaung-bale-ywet-gyi
4056	*Lagerstroemia villosa*	缅甸	多毛紫薇	zaungbale; zinbye

序号	学名	主要产地	中文名称	地方名
	Lannea（ANACARDIACEAE） **厚皮树属（漆树科）**		**HS CODE 4403. 49**	
4057	*Lannea coromandelica*	印度、孟加拉国、缅甸、斯里兰卡、安达曼群岛、印度尼西亚	厚皮树	ajasringi; anakkaram; batrin; bhadi; doka; genjan; gupri marra; hik; holloray; indramohi; jiyal; jiyolo; kaimil; lokar bhadi; mavedi; muya; nabe; nabhay; naekay; oddimanu; parmi; shembat; thingan; udayan; wodier
4058	*Lannea wodier*	印度、安达曼群岛、缅甸、印度尼西亚	沃迪厚皮树	jhintang; wodier
	Lansium（MELIACEAE） **榔色木属（楝科）**		**HS CODE 4403. 99**	
4059	*Lansium anamalayanum*	印度	阿纳马榔色木	chigatamari
4060	*Lansium domesticum*	爪哇岛、文莱、西马来西亚、苏门答腊、印度尼西亚、马里亚纳群岛、马来西亚、沙巴、沙捞越、菲律宾、柬埔寨、老挝、越南	大花榔色木	biedjietan; biesietan; buah lingar; doekoe; duhu; duku; ketepan; kokosan; kokossan; langsan; langsep; langsep biedjietan; langsep biesietan; lansat; longsut; pidjietan; pissietan
4061	*Lansium dubium*	菲律宾	钝叶榔色木	lansolles-bundok
	Larix（PINACEAE） **落叶松属（松科）**	**HS CODE 4403. 25（截面尺寸≥15cm）或 4403. 26（截面尺寸<15cm）**		
4062	*Larix gmelinii*	日本、俄罗斯、北亚、中国南部、朝鲜	落叶松	alerce dahuriano; chosen-kar amatsu; dahurian larch; japanese larch; kurilian larch; larice dahuriano; meleze japonais; oostsiberi sche lariks; red larch; shitotan-m atsu; yellow pine
4063	*Larix griffithii*	不丹、缅甸、尼泊尔、中国南部	兴安落叶松	himalayan larch; sikkim larch
4064	*Larix kaempferi*	日本、中国、俄罗斯	日本落叶松	alerce japones; dunnschupp ige larche; fugimatsu; goudlork; hondo larche; japanese lork; karamatsu larch; larice del giappone; listvennit sa japonskaja; meleze de kaempher; meleze du japon; red larch

序号	学名	主要产地	中文名称	地方名
4065	*Larix potaninii*	中国南部	红杉	chinese larch；larici dell'estre mo oriente
4066	*Larix russica*	俄罗斯	新疆落叶松	alerce siberiano；listwennitza sibiruskaya；meleze d'archangel；meleze siberien；russian larch；siberische lariks；siberisk lark；sibirische larche；siperialai nen lehtikuusi；siperianle htikuusi
	***Laurus*（LAURACEAE）** **月桂属（樟科）**		**HS CODE** **4403. 99**	
4067	*Laurus camphorata*	柬埔寨、老挝、越南	樟味月桂	chuong；khao chuong
4068	*Laurus nobilis*	北亚、印度、以色列	月桂	alloro；echte laurier；lagertrad；laurel；laurel de condimento；laurier；lauro；real laurel；true laurel
	***Lawsonia*（LYTHRACEAE）** **散沫花属（千屈菜科）**		**HS CODE** **4403. 99**	
4069	*Lawsonia inermis*	印度、马里亚纳群岛、菲律宾	散沫花	benjati；cinamomo；cinnamomo；gorante；goranti；hinna；korate；kuravaka；madayantika；monjuati；nakharanjani；nakrize；olata；panwar；pontalasi；rongota；shudi；sinamomu
	***Lecythis*（LECYTHIDACEAE）** **正玉蕊属（玉蕊科）**		**HS CODE** **4403. 49**	
4070	*Lecythis ollaria*	西马来西亚	奥里正玉蕊	
4071	*Lecythis zabucajo*	菲律宾	猴壶正玉蕊	monkeypot-tree
	***Leea*（LEEACEAE）** **火筒树属（火筒树科）**		**HS CODE** **4403. 99**	
4072	*Leea aculeata*	菲律宾、马来西亚	多刺火筒树	amamali；mali mali jantan
4073	*Leea acuminatissima*	菲律宾	尖叶火筒树	paratalak
4074	*Leea aequata*	菲律宾	枇杷火筒树	gulob
4075	*Leea angulata*	爪哇岛、菲律宾	角状火筒树	ribojo；tonoganon
4076	*Leea asiatica*	印度	亚洲火筒树	banchalita；kaadumari drakshi；nalugu；nellu
4077	*Leea congesta*	菲律宾	密花火筒树	kahig-inulo
4078	*Leea guineensis*	菲律宾	几内亚火筒树	ayumani；buruhan；gutub；mali-mali；malimaling-gubat；mamalig；utongin

序号	学名	主要产地	中文名称	地方名
4079	*Leea indica*	菲律宾、爪哇岛	裂火筒树	kutog; nutub; pohon-toewa; silanghar; soelanghar
4080	*Leea macrophylla*	印度	大叶火筒树	dholasamud rika; dholsamudra; dinda; hatkam; samudraka; tulsamudra
4081	*Leea magnifolia*	菲律宾	宽叶火筒树	kahig; kom-kom; malaaratat
4082	*Leea philippinensis*	菲律宾	菲律宾火筒树	aratat; kaliantan; kaliantan-ilanan; saltiki
4083	*Leea quadrifida*	菲律宾	四裂火筒树	kalog
4084	*Leea unifoliata*	菲律宾	单叶火筒树	aratat-tan gkaian; nau-nau
	Lepidopetalum **(SAPINDACEAE)** **鳞翅属（无患子科）**		**HS CODE** **4403.99**	
4085	*Lepidopetalum hebecladum*	西伊里安	毛枝鳞翅	lepidopeta lum
4086	*Lepidopetalum perrottetii*	菲律宾	佩氏鳞翅	dapil
	Lepiniopsis **(APOCYNACEAE)** **乐皮属（夹竹桃科）**		**HS CODE** **4403.99**	
4087	*Lepiniopsis ternatensis*	西伊里安、菲律宾、印度尼西亚	三叶乐皮	bulugwae; bulugwai; kolinos; poelasari pohon; senohm; senom
	Lepisanthes **(SAPINDACEAE)** **鳞花木属（无患子科）**		**HS CODE** **4403.99**	
4088	*Lepisanthes acutissima*	菲律宾	尖锐鳞花木	sarakag-tilos
4089	*Lepisanthes alata*	沙捞越	翼状鳞花木	enkelili; praju; sinpaju; sokungu
4090	*Lepisanthes eriolepis*	菲律宾	柔毛鳞花木	sarakag
4091	*Lepisanthes fruticosa*	菲律宾、文莱、沙巴	灌木状鳞花木	balinaunau; balingasan; llat; takar
4092	*Lepisanthes macrocarpa*	菲律宾	大果鳞花木	balungai
4093	*Lepisanthes montana*	爪哇岛	山地鳞花木	kiparai
4094	*Lepisanthes palawanica*	菲律宾	巴拉望鳞花木	palawan sarakag
4095	*Lepisanthes perviridis*	菲律宾	碧绿鳞花木	bayag-daga
4096	*Lepisanthes rubiginosa*	安达曼群岛、西马来西亚、爪哇岛	黄紫鳞花木	hseik-khyae; kelatiayu; tilajoe
4097	*Lepisanthes rubiginosum*	菲律宾	锈色鳞花木	matsingan
4098	*Lepisanthes schizolepis*	菲律宾	希佐鳞花木	pospos

序号	学名	主要产地	中文名称	地方名
4099	*Lepisanthes senegalensis*	西马来西亚	塞内加尔鳞花木	mumpilai klat；pukan jantan；tulang putih
4100	*Lepisanthes viridis*	菲律宾	绿叶鳞花木	biligas
	Leptospermum （MYRTACEAE） 松红梅属（桃金娘科）		HS CODE 4403.99	
4101	*Leptospermum polygalifolium*	文莱、西马来西亚、沙巴、菲律宾	多边叶松红梅	china maki；gelam bukit；malasulasi
	Lespedeza （FABACEAE） 胡枝子属（蝶形花科）		HS CODE 4403.99	
4102	*Lespedeza bicolor*	日本	双色胡枝子	hagy
4103	*Lespedeza buergeri*	亚洲	伯氏胡枝子	
4104	*Lespedeza cyrtobotrya*	亚洲	短梗胡枝子	
4105	*Lespedeza homoloba*	亚洲	杆裂胡枝子	
	Leucaena（MIMOSACEAE） 银合欢属（含羞草科）		HS CODE 4403.99	
4106	*Leucaena leucocephala*	西伊里安、缅甸、柬埔寨、老挝、越南、日本、菲律宾、印度、东南亚、印度尼西亚、马里亚纳群岛、关岛	银合欢	ambehri；biynbry；ipil-ipil；kadam；kaniti；kemlandingan；leadtree；macata；monval；nagurjun；nattu cavundal；pardeshiba val；rajokasund iri；sambuor measle；tagarai；toira；vilayatibaral；white babool
	Leucosyke（URTICACEAE） 四脉麻属（荨麻科）		HS CODE 4403.99	
4107	*Leucosyke arcuatovenosa*	菲律宾	曲脉四脉麻	anagau
4108	*Leucosyke aspera*	菲律宾	粗皮四脉麻	amagasi
4109	*Leucosyke augusta*	菲律宾	高四脉麻	tinagasi
4110	*Leucosyke benguetensis*	菲律宾	本格特四脉麻	lapsik
4111	*Leucosyke brunnescens*	菲律宾	褐色四脉麻	arasi
4112	*Leucosyke buderi*	菲律宾	德瑞四脉麻	bahi-bahi
4113	*Leucosyke capitellata*	菲律宾、沙捞越、爪哇岛	头状四脉麻	alagasi；kerak idong；pelanggoen gan；prempeng herbo；prengpreng
4114	*Leucosyke elmeri*	菲律宾	埃尔四脉麻	bilan-bilan
4115	*Leucosyke hispidissima*	菲律宾	密毛四脉麻	dai
4116	*Leucosyke leytensis*	菲律宾	莱特四脉麻	leyte bauaua
4117	*Leucosyke magallanensis*	菲律宾	马加四脉麻	lapli

序号	学名	主要产地	中文名称	地方名
4118	*Leucosyke merrillii*	菲律宾	麦氏四脉麻	bunkilan
4119	*Leucosyke mindorensis*	菲律宾	名都罗岛四脉麻	layasin
4120	*Leucosyke negrosensis*	菲律宾	内格罗斯四脉麻	bauaua
4121	*Leucosyke nivea*	菲律宾	尼维四脉麻	langasi
4122	*Leucosyke ouadrineryia*	菲律宾	乌德四脉麻	vuhuan
4123	*Leucosyke ovalifolia*	菲律宾	卵叶四脉麻	andarasa
4124	*Leucosyke palawanensis*	菲律宾	巴拉望四脉麻	palawan dai
4125	*Leucosyke rizalensis*	菲律宾	里萨尔四脉麻	rizal alagasi
4126	*Leucosyke samarensis*	菲律宾	萨马岛四脉麻	samar bauaua
4127	*Leucosyke weddellii*	菲律宾	威氏四脉麻	weddell alagasi
	***Libocedrus*（CUPRESSACEAE）** **肖柏属（柏科）**	**HS CODE** **4403. 25（截面尺寸≥15cm）或 4403. 26（截面尺寸<15cm）**		
4128	*Libocedrus papuana*	西伊里安、印度尼西亚	巴布亚肖柏	papuacedrus；papuan libocedar
	***Licania*（CHRYSOBALANACEAE）** **利堪蔷薇属（金橡实科）**		**HS CODE** **4403. 49**	
4129	*Licania macrophylla*	菲律宾	大叶里卡木	anauera
4130	*Licania splendens*	西马来西亚、婆罗洲、苏门答腊、印度尼西亚、文莱、沙巴	光亮利堪蔷薇	asam kumbang；balau ulat；bedara hutan；katikis；kayu gelang；kayu kikir；kikir pari；mentelor；merbatu；merbatu kechil；merbera；piasau piasau；puting；sampaluan；tampaluan
	***Ligustrum*（OLEACEAE）** **女贞属（木犀科）**		**HS CODE** **4403. 99**	
4131	*Ligustrum glabrinerve*	菲律宾	光脉女贞	katilug-linis
4132	*Ligustrum glomeratum*	菲律宾	球序女贞	katilug
4133	*Ligustrum ibota*	日本	钝叶女贞	ibota
4134	*Ligustrum japonicum*	日本	日本女贞	ligustro do japao；nezumimochi
4135	*Ligustrum stenophyllum*	菲律宾	细叶女贞	katilug-kitid
4136	*Ligustrum vulgare*	亚洲	大众女贞	liguster

序号	学名	主要产地	中文名称	地方名
	Limonia（**RUTACEAE**） **象橘属（芸香科）**		**HS CODE** **4403. 99**	
4137	*Limonia acidissima*	斯里兰卡、印度、爪哇岛、柬埔寨、老挝、越南、南亚、缅甸、泰国、菲律宾	木苹果	applewood; byala; canthang; crasan; dadhiphala; elaka; feronier; kabit; kuttvila; kwet; madja; naibullal; pushpaphal amu; sanapka; thana; vilatti; villangay; wood apple; yallanga; yellanga
4138	*Limonia elephantum*	泰国	大象橘	ma-fit; ma-khwit; wood apple
4139	*Limonia limonia*	印度	酸象橘	bela
	Lindera（**LAURACEAE**） **山胡椒属（樟科）**		**HS CODE** **4403. 99**	
4140	*Lindera aggregata*	中国	乌药	chinese lindera
4141	*Lindera apoensis*	菲律宾	阿波山胡椒	sarirab
4142	*Lindera assamica*	缅甸、印度	阿萨山胡椒	kalaway; paoele
4143	*Lindera cochinchinensis*	柬埔寨、越南	交趾山胡椒	gowood
4144	*Lindera erythrocarpa*	日本、朝鲜	红果山胡椒	bimog; bimog-namu; kanakugi; kanakugi-no-ki
4145	*Lindera glauca*	日本	青冈山胡椒	yama-kobashi
4146	*Lindera lucida*	沙巴	亮叶山胡椒	medang pawas daun halus
4147	*Lindera megaphylla*	中国	黑壳楠	chinese lindera
4148	*Lindera obtusiloba*	中国	钝裂山胡椒	chinese lindera
4149	*Lindera praecox*	日本	蜡枝山胡椒	aburachan
4150	*Lindera pulcherima*	缅甸	美丽山胡椒	kalaway
4151	*Lindera sericea*	日本	绢毛山胡椒	kuromoji
4152	*Lindera thunbergii*	朝鲜	珍珠山胡椒	kanakugi-no-ki
4153	*Lindera umbellata*	日本	伞花山胡椒	kuromoji
	Linociera（**OLEACEAE**） **李榄属（木犀科）**		**HS CODE** **4403. 99**	
4154	*Linociera acuminatissima*	菲律宾	尖叶李榄	bugog
4155	*Linociera clementis*	菲律宾	茎果李榄	kayalltol
4156	*Linociera coriacea*	菲律宾	革叶李榄	pulat
4157	*Linociera laxiflora*	文莱	疏花李榄	kemanyan kemanyan
4158	*Linociera longifolia*	菲律宾	长叶李榄	tumbid
4159	*Linociera macrophylla*	越南	大叶李榄	hoanh; hobi

序号	学名	主要产地	中文名称	地方名
4160	*Linociera nitida*	菲律宾	密茎李榄	huntol
4161	*Linociera obovata*	菲律宾	倒卵叶李榄	darupa
4162	*Linociera phanerophelbia*	菲律宾	法内罗李榄	malakaraksan
4163	*Linociera philippinensis*	菲律宾	菲律宾李榄	kurutan
4164	*Linociera pluriflora*	沙巴	多花李榄	bangkulat
4165	*Linociera plurifolia*	文莱	多叶李榄	kemanyan kemanyan
4166	*Linociera pulchella*	文莱	美丽李榄	kemanyan kemanyan
4167	*Linociera racemosa*	菲律宾、沙捞越	聚果李榄	barikai; sapah paya
4168	*Linociera remotinervia*	菲律宾	远脉李榄	pamoplasin
4169	*Linociera rubrovenia*	菲律宾	红脉李榄	komagetget
4170	*Linociera terniflora*	缅甸	三花李榄	sanse
4171	*Linociera urdanetensis*	菲律宾	乌坦尼塔李榄	kobol
	Liquidambar **(HAMAMELIDACEAE)** **枫香属（金缕梅科）**		**HS CODE** **4403.99**	
4172	*Liquidambar formosana*	越南、柬埔寨、老挝、中国、南亚	枫香	caysau; chao; chinese sweet; fenghsiang; gum; liquidambar; mengdeng; phuluu; sau; sausau; thau; thauhau; trau
4173	*Liquidambar orientalis*	印度尼西亚	东方枫香	storax; storaxboom; storax-tree; storax veritable
4174	*Liquidambar styraciflua*	中国	美国枫香	li-ch'ai
4175	*Liquidambar tonkinensis*	柬埔寨、老挝、越南	东京枫香	liquidambar
	Liriodendron **(MAGNOLIACEAE)** **鹅掌楸属（木兰科）**		**HS CODE** **4403.99**	
4176	*Liriodendron chinense*	中国	中华鹅掌楸	tulipwood
4177	*Liriodendron tulipifera*	日本	北美鹅掌楸	hantenboku
	Litchi **(SAPINDACEAE)** **荔枝属（无患子科）**		**HS CODE** **4403.99**	
4178	*Litchi chinensis*	越南、柬埔寨、老挝、中国、印度、西马来西亚、缅甸、菲律宾、爪哇岛	荔枝	caybai; chi; kuben; kulen; lai chi; lechee; leechee; licheas; litchi; litchi ponceau; litjeh; litjik; li-tschi; litschi ponceau; lychee; mien; ngeo; nhan; pai; quavai; trai-ca; truong; vay

序号	学名	主要产地	中文名称	地方名
	Lithocarpus **（FAGACEAE）** **椆木属（壳斗科）**		**HS CODE** **4403.49**	
4179	*Lithocarpus amygdalifolius*	中国台湾地区、日本	桃叶椆	ami-gashi；amigashi
4180	*Lithocarpus andersonii*	沙捞越	毛叶椆	empenit jangkar；kayu kikai；penyibong
4181	*Lithocarpus areca*	柬埔寨、老挝、越南	槟榔柯	giecau
4182	*Lithocarpus bennettii*	菲律宾	贝氏椆	pangnan；pangnan oak
4183	*Lithocarpus brevicaudatus*	中国台湾地区	短尾椆	seisyo-gasi
4184	*Lithocarpus buddii*	菲律宾	巴氏椆	babaisakan
4185	*Lithocarpus cantleyanus*	沙巴、西马来西亚	茱萸椆	mempening
4186	*Lithocarpus castanopsifolia*	中国台湾地区	锥叶椆	oni-gasi
4187	*Lithocarpus castellarnauiana*	菲律宾	卡特椆	bultiok；kakana；merritt oak；palonapoi；tiklik
4188	*Lithocarpus caudatifolius*	菲律宾	尾花椆	katabang；minahassa oak；tikalod
4189	*Lithocarpus celebicus*	菲律宾	西伯利椆	lipakon；mabesa oak；ulaian
4190	*Lithocarpus cleistocarpus*	马来西亚	包栎树	chinese lithocarpus
4191	*Lithocarpus clementianus*	沙捞越	克莱椆	salad menduru
4192	*Lithocarpus conocarpus*	马来西亚、菲律宾、苏门答腊、沙捞越	聚果椆	berangan；dalutan；pasang kapur；salad pedeh siah
4193	*Lithocarpus coopertus*	菲律宾	库珀椆	barusang；bohol oyagan
4194	*Lithocarpus corneus*	越南	角质椆	gie chang；soida；soighe
4195	*Lithocarpus cyclophorus*	文莱、西马来西亚	光石椆	mempening
4196	*Lithocarpus daphnoideus*	文莱	达夫诺椆	mempening
4197	*Lithocarpus dasystachyus*	沙捞越、菲律宾	达西斯椆	bangas；empenit padang；oyagan
4198	*Lithocarpus dealbata*	柬埔寨、老挝、越南	银荆柯	chi cheon；chi reon；chireon
4199	*Lithocarpus dodonaeifolia*	中国台湾地区	多那椆	yanagiba-g asi
4200	*Lithocarpus ducampii*	越南	杜氏椆	gie do
4201	*Lithocarpus echinifera*	马来西亚、文莱、沙巴	埃奇椆	berangan；mempening；mempening rambut

序号	学名	主要产地	中文名称	地方名
4202	*Lithocarpus edulis*	日本	克食石栎	matebajii；matebashii；mateba-shii；mate-gasjo
4203	*Lithocarpus elegans*	沙捞越、印度、印度尼西亚、孟加拉国、缅甸	秀丽椆	berungulad；himalayan oak；pasang；raibajna；sagat；thit-cha
4204	*Lithocarpus encleisacarpus*	西马来西亚	埃克椆	mempening
4205	*Lithocarpus ewyckii*	西马来西亚、沙捞越	埃氏椆	mempening；salad repak
4206	*Lithocarpus fenestrata*	越南	窗格柯	soi；soigi
4207	*Lithocarpus fenestratus*	越南、中国	红椆	soi
4208	*Lithocarpus fissa*	越南	费萨柯	bop；dan；soibop
4209	*Lithocarpus glutinosus*	菲律宾	胶粘椆	copeland oak；zschokke oak
4210	*Lithocarpus gracilis*	沙捞越、菲律宾、文莱、沙巴、西马来西亚	细枝椆	empiliai；layan；mempening
4211	*Lithocarpus hallieri*	沙巴	哈利椆	mempening
4212	*Lithocarpus hemisphaerica*	越南	半球柯	soitrang
4213	*Lithocarpus hypophaea*	中国台湾地区	下帕椆	monpa-gasi
4214	*Lithocarpus hystrix*	文莱	西斯特椆	mempening
4215	*Lithocarpus jordanae*	菲律宾	乔达纳椆	katiluk
4216	*Lithocarpus kawakamii*	中国台湾地区	川上椆	kawakami-gasi
4217	*Lithocarpus kodaihoensis*	中国台湾地区	柯达椆	kodaiho-gasi
4218	*Lithocarpus konishii*	中国台湾地区	台湾椆	konisi-gasi
4219	*Lithocarpus lampadarius*	西马来西亚、沙捞越	兰帕椆	mempening；saladurong
4220	*Lithocarpus leptogyne*	沙巴	莱普椆	mempening
4221	*Lithocarpus lucidus*	文莱、西马来西亚	光泽椆	mempening
4222	*Lithocarpus luzoniensis*	菲律宾	吕宋椆	kilog
4223	*Lithocarpus maingayi*	西马来西亚	美加椆	mempening
4224	*Lithocarpus megalophylla*	中国	巨叶椆	chinese lithocarpus
4225	*Lithocarpus mindanaensis*	菲律宾	棉兰老岛椆	mindanao oak
4226	*Lithocarpus moluccus*	印度尼西亚	摩鹿加椆	
4227	*Lithocarpus nakaii*	中国台湾地区	拉拉椆	nakai-gasi

序号	学名	主要产地	中文名称	地方名
4228	*Lithocarpus nantoensis*	中国台湾地区	南投椆	nanto-gasi
4229	*Lithocarpus nieuwenhuisii*	文莱、沙捞越	扭氏椆	mempening；salat arun
4230	*Lithocarpus onocarpa*	马来西亚	圆果椆	pening-pen ingan
4231	*Lithocarpus oreophilus*	菲律宾	山生椆	uyan
4232	*Lithocarpus ovalis*	菲律宾	卵形椆	manggasiriki
4233	*Lithocarpus papillifer*	沙捞越	帕皮椆	salad pedeh
4234	*Lithocarpus philippinensis*	菲律宾	菲律宾椆	kitaldag；pangnan-bundok；rizal oak；wenzel oak
4235	*Lithocarpus pinatubensis*	菲律宾	皮纳杜布椆	diraan
4236	*Lithocarpus pseudokunstleri*	沙捞越	假阔翅椆	empenit johari
4237	*Lithocarpus pseudomoluccus*	印度尼西亚	假摩鹿加椆	pasang
4238	*Lithocarpus pseudosundaica*	越南、柬埔寨	假山地椆	gie xanh；giexanh
4239	*Lithocarpus pulcher*	沙捞越、文莱	普尔彻椆	keraki；mempening；salad urong
4240	*Lithocarpus pusillus*	沙捞越	普西椆	empenit daun halus
4241	*Lithocarpus randaiensis*	中国台湾地区	峦叶椆	randai-gasi
4242	*Lithocarpus rhombocarpa*	中国台湾地区	隆博椆	komami-gasi
4243	*Lithocarpus rotundatus*	菲律宾	圆椆	curran oak
4244	*Lithocarpus shisuiensis*	中国台湾地区	泗水椆	sinsuieigasi
4245	*Lithocarpus solerianus*	菲律宾	索莱尔椆	malalipakon；manaring；tikalod
4246	*Lithocarpus spicata*	文莱	穗花椆	mempening
4247	*Lithocarpus submonticolus*	菲律宾	亚蒙椆	tapotasa
4248	*Lithocarpus sumatrana*	苏门答腊	苏门答腊椆	merpening putih
4249	*Lithocarpus sundaicus*	文莱、西马来西亚、印度尼西亚、菲律宾	柄果椆	empili；langgoi；langguai ambak；mempening；pasang；salud；sunda oak；tekalud；temalud；wax oak
4250	*Lithocarpus taitoensis*	中国台湾地区	台东椆	tato-gasi
4251	*Lithocarpus ternaticupulus*	中国台湾地区	三元椆	nanban-gasi
4252	*Lithocarpus tormosana*	中国台湾地区	托莫椆	taiwan-gasi
4253	*Lithocarpus truncatus*	缅甸	截形椆	kwyetsa net
4254	*Lithocarpus tubulosa*	柬埔寨、老挝、越南	管花椆	giemoga；giesoi；gie soi

序号	学名	主要产地	中文名称	地方名
4255	*Lithocarpus uraiana*	中国台湾地区	乌来椆	urai-gasi
4256	*Lithocarpus urceolaris*	西马来西亚	乌赛椆	mempening
4257	*Lithocarpus vidalii*	菲律宾	维氏椆	vidal oak
4258	*Lithocarpus viridis*	中国	松绿椆	chinese lithocarpus
4259	*Lithocarpus wallichianus*	柬埔寨、老挝、越南、西马来西亚	瓦力椆	giedo; mempening
4260	*Lithocarpus woodii*	菲律宾	木椆	loher oak; tigdog; tiklik
	Litsea **(LAURACEAE)** **木姜子属（樟科）**		**HS CODE** **4403.99**	
4261	*Litsea abraensis*	菲律宾	阿布拉木姜子	parasablot
4262	*Litsea albayana*	菲律宾	阿尔拜木姜子	arahan
4263	*Litsea annamensis*	越南	越南木姜子	re gung
4264	*Litsea anomala*	菲律宾	异常木姜子	mapipi
4265	*Litsea baractanensis*	菲律宾	巴笼盖木姜子	pungo; sablot-linis
4266	*Litsea baruringensis*	菲律宾	重压木姜子	tioh
4267	*Litsea bulusanensis*	菲律宾	布卢山木姜子	lauat
4268	*Litsea castanea*	西马来西亚	似栗木姜子	medang; medang keladi; medang kunyit; medang telor
4269	*Litsea cinerea*	菲律宾	灰质木姜子	boringau
4270	*Litsea confusa*	印度尼西亚	杂色木姜子	sosowan
4271	*Litsea cordata*	菲律宾	心形木姜子	baticulin; marang; medang; tayabas; white baticulin
4272	*Litsea costalis*	西马来西亚	兰屿木姜子	medang keladi; medang pisang; medang telor; medang untut
4273	*Litsea crassifolia*	菲律宾、印度尼西亚、文莱、沙捞越	厚叶木姜子	batikuling; kawui; medang padang
4274	*Litsea cubeba*	柬埔寨、老挝、越南	库巴木姜子	khao khinh; man tang
4275	*Litsea curtisii*	文莱、西马来西亚	库氏木姜子	medang; medang telor
4276	*Litsea cylindrocarpa*	文莱	柱果木姜子	medang; medang pasir
4277	*Litsea diospyrifolia*	菲律宾	柿叶木姜子	otag
4278	*Litsea elliptica*	婆罗洲、菲律宾、印度尼西亚、沙巴、西马来西亚、马来西亚	椭圆木姜子	ajau galung; batikuling; berawas; lelamit; medang; medang lampung; medang pawas; medang perawas; medang tandok; menak; midang; pawas; perawas; pirawas; tindas
4279	*Litsea euphlebia*	菲律宾	显脉木姜子	matang-usa

序号	学名	主要产地	中文名称	地方名
4280	*Litsea fenestrata*	文莱、西马来西亚	具孔木姜子	medang
4281	*Litsea ferruginea*	越南	锈色木姜子	ham men
4282	*Litsea firma*	菲律宾、婆罗洲、文莱、印度尼西亚、沙巴、西马来西亚	硬木姜子	bakunib；kaboi；madang intalo；madang pirawas；madang seluang；medang；medang pasir；medang seluang；medang telur；perawas
4283	*Litsea fulva*	菲律宾	黄褐木姜子	limbahan
4284	*Litsea garciae*	菲律宾、沙捞越、文莱、沙巴	加西亚木姜子	bangulo；buah dabei；buah engkala；engkala；medang；pangalaban；pengelaban；pengolaban
4285	*Litsea glauca*	日本	青冈木姜子	shiro-damo
4286	*Litsea glutinosa*	中国、缅甸、菲律宾	潺胶木姜	mu-hsiang；muk heung；ondon；pungo；sablot；tagu；tagu-shaw；tagutugan；tubhas；yauko
4287	*Litsea gracilipes*	沙捞越、西马来西亚	细柄木姜	bebok；medang；medang keli；sikat
4288	*Litsea grandis*	泰国、菲律宾、西马来西亚	大木姜	kratang；marang-laparan；medang daun lebar；medang keladi；medang lebar daun
4289	*Litsea hutchinsonii*	菲律宾	哈氏木姜子	asasala
4290	*Litsea ilocana*	菲律宾	伊洛戈木姜子	malabakan
4291	*Litsea japonica*	日本	日本木姜子	hamabiwa
4292	*Litsea lancifolia*	文莱、沙巴	剑叶木姜子	medang；medang kikisang
4293	*Litsea laucilimba*	越南	劳西木姜子	boiloi
4294	*Litsea laviensis*	越南	拉维木姜子	gie gung；re gung
4295	*Litsea leefeana*	西马来西亚	利费木姜子	medang
4296	*Litsea leytensis*	菲律宾	莱特木姜子	baticulin；batikuling
4297	*Litsea longipes*	越南	长梗木姜子	chu；du
4298	*Litsea luzonica*	菲律宾	吕宋木姜子	dungoi；tambalau
4299	*Litsea macgregorii*	菲律宾	麦氏木姜子	balanganan
4300	*Litsea machilifolia*	西马来西亚	润楠木姜	medang
4301	*Litsea maingayi*	西马来西亚	梅尼木姜子	medang
4302	*Litsea megacarpa*	西马来西亚	巨果木姜	
4303	*Litsea micrantha*	菲律宾	小花木姜子	yau-yau
4304	*Litsea microphylla*	菲律宾	小叶木姜子	batsan

序号	学名	主要产地	中文名称	地方名
4305	*Litsea monopetala*	印度、柬埔寨、老挝、越南、缅甸	单瓣木姜	baglal; bolbek; ghian; gommo; hunalu; kadmero; kakur chita; katmarra; laukya; leja; mosonea; ondon; pojoh; ratmanti; sangran; sualu; suphut; taguni; tagu-ni; taungkaukno
4306	*Litsea nidularis*	西马来西亚、沙捞越	果状木姜	medang; medang pisang; medang puteh; medang sesudu; medang tandok
4307	*Litsea nitida*	缅甸	密茎木姜子	nasha
4308	*Litsea oblongifolia*	菲律宾	长圆叶木姜子	ingas
4309	*Litsea odorifera*	印度尼西亚、马来西亚、菲律宾	香木姜子	batikuling-surutan; lisang; medang; medang perawas; peramit
4310	*Litsea paludosa*	沙捞越	沼泽木姜子	medang balong; medang bulu
4311	*Litsea perfulva*	菲律宾	佩福木姜子	baga
4312	*Litsea petiolata*	菲律宾	柄木姜子	
4313	*Litsea philippinensis*	菲律宾	菲律宾木姜子	bakan; marang
4314	*Litsea pierrei*	柬埔寨、老挝、越南	皮埃尔木姜子	boiloitia
4315	*Litsea plateaefolia*	菲律宾	皮塔木姜子	bakan-ihalas
4316	*Litsea quercoides*	菲律宾	奎克木姜子	klamagan
4317	*Litsea resinosa*	沙捞越、文莱	多脂木姜子	badang tebulus; kala; kirit; medang; medang engkala; medang lanying; ta'ang
4318	*Litsea robusta*	西马来西亚	粗壮木姜子	medang
4319	*Litsea roxburghii*	婆罗洲	罗氏木姜子	kalangkala; karangkala; medang lilin
4320	*Litsea rufo-fusca*	沙捞越	詹福思木姜子	medang sekelat
4321	*Litsea sandakanensis*	印度尼西亚	三打木姜	kedayan
4322	*Litsea sebifera*	印度、斯里兰卡、缅甸	蜡质木姜子	banborla; chandna; chiur; kukur chita; lenja; lenjo; mai dasak; mai mi-myen; mai ong-tong; maida; maida-laka di; menda; narra alagi; ondon; rahan; suppatnyok; tagu-shaw
4323	*Litsea segregata*	菲律宾	离析木姜子	katiel
4324	*Litsea timoriana*	西伊里安	迪莫木姜子	biteg njaap; ntek njaap
4325	*Litsea tomentosa*	菲律宾、西马来西亚	毛木姜子	bakan-mabolo; mabaraan; medang; medang gambak; medang tanah; medang tandok

序号	学名	主要产地	中文名称	地方名
4326	*Litsea umbrosa*	印度	阴生木姜子	chirara；chirindi；kanwala；pooteli；sara；shurur
4327	*Litsea urdanetensis*	菲律宾	乌坦尼塔木姜子	dilak-manuk
4328	*Litsea vang*	柬埔寨、越南、老挝、菲律宾	中南木姜子	beloi；boiloi；boiloi vang；bon nang；bong nang；lek
4329	*Litsea vanoverberghii*	菲律宾	万氏木姜子	baaken
4330	*Litsea velutina*	菲律宾	多毛木姜子	sung-sung
4331	*Litsea whitfordii*	菲律宾	威氏木姜子	whitford bakan
4332	*Litsea wightiana*	印度	怀特木姜子	sudganasu
4333	*Litsea wilsonii*	中国	短叶木姜子	chinese litsea
	Livistona **（PALMAE）** **蒲葵属（棕榈科）**		**HS CODE** **4403. 99**	
4334	*Livistona australis*	菲律宾	南方蒲葵	australian anahau
4335	*Livistona luzonensis*	菲律宾	吕宋蒲葵	anahau；anau
4336	*Livistona merrillii*	菲律宾	麦氏蒲葵	abiang；anahau；merrill anahau；palma brava
4337	*Livistona robinsoniana*	菲律宾	罗宾蒲葵	kayabing
4338	*Livistona rotundifolia*	菲律宾	圆叶蒲葵	anaau；anahau；anahau anaau；anau；labid；labig；labik；luyong；palma brava；pilig；sarau；tarau；tikis
4339	*Livistona saribus*	菲律宾	蒲葵	tarau
	Lonchocarpus **（FABACEAE）** **合生果属（蝶形花科）**		**HS CODE** **4403. 49**	
4340	*Lonchocarpus cumingii*	菲律宾	三角合生果	malacadios；tubling-ka hoi
4341	*Lonchocarpus elliptica*	西马来西亚	椭圆合生果	ney kee；tuba puteh；tuba root
4342	*Lonchocarpus indica*	印度	印度合生果	agirunanan dam；batti；dahur karanja；ghanerakaranj；honge；huligili；indian beech；kagukaranuga；kranuga；minnari；naktamala；papar kanji；punnu；sukhchain；uggemara；unju
4343	*Lonchocarpus latifolia*	印度	阔叶合生果	
4344	*Lonchocarpus malaccensis*	西马来西亚	异翅合生果	tuba merah
4345	*Lonchocarpus marginata*	印度	边缘合生果	biti；bombay blackwood；bombay rosewood；east indian rosewood；eravadi；indian rosewood；kalaruk；shisham；sissoo

序号	学名	主要产地	中文名称	地方名
4346	*Lonchocarpus ovalifolia*	缅甸	卵叶合生果	natha
4347	*Lonchocarpus polyantha*	西马来西亚	多花合生果	tuba root
4348	*Lonchocarpus robusta*	孟加拉国、柬埔寨、老挝、越南、缅甸	粗壮合生果	jugurya; nang mon; pok-thin-ma-myet-kauk
4349	*Lonchocarpus tonkinensis*	越南	东京合生果	
	Lonicera **(CAPRIFOLIACEAE)** **忍冬属（忍冬科）**		**HS CODE 4403. 99**	
4350	*Lonicera maackii*	中国	金银木	kow tsi mu
4351	*Lonicera sachalinensis*	日本	萨哈林忍冬	benibana-h yootanboku
	Lophopetalum **(CELASTRACEAE)** **冠瓣木属（卫矛科）**		**HS CODE 4403. 99**	
4352	*Lophopetalum duperreanum*	越南、柬埔寨、泰国	杜佩冠瓣木	ba khia; pontaley; sang trang; song-sa-lu 'ng; song-salung; spong; yai-bu
4353	*Lophopetalum filiforme*	印度、缅甸	丝状冠瓣木	yemane-ani; yemane-ni
4354	*Lophopetalum floribundum*	西马来西亚	多花冠瓣木	perupok
4355	*Lophopetalum javanicum*	菲律宾、文莱、马来西亚、沙巴、印度尼西亚、苏门答腊	爪哇冠瓣木	abuab; dual; perupok; perupok dual; perupuk
4356	*Lophopetalum maingayi*	东南亚	梅尼冠瓣木	
4357	*Lophopetalum multinervium*	西马来西亚、沙捞越、苏门答腊、菲律宾	多脉冠瓣木	perupok; perupok paya; perupuk; tinjau tasek
4358	*Lophopetalum oblongum*	东南亚	长圆冠瓣木	
4359	*Lophopetalum obtusifolium*	东南亚	钝叶冠瓣木	
4360	*Lophopetalum pachyphyllum*	西马来西亚、苏门答腊	厚叶冠瓣木	mata ulat; perupuk
4361	*Lophopetalum pallidum*	沙捞越、西马来西亚、苏门答腊	苍白冠瓣木	keroi; kerueh; perupok; perupuk
4362	*Lophopetalum rigidum*	文莱、沙捞越	坚实冠瓣木	adeu; bajan perupok; do'ol; dual; du'ol; kajo latong; kayo ang; mata dau; mata ulat; nyabuda; perupok; perupok padang

序号	学名	主要产地	中文名称	地方名
4363	*Lophopetalum subobovatum*	文莱、西马来西亚、苏门答腊	苞花冠瓣木	dual; perupok; perupuk
4364	*Lophopetalum torricellense*	西伊里安	托塞冠瓣木	tungkwa
4365	*Lophopetalum wallichii*	越南、缅甸	瓦氏冠瓣木	ba khia; mondaing-bin
4366	*Lophopetalum wightianum*	柬埔寨、越南、印度、西马来西亚、苏门答腊、缅甸	印度冠瓣木	ba khia; ba mia; banati; banatie; mata ulat; palmani; perupok; perupuk; sutrang; taung-yemane; taung-yern ane; vengalkatt ei; vengkadavan; venkottei; yemane-apyu
	Ludwigia **(ONAGRACEAE)** **丁香蓼属（柳叶菜科）**		**HS CODE** **4403. 99**	
4367	*Ludwigia octovalis*	印度	卵叶丁香蓼	balunga; banalounga; banlaunga; bhallavian ga; bhulavanga; kaattu kirambu; karyampu; kattukkary ampu; kattukkira mbu; kavakula; nirkkrambu; niruyagniv endramu
	Lumnitzera **(COMBRETACEAE)** **榄李属（使君子科）**		**HS CODE** **4403. 99**	
4368	*Lumnitzera littorea*	文莱、菲律宾、苏门答腊、马里亚纳群岛、柬埔寨、老挝、越南、缅甸、西伊里安、南亚、爪哇岛、马来西亚、沙巴、马绍尔群岛、印度尼西亚、西马来西亚、沙捞越	深红榄李	anilai; bakauaine; coc ken; dulokdulok; geriting; kimeme; kulasi; libato; lumnitzera; magalolo; nganga; ngirip; papasil; rapsik; sesoap; tabao; tabau; taruntum; teruntum merah; yinye
4369	*Lumnitzera racemosa*	婆罗洲、苏门答腊、柬埔寨、老挝、越南、沙巴、印度、菲律宾、沙捞越、西马来西亚	聚果榄李	api djambu; api-api balah; coc; duduk laki-laki; geriting puteh; kripa; kulasi; soosoop; tabau; teruntum pasir; teruntum puteh
	Lysidice **(CAESALPINIACEAE)** **仪花属（苏木科）**		**HS CODE** **4403. 99**	
4370	*Lysidice rhodostegia*	越南、柬埔寨、老挝	红冠仪花	de nui deng; khe nui; my; my set

序号	学名	主要产地	中文名称	地方名
	Lysiloma（**MIMOSACEAE**） **马肉豆属（含羞草科）**		**HS CODE** **4403. 49**	
4371	*Lysiloma latisiliquum*	印度	宽长果马肉豆木	sabicu
	Maackia（**FABACEAE**） **马鞍树属（蝶形花科）**		**HS CODE** **4403. 99**	
4372	*Maackia amurensis*	中国、日本、朝鲜	山槐	amur gelbholz；asiatiscbes gelbholz；dareub；dareub-namu；inu-enju；kara-inu-enju
	Macadamia（**PROTEACEAE**） **澳洲坚果属（山龙眼科）**		**HS CODE** **4403. 99**	
4373	*Macadamia integrifolia*	菲律宾	全缘叶澳洲坚果	queensland-nut
	Macaranga（**EUPHORBIACEAE**） **血桐属（大戟科）**		**HS CODE** **4403. 99**	
4374	*Macaranga aleuritoides*	西伊里安	油血桐	macaranga
4375	*Macaranga amplifolia*	菲律宾	广叶血桐	binungang-laparan
4376	*Macaranga angustifolia*	东南亚	狭叶血桐	
4377	*Macaranga balabacensis*	菲律宾	巴兰嘎血桐	binahulo
4378	*Macaranga beccarianus*	文莱、沙巴	贝卡血桐	purang ruman；sedaman belang；sedaman jari；sedaman layang
4379	*Macaranga bicolor*	菲律宾	双色血桐	hamindang
4380	*Macaranga caladiifolia*	沙捞越	白血桐	benuah paya；benuah semut；ngot
4381	*Macaranga caudatifolia*	菲律宾	尾叶血桐	daha
4382	*Macaranga congestiflora*	菲律宾	聚花血桐	amublit
4383	*Macaranga conifera*	苏门答腊、西马来西亚、文莱	针叶血桐	endelenge；kayu talang；mahang；mesepat；sedaman；sentali laki；simandulak
4384	*Macaranga cuernocensis*	菲律宾	毒籽血桐	binugang-a has
4385	*Macaranga cumingii*	菲律宾	对叶血桐	anitap
4386	*Macaranga denticulata*	柬埔寨、越南、孟加拉国、苏门答腊、缅甸	齿状血桐	ba soi；bura；kerang；ngapi-pet；pet-waing
4387	*Macaranga diepenhorstii*	苏门答腊	二蕊血桐	berasah hitam；epahea；kayu kerang；mahang；parake；sape；tetimah
4388	*Macaranga formicarium*	马来西亚	蚁血桐	sedaman

序号	学名	主要产地	中文名称	地方名
4389	*Macaranga gigantea*	印度、印度尼西亚、沙捞越、苏门答腊、西马来西亚、马来西亚、沙巴、文莱	巨柱血桐	benua kubong; ehobi; kayu gugong; kubin; larasang; madang tapak gajah; mahang; mahang gajah; marakubong; merkubong; parake; perkat; purang; sedaman; sekubung; selbong; simbar kubung
4390	*Macaranga gigantifolia*	菲律宾	巨叶血桐	binungang-lakihan
4391	*Macaranga henricorum*	柬埔寨、越南、老挝	利克血桐	aloang man bau; manbau
4392	*Macaranga hispida*	菲律宾	粗毛血桐	lagapak
4393	*Macaranga hosei*	苏门答腊、沙巴、西马来西亚	霍氏血桐	kepajang; lapokan; lopokan; mahang
4394	*Macaranga hypoglauca*	文莱	白花血桐	purang belang
4395	*Macaranga hypoleuca*	苏门答腊、西马来西亚、文莱、沙巴、马来西亚	下白血桐	berangsang; beruak; lampisi; mahang kapur; mahang puteh; marelang; sapek layang; sedaman; sedaman puteh; tampu mahang
4396	*Macaranga indica*	印度	印度血桐	bettadavare; puthatamara; vattathamarei
4397	*Macaranga javanica*	西马来西亚、爪哇岛	爪哇血桐	mesepat; parengpeng; paroengan
4398	*Macaranga leytensis*	菲律宾	莱特血桐	tamindan
4399	*Macaranga loheri*	菲律宾	南洋血桐	loher anitap
4400	*Macaranga lowii*	西马来西亚、柬埔寨、老挝、越南	劳氏血桐	mahang; mano
4401	*Macaranga magna*	菲律宾	麦格纳血桐	bingabing; takip-asin
4402	*Macaranga merrilliana*	菲律宾	迈氏血桐	don
4403	*Macaranga noblei*	菲律宾	诺布雷血桐	bungabong
4404	*Macaranga ovatifolia*	菲律宾	卵叶血桐	indang
4405	*Macaranga polyadenia*	东南亚	多腺血桐	
4406	*Macaranga praestans*	文莱	普斯血桐	gelagu kampong
4407	*Macaranga pruinosa*	沙捞越、苏门答腊、印度尼西亚、西马来西亚	粉叶血桐	benuah padang; berasang abang; mahang; mahang puteh paya; memayah; sapek layang; tampu alas; tutu'up
4408	*Macaranga puncticulata*	文莱	点刺血桐	sedaman; sentali laki

序号	学名	主要产地	中文名称	地方名
4409	*Macaranga recurvata*	文莱	紫果血桐	purang；sedaman
4410	*Macaranga sinensis*	菲律宾	台湾血桐	binuangang-pula；binungang-pula
4411	*Macaranga sylvatica*	菲律宾	林生血桐	bingua
4412	*Macaranga tanarius*	菲律宾、苏门答腊、沙巴、文莱	塔纳血桐	binunga；kayu sapat；linkabong；purang；samac；sedaman
4413	*Macaranga thompsonii*	西伊里安、马里亚纳群岛	汤氏血桐	bepraai；mepraai；pengua
4414	*Macaranga trichocarpa*	苏门答腊	毛果血桐	kayu latih
4415	*Macaranga triloba*	文莱、沙捞越、苏门答腊、菲律宾、柬埔寨、老挝、越南、西马来西亚	三裂血桐	balanguying；benuah chichin merah；beresang；berinong；bula-bula；enjalakad；kepang；long mang；mahang；mahang merah；mahang serindit；merakit；merakubong；parake uding；purang；sedaman；tapin tapin
4416	*Macaranga winkleri*	文莱、沙巴	帕米尔血桐	purang semut；sedaman rimba
	Machilus **（LAURACEAE）** **润楠属（樟科）**		**HS CODE** **4403.99**	
4417	*Machilus acuminatissimum*	中国台湾地区	尖叶润楠	usuba-kusu noki；usuba-tabu
4418	*Machilus bonii*	越南	博氏润楠	khao vang
4419	*Machilus bracteata*	中国	具苞润楠	chinese machilus
4420	*Machilus curranii*	菲律宾	库氏润楠	curran kulilisiau
4421	*Machilus edulis*	印度、尼泊尔	可食润楠	dudri
4422	*Machilus gamblei*	印度	加吉润楠	kawala；kharamb
4423	*Machilus gammieana*	印度	加米润楠	jagrikat；ladderwood；lali；lali-kawala；machilus；phamlet
4424	*Machilus kusanoi*	中国台湾地区	大叶润楠	ohba-tabu；ooba-tabu
4425	*Machilus macrantha*	印度	大花润楠	ana kuru；gulmavu；gulmaw；gulum；kolla mavu；kurma；ladderwood；machilus；uravu
4426	*Machilus odoratissima*	印度、柬埔寨、老挝、越南、尼泊尔、缅甸	馨香润楠	chan；cung；kaula；kaulu；kawala；khao tia；ladderwood；machilus；maihkaw；prak；re vang；saneng；seiknangyi
4427	*Machilus philippinensis*	菲律宾	菲律宾润楠	kulilisiau；margapali-kutilisiau

序号	学名	主要产地	中文名称	地方名
4428	*Machilus trijuga*	越南	三对润楠	vangre
4429	*Machilus villosa*	缅甸	毛润楠	hlega
4430	*Machilus zuihoensis*	中国台湾地区	香润楠	nioi-tabu
	Maclura **（MORACEAE）** **桑橙属（桑科）**		**HS CODE** **4403. 49**	
4431	*Maclura cochinchinensis*	越南	交趾桑橙	
	Madhuca **（SAPOTACEAE）** **子京属（山榄科）**		**HS CODE** **4403. 49**	
4432	*Madhuca betis*	菲律宾	贝蒂斯子京	betis; manilig
4433	*Madhuca boerlageana*	西伊里安、印度尼西亚、沙巴	波尔子京	ganua; njatuh; nyatoh
4434	*Madhuca brochidodroma*	苏门答腊、沙捞越、文莱	布洛克子京	balam; balam serindit; kenari; ketiau merah; mayang pinang; nyatoh chabi; nyatoh jurai; nyatoh ketiau
4435	*Madhuca burckiana*	菲律宾、马来西亚、西马来西亚	伯克子京	malobon; nyatoh puteh; sulewe
4436	*Madhuca coriacea*	菲律宾	革叶子京	lisong
4437	*Madhuca crassipes*	婆罗洲、文莱、苏门答腊	莲子京	kayu lamiang; nyatoh; papungu putih; seminai
4438	*Madhuca cuneata*	苏门答腊	藤子京	mayang batu; nyatoh sudu-sudu
4439	*Madhuca curtisii*	文莱、沙捞越、西马来西亚	柯氏子京	agag; jangkar; jangkar mensau; ketiau; ketiau badas; mentua taban; nyatoh; nyatoh ketiau; pating
4440	*Madhuca elliptica*	越南	椭圆子京	srakum; vet
4441	*Madhuca indica*	印度	印度子京	adaviyippa; banmahuva; doddippe; hallippa; irippa; irippapu; kadippe; kattirippa; madgi; mahuda; mahula; mahura; mahuva; moha; moho; moholo; mohua; mohuka; mohwa; peddayippa; puvuna
4442	*Madhuca kingiana*	西马来西亚、沙巴、苏门答腊	安汶子京	nyatoh; nyatoh king; putatat
4443	*Madhuca korthalsii*	苏门答腊	科氏子京	kosal
4444	*Madhuca lanceolata*	菲律宾	剑叶子京	malalono

序号	学名	主要产地	中文名称	地方名
4445	*Madhuca latifolia*	东南亚、柬埔寨、老挝、越南、印度、缅甸	阔叶子京	butter-tree; cho; hal-tumbri; illupai; irup; madkom; mahua; mahula; mahuya; mahwa; mandukam; matkom; maul; mauwa; mhowra; moh; moha; moho; mohola; mohwa; mu; mudayat; oodlu; pokka; poonam
4446	*Madhuca leucodermis*	东南亚	白枝子京	
4447	*Madhuca longifolia*	印度、斯里兰卡、缅甸	长叶子京	butter-tree; ellupi; illupai; illupei; illupiwood; ippa; ippi; kamsaw; kansaw; meza; meze; mi; mohwa; movaro; mowa-tree
4448	*Madhuca mindanaensis*	菲律宾	棉兰老岛子京	silanangsang
4449	*Madhuca mirandae*	菲律宾	米朗子京	mindoro manilig
4450	*Madhuca monticola*	菲律宾	山地子京	betis-bundok
4451	*Madhuca* (= *Ganua*) *motleyana*	苏门答腊、婆罗洲、印度尼西亚、西马来西亚、沙捞越、沙巴	杂色子京	balam sudu-sudu; benku; julutu; katiau; katinu; kayu gadis; ketian; ketiau; ketiau paya; ketinu; luba; maiang; njato katijau; nyatoh; nyatoh katiau; nyatoh ketiau; nyatubabi; pujong; satan; semaram; skiew
4452	*Madhuca multiflora*	菲律宾	多花子京	kalamianis
4453	*Madhuca oblongifolia*	菲律宾	长圆叶子京	malabetis; malabites; pianga
4454	*Madhuca ovata*	苏门答腊	卵圆子京	balam sudu; regis itam
4455	*Madhuca pallida*	苏门答腊、文莱	淡紫子京	mayang sudu; nyatoh; sedudu
4456	*Madhuca pasquieri*	越南、柬埔寨、老挝、泰国	帕斯子京	cay nhan; cay sen; lau; ma sang; san; sen; sen dua; sen mat
4457	*Madhuca penangiana*	西马来西亚	槟城子京	nyatoh
4458	*Madhuca penicilliata*	西马来西亚	盘尼子京	nyatoh
4459	*Madhuca philippinensis*	东南亚	菲律宾子京	
4460	*Madhuca pierrei*	东南亚	皮埃尔子京	masang; sang
4461	*Madhuca platyphylla*	菲律宾	宽叶子京	malobon-laparan
4462	*Madhuca rufa*	西马来西亚	厚毛子京	nyatoh
4463	*Madhuca sandakanensis*	文莱	山梨子京	nyatoh; nyatoh terentang
4464	*Madhuca sepilokensis*	沙巴	斯皮子京	nyatoh

序号	学名	主要产地	中文名称	地方名
4465	*Madhuca sericea*	苏门答腊、西马来西亚	绢毛子京	balam; balam mer-ah; bunut; kayu pais; kemodan; ketiau; madang tarum; mayang pecah; melikuran; nyatoh; penginai; semaram balang abang; tampang bukit; uhang
4466	*Madhuca utilis*	西马来西亚、印度尼西亚、马来西亚	良木子京	belian; betis; bitis; metis; seminai; surin
	Maesa (**MYRSINACEAE**) **杜茎山属（紫金牛科）**		**HS CODE 4403.99**	
4467	*Maesa indica*	柬埔寨、老挝、越南、缅甸	裂杜茎山	cu en; kin-ba-lin-net
	Magnolia (**MAGNOLIACEAE**) **木兰属（木兰科）**		**HS CODE 4403.99**	
4468	*Magnolia bintuluensis*	苏门答腊	浅白木兰	kedondong kijai
4469	*Magnolia blumei*	苏门答腊、印度尼西亚、爪哇岛、柬埔寨、老挝、越南	彩叶木兰	antuanrak; baros; bungo; champak; louang khom; manglid; medang bamban buslak; medang bustak; mo; mo vang tam; putih sanggar; sikubus; sitibai; teck rouge; tjampaka boeloe; vang tam
4470	*Magnolia candollii*	菲律宾	干麦木兰	kumarong-kapalan; patangis; tabhisan
4471	*Magnolia elegans*	苏门答腊	秀丽木兰	jelatan bulan; kayu sulung; kedondong tunjuk; medang mempau; utup-utup
4472	*Magnolia gigantifolia*	苏门答腊	巨叶木兰	kukut biuta; medang keladi
4473	*Magnolia gioi*	越南	乔伊木兰	gioi
4474	*Magnolia grandiflora*	菲律宾、日本	广木兰	bigflower magnolia; taisan-boku
4475	*Magnolia kachirachirai*	中国台湾地区	卡奇木兰	kachirachi rai
4476	*Magnolia kobus*	日本	辛夷木兰	japanese magnolia; japanse magnolia; japansk magnolia; kobushi; magnolia du japon; magnolia giapponese; magnolia japonesa
4477	*Magnolia liliifera*	中国、缅甸、印度	黄花木兰	champak; giogi
4478	*Magnolia liliifera* var. *obovata*	尼泊尔	盖裂木③	champak; giogi
4479	*Magnolia macklottii*	印度尼西亚	麦氏木兰	tjempaka gunung

序号	学名	主要产地	中文名称	地方名
4480	*Magnolia obovata*	日本	倒卵叶木兰	fo noki; hinoki; ho; ho honoki; hono-ki; honoki; honoli-sil ver magnolia; hoonoki; hou-po; japanese red magnolia; magnolia; silver magnolia; weissrucki ge-magnolie
4481	*Magnolia pulgarensis*	菲律宾	拇指木兰	kumarong
4482	*Magnolia pumila*	柬埔寨、老挝、越南	白榆木兰	dahop
4483	*Magnolia salicifolia*	日本	柳叶木兰	nioikobushi
4484	*Magnolia villariana*	菲律宾	比利亚木兰	patangis
4485	*Magnolia villosa*	印度尼西亚	毛木兰	pananaam; tahas; tjampaka oetan
	Magodendron **(SAPOTACEAE)** **巢药榄属（山榄科）**		**HS CODE** **4403. 99**	
4486	*Magodendron venefici*	西伊里安	巢药榄	magodendron; nyatoh
	Mallotus **(EUPHORBIACEAE)** **野桐属（大戟科）**		**HS CODE** **4403. 99**	
4487	*Mallotus albus*	越南、斯里兰卡、柬埔寨、老挝	白野桐	bai bai; bu-kenda; copen; pen; vang
4488	*Mallotus apelta*	越南	背叶野桐	hu
4489	*Mallotus barbatus*	越南、柬埔寨、老挝	毛果野桐	hulong; langoa; locbuc; nhum
4490	*Mallotus blumeanus*	苏门答腊	布卢梅野桐	kayu terkuku; kiak tukau
4491	*Mallotus brevipes*	菲律宾	短柄野桐	talag
4492	*Mallotus cauliflorus*	菲律宾	茎花野桐	tafu
4493	*Mallotus clellandii*	缅甸	克氏野桐	indaing-thidin
4494	*Mallotus cochinchinensis*	日本	交趾野桐	kasai
4495	*Mallotus confusus*	菲律宾	短斑野桐	hinlaumong-laparan
4496	*Mallotus dispar*	菲律宾	消失野桐	tutula
4497	*Mallotus eberhardti*	柬埔寨、老挝、越南	哈德野桐	dodot; ngoat; ngut
4498	*Mallotus floribundus*	沙巴、苏门答腊、缅甸、菲律宾	多花野桐	mallotus marambokan; muntambun; taung-kado; tula-tula
4499	*Mallotus griffithianus*	文莱	格利野桐	enserai
4500	*Mallotus hookerianus*	柬埔寨、老挝、越南	钩野桐	choinep; chuanga; gie; nhotvang

序号	学名	主要产地	中文名称	地方名
4501	*Mallotus japonicus*	日本、朝鲜	日本野桐	akame-gashiwa；akamekashiwa；japanese mallotus；nannyberries；yedeog-namu
4502	*Mallotus korthalsii*	菲律宾、沙巴	科氏野桐	banatong-puti；mallotus minumbong
4503	*Mallotus lackeyi*	沙巴、菲律宾	拉基野桐	balek angin；lamai；mallotus binumbong
4504	*Mallotus leucodermis*	西马来西亚、沙巴	白血野桐	balek angin；mallotus korthalsii；perupok
4505	*Mallotus longistylus*	菲律宾	长穗野桐	tagusala
4506	*Mallotus macrostachyus*	西马来西亚、沙巴	大蕊野桐	balek angin；mallotus dau
4507	*Mallotus miquelianus*	西马来西亚、沙巴、菲律宾	米基利安野桐	balek angin；mallotus kering；pikal；ulas
4508	*Mallotus multiglandulosa*	菲律宾、爪哇岛	腺叶野桐	alim；alimani；padang；padjang
4509	*Mallotus muticum*	西马来西亚、沙巴	木野桐	balek angin；mallotus paya；perupok；selung apidya；serapoh
4510	*Mallotus oblongifolius*	柬埔寨、老挝、越南、菲律宾	长叶叶野桐	choc mot；conh so ca lui；gio；somau
4511	*Mallotus paniculatus*	菲律宾、越南、印度尼西亚、沙巴、沙捞越、西马来西亚、苏门答腊、柬埔寨、老挝、日本	圆锥野桐	anaplan；babet；balek angin；balik angin；balik silai；bo；garak；giay；kajo lete；kasai；kayu budi；mahang puteh；mallotus balabakan；plan；sepabang；tapaie；tjulik angin；towi；vang；vang trung；warik angin
4512	*Mallotus papuanus*	菲律宾	丘疹野桐	masangauai
4513	*Mallotus peltatus*	苏门答腊	佩尔特斯野桐	alafat etem；bating payo；bating silafai
4514	*Mallotus penangensis*	沙巴、文莱、菲律宾	槟榔根野桐	balek angin；enjalakad；enserai；entaempulor；malabulala；mallotus kemenyan；mallotus kemenyan-k emenyan
4515	*Mallotus philippensis*	柬埔寨、越南、西伊里安、沙巴、菲律宾、印度、老挝、缅甸、印度尼西亚、爪哇岛、安达曼群岛	菲律宾野桐	andee；balek angin；chenkolli；enada；ettunalige；gangai；kunkumo；kuranguman janatti；munnaga；palan；puroa；raini；shindur；sindur；sinduri；sinduria；tagusala；tavitu；tukla；tung
4516	*Mallotus repandus*	菲律宾	雷万杜斯野桐	panualan
4517	*Mallotus resinosis*	越南、柬埔寨、老挝	脂野桐	duoivang

序号	学名	主要产地	中文名称	地方名
4518	*Mallotus ricinoides*	沙巴、菲律宾、爪哇岛	蓖麻毒野桐	balekangin; hinlaumo; mallotus dapulan; senoe; takip-asin; tobogor
4519	*Mallotus tiliifolius*	菲律宾、文莱	草野桐	alai; kelimpa pinggai; kutulan
4520	*Mallotus wrayi*	西马来西亚、文莱、沙巴	伊氏野桐	balek angin; enserai; mallotus sagar-sagar
	Malpighia **(MALPIGHIACEAE)** **金虎尾属（金虎尾科）**		**HS CODE 4403.99**	
4521	*Malpighia glabra*	菲律宾、马里亚纳群岛	光滑金虎尾	barbados cherry; escobillo
	Malus **(ROSACEAE)** **苹果属（蔷薇科）**		**HS CODE 4403.99**	
4522	*Malus domestica*	尼泊尔、西亚	圆顶苹果	aplle wild; wild apfel
4523	*Malus mandshurica*	朝鲜	毛山丁苹果	cherry teolyagwang; teolyagwang-namu
4524	*Malus pumila*	西亚	苹果木	common apple-tree; gewone appelboom; manzano comun; melo comune; pommier commun; vanligt apeltrad
4525	*Malus sieboldii*	朝鲜	西波苹果	ageubae-namu; korean ageubae
4526	*Malus zumi*	日本	祖米苹果	ozumi
	Mammea **(GUTTIFERAE)** **黄果藤黄属（藤黄科）**		**HS CODE 4403.99**	
4527	*Mammea novoguineensis*	西伊里安	巴新黄果藤黄	mammea
4528	*Mammea odorata*	马里亚纳群岛	香黄果藤黄	chopag; chopak
	Mangifera **(ANACARDIACEAE)** **杧果属（漆树科）**		**HS CODE 4403.49**	
4529	*Mangifera altissima*	菲律宾、西马来西亚	高杧果	banitan; machang; malapaho; manggapole; mango; paho'; paho; pahong-liitan; pahu'; pahuhutan; pahutan; pangahutan; pangmanggaen
4530	*Mangifera caesia*	菲律宾、文莱、沙巴、沙捞越	蓝灰杧果	baluno; beluno; beluno gading; beluno tikus; bidai; binjai; binjia pulut; lanyat; machang
4531	*Mangifera caloneura*	泰国、西马来西亚、缅甸	美脉杧果	ma-muang-pa; machang; mamuangpa; manga; mango; taw-thayet; tawthayet
4532	*Mangifera cochinchinensis*	东南亚	交趾杧果	xoa

序号	学名	主要产地	中文名称	地方名
4533	*Mangifera duperreana*	柬埔寨、老挝、越南	杜培杧果	queo；xoai lua
4534	*Mangifera elmeri*	沙捞越	埃尔杧果	rengas hitam
4535	*Mangifera foetida*	沙捞越、印度尼西亚、苏门答腊、婆罗洲、马来西亚、爪哇岛、柬埔寨、老挝、越南、西马来西亚、文莱	烈味杧果	alim；ambasang；benibrun；betjang；embatjang；jabing；kemantan；lembawang；macang；machang；manga；membangan；membatjang；muom；pangin；pawuk；purap；queo；sarawak；sepam
4536	*Mangifera gedebe*	柬埔寨、老挝、越南	格代贝杧果	reba
4537	*Mangifera glauca*	东南亚	青冈杧果	champak
4538	*Mangifera griffithii*	沙捞越、西马来西亚	格氏杧果	asam rabah；rawa
4539	*Mangifera indica*	印度、孟加拉国、缅甸、泰国、东南亚、印度尼西亚、沙捞越、西马来西亚、菲律宾、文莱、马里亚纳群岛、柬埔寨、老挝、越南、斯里兰卡	印度杧果	amba；amba mango；ballimavu；boulo；chuto；cutam；empelam；emplam；ghari am；hampclam；krerk；mawashi；mempelam；ondogo；palem；simavu；suai kandol；svay prey；sway kandol；takau；uli；xoai；xoaixangca
4540	*Mangifera insignis*	马来西亚	显著杧果	champee
4541	*Mangifera kewinii*	马来西亚	凯氏杧果	mangga
4542	*Mangifera lagenifera*	文莱、西马来西亚	拉格杧果	benyo；binjai；binjai gabut；binjai nasi；kerasap；lanjut
4543	*Mangifera laurina*	菲律宾、西马来西亚、柬埔寨、老挝、越南、文莱、缅甸、东南亚	桂叶杧果	apale；apali；bachang api；boa pow；empelam empalam；machang；machang api；mangga；mangga ayer；thayet-pya；thayet-the e-nee；thayet-thi ni
4544	*Mangifera longipes*	东南亚	长柄杧果	
4545	*Mangifera longiptiliata*	东南亚	长叶柄杧果	
4546	*Mangifera minor*	西伊里安	小果杧果	kuea；kusi；kuwe；kuweih；kuwi；mango
4547	*Mangifera minutifolia*	越南	微叶杧果	xoai rung

序号	学名	主要产地	中文名称	地方名
4548	*Mangifera monandra*	菲律宾	单雄蕊杧果	kalamansan ai; karig; kurig; malapaho; manggatsap isi; manggatsap ui; paglumboie n; pagsaguau; paho
4549	*Mangifera odorata*	菲律宾、沙捞越、沙巴、西马来西亚、马里亚纳群岛	香杧果	huani; kwini; manga wangi; saipan mango
4550	*Mangifera pajang*	沙捞越、婆罗洲、印度尼西亚、沙巴、西马来西亚	帕杨杧果	alim; assam; bambangan; bawang; embang; luung acham; mawang
4551	*Mangifera parvifolia*	沙捞越、文莱	小叶杧果	raba paya; ranchah ranchah; rebah
4552	*Mangifera pentandra*	西马来西亚	五雄杧果	mangga dodol
4553	*Mangifera quadrifida*	文莱、沙捞越、西马来西亚	四裂杧果	asam damaran; asam kumbang; entunong; machang; matan; perapak; sepam; tediun; turis; ukong
4554	*Mangifera salomonensis*	所罗门群岛	所罗门杧果	
4555	*Mangifera sylvatica*	东南亚、安达曼群岛、缅甸、印度、尼泊尔、孟加拉国	野杧果木	bon-am; bunam; bun-am; chuchiam; katur; makmong-sang-yip; mango; sinin-thayet; sinnin-thayet; taw-thayet; uriam
4556	*Mangifera zeylanica*	斯里兰卡	锡兰杧果	attamba; etamba
	Manglietia **(MAGNOLIACEAE)** **木莲属(木兰科)**		**HS CODE** **4403.99**	
4557	*Manglietia fordiana*	柬埔寨、老挝、越南	木莲	chene de garry du cambodge; ham khom; louang khom; luong khom; mo; mo vang tam; mo-vang-tam; teck rouge; vang tam
4558	*Manglietia gioi*	柬埔寨、老挝、越南	枝木莲	gioi gang; gioi lua; gioi mo ga
4559	*Manglietia glauca*	印度尼西亚、中国	青冈木莲	champak; grey mangletia
4560	*Manglietia grandis*	东南亚	大木莲	
4561	*Manglietia hookeri*	缅甸	钩木莲	sagasein-gyi
4562	*Manglietia insignis*	印度、缅甸	显著木莲	champee; phulsapa; taung-saga
4563	*Manglietia lanuginosa*	苏门答腊	腐植木莲	aduwang; medang sanggar
4564	*Manglietia utilis*	缅甸	良木莲	saga-po

序号	学名	主要产地	中文名称	地方名
	Manihot （EUPHORBIACEAE） 木薯属（大戟科）		**HS CODE** **4403.99**	
4565	*Manihot esculenta*	马里亚纳群岛、马绍尔群岛、爪哇岛	可食木薯	mandioca; mandiuka; mendioca; mendioka; mendiuka; moniok; mundivea; oebi djindral; oebi kajoe; sampeu; singkong
4566	*Manihot glaziovii*	菲律宾	格氏木薯	ceara rubber
	Manilkara （SAPOTACEAE） 铁线子属（山榄科）		**HS CODE** **4403.49**	
4567	*Manilkara celebica*	东南亚	西里伯斯铁线子	
4568	*Manilkara costata*	印度	脉状铁线子	todinga
4569	*Manilkara fasciculata*	菲律宾、西伊里安	簇生铁线子	duyok-duyok; sauh; sner
4570	*Manilkara hexandra*	印度、柬埔寨、斯里兰卡	铁线子	ironwood; kanun palle; kes; khiri; khirkuli; khirni; kirakuli; kirnee; manchi pala; pala; palai; palla; palu; plau; raini; ranjana; rayan; rian
4571	*Manilkara kauki*	西马来西亚、缅甸、菲律宾、印度尼西亚	考基铁线子	adamsapfel; ironwood; muanamal; san; saoe; sawah; sawai; sawo; sawo ketjik
4572	*Manilkara littoralis*	安达曼群岛、印度、缅甸	滨铁线子	andaman bulletwood; bulletwood; dogola; kapali-thit; katpali; mahwa; mohwa; mowha; pinle-mohwa
4573	*Manilkara merrilliang*	东南亚	迈氏铁线子	
4574	*Manilkara zapota*	马里亚纳群岛、缅甸、菲律宾、印度尼西亚	人心果木	chicle; chico; chiku; sapodilla plum; sawo manila; thagya
	Maniltoa （CAESALPINIACEAE） 纶巾豆属（苏木科）		**HS CODE** **4403.99**	
4575	*Maniltoa brassii*	西伊里安	巴氏纶巾豆	maniltoa
4576	*Maniltoa cynometroides*	西伊里安	喃果纶巾豆	mantiltoa
4577	*Maniltoa grandiflora*	西伊里安	大花纶巾豆	baba; bauwbah
	Mansonia （STERCULIACEAE） 曼森梧桐属（梧桐科）		**HS CODE** **4403.49**	
4578	*Mansonia gagei*	老挝、缅甸、泰国	锡金曼森梧桐	chan hom; kalamet; mai chan; sandalwood; siamese sandalwood

序号	学名	主要产地	中文名称	地方名
	Maoutia **（URTICACEAE）** **水丝麻属（荨麻科）**		**HS CODE** **4403. 99**	
4579	*Maoutia diversifolia*	爪哇岛	众叶水丝麻	orang-aring；prembiloet an
4580	*Maoutia setosa*	菲律宾	山鸾尾水丝麻	danlasan
	Maranthes **（ROSACEAE）** **象竹属（蔷薇科）**		**HS CODE** **4403. 99**	
4581	*Maranthes corymbosa*	西伊里安、沙巴、文莱、印度尼西亚、苏门答腊、婆罗洲、菲律宾、苏拉威西、爪哇岛、西马来西亚	伞房象竹	aisiksiki；bangkawang；kolaka；liusin；luisin；manoc；merbatu layang；parada；senculit；soeloeh；somolai；takdangan；tambon tambon；tapgas；tariti；tenang；uas-uasa；udehm；udem
	Margaritaria **（EUPHORBIACEAE）** **篮子木属（大戟科）**		**HS CODE** **4403. 99**	
4582	*Margaritaria indica*	菲律宾、爪哇岛、印度尼西亚	裂篮子木	bungas；pantjal；pantjal kidang；semoetan；sono
4583	*Margaritaria nobilis*	孟加拉国	显著篮子木	acomat batard；amoloki；bois diable；mille branches
	Markhamia **（BIGNONIACEAE）** **老猫尾木属（紫葳科）**		**HS CODE** **4403. 49**	
4584	*Markhamia pierrei*	柬埔寨	密花老猫尾木	so do
4585	*Markhamia stipulata*	柬埔寨、老挝、越南、缅甸、印度	棉毛老猫尾木	chuoc；dai mang；dinh；dinhganga；dinh gioc；dinh khet；dinh mat；ke duoi dong；khe；khuyollvi；kwe；mahlwa；maikye；mayu-de；paukkyan；petthan；thietdinh
	Mastixia **（CORNACEAE）** **单室茱萸属（山茱萸科）**		**HS CODE** **4403. 99**	
4586	*Mastixia arborea*	菲律宾	树状单室茱萸	
4587	*Mastixia caudatifolia*	菲律宾	尾叶单室茱萸	
4588	*Mastixia cuspidata*	菲律宾	尖叶单室茱萸	
4589	*Mastixia eugenioides*	菲律宾	欧基单室茱萸	
4590	*Mastixia kaniensis*	菲律宾、西伊里安、西马来西亚	坎尼单室茱萸	apanit；daganasin；mastixia；tapulao；tetebu
4591	*Mastixia macrophylla*	菲律宾	大叶单室茱萸	
4592	*Mastixia octandra*	菲律宾	八蕊单室茱萸	
4593	*Mastixia pentadra*	印度	五角单室茱萸	gulle

序号	学名	主要产地	中文名称	地方名
4594	*Mastixia philippinensis*	菲律宾	菲律宾单室茱萸	apanit
4595	*Mastixia rostrata*	菲律宾	美洲单室茱萸	
4596	*Mastixia tetrandra*	菲律宾	四蕊单室茱萸	
4597	*Mastixia tetrapetala*	菲律宾	四瓣单室茱萸	apanit-apa tan；benguet apanit；katandungan apanit
4598	*Mastixia trichotoma*	文莱、沙捞越、婆罗洲、西马来西亚	三出单室茱萸	biansu；itan beruang；kamuan；kayu kundur；tetebu
	***Mastixiodendron*（RUBIACEAE）** **鞭茜草木属（茜草科）**		**HS CODE** **4403. 99**	
4599	*Mastixiodendron pachyclados*	西伊里安、印度尼西亚	鞭茜草木	ambekent；bakwiet；klaoedi；kraodi；lancat；loe；maopi；ng-goewaii；ngguway；nguwai；omkoeboen；paide；sik；tamoe；teitakka；ungwaay；woent
4600	*Mastixiodendron smithii*	西伊里安	斯氏鞭草木	
	***Matthaea*（MONIMIACEAE）** **北榕桂属（玉盘桂科）**		**HS CODE** **4403. 99**	
4601	*Matthaea chartacea*	菲律宾	纸叶北榕桂	alukba；bayung-bay ung
4602	*Matthaea ellipsoidea*	菲律宾	椭圆北榕桂	malahunggo
4603	*Matthaea heterophylla*	菲律宾	异叶北榕桂	bagabayung
4604	*Matthaea intermedia*	菲律宾	中北榕桂	sahang-sil angan
4605	*Matthaea philippinensis*	菲律宾	菲律宾北榕桂	saha
4606	*Matthaea pubescens*	菲律宾	短柔毛北榕桂	baringoras
4607	*Matthaea sancta*	菲律宾	圣北榕桂	balit；malabalit；mindanao balit
4608	*Matthaea vidalii*	菲律宾	维氏北榕桂	salapula
	***Maytenus*（CELASTRACEAE）** **美登卫矛属（卫矛科）**		**HS CODE** **4403. 99**	
4609	*Maytenus diversifolia*	菲律宾	众叶美登卫矛	nikanikut
4610	*Maytenus senegalensis*	印度	塞内加尔美登卫矛	baikal；bharati；chinta；danti；gouro；gourokosa；kattanji；mal-kanguni；nandunarai；pedda chintu；tanasimale；valuluvai；vikalo；vikankala；vikaro；viklo；vingar；yekaddi
4611	*Maytenus sieberiana*	东南亚	思贝美登卫矛	
4612	*Maytenus thompsonii*	马里亚纳群岛	汤氏登卫矛	lalukut；lulufut；luluhod；luluhot；luluhut

序号	学名	主要产地	中文名称	地方名
	Medinilla **（MELASTOMATACEAE）** **酸角杆属（野牡丹科）**		**HS CODE** **4403. 99**	
4613	*Medinilla cephalophora*	菲律宾	团酸角杆	dilang baka
4614	*Medinilla robusta*	文莱	粗壮酸角杆	melabub；udok udok batu
	Medusanthera **（ICACINACEAE）** **蛇丝木属（茶茱萸科）**		**HS CODE** **4403. 99**	
4615	*Medusanthera laxiflora*	菲律宾、西伊里安	疏花蛇丝木	imus；marumai-li nis；medusanthe ra
	Meiogyne **（ANNONACEAE）** **鹿茸木属（番荔枝科）**		**HS CODE** **4403. 99**	
4616	*Meiogyne lucida*	菲律宾	亮叶鹿茸木	hanlo
4617	*Meiogyne philippinensis*	菲律宾	菲律宾鹿茸木	pugan
4618	*Meiogyne virgata*	文莱、沙巴	虎尾鹿茸木	bina；karai；pisang pisang
	Melaleuca **（MYRTACEAE）** **白千层属（桃金娘科）**		**HS CODE** **4403. 99**	
4619	*Melaleuca cajuputi*	西马来西亚、苏门答腊	卡玉普白千层	gelam；gelan
4620	*Melaleuca leucadendra*	印度尼西亚、越南、柬埔寨、西马来西亚、老挝、婆罗洲、沙巴、缅甸	白千层	broad-leaved tea-tree；cajeput-tree；cham；galam；glam；kajoe poetih；kalak galam；kalan；katjeputbaum；korkrinde；krasna；lelam；ngelam；niaouli；paperbark；smach；tea-tree；tram
	Melanochyla **（ANACARDIACEAE）** **乌汁漆属（漆树科）**		**HS CODE** **4403. 99**	
4621	*Melanochyla auriculata*	印度、西马来西亚	耳状乌汁漆	mumpaing；pal-ik；rengas
4622	*Melanochyla beccariana*	文莱、西马来西亚、沙巴	贝卡乌汁漆	rengar；rengas；rengas lupi；semendu
4623	*Melanochyla bracteata*	西马来西亚	具苞乌汁漆	rengas
4624	*Melanochyla elmeri*	文莱	埃尔乌汁漆	rengar；rengas；semendu
4625	*Melanochyla fulvinervis*	西马来西亚	黄脉乌汁漆	rengas
4626	*Melanochyla kunstleri*	西马来西亚	孔氏乌汁漆	rengas
4627	*Melanochyla rugosa*	东南亚	糙乌汁漆	
	Melanolepis **（EUPHORBIACEAE）** **墨鳞属（大戟科）**		**HS CODE** **4403. 99**	
4628	*Melanolepis multiglandulosa*	菲律宾、关岛	腺叶墨鳞	alem；alom；alum

序号	学名	主要产地	中文名称	地方名
	Melanorrhoea（ANACARDIACEAE） **黑漆树属（漆树科）**		**HS CODE 4403. 99**	
4629	*Melanorrhoea glabra*	缅甸	光滑黑漆树	taung-thitsi
4630	*Melanorrhoea glauca*	文莱	青冈黑漆树	rengas
4631	*Melanorrhoea laccifera*	柬埔寨、老挝、越南、东南亚	树脂黑漆树	acajou d'indochin; arbre laque; bois jonquille; dom kruol; kraul; kroeul; mahagoni; mairac; nam kieng; nang kieng; rac; rak; rengas; son; son huyet
4632	*Melanorrhoea usitata*	东南亚	黑漆树	
4633	*Melanorrhoea wallichii*	马来半岛、婆罗洲	瓦氏黑漆树	rengas
	Melastoma（MELASTOMATACEAE） **野牡丹属（野牡丹科）**		**HS CODE 4403. 99**	
4634	*Melastoma affine*	印度尼西亚	近缘野牡丹	harendong
4635	*Melastoma beccariana*	文莱	贝卡野牡丹	udok udok laki
4636	*Melastoma boryana*	文莱	博瑞野牡丹	udok udok laki
4637	*Melastoma malabathricum*	文莱、缅甸、印度、斯里兰卡	野牡丹	dudok abai; keramunting; papini; sendukduk; udok udok laki
4638	*Melastoma muticum*	文莱	钝野牡丹	udok udok laki
	Melia（MELIACEAE） **楝属（楝科）**		**HS CODE 4403. 49**	
4639	*Melia azedarach*	柬埔寨、越南、印度、伊朗、菲律宾、巴基斯坦、中国台湾地区、老挝、日本、印度尼西亚、斯里兰卡、西伊里安、朝鲜、苏门答腊、马里亚纳群岛、缅甸	苦楝	azedarach; bagalunga; camphrier faux; deknoi; denkan; garudabevu; ghoranim; hebbevu; kakera; lien; mahanim; nimwood; padrai; sendan; taraka vepa; tiak; titam; turakavepa; vilayatini mb; white cedar; xoan; yu mou
4640	*Melia burmanica*	斯里兰卡、缅甸	缅甸楝	lunumidella; pantama lilac; taw-tamaga
4641	*Melia composita*	印度、斯里兰卡、尼泊尔	复合楝	bagalunga; bevu; dingkurlong; heb-bevu; kadu-kajar; kariaput; karibevan; kuriaput; limbarra; lunumidella; malabar neemwood; malabar nimwood; mallay vembu; nimbarra

序号	学名	主要产地	中文名称	地方名
4642	*Melia dubia*	菲律宾	南岭楝	bagalunga；bulilising
4643	*Melia excelsa*	亚洲	大苦楝	
4644	*Melia japonica*	日本	日本楝	azedarach du japon；bead-tree；oori；sendan
	Melicoccus **（SAPINDACEAE）** **米里无患子属（无患子科）**		**HS CODE** **4403. 99**	
4645	*Melicoccus bijugatus*	关岛	二对米里无患子	kenep；kenepier；quenette；quenettier
	Melicope **（RUTACEAE）** **蜜茱萸属（芸香科）**		**HS CODE** **4403. 99**	
4646	*Melicope curranii*	菲律宾	库氏蜜茱萸	agui
4647	*Melicope densiflora*	菲律宾	密花蜜茱萸	idakak
4648	*Melicope elleryana*	菲律宾	埃亚纳蜜茱萸	
4649	*Melicope glabra*	苏门答腊	光滑蜜茱萸	sampang
4650	*Melicope micrococca*	菲律宾	小果蜜茱萸	
4651	*Melicope mindaensis*	菲律宾	棉兰老岛蜜茱萸	liuaan
4652	*Melicope monophylla*	菲律宾	单叶蜜茱萸	dalou
4653	*Melicope nitida*	菲律宾	密茎蜜茱萸	salimutbut
4654	*Melicope obtusa*	菲律宾	钝叶蜜茱萸	bulig
4655	*Melicope philippinensis*	菲律宾	菲律宾蜜茱萸	aliayan
4656	*Melicope triphylla*	菲律宾	柠檬蜜茱萸	matang-arau
	Melientha **（OPILIACEAE）** **南甜菜树属（山柚子科）**		**HS CODE** **4403. 99**	
4657	*Melientha suavis*	菲律宾	南甜菜树	aratig
	Meliosma **（SABIACEAE）** **泡花树属（清风藤科）**		**HS CODE** **4403. 99**	
4658	*Meliosma angustifolia*	越南	狭叶泡花树	ba dau；nay tram；phoi bo
4659	*Meliosma forrestii*	越南	西南泡花树	phang tia
4660	*Meliosma lanceolata*	苏门答腊、爪哇岛	剑叶泡花树	bulung manuk；kabung-kabung blumut；kayu buluk hujan；tjerme-badak；tjerme-beu reum；tungkeali
4661	*Meliosma macrophylla*	东南亚	大叶泡花树	
4662	*Meliosma myriantha*	日本	多花泡花树	awabuki
4663	*Meliosma oldhami*	日本	复叶泡花树	tosana

序号	学名	主要产地	中文名称	地方名
4664	*Meliosma pinnata*	菲律宾、尼泊尔、沙巴、苏门答腊、西伊里安、缅甸、爪哇岛	羽状泡花树	balilang-uak; dabdabbi; gapas gapas; heinan; kabung silang bulung; meliosma; pet-kanan; tjerme-badak
4665	*Meliosma rhoifolia*	中国台湾地区	笔罗泡花树	ryuukyuu-awabuki; yambaru-awabuki
4666	*Meliosma rigida*	日本	硬泡花树	yamabiwa
4667	*Meliosma sarawakensis*	苏门答腊	沙捞越泡花树	kayu rube boras
4668	*Meliosma simplicifolia*	缅甸	单叶泡花树	pet-taungg yaing
4669	*Meliosma sumatrana*	沙巴、苏门答腊、印度尼西亚、菲律宾	苏门答腊泡花树	gapas; kajoe reboeng; kayu durung-dur ung; kayu iding-ining; kitiwoe; marazat; siputurut; sringkut; sumagasa; tampa bussie
4670	*Meliosma tenuis*	东南亚	细泡花树	
4671	*Meliosma yunnanensis*	中国	云南泡花树	
	Melliodendron (**STYRACACEAE**) **陀螺果属（野茉莉科）**		**HS CODE** **4403.99**	
4672	*Melliodendron xylocarpum*	中国	陀螺果	
	Melochia (**STERCULIACEAE**) **马松子属（梧桐科）**		**HS CODE** **4403.99**	
4673	*Melochia compacta*	马里亚纳群岛	密苞马松子	atmahayan; atruahayan; sayafe
4674	*Melochia corchorifolia*	印度	马松子	bilpat; chyeron; dasokerotan; ganugapind ikura; nolita; pinnakkupp undu; punnakkukkirai; seruvuram; sittantakura; tikiokra; tutturubenda
4675	*Melochia odorata*	马里亚纳群岛、印度尼西亚、爪哇岛	香马松子	atruahayan; bientienoh; bientinoe; bintanoe; bintinoe
4676	*Melochia umbellata*	印度尼西亚、菲律宾、爪哇岛	伞花马松子	bintinu; labayo; senoe; senu
4677	*Melochia villosissima*	马里亚纳群岛	长毛马松子	atmahayan
	Memecylon (**MELASTOMATACEAE**) **谷木属（野牡丹科）**		**HS CODE** **4403.99**	
4678	*Memecylon agusanense*	菲律宾	阿古桑谷木	lantoganon
4679	*Memecylon apoense*	菲律宾	阿波谷木	balitiuan
4680	*Memecylon azurinii*	菲律宾	蓴组谷木	kandong
4681	*Memecylon basilanense*	菲律宾	贝斯谷木	basilian gikayan

序号	学名	主要产地	中文名称	地方名
4682	*Memecylon borneense*	文莱	婆罗谷木	nipis kulit
4683	*Memecylon brachybotrys*	菲律宾	短柄谷木	sigai
4684	*Memecylon calderense*	菲律宾	蔻德谷木	yayan
4685	*Memecylon capitellatum*	斯里兰卡	小头谷木	dodankaha
4686	*Memecylon cephalanthum*	文莱	毛喉谷木	nipis kulit；ubah telinga basing
4687	*Memecylon cordifolium*	菲律宾	心叶谷木	bagobahi
4688	*Memecylon costatum*	东南亚	中脉谷木	
4689	*Memecylon cumingianum*	菲律宾	库名谷木	kagig
4690	*Memecylon cumingii*	菲律宾	三角谷木	kagigai
4691	*Memecylon densiflorum*	菲律宾	密花谷木	agam
4692	*Memecylon dura*	文莱	硬谷木	nipis kulit
4693	*Memecylon edule*	菲律宾、印度、斯里兰卡、西马来西亚、柬埔寨、老挝、越南、缅甸	可食谷木	culis；ironwood；kulis；mont he；nipis kulit；plong；plong phmeas；plong phua；pon liese；thabye-on
4694	*Memecylon elliptifolium*	菲律宾	椭圆谷木	kalasgas
4695	*Memecylon elongatum*	菲律宾	长穗谷木	anaba
4696	*Memecylon garcinioides*	西马来西亚	似山竹谷木	nipis kulit
4697	*Memecylon gitingense*	菲律宾	菲律宾谷木	batingi
4698	*Memecylon glomeratum*	东南亚	球状谷木	
4699	*Memecylon gracilipes*	菲律宾	细柄谷木	agam-iloko
4700	*Memecylon laevigatum*	文莱、沙巴、西马来西亚	平滑谷木	nipis kulit
4701	*Memecylon lanceolata*	文莱、菲律宾	剑叶谷木	digeg；nipis kulit
4702	*Memecylon ligustrifolium*	中国	谷木	chaivo
4703	*Memecylon littorale*	菲律宾	海岸谷木	kasigai
4704	*Memecylon loheri*	菲律宾	南洋谷木	loher kulis
4705	*Memecylon multiflorum*	东南亚	多花谷木	
4706	*Memecylon myrsinoides*	西马来西亚	迷欣谷木	nipis kulit
4707	*Memecylon myrtilli*	菲律宾	越桔谷木	pupuntad
4708	*Memecylon obtusifolium*	菲律宾	钝叶谷木	diok
4709	*Memecylon oligophlebium*	菲律宾	贫脉谷木	timbaras
4710	*Memecylon ovatum*	菲律宾	卵叶谷木	kulis
4711	*Memecylon paniculatum*	文莱、菲律宾	圆锥谷木	nipis kulit；pasagit

序号	学名	主要产地	中文名称	地方名
4712	*Memecylon phanerophlebium*	菲律宾	显脉谷木	kulis；panaipai
4713	*Memecylon pteropus*	菲律宾	狐蝠谷木	sigai-pakpak
4714	*Memecylon pubescens*	马来西亚、西马来西亚	短柔毛谷木	nipis kulit
4715	*Memecylon ramosii*	菲律宾	宽瓣谷木	ramos agam
4716	*Memecylon schraderbergense*	东南亚	艾瑞谷木	
4717	*Memecylon scolopacinum*	文莱	丝口谷木	benawar；dulang dulang；gelam gelam bukit；mutik；nipau kulit；nipis kulit；samara；tempagas
4718	*Memecylon sepikensis*	西伊里安	塞皮谷木	memecylon
4719	*Memecylon sessilifolium*	菲律宾	无梗谷木	babahian
4720	*Memecylon stenophyllum*	菲律宾	细叶谷木	kulis-kitid
4721	*Memecylon subcaudatum*	菲律宾	子考谷木	sagingsing
4722	*Memecylon subfurfuraceum*	菲律宾	亚富谷木	dignek
4723	*Memecylon symplociforme*	菲律宾	灰谷木	ambatiki
4724	*Memecylon tayabense*	菲律宾	塔亚谷木	tayabas gasgas
4725	*Memecylon umbellatum*	印度	伞谷木	anakkayavu；anjani；bonohorono；harchari；ironwood-tree；kalayam；kikkalli；kuspa；lakhonde；limba；midalli；netunjetti；nirassa；niroso；pungali；ronzoni；sirugasa；udaballi；uddalalli
	***Merrillia*（RUTACEAE）** **马来柠檬属（芸香科）**		**HS CODE** **4403.99**	
4726	*Merrillia caloxylon*	西马来西亚、苏门答腊、马来西亚	马来柠檬	kemuning；kemuning hutan；ketengga；ketenggah
	***Merrilliodendron*（ICACINACEAE）** **巨海榄属（茶茱萸科）**		**HS CODE** **4403.99**	
4727	*Merrilliodendron megacarpum*	马里亚纳群岛、西伊里安	巨海榄	faniok；merrilliod endron
	***Mespilus*（ROSACEAE）** **欧楂果属（蔷薇科）**		**HS CODE** **4403.99**	
4728	*Mespilus germanica*	西亚	欧楂果木	grootvruch tige mispel；medlar-tree；mispeltrad；neflier；nespolo；nispero

序号	学名	主要产地	中文名称	地方名
	Messerschmidia **(BORAGINACEAE)** **砂引草属（紫草科）**		**HS CODE** **4403.99**	
4729	*Messerschmidia argentea*	菲律宾	银毛树	patayud
	Mesua **(GUTTIFERAE)** **铁力木属（藤黄科）**		**HS CODE** **4403.49**	
4730	*Mesua assamica*	印度	阿萨铁力木	kaliwas; sia nahor; sia nahore
4731	*Mesua beccariana*	沙捞越	贝卡铁力木	mergasing paya
4732	*Mesua calophylloides*	沙捞越	海棠铁力木	mergasing daun kecil
4733	*Mesua elegans*	东南亚	秀丽铁力木	
4734	*Mesua ferrea*	印度、越南、泰国、柬埔寨、安达曼群岛、缅甸、印度尼西亚、马来西亚、斯里兰卡、老挝、西马来西亚	铁力木	atha; behetta champagam; caland; east indian ironwood; gangaw; ganggo; irool-marum; ka thang; kathang; lenggapus; mesua; na; naga kesara; nangu; oukathang; panaga boonga; peri; tram hoang; vap; wap
4735	*Mesua grandis*	东南亚	大铁力木	
4736	*Mesua lepidota*	东南亚	莱皮铁力木	
4737	*Mesua macrantha*	沙巴	大花铁力木	bintangor batu
4738	*Mesua nervosa*	缅甸	多脉铁力木	taung-gangaw; thabye-gangaw
4739	*Mesua paniculata*	菲律宾	锥花铁力木	bagatal; kadani-isol; kaliuas; kaliwas; kariwas; kiting-kiting; liusin-pula; palomariang-babae
4740	*Mesua philippinensis*	菲律宾	菲律宾铁力木	yango
4741	*Mesua racemosa*	东南亚	聚果铁力木	
4742	*Mesua wrayi*	东南亚	威氏铁力木	
	Metadina **(RUBIACEAE)** **黄棉木属（茜草科）**		**HS CODE** **4403.99**	
4743	*Metadina trichotoma*	西马来西亚	三出黄棉木	kurau; meraga
	Metasequoia **(TAXODIACEAE)** **水杉属（杉科）**		**HS CODE** **4403.25（截面尺寸≥15cm）或 4403.26（截面尺寸<15cm）**	
4744	*Metasequoia glyptostroboides*	中国南部	水杉	dawn redwood; kinesisk sekvoja; metasekwoi chinskiej; metasekwoja; metasequoia; shui-hsa; shui-sha; urwald-mam mutbaum; wasserlarche; wassertanne; water fir; water larch

序号	学名	主要产地	中文名称	地方名
	***Metrosideros*（MYRTACEAE）** **铁心木属（桃金娘科）**		**HS CODE** **4403.99**	
4745	*Metrosideros petiolata*	菲律宾	柄铁心木	kaju lara; lara
4746	*Metrosideros vera*	爪哇岛、印度尼西亚、西马来西亚	真铁心木	eijserhout; kajoe besi; lara; nani; vunga
	***Mezzettia*（ANNONACEAE）** **马来番荔枝属（番荔枝科）**		**HS CODE** **4403.99**	
4747	*Mezzettia curtisii*	西马来西亚	柯氏马来番荔枝木	mempisang
4748	*Mezzettia havilandii*	文莱	哈氏马来番荔枝木	pisang pisang
4749	*Mezzettia leptopoda*	婆罗洲、印度尼西亚、沙巴、西马来西亚、文莱、马来西亚	马来番荔枝木	bamitan; karai; karapak; karipak; mempisang; menpisang; pisang pisang
4750	*Mezzettia parviflora*	婆罗洲、印度尼西亚	小花马来番荔枝木	mahabai; tetapa itam
4751	*Mezzettia umbellata*	印度尼西亚、文莱	伞花马来番荔枝木	parupuk; pisang pisang; tada manok udok
	***Mezzettiopsis*（ANNONACEAE）** **蚊花属（番荔枝科）**		**HS CODE** **4403.99**	
4752	*Mezzettiopsis creaghii*	菲律宾	克氏蚊花	tabingalang
	***Michelia*（MAGNOLIACEAE）** **含笑属（木兰科）**		**HS CODE** **4403.49**	
4753	*Michelia alba*	中国	白兰	paakyuk laan
4754	*Michelia balansae*	越南	巴拉白兰	champaka; gioi
4755	*Michelia bariensis*	越南	河内含笑	gioi
4756	*Michelia baviensis*	柬埔寨、老挝、越南	巴维白兰	champak; gioi mo; mo-gioi
4757	*Michelia celebica*	东南亚	西里伯斯白兰	wasian
4758	*Michelia champaca*	印度尼西亚、斯里兰卡、沙捞越、泰国、南亚、缅甸、西马来西亚、越南、苏门答腊	黄兰	aloes; amariyam; bapu; campaca; gangaravi; hemangamu; hoa su nam; kanjanamu; laran; manchana; pitochampo; sonchampo; tjempaca kuning; tjempaka koneng; vandumarma lar; wallwood; yellow champa; yemanet

序号	学名	主要产地	中文名称	地方名
4759	*Michelia compressa*	日本、中国台湾地区	扁白兰	magnolia；ogatama；ogatama-no-ki
4760	*Michelia doltsopa*	印度、缅甸	南亚含笑	champ；saga-pyu
4761	*Michelia excelsa*	印度、尼泊尔	大含笑	bara champ；champak；champaka；gok；penre；safed champ；seti champ；sigugrip
4762	*Michelia fulva*	亚洲	黄褐含笑	
4763	*Michelia hypolampra*	柬埔寨、老挝、越南	拉兰含笑	champak；dau gio；gioi；gioi gang；ham
4764	*Michelia kachirachirai*	中国台湾地区	恒春含笑	kachirachirai
4765	*Michelia kisopa*	尼泊尔	索帕含笑	champ
4766	*Michelia koordersiana*	苏门答腊	科达含笑	cempaka telor；cibai；medang kunik tamu
4767	*Michelia lacei*	缅甸	壮丽含笑	ye-sagawa
4768	*Michelia martinii*	亚洲	黄心夜合	
4769	*Michelia mediocris*	中国、越南	白花含笑	ch'ai foam；gioi；heung naam
4770	*Michelia montana*	印度尼西亚、苏门答腊、沙巴、爪哇岛、婆罗洲	山地白兰	cempaka；cempaka utan；champak；chempaka；chempaka hutan；manglid；medang perlam；tjempaka djahe；tjempaka wilis
4771	*Michelia nilagirica*	印度、斯里兰卡	印度含笑	champak；pilachampa；shembugha；wal-buruta；walsapu；wal-sapu
4772	*Michelia oblonga*	印度	长圆含笑	champak；titasapa
4773	*Michelia philippinesis*	菲律宾	菲律宾含笑	sandit
4774	*Michelia scortechinii*	苏门答腊、西马来西亚	狭叶含笑	cempaka daun halus；chempaka；medang hitam
4775	*Michelia sericea*	印度尼西亚	绢毛含笑	garo tsjampaca
4776	*Michelia tonkinensis*	柬埔寨、老挝、越南	东京含笑	gioi
4777	*Michelia velutina*	东南亚	毛含笑	manglid
	***Microcos*（TILIACEAE）** **布渣叶属（椴树科）**		**HS CODE** **4403.99**	
4778	*Microcos borneensis*	沙捞越	婆罗布渣叶	bunsi paya
4779	*Microcos cinnamomifolia*	文莱	樟叶布渣叶	kedang merkapal；tentidong
4780	*Microcos crassifolia*	沙巴	厚叶布渣叶	kerodong damak

序号	学名	主要产地	中文名称	地方名
4781	*Microcos grandiflora*	西伊里安	大花布渣叶	damak damak；kerodong；microcos
4782	*Microcos hirsuta*	文莱	粗毛布渣叶	buah tusu；damak damak；puteh engkuliong；tusu
4783	*Microcos paniculata*	孟加拉国、柬埔寨、越南、缅甸	锥花叶	asar；ben nay；myat-ya
4784	*Microcos philippinensis*	菲律宾	菲律宾布渣叶	balukok
4785	*Microcos pyriformis*	菲律宾	梨形布渣叶	karong
4786	*Microcos stylocarpa*	文莱、菲律宾	小果布渣叶	damak damak；kamuling；nemak nemak；susung-biig
	***Microdesmis*（PANDACEAE）** **小盘木属（油树科）**		**HS CODE** **4403.99**	
4787	*Microdesmis caseariifolia*	柬埔寨、越南、菲律宾、老挝	小盘木	aluan te he；balanatu；bang；chanh oc
4788	*Microdesmis magallanensis*	菲律宾	马加小盘木	sagipat
	***Micromelum*（RUTACEAE）** **小芸木属（芸香科）**		**HS CODE** **4403.99**	
4789	*Micromelum caudatum*	菲律宾	尾叶小芸木	langin
4790	*Micromelum ceylanicum*	菲律宾	锡兰小芸木	tulibas
4791	*Micromelum curranii*	菲律宾	库氏小芸木	alas
4792	*Micromelum globosum*	菲律宾	格洛小芸木	tabas
4793	*Micromelum inodorum*	菲律宾	无味小芸木	tulibas-mabolo
4794	*Micromelum minutum*	菲律宾	小芸木	tulibas-tilos
4795	*Micromelum pubescens*	亚洲	短柔毛小芸木	
4796	*Micromelum sorsogonense*	菲律宾	索索贡小芸木	makabangon
	***Microtropis*（CELASTRACEAE）** **假卫矛属（卫矛科）**		**HS CODE** **4403.99**	
4797	*Microtropis bivalvis*	爪哇岛	比瓦假卫矛	koedang-koedang pajo
4798	*Microtropis curranii*	菲律宾	库氏假卫矛	curran biiogo
4799	*Microtropis fokienensis*	中国	福建假卫矛	
4800	*Microtropis japonica*	日本	日本假卫矛	
4801	*Microtropis platyphylla*	菲律宾	宽叶假卫矛	basilian bilogo；bilogo；bilogong-laparan；bilogong-pula；dayandang；dilakit；tagapahan
4802	*Microtropis standleyi*	亚洲	斯坦假卫矛	

序号	学名	主要产地	中文名称	地方名
4803	*Microtropis sumatrana*	苏门答腊	苏门答腊假卫矛	anuntus; delok; kudang payo; lalalar delok; suah baseum
4804	*Microtropis wallichiana*	亚洲	瓦利假卫矛	
	Miliusa **(ANNONACEAE)** **野独活属（番荔枝科）**		**HS CODE** **4403. 99**	
4805	*Miliusa arborea*	菲律宾	树状野独活	ubaran
4806	*Miliusa bailloni*	柬埔寨、老挝、越南	贝洛野独活	kentay; khai; so khpai; xang moi
4807	*Miliusa koolsii*	西伊里安	库氏野独活	miehs; mies; miliusa; saccopetalum
4808	*Miliusa roxburghiana*	缅甸	刺梨野独活	thabut-thein
4809	*Miliusa thorelii*	缅甸	狭叶野独活	taw-sagasein
4810	*Miliusa tomentosa*	印度	毛野独活	ubalu
4811	*Miliusa velutina*	印度、缅甸、柬埔寨、越南	绒毛野独活	daula; dom-sal; don sal; gausal; hangkarok; ilar; kajramta; kajrauta; karai; kari; kutki; mai nangsang; nalla duduga; ome; peddachilka duduga; sma krabey; thabut-gyi; thabut-kyi; toi; tomxoi
4812	*Miliusa vidalii*	菲律宾	维氏野独活	takulau
	Millettia **(FABACEAE)** **崖豆属（蝶形花科）**		**HS CODE** **4403. 49**	
4813	*Millettia ahernii*	菲律宾	阿氏崖豆木	ahern balok
4814	*Millettia albiflora*	西马来西亚	花崖豆木	jenerek; kayu rindu; tulang diang; urat rusa
4815	*Millettia atropurpurea*	苏门答腊、西马来西亚、缅甸、泰国	暗紫崖豆木	baniran; embut besok; jenerek; kywe-danyin; lebut berisuk; lembut berisuk; magrijojo; meribungan; patimeh; sae; sikulik; sipuseai; tanyin-ni; tulang daing
4816	*Millettia barteri*	亚洲	巴尔崖豆木	
4817	*Millettia brachycarpa*	菲律宾	短果崖豆木	balok-balok
4818	*Millettia brandisiana*	缅甸	环萼崖豆木	thit-pagan
4819	*Millettia canariifolia*	菲律宾	橄榄叶崖豆木	malapatpat
4820	*Millettia cavitensis*	菲律宾	甲美地崖豆木	mila-milan
4821	*Millettia floribunda*	日本	众花崖豆木	fuji
4822	*Millettia foxworthyi*	菲律宾	南亚崖豆木	foxworthy baluk

序号	学名	主要产地	中文名称	地方名
4823	*Millettia leucantha*	印度、泰国、缅甸	白花崖豆木	khacho；thinwin
4824	*Millettia littoralis*	菲律宾	滨崖豆木	balok-dagat
4825	*Millettia longipes*	菲律宾	长柄崖豆木	balok-haba
4826	*Millettia merrillii*	菲律宾	麦氏崖豆木	balok
4827	*Millettia multiflora*	缅甸	多花崖豆木	bingan；pingan
4828	*Millettia orientalis*	东南亚	东方崖豆木	
4829	*Millettia pachycarpa*	东南亚	厚果崖豆木	
4830	*Millettia pendula* (= *Phaseolodes pendulum*)	东南亚	下垂崖豆木	
4831	*Millettia pinnata*	印度、马来西亚	羽状崖豆木	kirriwella；marabahai；merbahai
4832	*Millettia platyphylla*	菲律宾、文莱	宽叶崖豆木	balok-laparan；kedang teran；pundi；puni；sansanlang；tansanlang；tumu pirid
4833	*Millettia pubinervis*	缅甸	茎叶崖豆木	thinwin-bo
4834	*Millettia pulchra*	缅甸	美丽崖豆木	swethe；thinwin-zat
4835	*Millettia racemosa*	菲律宾	聚果崖豆木	malabalok
4836	*Millettia stipulata*	菲律宾	棉毛崖豆木	malabai
4837	*Millettia tenuipes*	菲律宾	细毛崖豆木	malabani
4838	*Millettia unifoliata*	东南亚	单叶崖豆木	
4839	*Millettia vasta*	沙捞越、西马来西亚	瓦斯崖豆木	kedang belum；tulang daing
	***Millingtonia*（BIGNONIACEAE）老鸦烟筒花属（紫葳科）**		**HS CODE 4403. 99**	
4840	*Millingtonia hortensis*	印度、柬埔寨、越南、缅甸、老挝、泰国、东南亚、南亚	易生老鸦烟筒花	akasmalli；angkier bohs；bakeni；beratu；biratumara；cork-gach；dat phuoc；egayit；hatan；indian corktree；kavuki；kula nim；maramalli；neem-chameli；peep；potean；redli；sekar poetih
	***Mimosa*（MIMOSACEAE）含羞草属（含羞草科）**		**HS CODE 4403. 99**	
4841	*Mimosa pudica*	印度	含羞草	attapatti；chui-mui；dedhasurob arasuni；lajah；lajwati；muttidare muni；nachike；najuko；peddanidra kanti；risamani；samanga；tottalvadi；tottavati

序号	学名	主要产地	中文名称	地方名
4842	*Mimosa rubicaulis*	印度	鲁比含羞草	agla; ail; chilati; didriar; dontari; ingai; kattusinikka; kikkri; kodimudusu; kuchikanta; rasna; rasne; sajjaka; sallaka; sarja; sarjarasah; shiahkanta; undra; urisige; ventra
	Mimusops **(SAPOTACEAE)** **子弹木属（山榄科）**		**HS CODE** **4403. 49**	
4843	*Mimusops calophylloides*	菲律宾	石竹子弹木	duyok-duyok
4844	*Mimusops elengi*	菲律宾、印度、斯里兰卡、缅甸、印度尼西亚、西伊里安、泰国、马里亚纳群岛、安达曼群岛、西马来西亚、沙巴	埃伦子弹木	anosep; asian bulletwood; buckhul; elengi; enengi; ilanni; kirakuli; ligaian; magadam; pasak; pekola batu; ranjal; sawo manuk; sener; spanish cherry; tagatoi; talipopo; vagulam; vakula; vakulamu; wovali
4845	*Mimusops hexandra*	印度南部、斯里兰卡	六蕊子弹木	kirakuli
4846	*Mimusops parvifolia*	菲律宾	小叶子弹木	bansalagin
	Mischocarpus **(SAPINDACEAE)** **柄果木属（无患子科）**		**HS CODE** **4403. 99**	
4847	*Mischocarpus branchyphyllus*	菲律宾	支叶柄果木	kasau
4848	*Mischocarpus cauliflorus*	菲律宾	茎花柄果木	baliang
4849	*Mischocarpus ellipticus*	菲律宾	椭圆柄果木	urangdang
4850	*Mischocarpus endotrichus*	菲律宾	内多柄果木	ringis
4851	*Mischocarpus fuscescens*	爪哇岛	褐柄果木	pendjalinan
4852	*Mischocarpus lessertianus*	爪哇岛	莱瑟柄果木	pendjalinan
4853	*Mischocarpus pentapetalus*	孟加拉国、缅甸、马来西亚	五叶柄果木	jugga-harina; seingangaw; takang; tangumapur
4854	*Mischocarpus salicifolius*	菲律宾	柳叶柄果木	malatiki
4855	*Mischocarpus sundaicus*	菲律宾	果木柄果木	malasalab
4856	*Mischocarpus triqueter*	菲律宾	三角叶柄果木	kalam
	Mitragyna **(RUBIACEAE)** **帽柱木属（茜草科）**		**HS CODE** **4403. 49**	
4857	*Mitragyna brunonis*	泰国	布鲁帽柱木	toomkwao; tum
4858	*Mitragyna diversifolia*	印度	众叶帽柱木	binga

序号	学名	主要产地	中文名称	地方名
4859	*Mitragyna javanica*	东南亚	爪哇帽柱木	
4860	*Mitragyna macrophylla*	东南亚	大叶帽柱木	
4861	*Mitragyna parviflora*	印度	小花帽柱木	botruga; bottakadimi; chinna kadamba; dhulikadam ba; gudikaima; gulikadam; hedu; kadaga; kalamb; keim; kongu; kuddam; mundi; mur; nayikadambe; nirkadambe; vimba; vimbu nirkadambu; vitanah
4862	*Mitragyna rotundifolia*	印度、缅甸、菲律宾	圆叶帽柱木	binga; hnawbinga; hnawthein; labau; mai naw; mambog; mamtog
4863	*Mitragyna speciosa*	柬埔寨、越南、印度、缅甸、老挝、南亚、孟加拉国、巴基斯坦、西马来西亚、斯里兰卡、印度尼西亚、苏门答腊、泰国、菲律宾、西伊里安、婆罗洲	美丽帽柱木	ahiani; batabanapu; cagiam; chinna kadambu; congu; dakroom; giam; hpang; kadani; kadavala; kulm; kurum; lugub; mai pyele; paumiprwah; purin; rangkat; sa; sapat; sendik; tein; teinthe; thom nam; yetega
4864	*Mitragyna tubulosa*	斯里兰卡	管花帽柱木	helamba
	Mitrephora **(ANNONACEAE)** **银钩花属（番荔枝科）**		**HS CODE** **4403.99**	
4865	*Mitrephora basilanensis*	菲律宾	巴西兰钩花	basilian lanutan
4866	*Mitrephora bousigoniana*	柬埔寨、老挝、越南	布西银钩花	boungto; cogie
4867	*Mitrephora caudata*	菲律宾	尾状银钩花	lanutan-buntotan
4868	*Mitrephora edwardsi*	柬埔寨、老挝、越南	爱德银钩花	con-hen-titey; conhentitey; dom chhoeu con hen titey
4869	*Mitrephora fragrans*	菲律宾	香银钩花	lanutan-banguhan
4870	*Mitrephora glabra*	婆罗洲、印度尼西亚	光滑银钩花	banitan
4871	*Mitrephora lanotan*	菲律宾	拉诺银钩花	lanutan
4872	*Mitrephora maingayi*	缅甸	梅尼银钩花	thabut-net
4873	*Mitrephora multifolia*	菲律宾	多叶银钩花	lallutan-lamak
4874	*Mitrephora pictiflora*	菲律宾	图花银钩花	babayok
4875	*Mitrephora reflexa*	菲律宾	反射银钩花	pangananan
4876	*Mitrephora samarensis*	菲律宾	萨马岛银钩花	samar lanutan

序号	学名	主要产地	中文名称	地方名
4877	*Mitrephora sorsogonensis*	菲律宾	索索贡银钩花	sorsogon lanutan
4878	*Mitrephora thoreli*	柬埔寨、老挝、越南	索雷银钩花	cogienui；gienui；kda cong hen
4879	*Mitrephora weberi*	菲律宾	韦伯银钩花	weber lanutan
4880	*Mitrephora williamsii*	菲律宾	威氏银钩花	williams lanutan
	Monocarpia **（ANNONACEAE）美脉玉盘属（番荔枝科）**		**HS CODE 4403.99**	
4881	*Monocarpia eunneura*	文莱	尤内美脉玉盘	pisang pisang
4882	*Monocarpia marginalis*	沙捞越、马来西亚、西马来西亚、文莱	边际美脉玉盘	akau；karai；mempisang；pisang pisang
	Morinda **（RUBIACEAE）鸡眼藤属（茜草科）**		**HS CODE 4403.99**	
4883	*Morinda angustifolia*	缅甸	狭叶鸡眼木	yeyo
4884	*Morinda citrifolia*	菲律宾、沙巴、印度、印度尼西亚、柬埔寨、老挝、越南、关岛、马里亚纳群岛、文莱、沙捞越、西马来西亚、马绍尔群岛、西伊里安、爪哇岛	橘叶鸡眼木	bangkoro；bengkudu；brimstone-tree；dau；giau；lada；ladda；lata；mengkudu；nen；ngao；nhau nui；nin；rau；rhubarbe caraibe；suranji；tani；tjangkoedoe
4885	*Morinda coreia*	泰国	圆形鸡眼木	yo-pa
4886	*Morinda elliptica*	西马来西亚	椭圆鸡眼木	mengkudu
4887	*Morinda tinctoria*	南亚	染料鸡眼木	mengkudu
4888	*Morinda tomentosa*	印度、柬埔寨、老挝、越南、缅甸	毛鸡眼木	ack；ahl；ainshi；al；ali；alladi；alleri；alua；chaili；chogar maddi；hardi；mulgal；ncona maron；nhau；nibase；norh thom；nuna；togar mogi；togari；tzogar
	Moringa **（MORINGACEAE）辣木属（辣木科）**		**HS CODE 4403.99**	
4889	*Moringa oleifera*	印度、缅甸、菲律宾、马里亚纳群岛	油辣木	achajhada；drunstick-tree；guggala；katdes；maissang；nugge；nuggi；sigruh；soajna；soanjana；soanjna；sobhanjana；sohajna；sojina；sojoba；sujana

序号	学名	主要产地	中文名称	地方名
	***Morus*（MORACEAE）** **桑属（桑科）**		**HS CODE** **4403.49**	
4890	*Morus alba*	印度、越南、柬埔寨、老挝、中国、西马来西亚、尼泊尔、缅甸、泰国、巴基斯坦、日本	白桑	ambat；bili uppu nerale；chinni；dau den；gelso bianco；giau den；hipnerle；indian mulberry；kambli chedi；labri；mawon；murier blanc；posa；reshme chettu；shetur；tutri；vitt mullbartrad；white mulberry；yama-guwa
4891	*Morus bombycis*	日本、朝鲜	孟买桑	korean mulberry；kuwa；mulberry；sanbbong-n amu；yama-guwa
4892	*Morus macroura*	印度尼西亚、缅甸	光叶桑	andalas；andi；bola；indian yellow mulberry；kimbu；labri；malaing；nambyong；posa；senta；singtok；tawposa；taw-posa；tawpwesa；tut；yellow mulberry
4893	*Morus nigra*	西亚、越南	黑桑	black mulberry；gelso nero；glau；moerbei；moral negro；moro nero；murier noir；svart mullbar；svart mullbarstr ad；zwarte moerbeiboom；zwarte moerbezie
4894	*Morus notabilis*	中国	川桑	chinese mulberry
4895	*Morus serrata*	尼泊尔、印度	齿叶桑	chimu；himu；karum；kimu；tunt；tut
	***Muntingia*（MUNTINGIACEAE）** **文定果属（文定果科）**		**HS CODE** **4403.99**	
4896	*Muntingia calabura*	菲律宾、西马来西亚、马里亚纳群岛	文定果	datilea；datiles；datilis；kerukup siam；mansanita；manzanilla；manzanita；ratiles
	***Murraya*（RUTACEAE）** **九里香属（芸香科）**		**HS CODE** **4403.99**	
4897	*Murraya crenulata*	菲律宾	钝齿九里香	banasi
4898	*Murraya excelsa*	印度	大九里香	juti
4899	*Murraya koenigii*	印度、缅甸	科氏九里香	barsanga；barsunga；curry bush；curry leaf-tree；gandalu；gandanim；gandhabevu；gandhela；harri；jhirang；kaidaryah；karepahu；karhinimb；kariaphyli；karibevana；karibevu；mersinga；mitha nim；poospala

序号	学名	主要产地	中文名称	地方名
4900	*Murraya paniculata*	安达曼群岛、印度、菲律宾、柬埔寨、老挝、越南、缅甸、印度尼西亚、苏门答腊、西马来西亚、婆罗洲、马来西亚、沙巴、南亚	锥花九里香	angarakana; atal; banaasi; chinese box; ekangi; ganarenu; harkankali; honey bush; juti; kamenee; kamini; marsan; orange jessamine; pandari; pandhri; reket-berar; satinwood; thanatka; vangarai; yazana
4901	*Murraya sumatrana*	苏门答腊、西马来西亚、苏拉威西、印度尼西亚	苏门答腊九里香	dingo latoe; kamoening; kamunie; wanatah
	Mussaenda **(RUBIACEAE)** **玉叶金花属（茜草科）**		**HS CODE** **4403. 99**	
4902	*Mussaenda acuminatissima*	菲律宾	尖叶玉叶金花	katudai
4903	*Mussaenda anisophylla*	菲律宾	异叶玉叶金花	talig-harap
4904	*Mussaenda attenuatifolia*	菲律宾	玉叶金花金花	bungag
4905	*Mussaenda frondosa*	印度	多叶玉叶金花	bebina; bhutakesi; bhutkes; billoothi; daspathry; hasthygidda; ipparati; karabphul; lavasat; nagavalli; nagballi; parathole; pathri; sarvadi; shivardole; shrivati; vellila; vellimayit tali
4906	*Mussaenda multibracteata*	菲律宾	多苞玉叶金花	langla
4907	*Mussaenda palawanensis*	菲律宾	巴拉望玉叶金花	malabuyon
4908	*Mussaenda philippica*	菲律宾	菲律宾玉叶金花	kahoi-dulaga
4909	*Mussaenda setosa*	菲律宾	柔滑玉叶金花	sigidago
	Mussaendopsis **(RUBIACEAE)** **硬檀属（茜草科）**		**HS CODE** **4403. 99**	
4910	*Mussaendopsis beccariana*	文莱、沙捞越、印度尼西亚、西马来西亚	贝壳硬檀	empitap; jadap; kajoe patin; lelayat; malabera bukit; mempedal babi; patin; solumar terung
	Myrica **(MYRICACEAE)** **杨梅属（杨梅科）**		**HS CODE** **4403. 99**	
4911	*Myrica bracteata*	东南亚	具苞杨梅	

序号	学名	主要产地	中文名称	地方名
4912	*Myrica esculenta*	菲律宾、苏门答腊、爪哇岛	可食杨梅	hindang-pula；kikeper；woeroe-gesik；woeroe-tja ngkok
4913	*Myrica integrifolia*	越南、柬埔寨、老挝、中国台湾地区	全缘叶杨梅	krai；thanh mai；yama-momo
4914	*Myrica javanica*	菲律宾、苏门答腊	爪哇杨梅	hindang；te'teke'an
4915	*Myrica rubra*	日本、马里亚纳群岛、中国	红杨梅	bayberries；mumu；shui yeung mooi；waxmyrtle；yama-momo
	***Myristica*（MYRISTICACEAE）** **肉豆蔻属（肉豆蔻科）**		**HS CODE** **4403. 49**	
4916	*Myristica agusanensis*	菲律宾	阿古桑肉豆蔻	agusan duguan
4917	*Myristica attenuata*	印度	狭叶肉豆蔻	chenalla；hedaggal；kai-mara；karayan；kat pindi；kat-pindi；panu；rukt-mara；undipanu
4918	*Myristica cagayanensis*	菲律宾	吕宋肉豆蔻	ngab-ngab
4919	*Myristica canarica*	印度	卡纳肉豆蔻	pindi；pindikai
4920	*Myristica cinnamomea*	苏门答腊、西马来西亚、文莱	桂色肉豆蔻	asap；balun ijuk；kayu asap；penarahan；penarahan arang；pendarahan；salak
4921	*Myristica conferta*	印度	密花肉豆蔻	pindara bukit
4922	*Myristica crassa*	文莱	粗糙肉豆蔻	pendarahan
4923	*Myristica cumingii*	菲律宾	卡氏肉豆蔻	cuming duguan
4924	*Myristica elliptica*	苏门答腊、西马来西亚	椭圆肉豆蔻	bunga pala；penarahan；penarahan arang ayer；sungkit
4925	*Myristica fatua*	西伊里安、菲律宾	野肉豆蔻	bepus；uyat-uyat
4926	*Myristica fragrans*	印度尼西亚、缅甸	香肉豆蔻	miristica；muscadier；muskottrad；myristica；nootmuskaa tboom；nutmeg；nutmeg-tree；zadeik-po
4927	*Myristica gigantea*	苏门答腊、马来西亚、西马来西亚	大肉豆蔻	nyatoh padang；panarahan；penarahan；penarahan arang bukit
4928	*Myristica guatteriifolia*	沙巴、菲律宾、苏门答腊、西马来西亚、文莱	瓜氏叶肉豆蔻	alanagni；dugilall-mabolo；duguan；duguan-mabolo；mandarahan；medang siamang；palawan duguan；paning-pan ing；penarahan；pendarahan；talang-bundok
4929	*Myristica hollrungii*	东南亚	霍氏肉豆蔻	

序号	学名	主要产地	中文名称	地方名
4930	*Myristica iners*	苏门答腊、沙巴、印度尼西亚、西马来西亚、文莱	因斯肉豆蔻	balung ijuk; biawak; darah; darah-darah gunung; kayu kumbang; kayu regis; mandarahan; mendarahan; mudar-mudar; ngatao; pala hutan; penarahan; penarahan arang; pendarahan; siamang
4931	*Myristica irya*	安达曼群岛、缅甸、印度	伊里肉豆蔻	black chuglam; chuglam; mutwinda
4932	*Myristica lancifolia*	菲律宾	剑叶肉豆蔻	duguan-sibat
4933	*Myristica laurifolia*	斯里兰卡	月桂叶肉豆蔻	jaiphal; malabodda
4934	*Myristica laxiflora*	菲律宾	疏花肉豆蔻	duguan-malabai
4935	*Myristica lowiana*	苏门答腊、印度尼西亚、西马来西亚、文莱	洛氏肉豆蔻	kayu arang; kumpang; panarahan arang gambut; penarahan; penarahan arang gambut; pendarahan
4936	*Myristica maingayi*	西马来西亚	美加肉豆蔻	penarahan; penarahan arang bukit
4937	*Myristica malabarica*	孟加拉国	马拉肉豆蔻	hasala
4938	*Myristica maxima*	苏门答腊、西马来西亚	极大肉豆蔻	bala fatah; bala palah; darah kero; dedarah; kayu kambau; penarahan; penarahan arang
4939	*Myristica mindorensis*	菲律宾	名都罗岛肉豆蔻	mindoro duguan
4940	*Myristica negrosensis*	菲律宾	内格罗斯肉豆蔻	negros duguan
4941	*Myristica nitida*	菲律宾	密茎肉豆蔻	ugau
4942	*Myristica nivea*	菲律宾	妮维肉豆蔻	kanon
4943	*Myristica philippensis*	菲律宾	菲律宾小肉豆蔻	duguah; duguan; talihagan; tambau
4944	*Myristica simiarum*	菲律宾	菲律宾肉豆蔻	tambalau; tanghas
4945	*Myristica smythiesii*	文莱	史氏肉豆蔻	pendarahan
4946	*Myristica subalulata*	印度尼西亚	亚鲁肉豆蔻	bawiah
4947	*Myristica umbellata*	菲律宾	伞花肉豆蔻	duguan-pin ayong
4948	*Myristica urdanetensis*	菲律宾	乌坦尼塔肉豆蔻	malaimus
4949	*Myristica villosa*	文莱	毛肉豆蔻	pendarahan
4950	*Myristica wenzelii*	菲律宾	温氏肉豆蔻	wenzel duguan

序号	学名	主要产地	中文名称	地方名
	Myrsine（MYRSINACEAE） 铁仔属（紫金牛科）		HS CODE 4403.99	
4951	*Myrsine avenis*	菲律宾、沙巴	韦尼铁仔	berig；pianggu
4952	*Myrsine marginata*	柬埔寨、老挝、越南	边缘铁仔	palo de granata
4953	*Myrsine multibracteata*	沙捞越	多苞铁仔	merjemah padang
4954	*Myrsine semiserrata*	缅甸	半齿铁仔	kazaw
4955	*Myrsine umbellulata*	文莱、沙捞越	伞形铁仔	jerupong；merjemah masin；serusop
	Myrtus（MYRTACEAE） 香桃木属（桃金娘科）		HS CODE 4403.99	
4956	*Myrtus communis*	西亚	香桃木	common myrtle；mirtentrad；mirto；mirto comun；mortella；myrte；myrte commun
	Mytilaria（HAMAMELIDACEAE） 米老排属（金缕梅科）		HS CODE 4403.99	
4957	*Mytilaria laosensis*	柬埔寨、老挝、越南	老挝米老排	hao
	Nageia（PODOCARPACEAE） 竹柏属（罗汉松科）	HS CODE 4403.25（截面尺寸≥15cm）或 4403.26（截面尺寸<15cm）		
4958	*Nageia motleyi*	婆罗洲、苏门答腊、西马来西亚、印度尼西亚、马来西亚、泰国	南洋竹柏	kayu pagi；kayu seribu；kayu tjina；kebal ayam；kebal musang；kemap；manuh kubal；marimbu；melur；motley decussoberry；podo；podo d'asia；podo kebal musang；setebal
4959	*Nageia vitiensis*	西马来西亚、印度尼西亚、西伊里安、苏拉威西	斐济竹柏	podo；podo d'asia；red podocarp；salusalu；vitu decussoberry
4960	*Nageia wallachiana*	苏门答腊、东南亚、柬埔寨、老挝、越南、西马来西亚、印度、缅甸、西伊里安、婆罗洲、印度尼西亚、爪哇岛、菲律宾、马来西亚、沙巴	瓦拉竹柏	abang；brown pine；cha chia；demelai；kaim；kayu rapat；kibima；kim giao；lampias；medang sepaling；muran keong；nirambali；podo；sibulu samak；tarong；thitmin；toga；wallich decussoberry
	Nauclea（RUBIACEAE） 黄胆属（茜草科）		HS CODE 4403.49	
4961	*Nauclea bernardoi*	文莱	贝纳黄胆木	malas；mengkudu hutan

序号	学名	主要产地	中文名称	地方名
4962	*Nauclea brunnea*	文莱	布轮黄胆木	katum；khaminthong
4963	*Nauclea cordatus*	印度尼西亚、菲律宾、泰国	心叶黄胆木	ai-fuquira；bancal；kanluang
4964	*Nauclea cyrtopodioides*	文莱	无齿黄胆木	chokkong
4965	*Nauclea elmeri*	菲律宾	埃尔乌檀	elmer bangkal
4966	*Nauclea glaberrima*	菲律宾	光亮乌檀	bancal
4967	*Nauclea grandifolia*	西马来西亚、爪哇岛	大叶乌檀	ati；galeh
4968	*Nauclea horsfieldii*	菲律宾	霍斯乌檀	kaatoan bangkal
4969	*Nauclea junghuhni*	菲律宾	琼胡乌檀	mambog
4970	*Nauclea multicephala*	菲律宾	多头类乌檀	kabak
4971	*Nauclea officinalis*	西马来西亚、菲律宾、越南	乌檀	bangkal；bulubangkal；gao gao vang；mengkal；southern bangkal
4972	*Nauclea orientalis*	西伊里安、斯里兰卡、菲律宾、南亚、马来西亚、沙巴、越南、印度尼西亚、缅甸、泰国、西马来西亚、老挝	东方乌檀	anduk；bancal；bankal；buar；canarywood；gempol；handuk；kanazo；kanluang；mau kadon；nauclea；prung；sarcocephalus；yellow-wood
4973	*Nauclea parva*	沙捞越	细枝乌檀	benkai；bersumit；jengkai；kayu kunyit
4974	*Nauclea purpurea*	越南	紫乌檀	vang kieng
4975	*Nauclea robinsonii*	菲律宾	罗氏乌檀	robinson bangkal
4976	*Nauclea sessilifolia*	柬埔寨、老挝、越南、印度	无梗叶乌檀	can iuong；gao；gao vang；kum
4977	*Nauclea subdita*	婆罗洲、沙巴、印度尼西亚	狄塔乌檀	bangkal；bangkal kuning；bangkal udang；bekal；bengkal；bengkal udang；tjangtjara tan
4978	*Nauclea undulata*	菲律宾	波纹乌檀	bangkal-in alon；cheesewood；nauclea
	***Neesia*（BOMBACACEAE）** **尼斯榴莲属（木棉科）**		**HS CODE** **4403.99**	
4979	*Neesia altissima*	印度尼西亚、西马来西亚、文莱、爪哇岛、马来西亚、苏门答腊	高尼斯榴莲	bangang；bengang；benggang；bongang；bungang；durian；gongal；neesia；roengang；schenngang；turian；waroelot
4980	*Neesia glabra*	文莱、苏门答腊	光滑尼斯榴莲	benggang；durian

序号	学名	主要产地	中文名称	地方名
4981	*Neesia kostermansiana*	西马来西亚	科斯尼斯榴莲	bengang
4982	*Neesia malayana*	西马来西亚、苏门答腊、印度尼西亚	马来亚尼斯榴莲	bengang; durian; sibengang
4983	*Neesia piluliflora*	苏门答腊	毛蕊尼斯榴莲	durian
4984	*Neesia purascens*	沙捞越	紫红尼斯榴莲	bengang paya
4985	*Neesia synandra*	西马来西亚、文莱	共生尼斯榴莲	bengang; benggang; sebunkih
	***Neobalanocarpus*（DIPTEROCARPACEAE） 新棒果香属（龙脑香科）**		**HS CODE 4403.99**	
4986	*Neobalanocarpus heimii*	西马来西亚、泰国、印度尼西亚、马来西亚、缅甸	新棒果香	agru; benak; cengal; chan ta khien; chengal temu; chengkan; keruing pekat; kong; mindanao narek; penak; penak lilin; penak sabut; penak tembaga; ta meo; takhian chan ta maeo; tjengal; tjengkal
	***Neolamarckia*（RUBIACEAE） 团花属（茜草科）**		**HS CODE 4403.49**	
4987	*Neolamarckia cadamba*	印度尼西亚、马来西亚	团花	jabon; kelempajan
4988	*Neolamarckia macrophylla*	缅甸、菲律宾	大叶团花	kaatoan bangkal; mau; maukadon; mau-lettan-she; yemau
	***Neolitsea*（LAURACEAE） 新木姜属（樟科）**		**HS CODE 4403.99**	
4989	*Neolitsea aciculata*	日本	酸新木姜	inu-gashi
4990	*Neolitsea acuto-trinervia*	中国台湾地区	阿库新木姜	niitaka-sh irodamo; niitaka-si rodamo
4991	*Neolitsea apoensis*	菲律宾	阿波新木姜	sinagodsod
4992	*Neolitsea australiensis*	印度、斯里兰卡	澳新木姜	kanvel; kumbudvulla; massi; palai
4993	*Neolitsea cassia*	东南亚	决明新木姜	
4994	*Neolitsea cassieafolia*	婆罗洲	决明叶新木姜	madang pirawas; medang timah; pirawas
4995	*Neolitsea incana*	菲律宾	灰新木姜	patugau
4996	*Neolitsea intermedia*	菲律宾	新木姜	monpon
4997	*Neolitsea konishii*	中国台湾地区	科氏新木姜	konishi-damo
4998	*Neolitsea lanceolata*	菲律宾	剑叶新木姜	lanat
4999	*Neolitsea megacarpa*	菲律宾	巨果新木姜	balakauin
5000	*Neolitsea microphylla*	菲律宾	小叶新木姜	bohian-liitan

序号	学名	主要产地	中文名称	地方名
5001	*Neolitsea paucinervia*	菲律宾	少脉新木姜	bohian-ilanan
5002	*Neolitsea pubescens*	西伊里安	短柔毛新木姜	neolitsea
5003	*Neolitsea sericea*	朝鲜、日本	绢毛新木姜	chamsig-namu; shiro-damo
5004	*Neolitsea sieboldii*	日本	西博新木姜	shiro-damo
5005	*Neolitsea umbrosa*	中国	乌姆新木姜	chinese neolitsea
5006	*Neolitsea vidalii*	菲律宾	维氏新木姜	lanat; lanutan-puti; marang; poli; puso pusong hulo; puso-puso
5007	*Neolitsea villosa*	菲律宾	毛新木姜	bohian
5008	*Neolitsea vulcanica*	菲律宾	硫化新木姜	bohian-bun dok
	Neonauclea **(RUBIACEAE)** 新黄胆属（茜草科）		**HS CODE 4403. 99**	
5009	*Neonauclea acuminata*	亚洲	披针叶新黄胆木	
5010	*Neonauclea ategii*	菲律宾	阿氏新黄胆木	mahambalud
5011	*Neonauclea auriculata*	菲律宾	耳状新黄胆木	bansiu
5012	*Neonauclea bartlingii*	菲律宾	巴氏新黄胆木	lisak
5013	*Neonauclea bernardoi*	沙巴、西马来西亚、菲律宾	贝纳新黄胆木	bangkal; bangkal merah; ludek; pantauan
5014	*Neonauclea cyrtopoda*	文莱	西罗新黄胆木	bankal; bonkul; melabi
5015	*Neonauclea excelsa*	帝汶、越南、柬埔寨、缅甸	大新黄胆木	ai fuquira; cay gao; khdol; thit-payaung
5016	*Neonauclea formicaria*	菲律宾	蚁形新黄胆木	hambabalud
5017	*Neonauclea forsteri*	菲律宾	福氏新黄胆木	forster tiroron
5018	*Neonauclea gordoniana*	菲律宾	戈尔新黄胆木	agau; balug; balungau; bugas; bulala; busili; calamansanay; dulauen; garunian; hambabaiud; himbabalud; kalamansanai; lunas; mabalud; maragatau; panglongboien; pantauon; red neonauclea; tegam; uisak; wisak
5019	*Neonauclea gracilis*	菲律宾	细新黄胆木	sambulauan; tiroron
5020	*Neonauclea griffithii*	缅甸	格氏新黄胆木	thit-thingan
5021	*Neonauclea jagori*	菲律宾	贾古新黄胆木	jagor tiroron
5022	*Neonauclea kentii*	菲律宾	肯氏新黄胆木	kent tiroron
5023	*Neonauclea lanceolata*	印度尼西亚、爪哇岛	剑叶新黄胆木	anggrit; angrit

序号	学名	主要产地	中文名称	地方名
5024	*Neonauclea maluense*	印度尼西亚	马鲁新黄胆木	koesigoro
5025	*Neonauclea media*	菲律宾	新黄胆木	calamansanay；uisak
5026	*Neonauclea mindanaensis*	菲律宾	棉兰老岛新黄胆木	bonu-bonu
5027	*Neonauclea monocephala*	菲律宾	单穗新黄胆木	tandong
5028	*Neonauclea nitida*	菲律宾	密茎新黄胆木	calamansanay；uisak-sikat
5029	*Neonauclea obversifolia*	印度尼西亚、沙巴、西伊里安、菲律宾	柳叶新黄胆木	anggerit；bangkal merah；calamansanay；kalamansanai；kalamansani；ludoc
5030	*Neonauclea ovata*	菲律宾	卵圆新黄胆木	balod
5031	*Neonauclea pallida*	西马来西亚、菲律宾	淡紫新黄胆木	bangkal；calamansanay；hangkal laut；kalamansanai；kalamansani；katum kao；kepayang；magabuluan；malatumbaga
5032	*Neonauclea papuana*	亚洲	巴布新黄胆木	yellow hardwood
5033	*Neonauclea peduncularis*	马来西亚	花柄新黄胆木	kelumpayang
5034	*Neonauclea perspicuinervia*	亚洲	显脉新黄胆木	yellow hardwood
5035	*Neonauclea philippinensis*	菲律宾	菲律宾新黄胆木	sambulauan；tiroron
5036	*Neonauclea puberula*	菲律宾	毛皮新黄胆木	bagodilau
5037	*Neonauclea purpurascens*	菲律宾	紫叶新黄胆木	magabuluan
5038	*Neonauclea reticulata*	菲律宾	网状新黄胆木	hambabalud；malauisak；pantuan；tikim
5039	*Neonauclea sessilifolia*	缅甸、印度、孟加拉国、柬埔寨、老挝、越南	无柄新黄胆木	chakma；khraikata；kom；kum；kyaw；roleai thom；tein-kala；teinkuia
5040	*Neonauclea solomonensis*	东南亚	所罗门新黄胆木	
5041	*Neonauclea synkorynos*	文莱	辛诺新黄胆木	betang
5042	*Neonauclea venosa*	菲律宾	韦诺新黄胆木	palauglitan
5043	*Neonauclea vidalii*	菲律宾	维氏新黄胆木	tekum；tikim
	***Neoscortechinia* (EUPHORBIACEAE)** **新斯可属（大戟科）**		**HS CODE 4403. 99**	
5044	*Neoscortechinia arborea*	菲律宾、爪哇岛、西伊里安	树状新斯可	magong；magong-liitan；neoscortechinia；toetoen batin-batin silai

序号	学名	主要产地	中文名称	地方名
5045	*Neoscortechinia kingii*	婆罗洲、文莱、沙捞越、苏门答腊	金吉新斯可	baniran; bantas; bantas katupongad; bantas paya; batin-batin alapai; batin-batin buluh; belanti; buaja; buntalan hitam; karandau; keminting; lala-lalar etem; lokun; mansu kayau; perupuk batu; sekunyit
5046	*Neoscortechinia nicobarica*	爪哇岛	巴里新斯可	batin-batin
	Neotrewia **(EUPHORBIACEAE)** **羽脉滑桃树属（大戟科）**		**HS CODE 4403.99**	
5047	*Neotrewia cumingii*	菲律宾	羽脉滑桃树	apanang
	Nephelium **(SAPINDACEAE)** **山荔枝属（无患子科）**		**HS CODE 4403.99**	
5048	*Nephelium chryseum*	菲律宾、越南	毛山荔枝	bulauan; truong chua
5049	*Nephelium costatum*	西马来西亚	多脉山荔枝	rambutan passeh
5050	*Nephelium cuspidatum*	越南、苏门答腊	突窄叶山荔枝	chom chom; deukaet; kumpulan benang; rambutan rambe; ranggung
5051	*Nephelium hnganum*	菲律宾	恩加山荔枝	longan
5052	*Nephelium hypoleucum*	柬埔寨	浅白山荔枝	semon
5053	*Nephelium intermedium*	菲律宾	中性山荔枝	lupak
5054	*Nephelium lappaceum*	沙捞越、柬埔寨、老挝、越南、文莱、苏门答腊、爪哇岛、缅甸、马里亚纳群岛、西马来西亚、印度尼西亚、菲律宾、沙巴、婆罗洲	山荔枝	arut; bua abong; chi ban; chom-chom; gelamut; ikut biyawa; jambak; kampong; karamut; luung bipungoh; melanyan; nghieu ban; nunut; pachut; rambutan pachut; rambutan sinog layang; redan; sangau; thieu rung; truong; usau; vai thieu
5055	*Nephelium macrophyllum*	文莱	大叶山荔枝	bayong; lok; punyong; sengarlang
5056	*Nephelium maingayi*	沙捞越、沙巴、文莱、西马来西亚	梅尼山荔枝	bauh serait; bua eron; bua lait; jeruit; kelamondoi; luung jiae; mendanyat; mujau; mujau jeruit; pijan; podah; rambutan; serait; sibu nyuan; sungkit
5057	*Nephelium mutabile*	亚洲	变色山荔枝	
5058	*Nephelium philippinense*	菲律宾	菲律宾山荔枝	bulala

序号	学名	主要产地	中文名称	地方名
5059	*Nephelium ramboutan-ake*	菲律宾、婆罗洲、文莱、沙巴、印度尼西亚、西马来西亚	拉姆山荔枝	bakalau; bali; balimbingan; bulala; bulata; kapulasan; maritam; maritan; meritam; poelasan; poelassan; polasan; pulasan; pulassan; rambutan; santias; sintiyas; tanggurun
5060	*Nephelium subferrugineum*	文莱	绿山荔枝	kedabang; ketidahan; limbai
5061	*Nephelium uncinatum*	文莱	斯那山荔枝	kemanggis; melanyan
5062	*Nephelium xerospermoides*	菲律宾、文莱	莫德山荔枝	aluau; arut; kalas; parih; perapahit
	***Nerium*（APOCYNACEAE） 夹竹桃属（夹竹桃科）**		**HS CODE 4403.99**	
5063	*Nerium indicum*	印度、中国	印度夹竹桃	alari; asvamaraka; chandata; dhavekaneri; ganera; indian oleander; kaap chuk t'o; kagaer; karber; kastoori; kayamaraka; konero; korobiro; kuruvira; nanaviram; paddale; pattelu; sweet-scen ted oleander
5064	*Nerium oleander*	菲律宾、马绍尔群岛	夹竹桃	adelfa; oleander; oliaanta
	***Neuburgia*（LOGANIACEAE） 檬油木属（马钱科）**		**HS CODE 4403.99**	
5065	*Neuburgia celebica*	菲律宾	西里伯斯檬油木	pagi-pagi
5066	*Neuburgia corynocarpa*	西伊里安	杆状果檬油木	enggowaih; neuburgia
	***Norrisia*（LOGANIACEAE） 金绒木属（马钱科）**		**HS CODE 4403.99**	
5067	*Norrisia maior*	沙捞越、苏门答腊、文莱	大金绒木	bannang; belet; bengkaras; biis; empaling; gunnong; mepa; merkaras; nyvang
5068	*Norrisia malaccensis*	苏门答腊、印度尼西亚、菲律宾	马来金绒木	balang; bareh; merkaras; yangi
	***Nothaphoebe*（LAURACEAE） 赛楠属（樟科）**		**HS CODE 4403.99**	
5069	*Nothaphoebe havilandii*	文莱	哈氏赛楠	medang
5070	*Nothaphoebe heterophylla*	文莱	异叶赛楠	medang; medang sisek

序号	学名	主要产地	中文名称	地方名
5071	*Nothaphoebe kingiana*	柬埔寨、老挝、越南	金亚赛楠	boi loi
5072	*Nothaphoebe levtensis*	菲律宾	列夫赛楠	kubi-kubi
5073	*Nothaphoebe malabonga*	菲律宾	马拉翁赛楠	anagap；dulauen；kabulo；malakadios；malay-a；margapali
5074	*Nothaphoebe obovata*	沙巴、西马来西亚	倒卵叶赛楠	lamau；lamau-lamau；medang
5075	*Nothaphoebe panduriformis*	文莱、西马来西亚	琴叶赛楠	medang
5076	*Nothaphoebe pyriformis*	菲律宾	梨形赛楠	hotot
5077	*Nothaphoebe umbelliflora*	柬埔寨、越南、老挝、印度尼西亚、西马来西亚	伞花赛楠	ampong prahok；boi loi vang；medang
	Nothapodytes **（ICACINACEAE）** **假柴龙树属（茶茱萸科）**		**HS CODE** **4403.99**	
5078	*Nothapodytes montana*	苏门答腊	山地假柴龙树	kihaji
	Nyctanthes **（OLEACEAE）** **夜花属（木犀科）**		**HS CODE** **4403.99**	
5079	*Nyctanthes arbor-tristis*	印度	夜花	coral jasmine；godokodiko；goli；gulejafari；gunjoseyoli；harsing；jayaparvati；kapilanaga dustu；kharassi；manjhapu；mannapu；night jasmine；pagadamalle；pavazha-ma lligai；seoli；sepali；sephalika；sheoli；sihau
	Nyssa **（NYSSACEAE）** **蓝果树属（蓝果树科）**		**HS CODE** **4403.99**	
5080	*Nyssa javanica*	印度、印度尼西亚、苏门答腊、越南、老挝	华南蓝果树	chilauni；kalay；kirung；medang bamban kuning；medang derian idjang；medang seluangt；medang tai kambing；modang tangkotan；pacar kidang；po nan；sikibai；talas sowaba；theun；tumbrung
	Ochanostachys **（OLACACEAE）** **皮塔林属（铁青树科）**		**HS CODE** **4403.99**	
5081	*Ochanostachys amentacea*	印度尼西亚、婆罗洲、西马来西亚、文莱、沙捞越、苏门答腊、马来西亚、沙巴	皮塔林木	betaling；buah pilung；degong；entikal；geronam；guru；katikal；ketukal；mentatai；mentikal；metika；nahum；nasum；pelong；pitatar；puntalin；sagad berauh；sentikal；sia；suan；tanggal；tangkal；tilokot

序号	学名	主要产地	中文名称	地方名
	Ochna **（OCHNACEAE）** **金莲木属（金莲木科）**		**HS CODE** **4403.99**	
5082	*Ochna harmandi*	柬埔寨、老挝、越南	哈氏金莲木	huynmai
5083	*Ochna integerrima*	柬埔寨、越南、缅甸、老挝	缘叶金莲木	angkea；cam lai；indaing-sa yni；maido；may vang；mong-tog；sang nao；yodaya
5084	*Ochna lanceolata*	印度	剑叶金莲木	bokerah
	Ochrocarpus **（GUTTIFERAE）** **格脉树属（藤黄科）**		**HS CODE** **4403.99**	
5085	*Ochrocarpus longifolius*	印度	长叶格脉树	wundi
5086	*Ochrocarpus obovalis*	关岛	卵苞格脉树	chamorro-chopag
5087	*Ochrocarpus ramiflorus*	菲律宾	枝花格脉树	bitok
5088	*Ochrocarpus siamensis*	越南、柬埔寨、老挝、泰国	泰国格脉树	cay may；cay trau trau；djoupie；may；serapie；so ta be；soupie；trau trau
	Ochroma **（BOMBACACEAE）** **轻木属（木棉科）**		**HS CODE** **4403.49**	
5089	*Ochroma lagopus*	中国	拉格普斯轻木	balsa
5090	*Ochroma pyramidale*	西伊里安	轻木	bois liege；bois lievre；bois pripri；fromanger mapou；palo de lana；patte lapin；quattier
	Ochrosia **（APOCYNACEAE）** **玫瑰树属（夹竹桃科）**		**HS CODE** **4403.99**	
5091	*Ochrosia ackeringae*	菲律宾	林加玫瑰树	labusei
5092	*Ochrosia apoensis*	菲律宾	阿波玫瑰树	magsangod
5093	*Ochrosia ficifolia*	印度尼西亚	榕叶玫瑰树	asakka
5094	*Ochrosia glomerata*	菲律宾	聚花玫瑰树	dins
5095	*Ochrosia oppositifolia*	马里亚纳群岛、马绍尔群岛	对叶玫瑰树	faag；fago；kish par；kojbar
5096	*Ochrosia parviflora*	关岛	小花玫瑰树	fago
	Octamyrtus **（MYRTACEAE）** **多瓣桃木属（桃金娘科）**		**HS CODE** **4403.99**	
5097	*Octamyrtus insignis*	东南亚	显著多瓣桃木	
5098	*Octamyrtus pleiopetala*	西伊里安	多花多瓣桃木	octamyrtus

序号	学名	主要产地	中文名称	地方名
	Octomeles （DATISCACEAE） 八果木属（四数木科）		HS CODE 4403.49	
5099	*Octomeles sumatrana*	婆罗洲、印度尼西亚、菲律宾、西伊里安、沙巴、文莱、沙捞越、马来西亚、苏门答腊、西马来西亚	苏门达腊八果木	banuang; benoewang; biluang; bunuang; buwar; demme; erima; henuang; kajoe palaka; kemier; kinem; koemi; lemang; libas; libas-na-puti; menuang; minuang; pulaka; rineh; sarrai; starka; teng; wenuang
	Octospermum （EUPHORBIACEAE） 浆果野桐属（大戟科）		HS CODE 4403.99	
5100	*Octospermum pleiogynium*	西伊里安	浆果野桐	octospermum
	Olax （OLACACEAE） 铁青木属（铁青树科）		HS CODE 4403.99	
5101	*Olax scandens*	印度	攀援铁青木	baavamusti gida; badalia; bapanaballi; boderia; bodobodoria; dheniali; dheniani; gendasiga; harduli; kadalranchi; karadu; kokoaru; kurpodur; malliveppa m; nakkare; urchirri
5102	*Olax zeylanica*	斯里兰卡	锡兰铁青木	arbre puant
	Olea （OLEACEAE） 木犀榄属（木犀科）		HS CODE 4403.49	
5103	*Olea dioica*	印度	异株木犀榄	attajam; botamadle; man idalei
5104	*Olea europaea*	伊朗、以色列	油橄榄	oliver
5105	*Olea ferruginea*	印度、巴基斯坦、阿富汗	锈色木犀榄	indian olive; indian olivewood; kahu; kao; kau; khau; khwan; ko; kohu; koli payar; kow; zaitun
5106	*Olea paniculata*	印度、西伊里安	锥花木犀榄	gair; gulili; kunthay; olea; olive
	Oncosperma （PALMAE） 尼梆刺椰属（棕榈科）		HS CODE 4403.99	
5107	*Oncosperma gracilipes*	菲律宾	细梗尼梆刺椰	anibong-liitan
5108	*Oncosperma horridum*	菲律宾	密刺尼梆刺椰	anibong-gubat
5109	*Oncosperma platyphyllum*	菲律宾	阔叶尼梆刺椰	anibong-laparan; broad-leaved anibond
5110	*Oncosperma tigillaria*	菲律宾、印度	蒂吉尼梆刺椰	anibong; nibong
	Oreocallis （PROTEACEAE） 翘瓣花属（山龙眼科）		HS CODE 4403.99	
5111	*Oreocallis wickhamii*	西伊里安	威氏翘瓣花	oreocallis

序号	学名	主要产地	中文名称	地方名
	***Orixa*（RUTACEAE） 臭常山属（芸香科）**		**HS CODE 4403.99**	
5112	*Orixa japonica*	日本	日本臭常山	ko-kusagi
	***Ormosia*（FABACEAE） 红豆属（蝶形花科）**		**HS CODE 4403.99**	
5113	*Ormosia balansae*	越南	长眉红豆	giang giang；rang rang；rang rang mit
5114	*Ormosia bancana*	苏门答腊、沙巴、西马来西亚、文莱	邦卡红豆	keranji hutan；saga；saga saga
5115	*Ormosia calavensis*	菲律宾、西伊里安、沙巴	红豆	amuyong；bahai；bayoto；bugayong；ormosia；saga；tandang-isok
5116	*Ormosia formosana*	中国台湾地区	台湾红豆	akamamenoki；benimame-no-ki
5117	*Ormosia gracilis*	西马来西亚	细红豆	saga
5118	*Ormosia grandifolia*	菲律宾	大叶红豆	bahai-lapa ran
5119	*Ormosia hoanensis*	越南	霍安红豆	rang rang mat
5120	*Ormosia macrodisca*	菲律宾、苏门答腊	巨盘红豆	basilian bahai；limau perempuan
5121	*Ormosia orbiculata*	菲律宾	圆果红豆	panapotien
5122	*Ormosia paniculata*	菲律宾	锥花红豆	sagang-kahoi
5123	*Ormosia parviflora*	西马来西亚	小花红豆	saga
5124	*Ormosia pinnata*	越南	羽状红豆	chang rang；rang da
5125	*Ormosia sumatrana*	文莱、西马来西亚、印度尼西亚、苏门答腊	苏门答腊红豆	beragang；keranji lotong；kupang；kupang benar；perengait；saga；saga saga；sagir；siman batu
5126	*Ormosia surigaensis*	菲律宾	苏里高红豆	surigao bahai
	***Orophea*（ANNONACEAE） 澄广花属（番荔枝科）**		**HS CODE 4403.99**	
5127	*Orophea aversa*	菲律宾	韦尔澄广花	kondi
5128	*Orophea bracteolata*	菲律宾	小苞澄广花	panganauin
5129	*Orophea cumingiana*	菲律宾	球兰澄广花	amunat
5130	*Orophea dolichocarpa*	菲律宾	长果澄广花	amunat-haba
5131	*Orophea ellipanthoides*	菲律宾	椭圆澄广花	pagaion
5132	*Orophea enterocarpoidea*	菲律宾	红斑澄广花	makitarin
5133	*Orophea glabra*	菲律宾	光滑澄广花	lanutan-linis
5134	*Orophea hexandra*	爪哇岛	六蕊澄广花	noemi；saoeheun；sauhun
5135	*Orophea leytensis*	菲律宾	莱特澄广花	leyte lanutan

序号	学名	主要产地	中文名称	地方名
5136	*Orophea luzonensis*	菲律宾	吕宋澄广花	luzon amunat
5137	*Orophea myriantha*	沙巴	密花澄广花	karai hitam
5138	*Orophea polyantha*	菲律宾	多花澄广花	lobanti
5139	*Orophea submaculata*	菲律宾	亚斑澄广花	mapatak
5140	*Orophea tarrosae*	菲律宾	台澄广花	terrosa lanutan
5141	*Orophea vulcanica*	菲律宾	硫化澄广花	poagan
5142	*Orophea wenzelii*	菲律宾	温氏澄广花	wenzel lanutan
5143	*Orophea williamsii*	菲律宾	威氏澄广花	williams amunat
	Oroxylum **（BIGNONIACEAE）** **木蝴蝶属（紫葳科）**		**HS CODE** **4403. 99**	
5144	*Oroxylum indicum*	菲律宾、苏门答腊、印度、西马来西亚、缅甸、柬埔寨、越南	千张纸木蝴蝶	abang abang；arantal；arlu；bonglai；bunepale；dovondik；fanafania；habreng；indian trumpet-flower；kampilan；linz maiz；maidbaid；nasona；nuc nac；pampana；syonakah；taitu；tigadu；ullu；vangam；yaung-ya
	Osbeckia **（MELASTOMATACEAE）** **金锦香属（野牡丹科）**		**HS CODE** **4403. 99**	
5145	*Osbeckia aspera*	斯里兰卡	粗皮金锦香	bovitia
	Osmanthus **（OLEACEAE）** **木犀属（木犀科）**		**HS CODE** **4403. 99**	
5146	*Osmanthus aquifolium*	日本	尖头叶木犀	hiiragi
5147	*Osmanthus fragrans*	柬埔寨、老挝、越南	香木犀	hue moc；moc
5148	*Osmanthus heterophyllus*	日本	异叶木犀	hiiragi
	Osmoxylon **（ARALIACEAE）** **兰屿加属（五加科）**		**HS CODE** **4403. 99**	
5149	*Osmoxylon borneense*	沙捞越	婆罗兰屿加	empasa abor；tamang
5150	*Osmoxylon catanduanense*	菲律宾	卡坦兰屿加	katandungan
5151	*Osmoxylon caudatum*	菲律宾	万年青兰屿加	ayum-buntotan
5152	*Osmoxylon dinagatense*	菲律宾	迪纳兰屿加	dinaga ayum
5153	*Osmoxylon eminens*	菲律宾	卓越兰屿加	apalong
5154	*Osmoxylon fenicis*	菲律宾	兰屿加	ayum-silangan；fenix ayum

序号	学名	主要产地	中文名称	地方名
5155	*Osmoxylon heterophyllum*	菲律宾	异叶兰屿加	kayuang
5156	*Osmoxylon luzoniense*	菲律宾	吕宋兰屿加	malakapaya; tatsung
5157	*Osmoxylon mindanaensis*	菲律宾	棉兰老岛兰屿加	paladulot
5158	*Osmoxylon oliveri*	菲律宾	橄榄兰屿加	paladukai
5159	*Osmoxylon pectinatum*	菲律宾	果胶兰屿加	narapan
5160	*Osmoxylon pulcherrimum*	菲律宾	芽苞兰屿加	paladamok
5161	*Osmoxylon ramosii*	菲律宾	宽瓣兰屿加	ramos ayum
5162	*Osmoxylon trilobatum*	菲律宾	三裂兰屿加	ayum
5163	*Osmoxylon yatesii*	菲律宾	叶氏兰屿加	yates ayum
	Ostodes **（EUPHORBIACEAE）** **叶轮木属（大戟科）**		**HS CODE** **4403.99**	
5164	*Ostodes angustifolia*	菲律宾	狭叶叶轮木	tagalipa
5165	*Ostodes ixoroides*	菲律宾	硬叶轮木	agindulong
5166	*Ostodes paniculata*	缅甸	锥花叶轮木	yebadon-gale
5167	*Ostodes pendula*	菲律宾	蔓生叶轮木	panantolen
5168	*Ostodes zeylanica*	印度	锡兰叶轮木	belemara
	Ostrya **（BETULACEAE）** **铁木属（桦木科）**		**HS CODE** **4403.99**	
5169	*Ostrya japonica*	日本	铁木	adada; asada; carpe japones; carpino giapponese; charme du japon; hophornbeam; japanese beuk; japanese hophornbeam; japanese ironwood; japansk humlebok
5170	*Ostrya vulgaris*	亚洲	普通铁木	hopfen-buche
	Osyris **（SANTALACEAE）** **沙针属（檀香科）**		**HS CODE** **4403.99**	
5171	*Osyris arborea*	缅甸	树状沙针	zaung-gyan
5172	*Osyris quadripartita*	印度	四方沙针	baingani; kuriganda; lotal; natadike; nepal-tree; popli; tamparal
	Otophora **（SAPINDACEAE）** **瓜耳木属（无患子科）**		**HS CODE** **4403.99**	
5173	*Otophora amoena*	爪哇岛	美丽瓜耳木	pohon-sapi
5174	*Otophora cauliflora*	菲律宾	茎花瓜耳木	balanono
5175	*Otophora grandifoliola*	菲律宾	大叶瓜耳木	lunau-lapa ran

序号	学名	主要产地	中文名称	地方名
5176	*Otophora oliviformis*	菲律宾	榄叶瓜耳木	dirig
5177	*Otophora setigera*	菲律宾	尖叶瓜耳木	lunau
	Pajanelia （BIGNONIACEAE） **纫冠木属（紫葳科）**		**HS CODE 4403. 99**	
5178	*Pajanelia longifolia*	苏门答腊、西马来西亚、马来西亚、缅甸	长叶纫冠木	abeung laut；beka；bonglai；i-pong；kayu semua；kyaung-dauk；kyaung-sha-letto
5179	*Pajanelia rheedii*	马来西亚	里氏纫冠木	beka；i-pong
	Palaquium （SAPOTACEAE） **胶木属（山榄科）**		**HS CODE 4403. 49**	
5180	*Palaquium abundantiflorum*	菲律宾	大花多胶木	tagkan-kalnu
5181	*Palaquium acuminatum*	亚洲	渐尖胶木	
5182	*Palaquium amboinense*	爪哇岛、西伊里安、印度尼西亚、马来西亚、沙巴	安汶胶木	djempina；grawang；kawang；menggraai；mernaki；njatoe；njatoh；nyatoh；nyatohm
5183	*Palaquium aureum*	菲律宾	黄金胶木	alakaak-pula
5184	*Palaquium barnesii*	菲律宾	巴氏胶木	barnes nato；nato
5185	*Palaquium bataanense*	菲律宾	巴丹胶木	bataan tagatoi；whitford tagatoi
5186	*Palaquium beccarianum*	婆罗洲、印度尼西亚、西马来西亚、沙巴	贝卡胶木	bindjai babi；karikit；njatu tingang；njatuh babi；nyatoh；nyatoh bulu
5187	*Palaquium burckii*	苏门答腊、印度尼西亚	布氏胶木	balam ketawa；balam santai；balam suntai；nyatoh；suntai；suntai hitam；sunte；suntei
5188	*Palaquium calophyllum*	婆罗洲、菲律宾	海棠叶胶木	kerikit；natong-gan da；njatuh kerikit
5189	*Palaquium clarkeanum*	泰国、西马来西亚	柯拉克胶木	chik-nom；nyatoh
5190	*Palaquium cochlearia*	婆罗洲	勺形胶木	njatu；njatu undus；njatuh undus；nyatoh babi
5191	*Palaquium cochlearifolium*	文莱、沙捞越、印度尼西亚	勺叶胶木	nyatoh；nyatoh jelutong；nyatoh temiang；tampangagas
5192	*Palaquium confertum*	苏门答腊	集聚胶木	balam sudu
5193	*Palaquium cryptocariifolium*	西马来西亚	柳杉叶胶木	nyatoh
5194	*Palaquium cuneifolium*	菲律宾	楔叶胶木	malikmik；tangiling-kompol
5195	*Palaquium cuprifolium*	菲律宾	铜叶胶木	malatagkan

序号	学名	主要产地	中文名称	地方名
5196	*Palaquium dasyphyllum*	印度尼西亚、苏门答腊、文莱、婆罗洲	厚叶胶木	balam putih; jangkar; mergetahan; natoh; natu; njatuh mergetahan; nyatoh
5197	*Palaquium decurrens*	文莱	延叶胶木	nyatoh; sakat
5198	*Palaquium dubardii*	菲律宾	杜氏胶木	molato
5199	*Palaquium ellipticum*	菲律宾、印度、东南亚	椭圆胶木	alakaak-ti los; hadasale; kat illupei; katillupei; kei pala; pala; pali; panchonta
5200	*Palaquium elongatum*	菲律宾	长穗胶木	long-leaved nato; palacpalac
5201	*Palaquium formosanum*	菲律宾	台湾胶木	babuyan nato
5202	*Palaquium foxworthii*	菲律宾	福氏胶木	tagatoi
5203	*Palaquium gigantifolium*	菲律宾	巨叶胶木	alakaak
5204	*Palaquium glabrifolium*	菲律宾	光叶胶木	natong-linis
5205	*Palaquium glabrum*	菲律宾	光滑胶木	alakaak-puti
5206	*Palaquium globosum*	菲律宾	球状胶木	arabon
5207	*Palaquium gutta*	苏门答腊、印度尼西亚、沙捞越、婆罗洲、西马来西亚、文莱、东南亚、沙巴	固塔胶木	balam abang; durian taban; geneng; guttah percah; jangkar; ketipai lian; masang; mayang bolon; njotu davod; nyatoh taban merah; pulu nyato; rambu; rian; seluwai; semaram; situi ayam; taban; taban merah
5208	*Palaquium herveyi*	西马来西亚	赫维胶木	nyatoh
5209	*Palaquium heterosepalum*	菲律宾	异萼胶木	uban
5210	*Palaquium hexandrum*	苏门答腊、印度尼西亚、爪哇岛、婆罗洲、西马来西亚	胶木	balam nasih; balam timah; beitis; ekihaitu; kayu londir; margetahan; mayang doran; medang balam; njatuh terung; nyatoh; nyatoh balam; nyatoh jambak; papat; tapis
5211	*Palaquium hispidum*	苏门答腊、西马来西亚	多毛胶木	mayang serikat; nyatoh; nyatoh tembaga; nyatoh tembaga kuning
5212	*Palaquium impressinervium*	西马来西亚	深脉胶木	nyatoh; nyatoh surin
5213	*Palaquium javense*	印度尼西亚、西马来西亚	爪哇胶木	njatuh; nyatoh
5214	*Palaquium lanceolatum*	菲律宾	剑叶胶木	palak-palak
5215	*Palaquium leerii*	印度尼西亚、苏门答腊、文莱	来氏胶木	balam sonde; nyatoh emplit; nyatoh entalit

序号	学名	主要产地	中文名称	地方名
5216	*Palaquium leiocarpum*	印度尼西亚、婆罗洲、沙捞越、文莱	平果胶木	bintangur; djungkang; getah hangkang; hangkang; jangar; jangkar; nyatoh; nyatoh tembaga; nyatoh temiang
5217	*Palaquium loheri*	菲律宾	南洋胶木	loher tagatoi
5218	*Palaquium luzoniense*	菲律宾、印度尼西亚	吕宋胶木	kalipaya; nato; nyatoh; salikut; takaran
5219	*Palaquium macrantha*	菲律宾	大花胶木	nato
5220	*Palaquium macrocarpum*	苏门答腊	大果胶木	balam epung; balam mayang; kayu pintak; lakis bukit daun halus; nyatoh; punti
5221	*Palaquium maingayi*	印度尼西亚、西马来西亚	曼氏胶木	getah percha burong; njatuh; nyatoh; nyatoh tembaga; padang; sundik
5222	*Palaquium merrillii*	菲律宾	麦氏胶木	dulitan
5223	*Palaquium microphyllum*	苏门答腊、印度尼西亚、西马来西亚	小叶胶木	balam; lakis; nyatoh; nyatoh pipit
5224	*Palaquium mindanaense*	菲律宾	棉兰老岛胶木	mindanao nato
5225	*Palaquium multiflorum*	印度尼西亚	多花胶木	sougwa
5226	*Palaquium obovatum*	越南、东南亚、柬埔寨、老挝、印度、菲律宾、泰国、印度尼西亚、苏门答腊、西马来西亚、缅甸	倒卵胶木	chay; chikkhao; chlor; chor ny; chorni; dulitan-gulod; kha-nunnok; khenun nok; klanunnok; kume; lahas; malut; masang; meang; nyatoh; nyatoh puteh; pinle-byin; sang das; semaram kulan; taban puteh; xay dao
5227	*Palaquium obtusifolium*	印度尼西亚、菲律宾、苏门答腊	钝叶胶木	hantu; negros nato; nyatoh; nyatoh bunga tanju
5228	*Palaquium ottolanderi*	苏门答腊	奥托兰胶木	balam
5229	*Palaquium oxleyanum*	西马来西亚	奥斯胶木	nyatoh; nyatoh babi; nyatoh taban puteh
5230	*Palaquium philippense*	菲律宾	菲律宾胶木	malacmalac; malak-malak
5231	*Palaquium pinnatinervium*	菲律宾	羽脉胶木	tagkan
5232	*Palaquium polyandrum*	菲律宾、缅甸、印度	丝麻胶木	peinne-bo; tali; tipurus
5233	*Palaquium pseudocalophyllum*	菲律宾	假厚壳叶胶木	malakmalak-bundok

序号	学名	主要产地	中文名称	地方名
5234	*Palaquium pseudocuneatum*	沙捞越、印度尼西亚	假樱草胶木	nyatoh babi kecil；nyatubawui
5235	*Palaquium pseudorostratum*	文莱、沙捞越	假层胶木	jangkar burak；nyatoh；nyatoh babi；nyatoh padi；nyatoh temiang
5236	*Palaquium quercifolium*	苏门答腊、婆罗洲、文莱、印度尼西亚	栎叶胶木	balam sago；getah tewe；natch；natu；natu tujung；njatuh tundjung；nyatoh；nyatoh babi；nyatoh tembaga；tundjung
5237	*Palaquium redleyi*	印度尼西亚、西马来西亚	雷德胶木	bitis；bitis paya；hyatoh；nyatau；nyatoh batu；nyatoh kelalang
5238	*Palaquium regina-montium*	西马来西亚	雷蒙胶木	nyatoh；nyatoh gunung
5239	*Palaquium ridleyi*	苏门答腊、婆罗洲、马来西亚、西马来西亚、沙捞越、文莱	瑞德胶木	asam-asam；balam tenginai；balam tenginan；jerabukau；kepingis；kurut；lamejang；njatoh；njatu undua；nyatoh terong；nyatu undus；penggal pahat；pitis；semaram daun lebar；seminai rawang；uwai
5240	*Palaquium rioense*	文莱	里奥胶木	nyatoh；nyatoh rian
5241	*Palaquium rivulare*	文莱	溪畔胶木	nyatoh
5242	*Palaquium rostratum*	苏门答腊、婆罗洲、印度尼西亚、西马来西亚、沙巴	喙状胶木	balam bakalu；balam terung；lakis；meranti busuk；natu；natu baitis；njatu；njatuh；njatuh putjang；nyatoh bunga tanjung；nyatoh ketiau；nyatoh sidang；padang；pulau pipit；puntik；semaram；wayang raja
5243	*Palaquium semaram*	苏门答腊、西马来西亚	西马胶木	balam hitam；balam pucung；balam seminai；balam serindit；balam terung；nyatoh；nyatoh semaram；pulai pipit；semaram
5244	*Palaquium sorsogonense*	菲律宾	索索贡胶木	sorsogon nato
5245	*Palaquium stellatum*	苏门答腊、西马来西亚	星芒胶木	balam seminai；belian；betis；bitis；bitis bukit；metis；nyatoh bukit；putat bukit；surin
5246	*Palaquium stipulare*	文莱	规胶木	nyatoh；nyatoh babi；nyatoh terentang
5247	*Palaquium sukoei*	西马来西亚、泰国	苏柯胶木	nyatoh maiang；pinlebyin-ani

序号	学名	主要产地	中文名称	地方名
5248	*Palaquium sumatranum*	苏门答腊	苏门答腊胶木	balam durian; balam lebu; balam merkuli; balam pipit; balam sudu-sudu; balam temigih; getah; madang sudu; malut; meang na bontar; nyatoh durian; putat; tenginai
5249	*Palaquium tenuipetiolatum*	菲律宾	细蕊胶木	maniknik
5250	*Palaquium vidalii*	菲律宾	维氏胶木	vidal nato
5251	*Palaquium vitilevuense*	菲律宾、印度尼西亚、苏门答腊、南亚、沙捞越、西马来西亚、马来西亚	维蒂胶木	akatan; bokbok; dapagan; gangauan; ligaan; maiang; nyatoh jangkang; nyatto pisang; padang; pakaran; pencil cedar; pujong; taban; tadkan; tagkan; tangili; tingkayad; yamban-aro mui
5252	*Palaquium walsurifolium*	苏门答腊、文莱、印度尼西亚、西马来西亚、沙捞越	瓦尔斯胶木	balam putih; balam serendit; balam sudu; balam tembaga; nyatoh; nyatoh batu; nyatoh jangkar; nyatoh nangka
5253	*Palaquium warburgianum*	亚洲	瓦尔加胶木	
5254	*Palaquium xanthochymum*	印度尼西亚、苏门答腊、婆罗洲、西马来西亚	黄胶木	balam; balam jangkar; bengku; ketiau; njantu; njantu bawui; njantu garunggang; njatuh; njatuh djangkar; nyatoh; nyatoh baya; nyatoh kabu; nyatoh renggang; padang; semaram
	Paliurus **(RHAMNACEAE)** **马甲子属（鼠李科）**		**HS CODE** **4403.99**	
5255	*Paliurus spina-christi*	印度	软刺马甲子	maruca
	Pancovia **(SAPINDACEAE)** **假木患属（无患子科）**		**HS CODE** **4403.99**	
5256	*Pancovia edulis*	印度尼西亚、爪哇岛、西马来西亚	可食假木患	ki-hidoeng; kilalayoe; kilalayoe hiedung; klavoe; klut lyoo
	Pandanus **(PANDANACEAE)** **露兜树属（露兜树科）**		**HS CODE** **4403.99**	
5257	*Pandanus acladus*	菲律宾	阿克拉露兜树	ulango
5258	*Pandanus calceiformis*	菲律宾	卡尔赛露兜树	baraui
5259	*Pandanus copelandii*	菲律宾	柯氏露兜树	bariu
5260	*Pandanus dubius*	马里亚纳群岛、菲律宾	疑真露兜树	pafung; pahon; pahong; taboan

序号	学名	主要产地	中文名称	地方名
5261	*Pandanus enchabiensis*	马绍尔群岛	恩巴露兜树	moak
5262	*Pandanus exaltatus*	菲律宾	高杆露兜树	ahern pandan；pandan-layugan
5263	*Pandanus fascicularis*	印度	束状露兜树	fragrant screw-pine；kedki-keya；keori；keya；screw-pine；umbrella-tree
5264	*Pandanus fragrans*	马里亚纳群岛	香露兜树	akson；cafo；cafu；kafu
5265	*Pandanus gracilis*	菲律宾	细露兜树	laguloi
5266	*Pandanus jalvitensis*	马绍尔群岛	贾维露兜树	joene；tibitin
5267	*Pandanus lakatwa*	马绍尔群岛	拉卡露兜树	lakatwa
5268	*Pandanus laticanalicula*	马绍尔群岛	拉库露兜树	erwan；jonmouia
5269	*Pandanus luzonensis*	菲律宾	吕宋露兜树	alas-as
5270	*Pandanus macrocephalus*	马绍尔群岛	巨头露兜树	cernenu
5271	*Pandanus martellii*	菲律宾	马氏露兜树	martelii pandan
5272	*Pandanus menne*	马绍尔群岛	门尼露兜树	menne
5273	*Pandanus obliguus*	马绍尔群岛	斜露兜树	lajokorer；lonlin
5274	*Pandanus odoratissimus*	马里亚纳群岛、菲律宾、马绍尔群岛、关岛、中国台湾地区	芬芳露兜树	aggag；aggak；beach pandan；bop；caffo；kafu；rinto
5275	*Pandanus pulposus*	马绍尔群岛	髓露兜树	jilebar
5276	*Pandanus radicans*	菲律宾	根茎露兜树	ulangong-u gatan
5277	*Pandanus rectangulatus*	马绍尔群岛	矩形露兜树	pathaplip
5278	*Pandanus sabotan*	菲律宾	萨博露兜树	sabutan
5279	*Pandanus simplex*	菲律宾	单形露兜树	kalagimai；karagumoi
5280	*Pandanus trukensis*	马绍尔群岛	特鲁露兜树	mojel
5281	*Pandanus utilis*	菲律宾	良木露兜树	madagascar pandan
	Pangium **（ACHARIACEAE）** **黑羹树属（青钟麻科）**		**HS CODE** **4403. 99**	
5282	*Pangium edule*	爪哇岛、西伊里安、苏门答腊、印度尼西亚、婆罗洲、文莱、沙巴、沙捞越、西马来西亚、马里亚纳群岛、菲律宾	可食黑羹树	ani；bege；gempangi；hami；ieho；kapajang；kapayang；lasret；lepajang；merpajang；pacung；pajang；pakem；pangi；pietjoeng；pitjoeng；poetjoeng；pucung；putjung；raoel；rauel；simaoeng；umpaya

序号	学名	主要产地	中文名称	地方名
	Papualthia **(ANNONACEAE)** **异瓣暗罗属（番荔枝科）**		**HS CODE** **4403.99**	
5283	*Papualthia boholensis*	菲律宾	保和岛异瓣暗罗	bohol anolang
5284	*Papualthia grandifolia*	西伊里安	大叶异瓣暗罗	mempisang; papualthia
5285	*Papualthia heteropetala*	菲律宾	异瓣暗罗	anolang-iloko
5286	*Papualthia irosinensis*	菲律宾	菲律宾异瓣暗罗	irosin anolang
5287	*Papualthia lanceolata*	菲律宾	剑叶异瓣暗罗	anolang
5288	*Papualthia loheri*	菲律宾	南洋异瓣暗罗	loher anolang
5289	*Papualthia longipes*	菲律宾	长柄异瓣暗罗	anolang-haba
5290	*Papualthia pacifica*	菲律宾	太平洋异瓣暗罗	anolang-dagat
5291	*Papualthia reticulata*	菲律宾	网纹异瓣暗罗	bogsog
5292	*Papualthia samarensis*	菲律宾	萨马岛异瓣暗罗	samar anolang
5293	*Papualthia tenuipes*	菲律宾	细柄异瓣暗罗	punganaoan
5294	*Papualthia urdanetensis*	菲律宾	乌坦尼塔异瓣暗罗	kaiti; urdanetensis
	Paranephelium **(SAPINDACEAE)** **假韶子属（无患子科）**		**HS CODE** **4403.99**	
5295	*Paranephelium longifolium*	亚洲	长叶假韶子	lamyai-pa
5296	*Paranephelium macrophyllum*	亚洲	大叶假韶子	
5297	*Paranephelium muricatum*	泰国	氯化假韶子	ma-choknam; panrua; ta-khro-nam
5298	*Paranephelium spirei*	柬埔寨、老挝、越南	斯皮里假韶子	phanpim
5299	*Paranephelium xestophyllum*	菲律宾、沙巴、文莱	爱思假韶子	malaaluau; membuakat; sunging
	Parartocarpus **(MORACEAE)** **臭桑属（桑科）**		**HS CODE** **4403.99**	
5300	*Parartocarpus bracteatus*	西马来西亚、苏门答腊、沙巴	显苞臭桑	ara berteh bukit; kulus; tampang nongko; terap

序号	学名	主要产地	中文名称	地方名
5301	*Parartocarpus venenosus*	苏门答腊、沙捞越、西伊里安、沙巴、马来西亚、西马来西亚、印度尼西亚、婆罗洲	臭桑	ara berteh paya; eoweno; kelutum abu; minggi; pakan; paramis; parartocar pus; tapakau; tenggajun; terap; terap hutan
5302	*Parartocarpus woodii*	菲律宾	木化臭桑	malanangka; malangka
	Paraserianthes **(MIMOSACEAE)** **箭羽楹属（含羞草科）**		**HS CODE 4403. 49**	
5303	*Paraserianthes falcataria*	东南亚	箭羽楹	
	Parashorea **(DIPTEROCARPACEAE)** **赛罗双属（龙脑香科）**		**HS CODE 4403. 49**	
5304	*Parashorea aptera*	印度尼西亚、苏门答腊	无翼赛罗双	balau; balau tembahun; chengal
5305	*Parashorea buchananii*	缅甸	布氏赛罗双	myauk-thin gan
5306	*Parashorea densiflora*	印度尼西亚、越南、西马来西亚、苏门答腊	密花赛罗双	balau; balau tembalun; chengal; chochi; gerutu; gerutu pasir; heavy white seraya; kuyung; lahung; meranti mebul; meranti merebu; meranti pasir; ngerawan batu; red meranti; tembalun; tengkawang jantong
5307	*Parashorea dussaudii*	老挝	杜氏赛罗双	maisin
5308	*Parashorea globosa*	苏门答腊、印度尼西亚、西马来西亚	球状赛罗双	cengal; chengal; gerutu; meranti gerutu; meranti pasir; meranti pasir daun besar; red meranti
5309	*Parashorea lucida*	越南、泰国、柬埔寨、西马来西亚、老挝、马来西亚、缅甸、印度、苏门答腊、印度尼西亚	亮叶赛罗双	cac loai; chanoi; damarlaut; gerutu gerutu; kabba; kadut; koungmhoo; mangirawan; maranti botino; meranti gerutu; panthitya; pat lang khieo; tavoywood; tengkawang pasir; thingado; thingadu; thinkadu; white meranti
5310	*Parashorea macrophylla*	沙捞越、文莱、沙巴	大叶赛罗双	bilat; kajo punan; peran; urat mata; white seraya
5311	*Parashorea malaanonan*	菲律宾、婆罗洲、沙巴、印度尼西亚、西马来西亚、文莱、马来西亚、沙捞越	马拉赛罗双	almon; baiukan; buayahon; dangiog; gagil; guijo blanco; hapnit; lanutan; manakayan; manggasino ro; maru; mayapis; seraya blanca; seriah; tiaong; urat mata; urat mata daun lichin; white meranti; white seraya; witte lauan; yauaan

序号	学名	主要产地	中文名称	地方名
5312	*Parashorea parvifolia*	沙捞越、西马来西亚、婆罗洲、文莱、马来西亚、沙巴	小叶赛罗双	anyit; gerutu; heavy white seraya; kerukup; lautan kuning; urat mata; urat mata bukit; urat mata daun kechil; white seraya
5313	*Parashorea smythiesii*	西马来西亚、沙捞越、印度尼西亚、文莱、沙巴	斯氏赛罗双	gerutu; heavy white seraya; maru; meruyun; meruyung; urat mata; urat mata batu; urat mata daun puteh; white seraya
5314	*Parashorea stellata*	西马来西亚、越南、苏门答腊、马来西亚、印度尼西亚	星芒赛罗双	chengal; chochi; damar; damar cirik ayam; damar laut; damar surantih; damar tyirik ayam; gerutu; katuko; lemsa meluit; meranti gerutu; surantih limau manis; tambun ranggas; timbalun gading; white meranti
5315	*Parashorea symthiesii*	印度尼西亚	西姆赛罗双	
5316	*Parashorea tomentella*	菲律宾、婆罗洲、苏门答腊、沙巴、马来西亚、印度尼西亚、西马来西亚	小毛赛罗双	bactican; bagtikan; damar busak; keranak; lahung; pandan; pandan merah; pelepak busak; pendan belah; urat mata; urat mata beludu; urat matabeludu; white lauan; white meranti; white seraya
5317	*Parashorea warburgii*	西马来西亚	瓦氏赛罗双	
	Parastemon（ROSACEAE） **马来蔷薇属（蔷薇科）**		**HS CODE** **4403.99**	
5318	*Parastemon soicayum*	亚洲	穗状蔷薇	
5319	*Parastemon urophyllus*	苏门答腊、文莱、沙捞越、婆罗洲、印度尼西亚、爪哇岛、西马来西亚、沙巴、马来西亚	马来蔷薇	belasi; beluang; bintan; ilas; kajoe malas; kalet nabirong; kayu malas; kelat tulang; lilas; malas; mendailas; mendelas; mengilas; meriawak; milas; ngilas; ngilas padang; ngilas paya; nyalas; sangkuak
5320	*Parastemon versteeghii*	西伊里安	韦氏马来蔷薇	parastemon
	Paratrophis（MORACEAE） **毛利桑属（桑科）**		**HS CODE** **4403.99**	
5321	*Paratrophis glabra*	菲律宾	光滑毛利桑	amudil
5322	*Paratrophis philippinensis*	菲律宾	菲律宾毛利桑	
	Parinari（CHRYSOBALANACEAE） **姜饼木属（金橡实科）**		**HS CODE** **4403.49**	
5323	*Parinari anamensis*	越南、柬埔寨、老挝、泰国	越南姜饼木	cam; kam; kello; khlok; phok; quelo; talork; thlok

序号	学名	主要产地	中文名称	地方名
5324	*Parinari asperulum*	东南亚	粗姜饼木	
5325	*Parinari corymbosa*	菲律宾	伞房姜饼木	bankawang; bone; donge; joesoekadoja; kalake; kolasa; liusin
5326	*Parinari costata*	西马来西亚、菲律宾	脉状姜饼木	asam kumbang; balau ulat; baritadiang; bedara hutan; mentelor; merbatu; merbatu pipit
5327	*Parinari costatum*	亚洲	脉姜饼木	
5328	*Parinari elmeri*	西马来西亚	埃尔姜饼木	merbatu
5329	*Parinari glaberrimum*	马来西亚、西马来西亚	光姜饼木	kelapa tupai; merbatu; tabon-tabon
5330	*Parinari oblongifolia*	西马来西亚、文莱、沙巴、苏门答腊	长圆叶姜饼木	balau; belibu; johore teak; kemalau; mentelor; merbatu; rabuk ungko; tabau empliau
5331	*Parinari rigida*	西马来西亚	硬姜饼木	merbatu
5332	*Parinari robusta*	西马来西亚	粗壮姜饼木	
5333	*Parinari sumatrana*	苏门答腊	苏门答腊姜饼木	medang kangkung
	***Parishia*（ANACARDIACEAE）** **帕里漆属（漆树科）**		**HS CODE** **4403.99**	
5334	*Parishia insignis*	安达曼群岛、沙巴、西马来西亚、印度、沙捞越	显著帕里漆	dhuprojo; dhuprosso; layang; layang-lay ang; lelayang; merawan; parishia; red dhup; rod dhup; rode dhup; roter dhup; sepul; upi batu; upi bung
5335	*Parishia maingayi*	菲律宾、婆罗洲、西马来西亚、文莱、沙捞越	梅加帕里漆	bulabog; kayu tapah; kembajau beruang; kupang-kupang; lelayang; semundu; sepul; upi paya
5336	*Parishia malabog*	菲律宾	马拉翁帕里漆	bulabog; kupang-kupang; lanno; malabog; malibog; mulabog
5337	*Parishia paucijuga*	西马来西亚	西加帕里漆	lelayang; sepul
5338	*Parishia sericea*	马来西亚、文莱	绢毛帕里漆	layang-lay ang; pulut; semundu
	***Parkia*（MIMOSACEAE）** **球花豆属（含羞草科）**		**HS CODE** **4403.49**	
5339	*Parkia bicolor*	马来西亚	二色球花豆	patau
5340	*Parkia biglandulosa*	印度	大腺球花豆	badminton balltree; paatay
5341	*Parkia dongnaiensis*	中国、印度	东奈球花豆	thui

序号	学名	主要产地	中文名称	地方名
5342	*Parkia insignis*	缅甸	显著球花豆	myauk-tanyet；myauk-thanlyet
5343	*Parkia javanica*	爪哇岛	爪哇球花豆	
5344	*Parkia sherfeseei*	菲律宾	谢费球花豆	kunding
5345	*Parkia singularis*	苏门答腊、婆罗洲、文莱、马来西亚、西马来西亚	独特球花豆	alai；arap；empamai；parira hayu；petai；petai meranti；petai papan；petai-meranti；saga jantan
5346	*Parkia speciosa*	婆罗洲、印度尼西亚、菲律宾、文莱、苏门答腊、马来西亚	美丽球花豆	bewai；butad；paoh；patai；patai padi；pates；peta；petai；petai belalang；petar；petara；petau；pete；peteh；potai；putai；putei；sato
5347	*Parkia streptocarpa*	柬埔寨、老挝、越南	扭果球花豆	boungrep；cacheo；ragiong；royong
5348	*Parkia sumatrana*	老挝、沙捞越、柬埔寨、越南	苏门答腊球花豆	hua lon；petah；petah belit；petai paya；royaung；som poy luang；thui
5349	*Parkia timoriana*	菲律宾、西马来西亚、爪哇岛	溮文球花豆	bagin；cupang；gudayong；kadoeng；kedawoeng；kupang；kurayong
5350	*Parkia versteeghii*	马来西亚、西伊里安、西马来西亚	韦氏泰球花豆	forest locust；parkia；petai
	Parkinsonia **（CAESALPINIACEAE）** **肩轴木属（苏木科）**		**HS CODE** **4403. 99**	
5351	*Parkinsonia aculeata*	缅甸、沙特阿拉伯	肩轴木	arrete-boeuf；myasein；sesaban
	Parmentiera **（BIGNONIACEAE）** **桐花树属（紫葳科）**		**HS CODE** **4403. 99**	
5352	*Parmentiera aculeata*	菲律宾	多刺桐花树	binalimbing
	Paropsia **（*PASSIFORACEAE*）** **杯树莲属（西番莲科）**		***HS CODE*** **4403. 99**	
5353	*Paropsia adenostegia*	亚洲	腺盖杯树莲	
5354	*Paropsia vareciformis*	苏门答腊	瓦雷杯树莲	penaga；taji
	Pauldopia **（BIGNONIACEAE）** **翅叶木属（紫葳科）**		**HS CODE** **4403. 99**	
5355	*Pauldopia ghorta*	越南、老挝	高塔翅叶木	dinh khet；dinh vang；kang khong；kang pu；nuc nac
	Paulownia **（SCROPHULARIACEAE）** **泡桐属（玄参科）**		**HS CODE** **4403. 99**	
5356	*Paulownia coreana*	朝鲜	朝鲜泡桐	odong；odong-namu
5357	*Paulownia fargesii*	中国	川泡桐	paotung

序号	学名	主要产地	中文名称	地方名
5358	*Paulownia fortunei*	中国	泡桐	kokonoe-no-kiri
5359	*Paulownia kawakamii*	中国	台湾泡桐	taiwan-giri
5360	*Paulownia tomentosa*	中国、日本	毛泡桐	foxglove tree；kiri；kirinoki；paulownia；shima-giri
	Pavetta **(RUBIACEAE)** 大沙叶属（茜草科）		**HS CODE 4403. 99**	
5361	*Pavetta basilanensis*	菲律宾	巴西兰大沙叶	basilian gusokan
5362	*Pavetta batanensis*	菲律宾	巴丹大沙叶	batan gusokan
5363	*Pavetta brachyantha*	菲律宾	短大沙叶	lubug
5364	*Pavetta cumingii*	菲律宾	卡氏大沙叶	cuming gusokan
5365	*Pavetta dolichostyla*	菲律宾	长柱大沙叶	gusokan-ha ba
5366	*Pavetta elmeri*	菲律宾	埃尔大沙叶	elmer gusokan
5367	*Pavetta indica*	菲律宾、文莱	印度大沙叶	gusokan；mengkudu hutan
5368	*Pavetta leytensis*	菲律宾	莱特大沙叶	lakuilan
5369	*Pavetta luzonica*	菲律宾	吕宋大沙叶	kotbu
5370	*Pavetta mindanaensis*	菲律宾	棉兰老岛大沙叶	mindanao gusokan
5371	*Pavetta parvifolia*	菲律宾	小叶大沙叶	gusokan-liitan
5372	*Pavetta petiolaris*	文莱	细柄大沙叶	meludok；mengkudu hutan；menglkudu hutan laki
5373	*Pavetta phanerophlebia*	菲律宾	显脉大沙叶	malagusokan
5374	*Pavetta subferruginea*	菲律宾	亚锈大沙叶	gusokan-ka lauang
5375	*Pavetta williamsii*	菲律宾	威氏大沙叶	sikarig
	Payena **(SAPOTACEAE)** 巴因山榄属（山榄科）		**HS CODE 4403. 99**	
5376	*Payena acuminata*	婆罗洲、印度尼西亚、马来西亚、苏门答腊、文莱、沙巴	披针叶巴因山榄	baitis；balam turian；geneng；kayu kentan；ketiau；mayang damanik；mayang lisak；mergetahan；njatuh durian；nyatoh rian；nyatoh taban puteh；punti；simar tarutung；surimanuk
5377	*Payena dantung*	苏门答腊	丹顿巴因山榄	balam keyel；dantung
5378	*Payena dasyphylla*	西马来西亚、苏门答腊	厚叶巴因山榄	balam bunga；balam kapur；balam kerang；balam selendit；ekor；kayu balam；madang bungo；nyantuh kerahh；nyatoh

序号	学名	主要产地	中文名称	地方名
5379	*Payena elliptica*	柬埔寨、老挝、越南、印度	椭圆巴因山榄	phan sat; sakrum; srakum; viet
5380	*Payena endertii*	苏门答腊	恩氏东南亚山榄	balam terung; balam tunjuk
5381	*Payena lanceolata*	苏门答腊、西马来西亚	剑叶巴因山榄	balam; ekor; nyatoh; nyatoh ekor
5382	*Payena leerii*	苏门答腊、婆罗洲、菲律宾、西马来西亚、文莱、印度尼西亚	李氏巴因山榄	balam beringin; balam tanjung; beitis; beringin; edkoyan; geta sundi; getah sundai; kalemanggong; mayang sondek; mergetahan; naisa; poeting; semalut; semaram; sonde; sundei bakau; sundik
5383	*Payena lowiana*	苏门答腊	洛依巴因山榄	balam punti; balem sito bulung; mayang rata; sau payo
5384	*Payena lucida*	印度、印度尼西亚、苏门答腊、西马来西亚、婆罗洲、马来西亚、文莱	亮叶巴因山榄	dolukurta; kalimanggong; maiang; meang cingge; mergetahan; niato balam; njatuh hitam; nyatoh
5385	*Payena maingayi*	西马来西亚	马英亚巴因山榄	maiang; nyatoh; nyatoh durian
5386	*Payena microphylla*	婆罗洲	小叶巴因山榄	beringin; djiput beringin; getah beringin
5387	*Payena obscura*	苏门答腊、文莱、西马来西亚、沙巴	模糊巴因山榄	balam kadidie; balam serawak; getah sundo; ketiau; natoh; nyatau; nyatoh; nyatoh sundek; nyatoh taban puteh; pulut; urup
5388	*Payena paralleloneura*	缅甸	平行叶蜂巴因山榄	pasin-swe
5389	*Payena pseudoterminalis*	苏门答腊	假缘巴因山榄	endreket
	Pellacalyx **（RHIZOPHORACEAE）** **山红树属（红树科）**		**HS CODE** **4403.99**	
5390	*Pellacalyx axillaris*	苏门答腊、西马来西亚、菲律宾	脉腋山红树	bebulu rawang; lasuri manu uding; membuloh bulu; pamaluian; suri manu payo
5391	*Pellacalyx lobbii*	文莱、苏门答腊	罗氏山红树	buloh buloh; kayu bulu jantatan; kayu rebung; merah bulu
5392	*Pellacalyx pustulatus*	菲律宾	普托拉山红树	mamatog

序号	学名	主要产地	中文名称	地方名
5393	*Pellacalyx saccardianus*	西马来西亚	袋状山红树	membuloh
	Peltophorum **（CAESALPINIACEAE）** **双翼苏木属（苏木科）**		**HS CODE** **4403. 49**	
5394	*Peltophorum dasyrachis*	越南、柬埔寨、印度尼西亚、老挝、马来西亚、泰国、西马来西亚、东南亚、苏门答腊	粗轴双翼苏木	hoang lim; hoang-linh; hoang linh; hoan linh; jemerelang; lem; lim; lim set; lim vang; lim xet; mun si; nonsee; non-si; saga; sakham; sa phang; tramkan; tram kang; trascc; trasek
5395	*Peltophorum grande*	印度尼西亚	大双翼苏木	petai bilalang
5396	*Peltophorum pterocarpum*	菲律宾、柬埔寨、老挝、越南、印度、西马来西亚、缅甸、印度尼西亚、婆罗洲	盾柱双翼豆	baringbing; ivalvagai; ivavakai; jemerelan; perugondrai; rusty shield-bearer; saga; suga; thinbaw-me zali; trac vang; yellow flamboyant; yellow flame; yellow gold mohur
5397	*Peltophorum racemosum*	西马来西亚、沙巴	总状双翼苏木	jemerelang; timbarayong
5398	*Peltophorum tonkinense*	越南	双翼豆	lim xet
	Pemphis **（LYTHRACEAE）** **水芫花属（千屈菜科）**		**HS CODE** **4403. 99**	
5399	*Pemphis acidula*	菲律宾、马绍尔群岛、马里亚纳群岛	酸水芫花	bantigi; kone; kungi; nigas; nigasi; nigus
	Pentace **（TILIACEAE）** **硬椴属（椴树科）**		**HS CODE** **4403. 49**	
5400	*Pentace adenophora*	西马来西亚、沙巴	腺硬椴	melunak; takalis daun bulat
5401	*Pentace bukit*	沙捞越	武吉硬椴	baharu; baru bukit; bisoran; gading; kajo orang; kayo orang; kedang; kedang ribis; kelanah; majela; melunak
5402	*Pentace burmanica*	缅甸、泰国、印度、柬埔寨、老挝、越南	缅甸硬椴	burma; burma mahogany; deng siam; jute; kashit; kathitka; mahogany; nghien; shitka; si-siat-pluak; sisiet; takothet; tassiet; thethet; thetlet; thitka
5403	*Pentace curtisii*	西马来西亚	库氏硬椴	melunak; melunak bukit
5404	*Pentace discolor*	马来西亚	异色硬椴	takalis
5405	*Pentace floribunda*	文莱	众花硬椴	melunak
5406	*Pentace griffithii*	印度、缅甸	格氏硬椴	thitkale; thitsho

序号	学名	主要产地	中文名称	地方名
5407	*Pentace laxiflora*	文莱、沙巴、马来西亚	疏花硬椴	melunak；mentulud；takalis；takalis daun halus；talcalis daun halus
5408	*Pentace macrophylla*	西马来西亚	大叶硬椴	kempayang hantu；melunak；melunak bukit
5409	*Pentace polyantha*	印度尼西亚	多花硬椴	sigeung
5410	*Pentace siamensis*	柬埔寨、老挝、越南	暹罗硬椴	gien
5411	*Pentace tonkinensis*	柬埔寨、老挝、越南	东京硬椴	dien；kieng；kieng kieng；nghien；nghien mat；nghien trang；nghien trung
5412	*Pentace triptera*	苏门答腊、西马来西亚、印度尼西亚、文莱、婆罗洲、马来西亚	三翼硬椴	dilau nasi；endilau；indilau rusa；janda baik；katuko tapih panji；kayu pinang；lapis kulit；malebakan；myaboh burok；pakloha；pinang；potang marau；rama；resengah；thitka
	***Pentacme*（DIPTEROCARPACEAE）** **白鹤树属（龙脑香科）**		**HS CODE** **4403.49**	
5413	*Pentacme contorta*	亚洲	扭叶白鹤树	
5414	*Pentacme mindanensis*	菲律宾	棉兰老岛白鹤树	
5415	*Pentacme siamensis*	东南亚	暹罗白鹤树	
	***Pentaphylax*（PENTAPHYLACACEAE）** **五列木属（五列木科）**		**HS CODE** **4403.99**	
5416	*Pentaphylax euryoides*	苏门答腊	五列木	api-api；medang lasiak
	***Pentaspadon*（ANACARDIACEAE）** **五列漆属（漆树科）**		**HS CODE** **4403.99**	
5417	*Pentaspadon motleyi*	沙捞越、西马来西亚、婆罗洲、印度尼西亚、沙巴、文莱、马来西亚、苏门答腊、西伊里安	莫特五列漆	bua pusit；emplanjau；joping；kedondong kijau；lakacho；letjut；paladjau；palandjau；pelandjau；pelasin；pelasit；pelong lichin；pentaspadon；plajau；polandjau；praju；umpit；uping
5418	*Pentaspadon velutinus*	西马来西亚	毛五列漆	pelong；pelong beludu；toei-nam
	***Pericopsis*（FABACEAE）** **美木豆属（蝶形花科）**		**HS CODE** **4403.49**	
5419	*Pericopsis laxiflora*	马来西亚	疏花美木豆	kolo-kolo

序号	学名	主要产地	中文名称	地方名
5420	*Pericopsis mooniana*	沙巴、印度尼西亚、西伊里安、斯里兰卡、婆罗洲、苏门答腊、菲律宾	斯里兰卡美木豆	ipil ayer; joemoek; kayu kuku; kayu laut; kuku; makapilit; nani-laoet; nedun; pericopsis; pericopsis wood
	Perrottetia **(CELASTRACEAE)** **核子木属（卫矛科）**		**HS CODE 4403. 99**	
5421	*Perrottetia alpestris*	菲律宾、沙捞越	高山核子木	bubayug; gorung; panak
5422	*Perrottetia longistylis*	亚洲	长形核子木	
	Persea **(LAURACEAE)** **鳄梨属（樟科）**		**HS CODE 4403. 99**	
5423	*Persea americana*	关岛、马里亚纳群岛、菲律宾、缅甸	鳄梨木	alageta; alligator pear; avocado pear; kadi-ba
5424	*Persea bancana*	文莱、沙巴	苏门答腊鳄梨木	medang; medang sisek; medang teras
5425	*Persea benthamiana*	亚洲	本氏鳄梨木	
5426	*Persea gammieana*	印度	加米鳄梨木	lati-kawla; machilus
5427	*Persea japonica*	日本	日本鳄梨木	aogashi
5428	*Persea kusanoi*	中国台湾地区	库萨鳄梨木	mei-jen-ch 'ai; ohba-tabu; ooba-tabu
5429	*Persea macrantha*	印度	大花鳄梨木	gulumavu
5430	*Persea nanmu*	中国	楠鳄梨木	nan-mu
5431	*Persea thunbergii*	日本、中国台湾地区	桑帛鳄梨木	ao damo; burl tabu; chinese bandoline; chinese bandolinewood; laurel; pao-hua; pao-yeh; pau hoi; shiro-tabu; tabu; tabu tamagusu; tamagusa; tamagusu; tciao chang
	Pertusadina **(RUBIACEAE)** **槽裂木属（茜草科）**		**HS CODE 4403. 99**	
5432	*Pertusadina euryncha*	苏门答腊	尤林槽裂木	berumbung; geronggang; kelumpang pipit; meroronggang; nangi; ngerunggang; simur baliding
5433	*Pertusadina multiflora*	西伊里安	多花槽裂木	pertusadina
5434	*Pertusadina multifolia*	菲律宾、印度尼西亚、伊朗	多叶槽裂木	adina; alintatao; badenga; badenga-den; dunpilan; nva
	Petersianthus **(LECYTHIDACEAE)** **玉风车属（玉蕊科）**		**HS CODE 4403. 49**	
5435	*Petersianthus quadrialatus*	菲律宾	四聚玉风车	guog; kapulau; lumangog; magtalisai; philiooine rosewood; tohog; toog; tuog

序号	学名	主要产地	中文名称	地方名
	Phaeanthus **（ANNONACEAE）** **亮花木属（番荔枝科）**		**HS CODE** **4403.99**	
5436	*Phaeanthus ebracteolatus*	菲律宾	斑马亮花木	kalimatas
5437	*Phaeanthus nigrescens*	菲律宾	暗黑亮花木	titis
5438	*Phaeanthus pubescens*	菲律宾	短柔毛亮花木	langlangis
5439	*Phaeanthus villosus*	菲律宾	覆绒亮花木	oyoi
	Phaleria **（THYMELAEACEAE）** **皇冠果属（瑞香科）**		**HS CODE** **4403.99**	
5440	*Phaleria capitata*	菲律宾	头状皇冠果	salago
5441	*Phaleria coccinea*	菲律宾	朱红皇冠果	koguko
5442	*Phaleria nisidai*	菲律宾	尼西皇冠果	salagong-gubat
5443	*Phaleria perrottetiana*	沙巴、菲律宾	佩罗皇冠果	aligpagi；tuka
	Phellodendron **（RUTACEAE）** **黄檗属（芸香科）**		**HS CODE** **4403.99**	
5444	*Phellodendron amurense*	中国、东亚、朝鲜、日本	黄檗	amur corktree；arbol suberoso chinesco；arbre liege de chine；chinese kurkboom；corktree；hwangbyeog-namu；kihada；kipada；kiwada；sibiriskt korktrad；sughera cinese
5445	*Phellodendron japonicum*	日本	日本黄檗	arbol suberoso japones；arbre-liegedu japon；japanese corktree；japanse kurkboom；japanskt korktrad；kihada；sughera giapponese
5446	*Phellodendron sachalinense*	日本	萨查黄檗	japanese corktree；phellodend ron
	Philadelphus **（HYDRANGEACEAE）** **山梅花属（绣球科）**		**HS CODE** **4403.99**	
5447	*Philadelphus satsumi*	日本	日本山梅花	
	Phoebe **（LAURACEAE）** **桢楠属（樟科）**		**HS CODE** **4403.49**	
5448	*Phoebe bournei*	中国	闽楠	nan-mu
5449	*Phoebe declinata*	西马来西亚	垂枝桢楠	medang；medang busok；medang pasir
5450	*Phoebe elliptica*	西马来西亚、沙巴	椭圆桢楠	medang；medang keladi；medang kunyit；medang lada；medang tanah

序号	学名	主要产地	中文名称	地方名
5451	*Phoebe forbesii*	印度尼西亚、西伊里安	宽叶桢楠	medang; phoebe
5452	*Phoebe formosana*	中国台湾地区	台湾桢楠	taiwan-inu gusu
5453	*Phoebe glabrifolia*	菲律宾	光叶桢楠	banogan
5454	*Phoebe goalparensis*	印度	阿萨姆桢楠	bonsum
5455	*Phoebe grandis*	爪哇岛、印度尼西亚、婆罗洲、西马来西亚、沙捞越、越南	大状桢楠	hoeroe katjang; huru katjang; marsihung; medang; medang huwaran; medang kuning; medang kunyit; medang tanah; medang telor; su
5456	*Phoebe hainesiana*	印度	海西桢楠	angaria; bonsum; eonsum
5457	*Phoebe lanceolata*	印度、柬埔寨、老挝、越南、缅甸	剑叶桢楠	bhadroi; canan; co canan; katkaula; seiknan
5458	*Phoebe macrophylla*	中国	大叶桢楠	pau hoi
5459	*Phoebe nana*	文莱	奈奈桢楠	embulong udok; gatal; kelinchi padi; kopi hutan; medang; medang gatal; medang jongkong; medang suid; medang tabac; merabong; resangan; teranjangan
5460	*Phoebe paniculata*	缅甸	锥花桢楠	taung-kany in
5461	*Phoebe sterculioides*	菲律宾	梧桐状桢楠	banogan; banuyo; batikulang; bokbok; bugo; kaburo; kubi; magbuabang; margadilau
5462	*Phoebe yaoana*	中国	阳高桢楠	nan-mu
5463	*Phoebe zhennan*	中国	桢楠	pau hoi
	Photinia **(ROSACEAE)** **石楠属（蔷薇科）**		**HS CODE** **4403. 99**	
5464	*Photinia glabra*	日本、菲律宾	光滑石楠	kanamemochi; malasayong-linis
5465	*Photinia serratifolia*	菲律宾	齿叶石楠	malasayo; shihnan
5466	*Photinia villosa*	日本	毛石楠	ushikoroshi
	Phyllanthus **(EUPHORBIACEAE)** **油柑属（大戟科）**		**HS CODE** **4403. 99**	
5467	*Phyllanthus acidus*	柬埔寨、老挝、越南、马里亚纳群岛、菲律宾、文莱、缅甸	阴沉油柑	duoc duang; iba; ibba; jerumbai; karmai; pomme surelle; thibaw-zibyu
5468	*Phyllanthus buxifolius*	爪哇岛	黄杨叶油柑	sligi

序号	学名	主要产地	中文名称	地方名
5469	*Phyllanthus curranii*	菲律宾	库氏尼油柑	baluha
5470	*Phyllanthus dalbergioides*	爪哇岛	黄檀状油柑	ojod gimeran
5471	*Phyllanthus effusus*	西伊里安	宽大油柑	phyllanthus
5472	*Phyllanthus emblica*	印度、印度尼西亚、柬埔寨、老挝、越南、婆罗洲、沙巴、缅甸、南亚、西马来西亚、苏门答腊	油柑	adiphala; awla; bhoza; chyahkya; dadi; dhanya; emblic myrobalan; htakyi; indian gooseberry; khondona; laka; mirobalanen baum; nalli; oura; perunelli; pokok laka; pokok melaka; sudhe; tasha; triphalamu; usiriki; zibyu
5473	*Phyllanthus epiphyllanthus*	亚洲	单头油柑	
5474	*Phyllanthus ewansii*	印度尼西亚	尤恩氏油柑	lokiloki
5475	*Phyllanthus flexuosus*	亚洲	弯曲油柑	
5476	*Phyllanthus fraternus*	印度	珠叶油柑	badianla; bahupatri; bhonya anmali; bhonyabali; bhuin aonla; bhuivali; buiamla; jangli amli; jaramla; kilanelli; kiranellig ida; kirganelli; kizhanelli; nelanelli; nelavusari; tamalaki
5477	*Phyllanthus lagunensis*	菲律宾	内湖油柑	marasap
5478	*Phyllanthus lamprophyllus*	菲律宾	灯叶油柑	manglas
5479	*Phyllanthus luzoniensis*	菲律宾	吕宋油柑	pamayauasen
5480	*Phyllanthus macgregorii*	菲律宾	麦氏油柑	mcgregor bungas
5481	*Phyllanthus madeirensis*	亚洲	马德拉油柑	
5482	*Phyllanthus maderaspatensis*	印度	马德斯油柑	bhumyamalaki; hazarmani; kanocha; kanochha; kanodcha; madarasa nelli; mela nelli; nallausereki; nallausirike; ranavali
5483	*Phyllanthus marianus*	马里亚纳群岛	马里亚纳油柑	gaogao uchan; tronkon gaogao uchan
5484	*Phyllanthus muellerianus*	亚洲	缪氏油柑	
5485	*Phyllanthus ruber*	柬埔寨、老挝、越南	红油柑	do dot
5486	*Phyllanthus sellowianus*	亚洲	赛维油柑	
5487	*Phyllanthus superbus*	印度	华丽油柑	rosak

序号	学名	主要产地	中文名称	地方名
5488	*Phyllanthus urinaria*	印度	叶下油柑	bahupatra；chirukizhu kanelli；chuvannaki zhanelli；errauririka；hazarmani；kempu nela nelli；kempukiran elli；kharsadabo nyaansari；lalbhuinan valah；lalmundaja nvali；shivappunelli；tamlaki
5489	*Phyllanthus valleanus*	印度	山谷油柑	
5490	*Phyllanthus virgatus*	印度	棒状油柑	bhujavali；motibhonya anmali；motibhuiavali；uchchiyusi rika；ushchiusirika
5491	*Phyllanthus warburgii*	印度	沃氏油柑	
	***Phytolacca*（PHYTOLACCACEAE）** **商陆属（商陆科）**		**HS CODE** **4403.99**	
5492	*Phytolacca dioica*	菲律宾	异株商陆	bella-sombra
	***Picea*（PINACEAE）** **云杉属（松科）**	**HS CODE** **4403.23（截面尺寸≥15cm）或 4403.24（截面尺寸<15cm）**		
5493	*Picea abies*	俄罗斯	欧洲云杉	norway spruce；smrk；snake-like norway spruce
5494	*Picea asperata*	中国南部	云杉	chinese spar；chinese spruce；dragon spruce；epicea de chine；kinesisk gran；pai er sung；picea de china；picea della cina；spruces d'asia；yunshan
5495	*Picea bicolor*	日本	二色云杉	alcock spruce；alcock-gran；epicea d'alcock；eso-matzu；ilamomi；iramomi；matzuhada；picea alcock；tohimomi
5496	*Picea brachytyla*	中国南部	麦吊云杉	epicea d'hupeh；hupeh spar；hupeh spruce；hupen-gran；northern sargent spruce；picea de hupeh；picea di hupeh
5497	*Picea crassifolia*	中国南部	青海云杉	tsinghai spruce
5498	*Picea farreri*	缅甸	缅甸云杉	burman spruce
5499	*Picea gemmata*	中国南部	芽形云杉	tapao-shan spruce

序号	学名	主要产地	中文名称	地方名
5500	*Picea glehnii*	日本、俄罗斯	萨氏云杉	aka ezo matsu; akayezo; epicea d'hokkaido; glehn-gran; glehn-spar; hokkaido spar; hokkaido spruce; hokkaido-gran; picea de hokkaido; picea di hokkaido; sachalin spar; sakhalin spruce
5501	*Picea jezoensis*	日本、朝鲜、北亚、俄罗斯、中国南部	日本云鳞云杉	ajan-gran; aka eso matsu; epicea d'ajan; epicea de yeso; epicea d'hondo; ezo spruce; gamunbi; japanese spruce; ondo-gran; picea de hondo; spruces d'asia; tohi; yeddo spruce; yero-matsu; yezo matsu; yezo spruce
5502	*Picea koraiensis*	朝鲜、俄罗斯、中国南部	红皮云杉	ezo-matsu; jongbi; northern korean spruce; spruces d'asia
5503	*Picea koyamai*	朝鲜、日本	八岳云杉	chosen-har inomi; epicea de koyama; koyama spar; koyama spruce; koyama-gran; picea de koyama; picea di koyama
5504	*Picea likiangensis*	中国西部、中国南部	丽江云杉	chinese berg-spar; chinese mountain spruce; epicea de la montagne chinoise; kinesisk berg-gran; picea montana de la china; picea montana della cina; southern likiang spruce
5505	*Picea maximowiczii*	日本	灌木云杉	epicea du japon; himebaramomi; japanese bush spruce; japanse spar; japansk gran; maximowicz spruce; picea giapponese; picea japonesa
5506	*Picea meyeri*	中国南部	迈耶云杉	meyer spruce
5507	*Picea morrisonicola*	中国台湾地区	玉山云杉	epicea du mont morrison; formosa spar; formosa-gran; formosan spruce; mount morrison pine; niitaka-toki; niitaka-toohi; picea de formosa; picea di formosa
5508	*Picea neoveitchii*	中国南部	大果青杆	chien er sung; hupeh spruce
5509	*Picea obovata*	俄罗斯、中国南部、日本	倒卵叶云杉	epicea de siberie; picea siberiana; sapinette de siberie; siberian spruce; siberische fijn-spar; siberisk gran; tohi

序号	学名	主要产地	中文名称	地方名
5510	*Picea orientalis*	中国、俄罗斯	东方云杉	abete d'oriente; eastern spruce; epicea d'orient; kaukasische spar; kaukasus spar; oriental spruce; osterlandsk gran; picea asiatica; picea orientale; sapinette d'orient
5511	*Picea polita*	日本	日本云杉	bara momi; epiceaa queue de tigre; glans-gran; japanese spruce; japanse spar; picea torano; tigertail spruce; torano spar; torano-gran
5512	*Picea purpurea*	中国南部	紫云杉	purple-cone spruce
5513	*Picea schrenkiana*	亚洲	雪岭云杉	epicea de schrenk; picea de schrenk; picea di schrenk; schrenk spar; schrenk spruce; schrenk-gran
5514	*Picea shirasawae*	日本	希拉云杉	shirasawa spruce
5515	*Picea smithiana*	印度、阿富汗、尼泊尔、中国南部	长叶云杉	achara; bajur; ban ludar; epicea; epicea de l'himalaya; himalaya fichte; himalaya spar; indisk gran; kachal; morinda; nepal spar; picea de afghanistan; ryang; salla; sangal; west himalayan spruce
5516	*Picea spinulosa*	不丹、印度、中国南部	微刺云杉	east himalayan spruce
5517	*Picea wilsonii*	中国南部	青杆云杉	epicea de watson; epicea de wilson; picea de watson; picea de wilson; picea di watson; watson spar; watson spruce; watson-gran; wilson spruce; wilson-gran; wilsons spar
	Picrasma **(SIMAROUBACEAE)** **苦树属（苦木科）**		**HS CODE 4403.99**	
5518	*Picrasma ailanthoides*	日本	椿叶苦树	bitterwood; nigaki
5519	*Picrasma crenata*	亚洲	圆锯齿苦树	
5520	*Picrasma javanica*	爪哇岛、苏门答腊、西伊里安、菲律宾	爪哇苦树	djanglot; empedu kayu; knee-duwe; nalis; tuba lalat
5521	*Picrasma quassioides*	日本	苦树	bitterwood; nigaki; nignaki; tutai
	Pieris **(ERICACEAE)** **马醉木属（杜鹃科）**		**HS CODE 4403.99**	
5522	*Pieris formosa*	中国台湾地区	台湾马醉木	

序号	学名	主要产地	中文名称	地方名
5523	*Pieris japonica*	日本	日本马醉木	asebi
	Pimelodendron **(EUPHORBIACEAE)** **培米属（大戟科）**	**HS CODE** **4403. 99**		
5524	*Pimelodendron amboinicum*	西伊里安、印度尼西亚、西马来西亚	安汶培米	bepiedzy; bepiey; bepie-ye; komkwa; pembrieyen; pepieye; perah ikan
5525	*Pimelodendron griffithianum*	文莱、沙捞越、西马来西亚	厚叶培米	danglada; ja lundong; kelachong achon; kelampai sitak; melawak; perah; perah ikan; rambang alang
5526	*Pimelodendron macrocarpum*	苏门答腊	大果培米	dangku
	Pinus **(PINACEAE)** **松属（松科）**	**HS CODE** **4403. 21（截面尺寸≥15cm）或 4403. 22（截面尺寸<15cm）**		
5527	*Pinus armandii*	日本、中国台湾地区、缅甸、印度	华山松	armand pine; armand-tall; china armand pine; chinese armand pijn; chinese white pine; pin chinois d'armand; pino cinese de armand; pino cinese di armand; pino de armand; takane-goyo
5528	*Pinus bhutanica*	不丹、印度	不丹松	eastern himalayan pine
5529	*Pinus brutia*	叙利亚	土耳其松	calabrian pine
5530	*Pinus bungeana*	中国南部	白皮松	bunges pijn; bunge's pine; bunges-tall; lacebark pine; pai sung; pai-sung-a; pin de bunges; pino bunges; white bark pine
5531	*Pinus caribaea*	西伊里安、越南	加勒比松	caribbean pine; thong
5532	*Pinus cembra*	俄罗斯	瑞士石松	alpen pijn; alvier; cembra; cirmolo; kedru sibiruskii; manchurian pine; pin alvier; pin cembro; pin siberien; pino cembro; siberische pijn; siberisk cembra; siberisk cembra-tall; swiss stone pine; zimbro
5533	*Pinus densiflora*	日本、朝鲜、中国南部	赤松	aka matsu; aka matzu; japanese red pine; japanse rode pijn; japansk rod-tall; pin rouge japonais; pino rojo japones; pino rosso giapponese; red pine; so-namu
5534	*Pinus dumila*	日本	日本本州松	honshu pine
5535	*Pinus elliottii*	西伊里安、越南	湿地松	southern florida slash pine; thong

序号	学名	主要产地	中文名称	地方名
5536	*Pinus fenzeliana*	中国南部、越南	海南五针松	fenzel pine
5537	*Pinus formosana*	中国台湾地区	台湾松	taiwan goyo
5538	*Pinus gerardiana*	阿富汗、尼泊尔、中国南部、印度、巴基斯坦	西藏白皮松	chilghoza pine; chilgoza; chilgoza pine; gerard-pijn; gerard's pine; gerards-tall; himalayan edible pine; neosa pine; neoza; pin de gerard; pin femelle; pino de gerardo; pino di gerardo
5539	*Pinus glehni*	日本	葛氏松	eso-matsu
5540	*Pinus griffithii*	喜马拉雅山、阿富汗	乔松	bhutan pine; himalayan pine; plue pine
5541	*Pinus halepensis*	伊朗	地中海松	aleppo pijn; aleppo pine; calabrische pijn; cyprus pine; kadj; kreta-tall; pin de chypre; pino de chipre; pino di cipro
5542	*Pinus insularis*	菲律宾、东南亚、柬埔寨、印度、老挝、越南、中国、缅甸、西伊里安、泰国	岛松	belbel; dingsa; filippiijn se pijn; khasya pine; langbian pine; langbian-pijn; langbian-tall; northern burma pine; pins tropical asie; pinthong; pyek; sahing; sale; thongtinshu; tinyu
5543	*Pinus koraiensis*	朝鲜、日本、中国	红松	cedar pine; corean pine; go-sung-a; jad-namu; koreaanse pijn; korean nut pine; korean pine; koreansk tall; pin coreen; pin de coree; pino de corea; pino di corea; siberian pine; siberian yellow pine
5544	*Pinus koraiensis*	俄罗斯	红松③	korean pine; siberian yellow pine
5545	*Pinus krempfii*	越南	克氏松	krempf pine; thong; thongre
5546	*Pinus latteri*	中南半岛、中国	南亚松	latteri pine; south asis pine
5547	*Pinus luchuensis*	东亚、日本、中国台湾地区	琉球松	aka matsu; formosa pijn; formosa pine; formosa-tall; luchu pine; nitaka-aka matsu; okinawa pijn; pino de china del sur; pino di cina del sud; puchu pine; riu-kiu-ma tzu; south chinese pine; sydkinesis ktall; zuidchinese pijn

序号	学名	主要产地	中文名称	地方名
5548	*Pinus massoniana*	中国台湾地区、越南、日本	马尾松	chinese red pine; kongts'ung; masson pine; masson-tall; pin rouge de chine; pino rojo de china; pino rosso cinese; rode chinese pijn; taiwan akamatsu; taiwan matsu; thong; thong duoi ngua; thong tau
5549	*Pinus merkusii*	菲律宾、苏门答腊、缅甸、婆罗洲、爪哇岛、泰国、印度尼西亚、越南、柬埔寨、老挝、东南亚、西伊里安	苏门答腊松	aguu; damar batu; damar bunga; hujam; hujan; indo-china pine; kayu sale; kea; khia; mindora pine; pins tropical asie; pyek; salit; songsongbai; sral; tinyu; tusam; uyam bunga; vempa
5550	*Pinus morrisonicola*	中国台湾地区	台湾五针松	formosan white pine
5551	*Pinus mugo*	俄罗斯	欧洲山松	scrub mugo pine
5552	*Pinus nigra*	俄罗斯	欧洲黑松	crimian pine; krim-pijn; laricio de caramanie; pin crimeen; pino della crimea; pino ruso laricino; rysk tall; taurische pijn
5553	*Pinus patula*	西伊里安、越南	展叶松	spreading-leaved pine; thong
5554	*Pinus pentaphylla*	日本、朝鲜、中国	五叶松	goyomatsu; himeko-matsu; himekomatsu pine; japanese white pine; japanse witte pijn; kleinbluti ge kiefer; northern japanese white pine; pino blanco japones; seomjad; seomjadna mu; taiwan goyoo
5555	*Pinus pseudostrobus*	西伊里安	假北美乔松	false weymouth pine
5556	*Pinus pumila*	东亚、日本、中国、朝鲜、蒙古、俄罗斯	如偃松	aka matsu; dwarf siberian pine; haimatsu; haimatzu; japanese stone pine
5557	*Pinus roxburghii*	阿富汗、尼泊尔、印度、不丹、巴基斯坦	西藏长叶松	asiatic longleaf pine; asiatisk tall; chil; chir; chir pine; dhup; emodi kiefer; gula; kalhain; khasia pine; kolain; longleaf pine; pino asiatico; pino dell'imalaia; sala dhup; salla; sula; tang
5558	*Pinus serotina*	俄罗斯	赛罗松	
5559	*Pinus siberica*	俄罗斯	西伯利亚松	cedro siberiano; korean pine

序号	学名	主要产地	中文名称	地方名
5560	*Pinus sibirica*	中国、俄罗斯、蒙古	新疆五针松	cedro siberiano; korean pine; siberian pine; siberian stone pine; siberian yellow pine
5561	*Pinus strobus*	西伊里安	北美乔松	weymouth pine; white pine
5562	*Pinus sylvestris*	俄罗斯、印度	欧洲赤松	baltic redwood; common pine; fadcelbaum; fohre; mastboom; pijnboom; pino valsain; red pine; redwood; sandkiefer; scotch pine; scots pine; siberian redwood; silvester-pijn; vanlig furu; vanlig tall; yellow deal
5563	*Pinus tabulaeformis*	中国、日本、朝鲜	油松	chinese pine; manchurian pine; mandsjoeri je pijn; northern chinese pine; pin de mandchourie; pino de manchuria; pino di manciuria
5564	*Pinus taeda*	西伊里安	火炬松	loblolly pine; slash pine
5565	*Pinus thunbergiana*	日本、朝鲜	黑松	black pine; corsicaanse pijn; gomsol; japanese black pine; japanse zwarte pijn; kuromatsu; pin de montagne; pin noir du japon; pin sylvestre; pino negro japones; pino nero de corso
5566	*Pinus wallichiana*	印度、阿富汗、尼泊尔、越南、不丹、中国、缅甸、巴基斯坦	瓦利希亚松	anandar; bayar; bhutan pine; biar; chila; himalaja-tall; himalaya pijn; himalaya strobe; pin pleureux; pino eccelso; pino excelso; raisalla; strobo dell'imala ia; tarar-tall; thong; tranen-pijn; western himalayan pine
5567	*Pinus wangii*	中国	王氏松	wang pine
	Piper **(PIPERACEAE)** **胡椒属（胡椒科）**		**HS CODE** **4403.99**	
5568	*Piper guahamense*	马里亚纳群岛	瓜哈曼胡椒	papololaniti; pupulo aniti; pupulon aniti; pupulun aniti
	Pipturus **(URTICACEAE)** **落尾木属（荨麻科）**		**HS CODE** **4403.99**	
5569	*Pipturus arborescens*	菲律宾	树状落尾木	dalunot
5570	*Pipturus argenteus*	马里亚纳群岛、马绍尔群岛、爪哇岛	银落尾木	amahadyan; amahazan; arame; arme; armwe; handaramai; senoe
5571	*Pipturus repandus*	爪哇岛	波叶落尾木	nangsi areuj

序号	学名	主要产地	中文名称	地方名
	***Piscidia*（FABACEAE）** **毒鱼豆属（蝶形花科）**		**HS CODE** **4403. 99**	
5572	*Piscidia integerrima*	印度	全缘毒鱼豆	karkar
	***Pisonia*（NYCTAGINACEAE）** **腺果藤属（紫茉莉科）**		**HS CODE** **4403. 99**	
5573	*Pisonia aculeata*	苏门答腊	多刺腺果藤	cuhun lamarang
5574	*Pisonia grandis*	马里亚纳群岛、菲律宾、马绍尔群岛	大腺果藤	amumo；bancoran anuling；kanae；kanal；kangae；kangal；maluko；omumu；umomo；umouno；umum；umumo；umumu
5575	*Pisonia longirostris*	菲律宾	长腺果藤	marinoai
5576	*Pisonia umbellifera*	婆罗洲	伞形腺果藤	bu-ui；kayu gedang；muhui
	***Pistacia*（ANACARDIACEAE）** **黄连木属（漆树科）**		**HS CODE** **4403. 99**	
5577	*Pistacia chinensis*	菲律宾、中国台湾地区	黄连木	mamag；ransinboku；sangilo
5578	*Pistacia coccinea*	缅甸	朱红黄连木	muttagyi
5579	*Pistacia formosana*	中国台湾地区	台湾黄连木	ranshin-tree
5580	*Pistacia integerrima*	印度	全缘叶黄连木	batkal；hurkli；kakar；kakar-singi；kakrian；kakroi；kangar；karkar；sisk；tungu
5581	*Pistacia khinjuk*	伊朗	埃及黄连木	kakkar
5582	*Pistacia palaestina*	巴勒斯坦	巴勒斯坦黄连木	
5583	*Pistacia vera*	南亚	真黄连木	pistachio-nut
	***Pithecellobium*（MIMOSACEAE）** **围涎树属（含羞草科）**		**HS CODE** **4403. 99**	
5584	*Pithecellobium acacioides*	亚洲	相思围涎树	
5585	*Pithecellobium balansae*	柬埔寨、越南、老挝	巴氏围涎树	ben；giae
5586	*Pithecellobium borneense*	沙捞越	婆罗围涎树	petai belalang paya
5587	*Pithecellobium bubalinum*	西马来西亚	围涎树	gardas；jering；keredas
5588	*Pithecellobium confertum*	马来西亚、西马来西亚	集聚围涎树	kungkur；medang buaya；medang kok

序号	学名	主要产地	中文名称	地方名
5589	*Pithecellobium dulce*	柬埔寨、越南、关岛、菲律宾、马里亚纳群岛、印度、缅甸、苏门答腊、西马来西亚	牛蹄豆木	ampil tuc；camachile；camachili；dakhani babul；dekhani babul；ekadati；guamuchil；hatichinch；jangle jalebi；kottampuli；kywedanyin；madras thorn；simakoina；simehunise；vilayati imli；vitayatiam bli
5590	*Pithecellobium jiringa*	亚洲	杰儿猴耳环	djenkol；jenkol；jering
5591	*Pithecellobium platycarpum*	菲律宾	大心围涎树	hopang
5592	*Pithecellobium racemosum*	亚洲	总状围涎树	
5593	*Pithecellobium rosulatum*	印度尼西亚、婆罗洲、沙捞越	莲座状围涎树	djaring；djaring hantu；djengkol；djering；djering hantu；engrutak；gare；gurak；kakuluk；kerek；takorak
5594	*Pithecellobium spendens*	马来西亚	美丽围涎树	kungkur
5595	*Pithecellobium tenue*	亚洲	纤细围涎树	
5596	*Pithecellobium umbellatum*	东南亚	伞状围涎树	lambaran；lom；rakampa；tieem
	***Pittosporum*（PITTOSPORACEAE）海桐花属（海桐花科）**		**HS CODE 4403.99**	
5597	*Pittosporum ferrugineum*	西马来西亚、菲律宾	铁锈海桐花	giramong；mamalis-pula
5598	*Pittosporum floribundum*	缅甸	多花海桐花	ye-kadi
5599	*Pittosporum gomonenense*	亚洲	贡蒙海桐花	
5600	*Pittosporum hematomallum*	亚洲	血肿海桐花	
5601	*Pittosporum kusaiense*	亚洲	考艾森海桐花	
5602	*Pittosporum moluccanum*	菲律宾	摩鹿加海桐花	labangon
5603	*Pittosporum paniense*	亚洲	帕尼海桐花	
5604	*Pittosporum pentandrum*	菲律宾	五雄蕊海桐	dili；mamalis；talio
5605	*Pittosporum pronyense*	亚洲	普瑞海桐花	
5606	*Pittosporum ramiflorum*	菲律宾、印度尼西亚、马来西亚	茎花海桐花	duong；mawuring；riin；wuru
5607	*Pittosporum ramosii*	菲律宾	宽瓣海桐花	albon
5608	*Pittosporum resiniferum*	菲律宾	树脂海桐花	abkel；petroleum-nut

序号	学名	主要产地	中文名称	地方名
5609	*Pittosporum tobira*	日本	海桐花	cheesewood; kaido kwa; tobera; tobero; tobira riba
5610	*Pittosporum turneri*	亚洲	特氏海桐花	
	Planchonella **(SAPOTACEAE)** **山榄属(山榄科)**		**HS CODE** **4403.49**	
5611	*Planchonella foxworthyi*	菲律宾	南亚山榄	alalud
5612	*Planchonella membranacea*	亚洲	膜叶加山榄	
5613	*Planchonella nebulicola*	亚洲	星云山榄	
5614	*Planchonella nitida*	菲律宾	密茎山榄	duklitan
5615	*Planchonella obovata*	亚洲	倒卵叶山榄	chelangel; yellow-boxwood
5616	*Planchonella oxyedra*	亚洲	印尼山榄	
5617	*Planchonella roxburghioides*	亚洲	洛氏山榄	
5618	*Planchonella spectabilis*	菲律宾	美丽山榄	lamog
5619	*Planchonella torricellensis*	亚洲	红山榄	
	Planchonia **(LECYTHIDACEAE)** **普朗金刀木属(玉蕊科)**		**HS CODE** **4403.99**	
5620	*Planchonia andamanica*	印度、安达曼群岛	安达曼普朗金刀木	red bombway; red bombwe
5621	*Planchonia grandis*	婆罗洲、苏门答腊	大普朗金刀木	lihai; putat talang; telihai
5622	*Planchonia papuana*	西伊里安	巴布亚普朗金刀木	planchonia
5623	*Planchonia spectabilis*	菲律宾	普朗金刀木	apalang; balat-usin; bansalagin; buhukan; dungon; malaputat; malatagum; motong-botong; paronot; putat; uban
5624	*Planchonia valida*	婆罗洲、爪哇岛、印度尼西亚、苏门答腊、西马来西亚、马来西亚、沙巴、西伊里安	粗状普朗金刀木	kandihai; poetat; putat; putat gadjah; putat gajah; putat paya; selangan kangkong; talihe; talisei; telesai; tenkuo; tenkwo; tutat paya
	Planera **(ULMACEAE)** **沼榆属(榆科)**		**HS CODE** **4403.99**	
5625	*Planera japonica*	日本	日本沼榆	botan-geya ki
	Platanus **(PLATANACEAE)** **悬铃木属(悬铃木科)**		**HS CODE** **4403.99**	
5626	*Platanus hispanica*	中国	悬铃木	european plane; london plane; platane

序号	学名	主要产地	中文名称	地方名
5627	*Platanus hybrida*	俄罗斯	杂种悬铃木	platan kljonolist nyj
5628	*Platanus kerrii*	越南	柯氏悬铃木	cho nuoc；cho oi
5629	*Platanus orientalis*	印度、尼泊尔	三球悬铃木	eastern plane；morgenland ische platane；oosterse plataan；oriental plane；oriental planetree；orientalisk platan；platane；platane oriental；platano oriental；platano orientale
	***Platea*（ICACINACEAE） 肖榄属（茶茱萸科）**		**HS CODE 4403. 99**	
5630	*Platea excelsa*	苏门答腊、文莱、西伊里安	大肖榄	arelah payo；balunan；bentenu；cempaka gading utan；cucuho；hoting；kurungan tendi；malembu；platea；rasak barek；sibanbakau；simanggurah payo；sitepu；talas endriung
5631	*Platea fuliginea*	文莱、菲律宾	粉肖榄	midong；selumu；yongkat
5632	*Platea latifolia*	苏门答腊	阔叶肖榄	kaci pako；kedang cabe；medang cabe；menyiur；pandan；payit
	***Platycarya*（JUGLANDACEAE） 化香树属（胡桃科）**		**HS CODE 4403. 99**	
5633	*Platycarya strobilacea*	朝鲜、日本	化香树	gulpi-namu；nobunoki
	***Platycladus*（CUPRESSACEAE） 侧柏属（柏科）**	**HS CODE 4403. 25（截面尺寸≥15cm）或 4403. 26（截面尺寸<15cm）**		
5634	*Platycladus orientalis*	缅甸、中国、日本、蒙古	侧柏	oriental arborvitae
	***Plectronia*（RUBIACEAE） 白簕属（茜草科）**		**HS CODE 4403. 99**	
5635	*Plectronia mitis*	菲律宾	软白簕	basanbasan
	***Pleiocarpidia*（RUBIACEAE） 盾香楠属（茜草科）**		**HS CODE 4403. 99**	
5636	*Pleiocarpidia assanthanica*	亚洲	阿桑盾香楠	
5637	*Pleiocarpidia enneandra*	文莱	九蕊盾香楠	kopi hutan；merbusong
5638	*Pleiocarpidia opaca*	文莱	暗盾香楠	bernipor hitom；kopi hutan；merbusong；mernyaman；tambar besi
5639	*Pleiocarpidia sandakanenica*	沙巴	山地盾香楠	buloh
	***Pleiogynium*（ANACARDIACEAE） 帝汶李属（漆树科）**		**HS CODE 4403. 99**	
5640	*Pleiogynium timorense*	西伊里安、菲律宾	帝汶李	aduas-pula；tulip plum

序号	学名	主要产地	中文名称	地方名
	Pleurostylia **（CELASTRACEAE）** **盾柱卫矛属（卫矛科）**		**HS CODE** **4403. 99**	
5641	*Pleurostylia cochinchinensis*	柬埔寨、老挝、越南	交趾盾柱卫矛	calau
5642	*Pleurostylia opposita*	印度、斯里兰卡、菲律宾、毛里求斯	对叶盾柱卫矛	panaka；panakka；wight saffranhout
5643	*Pleurostylia poposita*	印度南部、斯里兰卡、毛里求斯	盾柱卫矛木	panaka；panakka
	Ploiarium **（BONNETIACEAE）** **银丝茶属（泽茶科）**		**HS CODE** **4403. 99**	
5644	*Ploiarium alternifolium*	婆罗洲、西马来西亚、沙捞越、沙巴、文莱	互生叶银丝茶	bakau padang；kayu kuat；kuat；marimbu；nyatu kalimuok；reriang；riang；riang-riang；sauma；serumah；somah；somah gajah
5645	*Ploiarium pulcherimium*	亚洲	美丽银丝茶	
5646	*Ploiarium sessile*	西伊里安	无柄银丝茶	ploiarium
	Plumeria **（APOCYNACEAE）** **鸡蛋花属（夹竹桃科）**		**HS CODE** **4403. 99**	
5647	*Plumeria acuminata*	印度	披针叶鸡蛋花	achin；arali；belchampaka；champa；dalan phul；ezha-champ akam；frangipani；golainchi；kshira；nuru varahaalu；perungalli；portugalo champo；rhada champo；son champa；torato；vaada ganneru；velatahri
5648	*Plumeria alba*	印度、菲律宾	白鸡蛋花	adavi-ganneru；frangipani；gulchin；haalusampige；kalachucheng-puti；kalchampa；kananakara vira；perumal arali；perungalli；rhachampo；seemi arali；vella champakam；white champa；white frangipani
5649	*Plumeria obtusa*	马里亚纳群岛、马绍尔群岛	钝叶鸡蛋花	kalachucha；meria
5650	*Plumeria rubra*	菲律宾、马里亚纳群岛、缅甸、马绍尔群岛、印度	红鸡蛋花	calachuche；flores mayu；frangipani；frangipanier blanc；frangipanier rouge；kalachuche；kalachuche ng-pula；meria；pagoda tree；pagoda-tree；tayoksaga；temple-tree
	Podocarpus **（PODOCARPACEAE）** **罗汉松属（罗汉松科）**		**HS CODE** **4403. 25（截面尺寸≥15cm）或 4403. 26（截面尺寸<15cm）**	
5651	*Podocarpus amarus*	爪哇岛、菲律宾	苦味罗汉松	sapi

序号	学名	主要产地	中文名称	地方名
5652	*Podocarpus annamiensis*	中国、越南	海南罗汉松	annam podoberry
5653	*Podocarpus atjehensis*	印度尼西亚	亚奇罗汉松	atjeh podoberry
5654	*Podocarpus borneensis*	婆罗洲、印度尼西亚、马来西亚	婆罗洲罗汉松	bornean podoberry
5655	*Podocarpus bracteatus*	苏拉威西、印度尼西亚	具苞罗汉松	western bristlecone podoberry
5656	*Podocarpus brevifolius*	菲律宾、马来西亚	小叶罗汉松	igem-pugot；shortleaf podoberry
5657	*Podocarpus chinensis*	日本、中国台湾地区、缅甸、柬埔寨、老挝、越南	中华罗汉松	chinese podoberry；ruru
5658	*Podocarpus chingianus*	中国	辛亚罗汉松	ching podoberry
5659	*Podocarpus confertus*	马来西亚	丛生罗汉松	silam podoberry
5660	*Podocarpus costalis*	中国台湾地区、菲律宾	肋罗汉松	formosan podoberry；igem-dagat；shima-maki
5661	*Podocarpus deflexus*	马来西亚	吊钟罗汉松	malaysian podoberry
5662	*Podocarpus fasciculus*	日本、中国台湾地区	纤束罗汉松	tai-shou shan podoberry
5663	*Podocarpus fleuryi*	越南	长叶竹柏	thong
5664	*Podocarpus gibbsii*	马来西亚	吉氏罗汉松	gibbs podoberry
5665	*Podocarpus glaucus*	印度尼西亚、菲律宾	海绿罗汉松	blue podoberry；halcon igem
5666	*Podocarpus globulus*	马来西亚	球罗汉松	sabah podoberry
5667	*Podocarpus imbricatus*	缅甸、印度尼西亚、菲律宾、中国	鸡毛松	djamudji；igem；imbricate；javan podocarpus；paya mai；podo；podo chuchor atap；rempayan；srolsar；thitmin；tung
5668	*Podocarpus insularis*	印度尼西亚	岛罗汉松	sudest podoberry
5669	*Podocarpus latifolius*	越南、印度尼西亚	阔叶罗汉松	kim giao；podo d'asia
5670	*Podocarpus laubenfelsii*	印度尼西亚、马来西亚	劳氏罗汉松	de laubenfels podoberry
5671	*Podocarpus levisde*	婆罗洲、苏拉威西、印度尼西亚	莱维罗汉松	mariatu podoberry
5672	*Podocarpus lophatus*	菲律宾	洛帕罗汉松	tapulao podoberry
5673	*Podocarpus macrocarpus*	菲律宾	大果罗汉松	bigcone philippine podoberry

序号	学名	主要产地	中文名称	地方名
5674	*Podocarpus macrophyllus*	日本、菲律宾、中国	罗汉松	honmakl; igem-laparan; inu-maki; japanese podoberry; kusa maki; kusamaki; maki
5675	*Podocarpus mannii*	中国南部	马氏罗汉松	mesenenezi
5676	*Podocarpus micropedunculatus*	马来西亚	微柄罗汉松	marudi podoberry
5677	*Podocarpus nagi*	日本、中国台湾地区	竹柏	nagi
5678	*Podocarpus nakaii*	中国台湾地区	台湾罗汉松	nakai podoberry; togariba-m aki
5679	*Podocarpus neriifolius*	苏门答腊、文莱、东南亚、印度、西马来西亚、马来西亚、婆罗洲、菲律宾、印度尼西亚、中国、缅甸、安达曼群岛、泰国、越南	百日青	beberas; bingkong; china; dingsableh; gunsi; jati bukit; kayu taji; lempega; melur; naru dotan; oleander podoberry; sitobu hotang; tadji; taji; welimada; wuluan
5680	*Podocarpus neriifolius*	尼泊尔	百日青③	oleander podoberry; price-of-woods; thitmin
5681	*Podocarpus philippinensisi*	菲律宾	菲律宾罗汉松	
5682	*Podocarpus pilgeri*	菲律宾、中国、印度尼西亚	皮盖罗汉松	lubang-lubang; pilger podoberry
5683	*Podocarpus polystachus*	菲律宾、印度尼西亚、马来西亚、泰国、文莱、西马来西亚、苏门答腊、婆罗洲	多穗罗汉松	dilang-butiki; indonesian podoberry; jati laut; kebal ayam; mentada; parai; podo; podo d'asia; podo laut; selada; sentada; setada
5684	*Podocarpus purdieanus*	马来西亚	普迪罗汉松	purdie podoberry
5685	*Podocarpus rostratus*	越南	尖喙罗汉松	hoang-dan-gia; hong tung
5686	*Podocarpus rotundus*	婆罗洲、印度尼西亚、菲律宾	圆孔罗汉松	banahao podoberry
5687	*Podocarpus rubens*	苏拉威西、马来西亚	罗宾罗汉松	red podoberry
5688	*Podocarpus rumphii*	沙巴、西马来西亚、菲律宾、中国台湾地区、印度尼西亚、马来西亚	伦氏罗汉松	kayu china; malakauayan; nanban-inu maki; philippine podo; rumphius podoberry

序号	学名	主要产地	中文名称	地方名
5689	*Podocarpus spathoides*	印度尼西亚、马来西亚	匙形罗汉松	malaysian bristlecone podoberry
5690	*Podocarpus subtropicalis*	中国、新加坡	亚热带罗汉松	subtropical podoberry; subtropica podoberry
5691	*Podocarpus teysmannii*	印度尼西亚、马来西亚	特氏罗汉松	teyssmann podoberry
5692	*Podocarpus tixieri*	柬埔寨、泰国	蒂西罗汉松	tixier podoberry
	Poeciloneuron **(GUTTIFERAE)** **杂脉藤黄属（藤黄科）**		**HS CODE 4403.99**	
5693	*Poeciloneuron indicum*	印度	印度杂脉藤黄木	balagi; kirbaili; puthang bolli; puthang kolli; vaiya; vayila
	Polyalthia **(ANNONACEAE)** **暗罗属（番荔枝科）**		**HS CODE 4403.99**	
5694	*Polyalthia barnesii*	菲律宾	巴氏暗罗	barnes lanutan
5695	*Polyalthia canangioides*	印度尼西亚	咔南暗罗	pamelesian
5696	*Polyalthia cauliflora*	婆罗洲、印度尼西亚、沙巴	茎花暗罗	banitan; karai larak merah
5697	*Polyalthia cerasoides*	印度、缅甸、柬埔寨	老人皮树	chilka duduga; gutti; gyoban; hoom; milili; nakulsi; nublay; padac; panjon; reelwood; sande ome; thabut-the in; vabbina
5698	*Polyalthia corticosa*	越南、柬埔寨、老挝	厚皮暗罗	duoi tu; ngan chay; nhoc; nhoc chuoi; nhoc du; nhoc quich
5699	*Polyalthia dolichophyllia*	菲律宾	多蕊花暗罗	lanutan-sa pa
5700	*Polyalthia elmeri*	菲律宾	埃尔暗罗	bangar
5701	*Polyalthia elongata*	菲律宾	长穗暗罗	lanutan; lanutan-ha ba
5702	*Polyalthia flava*	菲律宾	黄暗罗	bataan; lanutan; lanutan dilau; lanutan-dilau; yellow lanutan
5703	*Polyalthia forbesii*	亚洲	宽叶暗罗	
5704	*Polyalthia fragrans*	马来西亚	香暗罗	nedunar
5705	*Polyalthia glandulosa*	菲律宾	小腺暗罗	lanutan-utongin
5706	*Polyalthia glauca*	婆罗洲、文莱、菲律宾、西马来西亚、西伊里安	青冈暗罗	banitan putih; belah; binghut; dilah; dilasai; djelu; dogan; kambalitan putih; mempisang; pisang pisang; polyalthia; topoga

序号	学名	主要产地	中文名称	地方名
5707	*Polyalthia glauda*	沙捞越	格鲁达暗罗	banen; dilleh; geran'e; panok; sinotan
5708	*Polyalthia gracilipes*	菲律宾	细柄暗罗	pamanutan
5709	*Polyalthia hypoleuca*	婆罗洲、文莱、沙捞越、西马来西亚、印度尼西亚	下白暗罗	banitan; banitan tepis; dilasai; kayu semut; mempisang; metapis; pisang pisang; selaut; selaut batu; tapi; tapis; tepis; tepis betul; topis; udap
5710	*Polyalthia insignis*	文莱	显著暗罗	pisang pisang
5711	*Polyalthia jenkinsi*	西马来西亚	詹氏暗罗	mum pesand; pesang
5712	*Polyalthia jucunda*	柬埔寨、老挝、越南	尤肯达暗罗	cohang quay; duoi tu; hang quay; ten
5713	*Polyalthia klemmei*	菲律宾	克莱米暗罗	white lanutan
5714	*Polyalthia lateriflora*	婆罗洲、爪哇岛	侧花暗罗	banitan; banitan hitam; mara kaladi; tales
5715	*Polyalthia longifolia*	印度、斯里兰卡、菲律宾、缅甸	长叶暗罗	arana; assothi; asupal; chorana; choruna; debdari; debdaru; dedbari; devadaru; devandaru; devidari; hessare; india lanutan; kuradia; mast-tree; nara maamidi; putranjiva; ubbina; ulkatah
5716	*Polyalthia lucida*	菲律宾	亮叶暗罗	malakalipaya
5717	*Polyalthia microtus*	沙巴、西马来西亚	田鼠暗罗	karai hulumdom; karai hulumdon; mempisang
5718	*Polyalthia mindorensis*	菲律宾	名都罗岛暗罗	lanutan-mangyan
5719	*Polyalthia minutiflora*	菲律宾	小花暗罗	lanutan-liitan
5720	*Polyalthia obliqua*	菲律宾	斜暗罗	banalutan
5721	*Polyalthia oblongifolia*	菲律宾、西伊里安	长圆叶暗罗	lanutan; lapnisan; yellow lacewood
5722	*Polyalthia pacifica*	菲律宾	太平洋暗罗	lanutan-dagat
5723	*Polyalthia palawanensis*	菲律宾	巴拉望暗罗	palawan lanutan
5724	*Polyalthia pubescens*	菲律宾	短柔毛暗罗	lanutan-mabolo
5725	*Polyalthia ramiflora*	菲律宾	枝花暗罗	lasuban
5726	*Polyalthia rumphii*	文莱、菲律宾	香花暗罗	pisang pisang; rumphius lanutan
5727	*Polyalthia sclerophylla*	文莱、西马来西亚	硬叶暗罗	kenanga hutan; mempisang; pisang pisang
5728	*Polyalthia simiarum*	印度、越南、缅甸	腺叶暗罗	edw; mindo; taw; tawsagasein; tawthabut; thabut

序号	学名	主要产地	中文名称	地方名
5729	*Polyalthia suberosa*	菲律宾	眉尾木	lanutan-puti
5730	*Polyalthia sumatrana*	文莱、沙巴、西马来西亚	苏门答蜡暗罗	dilasai；karai puteh；mempisang；pisang pisang
5731	*Polyalthia tenuipes*	文莱	细毛暗罗	pisang pisang；semukau jejabong
5732	*Polyalthia venosa*	菲律宾	韦诺萨暗罗	subang-subang
5733	*Polyalthia williamsii*	菲律宾	威氏暗罗	lalangoi
5734	*Polyalthia xanthopetala*	沙巴、西马来西亚	黄穗暗罗	angilan hutan；mempisang
5735	*Polyalthia zamboangensis*	菲律宾	三宝颜暗罗	malakayan
	***Polyosma*（ESCALLONIACEAE）** **多香木属（南鼠刺科）**		**HS CODE** **4403. 99**	
5736	*Polyosma apoensis*	菲律宾	阿波多香木	taipo
5737	*Polyosma cambodiana*	柬埔寨、老挝、越南	多香木	lampo
5738	*Polyosma cyanea*	菲律宾	青多香木	ambat
5739	*Polyosma gitingensis*	菲律宾	基廷根多香木	baibat
5740	*Polyosma integrifolia*	沙巴、西伊里安	全缘多香木	bedaru；polyosma
5741	*Polyosma lagunensis*	菲律宾	内湖多香木	laguna baibat
5742	*Polyosma linearibractea*	菲律宾	线苞多香木	magbut-bundok
5743	*Polyosma longipetiolata*	菲律宾	长柄多香木	magbut-haba
5744	*Polyosma philippinensis*	菲律宾	菲律宾多香木	magbut
5745	*Polyosma piperi*	菲律宾	派皮多香木	piper magbut
5746	*Polyosma pulgarensis*	菲律宾	普加多香木	pulgar magbut
5747	*Polyosma retusa*	菲律宾	微凹多香木	magbut-kutab
5748	*Polyosma sorsogonensis*	菲律宾	索索贡多香木	sorsogon magbut
5749	*Polyosma urdanetensis*	菲律宾	乌坦尼塔多香木	yangitosan
5750	*Polyosma verticillata*	菲律宾	轮生多香木	buduan
5751	*Polyosma villosa*	菲律宾	毛多香木	magbut-buh ukan
	***Polyscias*（ARALIACEAE）** **南洋参属（五加科）**		**HS CODE** **4403. 99**	
5752	*Polyscias fruticosa*	马里亚纳群岛	灌状南洋参	kapua；papua；platitos
5753	*Polyscias grandifolia*	马里亚纳群岛	大叶南洋参	pepega
5754	*Polyscias guilfoylei*	菲律宾	福禄桐	papuang-la paran

序号	学名	主要产地	中文名称	地方名
5755	*Polyscias nodosa*	菲律宾	节状南洋参	biasbias；bonglin；bunglin；bungliu；guyongguyong；hagdan-anak；malabapaya；malapapaya；malasapsap；manomano；tukud-langit
5756	*Polyscias ornata*	菲律宾	华丽南洋参	papuang-gilai
5757	*Polyscias scutellaria*	马里亚纳群岛	黄芩南洋参	platitos
	***Pometia*（SAPINDACEAE）** **番龙眼属（无患子科）**		**HS CODE** **4403. 49**	
5758	*Pometia acuminata*	加里曼丹岛	披针叶番龙眼木	matoa；megan
5759	*Pometia macrocarpa*	东南亚	大果番龙眼	
5760	*Pometia pinnata*	菲律宾、西伊里安、安达曼群岛、斯里兰卡、柬埔寨、越南、婆罗洲、印度尼西亚、沙捞越、苏门答腊、马来西亚、沙巴、西马来西亚、老挝、爪哇岛、东南亚	番龙眼	agupanga；alauihau；boeton galeh；djagir；ganggo batu dadih；grootbladige matoa；ibu；kaam；kabakabat；karsai；khaam；lupangan；madalo；malugai-liitan；mehui；muhui；mui；pakam；panguk；pop；ramusi；sapi；silak；takugan；takupan；tsai；tugaui；uiakia
5761	*Pometia ridleyi*	西马来西亚	瑞德番龙眼	kasai daun lichin
5762	*Pometia tomentosa*	东南亚	毛番龙眼	
	***Pongamia*（FABACEAE）** **水黄皮属（蝶形花科）**		**HS CODE** **4403. 99**	
5763	*Pongamia pinnata*	菲律宾、西伊里安、沙捞越、印度、婆罗洲、苏门答腊、文莱、西马来西亚、沙巴、安达曼群岛、缅甸	羽状水黄皮	baloc baloc；dalkaramcha；dauraenjo；djaring tupai；eheraha；engerutak；gangaji；garangi；honge；indian beech；kanaga；kuruinj；malapari；pongamia；thinwin；vesivesi
	***Popowia*（ANNONACEAE）** **嘉陵花属（番荔枝科）**		**HS CODE** **4403. 99**	
5764	*Popowia aberrans*	柬埔寨、老挝、越南	异嘉陵花	comnguoi；rondoul
5765	*Popowia lanceolata*	菲律宾	剑叶嘉陵花	palang-palang
5766	*Popowia pisocarpa*	沙巴、文莱、菲律宾	嘉陵花	binitan；biris；deyending；guis；guis mando；melabu；pisang pisang

序号	学名	主要产地	中文名称	地方名
	Populus **(SALICACEAE)** **杨属（杨柳科）**		**HS CODE** **4403. 97**	
5767	*Populus adenopoda*	中国	响叶杨	adenopoda poplar; adenopoda poppel; adenopoda populier; alamo adenopoda; chinese aspen; peuplier adenopoda; pioppo adenopoda
5768	*Populus alba*	中亚、俄罗斯、日本	白杨	abele; gattice; hakuyo; peupleir blanc; peuplier argente; peuplier blanc; picard; pioppo argentino; silver poplar; steile abeel; topol belyj; vit-poppel; witte populier; ypreau; zilverabeel
5769	*Populus balsamifera*	日本、朝鲜	脂杨	alamo balsamico japones; doro; japanese balsam poplar; japanse balsem-populier; japansk balsam-poppel; peuplier baumier japonais; pioppo balsamico giapponese
5770	*Populus cathayana*	中国、朝鲜、东亚	青杨	alamo cathayana; asiatic poplar; cathayana poplar; cathayana poppel; koreaanse populier; korean poplar; peuplier cathayana; pioppo cathayana
5771	*Populus ciliata*	尼泊尔、印度、巴基斯坦	缘毛杨	alamo bangikat; bangikat populier; biaon; chalni; chalun; garpipal; himalayan poplar; jangli; kapasi; pahari; phals; pioppo bangikat; pipal; safeda farast; sharphara; tilaunju
5772	*Populus davidiana*	朝鲜	山杨	korean poplar; sasi-namu
5773	*Populus deltoides*	日本	美洲黑杨	koro
5774	*Populus euphratica*	叙利亚、印度、巴基斯坦、以色列	胡杨	alamo charab; bahan; bahan poplar; ban; bana bahan; bhan; charab poplar; charab populier; charab-poppel; india poplar; peuplier charab; pioppo charab
5775	*Populus koreana*	日本、朝鲜	香杨	alamo de corea; chosen-hakuyo; japanse populier; japansk poppel; korean poplar; peuplier de coree; pioppo di corea

序号	学名	主要产地	中文名称	地方名
5776	*Populus lasiocarpa*	印度、中国	大叶杨	alamo chinesco; chinese poplar; chinese populier; grootbladi ge populier; kinesisk poppel; peuplier chinois; pioppo cinese
5777	*Populus laurifolia*	俄罗斯	苦杨	alamo ruso; lager-poppel; peuplier russe; pioppo russo; russian poplar; russische populier; rysk poppel
5778	*Populus maximowiczii*	日本、朝鲜、北亚	辽杨	alamo de corea; doronoki; doronoki poplar; hangchul-n amu; hwangcheol-namu; hwangcherl-namu; japanse populier; japansk poppel; korean poplar; peuplier de coree; pioppo di corea
5779	*Populus nigra*	俄罗斯、日本、伊朗、以色列	钻天杨	alamo negro; alamo negro ruso; amerikayam anarashi; black poplar; european black poplar; flubholz; italienisc he pappel; russische zwarte populier; svart-poppel; topol; zwarte populier
5780	*Populus nigra* cv. 'Harkoviensis'	俄罗斯	俄黑杨	russian black poplar
5781	*Populus sieboldii*	日本	日本山杨	alamo japones; alamo siebold; japanese aspen; japanse populier; japansk poppel; peuplier du japon; peuplier siebold; pioppo giapponese; pioppo siebold; siebold poplar; siebold populier; siebold-poppel
5782	*Populus simonii*	中国北方、朝鲜	小叶杨	alamo chinesco; alamo fastigiata; chinese poplar; chinese populier; fastigiata poplar; fastigiata poppel; fastigiata populier; kinesisk poppel; peuplier chinois; pioppo cinese; pioppo fastigiata
5783	*Populus suaveolens*	日本	香甜杨	doro; doronoki; doroyanagi
5784	*Populus szechuanica*	中国西部	川杨	alamo chinesco; chinese poplar; chinese populier; kinesisk poppel; peuplier chinois; pioppo cinese

序号	学名	主要产地	中文名称	地方名
5785	*Populus tomentosa*	中国北方	毛白杨	alamo blanco chinesco; chinese white poplar; chinese witte abeel; kinesisk vit-poppel; peuplier blanc chinois; pioppo bianco cinese
5786	*Populus tremula*	北亚、中国、朝鲜、俄罗斯	欧洲山杨	alamo temblon; asp; chinese aspen; european aspen; kinesiskasp; lamparilla; osina; peuplier tremble chinois; ratelpopulier; swedish aspen; tremble; vanligasp
5787	*Populus violascens*	中国	堇色杨	alamo chinesco; chinese poplar; chinese populier; kinesisk poppel; peuplier chinois; pioppo cinese
5788	*Populus wilsonii*	中国	椅杨	alamo chinesco de wilson; kinesisk poppel; peuplier chinois de wilson; pioppo cinese di wilson; wilson poplar; wilson populier; wilson-poppel
5789	*Populus* X *canadensis*	亚洲	加拿大杨	alamo euramericano; canada populier; euramerican poplar; euramericano-poppel; euramerika anse populier; kanada-poppel; peuplier euramericain; pioppo del canada; pioppo euramericano
5790	*Populus yannanensis*	中国	燕南杨	yannan poplar
	Poraqueiba **（ICACINACEAE）** **林蜜莓属（茶茱萸科）**		**HS CODE** **4403. 99**	
5791	*Poraqueiba matsudai*	日本	线花林蜜莓	chichibu-dodan; yamaboshi
	Porterandia **（RUBIACEAE）** **绢冠茜属（茜草科）**		**HS CODE** **4403. 99**	
5792	*Porterandia anisophylla*	沙巴、马来西亚、沙捞越、文莱、西马来西亚	异叶绢冠茜	bembalor; malberah; mulong udok; randa hutan; salup; sulang; tinjau belukar
	Posoqueria **（RUBIACEAE）** **银针树属（茜草科）**		**HS CODE** **4403. 99**	
5793	*Posoqueria latifolia*	菲律宾	阔叶银针树	borajo; posoqueria
	Potoxylon **（LAURACEAE）** **亚铁樟属（樟科）**		**HS CODE** **4403. 99**	
5794	*Potoxylon melagangay*	文莱、沙捞越、沙巴、西马来西亚	马拉加亚铁樟	belian; belian kebuau; belian malagangai; ganggai; legangai; malagangai; tebelian

序号	学名	主要产地	中文名称	地方名
	Pouteria **（SAPOTACEAE）** **桃榄属（山榄科）**		**HS CODE** **4403.49**	
5795	*Pouteria dolichosperma*	菲律宾	长籽桃榄	natong-haba
5796	*Pouteria duclitan*	印度尼西亚、苏门答腊、菲律宾、婆罗洲	兰屿桃揽	badut；balam timah；duklitan；kamlung；kedu；longgang；nato；segoe
5797	*Pouteria firma*	菲律宾、苏门答腊	芬玛桃榄	bagomaho；madang kayu dalam；pinago
5798	*Pouteria kaernbachiana*	西伊里安	凯恩桃榄	yellow boxwood
5799	*Pouteria linggensis*	苏门答腊	陵桃榄	kayu malam；nyatu sudu-sudu
5800	*Pouteria luzoniensis*	菲律宾	吕宋桃榄	amangkas；banokbok；malasambong-batu
5801	*Pouteria maclayana*	文莱、苏门答腊	马克莱桃榄	nyatoh；punti；serindieng；tandok gana
5802	*Pouteria macrantha*	菲律宾	大花桃榄	baid；barutu；batun；botgo；nato puti；putian；white nato
5803	*Pouteria maingayi*	苏门答腊、西马来西亚、沙捞越	马英亚桃榄	gemai；kanduk kambing；kapok rapa；mayang rata；nyatoh bunga tanjung；nyatoh kuning；nyatoh nangka；nyatoh nangka merah
5804	*Pouteria malaccensis*	西马来西亚、文莱	马来桃榄	daru；nyatoh kuning；nyatoh mawans；nyatoh nangka kuning
5805	*Pouteria mindanaensis*	菲律宾	棉兰老岛桃榄	baloloi
5806	*Pouteria moluccana*	西伊里安	马六甲桃榄	planchonella
5807	*Pouteria obovata*	苏门答腊、文莱、菲律宾、马里亚纳群岛、西马来西亚、婆罗洲、马来西亚、沙巴、沙捞越	倒卵叶桃榄	binasi；gumbirat；kalamungus；kayu duren jaluk；kayu laut；lala；lalaha；lalahag；limes；mamangkas；njatu karikit；nyatoh laut；nyatu karikit；panasi；tabagid；tuak-tuak；umas-umas
5808	*Pouteria obovoidea*	印度尼西亚、西伊里安	倒卵球桃榄	sanariga；yellow boxwood
5809	*Pouteria oxyedra*	菲律宾	氧化桃榄	loter
5810	*Pouteria paucinervia*	西马来西亚	少脉桃榄	nyatoh kuning
5811	*Pouteria petaloides*	菲律宾	勺状桃榄	malanato
5812	*Pouteria sapota*	菲律宾	美桃榄	sapodilla plum；sapotea creme
5813	*Pouteria torricellensis*	西伊里安	托里桃榄	yellow boxwood

序号	学名	主要产地	中文名称	地方名
5814	*Pouteria velutina*	菲律宾	毛桃榄	uakatan
5815	*Pouteria villamilii*	菲律宾	维氏桃榄	villamil nato
	Prainea （MORACEAE） 陷毛桑属（桑科）		HS CODE 4403. 99	
5816	*Prainea frutescens*	文莱	灌木状陷毛桑	selangking padi；selanking padi
5817	*Prainea limpato*	苏门答腊、婆罗洲	陷毛桑	aro mambang；beluli；eopuo；lempato；lempeto；tampang；tampang hadangan；tanggunan
5818	*Prainea microcephala*	印度尼西亚	小柱陷毛桑	petuon
5819	*Prainea papuana*	西伊里安	巴布亚陷毛桑	prainea
	Premna （LAMIACEAE） 臭黄荆属（唇形科）		HS CODE 4403. 99	
5820	*Premna adenosticta*	菲律宾	腺叶臭黄荆	kalanggiau an；mala-usa
5821	*Premna atra*	菲律宾	黑臭黄荆	alagau-itim
5822	*Premna bengalensis*	孟加拉国	南亚臭黄荆	pakiara
5823	*Premna benguetensis*	菲律宾	本格特臭黄荆	tibangngen
5824	*Premna congesta*	菲律宾	密花臭黄荆	alakaag
5825	*Premna corymbosa*	菲律宾、沙巴、西伊里安、婆罗洲、缅甸	伞房臭黄荆	alagau-dagat；angan；biynpiy；buwas；kayu pahang；taung-tangyi
5826	*Premna cumingiana*	菲律宾	球兰臭黄荆	magilik
5827	*Premna integrifolia*	亚洲	全缘叶臭黄荆	
5828	*Premna japonica*	日本	日本臭黄荆	hamakusagi
5829	*Premna latifolia*	缅甸	阔叶臭黄荆	kyun-nalin
5830	*Premna leytensis*	菲律宾	莱特臭黄荆	uradgau
5831	*Premna membranifolia*	菲律宾	膜叶臭黄荆	agbau
5832	*Premna nauseosa*	菲律宾	臭黄荆	dog molave；mulauin-aso；mulawin-asu
5833	*Premna obtusifolia*	马里亚纳群岛、马绍尔群岛	钝叶臭黄荆	ahgao；ahgap；ahgau；ajgao；kaar；kar
5834	*Premna odorata*	菲律宾	香臭黄荆	alagau
5835	*Premna pyramidata*	缅甸	塔序臭黄荆	kyunbo
5836	*Premna senensis*	亚洲	短豆臭黄荆	
5837	*Premna serratifolia*	亚洲	齿叶臭黄荆	

序号	学名	主要产地	中文名称	地方名
5838	*Premna stellata*	菲律宾	星状臭黄荆	manaba
5839	*Premna subglabra*	菲律宾	光滑臭黄荆	adgau
5840	*Premna tomentosa*	斯里兰卡、印度、爪哇岛	毛臭黄荆	booscuru; gadoeng; gadoengan; nagal
5841	*Premna williamsii*	菲律宾	威氏臭黄荆	maparai
	Prismatomeris **(RUBIACEAE)** **南山花属（茜草科）**		**HS CODE** **4403. 99**	
5842	*Prismatomeris brachypus*	菲律宾	短柄南山花	malahagpo
5843	*Prismatomeris obtusifolia*	菲律宾	钝叶南山花	hagpong-dagat
5844	*Prismatomeris tetrandra*	菲律宾、马来西亚	四蕊南山花	hagpo; mengkaniab
	Prosopis **(MIMOSACEAE)** **牧豆属（含羞草科）**		**HS CODE** **4403. 99**	
5845	*Prosopis cineraria*	印度、巴基斯坦	穗花牧豆木	ihand; jand; jhand
5846	*Prosopis juliflora*	菲律宾、缅甸	牧豆木	aroma; gandasein; mesquite
	Protium **(BURSERACEAE)** **马蹄榄属（橄榄科）**		**HS CODE** **4403. 49**	
5847	*Protium altissimum*	印度	高马蹄榄	iciquier
5848	*Protium heptaphyllum*	印度	七叶马蹄榄	karun-phul
5849	*Protium javanicum*	印度尼西亚、爪哇岛	爪哇马蹄榄	katos; tangoeloeng; tengoelan; trengaloen; trenggulon; trenggulun
5850	*Protium macgregorii*	菲律宾、西伊里安	麦氏马蹄榄	marangub; protium
5851	*Protium serratum*	印度、孟加拉国、缅甸、南亚、老挝、柬埔寨、越南	齿状马蹄榄	chitreka; gutguttya; indian red pear; kandiyar; madi; ma-faen; maidi; mai pheu; maiti; murtenga; nembar mohi; nembura moi; pheu; sorupotri mohi; thadi; urmu; yitpadi
5852	*Protium sessiliflorum*	印度	无柄马蹄榄	chutras
	Prunus **(ROSACEAE)** **樱桃属（蔷薇科）**		**HS CODE** **4403. 49**	
5853	*Prunus arborea*	菲律宾、苏门答腊、越南、文莱、柬埔寨、老挝、爪哇岛、印度尼西亚、西马来西亚	树状樱桃	bendasih; dao; dara dara; eakai; ehuruhuru; gnoum; hien; kawajang; kawojang; mak tek; medang pijat pijat; nhoum; pepijat; seuri bungo; tangang-laparan; tenangan halus daun; tingganan; tungganan; xoan dao

序号	学名	主要产地	中文名称	地方名
5854	*Prunus armeniaca*	南亚、缅甸	杏树	abricotier; abrikozenhout; albaricoquero; albicocco; apricot-wood; aprikostrad; bingala-zi; bois d'abricotier; madera de albaricoque
5855	*Prunus avium*	西亚、缅甸、日本	甜樱桃	cerezo silvestre; ciliego selvatico; european cherry; fagelbar; japanese cherry; mazzard cherry; merisier; ox-heart cherry; sotkorsbar; sweet cherry; wild cherry; wilde kers; zoete kers
5856	*Prunus buergeriana*	日本	星毛樱桃	imo zakura; inu-zakura
5857	*Prunus cerasifera*	亚洲	紫叶樱桃	myrobalan; prunier myrobolan
5858	*Prunus cerasoides*	印度、缅甸	高盆樱	amalguch; byin; bying; chamiari; cherry; chule; kongki; mai sein; paddam; paja; pangia; panna; panni; pannu; payan; phaja; phaya
5859	*Prunus cerasus*	西亚、日本	樱桃	cerezo acedo; cerisiera fruits acides; ciliego agerotto; griottier; japanese cherry; korsbarstr ad; marasca; sour cherry; surkorsbar; zure kers
5860	*Prunus dolichobotrys*	西伊里安	白樱桃	prunus
5861	*Prunus domestica*	西亚、伊朗	西洋樱桃木	cerezo domestico; kwetspruim; pflaume; plommontrad; plum-tree; prugno; prunier domestique; susino
5862	*Prunus dulcis*	南亚	巴旦杏木	almendrero; almond-tree; amandelboo; amandier commun; mandeltrad; mandorlo commune
5863	*Prunus gitingense*	菲律宾	菲律宾樱桃	bangluai
5864	*Prunus glandulosa*	菲律宾、中国、日本	腺叶樱桃	amugan; cerezo chinesco; cerisier de chine; chinese cherry; chinese kers; ciliego cinese; dampol; gupil; gupit; hunug; ipus-ipus; kambal; kamunog; mandelkors bar; pamilingan; papayu; tanga
5865	*Prunus grayana*	日本	灰叶樱桃	mizume-zakura; uwamizu-sakura
5866	*Prunus grisea*	菲律宾、苏门答腊	灰樱桃	dampol; gupil; gupit; hunug; ipus-ipus; kambal; kamunog; lago; medang percah; pamilingan; papayu; tanga

序号	学名	主要产地	中文名称	地方名
5867	*Prunus incisa*	日本	刻叶樱桃	
5868	*Prunus jamasakura*	日本	矮樱	
5869	*Prunus japonica*	日本	日本樱桃	japanese cherry; japanese cherry-bush; kaba-zakura; yama-zukura
5870	*Prunus javanica*	沙巴	爪哇樱桃	kelanus
5871	*Prunus junghuhnianus*	菲律宾	羌活樱桃	palawan cherry
5872	*Prunus leveilleana*	朝鲜	莱维樱桃	gaebeod-namu
5873	*Prunus maackii*	朝鲜	斑叶稠李	gaebeodji-namu; uraboshi-z akura
5874	*Prunus macrophylla*	日本	大叶樱	bakuchinoki
5875	*Prunus mahaleb*	西亚	圆叶樱桃木	cerezo de st. lucia; cerisier de st. lucie; ciliego canino; ciliego di st. lucia; english cherry; vejkseltra d; weichsel; weichselbo om
5876	*Prunus malayana*	西马来西亚	马来亚樱桃	pepijat
5877	*Prunus mandshurica*	北亚	东北杏	abricotier; abrikoos; albaricoqu ero; albicocco; apricot-tree; aprikostrad
5878	*Prunus maximowiczii*	日本、朝鲜	马氏樱桃	miyama-zakura; miyamazakura
5879	*Prunus mume*	中国	梅	japanese apricot; tsing mooi
5880	*Prunus padus*	印度、东亚、朝鲜、巴基斯坦	稠李	angurak; bird cherry-tree; cerezo pado; chule; ciliego pado; dudla; ezono-uwamizu-zakura; gwirung-namu; hagg; jamoi; kalakat; merisiera grappes; paras; vanlig hagg; zum
5881	*Prunus pendula*	亚洲	垂枝樱桃	
5882	*Prunus persica*	亚洲	桃李	duraznero; pecher; persico; persiketrad; perzik; perzikboom; pesco; pfirsichba umholz; pieach-tree
5883	*Prunus polystachya*	苏门答腊、西马来西亚、马来西亚	多穗樱桃	ali-ali; kambung; kayunalis; kenali; medang pepijat; medang-kelawar; pepijat; tenangau
5884	*Prunus pseudocerasus*	日本	假樱桃	cherry; cherrywood; sakura
5885	*Prunus salicina*	日本、柬埔寨、老挝、越南、中国	李樱桃	japanese plum; man; man rung; prunier japonais; satsuma
5886	*Prunus sargentii*	日本	萨氏樱桃	ezoyamazakura; ooyamazakura
5887	*Prunus serrulata*	日本	齿状樱	zama-zakura
5888	*Prunus spinulosa*	日本	微刺樱桃	rinboku

序号	学名	主要产地	中文名称	地方名
5889	*Prunus ssiori*	日本	深山犬樱	miyama-inu zakura；shiurizakura
5890	*Prunus subhirtella*	日本	日本早樱	higan cherry；higanzakura
5891	*Prunus takesimensis*	朝鲜	西姆樱	seombeod；seombeod-namu
5892	*Prunus turfosa*	沙捞越	索萨樱桃	akil paya
5893	*Prunus urophyllum*	苏门答腊	尖叶樱桃	gelam tembago
5894	*Prunus yedoensis*	日本	江户樱	somei-soyhino
5895	*Prunus zippeliana*	日本	大叶桂樱桃	bakuchinoki；biranju
	Pseudocarapa **（MELIACEAE）** **假蟹楝属（楝科）**		**HS CODE** **4403. 99**	
5896	*Pseudocarapa nitidula*	西伊里安	光叶假蟹楝	anthocarapa
5897	*Pseudocarapa papuana*	西伊里安	巴布亚假蟹楝	pseudocarapa
	Pseudolarix **（PINACEAE）** **金钱松属（松科）**	**HS CODE** **4403. 25（截面尺寸≥15cm）或 4403. 26（截面尺寸<15cm）**		
5898	*Pseudolarix amabilis*	中国东部	金钱松	alerce chino；alerce de china；chinese golden larch；chinesische gold larche；golden larch；kinesisk lark；larice cinese；meleze dore de kaempfer；pseudolarice；schijn-lariks；schijnlork
	Pseudospondias **（ANACARDIACEAE）** **假槟榔青属（漆树科）**		**HS CODE** **4403. 99**	
5899	*Pseudospondias palustris*	马来西亚半岛、印度尼西亚、泰国	沼生假油楠	sepetir；swsmp sepetir
	Pseudotaxus **（TAXACEAE）** **白豆杉属（红豆杉科）**	**HS CODE** **4403. 25（截面尺寸≥15cm）或 4403. 26（截面尺寸<15cm）**		
5900	*Pseudotaxus chienii*	中国	白豆杉	chien white-berryyew
	Pseudotsuga **（PINACEAE）** **黄杉属（松科）**	**HS CODE** **4403. 25（截面尺寸≥15cm）或 4403. 26（截面尺寸<15cm）**		
5901	*Pseudotsuga japonica*	日本	日本黄杉	douglas de japon；douglas du japon；douglasia giapponese；japanese douglas；japanese douglas fir；japanische douglas-tanne；japansk douglas-gran；togasauwara；togasawara
5902	*Pseudotsuga sinensis*	中国台湾地区	黄杉	chinese douglas fir；taiwan togasawara；togasawara
	Pseuduvaria **（ANNONACEAE）** **金钩花属（番荔枝科）**		**HS CODE** **4403. 99**	
5903	*Pseuduvaria caudata*	菲律宾	尾状金钩花	dangloi-bu ntotan

序号	学名	主要产地	中文名称	地方名
5904	*Pseuduvaria froggattii*	菲律宾	弗氏金钩花	
5905	*Pseuduvaria grandiflora*	菲律宾	大花金钩花	dangloi-iloko
5906	*Pseuduvaria macgregorii*	菲律宾	麦氏金钩花	mcgregor dangloi
5907	*Pseuduvaria philippinensis*	菲律宾	菲律宾金钩花	dangloi
5908	*Pseuduvaria reticulata*	沙巴	网状金钩花	boyoi
	Psidium（MYRTACEAE） 番石榴属（桃金娘科）		HS CODE 4403.99	
5909	*Psidium cattleianum*	菲律宾	卡特兰番石榴	soft-leaved guava
5910	*Psidium guajava*	马里亚纳群岛、印度、关岛、菲律宾、中国、西马来西亚、缅甸	番石榴	abas; amrud; banjiro; bayabas; bojojamo; ettajama; faan shek lau; goaachhi; gova; govva; jamaphala; jamba; koyya; malaka; oimo; piyara; safedsafari; sebe; tellajama; tupkel; uyyakkondan; vellaikoyya
	Psychotria（RUBIACEAE） 九节木属（茜草科）		HS CODE 4403.99	
5911	*Psychotria alvarezii*	菲律宾	呵氏九节木	kirimbibit
5912	*Psychotria arborescens*	菲律宾	树状九节木	sangod-sangod
5913	*Psychotria aurantiaca*	文莱	橙黄九节木	melabub
5914	*Psychotria banahaensis*	菲律宾	巴那威九节木	banahao katagpo
5915	*Psychotria cagayanensis*	菲律宾	琉球九节木	tutulang
5916	*Psychotria capitulifera*	西伊里安	头体九节木	psychotria
5917	*Psychotria carinata*	菲律宾	龙骨九节木	katagpong-gulod
5918	*Psychotria castanea*	菲律宾	栗叶九节木	katagpong-dilau
5919	*Psychotria chasalioides*	菲律宾	查萨九节木	kadpaayan
5920	*Psychotria crispipila*	菲律宾	菲皮九节木	ilab
5921	*Psychotria elliptilimba*	菲律宾	凹叶九节木	katagpong-tilos
5922	*Psychotria fenicis*	菲律宾	兰屿九节木	fenix katagpo
5923	*Psychotria hombroniana*	马里亚纳群岛	霍步隆九节木	aplokating palaon
5924	*Psychotria longisissina*	菲律宾	长肌九节木	katagpong-haba
5925	*Psychotria luzoniensis*	菲律宾	吕宋九节木	katagpo
5926	*Psychotria macgregorii*	菲律宾	麦氏九节木	mcgregor katagpo
5927	*Psychotria magnifolia*	菲律宾	大叶九节木	katagpong-laparan

序号	学名	主要产地	中文名称	地方名
5928	*Psychotria malayana*	菲律宾	马来亚九节木	katagpong-ahas
5929	*Psychotria mariana*	马里亚纳群岛	马里亚纳九节木	aplohkateng；aplokating；aplukati
5930	*Psychotria merrittii*	菲律宾	梅氏九节木	merritt katagpo
5931	*Psychotria nagapatensis*	菲律宾	纳加九节木	nagapat katagpo
5932	*Psychotria obscurinervia*	菲律宾	隐脉九节木	katagpong-linis
5933	*Psychotria pallidifolia*	菲律宾	淡绿叶九节木	katagpong-putla
5934	*Psychotria pauciflora*	菲律宾	少花九节木	katagpong-ilanan
5935	*Psychotria paucinervia*	菲律宾	少脉九节木	katagpong-dalangan
5936	*Psychotria pilosella*	菲律宾	毛叶九节木	pasnoban
5937	*Psychotria pinnatinervia*	菲律宾	羽脉九节木	tatanok
5938	*Psychotria pubilimba*	菲律宾	共生九节木	katagpong-mabolo
5939	*Psychotria rizalensis*	菲律宾	里萨尔九节木	rizal katagpo
5940	*Psychotria rubiginosa*	菲律宾	棕色九节木	katagpong-pula
5941	*Psychotria samarensis*	菲律宾	萨马岛九节木	samar katagpo
5942	*Psychotria scaberula*	菲律宾	糙叶九节木	katagpong-kanos
5943	*Psychotria sorsogonensis*	菲律宾	索索贡九节木	sorsogon katagpo
5944	*Psychotria subcucullata*	菲律宾	尖尾九节木	katagpong-balot
5945	*Psychotria tricarpa*	菲律宾	三果九节木	katagpong-tungko
5946	*Psychotria versicolor*	菲律宾	杂色九节木	kotipo
5947	*Psychotria weberi*	菲律宾	韦氏九节木	weber katagpo
	***Pteleocarpa*（BORAGINACEAE）** **鼠莉木属（紫草科）**		**HS CODE** **4403. 99**	
5948	*Pteleocarpa lamponga*	苏门答腊、婆罗洲	兰贡鼠莉木	lontar kuning；mardadakan；medang sugi-sugi；randa；tindjau belukar
	***Pternandra*（MELASTOMATACEAE）** **翼药花属（野牡丹科）**		**HS CODE** **4403. 99**	
5949	*Pternandra coerulescens*	苏门答腊、婆罗洲、西马来西亚、西伊里安、文莱、沙巴	蓝翼药花	baja rawang；bebuyuk；benaun；dolik；kayu ubi；kelusu；lihai sinadali；merubi；pternandra；semubi gaja；sial menahun；sial menaun；sial menuan；silaiket donaya；sireh；sirihan；temaras
5950	*Pternandra cordata*	印度尼西亚	心形翼药花	marapoejan djanten
5951	*Pternandra jackiana*	西马来西亚	千贾翼药花	sial menahun

序号	学名	主要产地	中文名称	地方名
	Pterocarpus **（FABACEAE）** **紫檀属（蝶形花科）**		**HS CODE** **4403.49**	
5952	*Pterocarpus dalbergiodes*	安达曼群岛、印度、斯里兰卡、缅甸、菲律宾	安达曼紫檀	andaman padauk; andaman padaukwood; andaman redwood; djalangadah; indisk paduk; korallenholz; maidou; myanmar padauk; padauk; paduk delle andamane; vermillion; vermillion wood; yomo
5953	*Pterocarpus erinaceus* (= *africanus*) #	印度	刺猬紫檀②	gambian rosewood
5954	*Pterocarpus flavus*	柬埔寨、老挝、越南	弗拉紫檀	hoang ba
5955	*Pterocarpus hypostictus*	苏门答腊	针果紫檀	tarpandi
5956	*Pterocarpus indicus*	缅甸、印度尼西亚、西伊里安、菲律宾、西马来西亚、爪哇岛、沙巴、沙捞越、安达曼群岛、越南、泰国、马里亚纳群岛、苏门答腊、印度	印度紫檀	amboina; banas; dang huong mat chim; ettavesiga; gandamriga punetturu; honne; indian padauk; kwanal; linggoa; messir; narra; odiau; padauk; red narra; red narrow; sana; solomon islands padauk; sonokembang; tagga; vermillion; vitali; wainari; yerravesiga; yomo
5957	*Pterocarpus macrocarpus*	印度、缅甸、泰国、柬埔寨、老挝、越南	大果紫檀	andaman padauk; brown padauk; douk; echtes padouk; figured padouk; giang huong; hue-moe; maidu; padauk; padouk; red padauk; red sanderswood; thnongsar; vermillion; white padauk; yellow padauk; yomo
5958	*Pterocarpus marsupium*	印度、斯里兰卡、菲律宾	囊状紫檀	asanah; assan; bhula; biyo; byasa; gammala; honne; indisk paduk; karintakara; malabar narra; padauk; paisar; ragatbera; vengur; venna; volle honne; yegi
5959	*Pterocarpus pedatus*	中南半岛	鸟足紫檀	maidu

Pterocarpus africanus 为《进出口税则商品及品目注释》中的异名，但该异名在 CITES 濒危木材树种附录中未查到，在进口报关时需提请有关主管部门认定。

序号	学名	主要产地	中文名称	地方名
5960	*Pterocarpus santalinus*	印度、爪哇岛、亚洲、缅甸、菲律宾、斯里兰卡	檀香紫檀②	agaru; caliaturholz; east indian sandalwood; faux santal rouge; honne; indrochondono; kempugandha; lalchandan; lohotichondono; patrana; patrangam; ragat chandan; sandalo; tilaparnni; undum; yerra chandanam; yerra sandanum
5961	*Pterocarpus vidalianus*	菲律宾	菲律宾紫檀	
	Pterocarya **(JUGLANDACEAE)** **枫杨属（胡桃科）**		**HS CODE** **4403. 99**	
5962	*Pterocarya fraxinifolia*	俄罗斯	梣叶枫杨	common wingnut; gewone vleugel-noot; kaukasische flugel-nuss; kaukasiskt vingnottrad; noce ad ali comune; noguera de alas comun; noyer a feuilles de frene; noyer aux ailes commun
5963	*Pterocarya hupehensis*	中国	湖北枫杨	
5964	*Pterocarya rhoifolia*	日本	石榴叶枫杨	hickory; japanese wingnut; japanse vleugelmoot; japansk vingnot; noce ad ali giapponese; nogal de alas japones; noyer aux ailes japonais; sawa-gurumi; sawahurumi
5965	*Pterocarya stenoptera*	中国、柬埔寨、老挝、越南	枫杨	chinese vleugel-noot; chinese wingnut; coi; du tung deng; kinesisk vingnot; may tham; noce ad ali cinese; nogal de alas chinesco; noyer aux ailes chinois
5966	*Pterocarya tonkinensis*	越南	东京枫杨	coi
	Pterocymbium **(STERCULIACEAE)** **舟翅桐属（梧桐科）**		**HS CODE** **4403. 49**	
5967	*Pterocymbium beccarii*	西伊里安、缅甸、泰国、菲律宾、西马来西亚	舟翅桐	binguwau; bingwau; papita; por-lekeng; taluto; teluto
5968	*Pterocymbium macrocrater*	菲律宾	大坑舟翅桐	malataluto

序号	学名	主要产地	中文名称	地方名
5969	*Pterocymbium tinctorium*	菲律宾、柬埔寨、苏门答腊、印度尼西亚、西马来西亚、泰国、安达曼群岛、缅甸、苏拉威西、东南亚、沙巴	染料舟翅桐	abigon; bangat; bayao; chan tompeang; duidui; gelumbah; gelumbuk; huligano; kelumbuk; libtuk; malasapsap; mata lembu; melembu; oi-channg; papita; taloto; taluto; taoto; tautu; teluto
5970	*Pterocymbium tubulatum*	婆罗洲、苏门答腊	管形舟翅桐	awis bekas; bayur talang; bilungkaan; bolebu; borang karung; djeluh langit; kelumbuk; mahalimbu; remiding; temoroh; tengkaras
	Pterolobium **(CAESALPINIACEAE)** **老虎刺属（苏木科）**		**HS CODE** **4403.99**	
5971	*Pterolobium indicum*	印度	印度老虎刺	
	Pterospermum **(STERCULIACEAE)** **翻白叶属（梧桐科）**		**HS CODE** **4403.99**	
5972	*Pterospermum acerifolium*	越南、缅甸、印度、孟加拉国、苏拉威西	槭叶翻白叶	beag thuge; gaik; kanak-champa; karmkara; karnikar; machkund; magwi-napa; mayeng; moss; muchokunda; mus; sin-na; sinna; woloh
5973	*Pterospermum canascens*	斯里兰卡	迦南翻白叶	welang
5974	*Pterospermum celebicum*	婆罗洲、印度尼西亚	西铁岛翻白叶	bajur gunung; bajur sulawesi; bayur; wayu
5975	*Pterospermum cumingii*	菲律宾	卡氏翻白叶	talingauan
5976	*Pterospermum diversifolium*	柬埔寨、越南、婆罗洲、菲律宾、马来西亚、沙巴、苏门答腊、西马来西亚、老挝、泰国、爪哇岛	众果翻白叶	badjur; bajur; cay loman; dom om beng thuge; hang hen; khanan; lang mang; long mang; mang; ombeng thnge; rawan; so neu long; song mau; talingauan; tjerlang; wadang; walang
5977	*Pterospermum elongatum*	沙巴	长穗翻白叶	bayor
5978	*Pterospermum grewiaefolium*	柬埔寨、老挝、越南	扁担杆叶翻白叶木	co; co sen; lang mang; long man; mang mang; poplea pras; propeal pros
5979	*Pterospermum heterophyllum*	亚洲	翻白叶	
5980	*Pterospermum jackianum*	西马来西亚、柬埔寨、老挝、越南	千贯翻白叶	bayur; giay

序号	学名	主要产地	中文名称	地方名
5981	*Pterospermum javanicum*	印度尼西亚、西马来西亚、婆罗洲、爪哇岛、沙巴、苏门答腊	爪哇翻白叶	bajoer; bajor; bajur; bajur djawa; bajur gunung; bawan; bayor; bayur; kadok; kelumbu; lemel; tjajoer; tjajur; wadang
5982	*Pterospermum lanceaefolium*	印度、老挝、越南、缅甸	剑叶翻白叶	bankalla; hang hen; hong mangla; taung-nagye
5983	*Pterospermum longipes*	菲律宾	长柄翻白叶	bayok-haba
5984	*Pterospermum megalanthum*	菲律宾	巨花翻白叶	bayok-lakihan
5985	*Pterospermum niveum*	菲律宾	台湾翻白叶	bayok; bayok-bayokan; tamok; tingantingan
5986	*Pterospermum obliquum*	菲律宾	斜翻白叶	batuco; kulatingan; talingaan; tarongatingan; tingantingan
5987	*Pterospermum perrinii*	菲律宾	佩氏翻白叶	rayok
5988	*Pterospermum pierrei*	越南	皮氏翻白叶	giay
5989	*Pterospermum semisagittatum*	孟加拉国、缅甸	半萨翻白叶	lana asa; nagye
5990	*Pterospermum stapfianum*	沙巴、马来西亚	斯塔翻白叶	bayor; bayur; litak
5991	*Pterospermum suberifolium*	印度、斯里兰卡、印度尼西亚、爪哇岛	栓质翻白叶	baclo; baelo; bolagu; hariekoekoecn; hnrikakoen; moochukoonda; taddaemarm; velenge; wadang; wadang oerang
5992	*Pterospermum subpeltatum*	菲律宾	亚盾叶翻白叶	kantingan
5993	*Pterospermum truncatolobatum*	越南、柬埔寨、老挝	大叶翻白叶	long mang; mang; mang kieng
	***Pterostyrax*（STYRACACEAE）** **白辛树属（野茉莉科）**		**HS CODE 4403.99**	
5994	*Pterostyrax hispidum*	日本	多毛白辛树	epaulette-tree
	***Pterygota*（STERCULIACEAE）** **翅苹婆属（梧桐科）**		**HS CODE 4403.49**	
5995	*Pterygota alata*	越南、柬埔寨、老挝、印度、安达曼群岛、缅甸、巴基斯坦	翅苹婆	choc moc; dpon; d'pou; haron; kouc moc; kouoc moc; latkok; lethok; letkok; muslini; sawbya; shawbya; sinkadet; talbe-mara; tattele; tongching; toola; tula

序号	学名	主要产地	中文名称	地方名
5996	*Pterygota horsfieldii*	西伊里安、印度尼西亚、西马来西亚、缅甸	新几内亚翅苹婆	aikoemati；bemaainye；cohima bou；hidowkwa；ifonok；jees；kangsar；kasah；letkok；mainjie；nawam；ochoro；papua new guinea pterygota；pemanghi；pterygota；raja；rantiotampi；sarkendiek；toeloe
	***Ptychopyxis*（EUPHORBIACEAE）** **百褶桐属（大戟科）**		**HS CODE** **4403.99**	
5997	*Ptychopyxis arborea*	沙捞越	树状百褶桐	bantas miang
5998	*Ptychopyxis caput-medusae*	西马来西亚	美杜莎百褶桐	mendaroh；rambai hutan
5999	*Ptychopyxis chrysantha*	西伊里安	金花百褶桐	ptychopyxis
6000	*Ptychopyxis costata*	西马来西亚	脉状百褶桐	medang asam；medang kelipat；mendaroh
6001	*Ptychopyxis javanica*	爪哇岛	爪哇百褶桐	ramboetan monjet
6002	*Ptychopyxis kingii*	西马来西亚	金百褶桐	mendaroh
6003	*Ptychopyxis philippina*	菲律宾	菲律宾百褶桐	panglangkaen
6004	*Ptychopyxis subspicatum*	文莱	亚骨针百褶桐	entaempulor；senumpul buloh
	***Punica*（LYTHRACEAE）** **石榴属（千屈菜科）**		**HS CODE** **4403.99**	
6005	*Punica granatum*	印度、马里亚纳群岛、缅甸	石榴木	anar；anarkeper；dharu；dudlom；granada；granodoro；hulidalimbe；madalai；madulai；matalam；matalanara kam；pomegranate；pomegranate-tree；pumatalam；raktabijam；talimatalam；thale；urumampalam
	***Pygeum*（ROSACEAE）** **臀果木属（蔷薇科）**		**HS CODE** **4403.49**	
6006	*Pygeum apoense*	菲律宾	阿波臀果木	bakad
6007	*Pygeum arboreum*	越南、柬埔寨	乔状臀果木	xoan-dao
6008	*Pygeum clementis*	菲律宾	茎果臀果木	dalisai
6009	*Pygeum coccineum*	菲律宾	红臀果木	alipatsau
6010	*Pygeum decipiens*	菲律宾	疏柄臀果木	magulamod
6011	*Pygeum elmerianum*	菲律宾	粗柄臀果木	elmer amugan
6012	*Pygeum euphlebium*	菲律宾	美脉臀果木	kabung

序号	学名	主要产地	中文名称	地方名
6013	*Pygeum fragrans*	菲律宾	香臀果木	lagong-ban guhan
6014	*Pygeum lampongum*	文莱	兰贡臀果木	enteli；medang pijat pijat
6015	*Pygeum latifolium*	亚洲	阔叶臀果木	
6016	*Pygeum megaphyllum*	菲律宾	巨叶臀果木	kamantugan
6017	*Pygeum microphyllum*	菲律宾	小叶臀果木	lagong-liitan
6018	*Pygeum monticolum*	菲律宾	山地臀果木	lagong-gulod
6019	*Pygeum oocarpum*	文莱	卵果臀果木	medang pijat pijat；sedi
6020	*Pygeum parviflorum*	西马来西亚	小花臀果木	medang-kelawar
6021	*Pygeum polystachyum*	西马来西亚	多枝臀果木	medang-kelawar
6022	*Pygeum pubescens*	菲律宾	短柔毛臀果木	apoakan-amok
6023	*Pygeum pulgarense*	菲律宾	普加仑臀果木	gupit
6024	*Pygeum ramiflorum*	菲律宾	茎花臀果木	papain
6025	*Pygeum sarawakense*	文莱	沙捞越臀果木	medang pijat pijat
6026	*Pygeum subglabrum*	菲律宾	亚光臀果木	kanumog
6027	*Pygeum vulgare*	菲律宾、柬埔寨	大众臀果木	koehre；lago；xoan-dao
	***Pyrus*（ROSACEAE）** 梨属（蔷薇科）		**HS CODE** **4403. 99**	
6028	*Pyrus aria*	亚洲	咏叹梨	allouchier
6029	*Pyrus communis*	西亚、缅甸	西洋梨	common pear；gewone peer；holzbirne；parontrad；pear；peral comun；perastro；pero comune；poirier commun；poirier sauvage；thit-taw；vanligt parontrad
6030	*Pyrus coronaria*	亚洲	冠状梨	
6031	*Pyrus pashia*	中国	川梨	
6032	*Pyrus pyrifolia*	朝鲜	沙梨	dolbae-namu
6033	*Pyrus rivularis*	亚洲	岸生梨	
6034	*Pyrus sambucifolia*	亚洲	沼泽梨	
6035	*Pyrus serrulata*	亚洲	齿状梨	
6036	*Pyrus sinensis*	日本	中华梨	nashi
6037	*Pyrus syriaca*	中国	叙利亚梨	oriental pear
6038	*Pyrus ussuriensis*	中国、日本	秋子梨	wild pear；yama-nashi

序号	学名	主要产地	中文名称	地方名
	Quassia **(SIMAROUBACEAE)** **夸斯苦木属（苦木科）**		**HS CODE** **4403. 99**	
6039	*Quassia amara*	菲律宾	夸斯苦木	bois amer; bois cayan; bois d'absinthe; bois de frene; bois de fresne; bois de petit frene; bois de quassie; bois quassie; coachi; quassia; quina de cayenne; quinquina de cayenne
6040	*Quassia borneensis*	沙巴、沙捞越	婆罗洲夸斯苦木	manunggal; medang pahit
6041	*Quassia indica*	沙捞越、西马来西亚、菲律宾、印度、缅甸	裂夸斯苦木	adoi; atiau; empa'it; gatip pahit; kelapahit; manunggal; pakalui; sakaliu; samadara gass; theban
	Quercus **(FAGACEAE)** **栎属（壳斗科）**		**HS CODE** **4403. 91**	
6042	*Quercus acuta*	日本、朝鲜、中国台湾地区	日本常绿栎	aka-gashi; aka-kashi; buggasi-na mu; chene du japon; japanese oak; japanese red oak; japanse eik; japansk ek; kashiwa; live oak; quercia giapponese; red oak; roble japones; spitzblatt erige eiche
6043	*Quercus acutissima*	日本、朝鲜	麻栎	chene du japon; japanese oak; japanseeik; japanskek; kunugi; kunugi oak; quercia giapponese; roble japones; sangauri-namu
6044	*Quercus aegilops*	以色列	亚洲栎	mel-of-jerusalem oak
6045	*Quercus aliena*	朝鲜	槲栎	galcham-namu; korean oak
6046	*Quercus argentata*	苏门答腊、西马来西亚	银栎	ganiti; mempening; rasak minyak; selempening
6047	*Quercus boissieri*	以色列	博西栎	israelian oak
6048	*Quercus brandisiana*	缅甸	布兰迪栎	palat; thit-cha
6049	*Quercus calliprinos*	以色列	卡利普栎	israelian oak; palestine oak
6050	*Quercus castaneaefolia*	伊朗、俄罗斯	栗叶栎	boland masu; chene de perse; kastanjebl adigeeik; persian oak; persiskek; perzischeeik; quercia persiana; roble perse
6051	*Quercus championi*	中国台湾地区	尖栎	honkon-gasi

序号	学名	主要产地	中文名称	地方名
6052	*Quercus chevalieri*	柬埔寨、老挝、越南	车瓦利栎	co deng; hung chi mou; may co den
6053	*Quercus chrysocalyx*	越南	黄杨栎	gie cuong
6054	*Quercus collectii*	孟加拉国	卡氏栎	sil batna
6055	*Quercus crispula*	日本	齿叶栎	japanese oak; mizunara; nara; ohnara; onara
6056	*Quercus dealbata*	缅甸	银荆栎	kywetsa-ni; thit-cha
6057	*Quercus dentata*	日本、朝鲜、中国台湾地区	重齿栎	chene du japon; ddeoggal-namu; japanese oak; japanseeik; japanse eik; japanskek; kashiwa; kashiwa oak; kasiwa; keizer-eik; quercia giapponese; roble japones
6058	*Quercus dilatata*	印度、阿富汗、尼泊尔	膨大栎	banji; barungi; chene moru; himalaya evergreen oak; himalayan oak; kilonj; marghang; maru; mohroo; mohru; moru; morueik; moru oak; quercia moru; roble moru; tilong
6059	*Quercus elmeri*	苏门答腊、沙巴	埃尔栎	berangan sipanuh; mempening
6060	*Quercus fenestrata*	缅甸	坎因栎	kamyin; thit-cha
6061	*Quercus gemelliflora*	苏门答腊、西马来西亚	双子叶栎	jering; mempening
6062	*Quercus gilva*	日本、中国台湾地区	吉尔瓦栎	ichii-gashi; ischii-gra shi; itii-gasi
6063	*Quercus glandulifera*	缅甸、中国、日本、朝鲜、印度	槲栎	abemaki; chene du japon; dingrittang; gesagtblat terige-eiche; japanese oak; japanse eik; japansk ek; jolcham-na mu; konara; konara oak; konora; kunugi; metlein; myanmar oak; nara; nara noki; nyan; quercia giapponese; roble japones; thite
6064	*Quercus glauca*	日本、印度、柬埔寨、老挝、越南	青冈栎	aka-kashi; aragashi; arakashi; gie den; japanese oak; phaliant
6065	*Quercus griffithii*	缅甸	格氏栎	nyanbo; thit-cha
6066	*Quercus grosserata*	日本	大齿日本栎	japanese oak
6067	*Quercus helferiana*	泰国、越南、缅甸	赫费栎	ko-kheemoo; kor; progo; thit-cha; yingu-akyi
6068	*Quercus hondai*	日本	洪代栎	hamaga-kashi; hanagagashi; nagaba-gashi

序号	学名	主要产地	中文名称	地方名
6069	*Quercus ilex*	印度	冬青栎	holly oak; holm oak
6070	*Quercus incana*	印度、尼泊尔	灰毛栎	ban; ban oak; ban-eik; ban-ek; bani; banj; cheneban; inai; iri; kharanj; phanat; quercia ban; rhin; rin; rinj; roble ban; tikia
6071	*Quercus ithaburensis*	以色列	以色列栎	israelian oak
6072	*Quercus japan*	日本	日本栎	japanse steel-eik
6073	*Quercus jordanae*	菲律宾	乔达纳栎	katiluk
6074	*Quercus kingiana*	缅甸	金叶栎	thit-cha; wunthabok
6075	*Quercus lamellosa*	印度、尼泊尔、缅甸	薄片栎	budgrat; buk; buk oak; chene de nepal; nepal eik; nepal oak; nepal-ek; pharat-sin ghali; quercia di nepal; roble de nepal; shalshi; thite
6076	*Quercus lamponga*	西马来西亚、马来西亚	兰彭加栎	mempening; tempening
6077	*Quercus lanceaefolia*	印度	柳叶栎	patle katus
6078	*Quercus langbainensis*	越南	朗巴栎	guoi
6079	*Quercus lanuginosa*	老挝、越南、柬埔寨	绵毛栎	tao
6080	*Quercus leucotrichophora*	印度	白栎	grey oak; white oak
6081	*Quercus lindleyana*	缅甸	林德栎	phet-kyan; thit-cha
6082	*Quercus lineata*	印度尼西亚、马来西亚	线纹栎	pasang; siri
6083	*Quercus llanosi*	菲律宾	拉诺西栎	ulaian
6084	*Quercus longinux*	中国台湾地区	隆尼努栎	hosoba-sir akasi
6085	*Quercus macranthera*	俄罗斯、伊朗	大花药栎	chene caucasien; chene de perse; persian oak; persiskek; perzischeeik; quercia caucasea; quercia persiana; roble de caucasia; roble perse; roemeenseeik; rumanian oak
6086	*Quercus mespilifolia*	缅甸	毛蕊栎	thit-cha; yingu-athe
6087	*Quercus miyabii*	日本	密氏栎	kashi
6088	*Quercus mongolica*	朝鲜、日本、中国	蒙古栎	chene du japon; japanese oak; japanse eik; japansk ek; karafuto oak; miza-nura; mizanura oak; mongori-nara; ohnara; quercia giapponese; roble japones; singal-namu

序号	学名	主要产地	中文名称	地方名
6089	*Quercus mongolica*	俄罗斯	蒙古栎③	
6090	*Quercus morii*	中国台湾地区	桑栎	holly oak；mori-gasi；taiwan-aka gasi
6091	*Quercus myrsinifolia*	日本	铁仔栎	chene du japon；japanese oak；japanseeik；japanskek；quercia giapponese；roble japones；shirakashi；urajirogas hi
6092	*Quercus oidocarpa*	马来西亚	奥多卡栎	berangan
6093	*Quercus pachyphylla*	印度	厚叶栎	sungre catus
6094	*Quercus padlyloma*	中国台湾地区	帕德利栎	nagae-gasi
6095	*Quercus paucidentata*	中国台湾地区	少齿栎	tukubane-gasi
6096	*Quercus petraea*	西亚、俄罗斯	无梗花栎	berg-ek；chene rouvre；dubzimni；durmast oak；roble albar；roble de invierno；rovere；russian oak；sessile oak；tros-eik；winter-eik
6097	*Quercus phillyraeoides*	日本	菲利亚栎	imame-gashi；ubame-gashi；ubamegashi
6098	*Quercus platycalyx*	越南	桔梗栎	gie cau
6099	*Quercus poilanei*	柬埔寨、老挝、越南、柬埔寨	波伊拉栎	gie bop；gie trang
6100	*Quercus pontica*	俄罗斯	黑海栎	chene de russie；quercia della russia；roble ruso；russian oak；russischeeik
6101	*Quercus pseudococcifera*	以色列	耶路撒冷栎	ballut-of-jerusalem oak
6102	*Quercus pseudocornea*	柬埔寨；老挝、越南	伪细栎	gie quong
6103	*Quercus pseudo-myrsinaefolia*	中国台湾地区	伪青冈栎	formosan oak；hosoba-shira-kashi
6104	*Quercus pubescens*	俄罗斯、以色列	短柔毛栎	chene du kurdistan；chene pubescent；encina pubescente；kurdistan eik；kurdistan oak；kurdistan-ek；pubescent oak；quercia lanuginosa；roble de kurdistan；rovere peloso；ullig-ek；weichhaari ge eiche；zachte eik
6105	*Quercus resinifera*	柬埔寨、越南	脂叶栎	gie；vietnam oak
6106	*Quercus robur*	伊朗、俄罗斯	欧洲栎	chene pedoncule；chene rouvre；dub letni；gravelin；russian oak；summer oak

序号	学名	主要产地	中文名称	地方名
6107	*Quercus salicina*	日本、朝鲜	李栎	chamgasi; chamgasi-namu; korean oak; shirakashi; urajirogashi
6108	*Quercus semecarpifolia*	印度、阿富汗、尼泊尔	高山栎	banjar; brown oak; chene karshu; ghesi; himalayan brown oak; karshu; karshu eik; karshu-ek; karshu oak; karsu; kasru; keru; kharshu; kharsu; kharya; khassu; kreu; kru; quercia karshu; roble karshu
6109	*Quercus semiserrata*	缅甸、印度	半锯齿栎	altijdgroe ne indischeeik; chene vert indien; gyok; indian evergreen oak; indiskek; quercia indiana; roble indico; sagat-kun-kyan; thabeik; thit-cha; thite; wet-thitcha; zagat
6110	*Quercus serrata*	亚洲	枹栎	
6111	*Quercus sessilifolia*	日本	无梗栎	tsukubanegashi
6112	*Quercus stenophylloides*	中国台湾地区	短叶栎	taiwan-ura ziro-gasi
6113	*Quercus subsericea*	苏门答腊	绢毛栎	bantareeut; empening; pasang beras
6114	*Quercus tarokoensis*	中国台湾地区	绣线栎	taroko-gasi
6115	*Quercus truncata*	缅甸	马纳塔栎	kywetsa-net; thit-cha
6116	*Quercus variabilis*	日本、朝鲜	栓皮栎	abemaki; gulcham-namu; korean oak
6117	*Quercus velani*	伊朗	韦拉尼栎	chene velani
6118	*Quercus vestita*	中国	报春栎	voon
6119	*Quercus vibrayeana*	日本	振动栎	shiragashi; shirakashi
	Quintinia **(PARACRYPHIACEAE)** **负鼠木属（盔被花科）**		**HS CODE 4403. 99**	
6120	*Quintinia apoensis*	菲律宾	阿波负鼠木	mamagras
	Radermachera **(BIGNONIACEAE)** **菜豆树属（紫葳科）**		**HS CODE 4403. 99**	
6121	*Radermachera coriacea*	菲律宾	革叶菜豆树	labayanan
6122	*Radermachera gigantea*	苏门答腊、菲律宾、印度尼西亚	巨菜豆树	ander langir; badlan; bunlai; kayu angin; kayu duing; ke-kapongtui; kulit berilang; medang kidu; palawan agtap; pedali; rajamatan; sayo; sindur langit; ulimbabon

序号	学名	主要产地	中文名称	地方名
6123	*Radermachera glandulosa*	苏门答腊	腺叶菜豆树	ambal; bangkongan; gabret; godong ambol; hambal; jelibru; kawuk; kiabako; kihapit; kilangit; kisakat; kisikap; klaju; lambal; padali; pudang; sekar pote
6124	*Radermachera pinnata*	菲律宾、苏门答腊	羽状菜豆树	banai-banai; banai-banai-linis; bodler; kayu singanba; ke-kapongtui; kudo-kudopayo; kutokong; mentu; palinguak; pamayabaien; sindur langit; tui-tui; valaivaian
6125	*Radermachera ramiflora*	亚洲	枝花菜豆树	
6126	*Radermachera sinica*	亚洲	菜豆树	
6127	*Radermachera xylocarpa*	印度	木果菜豆树	ambalahude; anetantuva luka; bersinge; edankorna; genasing; khonda-partoli; mulaiutbi; nagadudilam; padado; patireveta mkaruna; pural; svetapatala; vadencarni; vedangkonnai; vedanguruni; warawaili
	***Randia* (RUBIACEAE)** **山黄皮属（茜草科）**		**HS CODE** **4403.99**	
6128	*Randia cumingiana*	菲律宾	球兰山黄皮木	cuming panga
6129	*Randia erythroclada*	泰国	红山黄皮木	makang
6130	*Randia exaltata*	柬埔寨、越南、老挝	高大山黄皮木	pha
6131	*Randia grandifolia*	文莱	大叶山黄皮木	rentap hitam
6132	*Randia grandis*	文莱	大山黄皮木	rentap hitam
6133	*Randia jambosoides*	文莱	尖柱山黄皮木	kopi kampong baja
6134	*Randia kuchingensis*	沙捞越	库西山黄皮木	berabas hutan
6135	*Randia loheri*	菲律宾	南洋山黄皮木	loher panga
6136	*Randia longiflora*	印度、柬埔寨、越南、老挝	长花山黄皮木	acho; cayacho; gujcrkota; hacho; kao; khao; ko
6137	*Randia microcarpa*	菲律宾	小果山黄皮木	kanin-palak
6138	*Randia mindorensis*	菲律宾	名都罗岛黄皮木	malagasgas
6139	*Randia oxydonta*	柬埔寨、老挝、越南	南方山黄皮木	dai

序号	学名	主要产地	中文名称	地方名
6140	*Randia oxyodonta*	柬埔寨、老挝、越南	尖萼山黄皮木	candai；caydaikloai；daikhoai
6141	*Randia pubifolia*	菲律宾	重山黄皮木	pangang-buhukan
6142	*Randia purpuricarpa*	菲律宾	紫山黄皮木	pagbut
6143	*Randia pycnantha*	老挝、越南、柬埔寨	密花山黄皮木	caythungluc；thungluc
6144	*Randia rostrata*	菲律宾	垂花山黄皮木	matang-labuyo
6145	*Randia samalensis*	菲律宾	萨马岛黄皮木	simagtonog
6146	*Randia schoemannii*	西马来西亚	西山黄皮木	kelompang gajah；tinjau belukar
6147	*Randia stenophylla*	菲律宾	狭叶山黄皮木	pangang-kitid
6148	*Randia ticaensis*	菲律宾	铁杆山黄皮木	turutulang
6149	*Randia tomentosa*	老挝、越南、柬埔寨、西伊里安	毛山黄皮木	caylang；gan；gangtrang；lang；lovieng；randia
6150	*Randia uliginosa*	缅甸、越南、柬埔寨、老挝	齿萼山黄皮木	hmanbyu；to
6151	*Randia whitfordii*	菲律宾	山黄皮木	panga
	***Rapanea*（MYRSINACEAE）** **密花树属（紫金牛科）**		**HS CODE** **4403. 49**	
6152	*Rapanea angustifolia*	菲律宾	狭叶密花木	aribangib
6153	*Rapanea apoensis*	菲律宾	阿波密花木	tongog
6154	*Rapanea glandulosa*	菲律宾	腺叶密花木	nagas
6155	*Rapanea mindanaensis*	菲律宾	棉兰老岛密花木	baliuk
6156	*Rapanea multibracteata*	文莱	多苞密花木	jerupong；serusop；ujong tchit
6157	*Rapanea oblongibacca*	菲律宾	长叶密花木	supak
6158	*Rapanea papuana*	亚洲	巴布亚密花木	
6159	*Rapanea philippinensis*	菲律宾	菲律宾密花木	maga
6160	*Rapanea venosa*	菲律宾	韦诺密花木	hanigad
	***Rauvolfia*（APOCYNACEAE）** **萝芙木属（夹竹桃科）**		**HS CODE** **4403. 99**	
6161	*Rauvolfia amsoniaefolia*	菲律宾	阿姆萝芙木	maladita
6162	*Rauvolfia loheri*	菲律宾	南洋萝芙木	sibakong
6163	*Rauvolfia membranacea*	菲律宾	膜叶萝芙木	andarayan
6164	*Rauvolfia samarensis*	菲律宾	萨马岛萝芙木	manatad

序号	学名	主要产地	中文名称	地方名
6165	*Rauvolfia serpentina*	印度	印度萝芙木	chandra；chandrabhaga；dhanbarua；dhanmarna；dhannerna；dumparasna；harkaya；harki；nakuli；patalgarur；rauvolfia；sanochado；sapasanda；sarpagandha；sarpagandhi；suvapavalp oriyan；tulunni
6166	*Rauvolfia tetraphylla*	印度	四叶萝芙木	bara-chand rika；bara-chandar
	***Ravenala*（STRELITZIACEAE） 旅人蕉属（旅人蕉科）**		**HS CODE 4403.99**	
6167	*Ravenala madagascariensis*	菲律宾	马达加斯加旅人蕉	travellers-tree
	***Rehderodendron*（STYRACACEAE） 木瓜红属（野茉莉科）**		**HS CODE 4403.99**	
6168	*Rehderodendron macrocarpum*	中国	大果木瓜红	rehderoden dron
6169	*Rehderodendron rostratum*	亚洲	钝叶木瓜红	
	***Reinwardtiodendron*（MELIACEAE） 雷楝属（楝科）**		**HS CODE 4403.99**	
6170	*Reinwardtiodendron celebicum*	菲律宾、西伊里安	西铁岛雷楝	malakamanga；malakamingi；reinwardti odendron
6171	*Reinwardtiodendron humile*	苏门答腊、婆罗洲	矮雷楝	ganggo delok；langsat tupai；lansek tupai；maharorei
	***Reissantia*（CELASTRACEAE） 星刺属（卫矛科）**		**HS CODE 4403.99**	
6172	*Reissantia grahamii*	菲律宾	星刺木	luzon layeng
	***Reutealis*（EUPHORBIACEAE） 三籽桐属（大戟科）**		**HS CODE 4403.99**	
6173	*Reutealis trisperma*	菲律宾	三籽桐	bagilumbang；baguilumbang；balukanad；balukanag；banukalad；lumbang；lumbang-banukalad；lumbang-gubat；tan'ag lalaki
	***Rhamnella*（RHAMNACEAE） 猫乳属（鼠李科）**		**HS CODE 4403.99**	
6174	*Rhamnella vitiensis*	亚洲	斐济猫乳木	
	***Rhamnus*（RHAMNACEAE） 鼠李属（鼠李科）**		**HS CODE 4403.49**	
6175	*Rhamnus alaternus*	沙特阿拉伯	互叶鼠李木	amlilece；safir

序号	学名	主要产地	中文名称	地方名
6176	*Rhamnus palaestinus*	以色列	圣鼠李木	palestine buckthorn
	Rhaphiolepis **(ROSACEAE)** **石斑木属（蔷薇科）**		**HS CODE** **4403. 99**	
6177	*Rhaphiolepis indica*	越南、柬埔寨、柬埔寨、老挝	石斑木	cutre; danh ghet
	Rheedia **(GUTTIFERAE)** **雷德藤黄属（藤黄科）**		**HS CODE** **4403. 99**	
6178	*Rheedia edulis*	菲律宾	紫雷德藤黄木	rheedia
	Rhizophora **(RHIZOPHORACEAE)** **红树属（红树科）**		**HS CODE** **4403. 99**	
6179	*Rhizophora apiculata*	苏门答腊、南亚、菲律宾、婆罗洲、印度尼西亚、文莱、沙捞越、西马来西亚、爪哇岛、马来西亚、沙巴、西伊里安、缅甸、柬埔寨、老挝、越南	红树	akik; asiatic mangrove; bacauan; duocbot; duocvang; duocxanh; kandal; parak; red mangrove; rimu deasia; rizofora deasia; rizoforea dell'asia; taeup; tengar; tengor; tunjang; uakatan
6180	*Rhizophora conjugata*	亚洲	成对红树	asiatic mangrove
6181	*Rhizophora mucronata*	西伊里安、南亚、安达曼群岛、婆罗洲、印度尼西亚、马来西亚、文莱、沙巴、西马来西亚、沙捞越、苏门答腊、菲律宾、缅甸、关岛、柬埔寨、老挝、越南	尖叶红树	aziatische mangrove; bacauan; bairadah; chamorro; chang; duoc rung cam; duocbop; idauk; kamo; kandal; lal lakri; mangrovia dell'asia; payon-ama; pyu; rhizophora; sora pinnai; tengar; tengor; upoo-poma
6182	*Rhizophora stylosa*	菲律宾	柱红树	bangkau
	Rhodamnia **(MYRTACEAE)** **玫瑰木属（桃金娘科）**		**HS CODE** **4403. 99**	
6183	*Rhodamnia cinerea*	苏门答腊、婆罗洲、印度尼西亚、沙巴、西马来西亚	灰玫瑰木	baja; djamai; djemai; kayu sekala; marampunjan; marhajan; markojan; mempai; mempajan; mempoyan; merampujan; meran pujan; merapujan; merpujan; trambesi merah
6184	*Rhodamnia rubescens*	文莱、西马来西亚	红玫瑰木	keramuntin gbukit; mempayan

序号	学名	主要产地	中文名称	地方名
	Rhododendron **(ERICACEAE)** **杜鹃花属（杜鹃科）**		**HS CODE** **4403. 99**	
6185	*Rhododendron albrechtii*	亚洲	阿氏杜鹃花木	
6186	*Rhododendron album*	爪哇岛	白杜鹃花木	tjantigi koneng
6187	*Rhododendron amanoi*	亚洲	阿曼诺杜鹃花木	
6188	*Rhododendron arboreum*	印度、缅甸	乔状杜鹃花木	alingi; ardawal; bhorans; bras; brons; burans; chahan; chiu; guras; kattu puvarasu; mandal; ngaysheek; taggu; zalat-ni; zalatni
6189	*Rhododendron bagobonum*	菲律宾	巴戈杜鹃花木	mogang-bagobo
6190	*Rhododendron brachygynum*	菲律宾	短叶杜鹃花木	mogang-pudpud
6191	*Rhododendron californicum*	亚洲	加州杜鹃花木	
6192	*Rhododendron catanduanense*	菲律宾	卡坦杜鹃花木	malagos
6193	*Rhododendron culminicolum*	亚洲	细秆杜鹃花木	
6194	*Rhododendron degronianum*	亚洲	德格杜鹃花木	
6195	*Rhododendron javanicum*	爪哇岛	爪哇杜鹃花木	poerwa geni; soko baros; songgom tangkal; soro sari; tjantigi besar; tjawene sore
6196	*Rhododendron keiskei*	亚洲	凯斯杜鹃花木	
6197	*Rhododendron kempferi*	亚洲	费氏杜鹃花木	
6198	*Rhododendron kiyosumense*	亚洲	清澄杜鹃花木	
6199	*Rhododendron lagopus*	亚洲	黄褐杜鹃花木	
6200	*Rhododendron latoucheae*	亚洲	鹿角杜鹃花木	
6201	*Rhododendron leytense*	菲律宾	莱特杜鹃花木	leyte malagos
6202	*Rhododendron loboense*	菲律宾	罗汉杜鹃花木	lobo malagos
6203	*Rhododendron loerzingii*	爪哇岛	罗氏杜鹃花木	poerwa geni
6204	*Rhododendron macrosepalum*	亚洲	大塞杜鹃花木	

序号	学名	主要产地	中文名称	地方名
6205	*Rhododendron mayebarae*	亚洲	巴雷杜鹃花木	
6206	*Rhododendron metternichii*	亚洲	美氏杜鹃花木	
6207	*Rhododendron mucronulatum*	朝鲜	红杜鹃花木	korean rhododendron
6208	*Rhododendron ponticum*	亚洲	黑杜鹃花木	
6209	*Rhododendron quadrasianum*	菲律宾	杜鹃花木	kutmu
6210	*Rhododendron quinquefolium*	亚洲	冬梅杜鹃花木	
6211	*Rhododendron reticulatum*	亚洲	网状杜鹃花木	
6212	*Rhododendron retusum*	爪哇岛	凹叶杜鹃花木	tjantigi；tjantigi beureum
6213	*Rhododendron semibarbatum*	亚洲	巴比杜鹃花木	
6214	*Rhododendron serpyllifolium*	亚洲	锯齿杜鹃花木	
6215	*Rhododendron simsii*	亚洲	辛氏杜鹃花木	
6216	*Rhododendron subsessile*	菲律宾	无柄杜鹃花木	ausip
6217	*Rhododendron tashiroi*	日本	菱叶杜鹃花木	sakuratsut suji
6218	*Rhododendron wadanum*	亚洲	瓦达努杜鹃花木	
6219	*Rhododendron weyrichii*	亚洲	韦氏杜鹃花木	
6220	*Rhododendron yakuinsulare*	亚洲	牦牛杜鹃花木	
6221	*Rhododendron yakumontanum*	亚洲	山地杜鹃花木	
6222	*Rhododendron yakusimanum*	亚洲	屋久岛杜鹃花木	
	***Rhodoleia*（HAMAMELIDACEAE）红花荷属（金缕梅科）**		**HS CODE 4403. 99**	
6223	*Rhodoleia championii*	苏门答腊、西马来西亚	红花荷木	giuk lamau；kanci berana；kasih beranak；kerlik；keruntum；madang galundi；mail；santur；sialagundi；sidukung anah

序号	学名	主要产地	中文名称	地方名
	Rhodomyrtus (MYRTACEAE) 桃金娘属（桃金娘科）		**HS CODE** **4403.99**	
6224	*Rhodomyrtus surigaoensis*	菲律宾	苏里高桃金娘	dayap-dayapan
6225	*Rhodomyrtus tomentosus*	西马来西亚、菲律宾、沙巴、文莱、柬埔寨、老挝、越南	毛桃金娘	ceylon myrtle; dayopod-ma bolo; karamunting; kemunting; keramunting; nim
6226	*Rhodomyrtus trineura*	越南	三出脉桃金娘	
	Rhus (ANACARDIACEAE) 漆树属（漆树科）		**HS CODE** **4403.99**	
6227	*Rhus chinensis*	缅甸、柬埔寨、老挝、越南、日本	火炬漆树	mai kok-kyin; muoi; nurude; sumach
6228	*Rhus japonica*	朝鲜	紫漆树	bug-namu; korean sumak
6229	*Rhus paniculata*	缅甸	锥花漆树	khaung-bin
6230	*Rhus succedanea*	日本、缅甸	山漆树	haji; haze; haze-no-ki; hazenoki; japan-thit si; japanese lacquer-tree; japanese sumach; japanese wax-tree; talgbaum
6231	*Rhus sylvestris*	日本	野生漆树	yama-haze
6232	*Rhus taitensis*	菲律宾、马里亚纳群岛、西伊里安	大漆树	biro; lamahu; lemayo; rhus; sumac
6233	*Rhus vernicifluum*	尼泊尔、日本、中国	漆树	albero divernice; arbol debarniz; arbre vernis; chosi; fernissatrad; firnisbaum; lacquer-tree; urushi; urushinoki; varnish-tree; vernisboom
	Richeria (EUPHORBIACEAE) 怀春茶属（大戟科）		**HS CODE** **4403.99**	
6234	*Richeria submembranacea*	亚洲	苏怀春茶	
	Richeriella (EUPHORBIACEAE) 龙胆木属（大戟科）		**HS CODE** **4403.99**	
6235	*Richeriella gracilis*	菲律宾	细龙胆木	arumbidon
	Ricinus (EUPHORBIACEAE) 蓖麻属（大戟科）		**HS CODE** **4403.99**	
6236	*Ricinus communis*	马里亚纳群岛、印度、南亚	蓖麻	amanakku; bherenda; castorseed; chitroko; chittamudamu; diveligo; erondo; gandharvah astakam; harnauli; irandi; joda; kottaimuthu; manda; peramudamu; sittamanak ku; tirki; vardhamana; vatari; yarandicha

序号	学名	主要产地	中文名称	地方名
	***Rinorea*（VIOLACEAE）** **三角车属（堇菜科）**		**HS CODE** **4403.99**	
6237	*Rinorea bengalensis*	菲律宾、缅甸	南亚三角车木	taw-okshit；tuak
6238	*Rinorea horneri*	菲律宾	单子三角车木	maupau
6239	*Rinorea javanica*	菲律宾、爪哇岛	爪哇三角车木	iposonang-langgam；panawar beas
6240	*Rinorea macrophylla*	菲律宾	大叶三角车木	iposalla；iposonang-lambutan
6241	*Rinorea quangtriensis*	越南	珍珠三角车木	apan；cucrei
	***Ristantia*（MYRTACEAE）** **木果水桉属（桃金娘科）**		**HS CODE** **4403.99**	
6242	*Ristantia pachysperma*	文莱	厚木果水桉	bayam nuhur
	***Robinia*（FABACEAE）** **刺槐属（蝶形花科）**		**HS CODE** **4403.99**	
6243	*Robinia pseudoacacia*	俄罗斯	刺槐	akat
	***Rollinia*（ANNONACEAE）** **卡曼莎属（番荔枝科）**		**HS CODE** **4403.99**	
6244	*Rollinia emarginata*	菲律宾	缘生卡曼莎木	mirim
6245	*Rollinia mucosa*	菲律宾	粘膜卡曼莎木	biriba；cachiman morveux
	***Rosa*（ROSACEAE）** **蔷薇属（蔷薇科）**		**HS CODE** **4403.99**	
6246	*Rosa rugosa*	日本	香蔷薇	hamanasu
	***Roystonea*（PALMAE）** **王棕属（棕榈科）**		**HS CODE** **4403.99**	
6247	*Roystonea regia*	菲律宾	王棕	royal palm
	***Ryparosa*（ACHARIACEAE）** **穗龙角属（青钟麻科）**		**HS CODE** **4403.99**	
6248	*Ryparosa acuminata*	沙捞越、沙巴	披针叶穗龙角木	angoh paya；giewei；semburok jangkang
6249	*Ryparosa cauliflora*	菲律宾	茎花穗龙角木	bunganon
6250	*Ryparosa javanica*	苏门答腊、西马来西亚、西伊里安	爪哇穗龙角木	baja；cingkuang；geger tako；giewei；jung bukit；kayu bungin；kedumpang batu；medang ayau；ryparosa
6251	*Ryparosa micromera*	苏门答腊	细叶穗龙角木	kepayang；temeae
6252	*Ryparosa multinervosa*	苏门答腊	多脉穗龙角木	elul sawali batu；elusa wali；jamboi；taramayang

序号	学名	主要产地	中文名称	地方名
	***Sabina*（CUPRESSACEAE）** **圆柏属（柏科）**	**HS CODE** **4403.25（截面尺寸≥15cm）或 4403.26（截面尺寸<15cm）**		
6253	*Sabina vulgaris*	西伯利亚、中国	普通圆柏	sabina juniper；savin；savin juniper
	***Sageraea*（ANNONACEAE）** **孟湾番荔枝属（番荔枝科）**		**HS CODE** **4403.99**	
6254	*Sageraea elliptica*	印度、安达曼群岛、泰国、越南、柬埔寨、老挝	安达曼弓木	andaman bow-wood；chai；chooi；sang；sangmai；somdouk；thnong
6255	*Sageraea glabra*	菲律宾	光滑孟湾番荔枝	manalau
6256	*Sageraea lanceolata*	婆罗洲、沙巴	剑叶孟湾番荔枝	banitan gading；djanglut；karai
6257	*Sageraea listeri*	缅甸、印度、越南	李斯特孟湾番荔枝	bamaw；chooi；elliptica；sang may
	***Salacia*（CELASTRACEAE）** **五层龙属（卫矛科）**		**HS CODE** **4403.99**	
6258	*Salacia cerasifera*	亚洲	塞拉五层龙	
6259	*Salacia chinensis*	菲律宾	中国五层龙	matang-olang
6260	*Salacia cordata*	亚洲	心形五层龙	
6261	*Salacia crassifolia*	亚洲	厚叶五层龙	
6262	*Salacia debilis*	亚洲	德比五层龙	
6263	*Salacia duckei*	亚洲	达凯五层龙	
6264	*Salacia elegans*	亚洲	埃莱五层龙	
6265	*Salacia insignis*	亚洲	显著五层龙	
6266	*Salacia juruana*	亚洲	朱鲁纳五层龙	
6267	*Salacia kanukuensis*	亚洲	卡库五层龙	
6268	*Salacia lehmbachii*	亚洲	莱氏五层龙	
6269	*Salacia letestuii*	亚洲	赖氏五层龙	
6270	*Salacia maburensis*	亚洲	马布五层龙	
6271	*Salacia macrantha*	亚洲	大花五层龙	
6272	*Salacia multiflora*	亚洲	多花五层龙	
6273	*Salacia prinoides*	亚洲	五层龙	
6274	*Salacia pynaertii*	亚洲	皮氏五层龙	
6275	*Salacia solimoesensis*	亚洲	所罗门五层龙	

序号	学名	主要产地	中文名称	地方名
6276	*Salacia staudtiana*	亚洲	斯塔迪五层龙	
	Salix **(SALICACEAE)** **柳属(杨柳科)**		**HS CODE** **4403. 99**	
6277	*Salix acutifolia*	西亚	尖叶柳	kaspische zand-wilg; kaspisk pil; pointedlea ved willow; salice russo; sauce ruso; saule caspien; spetsbladi gt daggvide
6278	*Salix alba*	北亚、以色列	白柳	european white willow; gewone wilg; mimbrera; salice bianco; salice comune; sauce blanco; saule argente; saule blanc; silver-pil; vit-pil; white willow; witte wilg
6279	*Salix arctica*	俄罗斯	北极柳	arctic willow; arktische weide
6280	*Salix aurita*	西亚	耳状柳	aurecled willow; geoorde wilg; oor-wilg; orapil; salice aurita; sauce aurita; sauce espigado; saulea oreillettes
6281	*Salix babylonica*	日本、中国	垂柳	babylonian willow; babylonisc he wilg; groene treur-wilg; gron sorg pil; salice babilonese; salice piangente; sauce de babilonia; saule vert pleureur; shidariyan agi; weeping willow
6282	*Salix bakko*	日本	巴科柳	bakko yanagi
6283	*Salix caprea*	日本、俄罗斯、北亚	黄花柳	bakko yanagi; bredina; goat willow; iwa bredina; iwa kaziya; rakita; salcio selvatico; sallow willow; saruyanagi; sauce cabruno; saule marceau; saule marsault; vanlig salg; water-wilg
6284	*Salix cinerea*	西亚	灰毛柳	gra-pil; grauwe wilg; grey willow; grijze wilg; salice grigio; sauce gris; saule cendre
6285	*Salix eriostroma*	中国台湾地区	斜柳	tokun-yana gi
6286	*Salix fragilis*	西亚	爆竹柳	brittle willow; crack willow; knackepil; kraak-wilg; salice fragile; sauce fragil; saule fragile; skor-pil
6287	*Salix glandulosa*	朝鲜	腺叶柳	wangbeodeul
6288	*Salix glauca*	朝鲜	青冈柳	

序号	学名	主要产地	中文名称	地方名
6289	*Salix gracilistyla*	日本	细柱柳	neko-yanagi；taniwayanagi；willow
6290	*Salix japonica*	日本	日本柳	shibayanagi
6291	*Salix jessoensis*	日本	日本白柳	japanese willow；japanse wilg；japansk salg；salice giapponese；sauce japones；saule japonais
6292	*Salix koreansis*	朝鲜	朝鲜柳	beodeu-namu
6293	*Salix laevigata*	亚洲	金樱柳	
6294	*Salix macrolepis*	日本	大鳞柳	ezonokuroy anagi
6295	*Salix matsudana*	中国	旱柳	pekin willow
6296	*Salix morii*	中国台湾地区	台湾柳	mori-yanagi
6297	*Salix nipponica*	日本	绒花柳	tachiyanagi
6298	*Salix pentandra*	亚洲	五雄柳	bay willow；jolster；laurier-wilg；salice lauro；sauce-laurel；sweet willow
6299	*Salix pruinosa*	亚洲	里海柳	caspian willow；kaspische wilg；osterlandsk pil；salice del mare caspio；sauce pruinoso；saule caspien
6300	*Salix purpurea*	北亚	紫柳	bitter-pil；bittere wilg；purple osier；purple willow；purpur-pil；rodvide；salcio rosso；salice rosso；sauce purpureo；saule pourpre
6301	*Salix rorida*	日本	粉枝柳	exoyamagi；ezoyanagi
6302	*Salix rubra*	日本	日本红柳	koriyanagi
6303	*Salix suishaeensis*	中国台湾地区	台湾红柳	suisya-yan agi
6304	*Salix tetrasperma*	菲律宾、印度、苏门答腊、西马来西亚、缅甸、柬埔寨、老挝、越南	四籽柳	bainsa；baiosa；bais；dalu silai；dedalu；gada sigric；hka-mari；indian willow；kapeh-kapeh；laila；momaka；nachal；pani jama；salice indiano；sauce indico；walung；wandra；willow；yene；yethabye；yir
6305	*Salix transarisanensis*	中国台湾地区	阿里山柳	tazan-yanagi
6306	*Salix triandra*	西亚、日本	三蕊柳	almond-lea ved willow；amandel-wilg；mandel-pil；osiera trois etamines；peachleaved willow；salice da ceste；salice de ceste；sauce mimbrero；saule amandier；tachiyanagi
6307	*Salix udensis*	日本	龙江柳	onoeyanagi

序号	学名	主要产地	中文名称	地方名
6308	*Salix urbaniana*	日本	大叶柳	akayanagi; japanese willow
6309	*Salix viminalis*	北亚、日本	蒿柳	basket willow; bind-wilg; common osier; kat-wilg; katgrauw; kinuyanagi; korg-pil; mimbre; mimbrera; osier des vanniers; osier vert; salice viminale; sauce verde; saule viminal; vetrice; vinco
6310	*Salix warburgi*	中国台湾地区	沃伯格柳	taiwan-yanagi
6311	*Salix yezoensis*	日本	条斑紫柳	kinu yanagi
	***Salvadora* (SALVADORACEAE)** **牙刷树属 (刺茉莉科)**		**HS CODE** **4403. 99**	
6312	*Salvadora oleoides*	印度	油牙刷树	jhal; toothbrush-tree
6313	*Salvadora persica*	印度、以色列	牙刷树	charlijal; mustard; zahnburste nholz
	***Samanea* (MIMOSACEAE)** **雨树属 (含羞草科)**		**HS CODE** **4403. 99**	
6314	*Samanea saman*	菲律宾、西伊里安、柬埔寨、西马来西亚、越南、文莱、缅甸、沙巴、老挝、印度尼西亚	雨木	acacia; algarrobo; ampul barang; kampu; mesenah; me tay; monkey-pod; pukul lima; raintree; saman; samana; samla; thinbaw-ko kko; trembesi
	***Sambucus* (ADOXACEAE)** **接骨木属 (五福花科)**		**HS CODE** **4403. 99**	
6315	*Sambucus javanica*	菲律宾	亚洲接骨木	sauco
6316	*Sambucus racemosa*	西亚、日本	总花接骨木	druvglader; niwatoko; poison elder; sabuco rojo; sambuco di montagna; sureau a grappes; sureau rouge; trosvlier
	***Sandoricum* (MELIACEAE)** **山道楝属 (楝科)**		**HS CODE** **4403. 99**	
6317	*Sandoricum beccarianum*	苏门答腊、婆罗洲、西马来西亚	贝卡山道楝	kerok; ketjapi kera; papung; sentul; sentul kera
6318	*Sandoricum borneense*	文莱	婆罗山道楝	bapiu; kelampu; sentul kapas
6319	*Sandoricum emarginatum* Hiern	东南亚	微凹山道楝	katul; kelampu; sentul
6320	*Sandoricum indicum*	缅甸、泰国、印度、印度尼西亚	印度山道楝	indian katon; indian krathon; katon

序号	学名	主要产地	中文名称	地方名
6321	*Sandoricum koetjape*	泰国、东南亚、印度尼西亚、缅甸、文莱、婆罗洲、苏门答腊、马来西亚、西马来西亚、爪哇岛、柬埔寨、老挝、越南、南亚、西伊里安、马里亚纳群岛、菲律宾、沙巴	山道楝	katon; kelampu bukit; ketapei; ketapi; mangoustan sauvage; pono; santot; santur; sao; sau; saudo; sau trang; sentul; sentul hutan; situl; sontol; suntool outan; ta'ul; thitto; tong; wild mangosteen
6322	*Sandoricum vidalii*	菲律宾	维氏山道楝	bagosantol; biot; magsantol; malabobonau; malarambo; malasantol
	Santalum **(SANTALACEAE)** **檀香属（檀香科）**		**HS CODE** **4403.49**	
6323	*Santalum album*	印度、柬埔寨、越南、印度尼西亚、老挝、西马来西亚、南亚、中国、菲律宾、婆罗洲、缅甸、东南亚	檀香木	agarugandha; bhandrasri; candana; echte sandel; gandala; ingam; kulavuri; moloyogo; ogory; peetchandan; srigandam; srigandha; srikhanda; tengai; true sandalwood; vrai; white sandalwood; yellow sandalwood
6324	*Santalum macregorii*	西伊里安	麦氏檀香	new guinea sandalwood
	Santiria **(BURSERACEAE)** **斜榄属（橄榄科）**		**HS CODE** **4403.99**	
6325	*Santiria apiculata*	西马来西亚、苏门答腊、菲律宾	尖顶斜榄	kedondong kerantai; kenari; krantie; kurig
6326	*Santiria conferta*	西马来西亚、苏门答腊	密花斜榄	kedondong kerantai; kenari
6327	*Santiria grandiflora*	文莱	大花斜榄	kedondong
6328	*Santiria griffithii*	婆罗洲、文莱、西马来西亚、印度尼西亚、苏门答腊	格氏斜榄	ampiras; djahali; empiras; kadondong mata hari; kedondong; kedondong kerantai; kenari; kijai; kumpas-ruman; langguk; meramun; merdjelajan; merjelaian; santiria; tampiras
6329	*Santiria laevigata*	婆罗洲、文莱、西马来西亚、印度尼西亚、苏门答腊、沙巴、沙捞越	无毛斜榄	berambang; berinas; butun; kedondong; kedondong kerantai lichin; kenari; kerantai; lalan; marambang; seladah runching; white dhup

序号	学名	主要产地	中文名称	地方名
6330	*Santiria mollis*	文莱	软斜榄	adal；ijam；kedondong；libi；sala；umpit
6331	*Santiria oblongifolia*	印度尼西亚、苏门答腊、婆罗洲、西马来西亚、西伊里安、沙捞越	长圆叶斜榄	banterong；kahingai；kayu batu；kedondong；kedondong kerantai bulu；kerantai merah；kurihang；lalan；marambang；mendjeleh；merdjelai；pegah；poga；santiria；seladah bulu；seladah rapat urat；tahengai
	Sapindus（**SAPINDACEAE**） **无患子属（无患子科）**		**HS CODE** **4403.99**	
6332	*Sapindus drummondii*	亚洲	德氏无患子	
6333	*Sapindus laurifolia*	印度、也门、柬埔寨、老挝、越南、缅甸、伊朗	月桂叶无患子	arishta；arishtam；aristakah；bura-rutha；fimdaqe-hi ndi；gas-penela；homie；kinpadi；kunkullu；muktimonjro；nwapadi；pasakotta；puvamkottai；ratah；reetha；rettia；sinpadi；urvanjikaya
6334	*Sapindus mukorossi*	柬埔寨、老挝、越南、缅甸、日本、印度	无患子	bohon；hon；magyi-bauk；moukourodji；mukorosi；mukuro-ji；mukurodji；mukurozi；reetha；rishta；rita；ritha；soapberries；soapnut-tree；su；xu
6335	*Sapindus oocarpus*	越南	乌卡无患子	sang
6336	*Sapindus rarak*	缅甸、爪哇岛	毛瓣无患子	kinpadi；lerek；nwapadi；rerek；sinpadi；soapnut-tree；werak
6337	*Sapindus saponaria*	菲律宾	皂荚无患子	bois mausseux；kusibeng；savonetapel；savonette montagne；savonette mousseuse；savonettier；savonier
	Sapium（**EUPHORBIACEAE**） **乌桕属（大戟科）**		**HS CODE** **4403.99**	
6338	*Sapium baccatum*	东南亚、印度尼西亚、孟加拉国、越南、柬埔寨、老挝、缅甸、西马来西亚、马来西亚	浆果乌桕	aw-len；bolas；champhata；co nang；co pang；kadat；kradard；lelun；linlun；ludai；lundai；nang；soi
6339	*Sapium cochinchinensis*	柬埔寨、老挝、越南	交趾乌桕	chaciam

序号	学名	主要产地	中文名称	地方名
6340	*Sapium discolor*	菲律宾、西马来西亚、越南	山乌桕	brazil redbush；ludai；mamah pelandok；soibac
6341	*Sapium insigne*	印度、缅甸	异序乌桕	dudla；khina；se-wettha-kauk；taung-kala；thit-pyauk
6342	*Sapium japonicum*	日本	白乌桕	shiraki
6343	*Sapium luzonicum*	菲律宾	吕宋乌桕	balakat-gubat；dagaau
6344	*Sapium merrillianum*	菲律宾	梅里乌桕	balakat-gubat
6345	*Sapium plumerioides*	菲律宾	羽状乌桕	loi
6346	*Sapium sanchezii*	菲律宾	桑氏乌桕	bantiano
6347	*Sapium sebiferum*	缅甸、中国、越南	中国乌桕	chinese tallow-tree；payaung；rach；soi；talgbaum
	Saraca **(CAESALPINIACEAE)** **无忧花属（苏木科）**		**HS CODE** **4403.99**	
6348	*Saraca asoca*	印度	无忧树	akshath；anagam；ashanke；ashopalava；ashuge；asogam；asupala；debdaru；hemapushpam；jasundi；kankeli；kenkali；malaikkarunai；oshoko；sasubam；sita asok；vanjulam；vanjulamu
6349	*Saraca declinata*	沙巴、西马来西亚、菲律宾	垂枝无忧树	gapis；saraca
6350	*Saraca dives*	越南、老挝、柬埔寨	中国无忧树	hoanganh；kham phama；lama；ma；map ma；vang anh
6351	*Saraca indica*	西马来西亚、缅甸	裂无忧树	gapis；thawka
6352	*Saraca longistyla*	文莱	长柱无忧树	babai；emparang；gapis；jaring；sepatir；warr
6353	*Saraca thaipingensis*	西马来西亚、菲律宾	无忧花	gapis；narrow-leaved saraca
	Sarcocephalus **(RUBIACEAE)** **荔桃属（茜草科）**		**HS CODE** **4403.99**	
6354	*Sarcocephalus junghuhnii*	西马来西亚	胡尼荔桃	mangel
6355	*Sarcocephalus officinalis*	柬埔寨	药用荔桃	huynba
6356	*Sarcocephalus orientalis*	柬埔寨、老挝、越南	东方荔桃	phayvi
	Sarcococca **(BUXACEAE)** **野扇花属（黄杨科）**		**HS CODE** **4403.99**	
6357	*Sarcococca philippinensis*	菲律宾	菲律宾野扇花	yarang-yarang

序号	学名	主要产地	中文名称	地方名
6358	*Sarcococca saligna*	菲律宾	柳叶野扇花	sarapuyau
	Sarcopteryx **(SAPINDACEAE)** **沙波特属（无患子科）**		**HS CODE** **4403. 99**	
6359	*Sarcopteryx coriacea*	西伊里安	革叶沙波特	sarcopteryx
	Sarcosperma **(SAPOTACEAE)** **肉实树属（山榄科）**		**HS CODE** **4403. 99**	
6360	*Sarcosperma arboreum*	缅甸	乔状肉实树	tawgyi-kyitya
6361	*Sarcosperma paniculatum*	苏门答腊、菲律宾、西伊里安	圆锥肉实树	balam bintungan; kayu beru; nyatoh rabung; pamaluian-apo; perawas sabungan; sarcosperma
6362	*Sarcostemma acidum*	印度	肉珊瑚	borohwi; hambu kalli; jigatsumoo doo; kodikkalli; kondapala; moon creeper; notasiju; palmakasht amu; ransher; soma; soma lathe; somavalli; somlata; somolata; somvel; soumya; vasukani; vayastha
	Sarcotheca **(OXALIDACEAE)** **鹊阳桃属（酢浆草科）**		**HS CODE** **4403. 99**	
6363	*Sarcotheca acuminata*	文莱	披针叶鹊阳桃	sampiang
6364	*Sarcotheca diversifolia*	沙捞越、苏门答腊、西马来西亚、沙巴	众叶鹊阳桃	bakang; belimbing bulat; kayah rumba; kayu sumba; piang; pupoi; tabarus; tebaang
6365	*Sarcotheca ferruginea*	苏门答腊	锈色鹊阳桃	kayu kandis
6366	*Sarcotheca glauca*	文莱、沙捞越	青冈鹊阳桃	kerapa kerapa; meriang; perapan macas; piang; sempiang; tempusis; tulang payong
6367	*Sarcotheca griffithii*	苏门答腊、西马来西亚	格氏鹊阳桃	asam pupy; belimbing hutan; jintek-jintek; kayu manau; kukui; kupoyi; pako poepu; pandiya; pupoi; setundok
6368	*Sarcotheca philippica*	菲律宾	菲律宾鹊阳桃	malabangki ling
	Sassafras **(LAURACEAE)** **檫木属（樟科）**		**HS CODE** **4403. 99**	
6369	*Sassafras randaiense*	中国台湾地区	台湾檫	taiwan sassafras; taiwan sassahurasu; taiwan-sas sanurasu
6370	*Sassafras tzumu*	亚洲	檫木	

序号	学名	主要产地	中文名称	地方名
	Saurauia **（ACTINIDIACEAE）** **水东哥属（猕猴桃科）**		**HS CODE** **4403.99**	
6371	*Saurauia acuminata*	沙巴、文莱	披针叶水东哥	sukung; tansap
6372	*Saurauia alvarezii*	菲律宾	阿氏水东哥	alvarez kalimug
6373	*Saurauia ampla*	菲律宾	宽大水东哥	migadon
6374	*Saurauia avellana*	菲律宾	榛子水东哥	kalimug
6375	*Saurauia bontocensis*	菲律宾、文莱	邦都水东哥	deguai; ingor; mata ikan; tansap
6376	*Saurauia bulusanensis*	菲律宾	布卢山水东哥	bulusan sanot
6377	*Saurauia cinnamomea*	菲律宾	肉桂色水东哥	kalap
6378	*Saurauia clementis*	菲律宾	茎果水东哥	kalimug-usa
6379	*Saurauia confusa*	菲律宾	杂色水东哥	nug-nug
6380	*Saurauia copelandii*	菲律宾	柯氏水东哥	balingog
6381	*Saurauia cordata*	菲律宾	心形水东哥	kalap-pinuso
6382	*Saurauia denticulata*	菲律宾	齿状水东哥	kalimug-nginipin
6383	*Saurauia elegans*	菲律宾	秀丽水东哥	uyok
6384	*Saurauia elmeri*	菲律宾	埃尔水东哥	elmer kalap
6385	*Saurauia erythrotricha*	菲律宾	红水东哥	malabuaya
6386	*Saurauia fasciculiflora*	菲律宾	椭圆水东哥	mutang-bigkis
6387	*Saurauia gigantifolia*	菲律宾	巨叶水东哥	baring
6388	*Saurauia glabrifolia*	菲律宾	光叶水东哥	baring-linis
6389	*Saurauia gracilipes*	菲律宾	细柄水东哥	tari-tari
6390	*Saurauia involucrata*	菲律宾	卷曲水东哥	tinalupak
6391	*Saurauia irosinensis*	菲律宾	伊罗辛水东哥	irosin sanot
6392	*Saurauia klemmei*	菲律宾	克莱米水东哥	asuson
6393	*Saurauia knemifolia*	菲律宾	红光叶水东哥	kalimupog
6394	*Saurauia lanaensis*	菲律宾	拉瑙水东哥	lanao kalimug
6395	*Saurauia latibractea*	菲律宾	宽金叶水东哥	kolalabang
6396	*Saurauia leytensis*	菲律宾	莱特水东哥	tagibokbok
6397	*Saurauia loheri*	菲律宾	南洋水东哥	talinguhag
6398	*Saurauia longipedicellata*	菲律宾	长梗水东哥	kalimug-ta ngkaian
6399	*Saurauia longistyla*	菲律宾	长柱水东哥	muta-muta
6400	*Saurauia luzoniensis*	菲律宾	吕宋水东哥	sanot
6401	*Saurauia macgregorii*	菲律宾	麦氏水东哥	salingobad

序号	学名	主要产地	中文名称	地方名
6402	*Saurauia merrillii*	菲律宾	马氏水东哥	merrill kalimug
6403	*Saurauia mindorensis*	菲律宾	名都罗岛水东哥	mindoro kalimug
6404	*Saurauia negrosensis*	菲律宾	内格罗斯水东哥	negros kalimug
6405	*Saurauia nudiflora*	菲律宾	裸花水东哥	
6406	*Saurauia oblancilimba*	菲律宾	扁圆水东哥	palayauan
6407	*Saurauia oligantha*	菲律宾	疏花水东哥	sanot-ilanan；salimisim
6408	*Saurauia palawanensis*	菲律宾	巴拉望水东哥	palawan kalimug
6409	*Saurauia panayensis*	菲律宾	帕纳水东哥	panay kalimug
6410	*Saurauia panduriformis*	菲律宾	琴叶水东哥	lubag-lubag
6411	*Saurauia papillulosa*	菲律宾	多疣水东哥	papayang
6412	*Saurauia philippinensis*	菲律宾	菲律宾水东哥	salalong
6413	*Saurauia polysperma*	菲律宾	多籽水东哥	lubag
6414	*Saurauia ramosii*	菲律宾	宽瓣水东哥	ramos kalimug
6415	*Saurauia roxburghii*	缅甸	罗氏水东哥	thit-ngayan
6416	*Saurauia samarensis*	菲律宾	萨马岛水东哥	samar kalimug
6417	*Saurauia sampad*	菲律宾	森柏水东哥	sampad
6418	*Saurauia santosii*	菲律宾	桑氏水东哥	santos uyok
6419	*Saurauia sibuyanensis*	菲律宾	辛布亚水东哥	sibuyan kalimug
6420	*Saurauia sorsogonensis*	菲律宾	索索贡水东哥	sorsogon kalimug
6421	*Saurauia sparsiflora*	菲律宾	稀花水东哥	sapuan
6422	*Saurauia tayabensis*	菲律宾	塔亚本水东哥	tarauas
6423	*Saurauia trichophora*	菲律宾	毛点水东哥	uyok-buhukan
6424	*Saurauia tristyla*	柬埔寨、老挝、越南	水东哥	nong
6425	*Saurauia trunciflora*	菲律宾	树干花水东哥	pulak
6426	*Saurauia urdanetensis*	菲律宾	乌坦尼塔水东哥	liuoyosan
6427	*Saurauia vanoverberghii*	菲律宾	万氏水东哥	takuai
6428	*Saurauia vulcania*	菲律宾	沃坎尼水东哥	
6429	*Saurauia wenzelii*	菲律宾	文氏水东哥	lomo-lomo
6430	*Saurauia whitfordii*	菲律宾	威氏水东哥	whitford kalap

序号	学名	主要产地	中文名称	地方名
6431	*Saurauia zamboangensis*	菲律宾	三宝颜水东哥	pulakgalau
	Scaevola (GOODENIACEAE) 草海桐属（草海桐科）		HS CODE 4403.99	
6432	*Scaevola sericea*	西伊里安	绢毛草海桐	nasaam
6433	*Scaevola taccada*	马绍尔群岛、马里亚纳群岛	草海桐	konnat；kunat；manoso；mar kinat；nanaso；nanasu
	Scaphium (STERCULIACEAE) 船形木属（梧桐科）		HS CODE 4403.49	
6434	*Scaphium borneensis*	东南亚	婆罗洲船形木	
6435	*Scaphium linearicarpum*	苏门答腊、西马来西亚	线性船形木	beberas；jamak-jamak；kembang semangkok bulat；kepayang hutan；kepocong；kubin
6436	*Scaphium longiflorum*	西马来西亚	长花船形木	kembang semangkok
6437	*Scaphium longipetiolatum*	沙巴	长柄船形木	kembang semangkok jantan
6438	*Scaphium macropodum*	苏门答腊、婆罗洲、马来西亚、文莱、沙巴、西马来西亚、印度尼西亚	大柄船形木	beranti tabai；kapencong；kembang semangkok jantong；kembang semangkuk；kepajang；kepayang；marapayang；marlumei；merpajang；merpayang；pajang karang；semangkok；simar siala
6439	*Scaphium parviflorum*	文莱	小花船形木	kelapayang；kembang semangkok；kepayang babi；mukong；wan ana；wan babui
6440	*Scaphium scaphigerum*	西马来西亚、柬埔寨	船形木	kembang semangkok；samrang si phle
	Schefflera (ARALIACEAE) 鸭脚木属（五加科）		HS CODE 4403.49	
6441	*Schefflera longifolia*	苏门答腊	长叶鸭脚木	kakau
6442	*Schefflera longipedicellata*	亚洲	长梗鸭脚木	
6443	*Schefflera lutchuensis*	中国台湾地区	路德丘鸭脚木	fuka-no-ki
6444	*Schefflera octophylla*	日本、柬埔寨、老挝、越南	鸭脚木	asgoro；chim chim；dang；fuka-no-ki
6445	*Schefflera pes-avis*	柬埔寨、老挝、越南	佩萨鸭脚木	doy
6446	*Schefflera pittieri*	亚洲	皮蒂鸭脚木	
6447	*Schefflera racemosum*	中国台湾地区	总状鸭脚木	hozaki-fuk anoki

序号	学名	主要产地	中文名称	地方名
6448	*Schefflera robusta*	亚洲	粗壮鸭脚木	
6449	*Schefflera sessilis*	苏门答腊	无柄鸭脚木	sirueh
6450	*Schefflera stahliana*	亚洲	斯塔利鸭脚木	
6451	*Schefflera tonkinensis*	柬埔寨、老挝、越南	东京鸭脚木	chan chim nui; dang; dang hung
6452	*Schefflera venulosa*	印度	密脉鹅掌柴	ban-simar; bili bhuthala; dain; huli-pachk ilballa; jari; karbot semul; kath-semul; modakama; rawanito; tengar-bali
	Schima（**THEACEAE**） **荷木属（山茶科）**		**HS CODE** **4403.99**	
6453	*Schima bancana*	印度尼西亚	苏门答腊荷木	medang-seroe
6454	*Schima confertiflora*	中国台湾地区	聚花荷木	hime-tsubaki
6455	*Schima crenata*	亚洲	圆锯齿荷木	
6456	*Schima liukiuensis*	日本	琉球荷木	obaijo
6457	*Schima noronhae*	亚洲	南洋荷木	
6458	*Schima superba*	亚洲	艳丽荷木	
6459	*Schima wallichii*	印度、柬埔寨、尼泊尔、越南、沙巴、西马来西亚、印度尼西亚、缅甸、日本、沙捞越、泰国、南亚、老挝、爪哇岛	红荷木	bejuca; boldack; gugera; hoeroe batoe; htin-yah; iju; jam; kamatroe; kemateru; kemetru; kimangal; laukya; medang gatal; needlewood; nogabe; nogakat; numraw; poespa; simartolu; sumbrong; sungsung; tjehru; tjihu; tjiru; trin
	Schinus（**ANACARDIACEAE**） **肖乳香属（漆树科）**		**HS CODE** **4403.49**	
6460	*Schinus terebinthifolius*	中国	肖乳香	kaootsiu
	Schizolobium（**CAESALPINIACEAE**） **裂瓣苏木属（苏木科）**		**HS CODE** **4403.49**	
6461	*Schizolobium parahyba*	菲律宾	裂瓣苏木	brazilian fire-tree
	Schizophragma（**HYDRANGEACEAE**） **钻地风属（绣球科）**		**HS CODE** **4403.99**	
6462	*Schizophragma hydrangeoides*	菲律宾	绣球花钻地风	
6463	*Schizophragma integrifolium*	菲律宾	钻地风	

序号	学名	主要产地	中文名称	地方名
	Schleichera **（SAPINDACEAE）** **油患子属（无患子科）**		**HS CODE** **4403.99**	
6464	*Schleichera oleosa*	苏拉威西、柬埔寨、越南、印度、印度尼西亚、斯里兰卡、老挝、缅甸、西马来西亚、爪哇岛、南亚、东南亚	油无患子	bangro; ceylonoak; chakota; conghas; dautruong; dzaotruong; gausam; kussam; maikyang; pulachi; pumarantha; puska; pusku; roatanga; sagada; thakabti; vanrao; vishapahari; yelim-buriki
6465	*Schleichera trijuga*	印度尼西亚、印度尼西亚、斯里兰卡	三对油患子	celon-oak; kusam; kusambi
	Schleinitzia **（MIMOSACEAE）** **篦麻豆属（含羞草科）**		**HS CODE** **4403.99**	
6466	*Schleinitzia megaladenia*	菲律宾	拉尼亚篦麻豆	saplit
6467	*Schleinitzia novoguineenis*	西伊里安	诺沃吉篦麻豆	schleinitzia
	Schoepfia **（SCHOEPFIACEAE）** **青皮木属（青皮木科）**		**HS CODE** **4403.99**	
6468	*Schoepfia jasminodora*	日本	青皮木	boroboronoki
	Schoutenia **（TILIACEAE）** **星芒椴属（椴树科）**		**HS CODE** **4403.99**	
6469	*Schoutenia accrescens*	西马来西亚、苏门答腊、文莱	膨大星芒椴	bayur bukit; merawai; pasak; serunai bukit; upun
6470	*Schoutenia buurmani*	印度尼西亚	缅甸星芒椴	kiterong
6471	*Schoutenia glomerata*	文莱	聚花星芒椴	sadid; serunai
6472	*Schoutenia hypoleuca*	柬埔寨、老挝、越南、东南亚	下白星芒椴	binh tchnai; daengdong; daengsamae
6473	*Schoutenia kunstleri*	印度尼西亚	昆斯特星芒椴	kiterong
6474	*Schoutenia ovata*	印度尼西亚、爪哇岛、苏门答腊	卵圆星芒椴	harikoekenl; koekoon; oostindisc paardenfle esch; vleeschhout; walikoekoen; walikoekon; walikoekoon; walikukun
	Schrebera **（OLEACEAE）** **施雷木犀属（木犀科）**		**HS CODE** **4403.99**	
6475	*Schrebera swietenioides*	印度、缅甸	斯维特施雷木犀	banpalas; choti karandi; galla; jantia; jarjo; jhan; kalgante; karindi; magalinga; muskakah; nakti; natki-mokha; nemibure; nemiburo; popti; sau; sundapsing; thitswele; tondamukkidi; weaver's-beam-tree

序号	学名	主要产地	中文名称	地方名
	Schuurmansia **（OCHNACEAE）** **巨叶莲木属（金莲木科）**		**HS CODE** **4403. 99**	
6476	*Schuurmansia elegans*	菲律宾	秀丽巨叶莲	tanang
6477	*Schuurmansia henningsii*	西伊里安	亨氏巨叶莲	schuurmansia
6478	*Schuurmansia vidalii*	菲律宾	维氏巨叶莲	balagnan
	Sciadopitys **（TAXODIACEAE）** **金松属（杉科）**	**HS CODE** **4403. 25（截面尺寸≥15cm）或 4403. 26（截面尺寸<15cm）**		
6479	*Sciadopitys verticillata*	日本、中国	金松	japanese sciadopitys; japanese umbrellapine; japanse parasol-den; kin jung; kin sjo; kin sung; kouyamaki; koya-maki; parasol pine; pin parasolier du japon; pino sombrilla japoneso; scrimtanne; solfjaders-tall
	Scleropyrum **（OPILIACEAE）** **硬核属（山柚子科）**		**HS CODE** **4403. 99**	
6480	*Scleropyrum aurantiacum*	西伊里安	橘黄硬核	scleropyrum
	Scolopia **（FLACOURTIACEAE）** **箣柊属（大风子科）**		**HS CODE** **4403. 99**	
6481	*Scolopia chinensis*	柬埔寨、老挝、越南	箣柊	gai bom
6482	*Scolopia luzonensis*	菲律宾	吕宋箣柊	aninguai
6483	*Scolopia macrophylla*	苏门答腊、沙捞越	大叶箣柊	api-api; manding
6484	*Scolopia spinosa*	菲律宾、苏门答腊	多刺箣柊	anonot; rukem; sulung batu; tangkulung silai
	Scorodocarpus **（OLACACEAE）** **蒜果木属（铁青树科）**		**HS CODE** **4403. 49**	
6485	*Scorodocarpus borneensis*	沙捞越、婆罗洲、文莱、马来西亚、沙巴、苏门答腊、印度尼西亚、西马来西亚	蒜果木	ansunah; bawang hutan; bawing hutan; kajo hutan; kayu bawang; kayu kop; kayu selaru; kesendak; mesuna; ngikup; nyikub; sagat berauk; segat berauk; sembawang; sinduk; teradu; traduh; udu; ungsunah
	Scutinanthe **（BURSERACEAE）** **梅榄属（橄榄科）**		**HS CODE** **4403. 99**	
6486	*Scutinanthe brevisepala*	苏门答腊、西马来西亚、印度尼西亚	短萼梅榄	kedondong; kedondong seng-kuang; luwing; sengkuang

序号	学名	主要产地	中文名称	地方名
	Scyphiphora **（RUBIACEAE）** **瓶花木属（茜草科）**		**HS CODE** **4403.99**	
6487	*Scyphiphora hydrophyllacea*	印度、沙捞越、沙巴、文莱、西伊里安、菲律宾	瓶花木	chingum; kayu hujan; landin; landing; landing landing; mengooi; nilad; taum
	Sebastiania **（EUPHORBIACEAE）** **地杨桃属（大戟科）**		**HS CODE** **4403.99**	
6488	*Sebastiania chamaelea*	印度	地杨桃	bhuierendi
6489	*Sebastiania commersoniana*	亚洲	康默地杨桃	
	Securinega **（EUPHORBIACEAE）** **叶底珠属（大戟科）**		**HS CODE** **4403.99**	
6490	*Securinega flexuosa*	菲律宾	曲折叶底珠	amislag; anislag; hamislag; malangau; tras
6491	*Securinega leucopyrus*	印度	白梨叶底珠	ainta; bata; bilchuli; challamunta; gudahale; hartho; huli; humri; kakun; kandekuvana; kareioori; mappulanathi; pulanji; puli; shinavi; tellapulugudu; vanuthi; vorepuvan
	Semecarpus **（ANACARDIACEAE）** **肉托果属（漆树科）**		**HS CODE** **4403.99**	
6492	*Semecarpus anacardium*	印度、孟加拉国、缅甸	打印果	balia; bhelatuki; bhollia; bibbayi; bibha; chera; erimugi; gheru; goddu geru; jidi; jiri; karee geru; karigeru; markingnut-tree; oriental cashew; serangkottai; shenkottei; temprakku; thembarai; thenhotta
6493	*Semecarpus australiensis*	西伊里安	南方肉托果	semecarpus
6494	*Semecarpus bracteatus*	西伊里安	显苞肉托果	bengeng
6495	*Semecarpus bunburyanus*	菲律宾、文莱	班伯里肉托果	dungas-tuk ong; rengas
6496	*Semecarpus cuneiformis*	菲律宾	楔形肉托果	anagas; danga; dungas; inas; kamiring; ligas; ligas-kala uang; ligas-kimis; ligas-liit an
6497	*Semecarpus densiflorus*	菲律宾	密花肉托果	matapok
6498	*Semecarpus forstenii*	西伊里安	福氏肉托果	bengeng; mengeu; pengeng
6499	*Semecarpus glauciphyllus*	菲律宾	蓝绿肉托果	ligas-haba; masukal
6500	*Semecarpus inerea*	沙巴	伊内肉托果	rengas bini

序号	学名	主要产地	中文名称	地方名
6501	*Semecarpus longifolius*	菲律宾	长叶肉托果	ainas；ligas-husai；manalu；topo
6502	*Semecarpus macrophyllus*	菲律宾、西伊里安	大叶肉托果	mengeu；nugas；pengeng；semecarpus
6503	*Semecarpus obvatus*	菲律宾	倒蕊肉托果	arangas
6504	*Semecarpus pandurata*	缅甸	琴叶肉托果	markingnut-tree；thitsi-bo
6505	*Semecarpus paucinervius*	菲律宾	帕西肉托果	hanagas；ligas-ilanan
6506	*Semecarpus pearsonii*	沙巴	皮氏肉托果	rengas jangkang
6507	*Semecarpus rufovelutinus*	文莱	鲁夫肉托果	angas；rengar；rengas
6508	*Semecarpus stenophyllus*	菲律宾	狭叶肉托果	ligas-kitid
6509	*Semecarpus surigaensis*	菲律宾	苏里高肉托果	surigao ligas
6510	*Semecarpus tonkinensis*	柬埔寨、老挝、越南	东京肉托果	lehe
6511	*Semecarpus trachyphylla*	菲律宾	糙叶肉托果	ligas-kompol；malaligas
	Senna **（CAESALPINIACEAE）** **决明属（苏木科）**		**HS CODE** **4403. 49**	
6512	*Senna alata*	马里亚纳群岛、西伊里安	翅果铁刀木	acapulco；akapuku；andadose；candalaria；isenau；take biha
6513	*Senna divaricata*	菲律宾	展枝决明	ataatab
6514	*Senna fruticosa*	菲律宾	灌木决明	yellow-shower
6515	*Senna garrettiana*	柬埔寨、老挝、越南	加勒决明	chansar；haisanh；hay；khi lek dong；mohan；muong chek；ngay xanh
6516	*Senna multijuga*	菲律宾	多对决明	malakaturai
6517	*Senna obtusifolia*	马里亚纳群岛	决明	amot tomaga carabao；mumutong palaean；mumutun admelon；mumutun palaoan
6518	*Senna occidentalis*	马里亚纳群岛	西方决明	amot tumaga；karabao；mumutong sapble；mumutun sable
6519	*Senna siamea*	柬埔寨、越南、印度、西马来西亚、老挝、苏门答腊、缅甸、斯里兰卡、印度尼西亚、泰国、菲律宾	铁刀木	angkanh；angkel；beati；bebusok；casse de siam；cassia；djoar；djohar；djohor；djuar；khilek；mezali；muong；muongten；ongcan；perdrix；sathon；thailand shower
6520	*Senna sophera*	马里亚纳群岛	槐叶决明	amot tomaga；amot tumaga；amot tumaga karabao
6521	*Senna spectabilis*	菲律宾	美丽决明	antsoan-dilau candelillo；antsoan-dilau

序号	学名	主要产地	中文名称	地方名
6522	*Senna timoriensis*	斯里兰卡、柬埔寨、老挝、越南、菲律宾、缅甸	帝汶决明	anemene；angkanh；khilekpat；ki-leppa；malamalung gai；muong；muongdo；muongrut；muongtia；muong trang；muong xoan；parang；taw-mezali
6523	*Senna X floribunda*	柬埔寨、老挝、越南	弗洛里决明	bo cap nuroc
	Serianthes (**MIMOSACEAE**) **舟木檀属（含羞草科）**		**HS CODE** **4403.99**	
6524	*Serianthes dilmyi*	沙巴、菲律宾、苏门答腊	地尔舟木檀	batai laut；honok；saga putih
6525	*Serianthes grandiflora*	西伊里安	大花舟木檀	sembriehn；sembrien
6526	*Serianthes minahassae*	印度尼西亚、菲律宾	米纳舟木檀	boboy；jeungjing；moluccan sau
6527	*Serianthes nelsonii*	马里亚纳群岛	内氏舟木檀	hayon lagu；hayun lago；hayun lagu；hayurangy；trongkon guafi；tronkon guafi
	Sericolea (**ELAEOCARPACEAE**) **毛林桃属（杜英科）**		**HS CODE** **4403.99**	
6528	*Sericolea micans*	西伊里安	闪烁毛林桃	sericolea
6529	*Sericolea pullei*	亚洲	毛林桃	
	Sesbania (**FABACEAE**) **田菁属（蝶形花科）**		**HS CODE** **4403.99**	
6530	*Sesbania bispinosa*	印度	刺田菁	bhuiavali；brihatchak ramed；chinchani；dhaincha；ettajenga；ikad；itakata；jaintar；kitannu；mudchembai；mullagathi；nirchembai；prickly sesban；ranshevari；sasi ikad；tentua
6531	*Sesbania grandiflora*	印度、柬埔寨、越南、菲律宾、马里亚纳群岛、老挝、缅甸	大花田菁	agache；akatthi；ang kea dey；bagphal；bak；bakapushpa；caturay；fleur papillon；hatiya；heta；kariram；manitaru；ogosti；papillon；peragathi；sesban；tellayavise；vaka；vangasena
6532	*Sesbania javanica*	菲律宾、越南	爪哇田菁	balakbak；so dua

序号	学名	主要产地	中文名称	地方名
6533	*Sesbania sesban*	印度、也门、缅甸	印度田菁	arisina jinangi; baryajantis; champai; common sesban; egyptian rattle-pod; joyontri; karijinangi; kedangu; nellithalai; rawasan; raysingani; samintha; sembai; shempa; suiminta; thaitimul; ye-thagyi
	Shorea（**DIPTEROCARPACEAE**） **娑罗双属（龙脑香科）**		**HS CODE** **4403. 41**	
6534	*Shorea almon*	菲律宾、印度尼西亚、苏门答腊	阿蒙浅红娑罗双	almon; birds-eye bagtikan; bula'; dakulau; danlig; koejoeng; lauaan; light red lauan; magsinolo; philippine mahogany; takuban
6535	*Shorea amplexicaulis*	婆罗洲、沙捞越、沙巴、文莱	抱茎浅红娑罗双	abang; engkabang pinang lichin; kawang; kawang bukit; kawang pinang; langgai; light red meranti; meranti kawang pinang lichin; red seraya; tengkawang megetelor
6536	*Shorea andulensis*	文莱、沙捞越、沙巴	安杜浅红娑罗双	dark red meranti; meranti daun puteh; red seraya; seraya merah
6537	*Shorea angustifolia*	文莱、沙捞越、沙巴	狭叶浅红娑罗双	meranti damar hitam; sarawak damar hitam bukit; seraya kuning bukit; white seraya; yellow meranti
6538	*Shorea argentifolia*	沙捞越、婆罗洲、马来西亚、文莱、苏门答腊、西马来西亚、沙巴	银叶深红娑罗双	binatoh; eraya rouge clair; glito; langah marato; lichtrode seraya; light red meranti; murangau; obar suluk; red meranti; seraya; seraya daun mas; seraya pasir; seraya pipit; seraya roja clara; timbau
6539	*Shorea asahii*	文莱、沙巴、婆罗洲	阿氏浅红娑罗双	kumus bukit; selangan batu; selangan batu asah; tekam padi
6540	*Shorea beccariana*	婆罗洲、沙捞越、文莱、沙巴、苏门答腊	贝卡芮浅红娑罗双	engkabang; engabang langgai; meranti langgai; merawan; tenkawang uput
6541	*Shorea cordifolia*	斯里兰卡	革质深红娑罗双	beraliya; hin beraliya; koongili; kotikan beraliya
6542	*Shorea coriacea*	婆罗洲、沙捞越、文莱、沙巴、印度尼西亚	革叶深红娑罗双	bangkirai; bejenging payah; dark red meranti; heavy red seraya; lampong mengkabang; meranti jurai; meranti tangkai; meranti tangkai panjang; red meranti; seraya tangkai panjang

序号	学名	主要产地	中文名称	地方名
6543	*Shorea dasyphylla*	苏门答腊、文莱、西马来西亚、沙捞越、婆罗洲、印度尼西亚、沙巴、泰国	厚叶浅红娑罗双	ketuhan andilan; light red meranti; meranti batu; meranti bunga; meranti dekat; meranti galo; meranti gambong; meranti gombung; meranti paya; meranti sabut; meranti samak; red meranti; red seraya; sayà; seraya batu
6544	*Shorea elliptica*	婆罗洲	椭圆深红娑罗双	lembasung
6545	*Shorea fallax*	文莱、沙捞越、婆罗洲、沙巴	拟浅红娑罗双	engkabang layar; engkabang pinang; light red meranti; meranti sepit undang; red seraya; seraya daun kasar; seraya minyak
6546	*Shorea ferruginea*	沙捞越、婆罗洲、文莱、沙巴	锈色红娑罗双	engabang keli; langgai; light red meranti; meranti menalit; perawan lop bukit; red seraya; sasak buloh; sassak suppok; seraya melantai kechil
6547	*Shorea flaviflora*	文莱、沙捞越、沙巴	黄花深红娑罗双	dark red meranti; selangan merah bukit; seraya daun besar
6548	*Shorea guiso*	婆罗洲、印度尼西亚、菲律宾、马来西亚、沙巴、柬埔寨、越南、西马来西亚、苏门答腊、老挝、泰国、沙捞越、文莱	桂索重红娑罗双	ambam; balau rosso; bangkirai padi; chor chang; damar batu; ganganan; hang; hong; jaga; kalatan; kucha pucca; kuriuet; lanan; mulappu marutu; pamayauasan; resak gunung; sarrai; serjom; teka; tekam; ulu tupai; yamban
6549	*Shorea hemsleyana*	西马来西亚、沙捞越、婆罗洲	赫氏浅红娑罗双	chengal pasir; peniow; penyiau; sama rupa chengal
6550	*Shorea inaequilateralis*	西马来西亚、文莱、沙捞越、婆罗洲	非对称重红娑罗双	maior; red meranti; red selangan; samaior; semayur
6551	*Shorea johorensis*	菲律宾、婆罗洲、文莱、沙捞越、西马来西亚、沙巴、苏门答腊、印度尼西亚、马来西亚	柔佛浅红娑罗双	abahungon; ayohan; baknitan; chapui; digahungan; gangauan; hapnit; hillagasi; kulatan; lampong nasi; malagiso; obar suluk; palali; rode lauan; rotes lauan; south pacific mahogany; tamok; tangile; tangili; tanguile

序号	学名	主要产地	中文名称	地方名
6552	*Shorea kunstleri*	婆罗洲、西马来西亚、印度尼西亚、马来西亚、沙捞越、文莱、沙巴、苏门答腊	昆斯重红娑罗双	amang besi；balau merah；balau rojo；damar dahirang；empatah tanduk；jagan；jangaan；malalung；mempelam；pangin；selangan merah；selimbar；tengkawang bukit；terbak；tuyang
6553	*Shorea lepidota*	苏门答腊	小鳞浅红娑罗双	maranti bras；meranti tempalo；sengkawang
6554	*Shorea leprosula*	西马来西亚、印度尼西亚、婆罗洲、苏门答腊	掌叶浅红娑罗双	changal fevrak；maranti-be toel；meranti sepang
6555	*Shorea leptoderma*	婆罗洲、沙巴	薄皮浅红娑罗双	selangan batu；selangan batu biabas；selangan batu jambu
6556	*Shorea myrionerva*	沙捞越、婆罗洲、文莱、沙巴	多脉浅红娑罗双	abang bulu；abang lerai；avang belubong；dark red meranti；engkabang；kawang tikus；langgai；langgai sepit udang；meranti sepit udang；meranti sepit undang；sepit udang；seraya urat banyak
6557	*Shorea negrosensis*	菲律宾	内格罗斯深红娑罗双	aruas；bangaban；botgo；bunga；chapui；damilang；hinlagasi；kuliaan；kulitan；lagasi；lauaan ayian；magangao；philippine mahogany；red lauan mahogany；south pacific mahogany；takoban pula；takuban；tangile；ughayan
6558	*Shorea ochrophloia*	印度尼西亚、西马来西亚、苏门答腊、婆罗洲	赭黄皮重红娑罗双	balau；b alau membatu jantan；damar laut merah；katuko andilau；lempong；membatu jantan；red balau；seraya batu；tengkawang ijuk
6559	*Shorea ovalis*	婆罗洲、菲律宾、苏门答腊、印度尼西亚、爪哇岛、西马来西亚、马来西亚、文莱、沙捞越、沙巴、泰国	广椭圆浅红娑罗双	abang gunung；berangau；beseluang；damar；karambuku；lempong awang；lempong darah；masalirang；mata kuching；merantan；nyerakat；payau；rasah；sambawai；tekau；tontong mahapakon；tuntung；white lauan

序号	学名	主要产地	中文名称	地方名
6560	*Shorea ovata*	婆罗洲、苏门答腊、文莱、沙捞越、西马来西亚、印度尼西亚、沙巴	卵圆深红娑罗双	bangirai lintang; dark red seraya; ketrahan; meranti sabut; meranti sarang punai bukit; obar suluk; ponga; rasak bunga; red meranti; seraya; seraya metong; seraya punai bukit; singkayang; ulu tupai
6561	*Shorea pachyphylla*	婆罗洲、文莱、沙捞越、印度尼西亚	厚叶深红娑罗双	babang; cupang; dark red meranti; embabang; kerakup; kerukup; kukup; masupang; meranti kerukup; meranti merah; meranti mesupang; merubil; red meranti; tegelong; teklong; tengkawang hutan padang; tjupang; urat mata
6562	*Shorea palembanica*	婆罗洲、西马来西亚、文莱、沙捞越、苏门答腊、印度尼西亚、爪哇岛	巨港浅红娑罗双	belakan; damar siput; engkabang asu; huwuk; kakawang; melebekan rawang bunga; nyerakat; palepek; pelepak; rode meranti; sengkawang; sirantih; tangkawang; tengkawang majau
6563	*Shorea pallescens*	婆罗洲、西马来西亚、斯里兰卡、文莱、沙捞越	浅色娑罗双	badau batu; kepong hantu; mawara-dun; meranti bumbong; ratu dun; red meranti; white meranti
6564	*Shorea palosapis*	菲律宾、婆罗洲、马来西亚、文莱、沙捞越、沙巴、缅甸、泰国、印度尼西亚	帕洛浅红娑罗双	abaungon; balabak; bunga; colorado; danulan; engkabang rambai; ganon; gugumkun; heavy red seraya; kabaan; lanan tebamga; malasinoro; oghayan; philippine mahogany; red meranti; tabak; tahan; ubanan; vit meranti; witte meranti
6565	*Shorea parvifolia*	婆罗洲、沙捞越、菲律宾、西马来西亚、印度尼西亚、马来西亚、文莱、苏门答腊、沙巴、泰国	小叶浅红娑罗双	abang damar karaputup; ianan; kelangah iman; kontoi umbing; lampong; meranti runut; meranti sabut; ngara bulu; nyarai buru; pengerawan; red seraya; salompeng; saya; serayah samak; tahan lantak; tegerangan silau; toong

序号	学名	主要产地	中文名称	地方名
6566	*Shorea parvistipulata*	菲律宾、沙捞越、婆罗洲、印度尼西亚、文莱、沙巴、斯里兰卡	小孢浅红娑罗双	alam; baiukan; dark red lauan; engkabang pinang bersisek; kenuar kapas; lauan bianco; lauan blanc; mayapsis; philippine light mahogany; red lauan; red meranti; seraya lupa; vit lauan; witte lauan; yakahalu dun
6567	*Shorea pauciflora*	婆罗洲、菲律宾、苏门答腊、文莱、印度尼西亚、沙捞越、西马来西亚、马来西亚、沙巴、泰国	疏花深红娑罗双	abang gunung; bakbakan; damar lanan; engkabang cheriak; hapnit; kenuar; kenuar tanduk; ketako sabut; lemesu samak; meranti samak; perawan samak; pinang baik; red meranti; saplid; sasak bukit; tamok; vit meranti; witte meranti
6568	*Shorea platycarpa*	沙捞越、苏门答腊、婆罗洲、文莱、沙巴、西马来西亚、印度尼西亚、马来西亚、爪哇岛、泰国	宽果深红娑罗双	abang sanduk; bekunsu; belaitok; damar ranggas; dark red meranti; heavy red seraya; ianan; juah; kakau; langah koyan; lanyan; meranti red; ngarawan; pelepak batu; segap; tajau siau; tengkolong; tontong latap
6569	*Shorea platyclados*	印度尼西亚、苏门答腊、西马来西亚、文莱、沙捞越、婆罗洲、沙巴	宽枝深红娑罗双	bania; damar laut merah; jelap; ketir; lagam; lamahan; meranti abang; meranti banio; merantik; met; omit; piangei; piangi; red meranti; seraya bukit; tempurung; tenam
6570	*Shorea polysperma*	婆罗洲、菲律宾	多籽深红娑罗双	klapak; tiaong
6571	*Shorea praestans*	文莱、沙捞越	杰出浅红娑罗双	red meranti
6572	*Shorea quadrinervis*	沙捞越、文莱、婆罗洲、马来西亚、沙巴、印度尼西亚	四脉浅红娑罗双	alan bunga; avang sinduk; dangar siak; empiluk; geronggong; humbiloh; kajo pejai; lichtrode meranti; perawan; ponga dekiang; red meranti; sasak merambai; seraya sudu; tagal; tengkolong; tengkulung; urat mata
6573	*Shorea retusa*	沙捞越、文莱、沙巴	微凹浅红娑罗双	meranti daun tampul; red meranti; red seraya; seraya daun tumpul
6574	*Shorea revoluta*	文莱、沙捞越、沙巴	反卷浅红娑罗双	light red meranti; meranti kerangas; red seraya; seraya daun tajam

序号	学名	主要产地	中文名称	地方名
6575	*Shorea richetia*	婆罗洲、印度尼西亚	浅红柳桉	lun melapi；mahambung
6576	*Shorea rubella*	文莱、沙捞越、沙巴、马来西亚	北婆罗洲浅红婆罗双	dark red meranti；meranti laut puteh；red meranti；red seraya
6577	*Shorea rubra*	文莱、沙捞越、西马来西亚、沙巴	北婆罗洲深红婆罗双	dark red meranti；meranti merah kesumba；meranti tembaga；obar suluk
6578	*Shorea rugosa*	菲律宾、文莱、沙捞越、沙巴、婆罗洲	皱纹深红婆罗双	almmon；bula；danglin；kiuan；lauan bianco；mankayan；manlokoloko；meranti buaya bukit；philippine mahogany；red meranti；seraya buaya bukit；takuban；tampanasan；tamparasan；ughayan；vit lauan；white lauan；witte lauan
6579	*Shorea scabrida*	沙捞越、文莱、婆罗洲、西马来西亚、苏门答腊、印度尼西亚、沙巴	粗糙浅红婆罗双	gelisap；kelangah payah；kelangah peka；langah payah；light red meranti；light red seraya；meraka telor；meranti telor；meranti tembalang；pengerawan surai；red meranti；red seraya；seraya lop；seumarea
6580	*Shorea siamensis*	缅甸、印度、泰国、越南、柬埔寨、老挝、东南亚、西马来西亚	暹罗重红婆罗双木	burma sal；cadei；chres；dam rang；eng yin；hang；ingyin；kres；lak pas；mai pao；mai pau；pnom rang phong；reang phnom；sal de birmania；sal de birmanie；temak batu；teng；wak；wakbau
6581	*Shorea singkawang*	西马来西亚、苏门答腊、印度尼西亚、婆罗洲	辛卡万深红婆罗双	dark red meranti；katuko asam；kawang；meranti bahru；meranti gajah；meranti sekam；sengkawang pinang；singkawang daun lebar；singkawang pinang；siput melanti；tengkawang；tengkawang lampong；tengkawang lesum
6582	*Shorea slootenii*	文莱、沙捞越、婆罗洲、沙巴	斯氏浅红婆罗双	dark red meranti；kawang raung；meranti kepong kasar；red seraya

序号	学名	主要产地	中文名称	地方名
6583	*Shorea smithiana*	婆罗洲、文莱、沙巴、沙捞越、印度尼西亚、马来西亚	史米浅红娑罗双	awang; berat; campega; damar mahabung; damar tembaga; elul; engkabang rambai; kakan; light red meranti; pengerawan patung; red seraya; seraya rossa chiara; seraya rouge clair; seraya timbau; ubung ubung putih
6584	*Shorea stenoptera*	文莱、沙捞越、印度尼西亚、婆罗洲	窄翼浅红娑罗双	engkabang kerangas; engkabang rusa; engkawang benuah; meranti merah; red meranti; tengkawang tungkul
6585	*Shorea teysmanniana*	婆罗洲	泰斯浅红娑罗双	kalepeh
6586	*Shorea ulifinosa*	马来西亚、婆罗洲、文莱、沙捞越、西马来西亚、苏门答腊、印度尼西亚	湿生浅红娑罗双	bekurong daon; dark red meranti; lanan; lanan buaja; lanan buaya; meranti bakau; meranti batu; meranti rebak; meranti tempalo; meranti tenggelam; pengarawan buaya; perawan durian; perawan melakong; red meranti; seraya
6587	*Shorea venulosa*	文莱、沙捞越、沙巴	密脉深红娑罗双	dark red meranti; meranti tangkai panjang padi; obar suluk; seraya kerangas
6588	*Shorea waltonii*	沙巴	沃氏浅红娑罗双	red seraya; seraya kelabu
	***Shorea*（DIPTEROCARPACEAE）** **娑罗双属（龙脑香科）**		**HS CODE** **4403. 49**	
6589	*Shorea argentea*	缅甸	银娑罗双	kanyaung
6590	*Shorea assamica*	苏门答腊、越南、柬埔寨、老挝、菲律宾、印度尼西亚、婆罗洲、缅甸、沙捞越、马来西亚、沙巴、泰国、东南亚、文莱、西马来西亚、苏拉威西	云南白娑罗双	ataraan; bayang air; damar tenang; hato; lumbor; lun puteh; manggasino ro-tilos; meranti leboh; metegar; phayom; popel; siyau; sogar baringin; surantih kambung; tambija; tenang; tenang babudo; tenang merah

序号	学名	主要产地	中文名称	地方名
6591	*Shorea astylosa*	马来西亚、西马来西亚、菲律宾	无柱重黄娑罗双	balau; balau gunong; damar laut kuning; darabdab; gisek; kumus hitam; kumus merah; kusmus; malibato; resak tempurong; smooth leaf yakal; yakal; yamaban-mo lato; yamban
6592	*Shorea atrinervosa*	印度尼西亚、西马来西亚、苏门答腊、婆罗洲、沙巴、文莱、沙捞越	黑脉重黄娑罗双	balau; balau hitam; damar laut; engkabang tukol; laru betina; lembasung; menduyan; meranti hursik; pelepak batu; rasak; rikir minyak; selangan batu; selangan batu hitam; selangen batu
6593	*Shorea balangeran*	婆罗洲、印度尼西亚、西马来西亚	巴拉根娑罗双	balangiran; belangeran; ngarawan; tengjawang blongseng
6594	*Shorea balanocarpoides*	沙捞越、苏门答腊、印度尼西亚、西马来西亚、文莱	似棒果香黄娑罗双	barek; cengal; chengal; damar hitam daun besar; damar hitam gondol; damar hitam katup; damar itam; kala daun besar; meranti hijau; merawan; merawan lampong; white meranti; yellow meranti
6595	*Shorea barbata*	婆罗洲、沙捞越、文莱、沙巴、苏门答腊	髯毛娑罗双	abang; awang lintung; bajun; engabang langgai; engkabang; engkabang lemak; kawang; kawang pinang; kelaying; langgai; marabasung; meranti langgai; merawan; perawan lilin; red meranti; seraya langgai; tengkawang bukit
6596	*Shorea belangeran*	东南亚、加里曼丹岛、印度尼西亚、苏门答腊	巴拉重黄娑罗双	belangiran
6597	*Shorea bentongensis*	婆罗洲、西马来西亚、印度尼西亚	本冬白娑罗双	bekirang; bok; damar warik; kakan; kontoi kerosit; kontoi rarak; kontoi semangka; kontoi suak; lampung warik; luik tunjang; melamur punai; meranti mengkai; meranti sega; perawan lilin; white meranti
6598	*Shorea biawak*	文莱、沙捞越、沙巴	比阿重黄娑罗双	resak biawak; selangan batu; selangan batu buaya; selangen batu
6599	*Shorea blumutensis*	西马来西亚、苏门答腊	布卢黄娑罗双	damar kelim; meranti kelim; riung daun lebar; temberas; yellow meranti

序号	学名	主要产地	中文名称	地方名
6600	*Shorea bracteolata*	文莱、沙捞越、越南、婆罗洲、印度尼西亚、苏门答腊、西马来西亚、柬埔寨、缅甸、沙巴、马来西亚、泰国	小苞片白娑罗双	badau; badau chengal; damar kodontang; damar tahan; elam tikus; enggelam tikus; engkabang ringgit; kedontang; langgong; lumbor; makai; maranti chingal; ngerawan tanah; paru; seluai; temak; vit meranti; white meranti; witte meranti
6601	*Shorea brunnescens*	婆罗洲、沙巴	褐色重黄娑罗双	selangan batu tingteng; selangen batu
6602	*Shorea bulangeran*	菲律宾	布朗娑罗双	gisik
6603	*Shorea bullata*	文莱、沙捞越	布拉塔娑罗双	dark red meranti; meranti melechur
6604	*Shorea carapae*	婆罗洲、文莱、沙捞越	卡拉娑罗双	abang uloh; awang jungut; red meranti
6605	*Shorea ciliata*	印度尼西亚	缘毛重黄娑罗双	balau
6606	*Shorea collaris*	沙捞越、婆罗洲、文莱	胶状黄娑罗双	lun kelabu; teglan; telingan; yellow meranti
6607	*Shorea collina*	西马来西亚	黄花重红娑罗双	balau bukit; balau merah; balau ting
6608	*Shorea confusa*	菲律宾、文莱、沙捞越、婆罗洲、沙巴、印度尼西亚、斯里兰卡	杂色娑罗双	ak-ak; badau; damar maja; kebaung; melapi sulang saling; meranti bianco; meranti sulang sulang; mindanao white; raya; tahan parei; tiniya; vit meranti; white meranti; witte meranti
6609	*Shorea congestiflora*	斯里兰卡	密花娑罗双	tiniya
6610	*Shorea conica*	苏门答腊	圆锥娑罗双	meranti kunyit; meranti pugil; meranti rambai; meranti tempalo; sama rupa chengal
6611	*Shorea contorta*	菲律宾、婆罗洲、沙巴、西马来西亚	扭转浅黄娑罗双	alintubo; balakbak; danggig; dunlug; gagil; gisian; hapnit; lamao; malaninang; malasinoro; malatiaong; pamalalian; philippine mahogany; seriah; takulau; tiaong; urat mata; vit lauan; white lauaan; witte lauan
6612	*Shorea cordata*	文莱、沙捞越	心形娑罗双	badau; lun; white meranti
6613	*Shorea cortorta*	菲律宾	科托尔娑罗双	lamao; white lauan
6614	*Shorea crassa*	文莱、沙捞越、沙巴、婆罗洲	肥厚重黄娑罗双	selangan batu daun tebal; selangen batu; upun penyau

序号	学名	主要产地	中文名称	地方名
6615	*Shorea cristata*	婆罗洲、沙巴、文莱、沙捞越	鸡冠浅黄红娑罗双	engkabang pinang；kawang daun merah；light red meranti；meranti kawang pinang；obar suluk；red meranti
6616	*Shorea curtisii*	西马来西亚、婆罗洲、菲律宾、文莱、沙捞越、马来西亚、苏门答腊、印度尼西亚、沙巴、泰国	柯氏娑罗双	bohoi；dark red lauan；dark red meranti；leraya；mentanam；obar suluk；penak lampong；philippine mahogany；red meranti；seraya betul；seraya bukit；seraya bunga；tahi
6617	*Shorea cuspidata*	婆罗洲、文莱、沙捞越	尖叶娑罗双	lun runching padi；meranti damar hitam；yellow meranti
6618	*Shorea dealbata*	文莱、沙捞越、泰国、马来西亚、越南、苏门答腊、印度尼西亚、柬埔寨、老挝、东南亚、沙巴、西马来西亚	银荆白娑罗双	badau；cengal keras；cengal merawan；den den；kamnhan；lumbor；meranti terbak；pa nong；phdieck；phdiek；temak kacha；temak nasi；terbak；terbak paya；ven ven vang；vin vin；vinvinnghe；white meranti
6619	*Shorea disticha*	斯里兰卡	二列娑罗双	panamora
6620	*Shorea domatiosa*	沙巴、文莱、沙捞越	杜马重黄娑罗双	selangan batu；selangan batu lobang idong；selangan batu mata；selangan batu mata mata；selangen batu
6621	*Shorea dyeri*	斯里兰卡	迪里娑罗双	durulla；peely dun；rata dun
6622	*Shorea elciferoides*	沙巴	香脂娑罗双	selangan batu
6623	*Shorea exelliptica*	印度尼西亚、西马来西亚、婆罗洲、苏门答腊、文莱、沙捞越、沙巴	非椭圆重黄娑罗双	balau；balau tembaga；bengkirai；benio；cangal gading；dark red meranti；enggelam；enggelem；kayu batu；kuyung；lantan batu；meranti lang；pangin；selangan batu；selangan batu tembaga；tegelam gunung；ulango
6624	*Shorea eximia*	婆罗洲	埃西娑罗双	
6625	*Shorea faguetiana*	婆罗洲、西马来西亚、苏门答腊、马来西亚、泰国、沙捞越、文莱、印度尼西亚、沙巴	法桂黄娑罗双	ariung；bungit；bunjit；damar buah kuning；damar hitam；gele meranti；gul meranti；jerakat；kala jantang；mara kunyit；paramuku；rinchong；salang betul；tupeh；ulit；white meranti；yellow meranti；yellow seraya
6626	*Shorea faguetioides*	婆罗洲、沙捞越、文莱	类法桂黄娑罗双	barek；bepisang；damar hitam daun nipis；meranti damar hitam；yellow meranti

序号	学名	主要产地	中文名称	地方名
6627	*Shorea falcata*	泰国	镰叶娑罗双	teng
6628	*Shorea falcifera*	苏门答腊、西马来西亚、沙捞越、婆罗洲、沙巴	镰状重黄娑罗双	balau；damar laut daun kecil；damar laut kuning；damar laut semantok；damar tuling；mengkabang pinang；selangan batu kering；selangan batu kuning；selangen batu
6629	*Shorea falciferoides*	菲律宾、婆罗洲、印度尼西亚、苏门答腊、西马来西亚、文莱、沙捞越、沙巴	镰形重黄娑罗双	balang；balangeran；dungon；gisok；guisoc；guisoc amarillo；guisoc guisoc；kahoi；kahui；melangsir；njating mahambong；pamayausan；selangan batu；tengkawang selunsung；tomeh；yakal gisok；yamban
6630	*Shorea farinosa*	泰国、缅甸、西马来西亚、沙捞越、婆罗洲、文莱、沙巴	法里诺娑罗双	engabang keli；engkabang keli；hia ta nga；kabaak；kabak dam；langgai；light red meranti；menalit；perawan lop bukit；phayom；red seraya；sasak；sasak buloh；sassak suppok；temak；uban
6631	*Shorea flemmichii*	文莱、沙捞越	佛氏娑罗双	dark red meranti；kayu raya；meranti raya
6632	*Shorea floribunda*	亚洲	多花娑罗双	
6633	*Shorea foraminifera*	菲律宾、婆罗洲、文莱、沙捞越、西马来西亚、苏门答腊、印度尼西亚、沙巴	有孔娑罗双	budgo；damar paya；hapnit；lintang；malagiso；meranti ronek；pamansagan；perawan；perawan nasi；red meranti；red seraya；saplid；seraya bunga；tamok；tiaong
6634	*Shorea foxworthyi*	婆罗洲、印度尼西亚、西马来西亚、苏门答腊、沙巴、泰国	福氏重黄娑罗双	amperok；balau；batu；damar laut；lukan；meranti merah；pangin；selangan batu；selangan batu bersisek；takam tegelam；tengkawang；tengkawang batu；tengkawang ijok；terbak；terbak paya
6635	*Shorea furfuracea*	菲律宾、苏门答腊	鳞秕娑罗双	almon；almon lauan；almonlauan；danlig；habung banio；ketrahan silang；lauan；malakayan；mayapis；meranti bunga；meranti serutung；meranti tarutung；meranti udang；seuntan hambang；white lauan
6636	*Shorea gardneri*	斯里兰卡	加德娑罗双	beraliya；koongili；koongili maram；rata dun；red doon；red dun；yakahalu

序号	学名	主要产地	中文名称	地方名
6637	*Shorea geniculata*	西马来西亚、文莱、沙捞越、沙巴	曲枝娑罗双	selangan batu；selangan penyau；selangen batu；upun penyau
6638	*Shorea gibbosa*	苏门答腊、婆罗洲、西马来西亚、沙巴、沙捞越、文莱、印度尼西亚、马来西亚	偏肿黄娑罗双	chengal banglai；damar；damar tengkuyung；gele seraya；lun gajah；markunyit；meranti bunga；pakit kunyit；selangan kuning；tengigir；tengkuyung；tongon；ulu tupai；white meranti；white seraya；yellow seraya
6639	*Shorea glauca*	印度尼西亚	青冈重黄娑罗双	balau
6640	*Shorea globifera*	泰国、西马来西亚、印度尼西亚、苏门答腊	球状白娑罗双	meranti pipit；white meranti
6641	*Shorea gratissima*	婆罗洲、沙巴、西马来西亚、泰国	极美白娑罗双	bering；damar tawei；melapi laut；tan chuk
6642	*Shorea havilandii*	婆罗洲、沙巴、文莱、沙捞越	哈氏重黄娑罗双	engkabang pinang；selangan batu；selangan batu pinang；selangan pinang；selangen batu；tekam teglam；tengkawang ayer
6643	*Shorea henryana*	苏门答腊、婆罗洲、越南、泰国、缅甸、沙巴、马来西亚、西马来西亚、柬埔寨、印度尼西亚、老挝	亨氏白娑罗双	balam sarai；cheuam；chueam；damar putih；joknai；kaban thangyin；kaban ywet thai；meranti bianco；payawm；pengiran；seraya batu；suai；takhian hin；vit meranti；white meranti；witte meranti；xen hoqua
6644	*Shorea hopeifolia*	苏门答腊、婆罗洲、印度尼西亚、西马来西亚、马来西亚、菲律宾、沙捞越、文莱、沙巴	坡垒叶黄娑罗双	aruing；bubuk；chengal；damar buah；gele meranti；karambuku；lun；lun jantan；lun kuning；mabagang；rasak limau manis；surantih limau manis；tensilau；utu katup；white meranti；white seraya；yellow meranti
6645	*Shorea hypochra*	柬埔寨	金背重黄娑罗双	dom chhoeu phdiec crohom；lumbor
6646	*Shorea hypoleuca*	沙巴、婆罗洲	下白白娑罗双	selangan batu；selangan batu kelabu
6647	*Shorea iliasii*	沙捞越、文莱	伊氏黄娑罗双	lun siput daun besar；meranti damar hitam；yellow meranti
6648	*Shorea inappendiculata*	马来西亚、印度尼西亚、苏门答腊	无附体重黄娑罗双	balau；balau daun lebar；damar pangin
6649	*Shorea induplicata*	沙捞越、文莱	皱褶娑罗双	lun puteh；meranti damar hitam；yellow meranti

序号	学名	主要产地	中文名称	地方名
6650	*Shorea isoptera*	沙巴、沙捞越、文莱	等翅重黄娑罗双	selangan batu; selangan batu gelombang; selangan batu main bulu ayam; selangen batu
6651	*Shorea javanica*	苏门答腊、爪哇岛、印度尼西亚	爪哇白娑罗双	damar ata; jining; kaca; mesagar; mesegar; mesegar lanang; panese; pelalar; pelalar lenga; plalar; samir; sangir; sibosa; white meranti
6652	*Shorea kuantanensis*	西马来西亚	库坦黄娑罗双	damar hitam
6653	*Shorea kudatensis*	沙巴、婆罗洲	库特娑罗双	seraya kuning kudat; yellow seraya
6654	*Shorea ladiana*	文莱、沙捞越、沙巴、婆罗洲、西马来西亚	拉迪娑罗双	selangan batu kilat; selangen batu; tekam teglam; tengkawang ayer
6655	*Shorea laevis*	婆罗洲、印度尼西亚、西马来西亚、苏门答腊、沙捞越、文莱、苏拉威西、沙巴、泰国	平滑重黄娑罗双	akas; anggelam batu; balau kumus; cengal; damar laut kuning; damar semantuk; jengan; keladan remingkai; kumus; penapak; selangen batu; serai; tegalam; tegelam; tekam rian; teng; winuang
6656	*Shorea lamellata*	西马来西亚、东南亚、加里曼丹岛	薄片状白娑罗双	melapi lapis; meranti lapis
6657	*Shorea laxa*	文莱、沙捞越、苏门答腊、西马来西亚、沙巴、印度尼西亚	疏叶黄娑罗双	damar hitam timbul; lun telepok; manga; meranti damar hitam; meranti telepok; seraya kuning keladi; white meranti; white seraya; yellow meranti
6658	*Shorea lissophylla*	斯里兰卡	利索娑罗双	malmora
6659	*Shorea longiflora*	沙捞越、文莱	长花娑罗双	baran paya; barun paya; damar hitam paya; lun paya; medan tiong; meranti damar hitam; yellow meranti
6660	*Shorea longisperma*	婆罗洲、印度尼西亚、西马来西亚、苏门答腊、马来西亚、沙捞越	长籽黄娑罗双	awangsih; damar; gele meranti; gul meranti; kala; katup; kepala tupai; kepala tupe; kerambukuh; lun meranti; memukuh; merakunyit; meranti giallo; senggai; white meranti; yellow meranti
6661	*Shorea lumutensis*	印度尼西亚、苏门答腊、西马来西亚、婆罗洲、沙巴	卢穆重黄娑罗双	balau; balau bukit; balau lumutensis; balau puteh; damar laut; damar laut daun besar; damar laut durian; damar laut kuning; damar pangin; pelepak; pelepak gunong; selangan batu; selangen batu

序号	学名	主要产地	中文名称	地方名
6662	*Shorea lunduensis*	沙捞越、文莱、西马来西亚、婆罗洲、苏门答腊、印度尼西亚、马来西亚	隆杜娑罗双	ajul；cengal pasir daun besar；chengal pasir；engkabang gading；kepong；kepong hantu；meranti bakau；meranti pasir；meranti sepat；meranti sogar；meranti sogor；merawan；perwan lompong kijang；red meranti；seraya
6663	*Shorea macrobalanos*	沙捞越、文莱	大叶娑罗双	engkabang low；engkabang melapi；meranti damar hitam；yellow meranti
6664	*Shorea macrophylla*	婆罗洲、沙捞越、马来西亚、文莱、沙巴、印度尼西亚	大叶浅黄红娑罗双	abang；bua abang ngong；engkabang；kakawang buah；kakawang tantelah；kangkawang；kawang；light red seraya；luung ayang；mangkabang；palapikan；red meranti；santuong lundu；tengkawang telur；tengkawang tungkul
6665	*Shorea macroptera*	西马来西亚、泰国、沙捞越、苏门答腊、婆罗洲、马来西亚、文莱、印度尼西亚、沙巴	大翅浅黄红娑罗双	awang selong；balau pasir；belantai；chah rawan；chan hoi；engkabang melantai；kepong；lalanggai；lentang suhi；lichtrode meranti；marabasung；maru；meranti udang；perawan empedu；red meranti；seraya melantai；siliang；sinieng；takan paray；temak；toong；tuntung parei
6666	*Shorea malibato*	菲律宾、婆罗洲	马里娑罗双	batik；borneo white cedar；gisok；gisok madlau；kiuan；malaguijo；malakayan；malibato；yakal；yakal malibato；yakal-mali bato
6667	*Shorea materialis*	泰国、西马来西亚、印度尼西亚、马来西亚、苏门答腊、婆罗洲、文莱、沙捞越、沙巴	材料重黄娑罗双	aek；balau pasir；damar laut；engkabang pinang；ko-be；rasak；selangen batu；selimbar；semantok lungkik；seumantok bunga；seumatok minyak；simantok；teng；tengkawang
6668	*Shorea maxima*	西马来西亚	极大黄娑罗双	chengal；damar katup；damar sengkawang putih；meranti kerbau；meranti sengkawang puteh；penak；yellow meranti

序号	学名	主要产地	中文名称	地方名
6669	*Shorea maxwelliana*	印度尼西亚、马来西亚、西马来西亚、苏门答腊、文莱、婆罗洲、沙巴、沙捞越	马氏重黄娑罗双	balau; cheneras; chengal batu; damar bintang; kusmus; laru; mengkabang pinang; rasak bamban; rasak bunga; selangan batu asam; selangan tandok; selangen batu; tengkawang; tengkawang batu; tengkawang ijok; tupeh bangal
6670	*Shorea mecistopteryx*	婆罗洲、沙捞越、马来西亚、沙巴、文莱	长翅浅黄红娑罗双	abangalt; awang tingang; engkabang burong; engkabang lara; engkabang larai; kawang bukit; kawang burong; kawang tikus; light red meranti; maradungun; red seraya; tengkawang; tentang pakar
6671	*Shorea megistophylla*	斯里兰卡	巨叶娑罗双	honda beraliya; kana beraliya; maha beraliya
6672	*Shorea mengarawan*	苏门答腊	蒙加拉娑罗双	seluai
6673	*Shorea mindanaensis*	苏门答腊	棉兰老岛娑罗双	
6674	*Shorea monticola*	文莱、沙捞越、沙巴	山地娑罗双	darkred meranti; meranti gunong; obar suluk; seraya gunong
6675	*Shorea montigena*	印度尼西亚	蒙蒂娑罗双	babat; gawa; unale
6676	*Shorea mujongensis*	文莱、沙捞越	穆琼娑罗双	meranti damar hitam; yellow meranti
6677	*Shorea multiflora*	马来西亚、沙巴、苏门答腊、婆罗洲、西马来西亚、沙捞越、印度尼西亚、文莱	多花黄娑罗双	banjutan; chengal batu; damar ambogo; gele meranti; jingaan; kalok; karambuku peringit; lun damar hitam; meranti amarillo; piangin; punau; resak tembaga; riung; semantok; semarau; tupeh; ulu tupai; white seraya; yellow meranti
6678	*Shorea oblongifolia*	印度、缅甸、柬埔寨、老挝、越南、泰国、马来西亚、斯里兰卡	长圆叶娑罗双	burma mahogany; chit; dummala; kocik; komleng; may chick; ngeh; pathuru-ya kahalu-dun; phcheck; phdheck; phecheck sneng; phohoc; sal; teng; teng rang; thithya; thitya; thitya-ing yin
6679	*Shorea obovoidea*	文莱、沙捞越	倒卵球形娑罗双	meranti damar hitam; yellow meranti

序号	学名	主要产地	中文名称	地方名
6680	*Shorea obscura*	苏门答腊、婆罗洲、沙巴、文莱、沙捞越	模糊重黄娑罗双	buntok benuas; melapi bukit; selangan batu; selangan batu padi; selangan batu tandok; selangen batu
6681	*Shorea obtusa*	印度、中南半岛	钝叶重黄娑罗双	teng; thitya
6682	*Shorea ochracea*	婆罗洲、文莱、沙捞越、西马来西亚、马来西亚、沙巴、印度尼西亚	赭黄白娑罗双	anggelam tikus; badau; cempaga; damar kebaong; kadahang; kebaong; kentoi; kontoi tembaga; kontoi tembalang; lon; luǹ; majau; melapi daun besar; melapi raruk; meranti putih; namahung; raruk; white meranti
6683	*Shorea ovalifolia*	斯里兰卡	卵叶娑罗双	tiniya dun
6684	*Shorea patoiensis*	文莱、沙捞越、沙巴	帕托黄娑罗双	damar hitam padi; meranti damar hitam; seraya kuning pinang; white seraya; yellow meranti
6685	*Shorea peltata*	马来西亚、印度尼西亚、苏门答腊	盾状黄娑罗双	damar hitam telepok; meranti telepok
6686	*Shorea philippinensis*	菲律宾	菲律宾白娑罗双	manggasinoro
6687	*Shorea pilosa*	婆罗洲、文莱、沙巴、沙捞越	疏毛浅黄红娑罗双	kawang; kawang bulu; langgai; light red meranti; red seraya
6688	*Shorea pinanga*	婆罗洲、沙捞越、马来西亚、沙巴、文莱、印度尼西亚、爪哇岛	槟榔浅黄红娑罗双	abang; ayang monen; damar busak; engkabang tatau; ensantong; kakawang buah; kakawang tingang; layar; meranti merah; orai lanjing; red seraya; satong; tangkawang; tenkawang uput; urai lanying
6689	*Shorea polita*	菲律宾	光亮黄娑罗双	apnit; bahai; baliuisuis; bantahon; damlig; danlig; danlin-damo; kalunti; katuling; lauaan; magasinoro; magsinolo; malaanonang; sarai; sinora; smooth-leaved yakal; yellow lauan
6690	*Shorea polyandra*	婆罗洲	多蕊黄娑罗双	auku mintola; damar jangkar; kelapeh pahit; lodan; merakunyit
6691	*Shorea pubistyla*	沙捞越、文莱	丛状娑罗双	meranti bulu merah; red meranti
6692	*Shorea quadrinervis*	婆罗洲	四边娑罗双	kontoi genut; kontoi tebayang

序号	学名	主要产地	中文名称	地方名
6693	*Shorea resinosa*	文莱、沙捞越、西马来西亚、苏门答腊、印度尼西亚	多脂白娑罗双	badau；lemesa；lun；meranti belang；meranti horsik；sama rupa meranti；white meranti
6694	*Shorea retinodes*	印度尼西亚、苏门答腊	网状娑罗双	balamsarai；damar putih；damar saga；madang kacuko；mansarai；maranti sagar；marilem；meranti saga；merilam；munarai；munsarai；munsare；serga；serga gunong；sibayang；silowe；sogar godang；white meranti
6695	*Shorea robusta*	印度	粗壮重黄娑罗双	asina；attam；gugal；guggilamu；guggilu；guggula；indian dammer；kabba；kungiliyam；maramaram；mulappumar utu；rala；sagua；sarja；sarjamu；sekwa；seral；shal；shalam；soringhi；vamsa
6696	*Shorea roxburghii*	老挝、柬埔寨、越南、印度、泰国、缅甸、西马来西亚、印度尼西亚	罗氏白娑罗双	cay cong；chai；dom propel ma sau；hlang koyau；jal；jala；kungili；kungiliyam；lac-tree；lumbor；meranti bianco；popelma sau；rah-hlang；stoklakboo m；sukrom；talari；vit meranti；witte meranti；xen；xen mu
6697	*Shorea sagittata*	沙捞越、文莱	箭形白娑罗双	meranti daun mata lembing；meranti luang；meranti luang bukit；red meranti
6698	*Shorea scaberrima*	婆罗洲、沙巴、文莱、沙捞越、印度尼西亚	极粗糙浅黄红娑罗双	engkabang pinang；kampung merumbung；kawang bukit；lampung merumbung；meranti sandakan；red meranti；tengkawang kijang；tengkawang lumut；tengkawang pinang；tengkawang teribu；tengkulung
6699	*Shorea scrobiculata*	西马来西亚、东南亚、加里曼丹岛	窝孔重黄娑罗双	balau gunung；balau sengkawang
6700	*Shorea selanica*	印度尼西亚、婆罗洲、爪哇岛	西兰娑罗双	bahut；bapa；bapa merah；bapa putih；beahut；biahgawa；biahut；bou lamo；damar melayu；damar sila；kahoedjan；kajoe bapa；kayu bapa；ki hujan；luma；meranti bapa；meranti merah；red meranti
6701	*Shorea semicuneata*	苏门答腊	半楔形娑罗双	sasak linga

序号	学名	主要产地	中文名称	地方名
6702	*Shorea seminis*	印度尼西亚、婆罗洲、沙捞越、文莱、菲律宾、沙巴、马来西亚、西马来西亚、爪哇岛、加里曼丹岛	种子重黄娑罗双	bangkirai tanduk; damar kelepek; engkabang chengai; gisok takpang; hard selangan; harde selangan; jajag; kalepek; putang keladen; ramuhun; sarai; selangan batu; tundon biyayat; ubah jingin; yacal; yakal; yakal batu
6703	*Shorea sericeifolia*	缅甸、马来西亚、泰国	绢花白娑罗双	white meranti
6704	*Shorea simaloerensis*	印度尼西亚、苏门答腊	西马洛娑罗双	resak; simantok; simatok
6705	*Shorea splendida*	文莱、沙捞越、印度尼西亚、婆罗洲、西马来西亚	丽叶娑罗双	engkabang bintang; engkabang martin; engkabang rambai; melindang; red meranti; tengkawang; tengkawang bane; tengkawang bani; tengkawang goncang; tengkawang layar; tengkawang lemying; tengkawang pinang; tengkawang rambai
6706	*Shorea stellata*	缅甸、文莱、沙捞越、印度尼西亚、婆罗洲	星枝娑罗双	engkabang kerangas; engkabang rusa; kdut; kdut-me; kdut-ni; meranti merah; red meranti; tengkawang benuah; tengkawang rambai; tengkawang tayau
6707	*Shorea stipularis*	斯里兰卡	托叶娑罗双	hulanidda; nawada dun
6708	*Shorea subcylindrica*	文莱、沙捞越	亚山生重黄娑罗双	meranti damar hitam; yellow meranti
6709	*Shorea submontana*	西马来西亚	亚山娑罗双	balau; balau gajah; damar laut; kumus; kumus hitam; kumus merah; resak hitam; resak merah; resak tempurong
6710	*Shorea sumatrana*	印度尼西亚、西马来西亚、苏门答腊、泰国、婆罗洲	苏门答腊重黄娑罗双	balau; borneo tallow; chengal kuning; damar laut; kedawang; larat api; laurat api; melebekan talang; singkawang; teng; teng dong; tengkawang; tengkawang batu; tengkawang ijok
6711	*Shorea superba*	文莱、沙巴、沙捞越	艳丽重黄娑罗双	selangan batu; selangan batu daun halus; selangan batu tulang ikan; selangen batu
6712	*Shorea symingtonii*	沙巴	赛氏白娑罗双	melapi; melapi bunga; melapi kuning

序号	学名	主要产地	中文名称	地方名
6713	*Shorea thoreli*	柬埔寨、老挝、越南、婆罗洲、泰国	托氏重黄娑罗双	chan; chay; cho chai; cho dzong; cho voy; chovoy; dang; dau; hsosi; indochina gurjun; khen ning; khing ning; khtiaou; nhing; sen cho chai; teng dong; teng tani; wai chik; wai pao; white seraya
6714	*Shorea tinctoria*	东南亚	染料娑罗双	colorado; colorado dyewood
6715	*Shorea tonkinensis*	越南	东京娑罗双	vu
6716	*Shorea trapezifolia*	斯里兰卡	斜形娑罗双	dun; yakahalu; yakahalu dun
6717	*Shorea tumbuggaia*	印度	图布娑罗双	cangu; congo; googgilapa karra; jalari; jalori; nalla dammara; saul tumbugaia; tamba; tambagum; tambugai; tampakan; tembagam; thamba; thambagum; thumbagum; vanbogar
6718	*Shorea umbonata*	婆罗洲	凹籽娑罗双	bungot
6719	*Shorea virescens*	婆罗洲、文莱、沙捞越、苏门答腊、印度尼西亚、菲律宾、沙巴、西马来西亚	绿变白娑罗双	anggelam tikus; belobunjau; benua lampong; chengal terbak; cunam; damar madja; damar mata kuching; kakan telor; lampong akas; lun; maharan potong; maharau; pakit; pangin; seraya matang; tunam; white meranti
6720	*Shorea xanthophylla*	文莱、沙捞越、婆罗洲、沙巴、印度尼西亚	黄叶黄娑罗双	damar hitam barun; lunbarun; lunkunyit; meranti damar hitam; nyagat; pisang pisang; riang tingang; seraya babi; seraya kuning barun; tokoyong; white meranti; white seraya; yellow meranti
6721	*Shorea zeylanica*	斯里兰卡	锡兰娑罗双	doon; dun; koongili
	Sideroxylon **(SAPOTACEAE)** **铁榄木属（山榄科）**		**HS CODE** **4403.99**	
6722	*Sideroxylon ahernianum*	菲律宾	菲柞铁榄木	ahern nato
6723	*Sideroxylon duclitan*	菲律宾	杜克铁榄木	bangkalandi; dulitan; malaiohot; malamangga; nato; rirau
6724	*Sideroxylon eburneum*	柬埔寨、老挝、越南	枝干铁榄木	bois d'ivoire; bois ivoire; buis d'annam; lau tau xanh; lay; mai lal; mam da; maylay
6725	*Sideroxylon grandiflorum*	缅甸	大花铁榄木	thu-tabat

序号	学名	主要产地	中文名称	地方名
6726	*Sideroxylon longepetiolatum*	安达曼群岛、印度	长黄铁榄木	lambapatti
6727	*Sideroxylon racemosum*	越南	总状铁榄木	choi; maylai
6728	*Sideroxylon stenophyllum*	菲律宾	细叶铁榄木	topek
6729	*Sideroxylon tomentosum*	印度南部、缅甸	毛铁榄木	colorado dyewood
	***Sindora* (CAESALPINIACEAE)** **油楠属（苏木科）**		**HS CODE** **4403. 49**	
6730	*Sindora affinis*	柬埔寨	近缘油楠	krakas
6731	*Sindora beccariana*	马来西亚、沙巴	贝卡利油楠	sepetir
6732	*Sindora bruggemanii*	苏门答腊	布氏油楠	pahu; sindara; sindoro; tampora antu; tangga bangka
6733	*Sindora cochinchinensis*	加里曼丹岛及南半岛	交趾油楠	gomata; gu; krakas; krakas meng; krakas sbek; makata; sindoer
6734	*Sindora coriacea*	东南亚、文莱、泰国、苏门答腊、西马来西亚、沙捞越、马来西亚、菲律宾	革叶油楠	ai-kling; keduko; keduko berugi; kelana; makata; malamari; minyak; petir; separang; sepetir; sepetir berduri; sepetir lichin; sepetir paya; suda; supa
6735	*Sindora echinocalyx*	马来西亚	海胆油楠	gu; meketil; sepetir
6736	*Sindora galedupa*	印度尼西亚	加勒油楠	sindur
6737	*Sindora inermis*	菲律宾、东南亚	无棘油楠	kayu galu; kayugalu; parina; puti; sinsud; supa
6738	*Sindora intermedia*	婆罗洲、印度尼西亚、西马来西亚	中性油楠	petir; sapetir
6739	*Sindora irpicina*	马来西亚、沙巴	伊尔油楠	sepetir
6740	*Sindora leiocarpa*	文莱、苏门答腊、印度尼西亚、沙捞越	光果油楠	ansanut; malapari; medang kapur; meranting; musang; samparantu; sasunder; sindoer; sindur; tampar hantu; tampar hantu paya
6741	*Sindora parvifolia*	亚洲	小叶油楠	
6742	*Sindora siamensis*	越南、柬埔寨、老挝、婆罗洲、马来西亚、泰国、东南亚、西马来西亚	泰国油楠	go mat; go ta-hi; kra ka sbek; kraka; kraka sbek; krakas sbec; ma kha; makata; makatae; makatea; sepeteh; sepetir; sepetir mempelas; sindoer; sindur; te nam; te ou teho; thmar
6743	*Sindora sumatrana*	印度尼西亚、西马来西亚、苏门答腊	苏门答腊油楠	saparantu; sapetir; sindoer; sindur; tamapar hantu

序号	学名	主要产地	中文名称	地方名
6744	*Sindora supa*	菲律宾	素帕油楠	baluyung；manapo；paina；parina；payina；supa
6745	*Sindora tonkinensis*	越南、柬埔寨	东京油楠	go dau；go mat；go suong；gu；gu lau；gu mat
6746	*Sindora velutina*	苏门答腊、西马来西亚	毛油楠	kempas lajang；malapari；sepeti；sepetir；sepetir beledu besar；sepetir beledu kechil；sindur
6747	*Sindora wallichii*	泰国、沙捞越、苏门答腊、马来西亚、西马来西亚、印度尼西亚	瓦氏油楠	makata；petir；samparantu；sepetir；sepetir daun nipis；sepetir daun tebal；sindur；tamparan hantu；tapak tapak
	***Sindoropsis*（CAESALPINIACEAE）** **赛油楠属（苏木科）**		**HS CODE** **4403. 99**	
6748	*Sindoropsis velutina*	马来西亚、印度尼西亚	毛赛油楠	sepetir；sepetir beludu besar
	***Sinoadina*（RUBIACEAE）** **鸡仔木属（茜草科）**		**HS CODE** **4403. 99**	
6749	*Sinoadina racemosa*	泰国、缅甸	鸡仔木	
	***Sinojackia*（STYRACACEAE）** **秤锤树属（野茉莉科）**		**HS CODE** **4403. 99**	
6750	*Sinojackia xylocarpa*	中国	秤锤树	
	***Siphonodon*（CELASTRACEAE）** **木瓜桐属（卫矛科）**		**HS CODE** **4403. 99**	
6751	*Siphonodon celastrineus*	苏门答腊、菲律宾	南蛇木瓜桐	danoklot kepu；indohe hapoete；kalantaid；kalawalan；kapupukina；karang asem；ki putri；malagsa-liitan；malagsak；malagsak-peneras；oek apa；siphonodon
	***Skimmia*（RUTACEAE）** **茵芋属（芸香科）**		**HS CODE** **4403. 99**	
6752	*Skimmia japonica*	中国、日本	日本茵芋	
	***Sloanea*（ELAEOCARPACEAE）** **猴欢喜属（杜英科）**		**HS CODE** **4403. 99**	
6753	*Sloanea berteriana*	婆罗洲、马来西亚、菲律宾、泰国	波多黎各猴欢喜	cocoyer；petir；sepetir
6754	*Sloanea hemsleyana*	中国	粗齿猴欢喜	chinese sloanea

序号	学名	主要产地	中文名称	地方名
6755	*Sloanea javanica*	苏门答腊、菲律宾、沙捞越	爪哇猴欢喜	cantikan; java sala; kabung; katukoh bintungan; kerinjingan talang; lekani; lentambung; merbikang; mercapan
6756	*Sloanea sigun*	印度尼西亚、苏门答腊、菲律宾、西马来西亚	西贡猴欢喜	behlehkete hbeh; bekakayu; belehketeh peh; beleke tebe; bleketembi; kisigoeng; peungo putih; sala; sibelah kayu; siegun; sigoen; tebe
	Solanum **(SOLANACEAE)** **茄属（茄科）**		**HS CODE** **4403. 99**	
6757	*Solanum donianum*	菲律宾、印度、爪哇岛	多尼亚茄	malatabako; silvor; teter
6758	*Solanum erianthum*	印度	假烟叶树	anaichundai; asheta; budama; chundai; chunta; common nightshade; erichunta; gandira; kadusindhe; kadusonde; malanjunta; ola; pathi; priyamkari; rasagadi; savudangi; sonde; tiari; vidari
6759	*Solanum grandiflorum*	亚洲	毛叶茄	
6760	*Solanum guamense*	马里亚纳群岛	瓜门茄	berenghena shalom tanobirenghena shalom tano
6761	*Solanum wrightii*	菲律宾	大花茄	floranjilla
	Sonneratia **(LYTHRACEAE)** **海桑属（千屈菜科）**		**HS CODE** **4403. 99**	
6762	*Sonneratia alba*	苏门答腊、越南、柬埔寨、印度尼西亚、马来西亚、马绍尔群岛、菲律宾、西伊里安、孟加拉国、缅甸、西马来西亚、婆罗洲、沙巴、沙捞越、文莱	白海桑木	alatat uding; bungalon; cay ban; daluru; eroeak; kanenum; lukabban; montol; pagatpat; posi-posi blanc; posi-posi blanco; prapat; rambai; sonneratia; vit posi-posi; white posi-posi; witte posi-posi
6763	*Sonneratia apetala*	印度、缅甸、巴基斯坦、西马来西亚	无瓣海桑木	charungi; kambala; kame; kandal; kandal mangrove; keora; keowra; kyalanki; labe; mangle kandal; mangrovia kandal; marama; paletuvier kandal; perepat; undi

序号	学名	主要产地	中文名称	地方名
6764	*Sonneratia caseolaris*	印度尼西亚、菲律宾	海桑木	bogem; daluru; ilukabban; pagatpat
6765	*Sonneratia griffithii*	柬埔寨、越南、缅甸、印度、老挝、西马来西亚、泰国	格氏海桑木	ban; banoi; laba; lambu; lame; lau; p'dada; pedada; tabu-mangrove; tabyu; tabyu-mang rove; tabyu mangrove
6766	*Sonneratia ovata*	西马来西亚、苏门答腊、文莱、沙捞越	卵圆海桑木	gedabu; pedada; pedada nasi; pedada rokam; pedadi'e; perepat
	Sophora **(FABACEAE)** **槐属（蝶形花科）**		**HS CODE** **4403. 99**	
6767	*Sophora fernandeziana*	婆罗洲	费尔南槐	
6768	*Sophora hydrophyllacea*	婆罗洲	水生槐	landing; tjingam
6769	*Sophora tomentosa*	西伊里安、西马来西亚、马绍尔群岛、菲律宾	毛槐	aryan-wenbriy; ki-koetjing; kile; kili; kille; kil'li; kuli; sandalaitan
	Sorbus **(ROSACEAE)** **花楸属（蔷薇科）**		**HS CODE** **4403. 99**	
6770	*Sorbus alnifolia*	日本、朝鲜	桤叶花楸	azuki-nashi; korean rowantree; mountain alder-leavedash; padbae; padbae-namu
6771	*Sorbus aucuparia*	日本	欧亚花楸	european mountain ash; nana-kamado
6772	*Sorbus commixta*	日本	合花楸	nana-kamado
6773	*Sorbus folgneri*	中国	石灰树	shihui mu
6774	*Sorbus japonica*	日本	日本花楸	
	Soymida **(MELIACEAE)** **天竺楝属（楝科）**		**HS CODE** **4403. 99**	
6775	*Soymida febrifuga*	印度、斯里兰卡	常山天竺楝	bastard cedar; east indian mahogany; indian redwood; kalkarige; karwi; kemmara; palara; ruhen; ruhin; sevamano; soymida; suam; suani; sumbi; surakkali; vandu
	Spathodea **(BIGNONIACEAE)** **火焰树属（紫葳科）**		**HS CODE** **4403. 99**	
6776	*Spathodea campanulata*	西伊里安、菲律宾、印度、沙巴	钟状火焰木	african tulip; african tulip-tree; gaboon tuliptree; lujjekaye; neerukaye; panchit; patade; patadi; patadiya; rugtoora; ucche kaayi

序号	学名	主要产地	中文名称	地方名
	Spiraeopsis **（CUNONIACEAE）** **腺珠梅属（火把树科）**		**HS CODE** **4403.99**	
6777	*Spiraeopsis philippinensis*	菲律宾	菲律宾腺珠梅	kalau-kalau
	Spondias **（ANACARDIACEAE）** **槟榔青属（漆树科）**		**HS CODE** **4403.49**	
6778	*Spondias cytherea*	西伊里安、印度尼西亚、菲律宾	神槟榔青	agriessi; awiminik; bemmoi; bilati amara; bilayate; gedundung; hog plum; joewoet; kadundung; moer; nali-sirif; ngksingih; otaheite apple; sekedindong; soetiet; soetik; sutiet; tahiti apple; viapple; witsoe
6779	*Spondias lakonensis*	柬埔寨、老挝、越南	岭南槟榔青	dau da; giau gia soan; giau giao; mat vai; poun sva; som ho; yaouia
6780	*Spondias mombin*	柬埔寨、老挝、越南	黄槟榔青	coc; coc gao; mombin fruits jaunes; prune mombin; prune myrobolan
6781	*Spondias pinnata*	印度、菲律宾、缅甸、孟加拉国、西伊里安、越南、柬埔寨、老挝、安达曼群岛、东南亚	羽状槟榔青	adavimaamidi; bahamb; coc rung; eginam; gooddamate; gwe; hollock; hpunam-mak awk; ibangam; kathimagir angai; mampuli; nhu xoan; pol siphle; poondi; puliman; ranamba; soan nhu; tongrong; vrykshamla; wild mango; xo monh
6782	*Spondias purpurea*	菲律宾	紫槟榔青	mombin rouge; prune d'espagne; prune du chili; prune jaune; prune rouge; sineguelas
6783	*Spondias tonkinensis*	柬埔寨、老挝、越南	东京槟榔青	lat xoan
	Stachytarpheta **（VERBENACEAE）** **假马鞭属（马鞭草科）**		**HS CODE** **4403.99**	
6784	*Stachytarpheta mutabilis*	印度	变色假马鞭	pink snakeweed
	Stachyurus **（STACHYURACEAE）** **旌节花属（旌节花科）**		**HS CODE** **4403.99**	
6785	*Stachyurus praecox*	日本	旌节花	ku-fuji
	Stelechocarpus **（ANNONACEAE）** **嘉宝榄属（番荔枝科）**		**HS CODE** **4403.99**	
6786	*Stelechocarpus burahol*	爪哇岛	克派尔果	simpol; tjindoel
6787	*Stelechocarpus cauliflorus*	爪哇岛	茎花嘉宝榄	

序号	学名	主要产地	中文名称	地方名
	Stemonurus（ICACINACEAE） **鬣丝木属（茶茱萸科）**		**HS CODE 4403.99**	
6788	*Stemonurus ammui*	婆罗洲、西伊里安	阿穆伊鬣丝木	kepot bedjuku；sebungkuk；stemonurus
6789	*Stemonurus grandifolius*	文莱	大叶鬣丝木	medang katok
6790	*Stemonurus malaccacensis*	马来西亚	马来鬣丝木	
6791	*Stemonurus monticolus*	西伊里安	山地鬣丝木	arohm；ukus
6792	*Stemonurus scorpioides*	苏门答腊、沙巴、文莱、沙捞越	蝎形鬣丝木	atimang；bahuhu etem；butih-hutih；katok；kayu longgaha；medang katok；sebencik；semburok daun besar；sitobal
6793	*Stemonurus secundiflorus*	苏门答腊、菲律宾	侧花鬣丝木	bahuhu uding；gelam kataju；katur；krikis ayer；lipid；lokan；pasir；saber bubu；sanggarau；sebungku；sehring；sibenjiet；suwahar uding
6794	*Stemonurus umbellatus*	文莱、印度尼西亚、菲律宾	伞状鬣丝木	entaburok；kakuli；keput bajuka；keput bajuku；madang katok；malatadu；medang katok；reput badjuka
	Stephania（MENISPERMACEAE） **千金藤属（防己科）**		**HS CODE 4403.99**	
6795	*Stephania japonica*	日本	日本千金藤	
	Sterculia（STERCULIACEAE） **苹婆属（梧桐科）**		**HS CODE 4403.49**	
6796	*Sterculia ampla*	西伊里安	宽大苹婆	sterculia
6797	*Sterculia balanghas*	柬埔寨、老挝、越南	巴朗苹婆	vobo
6798	*Sterculia blancoi*	菲律宾	苞片苹婆	magulipak
6799	*Sterculia blumei*	印度尼西亚	彩叶草苹婆	hantap batoe；hantep batoe
6800	*Sterculia brevipetiolata*	菲律宾	短柄苹婆	panakitin
6801	*Sterculia campanulata*	安达曼群岛至泰国西部	钟形苹婆	papita
6802	*Sterculia cenabrei*	菲律宾	塞纳苹婆	palawan tapinag；malakalumpang
6803	*Sterculia clemensiae*	亚洲	克梅尼苹婆	
6804	*Sterculia coccinea*	苏门答腊、缅甸	朱红苹婆	bangkurung；camin camin；shaw-a
6805	*Sterculia cochinchinensis*	越南	交趾苹婆	dai ngua

序号	学名	主要产地	中文名称	地方名
6806	*Sterculia comosa*	菲律宾	科摩苹婆	banilad；ramos banilad
6807	*Sterculia cordata*	苏门答腊、沙巴、西马来西亚	心形苹婆	gelumpang padang；kalumpang；kalumpang barih；kelumpang
6808	*Sterculia cuspidata*	苏门答腊	尖叶苹婆	kayu rambe tikus
6809	*Sterculia cuspidella*	文莱	卡斯皮苹婆	biris
6810	*Sterculia cymbiformis*	菲律宾	伞形苹婆	dongon
6811	*Sterculia divaricata*	菲律宾	展枝苹婆	kadlihan
6812	*Sterculia dongnaiensis*	柬埔寨、老挝、越南	东纳苹婆	chou；chu；go；go chou；gu cau
6813	*Sterculia foetida*	帝汶、南亚、越南、印度尼西亚、婆罗洲、苏门答腊、菲律宾、西马来西亚、缅甸、老挝、斯里兰卡	香苹婆	ai nitas；bois de cavalam；chim chim rung；dangdur gedeh；djangkang；kelumpang；kelumpang jari；kepoh；kepuh；letpan-shaw；pampang；pimping；samrong；som hong；telambu；telemboo
6814	*Sterculia frondosa*	菲律宾	灰树花苹婆	uos
6815	*Sterculia gilva*	苏门答腊、沙捞越、越南	吉尔瓦苹婆	bakurung；biris laut；cay bay thua；cay keu；kari；kelumpang burung；kelumpang paya；nyulut；selemah
6816	*Sterculia graciliflora*	菲律宾	单花苹婆	bolat
6817	*Sterculia guttata*	老挝	古塔苹婆	po
6818	*Sterculia humilis*	菲律宾	胡米苹婆	tapinag-ba gti
6819	*Sterculia hypochra*	柬埔寨、老挝、越南	海赫苹婆	cho thoi；tlone；trom；xo mo ron
6820	*Sterculia jackiana*	文莱	杰克苹婆	biris
6821	*Sterculia jagori*	菲律宾	贾戈里苹婆	paisan
6822	*Sterculia lanceolata*	老挝、柬埔寨、越南	假苹婆	dokkang；kang；sang
6823	*Sterculia longifolia*	苏门答腊	长叶苹婆	kelumpang
6824	*Sterculia longisepala*	菲律宾	长萼苹婆	taroi
6825	*Sterculia lynchnophora*	越南、柬埔寨、老挝	玫瑰苹婆	cayluuoi；chong；domsom rang；dom somrang；luuoi；trom；uoi；vang；voi

序号	学名	主要产地	中文名称	地方名
6826	*Sterculia macrophylla*	文莱、婆罗洲、苏门答腊、西伊里安、西马来西亚、印度尼西亚、菲律宾	大叶苹婆	ampiras; ampit; bengkurung tapak gajah; binguwau; kelumpang; kelumpang daun besar; kelumpang jari; lakacho'; pelajau; pelajiu; sebubung; sehiye; sekubung; sewulu kelumpang; tapak gajah; tapinag
6827	*Sterculia mastersi*	柬埔寨	马氏苹婆	xam ran
6828	*Sterculia megistophylla*	苏门答腊	巨叶苹婆	kelumpang
6829	*Sterculia membranifolia*	菲律宾	膜叶苹婆	abigon
6830	*Sterculia multistipularis*	菲律宾	多节苹婆	lapnit
6831	*Sterculia oblongata*	苏门答腊、西马来西亚、菲律宾	长圆苹婆	galupang; kalumpang; kelumpang; malaboho; malabuho; saripongpong; uoos; uos
6832	*Sterculia obovata*	菲律宾	倒卵叶苹婆	tsamosil
6833	*Sterculia ornata*	缅甸	绚丽苹婆	po-daeng; por; shaw-wa
6834	*Sterculia parviflora*	苏门答腊、西马来西亚	小花苹婆	kelumpang; pa-ru-po
6835	*Sterculia pexa*	柬埔寨、老挝、越南	棉毛苹婆	tom; trom; vang; voi
6836	*Sterculia pierrei*	柬埔寨、老挝、越南	皮氏苹婆	keu
6837	*Sterculia populifolia*	柬埔寨、越南	杨叶苹婆	bai canh
6838	*Sterculia rhoidifolia*	文莱、沙捞越	菱叶苹婆	biris; biris paya
6839	*Sterculia rubiginosa*	文莱、菲律宾、苏门答腊、沙捞越	黄紫苹婆	biris; bisong; jilumpang; kari bulu; klompang batu; malabunot; sinaligan; upak
6840	*Sterculia rynchophylla*	文莱	弯叶苹婆	biris
6841	*Sterculia schumanniana*	亚洲	舒曼尼苹婆	
6842	*Sterculia scortechinii*	文莱、苏门答腊	斯氏苹婆	biris; kelumpang
6843	*Sterculia shillinglawii*	西伊里安	希氏苹婆	bengwau; bengwauw
6844	*Sterculia spatulata*	菲律宾	匙形苹婆	taligki
6845	*Sterculia tantraensis*	柬埔寨、老挝、越南、印度尼西亚	密宗苹婆	bo; hantap passang; hantap passoeng
6846	*Sterculia thorelli*	柬埔寨、越南	索罗里苹婆	ba thua; ba thu'a; cay bay thua

序号	学名	主要产地	中文名称	地方名
6847	*Sterculia urens*	印度、缅甸	刺苹婆	arjuna; balika; errapuniki chettu; gudalo; gular; hatchanda; hitum; kada; kaddu; kulu; odla; pandruk; pinari; sigapputta naku; tabsi; tapasi; thondi; tonti; vellaipput tali; vellay; yerra
6848	*Sterculia versicolor*	老挝、缅甸	杂色苹婆	po; shaw-byu
6849	*Sterculia villosa*	印度、缅甸、老挝	毛苹婆	arni; chauri; don-shaw; gahta; ganjher; godgudala; gul-kandar; gulbodla; kahta; kudal; kuthada; massu; muratthan; odal; sarde; savaya; sisir; udal; udar; vakenar; vekka
	Stereospermum **(BIGNONIACEAE)** **羽叶楸属（紫葳科）**		**HS CODE** **4403.99**	
6850	*Stereospermum annamense*	越南、柬埔寨、老挝	越南羽叶楸	ke; khe; quao
6851	*Stereospermum chelonoides*	印度、柬埔寨、老挝、越南、斯里兰卡、缅甸	羽叶楸	ambuvasini; anbuvagini; baropatuli; billa; char; dharmara; ela palol; ghunta; giri; goddalipul usu; hadari; kussi; mukarti; pudike; sangkout thmat; singwe; tagada; tan mot; thande; tuatuka; vulunant-rimarada
6852	*Stereospermum colais*	印度	科莱羽叶楸	ambuvagini; atcapali; bondh-vala; dharmara; kaalaadri; magavepa; padal; padeli; pader; pompadiri; puppatiri; tagada; vaadari; vela-padri; vellaippadri; yellow snaketree
6853	*Stereospermum cyclocarpum*	印度	环果羽叶楸	vedangkomai
6854	*Stereospermum cylindricum*	越南	圆柱羽叶楸	quao
6855	*Stereospermum fimbriatum*	西马来西亚、老挝、缅甸	伞状羽叶楸	chichah; khe foy; thakut-po
6856	*Stereospermum neuranthum*	缅甸	毛叶羽叶楸	khae-tsai; thanbe

序号	学名	主要产地	中文名称	地方名
6857	*Stereospermum personatum*	印度、孟加拉国、缅甸	假羽叶楸	atcapali; bolzel; chota padar; chota palang; dharmara; karingkura; kirsel; koosga; mukarti; padal kareadri; padar; padriwood; pompatharai; singwe; tagada; thande
6858	*Stereospermum suaveolens*	印度	香甜羽叶楸	kywemagyol ein
6859	*Stereospermum tetragonum*	印度	方形羽叶楸	
6860	*Stereospermum xylocarpum*	印度	木果羽叶楸	bairsing; bhainspara l; bhumia; edangkorna; genasing; jaimangal; kadashing; katori; padal; padar; sonpadri; telu; ude; vadencarni; vedangkomai; warawaili
	Stewartia **(THEACEAE)** **紫茎属（山茶科）**		**HS CODE** **4403. 99**	
6861	*Stewartia monadelpha*	日本	蒙德罗紫茎	himeshara; saratanoki; sarusuberi; saruta
6862	*Stewartia pseudocamellia*	日本、朝鲜	日本茶树	natsutsubaki; nogag; nogag-namu
6863	*Stewartia sinensis*	亚洲	尖萼紫茎	
	Stranvaesia **(ROSACEAE)** **红果树属（蔷薇科）**		**HS CODE** **4403. 99**	
6864	*Stranvaesia ambigua*	菲律宾	长萼红果树	bulangan
	Streblus **(MORACEAE)** **鹊肾树属（桑科）**		**HS CODE** **4403. 99**	
6865	*Streblus asper*	菲律宾、柬埔寨、老挝、越南、缅甸、爪哇岛	鹊肾树	alodig; cay ruoi; kalios; okhne; pele; ruoi; seroet
6866	*Streblus dimepate*	爪哇岛	二聚鹊肾树	
6867	*Streblus elongatus*	苏门答腊、印度尼西亚、马来西亚、西马来西亚、沙捞越	细长鹊肾树	batang putih; cirit ayam; damouli bunga; damouli jantan; empelas; hampinis; kamaria; kapinih; kayu besi; kempini; teampinis batang hitam; tempinis; tenipi
6868	*Streblus ilicifolia*	菲律宾	冬青叶鹊肾树	cuius-cuius; dagpit; dayap-amo; gulus; kuliskulis; kuruskurus; kuyus kuyus; malalimon; suting gimba
6869	*Streblus macrophyllus*	菲律宾	大叶鹊肾树	kuyos-kuyos
6870	*Streblus sideroxylon*	马来西亚	铁木鹊肾树	tempinis

序号	学名	主要产地	中文名称	地方名
6871	*Streblus taxoides*	菲律宾	类叶鹊肾树	lampataki
6872	*Streblus urophyllus*	西伊里安、西马来西亚	尾叶鹊肾树	streblus；tempinis
	Strombosia **（STROMBOSIACEAE）润肺木属（润肺木科）**		**HS CODE 4403.49**	
6873	*Strombosia ceylanica*	婆罗洲、苏门答腊、印度	锡兰润肺木	benantu；benatu；damonyan；demen；empilis；gembrilis；getanduk；katikal；kayu buring；lindung bukit；martaga；medang katri；petaling；petaling air；petanang；petatal；sepat
6874	*Strombosia glaucescens*	婆罗洲	白变润肺木	
6875	*Strombosia javanica*	缅甸、西马来西亚、爪哇岛、马来西亚、苏门答腊、印度尼西亚、婆罗洲	爪哇润肺木	banatha；bayam badak；dalidali；dedali；enteloeng；goi；katesan merah；katjang；kayu kacang；madang kelalawar；mengkalur；petaling；petaling bemban；toi；ugela
6876	*Strombosia lucida*	西马来西亚	亮叶润肺木	kamap
6877	*Strombosia maingayi*	西马来西亚	梅尼润肺木	kamap；petaling gajah
6878	*Strombosia mulitiflora*	亚洲	多花润肺木	
6879	*Strombosia philippinensis*	菲律宾	菲律宾润肺木	elmer tamayuan；kamayuan；larak；tamaoyan；tamayuan
6880	*Strombosia rotundifolia*	文莱、马来西亚、西马来西亚	圆叶润肺木	belian katok；belian landak；daparu；kamap；petaling gajah；pilis；suan
	Strophioblachia **（EUPHORBIACEAE）宿萼木属（大戟科）**		**HS CODE 4403.99**	
6881	*Strophioblachia fimbricalyx*	菲律宾	宿萼木	ligau-ligau
	Strychnos **（LOGANIACEAE）马钱子属（马钱科）**		**HS CODE 4403.99**	
6882	*Strychnos nux-blanda*	缅甸	山马钱子	burma strychnine-tree；kabaung
6883	*Strychnos nux-vomica*	印度、柬埔寨、越南、老挝、斯里兰卡、爪哇岛、菲律宾	马钱子	azaraki；bailewa；bat；chibbige；cochi；cuchi；eddi；etti；garadruma；godakaduru；hemmushti；ittangi；kaira；kajoe oelar；kochila；kulaka；musti；nanjina koradu；ruchila；seng bua；strychnine；thalkesur；vishamushti；yetti

序号	学名	主要产地	中文名称	地方名
6884	*Strychnos potatorum*	印度、缅甸	波塔马钱子	chili-gidda; chilla; chilledabija; chillu; clearin-nut; jugini; kabaung-yekyi; kahi; kahur; khaia; kotaki; kottei; koyar; kuchila; nel mal; nermali; nirmali; nivali; tattan; ustumri
	Styphelia **(ERICACEAE)** **垂钉石南属（杜鹃科）**		**HS CODE** **4403. 99**	
6885	*Styphelia malayana*	文莱、沙捞越	马来亚垂钉石南	ambok gobang; ludang ludang; maki china; melamut; rusak; terindakati
	Styphnolobium **(FABACEAE)** **槐属（蝶形花科）**		**HS CODE** **4403. 99**	
6886	*Styphnolobium japonicum*	中国、日本、朝鲜、柬埔寨、老挝、越南	槐树	acacia del japon; arbre de miel; hoe; hoehwa-namu; honeytree; honingboom; honungstrad; japanische sauerhulse; japanischer schnurbaum; pagoda tree; sofora; sofora giapponese; sophora; sophora du japon; yen-ju
	Styrax **(STYRACACEAE)** **野茉莉属（野茉莉科）**		**HS CODE** **4403. 99**	
6887	*Styrax benzoin*	越南、东南亚、老挝、苏门答腊、柬埔寨、爪哇岛、泰国、西马来西亚、印度尼西亚	安息香野茉莉	bo-de; chan pa; haminjan; hamonan; kajoe limoeta; kamian; kemajan; kemenjan; kemenyan; kumajan; kumeyin; madung kemenyan; menjan; nangas; nhan; simarhamajan; talanan
6888	*Styrax crotonoides*	西马来西亚	巴豆野茉莉	kemenyan
6889	*Styrax japonicus*	菲律宾、日本、朝鲜	野茉莉	batan saleng; chisanoki; ddaejug; ddaejug-namu; egonoki; ego-no-ki; yegonoki
6890	*Styrax macrothyrsus*	柬埔寨、越南、老挝	大柄野茉莉	aliboufier benjoin; bode
6891	*Styrax obassia*	日本、朝鲜	玉铃花	ddaejug; hakumboku; hakunuboku; hakuunboku; jjogdongba eg-namu
6892	*Styrax odoratissima*	亚洲	馨香野茉莉	
6893	*Styrax oliganthes*	苏门答腊	少花野茉莉	madung
6894	*Styrax paralleloneurum*	苏门答腊、印度尼西亚、西马来西亚	平行野茉莉	gerupal bunga; kayu tebuh; kemenjan toba; kemenyan; kemenyan bulu; retak; talanan

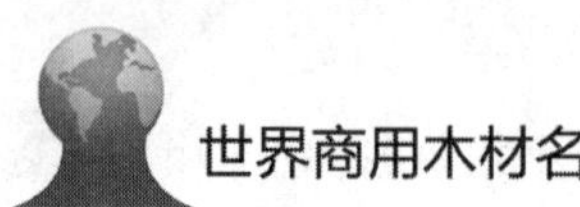

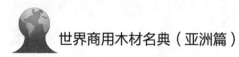

序号	学名	主要产地	中文名称	地方名
6895	*Styrax serrulatus*	苏门答腊	小锯齿安息香	endelip; k-mandung; kemenyan endelip; nangas; sanamo; tau; wiras putih
6896	*Styrax tonkinensis*	柬埔寨、越南、老挝	东京安息香	aliboufier benjoin; bode; bo de trang; bodioa; chang la; mu khoa deng; nhan
	***Sumbaviopsis*（EUPHORBIACEAE）** **缅桐属（大戟科）**		**HS CODE** **4403. 99**	
6897	*Sumbaviopsis albicans*	菲律宾	白色缅桐	dibdib-bal od
	***Suregada*（EUPHORBIACEAE）** **白树属（大戟科）**		**HS CODE** **4403. 99**	
6898	*Suregada angustifolia*	缅甸、柬埔寨、老挝、越南、爪哇岛	狭叶白木	laymin-bin; man may; ngong; ngong tau; sambirodjo
6899	*Suregada glomerulata*	爪哇岛	球序白木	
6900	*Suregada mindanaensis*	菲律宾	棉兰老岛白木	mindanao malaua
6901	*Suregada multiflora*	泰国、菲律宾、孟加拉国	多花白木	makdook; malaua; masicha
6902	*Suregada philippinensis*	菲律宾	菲律宾白木	malapuad
6903	*Suregada pinatubensis*	菲律宾	皮纳杜布白木	magaloput
6904	*Suregada procera*	印度	高大白木	mutansu
6905	*Suregada pulgarensis*	菲律宾	普氏白木	pulgar malaua
6906	*Suregada racemulosa*	菲律宾	总状白木	kuangian
6907	*Suregada stenophylla*	菲律宾	狭叶白木	malauang-kitid
6908	*Suregada subglomerata*	菲律宾	亚球纳白木	balagango
6909	*Suregada trifida*	菲律宾	三裂叶白木	malauang-tungko
	***Suriana*（SURIANACEAE）** **海人树属（海人树科）**		**HS CODE** **4403. 99**	
6910	*Suriana maritima*	菲律宾、马绍尔群岛、马里亚纳群岛	海人树	baycedar; newe; ngiangi; nietkot; nigas; ouru; palo corra; rekung
	***Swietenia*（MELIACEAE）** **桃花心木属（楝科）**		**HS CODE** **4403. 49**	
6911	*Swietenia macrophylla*	菲律宾、印度、越南、印度尼西亚	大叶桃花心木	acajou du honduras; big-leaved mahogany; civit; dai ngua; giai ngua; mahogany du honduras; mahogany grandes feuilles; mahoni besar daun

序号	学名	主要产地	中文名称	地方名
6912	*Swietenia mahagoni*	印度尼西亚	桃花心木②	acajou de st. domingue; acajou mahogani; kleinbladi ge mahonie; mahogany du pays; mahoni ketjil daun
	Swintonia **(ANACARDIACEAE)** **斯温漆属(漆树科)**		**HS CODE** **4403. 49**	
6913	*Swintonia acuta*	菲律宾、文莱、沙捞越	尖斯温漆	kaluis; langas; pitohai; pitoh ayer
6914	*Swintonia floribunda*	缅甸、印度、巴基斯坦、泰国、孟加拉国、苏门答腊、马来西亚、西马来西亚	多花斯温漆	boilam; civit; kereta; merpau; merpauh; merpauh daun runching; mrpau; shitle; shittle; taung-thayet; thayet-kin; thayet-san; thayetkan; thayetle; thayetsan
6915	*Swintonia foxworthyi*	菲律宾	南亚温漆	lomarau
6916	*Swintonia glauca*	沙捞越、文莱	青冈斯温漆	pilong; pitoh bukit; pitoh paya
6917	*Swintonia penangiana*	西马来西亚	槟城斯温漆	merpau; merpauh
6918	*Swintonia pierrei*	巴基斯坦、柬埔寨、老挝、越南、马来西亚	马来亚斯温漆	civit; kang dor; merpau; merpauh; svay kang dor; sway-kang-dor; xoai kydo
6919	*Swintonia schwenkii*	西马来西亚、文莱、缅甸	施文斯温漆	boilam; merpauh periang; pitoh; shitle-pyu; thayet-san; thayetkin
6920	*Swintonia spicifera*	马来西亚、西马来西亚	奇特斯文漆	merpau; merpauh daun tebal
	Sycopsis **(HAMAMELIDACEAE)** **水丝梨属(金缕梅科)**		**HS CODE** **4403. 99**	
6921	*Sycopsis dunnii*	菲律宾、西伊里安	尖叶水丝梨	parukapok; sycopsis
	Sympetalandra **(CAESALPINIACEAE)** **假瓣格木属(苏木科)**		**HS CODE** **4403. 99**	
6922	*Sympetalandra borneensis*	沙巴	婆罗假瓣格木	merbau lalat
6923	*Sympetalandra densiflora*	菲律宾	密花假瓣格木	abbihal; batik; kadir; kalamatau; kamatog; ngirik-ngirik; ngirikngik; pali; salsal; takloban
	Symplocos **(SYMPLOCACEAE)** **灰木属(灰木科)**		**HS CODE** **4403. 99**	
6924	*Symplocos adenophylla*	苏门答腊、文莱、菲律宾	腺叶灰木	kayu latan; kembiri; magalas; palawan agosip
6925	*Symplocos anomala*	苏门答腊	薄叶灰木	renak
6926	*Symplocos apoensis*	菲律宾	阿波灰木	bolabogon

序号	学名	主要产地	中文名称	地方名
6927	*Symplocos beddomei*	印度	白氏灰木	lod
6928	*Symplocos celastrifolia*	文莱、苏门答腊	南蛇藤灰木	hendadak；kendung；krunjing
6929	*Symplocos celastrina*	苏门答腊	琉璃灰木	mentaplunge；seseham
6930	*Symplocos cochinchinensis*	菲律宾、越南、苏门答腊、婆罗洲、柬埔寨、老挝、东南亚	交趾灰木	agosip-puti；balokbok；bom；digera；djirak；dung；dung nam；giung；habo；kayu abu；kedung；khao thoi；loba-loba；lout chom；medang harbo；nyari badok；ramos agosip；seu meut；upunan
6931	*Symplocos dolichotricha*	越南	长毛灰木	lat hua
6932	*Symplocos fasciculata*	菲律宾、苏门答腊、印度尼西亚、文莱、沙巴	束状灰木	bangkunai；cimpago uding；direk；djirak；djirek；gia；girak；hendadak；jarak bulau；kekaca；lebo melukut；lelebah；lihai-lihaiuding；medang galundi；nyari lemai；pipiudan；tanjong；v-alafai
6933	*Symplocos floridissima*	菲律宾	弗罗灰木	himamaliu
6934	*Symplocos henschelii*	苏门答腊	亨氏灰木	geo hutan；kayu jaram-jarambosi；kendung
6935	*Symplocos hutchinsonii*	菲律宾	哈氏灰木	makanang
6936	*Symplocos imperialis*	菲律宾	帝王灰木	agosip-kalat
6937	*Symplocos indica*	柬埔寨、老挝、越南	裂灰木	danh ghet
6938	*Symplocos kotoensis*	日本	兰屿灰木	fubu
6939	*Symplocos laeteviridis*	苏门答腊	莱特灰木	alleban；kayu sae-sae
6940	*Symplocos lancifolia*	菲律宾	剑叶灰木	aduas；balokbok-gulod；dumaplas；dumaplas-kitid；dumaplas-libagin；libas-libas；magobalogo；ngarau-ngarau
6941	*Symplocos laurina*	印度、越南、柬埔寨、老挝	桂叶牛奶木	chumga；dung；dung mat；dung trang；dung xanh；giung
6942	*Symplocos lithocarpoides*	日本	石柯灰木	turi
6943	*Symplocos lucida*	菲律宾、印度、苏门答腊、日本	亮叶灰木	bangnon；chashing；kayu hotir；kharani；kuroki；loher agosip
6944	*Symplocos myrlacea*	日本	迈拉萨灰木	hai-no-ki；horse-sugar；isu-nuki；sweetleaf
6945	*Symplocos obovatifolia*	菲律宾	倒卵叶灰木	paropok

序号	学名	主要产地	中文名称	地方名
6946	*Symplocos odoratissima*	菲律宾、苏门答腊	馨香灰木	agosip; cirupago uding; ditaman; duung; duung-mabo lo; elmer duung; magoting; maksa; malagoromon; mangkunai; maragaat; sarigintung
6947	*Symplocos paniculata*	日本	锥花灰木	achata
6948	*Symplocos polyandra*	菲律宾、文莱	多蕊灰木	balacbacan; balakbakan; manas manas; merbujok
6949	*Symplocos prunifolia*	日本	桃叶灰木	kurobai; some-shiba
6950	*Symplocos racemosa*	缅甸	聚果山矾	daukyat
6951	*Symplocos rubiginosa*	印度、苏门答腊	黄紫灰木	bantun; lempaong kancil
6952	*Symplocos sonoharae*	亚洲	索诺灰木	
6953	*Symplocos sumuntia*	亚洲	灰木	
6954	*Symplocos theophrastaefolia*	日本	泰奥灰木	kanzaburon oki
6955	*Symplocos trisepala*	菲律宾	三萼灰木	agosip-tun gko
6956	*Symplocos vidalii*	菲律宾	维氏灰木	busigan; vidal agosip
6957	*Symplocos viridifolia*	菲律宾	绿叶灰木	ribuli
6958	*Symplocos whitfordii*	菲律宾	威氏灰木	kaipan
	Syndyophyllum **(EUPHORBIACEAE)** **茜桐属（大戟科）**		**HS CODE** **4403. 99**	
6959	*Syndyophyllum excelsum*	西伊里安	大茜桐	syndyophyl lum
	Syringa **(OLEACEAE)** **丁香属（木犀科）**		**HS CODE** **4403. 99**	
6960	*Syringa reticulata*	日本	网脉丁香	gaehoe; hashidoi; japanese lilac
6961	*Syringa vulgaris*	伊朗	普通丁香	flieder; hollunder
	Syzygium **(MYRTACEAE)** **蒲桃属（桃金娘科）**		**HS CODE** **4403. 99**	
6962	*Syzygium abbreviatum*	菲律宾	窄蒲桃	baltik-pugot
6963	*Syzygium abulugensc*	菲律宾	阿布卢蒲桃	abulug malaruhat
6964	*Syzygium acrophilum*	菲律宾	顶生蒲桃	baltik
6965	*Syzygium acuminatissima*	沙巴	尖叶蒲桃	obah
6966	*Syzygium affine*	菲律宾	近缘蒲桃	malabaltik
6967	*Syzygium alatum*	菲律宾	头状蒲桃	magpongpong
6968	*Syzygium albayense*	菲律宾	阿尔拜蒲桃	sambulauan

序号	学名	主要产地	中文名称	地方名
6969	*Syzygium alcinae*	菲律宾	腺泡蒲桃	magtungau
6970	*Syzygium alliiligneum*	印度、印度尼西亚、菲律宾	蒜叶蒲桃	chikkani; kayu lalas; panglomboyen; samalaguin
6971	*Syzygium alvarezii*	菲律宾	阿氏蒲桃	alvarez malaruhat
6972	*Syzygium angulare*	菲律宾	角叶蒲桃	malabuangin
6973	*Syzygium angulatum*	菲律宾	棱角蒲桃	lusunan
6974	*Syzygium antonianum*	菲律宾	安东蒲桃	bakolod
6975	*Syzygium apoense*	菲律宾	阿波蒲桃	apo malagsam
6976	*Syzygium aqueum*	印度、西马来西亚、菲律宾、缅甸	水花蒲桃	jaman; jambu ayer; mawar ayer; tambis; water rose apple; wax jambu; ye-thabye
6977	*Syzygium aromaticum*	印度尼西亚、缅甸	芳香蒲桃	clove-tree; le-hnyin
6978	*Syzygium astronioides*	菲律宾	星形蒲桃	langauisan
6979	*Syzygium atropunctatum*	菲律宾	黑刺蒲桃	karubek; pango
6980	*Syzygium attenuatum*	菲律宾	渐窄叶蒲桃	malakarubek
6981	*Syzygium balerense*	菲律宾	巴勒尔蒲桃	baler malaruhat
6982	*Syzygium balsameum*	缅甸	香脂蒲桃	ye-thabye-thein
6983	*Syzygium banaba*	菲律宾	巴纳蒲桃	malabanaba
6984	*Syzygium bankense*	沙捞越	班肯蒲桃	ubah ribu
6985	*Syzygium barnesii*	菲律宾	巴氏蒲桃	malalakalu bkub
6986	*Syzygium bataanense*	菲律宾	巴丹蒲桃	bataan malaruhat
6987	*Syzygium benguetense*	菲律宾	孟加拉蒲桃	sisik
6988	*Syzygium bernardoi*	菲律宾	贝纳蒲桃	maramaatam
6989	*Syzygium blancoi*	菲律宾	苞片蒲桃	malambis
6990	*Syzygium bordenii*	菲律宾	波氏蒲桃	malarullat-puti
6991	*Syzygium borneense*	菲律宾	婆罗蒲桃	borneo malaruhat
6992	*Syzygium brachyurum*	菲律宾	短苞蒲桃	tonau-pugot
6993	*Syzygium brevipaniculatum*	菲律宾	短吻蒲桃	kalokok-pugot
6994	*Syzygium breyistylum*	菲律宾	短梗蒲桃	sagimsim
6995	*Syzygium brittonianum*	菲律宾	布里顿蒲桃	britton malaruhat
6996	*Syzygium buxifolium*	亚洲	黄杨叶蒲桃	
6997	*Syzygium caerasoideum*	缅甸	大叶蒲桃	thabye-gyin

序号	学名	主要产地	中文名称	地方名
6998	*Syzygium cagayanense*	菲律宾	卡加颜蒲桃	amtuk
6999	*Syzygium calcicola*	菲律宾	石灰岩蒲桃	kalogkog
7000	*Syzygium calleryanum*	菲律宾	卡勒蒲桃	tayong-tayong
7001	*Syzygium calubcob*	菲律宾	卡鲁比安蒲桃	adang；barakbak；kalubkub；karogkog；makopa；malakopa；panglumboien；tampui
7002	*Syzygium camiguinense*	菲律宾	卡米京蒲桃	hangos
7003	*Syzygium candelabriforme*	菲律宾	坎地拉里亚蒲桃	silda
7004	*Syzygium capizense*	菲律宾	卡皮斯蒲桃	balanga
7005	*Syzygium cardiophyllum*	菲律宾	心叶蒲桃	amogog
7006	*Syzygium casiguranense*	菲律宾	卡西古蒲桃	dinariin
7007	*Syzygium caudatifolium*	菲律宾	长尾叶蒲桃	taguhangin
7008	*Syzygium cavitense*	菲律宾	甲美地蒲桃	raksik
7009	*Syzygium cerasiforme*	沙巴	蜡状蒲桃	obah merah；ubah
7010	*Syzygium chloranthum*	西马来西亚	黄花蒲桃	kelat merah
7011	*Syzygium ciliato-setosum*	菲律宾	毛萼蒲桃	lakangan
7012	*Syzygium cinereum*	柬埔寨、老挝、越南	灰蒲桃	pring bai
7013	*Syzygium cinnamomeum*	菲律宾	肉桂蒲桃	duhat-matsin
7014	*Syzygium clavellatum*	菲律宾	棒状蒲桃	kutangol
7015	*Syzygium claviflorum*	菲律宾、孟加拉国、缅甸	棒花蒲桃	balat-tuyo-iem；bulagsog；gamatulai；kaitatanag；kara；kurasam；malarubat-na-puti；maramatam；nalijam；pango；thabye-kyw e-gaung；thabye-yit pauk；tinaan
7016	*Syzygium clementis*	菲律宾	茎果蒲桃	baraug
7017	*Syzygium confertum*	菲律宾	集聚蒲桃	tamo
7018	*Syzygium congestum*	菲律宾	密花蒲桃	batmai
7019	*Syzygium conglobatum*	菲律宾	合叶蒲桃	bulagsog
7020	*Syzygium consanguineum*	菲律宾	血红蒲桃	lobloban
7021	*Syzygium consimile*	菲律宾	康塞蒲桃	lugis
7022	*Syzygium copelandii*	菲律宾	柯氏蒲桃	copeland tambis
7023	*Syzygium cordatilimbum*	菲律宾	康达蒲桃	kara

序号	学名	主要产地	中文名称	地方名
7024	*Syzygium corymbosum*	文莱	丛枝蒲桃	ubah dailan
7025	*Syzygium costulatum*	菲律宾	小肋蒲桃	bayakbak；malakna；paitan；tianug
7026	*Syzygium crassibracteatum*	菲律宾	粗苞叶蒲桃	patsaragon
7027	*Syzygium crassilimbum*	菲律宾	粗壮蒲桃	kai
7028	*Syzygium crassipes*	菲律宾	粗梗蒲桃	barukbak
7029	*Syzygium crassissimum*	菲律宾	宽叶蒲桃	magolumboi
7030	*Syzygium cumini*	印度、菲律宾、缅甸、斯里兰卡、马里亚纳群岛、马来西亚、柬埔寨、老挝、越南、安达曼群岛	乌墨蒲桃	arugadam；bhotojamo；black plum；chotajam；chuajamo；duhat；jam；kuda；kutijamo；lendi；longboi；madan；naga；phalanda；phalani；rasaneredu；samba；thabye；thabye-byu；wa-pasang；zambol
7031	*Syzygium curranii*	菲律宾	库氏蒲桃	curran lipote
7032	*Syzygium curtiflorum*	菲律宾	短花蒲桃	lipoteng-gubat
7033	*Syzygium davaoense*	菲律宾	达沃蒲桃	magatungal
7034	*Syzygium decipiens*	菲律宾	疏毛蒲桃	malaruhat-pula
7035	*Syzygium densinervium*	菲律宾	密萼蒲桃	salakadan
7036	*Syzygium diffusiflorum*	菲律宾	散花蒲桃	batungou
7037	*Syzygium diospyrifolium*	菲律宾	柿叶蒲桃	malaanang
7038	*Syzygium durum*	菲律宾	硬质蒲桃	kalokok
7039	*Syzygium ebaloii*	菲律宾	依氏蒲桃	arinaya
7040	*Syzygium ecostulatum*	菲律宾	伊卡斯蒲桃	lamutong-linis
7041	*Syzygium elliptifolium*	菲律宾	椭圆蒲桃	lambug；pogau
7042	*Syzygium escritorii*	菲律宾	埃氏蒲桃	igot
7043	*Syzygium euphlebium*	菲律宾	美脉蒲桃	karutad
7044	*Syzygium everettii*	菲律宾	艾氏蒲桃	malahagnit
7045	*Syzygium fastigiatum*	菲律宾、西马来西亚、马来西亚	密枝蒲桃	hahanum；kelat；obah；obah puteh
7046	*Syzygium fenicis*	菲律宾	兰屿蒲桃	fenix malaruhat
7047	*Syzygium filiforme*	西马来西亚	线状蒲桃	kelat
7048	*Syzygium filipes*	菲律宾	长梗蒲桃	labag-labag
7049	*Syzygium fischeri*	菲律宾	费氏尔蒲桃	milibig

序号	学名	主要产地	中文名称	地方名
7050	*Syzygium forte*	沙捞越、西马来西亚	福迪蒲桃	jambu；kelat jambu laut
7051	*Syzygium foxworthyi*	菲律宾	南亚蒲桃	kalignau
7052	*Syzygium fruticosum*	孟加拉国、缅甸	簇花蒲桃	putigam；thabye-ni
7053	*Syzygium garciae*	菲律宾	加西亚蒲桃	igang
7054	*Syzygium gardneri*	印度	薄纱蒲桃	jaman；kari nyaral；nir naval
7055	*Syzygium gigantifolium*	菲律宾	巨叶蒲桃	malatalisai
7056	*Syzygium gitingense*	菲律宾	基廷根蒲桃	adang
7057	*Syzygium globosum*	菲律宾	球状蒲桃	kalugpo
7058	*Syzygium gracile*	菲律宾	细枝蒲桃	bagabag
7059	*Syzygium grande*	缅甸、沙捞越	大蒲桃	thabye-gyi；ubah jambu
7060	*Syzygium gratum*	菲律宾	格劳姆蒲桃	kalaum；lauihan；mareeg；mariig
7061	*Syzygium griffithii*	马来西亚	格氏蒲桃	eugenia；kelat；kelat jambu
7062	*Syzygium griseum*	菲律宾	灰色蒲桃	butadtad
7063	*Syzygium guettnerianium*	马来西亚	格特纳蒲桃	kelat
7064	*Syzygium guineense*	马来西亚	几内亚蒲桃	kissa；ko kissa
7065	*Syzygium halophilum*	菲律宾	盐生蒲桃	malaruhat-lala-o
7066	*Syzygium havilandii*	印度尼西亚	霍氏蒲桃	tatambu；tatumbuh；uweh
7067	*Syzygium helferi*	西马来西亚	黑蒲桃	kelat
7068	*Syzygium hughcumingii*	菲律宾	胡氏蒲桃	bagombis
7069	*Syzygium hutchinsonii*	菲律宾	哈氏蒲桃	malatambis
7070	*Syzygium incarnatum*	菲律宾	心形蒲桃	lamuto
7071	*Syzygium incrassatum*	菲律宾	皱叶蒲桃	mariig-kap alan
7072	*Syzygium intumescens*	菲律宾	膨胀蒲桃	haoho
7073	*Syzygium irigense*	菲律宾	伊里加蒲桃	irig tambis
7074	*Syzygium irosinense*	菲律宾	伊洛蒲桃	tagalungoi
7075	*Syzygium isabelense*	菲律宾	伊莎贝蒲桃	gubal
7076	*Syzygium ixoroides*	菲律宾	苦蒲桃	kalaum
7077	*Syzygium jambos*	老挝、越南、南亚、关岛、菲律宾、柬埔寨、缅甸	蒲桃	doi；gioi；jambosier；macupa；malay apple；roi；rose apple；tampui；thabyu-tha bye
7078	*Syzygium lacustre*	菲律宾	湖生蒲桃	malaasom
7079	*Syzygium lambii*	菲律宾	蓝氏蒲桃	lamuto lamuto

序号	学名	主要产地	中文名称	地方名
7080	*Syzygium lancilimbum*	菲律宾	柳叶蒲桃	salimbangon
7081	*Syzygium leptogynum*	菲律宾	薄叶蒲桃	balibadan
7082	*Syzygium leucoxylum*	菲律宾	亮叶蒲桃	ngaret
7083	*Syzygium leytense*	菲律宾	莱特蒲桃	bagotambis
7084	*Syzygium llanosii*	菲律宾	拉氏蒲桃	llanos tual
7085	*Syzygium longiflorum*	西马来西亚、菲律宾、柬埔寨、老挝、越南、沙捞越、文莱	长花蒲桃	kelat; lagi-lagi; macaasin na danariin; pring phnom; pring sambac salp; ubah daun kecil; ubah merah
7086	*Syzygium longipedicellatum*	菲律宾	长柄蒲桃	malatampui-haba
7087	*Syzygium longissimum*	菲律宾	长叶蒲桃	tual
7088	*Syzygium longistylum*	菲律宾	长柱蒲桃	lobagan
7089	*Syzygium lorofolium*	菲律宾	带叶蒲桃	salasak
7090	*Syzygium lumutanense*	菲律宾	鲁木坦蒲桃	muning
7091	*Syzygium luteum*	菲律宾	赭黄蒲桃	malayambun g-dilau
7092	*Syzygium luzonense*	菲律宾	吕宋蒲桃	duktulan; malaruhat na pula
7093	*Syzygium macgregorii*	菲律宾	麦氏蒲桃	bikuas
7094	*Syzygium macromyrtus*	文莱	大果蒲桃	ubah merah; ubah minyak
7095	*Syzygium mainitense*	菲律宾	迈因蒲桃	malabikuas
7096	*Syzygium malaccense*	缅甸、沙捞越、西马来西亚、马里亚纳群岛、菲律宾	马来蒲桃	hnin-thabye; jambu; jambu bol; jambu lipa; macupa; makupa; malay apple; pomme de malaisie; rose apple; thabyu-tha bye; yambu
7097	*Syzygium malagsam*	菲律宾	苹果蒲桃	malagsam
7098	*Syzygium mananquil*	菲律宾	马南奎蒲桃	bagabag; bagohangin; bidbid; buabua; bungkulan; kagoko; kopakopa; manangkil; mungilkil; pasoso; tambis
7099	*Syzygium megalanthum*	菲律宾	巨花蒲桃	malakalaum
7100	*Syzygium megalophyllum*	菲律宾	巨叶藻蒲桃	midbit-lap aran
7101	*Syzygium megistophyllum*	菲律宾	豆蔻蒲桃	talamitam
7102	*Syzygium melastomoides*	菲律宾	裂苞蒲桃	magdang
7103	*Syzygium melliodorum*	菲律宾	梅洛蒲桃	midbit
7104	*Syzygium merrillii*	菲律宾	梅氏蒲桃	merrill malaruhat

序号	学名	主要产地	中文名称	地方名
7105	*Syzygium merrittianum*	菲律宾	梅里蒂蒲桃	tumolad
7106	*Syzygium mimicum*	菲律宾	仿蒲桃	mimisan
7107	*Syzygium mindorense*	菲律宾	名都罗岛蒲桃	malaruhat-gulod
7108	*Syzygium mirabile*	菲律宾	米蒲桃	gulodlab
7109	*Syzygium mirandae*	菲律宾	米兰达蒲桃	guromon
7110	*Syzygium multinerve*	菲律宾	多枝蒲桃	bayabo
7111	*Syzygium multipuncticulatum*	菲律宾	多刺蒲桃	apnig
7112	*Syzygium napiforme*	沙巴	萝卜形蒲桃	obah
7113	*Syzygium neei*	菲律宾	尼伊蒲桃	pangugok
7114	*Syzygium nemestrinum*	印度尼西亚	尼米斯蒲桃	emang
7115	*Syzygium nervosum*	斯里兰卡、印度、菲律宾、越南、老挝、柬埔寨、缅甸	多脉蒲桃	batta domba; cleistocalyx; daeng; dai voi; diang; dugdugia; kaimoni; mai hkai; malaruhat; piaman; pita jam; thabye-gyin; thuti; topa piaman; yethabye
7116	*Syzygium nitidissimum*	菲律宾	光亮蒲桃	manogobahi
7117	*Syzygium nitidum*	菲律宾	光泽蒲桃	araban; dulitan; kalubkub; macaasim; makaasim; makagsim
7118	*Syzygium oblanceolatum*	菲律宾	长矛蒲桃	lauigan
7119	*Syzygium oblatum*	缅甸	宽果蒲桃	thabye-satche
7120	*Syzygium obliquineruium*	菲律宾	斜生蒲桃	barabak
7121	*Syzygium obovatum*	孟加拉国	倒卵蒲桃	sikasja jam
7122	*Syzygium ochneocarpum*	马来西亚、沙巴、沙捞越	黄褐蒲桃	lapakis; obah; ubah parit
7123	*Syzygium oleinum*	菲律宾	奥莱蒲桃	baugit
7124	*Syzygium operculatum*	印度	盖状蒲桃	bhumijambu; dugdugia; jamava; monisiajamo; naral; piaman; rai-jaman
7125	*Syzygium pachyphyllum*	缅甸	厚叶蒲桃	thabye-cho
7126	*Syzygium palawanense*	菲律宾	巴拉望蒲桃	palawan lamuto
7127	*Syzygium palembanicum*	沙捞越	掌叶蒲桃	bah; bak sayang; bok sayang; kelat; lamala; letana; obah; tribai; ubah; ubah banir; ubah bank; ubah chengkeh; ubah midin; ubah serai; ubah tadah; ubal; ubarr; ubat kerab; uvah
7128	*Syzygium pallidum*	菲律宾	苍白蒲桃	kauag

序号	学名	主要产地	中文名称	地方名
7129	*Syzygium panayensis*	菲律宾	帕纳蒲桃	panay hat
7130	*Syzygium panduriforme*	菲律宾	潘杜蒲桃	lauig-laui gan
7131	*Syzygium papillosum*	西马来西亚	帕皮洛蒲桃	kelat paya
7132	*Syzygium pascasioii*	菲律宾	帕氏蒲桃	emblic myrobalan
7133	*Syzygium paucivenium*	菲律宾	圆顶蒲桃	panomau
7134	*Syzygium penasii*	菲律宾	坡氏蒲桃	penas malaruhat
7135	*Syzygium peninsula*	菲律宾	半岛蒲桃	kup-kup
7136	*Syzygium peregrinum*	菲律宾	刺齿蒲桃	kapinig
7137	*Syzygium perpallida*	菲律宾	垂丝蒲桃	malaruhat puti
7138	*Syzygium phanerophlebium*	菲律宾	花叶蒲桃	malayambu
7139	*Syzygium philippinense*	菲律宾	菲律宾蒲桃	bagohian；bogohian
7140	*Syzygium polisense*	菲律宾	波利森蒲桃	mangauisai
7141	*Syzygium polyanthum*	菲律宾、婆罗洲、印度尼西亚、沙捞越	多花蒲桃	bayekbek；salam；ubah laut；ubar dukat
7142	*Syzygium polycephaloides*	菲律宾	多面蒲桃	lipote
7143	*Syzygium polycephalum*	爪哇岛	绒蒲桃	koepa
7144	*Syzygium pulgarense*	菲律宾	普格兰蒲桃	pulgar lamuto
7145	*Syzygium purpuricarpum*	菲律宾	紫果蒲桃	lamutong morado
7146	*Syzygium purpuriflorum*	菲律宾	紫花蒲桃	malamuto
7147	*Syzygium pyrifolium*	马来西亚	梨形蒲桃	jambur；lansat gabuk
7148	*Syzygium ramosii*	菲律宾	宽瓣蒲桃	magtalulong
7149	*Syzygium ridleyi*	西马来西亚	瑞德蒲桃	kelat
7150	*Syzygium rizalense*	菲律宾	里扎伦蒲桃	bangkalauan
7151	*Syzygium robertii*	菲律宾	洛氏蒲桃	kiyugkug
7152	*Syzygium robinsonii*	菲律宾	罗氏蒲桃	bagtungoi
7153	*Syzygium rolfei*	菲律宾	高山蒲桃	mangampo
7154	*Syzygium rosenbluthii*	菲律宾	罗森蒲桃	magkai
7155	*Syzygium roseomarginatum*	菲律宾	罗索蒲桃	pamayaasen
7156	*Syzygium rosulentum*	文莱	罗苏蒲桃	ubah dailan；ubah samak；ubor jambu
7157	*Syzygium rubropurpureum*	菲律宾	紫蒲桃	bubuyang

序号	学名	主要产地	中文名称	地方名
7158	*Syzygium rubroyenium*	菲律宾	鲁布蒲桃	pagbalayan
7159	*Syzygium sablanense*	菲律宾	萨伯兰蒲桃	dulatan
7160	*Syzygium samarangense*	菲律宾	洋蒲桃	makopa
7161	*Syzygium sandwicense*	文莱	沙威森蒲桃	dailan; ubah dailan; ubah jambu; ubah puteh; ubar dailan; ubor jambu
7162	*Syzygium santosii*	菲律宾	桑氏蒲桃	bultik
7163	*Syzygium sarcocarpum*	菲律宾	肉果蒲桃	tutambis
7164	*Syzygium sayeri*	马里亚纳群岛、印度尼西亚、菲律宾、关岛、西马来西亚、柬埔寨、老挝、越南、马来西亚、泰国、婆罗洲、沙捞越、沙巴、缅甸	塞耶蒲桃	aaban; bagotambis; bilolo; binnlo; casse hache; dangkhao; gelam; goyavier montagne; hags; jambu; kalobkob; luliembog; macaasin; obar; panglongbo ien; pangugok; samak; sambulauan; tambulauan; thabye
7165	*Syzygium sessililimbum*	菲律宾	无梗蒲桃	malabayaon
7166	*Syzygium siderocola*	菲律宾	铁血蒲桃	magkaimag
7167	*Syzygium simile*	菲律宾	兰屿赤楠	arang; magakombo; malaruhat; mayauban; paitan; panglongbo ien
7168	*Syzygium speciosissimum*	菲律宾	异形藻蒲桃	sisik-ganda
7169	*Syzygium squamiferum*	菲律宾	尖萼蒲桃	sakut
7170	*Syzygium striatulum*	菲律宾	纹状蒲桃	malaruhat-sapa
7171	*Syzygium subcaudatum*	菲律宾	亚尾蒲桃	malaruhat-buntotan
7172	*Syzygium subfalcatum*	菲律宾	镰形蒲桃	paitan-bakil
7173	*Syzygium subfoetidum*	菲律宾	镰籽蒲桃	bintang
7174	*Syzygium subrotundifolium*	菲律宾	亚圆叶蒲桃	kalogkog-dagat
7175	*Syzygium subsessile*	菲律宾	无柄蒲桃	gulagan
7176	*Syzygium subsessiliflorum*	菲律宾	无柄花蒲桃	malagulagan
7177	*Syzygium sulcistylum*	菲律宾	皱尾蒲桃	bislot
7178	*Syzygium sulitii*	菲律宾	苏氏蒲桃	sulit malaruhat
7179	*Syzygium suluense*	菲律宾	苏禄蒲桃	lapinig
7180	*Syzygium surigaense*	菲律宾	苏里高甘蒲桃	kagagko
7181	*Syzygium syzygioides*	西马来西亚、缅甸、文莱	西齐焦蒲桃	kelat; thabye-pau k-pauk; ubah lingkau; ubah puteh; ubor porak

序号	学名	主要产地	中文名称	地方名
7182	*Syzygium tawahense*	沙巴	塔瓦亨蒲桃	kelat；obah umum
7183	*Syzygium tayabense*	菲律宾	塔亚本蒲桃	husu-husu
7184	*Syzygium taytayense*	菲律宾	泰泰森蒲桃	taytay lamuto
7185	*Syzygium tenuipes*	菲律宾	细须蒲桃	tikoi
7186	*Syzygium tenuirame*	菲律宾	细叶蒲桃	kahoibod
7187	*Syzygium tetragonum*	缅甸	四角蒲桃	thabye
7188	*Syzygium thumra*	缅甸	特姆拉蒲桃	thabye-ywet-gyi
7189	*Syzygium toppingii*	菲律宾	托氏蒲桃	lauisan
7190	*Syzygium trianthum*	菲律宾	三蕊蒲桃	tubal
7191	*Syzygium triphyllum*	菲律宾	三叶蒲桃	tubal-tubal
7192	*Syzygium tripinnatum*	菲律宾	三回蒲桃	hagis
7193	*Syzygium tula*	菲律宾	图拉蒲桃	tula
7194	*Syzygium ugoense*	菲律宾	乌戈蒲桃	ugo
7195	*Syzygium urdanetense*	菲律宾	乌坦尼塔蒲桃	lasgas
7196	*Syzygium urophyllum*	菲律宾	尾叶蒲桃	malaruhat-bundok
7197	*Syzygium vaccinifolium*	菲律宾	越橘叶蒲桃	magpong
7198	*Syzygium valdepunctatum*	菲律宾	瓦尔德蒲桃	pango
7199	*Syzygium vernonioides*	菲律宾	春蒲桃	talingahon
7200	*Syzygium vidalianum*	菲律宾	维达连蒲桃	bagilumboi
7201	*Syzygium viridifolium*	菲律宾	青绿蒲桃	mayauban
7202	*Syzygium vulcanicum*	菲律宾	岩生蒲桃	liuas
7203	*Syzygium wallichii*	孟加拉国	瓦氏蒲桃	dholi-jam
7204	*Syzygium wenzelii*	菲律宾	温氏蒲桃	wenzel malaruhat
7205	*Syzygium whitfordii*	菲律宾	威氏蒲桃	whitford malaruhat
7206	*Syzygium williamsii*	菲律宾	惠氏蒲桃	williams malaruhat
7207	*Syzygium xanthophyllum*	菲律宾	黄叶树蒲桃	apinig；balakbak；barakbak；bislot；kapinig；kayoko；lapinig；malatampui；malayambo；tampui
7208	*Syzygium xiphophyllum*	菲律宾	剑叶蒲桃	baya-baya
7209	*Syzygium zamboangense*	菲律宾	三宝颜蒲桃	malasugi
7210	*Syzygium zeylanicum*	文莱、柬埔寨、老挝、越南、缅甸	锡兰蒲桃	langkimut；pring chanh；pring lies；thabye-bauk
	Tabebuia **（BIGNONIACEAE）** **蚁木属（紫葳科）**		**HS CODE** **4403.49**	
7211	*Tabebuia aurea*	菲律宾	金黄蚁木	hoja plata

序号	学名	主要产地	中文名称	地方名
7212	*Tabebuia rosea*	菲律宾	红蚁木	rosetree
	Tabernaemontana **(APOCYNACEAE)** **狗牙花属（夹竹桃科）**		**HS CODE** **4403. 49**	
7213	*Tabernaemontana divaricata*	印度、泰国、菲律宾	展枝狗牙花	ananta; chameli; chandni; east india rosebay; gandhitaga rapu; kuttampale; mai phoot; nandibatlu; nandivarda nam; nanyyarvat tam; rosa dehielo; sagar; tagar; tagara; togoro; vadli namdit
7214	*Tabernaemontana macrocarpa*	沙捞越、菲律宾、文莱、沙巴	大果狗牙花	badak; bengkada; bua tuyang ngong; burut; empedo; kajo loangbin; kalipsa; kayu ngong; kitong; merbadak; pelir berok; pelir kambing; petabu; sangala; sengala; sinu; tara manang
7215	*Tabernaemontana pandacaqui*	菲律宾、文莱	潘达卡狗牙花	agtimaloi; alibutbut; busbusilak; kerimpa patong; kuribetbet; merbadak; mindoro taparak; pandakaki; pandakakin g-bagasbas; pandakakin g-buntotan; pasik; salibotbot; salibukbuk; talanisog; taparak; tara nundang
7216	*Tabernaemontana sphaerocarpa*	文莱、菲律宾	球果狗牙花	buah pelir berok; buah polir kambing; merbadak; pandakakin g-bilog; polir kambing
	Taiwania **(CUPRESSACEAE)** **台湾杉属（柏科）**	**HS CODE** **4403. 25（截面尺寸≥15cm）或 4403. 26（截面尺寸<15cm）**		
7217	*Taiwania cryptomerioides*	日本、中国台湾地区、缅甸	台湾杉	asugi; chinese coffin-wood-tree; formosa taiwania; formosan taiwania; sha mu; taiwan sugi; tayok-khau ng-bin
	Talauma **(MAGNOLIACEAE)** **盖裂木属（木兰科）**		**HS CODE** **4403. 99**	
7218	*Talauma angatensis*	菲律宾	马拉盖裂木	malapina; pala-palla
7219	*Talauma fistulosa*	柬埔寨、老挝、越南	旋花盖裂木	dahop; dahop rung
7220	*Talauma gioi*	越南、缅甸	吉奥盖裂木	champak; gioi

序号	学名	主要产地	中文名称	地方名
7221	*Talauma hodgsoni*	印度、尼泊尔	盖裂木	balukhat; baramthuri; boramthuri; champak; harre; pankakro; patpatta; safan; siffoo
7222	*Talauma spongocarpa*	缅甸	海绵状盖裂木	thit-linne
7223	*Talauma villariana*	菲律宾	帕特盖裂木	patangis
	Tamarindus (**CAESALPINIACEAE**) **酸豆属（苏木科）**		**HS CODE** **4403.99**	
7224	*Tamarindus indica*	帝汶、印度尼西亚、柬埔寨、越南、爪哇岛、马里亚纳群岛、菲律宾、关岛、老挝、缅甸、斯里兰卡	酸豆木	aisucair tamarindo; amali; amilam; amlika jhar; ampil; asam; asem; assem; camalindo; chicha; eginam; huli; hunase; konya; koya; magyeng; puliamaram; salamagi; tamrulhindi; valampuli
	Tamarix (**TAMARICACEAE**) **柽柳属（柽柳科）**		**HS CODE** **4403.99**	
7225	*Tamarix gallica*	也门	法国柽柳	tharfa
7226	*Tamarix usneoides*	印度、也门、巴基斯坦	细花柽柳	asreli; asul; atsel; azrelei; ethel; faras; farash; frash; khar; koan; laljhau; lei; narlei; o'dba; pharwan; rukh; takahout; takaout; tarwa; ukan; ukhan; vern
	Tapiscia (**TAPISCIACEAE**) **瘿椒树属（瘿椒树科）**		**HS CODE** **4403.99**	
7227	*Tapiscia sinensis*	中国	瘿椒树	tapiscia
	Tarenna (**RUBIACEAE**) **乌口树属（茜草科）**		**HS CODE** **4403.99**	
7228	*Tarenna acuminata*	菲律宾	披针叶乌口树	tumarau-tilos
7229	*Tarenna arborea*	菲律宾	乌口树	tumarau
7230	*Tarenna asiatica*	印度	亚洲乌口树	jhanjhauka; kankra; komi; tarani
7231	*Tarenna bartlingii*	菲律宾	巴氏乌口树	pangapatolen
7232	*Tarenna catanduanensis*	菲律宾	卡坦乌口树	tumaraurau
7233	*Tarenna citrina*	越南	黄花乌口树	nhau rang
7234	*Tarenna costata*	文莱	脉状乌口树	tunjok langit
7235	*Tarenna cumingiana*	菲律宾	球兰乌口树	bigtungon
7236	*Tarenna elongata*	菲律宾	长穗乌口树	bigtungon-haba

序号	学名	主要产地	中文名称	地方名
7237	*Tarenna fragrans*	沙捞越、菲律宾、文莱	香乌口树	barasiah；bosiling-banguhan；gergansar bukit；nyarum hutan
7238	*Tarenna hoaensis*	老挝、越南	老挝乌口树	chankhao；travo
7239	*Tarenna littoralis*	菲律宾	滨乌口树	bosiling-dagat
7240	*Tarenna loheri*	菲律宾	南洋乌口树	loher gusokan
7241	*Tarenna luzoniensis*	菲律宾	吕宋乌口树	butio
7242	*Tarenna meyeri*	菲律宾	迈耶乌口树	kamoton
7243	*Tarenna multinervia*	菲律宾	多纳乌口树	tandaluli
7244	*Tarenna nitida*	菲律宾	密茎乌口树	bigtungon-sikat
7245	*Tarenna oakeri*	菲律宾	橡叶乌口树	bailey gusokan
7246	*Tarenna obtusifolia*	菲律宾	钝叶乌口树	bigtungon-dagat
7247	*Tarenna pachyphylla*	菲律宾	厚叶乌口树	bosiling-kapalan
7248	*Tarenna palawanensis*	菲律宾	巴拉望乌口树	pariuan
7249	*Tarenna pangasinensis*	菲律宾	潘加乌口树	bosiling-tubig
7250	*Tarenna sabtanensis*	菲律宾	萨塔乌口树	sabtan bosili
7251	*Tarenna sambucina*	马里亚纳群岛	桑纳乌口树	smagdara；sumac lada；sumak；sumak ladda
7252	*Tarenna scaberula*	菲律宾	斯卡乌口树	malapangap
7253	*Tarenna stenantha*	菲律宾	狭叶乌口树	basa
	***Tasmannia*（WINTERACEAE）** **单性林仙属（假八角科）**		**HS CODE** **4403. 99**	
7254	*Tasmannia piperita*	菲律宾	单性林仙木	amututin
	***Taxus*（TAXACEAE）** **红豆杉属（红豆杉科）**	**HS CODE** **4403. 25（截面尺寸≥15cm）或 4403. 26（截面尺寸<15cm）**		
7255	*Taxus baccata*	印度、伊朗、缅甸	欧洲红豆杉	barma；barmi；cheongbu；common yew；dingsableh；eibe；ekaling；english yew；gemeine-eibe；kyauk-tinyu；nhare；rakhal；sulah；tcheiray；thuna；thuniaru；tingschi；tung；tunsi；yew
7256	*Taxus celebica*	菲律宾	西里伯斯红豆杉	chinese yew；tassi d'asia
7257	*Taxus chinensis*	中国、越南、印度、马来西亚	红豆杉②	yew

序号	学名	主要产地	中文名称	地方名
7258	*Taxus cuspidata*	日本、中国、朝鲜、俄罗斯、亚洲	东北红豆杉②	araragi; ararge; ichii; ifdu japon; japanese yew; japanische eibe; japanse taxus; japansk idegran; jumog; onko; tassi d'asia; tassi dell'estre mo oriente; tasso giapponese; tejo de japon; yew
7259	*Taxus fuana*	中国、缅甸、不丹、印度、尼泊尔、巴基斯坦、阿富汗	密叶红豆杉②	yew
7260	*Taxus sumatrana*	缅甸、印度、印度尼西亚、菲律宾、中国台湾地区、越南	苏门答腊红豆杉②	chinese taxus; chinese yew; if de chine; kinesisk idegran; taiwan ichii; tasso cinese; tejo chino
7261	*Taxus wallichiana*	菲律宾、阿富汗、不丹、中国、印度	喜马拉雅红豆杉②	amugauen; himalayan yew; mountain yew; tassi d'asia
	Tecoma **(BIGNONIACEAE)** **黄钟花属（紫葳科）**		**HS CODE** **4403. 99**	
7262	*Tecoma stans*	印度、菲律宾	黄钟花木	bois fleurs jaunes; koranekalar; nagasambagam; pachagotla; sonnapatti; sornapatti; yellow elder
7263	*Tecoma undulata*	印度、也门	条纹黄钟花木	lohero; radbar; rahira
	Tectona **(VERBENACEAE)** **柚木属（马鞭草科）**		**HS CODE** **4403. 49**	
7264	*Tectona grandis*	印度、缅甸、西伊里安、爪哇岛、巴基斯坦、泰国、柬埔寨、印度尼西亚、老挝、越南、西马来西亚、沙巴、苏门答腊、孟加拉国、斯里兰卡	柚木	adaviteeku; bangkok teak; cheribon; djati; figured teak; genuine teak; indische eiche; jadi; moulmein teak; pahi; sagwan; sagwani; tecade birmania; tegina; teka; tekha; teku; thailand teak; thyaga
7265	*Tectona hamiltoniana*	缅甸、印度	哈密柚木	dahat
7266	*Tectona philippinensis*	菲律宾	菲律宾柚木	bunglas; philippine teak
	Teijsmanniodendron **(VERBENACEAE)** **蒂氏木属（马鞭草科）**		**HS CODE** **4403. 99**	
7267	*Teijsmanniodendron ahernianum*	菲律宾	蒂氏木	dangula; heavy teysmannio dendron; sasalit

序号	学名	主要产地	中文名称	地方名
7268	*Teijsmanniodendron bogoriense*	西伊里安、沙巴、马来西亚	茂物蒂氏木	besoh; buak jari; buak-buak jari; entapuloh; kesoi; kesooi; kiyooi; lapome; medang pawas; teijsmanni odendron
7269	*Teijsmanniodendron coriaceum*	文莱、西马来西亚、苏门答腊	革质蒂氏木	entaempulor; entapuloh; gading; kerasak; kerinjing daun
7270	*Teijsmanniodendron hollrungii*	马来西亚	霍氏蒂氏木	teijsmanni odendron
7271	*Teijsmanniodendron holophyllum*	沙巴、西马来西亚	缘叶蒂氏木	buak batu; buak-buak batu; entapuloh
7272	*Teijsmanniodendron longifolium*	菲律宾	长叶蒂氏木	atikoko
7273	*Teijsmanniodendron novoguineense*	马来西亚	诺瓦蒂氏木	teijsmanni odendron
7274	*Teijsmanniodendron pteropodum*	沙巴、苏门答腊、文莱、菲律宾	翼柄蒂氏木	buak jariitek; buak-buak jariitek; cempana payo; dakiair; entaempulor; entapuloh; junjung bukit; medang gergah; sepunggung; sipanuh alapai; tanggunan; tikoko
7275	*Teijsmanniodendron simplicifolium*	文莱	独瓣蒂氏木	entaempulor
7276	*Teijsmanniodendron subspicatum*	文莱	穗状蒂氏木	entaempulor
7277	*Teijsmanniodendron unifoliolatum*	菲律宾	单叶蒂氏木	babako
	Terminalia **(COMBRETACEAE)** **榄仁属（使君子科）**		**HS CODE** **4403. 49**	
7278	*Terminalia alata*	印度、越南、柬埔寨、老挝、斯里兰卡、缅甸、菲律宾、印度尼西亚、泰国	翼状榄仁	aini; aisan; banapu sajad; cagan; calich; dudi maddi; east indian laurel; hadri; hatna; inumaddi; kolashahajo; laurel; madati; neang phaec; nelamadu; piasal; rokfa; sadada; thembava; thenpavu; usan
7279	*Terminalia arjuna*	印度、菲律宾、斯里兰卡	阿江榄仁	anmadat; bilimathi; dhaulasadr; erramaddi; gara patana; holamatti; indian laurel; jumla; kumbuk; maddi; nirmatti; pandasahajo; savimadat; tallamaddi; vellamatta; white murdah; yermaddi; yerramaddi

序号	学名	主要产地	中文名称	地方名
7280	*Terminalia belerica*	印度、缅甸、泰国西部	贝莱榄仁	babela
7281	*Terminalia bellirica*	印度、苏门答腊、缅甸、泰国、越南、斯里兰卡、孟加拉国、爪哇岛、老挝、西马来西亚、印度尼西亚	油榄仁	akkam；antalun；babela；choai；coting；djoho；geneng；hulluch；jelawai；kayu ketapang；lapong；maihen；pipek；samaw；tahaka；vavara；vibidagam；yehelabehada；yela
7282	*Terminalia bialata*	越南、安达曼群岛、印度、泰国、缅甸、柬埔寨、斯里兰卡	双翼榄仁	chuglam；daung-aiktan；indian greywood；indian silver greywood；indiawood；ixora；lein；popeal khe；silver greywood；silver-grey indien；tay-ninh；verda；verde；white chuglam；white silver greywood
7283	*Terminalia calamansanai*	菲律宾、柬埔寨、老挝、越南、西马来西亚、西伊里安、东南亚、缅甸、印度	菲律宾榄仁	bangkalaguan；busili；chieu lieunoc；chieu lieunuoc；dikang；jelawai mentalun；kalamansakat；lumangog；lumanog；mabantut；nhioc；nhoc；pangalusiten；saget；saket；white chuglam；yellow terminalia
7284	*Terminalia catappa*	印度、安达曼群岛、西伊里安、缅甸、柬埔寨、越南、文莱、老挝、菲律宾、西马来西亚、苏门答腊、印度尼西亚、沙巴、沙捞越、马绍尔群岛、斯里兰卡、关岛、中国台湾地区、马里亚纳群岛	榄仁木	adamaram；badam；caybang；dalisai；egombegombe；hou kouang；indian almond；jelawai ketapang；kutil；lahapang；mocua；nat vadom；olegra；pattibadam；sabidug；salaisai；taree；urubadami；vedam；white bombwe
7285	*Terminalia celerica*	越南	塞来榄仁	chieu-lieu
7286	*Terminalia chebula*	印度、柬埔寨、老挝、越南、缅甸、泰国、南亚、菲律宾	藏青榄仁	arale；black myrobalan；chebulic；gall-nut；habra；hirdo；illagucam；jonghihorida；kadakai；mahoka；myrobalan；ordo；panga；rola；samao tchet；samawo；som mo；sramar；sumo

序号	学名	主要产地	中文名称	地方名
7287	*Terminalia citrina*	菲律宾、东南亚、西马来西亚、缅甸、苏门答腊、沙巴、老挝	柠黄绿榄仁	agaru；apunga；aritok；bangayas；banglis；dinglas；harra；ketapang；lasilasan；lhun；maghubo；maglalopoi；naghubo；paghubo；rubian；selangan jambu；som mo；tangisan；tiroron
7288	*Terminalia conzintana*	菲律宾	塔纳榄仁	bunggas
7289	*Terminalia copelandii*	苏门答腊、印度尼西亚、西马来西亚、菲律宾、西伊里安、沙巴	蔻氏榄仁	hatapang；kedawang；ketapang；ketapang darat；lahayang payo；lanipau；mertapang；mowen；muwen；talisai paya
7290	*Terminalia corticosa*	缅甸、印度、越南、柬埔寨、老挝	厚皮榄仁	cam lien；cham-bao；chieu lieunui；chinhoi；chum bao；indian；pram damleng；puay luat；sain；xangoi
7291	*Terminalia darfeuillana*	柬埔寨、老挝、越南	埃拉榄仁	chieu lieu miet
7292	*Terminalia darlingii*	菲律宾	达氏榄仁	malaputat
7293	*Terminalia foetidissima*	菲律宾、苏门答腊、西马来西亚、文莱、马来西亚	福蒂榄仁	alilem；bangkalauag；dalinsai；garam-garam；gelawasi；hakit；jaha keling；jejako；jelawai；kayu kunyit；lud tambang；malagabi；paang-balinis；talisai；talisai gubat；telisai；ubut ubut
7294	*Terminalia gigantifolia*	印度尼西亚	巨叶榄仁	ketapang
7295	*Terminalia manii*	安达曼群岛、印度	黑榄仁	black chuglam；chuglam；chuglam negro；chuglam nero；chuglam noir；donkere chuglam；dunkles chuglam；kaia chuglam；kala chuglam
7296	*Terminalia microcarpa*	菲律宾、印度尼西亚、婆罗洲、苏门答腊、东南亚	小果榄仁	alupi；baho；baraus；basi；calumpit；dalinsai；gayumahin；gisit；iamin；ilocos sur；kalamansanai；kotmok；tako；talisai；tangal；tayataya；yellow terminalia
7297	*Terminalia molii*	苏门答腊	莫利榄仁	genggaram；katuko；pentalon；sinar kuhirap
7298	*Terminalia mucronata*	泰国	聚花榄仁	puei；tabaek-laud
7299	*Terminalia myriocarpa*	越南、印度、尼泊尔、缅甸、老挝、苏门答腊	万果榄仁	cho long；chorpui；cho xanh；hollock；jhalna；kheo nua；lahapang；panisai；panisaj；sam ta；sentalon；shila；shi-la；sunglock；ye-taukkyan

序号	学名	主要产地	中文名称	地方名
7300	*Terminalia nitens*	菲律宾	光榄仁	anagep; arinkubal; bisal; dalinsai; haket; kalaupi; magtalisi; malagabi; mantabig; pansaket; sacat; sakat; samondo; sulo-sullo; tagit
7301	*Terminalia oliveri*	缅甸、印度	橄榄榄仁	than
7302	*Terminalia oxyphylla*	苏门答腊	尖叶榄仁	ketapang
7303	*Terminalia paniculata*	印度	锥花榄仁	asvakarnah; bili-matti; flowering murdah; honagalu; hunal; kindal; marudu; marutu; neemeeri; pekadukkai; pumarutu; putanallamanu; quinzol; ulvi; vedamarudu; vellamaruda; vemmarutu; venmaruthu
7304	*Terminalia pellucida*	菲律宾	四齿榄仁	aritongtong; dalinsai nalinsi; dalinsi; dulauen; hakit; manaong; saket; sulo-sullo; upung-upung
7305	*Terminalia phellocarpa*	西马来西亚、沙捞越、苏门答腊	黄花榄仁	jelawai mempelam babi; jelawei mempelam babi; ketapang; mempelam babi
7306	*Terminalia plagata*	菲律宾	帕拉塔榄仁	manaong
7307	*Terminalia pocarpa*	菲律宾	卡帕榄仁	talisai gubat
7308	*Terminalia polyantha*	菲律宾	多花榄仁	bagiraua
7309	*Terminalia procera*	安达曼群岛	高大榄仁	badam; white bombway
7310	*Terminalia pyrifolia*	缅甸西南部	樱叶榄仁	lein
7311	*Terminalia rubiginosa*	印度尼西亚	皱叶榄仁	angies
7312	*Terminalia samoensis*	马绍尔群岛、菲律宾、马里亚纳群岛	山榄仁	ekkon; ekun; kiking; kokon; kukung; luno-luno; talisai ganu
7313	*Terminalia subspathulata*	西马来西亚、苏门答腊、沙巴	马来西亚榄仁	jaha; jelawai; jelawai jaha; kayu jai; ketapang; medang jae; pelawai; talisai
7314	*Terminalia surigaensis*	菲律宾	苏里高加榄仁	dalinsoi
7315	*Terminalia tomentosa*	泰国、缅甸、越南、柬埔寨、印度	毛榄仁	cam lien; chhlik; laurel; rokfa
7316	*Terminalia triptera*	柬埔寨、老挝、越南、泰国	宽穗榄仁	chieu lieu; chieu lieu dong; harmkrai; khi-ai; poochao; pra kao; prakao; preah phneou; seng kham; soynhi

序号	学名	主要产地	中文名称	地方名
	Ternstroemia **(THEACEAE)** **厚皮香属（山茶科）**		**HS CODE** **4403.99**	
7317	*Ternstroemia aneura*	文莱	薄叶厚皮香	medang pajal
7318	*Ternstroemia beccarii*	文莱	贝氏厚皮香	medang pajal
7319	*Ternstroemia coriacea*	文莱	革叶厚皮香	medang pajal
7320	*Ternstroemia gitingensis*	菲律宾	基廷根厚皮香	apin
7321	*Ternstroemia gymnanthera*	菲律宾、日本	厚皮香	apin-bundok; mokkoku
7322	*Ternstroemia hosei*	文莱、沙捞越	霍氏厚皮香	medang pajal; medang pajal daun kecil
7323	*Ternstroemia japonica*	日本、越南、南亚、中国台湾地区、缅甸	日本厚皮香	boukouissou; giang nei; makakoku; mokkokou; mokkoku; mokukoku; taung-kan
7324	*Ternstroemia magnifica*	文莱、沙捞越	华丽厚皮香	medang pajal; medang pajal daun besar; nyatoh pelaga; nyatoh ujub
7325	*Ternstroemia megacarpa*	菲律宾	巨果厚皮香	tapmis
7326	*Ternstroemia merrilliana*	菲律宾	羽叶厚皮香	tapmis
7327	*Ternstroemia penangiana*	越南、柬埔寨、老挝	槟城厚皮香	giang nuong; huinh nuong; huynnuong; phlong; son dao
7328	*Ternstroemia philippinensis*	菲律宾	菲律宾厚皮香	arana
7329	*Ternstroemia toquian*	菲律宾	托叶厚皮香	bikag; tokian
7330	*Ternstroemia urdanetensis*	菲律宾	乌坦尼塔厚皮香	sangnauan
	Tetracentron **(TETRACENTRACEAE)** **水青树属（水青树科）**		**HS CODE** **4403.99**	
7331	*Tetracentron sinense*	尼泊尔	水青树③	tetracentron
	Tetractomia **(RUTACEAE)** **风茱萸属（芸香科）**		**HS CODE** **4403.99**	
7332	*Tetractomia acuminata*	菲律宾	披针叶风茱萸	yadagon
7333	*Tetractomia beccarii*	印度尼西亚、文莱	小丝风茱萸	kayu seribu; limau
7334	*Tetractomia latifolia*	沙捞越	阔叶风茱萸	jampang rusa; rawang mata
7335	*Tetractomia pachyphylla*	菲律宾	厚叶风茱萸	yadagon-ka palan
7336	*Tetractomia parviflora*	沙捞越	小花风茱萸	rawang paya
7337	*Tetractomia tetranda*	文莱、西伊里安	四花风茱萸	medang jelawai; tetractomia

序号	学名	主要产地	中文名称	地方名
	***Tetradium*（RUTACEAE） 四数花属（芸香科）**		**HS CODE 4403. 99**	
7338	*Tetradium daniellii*	朝鲜	臭檀四数花	swi-namu
7339	*Tetradium fraxinifolium*	印度	白花四数花	dieng；kanakpa；kankpa；kanu；lambu；synrang
7340	*Tetradium glabrifolium*	中国、缅甸、日本	楝叶四数花	dongye wu zhouyu；kin-thabut gyi；kiwada；obaku
7341	*Tetradium glauca*	日本	青冈四数花	hamasendan
7342	*Tetradium latifolia*	马来西亚	阔叶四数花	pau
7343	*Tetradium reticulata*	菲律宾	网叶四数花	atipan
7344	*Tetradium roxburghiana*	印度	刺梨四数花	rudomo
7345	*Tetradium tenuistyla*	马来西亚	山四数花	pauh；samapang
	***Tetrameles*（DATISCACEAE） 四数木属（四数木科）**		**HS CODE 4403. 99**	
7346	*Tetrameles nudiflora*	印度、缅甸、印度尼西亚、柬埔寨、老挝、越南、苏门答腊、东南亚、巴基斯坦、泰国、西马来西亚、安达曼群岛、爪哇岛	四数木	baing；bhelu；binong；chini；daoleo；henuang；hoogia；jermala；kalimehmeh；kapang；maina；mainakat；phoung；sampong；sandugaza；sawbya；setey；sompong；tabu；thitpok；tulla；tung；ugad；winong
	***Tetramerista*（TETRAMERISTACEAE） 四籽树属（四籽树科）**		**HS CODE 4403. 49**	
7347	*Tetramerista crassifolia*	亚洲	厚皮四籽树	
7348	*Tetramerista glabra*	文莱、婆罗洲、苏门答腊、沙捞越、印度尼西亚、马来西亚、西马来西亚、沙巴	光滑四籽树	ambangan；ancharaga；asam；bayung；entuyut；jambu kalid；jambu kebit；kajo tangiran；kedondong；lempunak；mae laka；medang keladi；pedada paya；poenak；punak daun halus；tuyot；tuyut
7349	*Tetramerista montana*	亚洲	山地四籽树	
	***Theobroma*（STERCULIACEAE） 可可木属（梧桐科）**		**HS CODE 4403. 99**	
7350	*Theobroma cacao*	马里亚纳群岛、爪哇岛	可可木	cacao；kakao；tjokla
	***Thespesia*（MALVACEAE） 桐棉属（锦葵科）**		**HS CODE 4403. 99**	
7351	*Thespesia fissicalyx*	西伊里安	桐棉木	thespesia

序号	学名	主要产地	中文名称	地方名
7352	*Thespesia lampas*	印度、菲律宾、缅甸	白根桐棉木	adavibende; adavipratti; bankapas; bonokopa; daraba; janglipara spiplo; kakhi; karpasi; kattuparatti; marakapas; pagadipatti; paruspiplo; pattinga; ranbhendi; turuve; vanakarpasah
7353	*Thespesia populnea*	印度、西伊里安、菲律宾、马里亚纳群岛、印度尼西亚、西马来西亚、沙巴、苏门答腊、越南、日本、关岛、马绍尔群岛、南亚、缅甸	杨叶桐棉木	arasi; banalo; banalu; catalpa; clemon; dumbla; gajadanda; huvarasi; impun; jogiyarale; kallal; kandarola; maner; milo; pacific rosewood; paharipipal; pursa; sabubani; thespesia; waru; waru putih
	***Thevetia*（APOCYNACEAE） 黄花夹竹桃属（夹竹桃科）**		**HS CODE 4403.99**	
7354	*Thevetia peruviana*	菲律宾、缅甸	黄花夹竹桃	peruvian-bell; set-hna-ya-thi; yellow oleander
	***Thottea*（ARISTOLOCHIACEAE） 线果兜铃属（马兜铃科）**		**HS CODE 4403.99**	
7355	*Thottea siliquosa*	印度	线果兜铃木	alpam; alpom; chakrani; chakranike; kotaashari; mirsagni; puthuluvena; tellayeshw ari; thavasimur uaga
	***Thuja*（CUPRESSACEAE） 崖柏属（柏科）**	**HS CODE 4403.25（截面尺寸≥15cm）或 4403.26（截面尺寸<15cm）**		
7356	*Thuja dolabrata*	日本	多拉布崖柏	southern japanese thujopsis
7357	*Thuja koraiensis*	朝鲜	朝鲜崖柏	korean thuja; nioi-nezuko; nuncheugba eg; thuja d'asia; thuja della corea
7358	*Thuja orientalis*	朝鲜、中国北方、中国西部、日本、菲律宾	侧崖柏	arborvitae; cheugbaeg-namu; eastern thuja; koreaanse levensboom; oosterse thuja; oriental arborvitae; orientalis ktuja; poh shu; salayah; thuja della cina; thuya oriental; tuia orientale
7359	*Thuja standishii*	日本、中国	日本崖柏	cedar; chinese arboe-vitae; japan lebensbaum; japanese arborvitae; japanese thuja; japanischer lebensbaum; japanse thuja; japansk tuja; nezuko; thuya du japon; tuia giapponese; tuya japonesa

序号	学名	主要产地	中文名称	地方名
7360	*Thuja sutchuensis*	中国	崖柏	szechuan thuja
	Thujopsis （CUPRESSACEAE） 罗汉柏属（柏科）	**HS CODE** **4403. 25**（截面尺寸≥**15cm**）或 **4403. 26**（截面尺寸<**15cm**）		
7361	*Thujopsis dolabrata*	日本	罗汉柏	asni; asuhi; asunaro; bakanhak; beilblattriger lebensbaum; hiba; hiba arborvitae; japanese thuja; japansk tuja; kusa atte; schijnleve nsboom; southern japanese thujopsis; thuyadu japon; tuia giapponese; tuyade japon
7362	*Thujopsis standishii*	日本	日本罗汉柏	japan lebensbaum
	Tilia （TILIACEAE） 椴木属（椴树科）		**HS CODE** **4403. 99**	
7363	*Tilia amurensis*	朝鲜	黑水椴	amuru-shina-no-ki; korean lime; pi-namu
7364	*Tilia cordata*	俄罗斯	心形椴	lipa; melkoistnaya; melkolistn ayalipa; tilleula petites feuilles; tilleul des bois; tilleul sauvage
7365	*Tilia japonica*	日本	日本椴	china lime; european basswood; japanese basswood; japanese lime; japansk lind; limetree; limewood; oba-shina; shina; shina-lime; shinanoki; sinanoki; tiglio giapponese; tilo japones
7366	*Tilia kiusiana*	日本	毛瑞香椴	heranoki
7367	*Tilia mandshurica*	中国、朝鲜	糠椴	chalpi-namu; korean lime; manshu-shi nanoki
7368	*Tilia maxinowictziana*	日本	紫椴	european basswood; japanese basswood; japanese lime; limewood; oba-shina; obabodaiju; obashinanoki; oobabodaijyu; shina; shinanoki
7369	*Tilia megaphylla*	朝鲜	大叶椴	korean lime; yeomju; yeomju-namu
7370	*Tilia miquelina*	日本	米奎椴	bodaiju
7371	*Tilia miyabei*	日本	米亚椴	ao-shina lime; japanese lime; japanse linde; japansk lind; tiglio giapponese; tilleul japonais; tilo japones

序号	学名	主要产地	中文名称	地方名
7372	*Tilia mongolica*	东亚	蒙椴	asiatic li me; asiatic lime; asiatisk lind; aziatische linde; rilleul asiatique; tiglio asiatico; tilleul asiatique; tilo asiatico
7373	*Tilia platyphyllos*	伊朗	阔叶椴	tilleul
7374	*Tilia taquetii*	朝鲜	茶叶椴	bbongippi; bbongippi-namu; korean lime
7375	*Tilia* X *euchlora*	俄罗斯	艾格椴	caucasian lime; crimea lime; kaukasisch elinde; kaukasisk lind; krim-linde; tiglio caucasico; tilleul du caucase; tilo ruso
7376	*Tilia* X *europaea*	日本	欧罗椴	european basswood; japanese basswood; oba-shina
	Timonius **(RUBIACEAE)** **海茜树属（茜草科）**		**HS CODE** **4403.99**	
7377	*Timonius appendiculatus*	菲律宾	细叶海茜树	upong-upong
7378	*Timonius arboreus*	菲律宾	海茜树	mabalod
7379	*Timonius auriculatus*	菲律宾	耳叶海茜树	tinayinga
7380	*Timonius borneensis*	文莱	婆罗洲海茜树	baar; jerabingor; mengkudu hutan; rentap
7381	*Timonius caudatifolius*	菲律宾	尾叶海茜树	badayong
7382	*Timonius confertiflorus*	菲律宾	聚花海茜树	payali
7383	*Timonius epiphyticus*	菲律宾	附生海茜树	payaling-dapo
7384	*Timonius eskerianus*	文莱	艾斯海茜树	meludok
7385	*Timonius ferrugineus*	菲律宾	铁锈海茜树	bunkol-kal auang
7386	*Timonius flavescens*	文莱、沙捞越、沙巴	浅黄海茜树	baar; batut; beratap; jerabingor padang; meludok; rentap; tapai apai; tuboa
7387	*Timonius gracilipes*	菲律宾	红海茜树	payaling-liitan
7388	*Timonius hirsutus*	菲律宾	多毛海茜树	magobani
7389	*Timonius jambosella*	西马来西亚、柬埔寨、老挝、越南、印度	肉果海茜树	angana; dea; den; reeo; sureeabg
7390	*Timonius lanceolatus*	菲律宾	剑叶海茜树	sibau
7391	*Timonius longiflorus*	菲律宾	长花海茜树	sibau haba
7392	*Timonius longistipulus*	菲律宾	长梗海茜树	payaling-h aba

序号	学名	主要产地	中文名称	地方名
7393	*Timonius nitidus*	马里亚纳群岛	光亮海茜树	maholoc layu；maholok layu；sumac lada；sumak ladda
7394	*Timonius obovatus*	菲律宾	卵形海茜树	otog-otog
7395	*Timonius oligophlebius*	菲律宾	少叶海茜树	upong-ilan an
7396	*Timonius pachyphyllus*	菲律宾	厚叶海茜树	upong-kapa lan
7397	*Timonius palawanensis*	菲律宾	巴拉望海茜树	bunkol
7398	*Timonius panayensis*	菲律宾	帕纳海茜树	panay bayud
7399	*Timonius philippinensis*	菲律宾	菲律宾海茜树	mayoro
7400	*Timonius pulgarensis*	菲律宾	普尔海茜树	bunkol-pulgar
7401	*Timonius quadrasii*	菲律宾	四角海茜树	bayud
7402	*Timonius quinqueflorus*	菲律宾	吊钟海茜树	malabalod
7403	*Timonius rotundus*	菲律宾	圆叶海茜树	sibau bilog
7404	*Timonius saliciflolius*	沙捞越	柳叶海茜树	rentap puteh
7405	*Timonius samarensis*	菲律宾	萨马岛海茜树	samar payali
7406	*Timonius ternifolius*	菲律宾	三棱海茜树	upong
7407	*Timonius urdanetensis*	菲律宾	乌坦尼塔海茜树	maiponog
7408	*Timonius valetonii*	菲律宾	白花海茜树	valeton sibau
7409	*Timonius villamilii*	文莱、菲律宾	维氏海茜树	baar；jerabingor gana bawang；mengkudu hutan；rentap；salup；tekuyong；villamil sibau
	***Toddalia*（RUTACEAE） 飞龙掌血属（芸香科）**		**HS CODE 4403.99**	
7410	*Toddalia aculeata*	印度、柬埔寨、老挝、越南	扁叶飞龙掌血木	kakatoddah；langcay；milakaranai；mileucaran ey-cheddi；molakarunnay
7411	*Toddalia asiatica*	印度	亚洲飞龙掌血木	jangli-kali-mirchi；konda kasinda；toddalie
	***Toechima*（SAPINDACEAE） 托希玛属（无患子科）**		**HS CODE 4403.99**	
7412	*Toechima livescens*	西伊里安	托希玛木	toechima
	***Toona*（MELIACEAE） 香椿属（楝科）**		**HS CODE 4403.49**	
7413	*Toona calantas*	菲律宾、南亚	奎松香椿	anipla；bantinen；calantas；cedre kalantas；cedrela kalantas；cedro kalantas；danigga；danupra；kalantas；kalantas ceder；kantingen；lanigda；lanipga；philippine cedar；runkra；suren；toon

序号	学名	主要产地	中文名称	地方名
7414	*Toona calebica*	菲律宾	西里伯香椿	mapala; surian sulawesi
7415	*Toona ciliata*	印度、西伊里安、缅甸、巴基斯坦、泰国、孟加拉国、菲律宾、爪哇岛、西马来西亚、柬埔寨、老挝、越南	红椿	apina; australian cedar; bisru; burmese cedar; cuveraca; deodari; garige; huruk; indian mahogany; kalingi; latsai; maiyum; nandi; noge; poma; red cedar; sandal neem; thitkado; udimara; vedi vembu; xoan moc; yedama
7416	*Toona febrifuga*	东南亚	解热香椿	chham cha; chom cha; xoan moc
7417	*Toona philippinensis*	菲律宾	菲律宾香椿	lanipga
7418	*Toona pucijuga*	亚洲	泡香椿	kalantas-ilanan
7419	*Toona sinensis*	日本、印度、南亚、中国、朝鲜、爪哇岛、西马来西亚、苏门答腊、印度尼西亚、缅甸	香椿	agatsura; arl; burma toon; cedre rouge; darli; hiangian mou; hill toon; indian mahogany; java ceder; korean cedar; limpaga; moulmein cedar; ostindisch es-mahagoni; pe mou; soerian; taungdama
7420	*Toona sureni*	帝汶、印度尼西亚、西伊里安、越南、柬埔寨、老挝、菲律宾、南亚、婆罗洲、苏门答腊、爪哇岛、沙巴、西马来西亚、缅甸、巴基斯坦、泰国	紫椿	aiseria; boerwaan; cedrella; danupra; eoona; gansiwung; gerpa; ibio; indian cedar; ingu; java ceder; kalantas; limpagna; marea; naom hom; petsul-yetama; seba; serian; thikado; xuong mat; yoewoet
	Torreya **(TAXACEAE)** **榧属（红豆杉科）**	**HS CODE** **4403.25（截面尺寸≥15cm）或 4403.26（截面尺寸<15cm）**		
7421	*Torreya grandis*	中国、日本	香榧	fitchou; grand torreya; grote torreya; kaya; tall torreya; torreya grande
7422	*Torreya jackii*	中国	长叶榧	chekiang torreya
7423	*Torreya nucifera*	日本、中国东部	日本榧	fi; japanese torreya; kaya; kayanoki; muscadier puant; stinkende torreya; stinking nutmeg
	Tournefortia **(BORAGINACEAE)** **紫丹属（紫草科）**		**HS CODE** **4403.99**	
7424	*Tournefortia argentea*	马里亚纳群岛、关岛、马绍尔群岛	银紫丹木	huni; hunig; hunik; kiden; kirin; unig

序号	学名	主要产地	中文名称	地方名
	Toxicodendron **(ANACARDIACEAE)** **漆木属（漆树科）**		**HS CODE** **4403.99**	
7425	*Toxicodendron verniciflum*	喜马拉雅山、中国、日本	漆木	carnish tree; lacquer tree
	Trema **(ULMACEAE)** **山黄麻属（榆科）**		**HS CODE** **4403.99**	
7426	*Trema angustifolia*	西马来西亚	狭叶山黄麻	anabiong; mengkirai
7427	*Trema cannabina*	菲律宾	卡纳山黄麻	anagdung
7428	*Trema orientalis*	印度、菲律宾、西马来西亚、婆罗洲、印度尼西亚、马里亚纳群岛、苏门答腊、文莱、越南、缅甸、中国台湾地区、沙巴、日本	东方山黄麻	amarong; banahl; chakamaanu; engkirai; gaddanelli; hagod; indian nettle-tree; jibon; jivani; kuwal; lindayong; magelang; munnai; oman; oriental nettle; priyalu; ranambada; uraziro-enoki; yamafuki; yerralai
7429	*Trema tomentosa*	苏门答腊	毛山黄麻	bengkirai; elmaha; hanawe; kemesan silai; muden sabu; sangkiraja; tinjan
	Trevesia **(ARALIACEAE)** **刺通草属（五加科）**		**HS CODE** **4403.99**	
7430	*Trevesia palmata*	柬埔寨、越南	刺通草木	aloang tang
	Trewia **(EUPHORBIACEAE)** **滑桃树属（大戟科）**		**HS CODE** **4403.99**	
7431	*Trewia nudiflora*	印度、柬埔寨、老挝、越南、印度尼西亚、婆罗洲、缅甸	滑桃树	bhillaur; daulai; dhaul-pedda; gada lopong; gamari; khamara; kumbil; kumhar; kurong; monda; papai; shillauri; tambun; tumri; tungfiam; yehmyot; yehmyt
	Trichadenia **(ACHARIACEAE)** **油龙角属（青钟麻科）**		**HS CODE** **4403.99**	
7432	*Trichadenia philippinensis*	西伊里安、菲律宾	菲律宾油龙角木	angki-e-u; anki-e-u; banaog; banau; ibol; linab; malapangi; malapinggan; ngumunboh; n-ki-e-u; trichadenia
7433	*Trichadenia zeylanica*	斯里兰卡	锡兰油龙角木	tolol
	Trichilia **(MELIACEAE)** **海木属（楝科）**		**HS CODE** **4403.49**	
7434	*Trichilia connaroides*	文莱、菲律宾、越南、缅甸	锥形海木	dukait; kalibaian; sang nuoc; sungkit; tagat-tagyi; tagat-thagyi
7435	*Trichilia emetica*	也门	艾梅海木	mtshigizi
7436	*Trichilia glabra*	印度	光滑海木	bois balle

序号	学名	主要产地	中文名称	地方名
	Trichospermum **（TILIACEAE）** **多络麻属（椴树科）**		**HS CODE** **4403. 99**	
7437	*Trichospermum discolor*	菲律宾	变色多络麻木	bonotan
7438	*Trichospermum eriopodum*	菲律宾	爱里多络麻木	sayapo
7439	*Trichospermum involucratum*	菲律宾	多络麻木	langosig
	Trigoniastrum **（TRIGONIACEAE）** **三槭果属（三角果科）**		**HS CODE** **4403. 99**	
7440	*Trigoniastrum hypoleucum*	文莱、苏门答腊、婆罗洲、沙捞越、西马来西亚	三槭果	ikor buaya；kayu beras；kayu kikir；kayu kuris；mangkudor；marajali；mata pasak；mata passeh；merjali；nyalin bintek；tinga batu；tinggiran batu；tingiran
	Trigonobalanus **（FAGACEAE）** **三棱栎属（壳斗科）**		**HS CODE** **4403. 99**	
7441	*Trigonobalanus verticilliata*	沙巴、沙捞越	三棱栎	mempening babi；salad rettan
	Trigonopleura **（PERACEAE）** **三哥属（蚌壳木科）**		**HS CODE** **4403. 99**	
7442	*Trigonopleura malayana*	菲律宾、婆罗洲、印度尼西亚、沙巴、苏门答腊、西马来西亚	马来亚三哥木	badabogon；batang gambir；gambil；gambir；gambir hutan；kambin；kayu gambir；kayugambar；kedalai；resang；sawar jarat
	Trigonostemon **（EUPHORBIACEAE）** **三宝木属（大戟科）**		**HS CODE** **4403. 99**	
7443	*Trigonostemon acuminatus*	菲律宾	尖叶三宝木	katap-tilos
7444	*Trigonostemon angustifolius*	菲律宾	狭叶三宝木	pululi
7445	*Trigonostemon bulusanense*	菲律宾	布卢山三宝木	bulusan katap
7446	*Trigonostemon everettiiul*	菲律宾	三棱三宝木	everett katap
7447	*Trigonostemon filiforme*	菲律宾	线状三宝木	katap-hima imai
7448	*Trigonostemon hirsutus*	菲律宾	多毛三宝木	gulambog
7449	*Trigonostemon laevigatus*	菲律宾	金樱三宝木	katap-alangan
7450	*Trigonostemon laxiflorus*	菲律宾	疏花三宝木	katap-ladlad

序号	学名	主要产地	中文名称	地方名
7451	*Trigonostemon longipedunculatus*	菲律宾	长梗三宝木	katap-tang kaian
7452	*Trigonostemon longipes*	菲律宾	长柄三宝木	kamausa
7453	*Trigonostemon luzoniense*	菲律宾	吕宋三宝木	luzon katap
7454	*Trigonostemon merrillii*	菲律宾	麦氏三宝木	merrill katap
7455	*Trigonostemon oblanceolatus*	菲律宾	倒卵三宝木	katap-dunpil
7456	*Trigonostemon oblongifolius*	菲律宾	长叶三宝木	malakokonon
7457	*Trigonostemon philippinense*	菲律宾	菲律宾三宝木	katap
7458	*Trigonostemon polyanthus*	菲律宾	多花三宝木	malareg
7459	*Trigonostemon stenophyllus*	菲律宾	细叶三宝木	katap-kitid
7460	*Trigonostemon viridissimus*	菲律宾	绿杆三宝木	mcgregor katap
7461	*Trigonostemon wenzelii*	菲律宾	温氏三宝木	wenzel katap
	Triomma **(BURSERACEAE)** **风车榄属（橄榄科）**		**HS CODE** **4403.99**	
7462	*Triomma malaccensis*	苏门答腊、婆罗洲、西马来西亚、沙巴	短叶风车榄	andalhe batu; asem bulet; bajung; damar asem; damar lilin; hayung; kamandrung; kedondong; lamai; mahasam; morlilin; resong batu; resung batu; sudur bajan
	Triplaris **(POLYGONACEAE)** **蓼树属（蓼科）**		**HS CODE** **4403.49**	
7463	*Triplaris cumingiana*	菲律宾	球兰蓼木	palo santo
	Tristania **(MYRTACEAE)** **红胶木属（桃金娘科）**		**HS CODE** **4403.99**	
7464	*Tristania anomala*	文莱	异叶红胶木	belabian; kawi; selunsor
7465	*Tristania beccarii*	沙捞越	小丝红胶木	selunsor merah
7466	*Tristania burmanica*	缅甸、柬埔寨、老挝、越南	缅甸红胶木	taungthabye; tram lanh
7467	*Tristania clementis*	文莱、沙巴	茎果红胶木	belabian; pelawan; selunsor
7468	*Tristania decorticata*	婆罗洲、菲律宾	德克红胶木	false guava; malabayabas; tiga; tinadan

序号	学名	主要产地	中文名称	地方名
7469	*Tristania grandifolia*	文莱、沙捞越	大叶红胶木	belabian; jinggau; selunsor; tekoyong-tekoyong
7470	*Tristania littoralis*	菲律宾	滨红胶木	taba
7471	*Tristania merguensis*	缅甸、婆罗洲、印度尼西亚、苏门答腊、西马来西亚	莫昆红胶木	mya-kamaung; pelawan; pelawan merah
7472	*Tristania micrantha*	菲律宾	小花红胶木	tiga
7473	*Tristania microphylla*	菲律宾	小叶红胶木	tigang-liitan
7474	*Tristania oblongifolia*	菲律宾	长圆叶红胶木	tigang-haba
7475	*Tristania obovata*	婆罗洲、文莱、沙捞越、马来西亚、苏门答腊、印度尼西亚、西马来西亚	倒卵叶红胶木	balawan; belabian; biruban pangang; manggorun; melaban; palawan; palawan merah; palawan putih; pelawan; pelawan talang; prawan; selunsor; selunsor padang
7476	*Tristania stellata*	文莱、菲律宾	百叶红胶木	belabian; dulunsor; selunsor; tigang-bituin
7477	*Tristania whitiana*	文莱、婆罗洲、苏门答腊、西马来西亚、沙捞越	白红胶木	bayam nuhur; belabian; lingor; melaban; menggurun; pelawan; pelawan kupur; pelawan pelawan; selunsor; selunsor puteh; terkoyong terkoyong
	Tristiropsis **(SAPINDACEAE)** **斯蒂罗属（无患子科）**		**HS CODE** **4403.99**	
7478	*Tristiropsis acutangula*	马里亚纳群岛	尖斯蒂罗木	faia; tristiropsis
7479	*Tristiropsis canarioides*	西伊里安	金丝斯蒂罗木	beibeko; wanyee; wanyu
7480	*Tristiropsis oblonga*	菲律宾	长圆斯蒂罗木	tagum-tagum
7481	*Tristiropsis ovata*	菲律宾	卵圆斯蒂罗木	brayo
	Trochodendron **(TROCHODENDRACEAE)** **昆栏树属（昆栏树科）**		**HS CODE** **4403.99**	
7482	*Trochodendron aralioides*	日本、中国	昆栏树	matsi noki; yama-guruma; yamagourouma
	Trophis **(MORACEAE)** **牛头木属（桑科）**		**HS CODE** **4403.99**	
7483	*Trophis philippinensis*	西伊里安、菲律宾	菲律宾牛头木	agus-us; trophis
	Tsuga **(PINACEAE)** **铁杉属（松科）**	**HS CODE** **4403.25（截面尺寸≥15cm）或 4403.26（截面尺寸<15cm）**		
7484	*Tsuga argyrophylla*	中国	铁杉	cathaya hemlock

序号	学名	主要产地	中文名称	地方名
7485	*Tsuga brunoniana*	喜马拉雅山	喜马拉雅铁杉	indian hemlock
7486	*Tsuga chinensis*	日本、中国台湾地区	中华铁杉	chinese hemlock; hobisho; japanese hemlock; kukisu-herio; momitanne; saga momi; sufu; taiwan tsuga; tomomi; tsuga; tsuga dell'estre mooriente
7487	*Tsuga diversifolia*	日本、中国	日本众叶铁杉	japanese hemlock; japansk hemlock; kometsuga; northern japanese hemlock; tsuga; tsuga dell'estre mo oriente; tsuga giaponese; tsuga japonais; tsuga japonesa
7488	*Tsuga dumosa*	中国、尼泊尔、不丹、印度、日本	云南铁杉	chinese hemlock; fragrant fir; hemlock d'inde; himalayan hemlock; india hemlock; indian fir; indisk tsuga; japanese hemlock; tich sha; tsuga; tsuga indiana; yunnan hemlock
7489	*Tsuga longibracteata*	中国	长苞铁杉	bristlecone hemlock
7490	*Tsuga sieboldii*	日本、朝鲜	日本南方铁杉	japanese hemlock; japanese hemlock fir; sapin de siebold; solsong; solsong-namu; southern japanese hemlock; sydjipansk hemlock; toga; tsuga; tsugadu japon; tsuga giapponese; tsuga japonesa; yellowwood
	***Turpinia*（STAPHYLEACEAE）** **山香圆属（省沽油科）**		**HS CODE** **4403. 99**	
7491	*Turpinia montana*	苏门答腊	狭叶山香圆木	sungkai
7492	*Turpinia nepalensis*	尼泊尔	尼泊尔山香圆木	murgut; nila; thali
7493	*Turpinia ovalifolia*	菲律宾	卵叶山香圆木	anongo; anongong-kapalan; anongong-sikat
7494	*Turpinia pentandra*	西伊里安	五雄山香圆木	turpinia
7495	*Turpinia pomifera*	菲律宾、南亚、缅甸	大果山香圆木	anongo; geritta; taw-petsut
7496	*Turpinia sambucifolia*	菲律宾	沼泽山香圆木	laloi
7497	*Turpinia simplicifolia*	菲律宾	单叶山香圆木	anongong-isahan

序号	学名	主要产地	中文名称	地方名
7498	*Turpinia sphaerocarpa*	印度尼西亚、苏门答腊	球果山香圆木	bantjet; kopong; langkapan hutan; langkiang item; medang lepung laut; mei-mei; pinang pergam; pungo; rebung; sibaruas; sibasah; sirawi; sokah; tunjang loncek
	Turraea **(MELIACEAE)** **杜楝属（楝科）**		**HS CODE** **4403.99**	
7499	*Turraea membranacea*	菲律宾	膜叶杜楝	sandana
	Ulmus **(ULMACEAE)** **榆属（榆科）**		**HS CODE** **4403.99**	
7500	*Ulmus davidiana*	日本	黑榆	akadamo; japanese elm; japanse iep; japansk alm; neureub; nire elm; olmo giapponese; olmo japones; orme japonais
7501	*Ulmus glabra*	西亚	光滑榆	bergolm; mountainelm; olmo de monte; olmo montano; orme aux feuilles larges; orme blanc; orme de montagne; ruwe berg-iep; ruwe iep; skogs-alm; wychelm
7502	*Ulmus japonica*	中国、日本、北亚、朝鲜	日本榆	chanyu; haru-nire; japanese elm; japanse iep; japansk alm; kobu-nire; neureub-na mu; olmo giapponese; olmo japones; orme japonais; pau hoi
7503	*Ulmus laciniata*	日本、北亚	裂叶榆	japanese elm; japanse iep; japansk alm; nire; ohyo-mire; ohyo-nire; ohyou; olmo giapponese; olmo japones; orme japonais
7504	*Ulmus laevis*	西亚、俄罗斯	欧洲白榆	olmo laevis; olmo levis; orme difus; russian white elm; steel-iep; vres-alm
7505	*Ulmus lanceaefolia*	缅甸、印度	柳叶榆	asiatic elm; asiatisk alm; aziatische iep; lapi; lebwe; olmo asiatico; orme asiatique; orme asiatque; thale; thit-kauk-hnyin; thitkaukhn yin
7506	*Ulmus minor*	日本、俄罗斯	小叶榆	haru-nire; penduncula te elm; rusche; smoothleaf elm
7507	*Ulmus parvifolia*	日本、中国、朝鲜	榔榆	akinire; asiatic elm; asiatisk alm; elm; olmo asiatico; olmo shirasawana; orme asiatique; orme shirasawana; shirasawana elm; shirasawana iep
7508	*Ulmus procera*	俄罗斯	英国榆树	probkowuii ilima

序号	学名	主要产地	中文名称	地方名
7509	*Ulmus pumila*	朝鲜、北亚、中国	白榆	bisul; bisul-namu; dwarf elm; hime-nire; no-nire; olmo de canada; olmo siberiano; orme siberien; pau hoi; siberianelm; siberischeiep; siberiskalm
7510	*Ulmus villosa*	印度	毛榆	kashmir-alm; kashmir elm; kashmiriep; olmo de kashmir; olmo di kashmir; orme de kashmir
7511	*Ulmus wallichiana*	印度、巴基斯坦	喜马拉雅榆	amrai; bran; brankul; brari; bren; brera; elm; emroi; himalaya iep; imroi; indian elm; indische iep; indisk alm; kain; manda; moral; olmo indiano; olmo indico; orme des indes
	***Uncaria*（RUBIACEAE）** **钩藤属（茜草科）**		**HS CODE** **4403.99**	
7512	*Uncaria gambir*	印度尼西亚	印尼钩藤木	arbre catechu; catechu-tree; catechuboom; gambir
	***Upuna*（DIPTEROCARPACEAE）** **婆罗香属（龙脑香科）**		**HS CODE** **4403.99**	
7513	*Upuna borneensis*	印度尼西亚、婆罗洲、沙巴、西马来西亚、爪哇岛、沙捞越	婆罗香木	balau; balau penjau; balau penyau; cangal; cangal gading; cangal tanduk; kenyahuk bantuk; panyau; panyau tanduk; panyau tulang; penyau; resak; tekam; tekem; tjangal; upun; upun batu
	***Urandra*（ICACINACEAE）** **尾蕊茶茱萸属（茶茱萸科）**		**HS CODE** **4403.99**	
7514	*Urandra corniculata*	印度尼西亚、婆罗洲、西马来西亚、文莱	角香尾蕊茶茱萸木	bedaroe; bedaru; daru daru; semala
	***Urophyllum*（RUBIACEAE）** **尖叶木属（茜草科）**		**HS CODE** **4403.99**	
7515	*Urophyllum acuminatissimum*	菲律宾	尖叶木	dabdaban-tilos
7516	*Urophyllum arboreum*	菲律宾	乔状尖叶木	dabdaban
7517	*Urophyllum glabrum*	西马来西亚	光尖叶木	kayu gading
7518	*Urophyllum halconense*	菲律宾	哈康尖叶木	halcon dabdaban
7519	*Urophyllum leytense*	菲律宾	莱特尖叶木	maglimokon
7520	*Urophyllum memecyloides*	菲律宾	梅洛尖叶木	malakulis

序号	学名	主要产地	中文名称	地方名
7521	*Urophyllum mindorense*	菲律宾	名都罗岛尖叶木	dabdaban-mangyan
7522	*Urophyllum nigricans*	文莱	黑尖叶木	tambar besi
7523	*Urophyllum subglabrum*	菲律宾	毛尖叶木	tarembuyen
7524	*Urophyllum woodii*	文莱	杜鹃尖叶木	tambar besi
	Uvaria **（ANNONACEAE）** **紫玉盘属（番荔枝科）**		**HS CODE** **4403.99**	
7525	*Uvaria grandiflora*	爪哇岛	大花紫玉盘	kadjand
	Vaccinium **（ERICACEAE）** **越橘属（杜鹃科）**		**HS CODE** **4403.99**	
7526	*Vaccinium agusanense*	菲律宾	阿古桑越橘	duligagan
7527	*Vaccinium albrians*	亚洲	阿尔伯越橘	
7528	*Vaccinium alvarezii*	菲律宾	阿氏越橘	dungal
7529	*Vaccinium angustilimbum*	菲律宾	角果越橘	darikidik
7530	*Vaccinium banksii*	菲律宾	班氏越橘	banks dusong
7531	*Vaccinium barandanum*	菲律宾	巴笼盖越橘	dusong
7532	*Vaccinium bracteatum*	日本	苞片越橘	shashanpo
7533	*Vaccinium camiguinense*	菲律宾	卡米京越橘	manalali
7534	*Vaccinium caudatum*	菲律宾	万年青越橘	karang
7535	*Vaccinium coriaceum*	爪哇岛	革质越橘	tjantigi
7536	*Vaccinium costeroides*	菲律宾	科斯特越橘	dusong sikat
7537	*Vaccinium cumingianum*	菲律宾	卡明越橘	caraug；gutung
7538	*Vaccinium elegans*	菲律宾	秀丽越橘	mandalogong
7539	*Vaccinium ellipticum*	爪哇岛	椭圆叶越橘	soro genen；tjantigi areuj
7540	*Vaccinium epiphyticum*	菲律宾	附生越橘	maladusong
7541	*Vaccinium flagellatifolium*	菲律宾	鞭阔叶越橘	dusong-dau agan
7542	*Vaccinium indutum*	菲律宾	印度越橘	banuai；malabanuai
7543	*Vaccinium irigaense*	菲律宾	伊里加越橘	dalupaan
7544	*Vaccinium jagori*	菲律宾	贾戈越橘	gutmo
7545	*Vaccinium laurifolium*	爪哇岛	月桂叶越橘	tjantigi gede
7546	*Vaccinium lucidum*	爪哇岛	光叶越橘	pitjisan；poelasari；srintil；tjantigi areuj；tjantigi leutik
7547	*Vaccinium luzoniense*	菲律宾	吕佐越橘	suliuag

序号	学名	主要产地	中文名称	地方名
7548	*Vaccinium perrigidum*	菲律宾	硬越橘	balau
7549	*Vaccinium philippinense*	菲律宾	菲律宾越橘	tenge
7550	*Vaccinium platylphyllum*	菲律宾	宽叶越橘	dusong-iloko；dusong-lap aran
7551	*Vaccinium rizalense*	菲律宾	短叶越橘	rizal dusong
7552	*Vaccinium suluense*	菲律宾	苏禄越橘	kayanpang
7553	*Vaccinium sylvaticum*	菲律宾	细枝越橘	mangobibas；taupol
7554	*Vaccinium tenuipes*	菲律宾	细毛越橘	likop
7555	*Vaccinium vaccinium*	菲律宾	越橘	foxworthy dusong
7556	*Vaccinium varingiaefolium*	爪哇岛	瓦林越橘	patjar goenoeng；soewagi；temigi；tjantigi woengoe
7557	*Vaccinium vidalii*	菲律宾	维氏越橘	malakamiing
7558	*Vaccinium whitfordii*	菲律宾	威氏越橘	katmo
7559	*Vaccinium woodianum*	菲律宾	伍德越橘	wood katmo
7560	*Vaccinium wrightii*	亚洲	海岛越橘	
7561	*Vaccinium yakushimense*	亚洲	雅库越橘	
	Vallaris **（APOCYNACEAE）纽子花属（夹竹桃科）**		**HS CODE 4403. 99**	
7562	*Vallaris maingayi*	印度	美加依纽子花	
7563	*Vallaris solanacea*	印度	纽子花	bhadravalli；bonokonerinoi；bugadi；bugudi hambu；chamarikivel；dudhibel；haparmali；hapormoli；jookamalle chettu；madhumaalati；nityamalle；pallamalle tivva；puttapodar ayarala；ramsar；visalayakrit
	Vangueria **（RUBIACEAE）斑嘉果属（茜草科）**		**HS CODE 4403. 99**	
7564	*Vangueria madagascariensis*	菲律宾	马达加斯加斑嘉果	tamarinier des indes；vangueria
	Vateria **（DIPTEROCARPACEAE）瓦蒂香属（龙脑香科）**		**HS CODE 4403. 99**	
7565	*Vateria copallifera*	印度、斯里兰卡	黄花瓦蒂香	ajakarna；bilidupa；damar blanche；gugle；hal-gass；indian copal；indian copaltree；kondricam；maram piney；munda dupa；paini；saldhupa；shite dhup；vallay kungiliam；velthapaini；white damar；white dhup

序号	学名	主要产地	中文名称	地方名
7566	*Vateria indica*	印度	印度香木	paini mara; peini marum; piney du malabar; piney maram; piney varnish-tree; vallay kungiliam; vella kondrikam; vellapiney
7567	*Vateria macrocarpa*	印度	大果瓦蒂香	vellaipaye ni; vellapine; vellappina
	***Vatica* (DIPTEROCARPACEAE)** **青皮属（龙脑香科）**		**HS CODE** **4403. 49**	
7568	*Vatica affinis*	斯里兰卡	近缘青皮	hal mendora
7569	*Vatica albiramis*	文莱、沙巴、沙捞越、马来西亚	阿尔比青皮	resak; resak kerangas; resak puteh; resak ranting
7570	*Vatica badiifolia*	印度尼西亚、文莱、沙捞越	巴氏青皮	chengal; resak; resak bantam
7571	*Vatica bella*	西马来西亚	美丽青皮	damar keluang; resak; resak keluang
7572	*Vatica borneensis*	文莱、沙捞越	婆罗洲青皮	resak; resak kemudi
7573	*Vatica brunigii*	苏门答腊、文莱、沙捞越	布氏青皮	meranti putih; resak
7574	*Vatica chartacea*	婆罗洲	纸叶青皮	resak banka; resak bunga
7575	*Vatica chinensis*	印度、斯里兰卡	草青皮	cheru piney; mendora; resak; swamp mendora; vellei payin
7576	*Vatica cinerea*	中南半岛	灰青皮	chramas sopheas
7577	*Vatica cochinchinensis*	柬埔寨、老挝、越南	交趾青皮	chramas
7578	*Vatica coriacea*	文莱、沙捞越	革叶青皮	resak; resak daun tebal; resak hitam
7579	*Vatica costata*	西马来西亚	脉状青皮	resak tempurong
7580	*Vatica cuspidata*	苏门答腊、西马来西亚、文莱、马来西亚、沙巴、沙捞越	尖叶青皮	damar putih; jenuong; kayu sepat; keruing babi; merelang; resak; resak daun merah; resak hitam; resak lidi
7581	*Vatica diospyroides*	越南	柿青皮	tau muoi
7582	*Vatica dulitensis*	印度尼西亚、文莱、马来西亚、沙巴、沙捞越、西马来西亚	杜利青皮	kesak; resak; resak bukit; resak tiong
7583	*Vatica elliptica*	菲律宾	椭圆叶青皮	elliptic leaf narig; kaladis narig; karig; narig
7584	*Vatica endertii*	文莱、印度尼西亚、沙捞越	艾氏青皮	resak

序号	学名	主要产地	中文名称	地方名
7585	*Vatica flavida*	西马来西亚	浅黄青皮	jisak; resak; resak padi
7586	*Vatica flavovirens*	苏拉威西、印度尼西亚	黄绿青皮	awalasa; balampao; dama dama; giam; giam hulodere; hulo dere motaha; hulo dere pute; kongi pute; morolarie; tombo rusu
7587	*Vatica globosa*	文莱、沙捞越	球状青皮	resak
7588	*Vatica granulata*	文莱、沙捞越、婆罗洲	颗粒青皮	resak; resak danum; resak nanga; resak ranting bersisek
7589	*Vatica griffithii*	缅甸、印度	格氏青皮	vatica
7590	*Vatica harlandii*	马来西亚	哈氏青皮	resak degong
7591	*Vatica harmandiana*	柬埔寨、泰国、西马来西亚	哈曼迪青皮	chramas; chramas sopheas; chramas tuk; dam dang; phancham; pinang baik; resak; resak laru; sak-don; sak-khao; sak-nam; teng dong
7592	*Vatica havilandii*	文莱、沙捞越、西马来西亚	赫氏青皮	resak; resak degong
7593	*Vatica heteroptera*	西马来西亚	异翼青皮	resak; resak gunong
7594	*Vatica hullettii*	西马来西亚	胡氏青皮	resak
7595	*Vatica iana*	苏门答腊、文莱、印度尼西亚、马来西亚、沙捞越、西马来西亚、泰国	伊安青皮	landak; resak; resak laru; resak mempening; resak oak; resak padi; resak pasir; resak paya; sak
7596	*Vatica javanica*	印度尼西亚、爪哇岛	爪哇青皮	kayu tenjo; ki tenyo; resak
7597	*Vatica lanceaefolia*	印度、缅甸	披针窄叶青皮	dien soh kaina; kalang asin; keyo asing; kham khor; khirka champa; lamakur; mascalwood; mekruk; mir kom phor; moal; mohal; morakur; morhal; panthitya; vatica
7598	*Vatica lobata*	西马来西亚	浅裂青皮	resak; resak laru; resak paya
7599	*Vatica lowii*	苏门答腊	洛氏青皮	resak; sangal; seminyak; sipanuk; songa kasi
7600	*Vatica maingayi*	苏门答腊、印度尼西亚、泰国、西马来西亚	梅因青皮	baru; giam; phancham dong; rasak abu; resak; resak pipit; resak puteh; sangal; seminyak; sepat; sipanuh; songa karsik; songa kasi; songal

序号	学名	主要产地	中文名称	地方名
7601	*Vatica mangachapoi*	菲律宾、印度、缅甸、泰国、文莱、沙巴、沙捞越、西马来西亚	青皮	abotes; adagan; bagangsusu; dadiagan; giso; itilan; ititan; kairokan; lutub; mangatschapuy; narig; putian; resak; saplungan; saung; tapitong; tiranglai; whitford narig; yacal; yakal
7602	*Vatica maritima*	沙巴、文莱	海岸青皮	resak; resak laru; resak laut; resak laut timur
7603	*Vatica meldrumi*	印度	梅德鲁青皮	ballow
7604	*Vatica micrantha*	婆罗洲、文莱、印度尼西亚、沙巴、沙捞越	小花青皮	cangal minyak; rasak gunung; resak; resak bulu; resak gunung; resak hijau; tjangal minjak
7605	*Vatica nitens*	文莱、沙巴、沙捞越、西马来西亚	光亮青皮	resak; resak daun panjang; resak daun runching
7606	*Vatica oblongifolia*	婆罗洲、印度尼西亚、沙捞越、文莱、沙巴、西马来西亚	长圆叶青皮	beserik; memepelong; rengas; resak; resak air perhatang; resak begandis; resak daun panjang; resak gunung; resak membangan; resak saing; tekam bukit
7607	*Vatica obovata*	印度尼西亚、苏门答腊	倒卵叶青皮	resak; resak lingga
7608	*Vatica obscura*	斯里兰卡	模糊青皮	dun; tumpalai
7609	*Vatica odorata*	婆罗洲、泰国、柬埔寨、老挝、越南、缅甸、菲律宾、中国东部、印度尼西亚、西马来西亚、沙捞越、沙巴	香黄果青皮	bayan; chick dong; chramas; chramas sopheas; damar batu; dam darng; govu; kaho cai; karig; kayu bayan; lautau; maharan; mindanao narig; narig; ousy; rasak gunung; tau mat; tralak; tralao; vatica; xa ma; xykangdeng; xypuakbang
7610	*Vatica pachyphylla*	菲律宾	厚叶青皮	bani; dadiangao; hagakhak naitim; karig; manapo; narig; thick-leaved narig
7611	*Vatica pallida*	西马来西亚	淡紫青皮	merambing bukit besar; resak; resak kechil; resak minyak
7612	*Vatica panuana*	巴布亚	巴布亚青皮	
7613	*Vatica parvifolia*	文莱	小叶青皮	resak kerangas padi
7614	*Vatica pauciflora*	苏门答腊、西马来西亚、泰国、婆罗洲、印度尼西亚、沙巴	疏花青皮	dibu; kiau; klusi; langsat hutan; mai sak; medang pasir; petaling ayer; phancham; pokok damar mata kuching; rasak abu; resakpadi; resak paya; resak rawang; resak sun; ricop; sak; serusup

序号	学名	主要产地	中文名称	地方名
7615	*Vatica pedicellata*	文莱、沙捞越	具花柄青皮	resak
7616	*Vatica philastreana*	越南、泰国、柬埔寨、老挝	埃尔青皮	lau tau nui; lau tau nuoc; tau nuoc; tha-lok
7617	*Vatica rassak*	西伊里安、婆罗洲、印度尼西亚、苏拉威西、菲律宾、伊朗、沙捞越、越南、爪哇岛、文莱、沙巴	拉斯青皮	abie tamak; balet; besemau; chamras; damar; euwuk; gisok; kamu; laguna; mata orang; menap; naap; puncham; puwok; rasak danau; sagoi; sangkwer; sibura; tabing; tebung; vatica; wiem
7618	*Vatica ridleyana*	印度尼西亚、苏门答腊、西马来西亚	里氏青皮	giam; rasak minyak; resak; resak buah kana; resak laru; resak minyak; resak padi; resak pasir; resak paya
7619	*Vatica rynchocarpa*	文莱、沙捞越	龙眼青皮	resak
7620	*Vatica sarawakensis*	文莱、沙巴、沙捞越	沙捞越青皮	resak; resak daun besar; resak sarawak
7621	*Vatica scortechinii*	泰国、沙巴、西马来西亚	斯氏青皮	chan paw; resak; resak langgong; resak pengasoh; resak pengasok; resak puteh
7622	*Vatica teysmanniana*	印度尼西亚、苏门答腊、西马来西亚	泰斯曼青皮	giam; resak ayer; resak badau; resak bunga; resak lingga; resak paya; resak sianten; resak siaten
7623	*Vatica tonkinensis*	中南半岛东侧	东京青皮	go vu; kaho cai; khao boc
7624	*Vatica umbonata*	菲律宾、印度尼西亚、苏拉威西、婆罗洲、文莱、沙巴、沙捞越、马来西亚	鳞脐青皮	atpai; dama; damar tingkis; karig; narig; rasak; rasak bukit; resak; resak ayer; resak bukit; resak danau; resak gunung; resak hitam; resak labuan batu; rsak labuan; tapasuk
7625	*Vatica venulosa*	婆罗洲、苏门答腊、文莱、印度尼西亚、沙巴、沙捞越、西马来西亚、爪哇岛	细脉青皮	aboh; kayu daging; rasak seluang; resak; resak banka; resak darat; resak gelingga; resak letop; resak puteh; resak seluang; resak-poetih; siloki payo; silongki batu; tutun tarijan
7626	*Vatica vinosa*	文莱、沙捞越	葡萄酒色青皮	resak; resak tangkai ungu
	***Vavaea* (MELIACEAE)** **木莓楝属（楝科）**		**HS CODE** **4403.99**	
7627	*Vavaea ardisioides*	菲律宾	紫藤木莓楝	bagodan
7628	*Vavaea australiana*	沙巴、菲律宾、西伊里安	澳大利亚木莓楝	chendana; jakfruit; nangka-nangka; vavaea

序号	学名	主要产地	中文名称	地方名
7629	*Vavaea chalmersii*	亚洲	夏尔木莓楝	
7630	*Vavaea heterophyua*	菲律宾	异种木莓楝	pingan-pin gan
7631	*Vavaea pachyphylla*	菲律宾	厚叶木莓楝	pingan-kapalan
7632	*Vavaea pilosa*	菲律宾	多毛木莓楝	kurokumpol
7633	*Vavaea retusa*	菲律宾	微凹木莓楝	sagibunon
7634	*Vavaea surigaoensis*	菲律宾	苏里高木莓楝	kondiman
	***Ventilago*（RHAMNACEAE）** **翼核木属（鼠李科）**		**HS CODE** **4403. 99**	
7635	*Ventilago denticulata*	印度	齿状翼核木	errashirat alatige; gapsandiballi; harugasura tichekka; kuriyadi; pitti; pittoli; raidhani; ruktapita; sakalyel; suratchekka; surati chakke; suratichekka; verrachictali
7636	*Ventilago madraspatana*	印度	马德翼核木	ettashirat talativva; kanvel; khandvel; lokhandi; malamaitra; papilli; papri; papudi; ragatarohado; raktapita; sajumalo; sakalyel; surali; suratatige; toridi; vembadam; vempadam
	***Vernicia*（EUPHORBIACEAE）** **油桐属（大戟科）**		**HS CODE** **4403. 99**	
7637	*Vernicia fordiiAiry*	中国、越南、柬埔寨、老挝、日本、缅甸、菲律宾	油桐	arbre toung; chinese wood-oil-tree; lai; po; shina-abur agiri; tayok-tung-si-bin; tung; tung yu; tung-oil-t ree; tungboom; tungtree
7638	*Vernicia montana*	柬埔寨、老挝、越南、日本、菲律宾、缅甸	山地油桐	chau; kakao; kwangtung-aburagiri; mutree; tayok-tung-si-bin; trau
	***Vernonia*（COMPOSITAE）** **斑鸠菊属（菊科）**		**HS CODE** **4403. 99**	
7639	*Vernonia acrophila*	菲律宾	顶叶斑鸠菊	adasai
7640	*Vernonia apoensis*	菲律宾	阿波斑鸠菊	iguai
7641	*Vernonia arborea*	苏门答腊、柬埔寨、老挝、越南、沙捞越、文莱、婆罗洲、印度尼西亚、菲律宾、西马来西亚、沙巴、马来西亚、西伊里安	树状斑鸠菊	ambirung; bernaiksi; cepaka gading hutan; dedalu; entapong; entropong; epokooko; gelan; hamirung; kapeh dotan; merumbung; mopuot; nerambung; panialu; raimanto; samahian; tapong; vernonia
7642	*Vernonia cymosa*	苏门答腊	聚伞花斑鸠菊	situhu
7643	*Vernonia durifolia*	苏门答腊	榴莲叶斑鸠菊	merantong

序号	学名	主要产地	中文名称	地方名
7644	*Vernonia florescens*	菲律宾	多花斑鸠菊	iguai-bundok
7645	*Vernonia patentissima*	苏门答腊	宽幅斑鸠菊	merambung
7646	*Vernonia patula*	苏门答腊	帕图拉斑鸠菊	nyirang putih; pruwangi; sriawan
7647	*Vernonia philippinensis*	菲律宾	菲律宾斑鸠菊	agtuba
7648	*Vernonia vidalii*	菲律宾	维氏斑鸠菊	malaisic; malaisik; malasambong
	Viburnum **（CAPRIFOLIACEAE）** **荚蒾属（忍冬科）**		**HS CODE** **4403. 99**	
7649	*Viburnum amplificatum*	沙巴	大荚蒾	ranuk
7650	*Viburnum carlesii*	朝鲜	卡氏荚蒾	korean spice viburnum
7651	*Viburnum cassinoides*	亚洲	七叶荚蒾	
7652	*Viburnum colebrookeanum*	柬埔寨、老挝、越南	菜豆荚蒾	giang cua; nai
7653	*Viburnum cornutidens*	菲律宾	粒状荚蒾	tilba
7654	*Viburnum dilatatum*	日本	粗序荚蒾	gamazumi
7655	*Viburnum erubescens*	印度、斯里兰卡	红荚蒾	damshing
7656	*Viburnum furcatum*	亚洲	糠荚蒾	
7657	*Viburnum glaberrimum*	菲律宾	秃荚蒾	apit
7658	*Viburnum luzonicum*	菲律宾	吕宋荚蒾	atalba
7659	*Viburnum odoratissimum*	菲律宾、日本	香荚蒾	idog; sangoju
7660	*Viburnum propinquum*	菲律宾	亲近荚蒾	idog-idog
7661	*Viburnum sieboldii*	亚洲	细荚蒾	
	Vitellaria **（SAPOTACEAE）** **乳油木属（山榄科）**		**HS CODE** **4403. 49**	
7662	*Vitellaria paradoxa* (= *Butyrospermum paradoxum*) (= *Butyrospermum park*)	马来西亚	乳木果	chii
	Vitex **（VERBENACEAE）** **牡荆属（马鞭草科）**		**HS CODE** **4403. 49**	
7663	*Vitex aherniana*	菲律宾	阿赫尼牡荆	amamahi; amamahit; dalipapa; dangula; ddigkali; dungula; galipapa; igang; kulipapa; malaigang; sasalit

序号	学名	主要产地	中文名称	地方名
7664	*Vitex altissima*	印度、斯里兰卡	高牡荆	balage; balgay; leban; macla; maila; mylai; myrole; nauladimara; naulmitik; naviladi; navulaadi; nemiliadaga; nevali adugu; nowli eragu
7665	*Vitex bulusanensis*	菲律宾	布卢山牡荆	mamahit
7666	*Vitex canescens*	缅甸	灰牡荆	tauksha
7667	*Vitex cofassus*	西伊里安、印度尼西亚、西马来西亚、越南、苏门答腊、马来西亚、沙巴、缅甸、沙捞越、菲律宾、泰国	科法牡荆	assember; biti; boepasa; chan-vit; gofasa; gofassa; gufassa; gupasa; gupassa; haleban; kembes; leban; milla; molave; papua new guinea teak; sember; teen-nok; vada; vitex
7668	*Vitex euphlebia*	菲律宾	显脉金花牡荆	sikukok
7669	*Vitex gamosepala*	苏门答腊	冈索牡荆	leban
7670	*Vitex geniulata*	关岛	吉尼牡荆	ajgao
7671	*Vitex glabra*	西伊里安	光叶牡荆	west irian vitex
7672	*Vitex glabrata*	印度	光滑牡荆	yomawood
7673	*Vitex helogiton*	菲律宾、孟加拉国、缅甸、印度、柬埔寨、老挝、越南	海洛牡荆	amulauon; baskura; bongog; bongoog; bungug; calipapaasu; goda; kalipapa-asu; ma
7674	*Vitex leucoxylon*	印度	白木牡荆	atta nocchi; hole-lakki; luki; nir nocchi; sengeni; senkani; sherus; songarbi; songarli
7675	*Vitex limonifolia*	缅甸、泰国、老挝	柠檬叶牡荆	kyun-gauk-nwe; leban; tin nok
7676	*Vitex longifolia*	菲律宾	长叶牡荆	atikoko; longleaf molave; manamu; sikukok
7677	*Vitex luzonica*	菲律宾	吕宋牡荆	bonkolion
7678	*Vitex negundo*	印度、菲律宾、缅甸	黄牡荆	banna; begna; chaste-tree; dangla; indrani; karinocchi; lagundi; lakki gida; marwan; nagaol; nochi; samalu; sambhalu; sindhubara; vaavili; vennochi

序号	学名	主要产地	中文名称	地方名
7679	*Vitex parviflora*	菲律宾、越南、印度尼西亚	小花牡荆	adganon；ambulauan；bulauen；cahoy；hamurauon；hamuyauon；himulauon；kalipapa；kulimpapa；kulipapa；maulauin；molave；mulauin；sagat；salingkapa；tagga；tugas
7680	*Vitex peduncularis*	越南、印度、孟加拉国、缅甸、尼泊尔	长序牡荆	binh linh；boruna；charaiguria；goda；guda；harina；hila anwal；kyetyo；leban；mado chulia；mara kata；marakata；osai；pazinznyo；shelangri；simjanga；simyanga；yu-latsen
7681	*Vitex pentaphylla*	菲律宾	五叶牡荆	bongoog
7682	*Vitex phaeofifolius*	亚洲	黑叶牡荆	
7683	*Vitex philippinensis*	菲律宾	菲律宾牡荆	tikoko
7684	*Vitex pinnata*	婆罗洲、孟加拉国、印度尼西亚、文莱、柬埔寨、老挝、越南、东南亚、菲律宾、南亚、马来西亚、沙巴、缅甸、安达曼群岛、西马来西亚、斯里兰卡、泰国	羽状牡荆	alaban；arsol；bapis；dok timuk；halban；harina；kalapapa；laban；maulauin；milla；palwan；sambulung；teen-nok；thom；tin nok；tinnok
7685	*Vitex pubescens*	缅甸、安达曼群岛	短柔毛牡荆	leban
7686	*Vitex quinata*	西伊里安、柬埔寨、老挝、越南、婆罗洲、菲律宾、缅甸、苏门答腊	五叶牡荆	asember；assember；chan chim；guiong gui；halaban；hap；kalipapa；kalipapa-a su；kalipapa-m adam；kembes；kyetyo；kyetyo-po；leban bunga；medang api-api；paket；sember；west irian vitex
7687	*Vitex secundiflora*	婆罗洲、沙捞越	替叶牡荆	halaban tanduk；halaban tembesu；leban paya；leban tanduk；papa
7688	*Vitex trifolia*	西伊里安、缅甸、马里亚纳群岛、菲律宾	三叶牡荆	betiee；kyaungban；lagundi；lagunding-dagat
7689	*Vitex turczaninowii*	菲律宾	耳枥牡荆	bongogon；hamurauon-asu；kalimantau；kamalan；limo-limo；lingo-lingo；malamulauin；malausa；molaving aso；mulauin-asu；tugas

序号	学名	主要产地	中文名称	地方名
7690	*Vitex vestita*	文莱、苏门答腊	黄毛牡荆	bapis; berbah; kulimpapar
	Voacanga **(APOCYNACEAE)** **马铃果属（夹竹桃科）**		**HS CODE** **4403. 99**	
7691	*Voacanga cumingiana*	菲律宾	球兰马铃果	lapit-usa
7692	*Voacanga globosa*	菲律宾	球形马铃果	bayag-usa
7693	*Voacanga grandifolia*	亚洲	大叶马铃果	
7694	*Voacanga megacarpa*	菲律宾	巨果马铃果	bayag-aso
7695	*Voacanga mindanaensis*	菲律宾	棉兰老岛马铃果	bayag-kala bau
	Wallaceodendron **(MIMOSACEAE)** **铁岛合欢属（含羞草科）**		**HS CODE** **4403. 99**	
7696	*Wallaceodendron celebicum*	菲律宾、西马来西亚	西铁岛合欢	allacede; balayong; baluyung; banuyo; bulilising; dauel; dauer; derham mahogany; kupang bunduk; lupigi; lupiji; magdau; malatagum; melmel; melmer; narang-dauel; supengun
	Wallichia **(STERCULIACEAE)** **小堇棕属（梧桐科）**		**HS CODE** **4403. 99**	
7697	*Wallichia disticha*	缅甸	二列小堇棕	katong
	Walsura **(MELIACEAE)** **割舌木属（楝科）**		**HS CODE** **4403. 99**	
7698	*Walsura aherniana*	西伊里安、菲律宾	阿赫割舌木	aai; bayit
7699	*Walsura brachybotrys*	菲律宾	短柄割舌木	panigib
7700	*Walsura chrysogyne*	菲律宾	金色割舌木	urisep
7701	*Walsura monophylla*	菲律宾	单叶割舌木	bukalau
7702	*Walsura palawanensis*	菲律宾	巴拉望割舌木	kurauit
7703	*Walsura piscidia*	斯里兰卡、印度	毒鱼割舌木	sadda-veppu; walursi
7704	*Walsura robusta*	缅甸、安达曼群岛、泰国、孟加拉国、安达曼群岛、缅甸	割舌木	adaliphuna; bon-lichu; gyobo; kadlin; yobo
7705	*Walsura trichostemon*	泰国	三雄蕊割舌木	kadlin
7706	*Walsura villamilii*	沙巴、菲律宾	维氏割舌木	lantupak mata kuching; sasa
7707	*Walsura villosa*	柬埔寨、老挝、越南	毛割舌木	copsmoul; giadatrang; giatrang

序号	学名	主要产地	中文名称	地方名
	Weinmannia（CUNONIACEAE） 恩曼火把树属（火把树科）		**HS CODE** **4403.99**	
7708	*Weinmannia blumei*	苏门答腊、印度尼西亚、沙巴	绣球恩曼火把木	bunga lutih；ringgit；sumu silan
7709	*Weinmannia bulusanensis*	菲律宾	布卢山恩曼火把木	bulusan kalilan
7710	*Weinmannia cuneatifolia*	菲律宾	楔形恩曼火把木	kalion
7711	*Weinmannia hutchinsonii*	菲律宾	哈氏恩曼火把木	hutchinson kalilan
7712	*Weinmannia irosinensis*	菲律宾	菲律宾恩曼火把木	irosin kalilan
7713	*Weinmannia lucida*	菲律宾	亮叶恩曼火把木	halirumdum
7714	*Weinmannia luzoniensis*	菲律宾	吕宋曼火把木	itagan；itangan
7715	*Weinmannia negrosensis*	菲律宾	内格罗斯恩曼火把木	negros itangan
7716	*Weinmannia simplicifolia*	菲律宾	单叶恩曼火把木	itangan-bu gtong
7717	*Weinmannia urdanetensis*	菲律宾	乌坦尼塔恩曼火把木	kalilan
	Wendlandia（RUBIACEAE） 水锦树属（茜草科）		**HS CODE** **4403.99**	
7718	*Wendlandia amocana*	孟加拉国	阿莫水锦树	parba
7719	*Wendlandia brachyantha*	菲律宾	短花水锦树	sanaangan
7720	*Wendlandia densiflora*	沙巴	密花水锦树	malitap bukit
7721	*Wendlandia exserta*	尼泊尔	喷泉水锦树	kangi；kattito
7722	*Wendlandia formosana*	日本	台湾水锦树	akadai
7723	*Wendlandia glabrata*	柬埔寨、老挝、越南、菲律宾、缅甸	光滑水锦树	chan；lanipa；thit-pyu
7724	*Wendlandia grandis*	缅甸	大水锦树	taw-saungtaw-gu
7725	*Wendlandia luzonensis*	菲律宾	吕宋水锦树	daram
7726	*Wendlandia membranifolia*	菲律宾	膜叶水锦树	daram-mabolo
7727	*Wendlandia nervosa*	菲律宾	多脉水锦树	daro

序号	学名	主要产地	中文名称	地方名
7728	*Wendlandia paniculata*	老挝、越南、柬埔寨、缅甸	锥花水锦树	cosong; giaca; hoac quang; sagyin
7729	*Wendlandia philippinensis*	菲律宾	菲律宾水锦树	manboi
7730	*Wendlandia sibuyanensis*	菲律宾	希布亚水锦树	ladko
7731	*Wendlandia syringoides*	菲律宾	管状水锦树	loddo
7732	*Wendlandia tinctoria*	缅甸、印度、尼泊尔	染料水锦树	tamasauk; taung-sagy in
7733	*Wendlandia uvariifolia*	菲律宾	水锦树	karimbabui
7734	*Wendlandia warburgii*	菲律宾	瓦氏水锦树	rado
7735	*Wendlandia williamsii*	菲律宾	威氏水锦树	lasalia
	Wetria **(EUPHORBIACEAE)** **柔丝桐属（大戟科）**		**HS CODE** **4403. 99**	
7736	*Wetria macrophylla*	菲律宾、爪哇岛、沙巴	大叶柔丝桐	malaaguioi; pakilan; rambai hutan
	Whiteodendron **(MYRTACEAE)** **白翎木属（桃金娘科）**		**HS CODE** **4403. 99**	
7737	*Whiteodendron moultonianum*	沙捞越、文莱	白花白翎木	kajo pan; kawi; mending; mesa; pelawan pelawan; ruan gerama
	Whitmorea **(ICACINACEAE)** **缨丝木属（茶茱萸科）**		**HS CODE** **4403. 99**	
7738	*Whitmorea grandiflora*	西伊里安	大花缨丝木	whitmorea
	Wightia **(SCROPHULARIACEAE)** **怀特桐属（玄参科）**		**HS CODE** **4403. 99**	
7739	*Wightia speciosissima*	尼泊尔、缅甸	大怀特桐木	lakori; nat-letwa
	Wikstroemia **(THYMELAEACEAE)** **荛花属（瑞香科）**		**HS CODE** **4403. 99**	
7740	*Wikstroemia brachyantha*	菲律宾	短荛花	salagong-pugot
7741	*Wikstroemia elliptica*	马里亚纳群岛	椭圆荛花	gapet atayaki; gapit atayake
7742	*Wikstroemia indica*	柬埔寨、老挝、越南、菲律宾	裂荛花	cay gio niet; romoc; salagorg-liitan
7743	*Wikstroemia lanceolata*	菲律宾	剑叶荛花	salagong-sibat
7744	*Wikstroemia meyeniana*	菲律宾	米耶荛花	salagong-laparan
7745	*Wikstroemia ovata*	菲律宾	卵圆荛花	salagong-bilog
7746	*Wikstroemia polyantha*	菲律宾	多花荛花	salagong-bundok
7747	*Wikstroemia tenuiramis*	沙巴	细脉荛花	tindot

序号	学名	主要产地	中文名称	地方名
	Wisteria（**FABACEAE**） **紫藤属（蝶形花科）**		**HS CODE** **4403.99**	
7748	*Wisteria sinensis*	中国	紫藤	chinese wistaria; chinese wisteria; chinesische wistarie; glicine
	Wrightia（**APOCYNACEAE**） **倒吊笔属（夹竹桃科）**		**HS CODE** **4403.99**	
7749	*Wrightia annamensis*	越南、柬埔寨、老挝	越南倒吊笔木	buchs; cambodschabox; caylongmuc; chheu day khla; daikla; daykhla; faychan; long; long muc; mac; muc
7750	*Wrightia arborea*	印度、缅甸、南亚、泰国、越南	树状倒吊笔木	atkuri; billiganag alugidda; bura machkunda; daira; dudhlo; dudhokrya; gidda; harido; lanete; mailam pala; nilampala; pahukrya; pailari; ruchhalodu dhalo; sandikuya; tamdakura; tuar; vetpalai
7751	*Wrightia hanleyi*	菲律宾	汉利倒吊笔木	hanley lanete
7752	*Wrightia laevis*	越南、柬埔寨、老挝	光滑倒吊笔木	thungmuc
7753	*Wrightia ovata*	柬埔寨、老挝、越南	卵圆倒吊笔木	comuc; mucbat
7754	*Wrightia pubescens*	苏门答腊、菲律宾、越南	短柔毛倒吊笔木	bentaos; lanete; longmuc; southern lanete
7755	*Wrightia tinctoria*	印度	染料倒吊笔木	amkuda; amkudu; bepalle; dehakali; godaindrajau; hallunovu; hyamaraka; indarjou; jeddapala; kutaja; mitha indarjau; nila palai; pita karuan; repala; sweet indrajao; thonda pala; vetpalai
7756	*Wrightia viridiflora*	泰国	绿花倒吊笔木	mok-mun
	Xanthomyrtus（**MYRTACEAE**） **金桃木属（桃金娘科）**		**HS CODE** **4403.99**	
7757	*Xanthomyrtus aurea*	菲律宾	金黄桃木	tonau
7758	*Xanthomyrtus diplycosifolia*	菲律宾	双叶金桃木	pagolasan
	Xanthophyllum（**XANTHOPHYLLACEAE**） **黄叶树属（木根旱生草科）**		**HS CODE** **4403.99**	
7759	*Xanthophyllum adenotus*	菲律宾	腺叶黄叶树	managbak
7760	*Xanthophyllum affine*	西马来西亚、文莱	近缘黄叶树	lilin; minyak berok

序号	学名	主要产地	中文名称	地方名
7761	*Xanthophyllum amoenum*	文莱、西马来西亚、沙捞越	愉悦黄叶树	menyalin; minyak berok; nyalin; nyalin paya
7762	*Xanthophyllum ancolanum*	文莱	安科拉黄叶树	minyak berok
7763	*Xanthophyllum beccarianum*	文莱	贝卡里黄叶树	minyak berok
7764	*Xanthophyllum bracteatum*	菲律宾	包片黄叶树	durog
7765	*Xanthophyllum cochinchinensis*	越南	交趾黄叶树	sang da
7766	*Xanthophyllum colubrinum*	越南、柬埔寨、老挝	克鲁黄叶树	sang; sang da; xang da
7767	*Xanthophyllum discolor*	菲律宾	变色黄叶树	kabot
7768	*Xanthophyllum ellipticum*	沙巴、西马来西亚、沙捞越	椭圆黄叶树	minyak berok; nyalin; nyalin tikus
7769	*Xanthophyllum erythrostachyum*	西马来西亚	红花序黄叶树	minyak berok; nyalin
7770	*Xanthophyllum excelsum*	文莱、西马来西亚	大黄叶树	mengkapas
7771	*Xanthophyllum flavescens*	菲律宾、柬埔寨、老挝、越南、印度尼西亚、孟加拉国、西马来西亚、缅甸	浅色黄叶树	banig; bokbok; bok-bok; cuc moc; dugi; endog; hansak; menjalin; minyak berok; sagwe; seyam; thach luc; thit-tazin
7772	*Xanthophyllum griffithii*	西马来西亚	格氏黄叶树	limah broh; minyak berok; nyalin
7773	*Xanthophyllum lanceatum*	苏门答腊	细黄叶树	siur-siur
7774	*Xanthophyllum obscurum*	文莱、马来西亚、西马来西亚、苏门答腊	略显黄叶树	bait; malaya; minyak berok; nyalin; rabung
7775	*Xanthophyllum philippinense*	菲律宾	菲律宾黄叶树	malatadiang
7776	*Xanthophyllum ramiflorum*	沙捞越	茎花黄叶树	nyalin padang
7777	*Xanthophyllum rufum*	西马来西亚	深色黄叶树	kraboo; minyak berok; nyalin
7778	*Xanthophyllum stipitatum*	西马来西亚	具柄黄叶树	minyak berok; nyalin
7779	*Xanthophyllum sulphureum*	西马来西亚	硫磺味黄叶树	minyak berok

序号	学名	主要产地	中文名称	地方名
7780	*Xanthophyllum vitellinum*	菲律宾、西马来西亚、爪哇岛、文莱	维泰宁黄叶树	kamot; kiendoh; kitelohr; mangkok; melalin; menjalin; menjaloi; merbatu; minyak berok; tunjang
	Xanthostemon（**MYRTACEAE**） **黄蕊木属（桃金娘科）**		**HS CODE** **4403.99**	
7781	*Xanthostemon bracteatus*	菲律宾	具苞黄蕊木	dirigkalin; mapilig
7782	*Xanthostemon philippinensis*	菲律宾	菲律宾黄蕊木	bagoadlau
7783	*Xanthostemon purpureus*	菲律宾	紫色黄蕊木	malamangko no
7784	*Xanthostemon verdugonianus*	印度尼西亚、菲律宾	黄蕊木	lara; macono; magkono; malapaga; mangkono; palo de hierro; philippine ironwood; philippine lignum vitae; tamulauan; tiga
	Xantolis（**SAPOTACEAE**） **刺榄属（山榄科）**		**HS CODE** **4403.99**	
7785	*Xantolis parvifolia*	菲律宾	小叶刺榄	auanagin
7786	*Xantolis tomentosa*	印度、缅甸	毛刺榄	gomale; gwabale; kanta-kumla; kantabahul; kantabora; kumbul; kumpoli; mai wan; palei; suma-hale; thitcho
	Xerospermum（**SAPINDACEAE**） **干果木属（无患子科）**		**HS CODE** **4403.99**	
7787	*Xerospermum acuminatum*	文莱	渐尖干果木	jeruit hitam; sungkit
7788	*Xerospermum intermedium*	泰国	中性干果木	kohia
7789	*Xerospermum laevigatum*	西马来西亚	平滑干果木	rambutan pachat
7790	*Xerospermum macrophyllum*	越南	大叶干果木	truong
7791	*Xerospermum noronhianum*	沙捞越、印度尼西亚、文莱、爪哇岛、苏门答腊、西马来西亚、缅甸	早生干果木	bua kerut; bua laup; hoe; killoe; killoeh; llat; meritam; pudar; pulasan; ramboetan oetan; rambutan pachat; segel; srogol; sungkit; toendoen; tumdum biawak; tundum biawak

序号	学名	主要产地	中文名称	地方名
	Ximenia（OLACACEAE） **海檀木属（铁青树科）**		**HS CODE 4403.99**	
7792	*Ximenia americana*	西伊里安、越南、马绍尔群岛、菲律宾、马里亚纳群岛	美洲海檀木	buwoh；cay tao；kaloklok；pangungan；piod；piut；puit
	Xylia（MIMOSACEAE） **木荚豆属（含羞草科）**		**HS CODE 4403.49**	
7793	*Xylia xylocarpa*	缅甸、印度、泰国、越南、柬埔寨、老挝	木荚豆	ama pyinkado；boja；bojeh；burma ijzerhout；chau kram；dada；eruvalu；ironwood；irul；jamba；kongora；lien；mai deng；pyingog；pyinkado；sokram；suria；tirawa；trumalla；viul；yerul
	Xylocarpus（MELIACEAE） **木果楝属（楝科）**		**HS CODE 4403.99**	
7794	*Xylocarpus australasicus*	印度、西伊里安、缅甸、菲律宾、马里亚纳群岛、印度尼西亚、西马来西亚、沙捞越、苏门答腊	南方木果楝	dhundul；kabayu；kyama；lalamyok；lalanyog；menjereh；njirih；nyireh batu；nyirih；piagao；piagau；piago；pinle-on；poshur；pussur；puyugau；tibigi
7795	*Xylocarpus gangeticus*	西马来西亚	鳄木果楝	nyireh；nyireh batu
7796	*Xylocarpus granatum*	巴基斯坦、安达曼群岛、中南半岛	多籽木果楝	miri；nyirehbatu；penle-on
7797	*Xylocarpus mekongensis*	菲律宾	湄公木果楝	piagao
7798	*Xylocarpus moluccensis*	苏门答腊、印度、安达曼群岛、印度尼西亚、巴基斯坦、柬埔寨、老挝、越南、文莱、菲律宾、马里亚纳群岛、婆罗洲、缅甸、西伊里安、马来西亚、泰国、西马来西亚、沙巴、沙捞越	倒卵木果楝	awa miri；cedar；darug；dhundol；dhundul；epadeahu；gelam merah；india crabwood；ketabu；kyana；lalanyug；lubanayong；merih；nigue；piadak；pussurwood；sangkuyung；tabigue；taboondam
	Xylopia（ANNONACEAE） **木瓣树属（番荔枝科）**		**HS CODE 4403.99**	
7799	*Xylopia aethiopica*	印度	埃塞木瓣树	cabela

序号	学名	主要产地	中文名称	地方名
7800	*Xylopia caudata*	文莱	尾状木瓣树	ambong
7801	*Xylopia coriifolia*	沙捞越、文莱、沙巴	革叶木瓣树	ako indok; ako paya; akor berapai'e; bangkoh; karai; sengkajang paya
7802	*Xylopia dehiscens*	菲律宾	开裂木瓣树	mindoro; sudkad
7803	*Xylopia densiflora*	菲律宾	密花木瓣树	tangisang-bagyo
7804	*Xylopia ferruginea*	文莱、菲律宾、印度尼西亚、马来西亚、西马来西亚、沙巴、沙捞越	锈色木瓣树	bangkoh; banlag; jangkang; jangkang betina; jangkang bukit; karai jangkang; kelili jongkong; mempisang
7805	*Xylopia fusca*	沙捞越、马来西亚、西马来西亚、印度尼西亚	黑木瓣树	ako manei; ako tembaga; jangkang; jangkang paya; rahanjang
7806	*Xylopia malayana*	文莱、东南亚、婆罗洲、印度尼西亚	马来亚木瓣树	bangkoh; bonit kajang; djangkang; jangkang; kayu b'linchi; mentalian; sapakau
7807	*Xylopia papuana*	西伊里安	巴布亚木瓣树	xylopia
7808	*Xylopia parviflora*	安达曼群岛	小花木瓣树	lambda patti
7809	*Xylopia parvifolia*	斯里兰卡	小叶木瓣树	netawu
7810	*Xylopia pierreii*	柬埔寨、越南	皮氏木瓣树	dom chhoeu crai sar; gien do; gien trang; krai sar; yen trang
7811	*Xylopia rubescens*	印度	红木瓣树	bana bahan
7812	*Xylopia stenopetala*	西马来西亚	狭叶木瓣树	mempisang
7813	*Xylopia vielana*	柬埔寨、越南、老挝	木瓣树	dom chhoeu crai crohom; gien do; krat
	***Xylosma*（FLACOURTIACEAE）蒙子树属（大风子科）**		**HS CODE 4403.99**	
7814	*Xylosma luzonense*	菲律宾	吕宋蒙子树	kuliaga
7815	*Xylosma suluense*	菲律宾	苏禄蒙子树	amaet
7816	*Xylosma sumatranum*	沙巴	苏门答腊蒙子树	linau
	***Zanthoxylum*（RUTACEAE）花椒属（芸香科）**		**HS CODE 4403.49**	
7817	*Zanthoxylum acanthopodium*	老挝	刺花椒	komanh; komatpa; mat
7818	*Zanthoxylum ailanthoides*	日本	椿叶花椒	karasuzansho
7819	*Zanthoxylum alatum*	菲律宾	普通花椒	tsi-it

序号	学名	主要产地	中文名称	地方名
7820	*Zanthoxylum armatum*	菲律宾	竹叶花椒	saray
7821	*Zanthoxylum avicennae*	菲律宾、柬埔寨、老挝、越南	簕党花椒	kangai；mau tan；muongta
7822	*Zanthoxylum budrunga*	印度、孟加拉国、越南、缅甸、老挝、安达曼群岛	不伦加花椒	bajarnali；basbaruna；bazna；brojonali；budrunga；choi moi；hmekaung；hmetkaung；jingbawng；kanta harina；kathitsu；mat；mayanin；zebrawood
7823	*Zanthoxylum clava-herculis*	越南	鞘花椒	cay muong troung
7824	*Zanthoxylum diabolicum*	菲律宾	绿岩花椒	madbad
7825	*Zanthoxylum integrifoliolum*	菲律宾	全缘叶花椒	cayutana；kayetana；salai
7826	*Zanthoxylum montanum*	爪哇岛	山地花椒	murier de java
7827	*Zanthoxylum myriacanthum*	西马来西亚	密花花椒	hantu duri
7828	*Zanthoxylum piperitum*	日本	胡花椒	sansho
7829	*Zanthoxylum rhetsa*	印度、西马来西亚、菲律宾、柬埔寨、老挝、越南、西伊里安	印度花椒	cochli；hantu duri；jummina；kaitana；katta；mau；mulillam；muong troung；murrakku；pepuli；rhetsa；sessal；set；thriphal；tirphal；tisul
7830	*Zanthoxylum usitatum*	越南	乌西花椒	mung-tu；xuong
7831	*Zanthoxylum verdugonianus*	菲律宾	花椒	mancono
	Zelkova **（ULMACEAE）** **榉木属（榆科）**		**HS CODE** **4403.99**	
7832	*Zelkova carpinifolia*	伊朗、日本	鹅耳枥叶榉	azad；keaki；keyaki；kilkova keaki
7833	*Zelkova davidii*	朝鲜	刺叶榉	simu-namu
7834	*Zelkova hirtaq*	日本	希尔塔榉	keyaki；zelkova
7835	*Zelkova keaki*	日本	基亚基榉	tsuki
7836	*Zelkova serrata*	日本、中国台湾地区、朝鲜	齿叶榉	keaki；keyaki；kilkova keaki；neuti；neuti-namu；taiwan-keaki；taiwan-keyaki；zelkova
	Zenia **（CAESALPINIACEAE）** **任豆属（苏木科）**		**HS CODE** **4403.99**	
7837	*Zenia insignis*	越南、老挝	任豆	go min；may cham；muong chang

序号	学名	主要产地	中文名称	地方名
	Ziziphus（RHAMNACEAE） 枣木属（鼠李科）		HS CODE 4403.99	
7838	*Ziziphus angustifolius*	西马来西亚、菲律宾、西伊里安、越南、沙巴	狭叶枣木	anabiong; balakat dinanglin; begeow; hu den; ligaa; malabayabas; menarong; monsit; ziziphus
7839	*Ziziphus hutchinsonii*	菲律宾	哈氏尼枣木	lumuluas
7840	*Ziziphus incurva*	缅甸	印度枣木	subo; sugauk
7841	*Ziziphus mauritiana*	印度、西马来西亚、南亚、中国、缅甸、泰国、马里亚纳群岛、菲律宾	台湾青枣	badara; badarah; badaram; cherumali; chinese date; dedoari-ja num; elachi; elandai; gangarenu; gotta; indian juiube; jujube; kolam; lanta; mahkaw; nazuc; reegu; sauvira; yellande; zidaw
7842	*Ziziphus nummularia*	印度	怒木拉枣木	adbaubordi; birota; chanibor; chanyabor; gangar; junglebor; karkandhu; maraber; neelareegu; parpuli; purpalli; sukshamaph ala; wild jujube; zariab
7843	*Ziziphus oenoplia*	印度	小叶枣木	ambulam; banka; challe; hurasurah; iruni; jackal jujube; kanerballi; mokha; mulli; paragi; paraki; shyakul; siakul; srigalakoli; suraimullu; suri mullu; tutalimullu
7844	*Ziziphus otanesii*	菲律宾	奥氏枣木	maladilap
7845	*Ziziphus rugosa*	印度、缅甸	皱枣	banka; belahadukina; charai; chunakoli; churna; dhaura; kaki pala; kanokoli; mahigotte; malantutali; pinduparig hamu; pitondi; sagra; shiakul; sunokoli; surai; suran; todali; tutali; zi-ganauk
7846	*Ziziphus suluensis*	菲律宾	苏禄枣木	dagaa
7847	*Ziziphus talanai*	菲律宾	巴拉克枣木	balacat; balakat; dagaau; ligaa
7848	*Ziziphus trinervia*	菲律宾	三脉枣木	duklap; dukulab; ligau
7849	*Ziziphus vulgaris*	日本	普通子叶枣木	juden dorn; natsoume; natsume
7850	*Ziziphus xylopyrus*	印度	木梨枣木	bhander; chitena; ghatbor; ghattol; gotti; gutul; kakor; kankor; kantabohul; kantegoti; karkata; kotta; kottai; kottei; mulle-kare; mullukare

序号	学名	主要产地	中文名称	地方名
7851	*Ziziphus zonulatus*	菲律宾	带状枣木	ligaa
	Zygogynum **(WINTERACEAE)** **合林仙属（假八角科）**		**HS CODE** **4403. 99**	
7852	*Zygogynum calothyrsum*	西伊里安	靓序合林仙	bubbia

附 录

CITES 濒危木材树种附录

（含 2019 年第 18 届缔约方大会公布的新增树种）

门		科名	种名	学名	管制级别
裸子植物 Gymnosperm	1	南洋杉科 Araucariaceae	智利南洋杉	*Araucaria araucana*	Ⅰ
	2	柏科 Cupressaceae	智利肖柏	*Fitzroya cupressoides*	Ⅰ
			皮尔格柏	*Pilgerodendron uviferum*	Ⅰ
			姆兰杰南非柏	*Widdringtonia whytei*	Ⅱ
	3	松科 Pinaceae	危地马拉冷杉	*Abies guatemalensis*	Ⅰ
			红松（俄罗斯）	*Pinus koraiensis*	Ⅲ
	4	罗汉松科 Podocarpaceae	弯叶罗汉松	*Podocarpus parlatorei*	Ⅰ
			百日青（尼泊尔）	*Podocarpus neriifolius*	Ⅲ
	5	紫杉科 Taxaceae[#]	红豆杉	*Taxus chinensis*	Ⅱ
			东北红豆杉	*Taxus cuspidata*	Ⅱ
			密叶红豆杉	*Taxus fuana*	Ⅱ
			苏门答腊红豆杉	*Taxus sumatrana*	Ⅱ
			喜马拉雅红豆杉	*Taxus wallichiana*	Ⅱ
被子植物 *Angiosperm*	6	多柱树科 Caryocaraceae	多柱树	*Caryocar costaricense*	Ⅱ
	7	柿树科 Ebenaceae	柿属所有种（马达加斯加种群）	*Diospyros* spp.	Ⅱ
	8	壳斗科 Fagaceae	蒙古栎（俄罗斯）	*Quercus mongolica*	Ⅲ
	9	胡桃科 Juglandaceae	枫桃	*Oreomunnea pterocarpa*	Ⅱ
	10	樟科 Lauraceae	玫瑰安妮樟	*Aniba rosaeodora*	Ⅱ
	11	豆科 Leguminosae（Fabaceae）	巴西苏木	*Paubrasilia echinata*	Ⅱ
			巴西黑黄檀	*Dalbergia nigra*	Ⅰ
			黄檀属所有种（巴西黑黄檀除外）	*Dalbergia* spp.	Ⅱ
			巴拿马天蓬树（哥斯达黎加、尼加拉瓜）	*Dipteryx panamensis*	Ⅲ
			德米古夷苏木	*Guibourtia demeusei*	Ⅱ
			佩莱古夷苏木	*Guibourtia pellegriniana*	Ⅱ
			特氏古夷苏木	*Guibourtia tessmannii*	Ⅱ
			大美木豆	*Pericopsis elata*	Ⅱ
			多穗阔变豆	*Platymiscium parviflorum*	Ⅱ
			刺猬紫檀	*Pterocarpus erinaceus*	Ⅱ

续表

门	科名		种名	学名	管制级别
被子植物 *Angiosperm*	11	豆科 Leguminosae（Fabaceae）	檀香紫檀	*Pterocarpus santalinus*	Ⅱ
			染料紫檀	*Pterocarpus tinctorius*	Ⅱ
			南方决明	*Senna meridionalis*	Ⅱ
	12	木兰科 Magnoliaceae	盖裂木（尼泊尔）	*Magnolia liliifera* var. *obovata*	Ⅲ
	13	锦葵科 Malvaceae	格氏猴面包树	*Adansonia grandidieri*	Ⅱ
	14	楝科 Meliaceae	洋椿属所有种（新热带种群）	*Cedrela* spp.	Ⅱ
			矮桃花心木	*Swietenia humilis*	Ⅱ
			大叶桃花心木（新热带种群）	*Swietenia macrophylla*	Ⅱ
			桃花心木	*Swietenia mahagoni*	Ⅱ
	15	木樨科 Oleaceae[##]	水曲柳（俄罗斯）	*Fraxinus mandshurica*	Ⅲ
	16	蔷薇科 Rosaceae	非洲李	*Prunus africana*	Ⅱ
	17	茜草科 Rubiaceae	巴尔米木	*Balmea stormiae*	Ⅰ
	18	檀香科 Santalaceae	非洲沙针（布隆迪、埃塞俄比亚、肯尼亚、卢旺达、乌干达和坦桑尼亚联合共和国种群）	*Osyris lanceolata*	Ⅱ
	19	瑞香科 Thymelaeaceae（Aquilariaceae）	沉香属所有种	*Aquilaria* spp.	Ⅱ
			棱柱木属所有种	*Gonystylus* spp.	Ⅱ
			拟沉香属所有种	*Gyrinops* spp.	Ⅱ
	20	水青树科 Trochodendraceae（Tetracentraceae）	水青树（尼泊尔）	*Tetracentron sinense*	Ⅲ
	21	蒺藜科 Zygophyllaceae	萨米维腊木	*Bulnesia sarmientoi*	Ⅱ
			愈疮木属所有种	*Guaiacum* spp.	Ⅱ

[#] 此科名的拉丁名与国家标准（GB/T18513-2001）相同，但中文名称不同，国家标准中的中文名称为“红豆杉科”，商用木材名称及产地部分与国家标准保持一致。

[##] 此科名的拉丁名与国家标准（GB/T18513-2001）相同，但中文名称不同，国家标准中的中文名称为“木犀科”，商用木材名称及产地部分与国家标准保持一致。

参考文献

[1] 全国木材标准化技术委员会. 中国主要进口木材名称：GB/T 18513—2001 [S]. 北京：中国标准出版社，2002.

[2] 全国木材标准化技术委员会. 红木：GB/T 18107—2017 [S]. 北京：中国标准出版社，2017.

[3] 刘鹏，杨家驹，卢鸿俊. 东南亚热带木材（第 2 版）[M]. 北京：中国林业出版社，2008.

[4] 刘鹏，姜笑梅，张立非. 非洲热带木材（第 2 版）[M]. 北京：中国林业出版社，2008.

[5] 姜笑梅，张立非，刘鹏. 拉丁美洲热带木材（第 2 版）[M]. 北京：中国林业出版社，2008.

[6] 成俊卿，杨家驹，刘鹏. 中国木材志 [M]. 北京：中国林业出版社，1992.

[7] 郑万钧. 中国树木志 [M]. 北京：中国林业出版社，第一册 1982，第二册 1985，第三册 1997，第四册 2004.

[8] 杨家驹，段新芳，卢鸿俊，等. 世界商品木材拉汉英名称 [M]. 北京：中国林业出版社，2000.

[9] 海关总署关税征管司. 进出口税则商品及品目注释 [M]. 北京：中国海关出版社，2017.

[10] 濒危野生动植物种国际贸易公约 .

[11] 美国林产品实验室（FPL）. 木材数据库 [DB/OL] .

[12] 国际木材解剖学家协会（IAWA）. 木材解剖数据库 [DB/OL] .

[13] 国际植物园保护联盟（BGCI）. 全球树木查询数据库 [DB/OL] .

[14] GéRARD J，MILLER R B，WELLE B J H. Major timber trees of Guyana：timber characteristics and utilization [J]. The commonwealth forestry review，1997，76（2）：143.

[15] ILIC J. CSIRO Atlas of hardwoods [J]. The commonwealth forestry review，1992，71（2）：61-62.

[16] COMVALIUS，L B. Surinamese timber species ：characteristics and utilization [M]. Djinipi N. V，2001.

[17] MALAYSIAN TIMBER INDUSTRY BOARD. 100 Malaysian timbers [M]. 1986.

[18] CHICHIGNOUD M，DéON G，DéTIENNE P，et al. Tropical timber atlas of Latin America [M]. 1990.

[19] BRYCE J M. The commercial timbers of Tanzania [J]. The commonwealth forestry review，1969，48（3）：246.